HYDRAULICS

수리학

윤용남 지음

청문각

머 리 말

　수리학(水理學, Hydraulics)은 정지 혹은 유동상태에 있는 물의 역학적인 해석을 위한 학문의 분야로서, 정지하고 있거나 흐르고 있는 모든 형태의 유체의 제반 정역학 및 동역학적 문제를 해결하기 위한 유체역학(流體力學, Fluid Mechanics)의 원리는 수리학에도 그대로 적용될 수 있다. 따라서, 이 책의 표제인 수리학에서는 토목공학 분야에서 주 관심사가 되는 유체인 물에 관한 역학적인 기본원리를 유체역학의 이론에 의해 전개하고, 이들 원리를 기초로 하여 자연계에서 발생하는 여러 가지 수리학적 문제를 실질적으로 해결하는 방법을 광범위하게 취급하고 있다.

　원래 유체역학은 고체역학의 경우보다 현상자체가 복잡하여 해석적 방법만으로는 항상 만족할 만한 결과를 얻을 수는 없으므로 각종의 실험적, 내지는 경험적 요소에 힘입어 실제 문제를 해결하게 됨이 보통이다. 예를 들면, 물의 이용과 관리를 위한 수리구조물의 경우, 흐름은 유한장(有限場) 내에서 발생하므로 경계조건이 복잡하여 순수한 해석적 방법만으로는 문제의 해결이 곤란하므로 여러 가지 실험결과에 의한 경험적 방법을 응용하게 된다. 이러한 이유 때문에 이 책에서는 복잡한 이론적 혹은 수학적 전개에 의한 물의 흐름 분석방법을 지양하고 각종 수리현상의 이론적 개념을 쉽게 파악함으로써 초보자가 실제문제를 쉽게 이해하고 해석할 수 있도록 하는 데 최선을 다 하였다. 즉, 각종 수리현상의 원리를 서술하는 기본식을 유도하고 이들 식의 물리적 의미를 강조하였으며, 실제문제의 결과에 기본식을 적용하는 방법을 예제풀이를 통해 설명하였다. 또한 학생들이 실제문제의 풀이에 숙달될 수 있도록 하기 위해 각 장의 마지막 부분에는 충분한 수의 연습문제를 수록하였다.

　이 책의 내용은 모두 3개 편으로 편성되어 있다. 제1편에서는 물의 물리적 성질을 비롯하여 정수역학, 동수역학, 관수로 내 물의 흐름 해석을 위한 기본원리 등 기초수리학(基礎水理學) 혹은 기초유체역학의 범주에 속하는 내용들을 다루었으며, 제2편에서는 기초수리학의 원리를 응용하여 관수로(管水路) 및 개수로(開水路) 내 실제 흐름을 해석하는 방법과 토사의 유송역학 및 이를 기본으로 하는 침식성수로(浸蝕性水路)의 안정설계방법 등을 다루고 있고, 제3편에서는 수리학 분야의 실무에서 자주 접하게 되는 기타 응용수리분야인 수리구조물(水理構造物)의 설계이론, 수력기계(水力機械)의 작동원리 및 선택방법, 하천 및 하구를 포함하는 각종 수공구조물의 모형실험을 위한 수리모형 이론(水理模型 理論)과 결과분석의 절차, 지하수(地下水)와 침투류(浸透流)의 흐름 이론, 그리고 관수로와 개수로 내 흐름의 측정계기(測定計器)와 방법 등을 다루었다.

각 편별 취급내용을 보다 더 상세하게 요약해 보면, 제1편의 1장에서는 수리학에서 취급되는 물리량의 차원(次元)과 단위(單位)를 비롯하여 물의 물리적 성질 중 밀도, 점성, 표면장력, 압축성 등 정지 혹은 유동상태의 물의 역학에 중요한 영향을 미치는 성질을 살펴보았고, 2장에서는 정지 상태에 있는 물이 미치는 압력과 그로 인한 힘, 부력(浮力) 및 부체의 안정, 그리고 등가속도를 받는 유체의 상대적 정지의 문제를 다루었으며, 이어서 3장에서는 물의 흐름 성질 중 힘과 관계되지 않는 속도, 가속도, 흐름의 연속성을 표시하는 연속방정식(連續方程式) 등 흐름의 운동학(運動學)을 취급하였다. 4장에서는 흐름을 비압축성 이상유체(理想流体)라 가정했을 경우 흐름의 에너지 보존법칙을 설명하는 1차원 및 2차원 Euler 방정식과 Bernoulli 방정식을 유도하고 그의 물리적 의미 및 실제문제에의 응용에 관해 살펴보았을 뿐 아니라, 흐르는 물이 만곡관이나 날개 및 기타 구조물에 작용하는 힘을 구하는 데 필수적인 원리인 역적(力積) – 운동량(運動量)의 원리와 그의 응용 예를 다루었다. 물은 비압축성 유체로 가정할 수는 있으나 유체의 점성으로 인한 에너지의 손실이 전혀 없는 이상유체로 볼 수는 없다. 따라서, 5장에서는 유체의 점성에 기인되는 층류(層流)와 난류(亂流)의 특성, 실제유체의 유속분포, 유체경계층 이론 및 박리현상 등 실제 유체의 각종 면모에 관해 살펴보았으며, 6장에서는 관수로 내 정상류(定常流) 해석의 기본이 되는 관마찰손실(管摩擦損失) 및 미소손실(微少損失)의 결정방법과 관수로 내 층류와 난류의 유속분포에 대한 이론적 및 경험적 공식을 소개하였다.

제2편의 7장에서는 관수로 내 정상류 흐름 해석방법에 의해 단일 및 복합 관수로 등의 관로시스템 내의 흐름과 관망(管網) 내 흐름을 해석하는 기법을 다룬 후, 관수로 내 부정류의 범주에 속하는 수격작용(水擊作用)과 이의 조절을 위한 조압수조(調壓水槽)의 기능 및 설계 등 이른바 과도수리현상에 대해서도 간단히 살펴보았으며, 8장에서는 개수로 내에서 시간적 및 공간적으로 흐름의 특성이 변하지 않는 정상등류의 유속분포, 흐름계산을 위한 경험공식 및 계산절차, 그리고 최량수리단면(最良水理斷面)의 개념 및 결정방법을 논하였고, 9장에서는 수자원사업 중 큰 비중을 차지하는 하천관리의 기본이 되는 개수로 내 정상부등류, 즉, 점변류(漸変流)의 수리학적 특성과 해석방법을 다루었다. 즉, 비에너지와 비력(比力)의 개념, 점변류의 기본방정식의 유도와 수면곡선형의 분류 및 계산방법, 개수로 선형의 변이에 따른 흐름의 변화와 수로의 적정 설계방법 등이 이에 속한다. 제2편의 마지막 장인 10장에서는 자연하천에서의 토사유송(土砂流送)의 기초이론과 소류사량(掃流砂量), 부유유사량(浮遊流砂量) 및 전 유사량의 계산방법, 그리고 저수지 내 퇴사량(堆砂量) 추정방법을 고찰한 후, 침식성 인공수로를 토사유송역학의 이론에 의해 안정하게 설계할 수 있는 방법론을 다루었다.

제3편의 11장은 수리학의 기본원리에 의해 각종 수리구조물을 수리학적으로 설계하는 방법을 다룬 장으로 주로 댐의 부속구조인 각종의 여수로(餘水路), 감세공(減勢工) 및 방류구조물과 도로배수를 위한 암거(暗渠)의 수리학적 설계방법을 취급하고 있으며, 12장에서는 각종 토목사업에 많이 쓰이는 수력기계인 각종 펌프와 터빈의 작동원리와 성능 및 선택방법 등을 다루고 있고,

13장에서는 각종 수공구조물의 이론적 설계에 대한 확신을 갖기 위해 실시되는 수리모형실험의 기본이 되는 상사이론(相似理論)과 모형법칙, 모형축척의 결정 및 모형실험결과의 분석방법 등에 관해 살펴보았으며, 14장에서는 지하수의 생성과 연직분포, 흐름 방정식의 기본에 대해 살펴본 후 양수정(揚水井)으로의 정상류와 부정류의 해석방법, 지하수의 오염, 댐의 기초지반 및 댐 본체를 통한 침투류의 흐름 특성과 분석방법도 고찰하였다. 끝으로, 15장에서는 유체의 주요 물리적 성질과 관수로 및 개수로 내 흐름의 성질에 관계되는 제반 물리량의 측정원리와 측정에 사용되는 기기, 측정방법 및 절차 등에 관해 비교적 상세하게 서술하였으나 "수리실험(水理實驗)" 과목에서 다룰 시간이 있을 경우에는 전 장을 생략할 수도 있는 장이라 하겠다.

　이 책은 공과대학 토목공학과의 2～3학년과 공업전문대학 토목공학과의 1～2학년 교과목에 들어 있는 "유체역학" (혹은 기초수리학, 6학점)과 "수리학" (혹은 응용수리학, 3～6학점)의 학기별 연속 강의에 편리한 교재로 엮어져 있다. 따라서, 교과시간이 유체역학 6학점, 수리학 3학점으로 편성되어 있는 경우는 3개 학기로 나누어 1개 편씩 소화하면 되겠고, 유체역학 6학점, 수리학 6학점으로 편성되어 있는 경우에는 연습시간을 충분히 부여하고 4개 학기에 이 책을 여유 있게 강의할 수 있으리라 믿는다. 강의시간이 부족할 경우를 고려하여 학부수준에서는 비교적 난해하다고 생각되는 절은 별표(**)로 표시하였으며, 이들 내용은 대학원과정의 각론에 해당하는 별도과목에서 더욱 상세하게 취급할 수 있으리라 믿는다. 앞에서의 소개에서 알 수 있듯이 이 책은 수리학 전반에 관한 이론 및 응용에 대해 깊이 있게 다루고 있으므로 제2편과 제3편의 내용은 대학원 석사학위과정의 교재로 사용할 수 있겠고, 또한 수리분야에 종사하는 기술자가 실무에서 접하게 되는 각종 수리실무의 해결을 위한 지침서로도 충분한 역할을 할 수 있을 것으로 믿는다.

　이 책은 1979년 2월에 청문각이 초판으로 출간한 『水理學(I), 基礎編; 尹龍男, 尹泰動, 李舜鐸 著』를 본 저자가 수정하면서 응용편을 집필 보완하여 1984년 8월에 『水理學, 基礎와 應用: 尹龍男 著』으로 출간한 것이다. 당시는 독자층이 漢字에 비교적 익숙한 편이었으므로 기술용어들의 이해를 돕기 위해 漢字를 많이 사용하였으나, 1990년대에 들어오면서 漢字에 익숙하지 못한 독자층을 배려하기 위해 이 책의 漢字를 전부 한글로 바꾸고 내용의 일부를 수정보완하여 2003년 3월에 『수리학, 기초와 응용 : 윤용남 저』를 출판하기에 이르렀다.

　2003년 3월에 출판된 이후 10여 년 이상이 지나면서 이 책의 내용 일부의 수정보완과 그림 및 표 등의 재작성, 그리고 편집의 전반적인 개선 필요성이 있어서 이번에 새롭게 편집·출판하게 된 것이다.

　이 책이 출판되기까지 물심양면으로 지원해 준 청문각에 감사드리며, 나에게 항상 용기와 인내할 힘을 주고 끝없는 내조를 아끼지 않은 사랑하는 아내에게 고마움을 표하는 바이다.

2014년 2월
저자 윤용남

차 례

Part 01

Chapter 3   흐름의 운동법칙

Chapter 4   비압축성 이상유체의 흐름

Chapter 5

비압축성 실제유체의 흐름

Chapter 6

관수로 내 정상류 해석의 기본

Part 02

Chapter 7 관로시스템 및 관망 내 흐름의 해석

Chapter 8 개수로 내의 정상등류

Chapter 9   개수로 내의 정상부등류

Chapter 10   토사의 유송과 침식성 수로의 안정설계

Chapter 11 **수리구조물**

Chapter 12 **수력펌프와 터빈**

Chapter 13   수리학적 상사와 모형이론

Chapter 14   지하수와 침투류의 수리

Chapter 15   수류의 계측

부 록

01

Part

Hydraulics

Chapter 1

물의 기본성질

1.1 서 론

수리학(hydraulics)은 정지 또는 운동하고 있는 물의 성질을 다루는 응용역학의 한 분야로서 물의 운동이나 물과 물체 상호 간에 작용하는 힘의 관계를 일반역학의 원리를 이용하여 풀이하는 학문이라 말할 수 있다. 수리학의 발전은 정지 또는 운동하고 있는 유체의 성질을 다루는 유체역학의 발전과정과 불가분의 관계를 맺어 왔으며, 유체역학의 발전초기에는 고전 유체역학(classical hydrodynamics)과 수리학(hydraulics)의 두 분야로 나누어져 발전되어 왔다. 고전유체역학은 1750년경부터 발전되기 시작했으며 수리적인 해석에 너무 치중한 나머지 적절하지 못한 무리한 가정으로 인해 실제와 일치하지 않는 해를 얻는 경우가 많았다. 반면에 수리학은 많은 실험결과를 토대로 하여 실험적인 공식이나 방법을 개발해 내는 것이 특징이며, 개개 문제에 대해서는 독립된 해답을 주는 데 성공하였으나 모든 현상에 대하여 통일된 법칙을 제공하는 데는 미흡하였다. 그러나 이들 두 학문체계는 1900년대에 와서 이론과 실험의 양면에 대한 꾸준한 연구의 결과로 근대 유체역학(modern fluid dynamics)의 학문체계로 발전하게 되었으며, 유체 중에서도 물만을 다루는 수리학의 학문체계도 대체로 정립단계에 이르렀던 것이다.

수리학(hydraulic systems)은 정지 또는 운동하고 있는 물을 인간에게 유리하게 다루기 위해 만들어지는 구조물로서 이 책에서 살펴보게 될 각종 공학적 원리와 방법을 구사하여 물을 이용하고 통제·조절하며 송수, 보존하도록 계획함으로써 시설물의 효율을 극대화하는 방향으로 설계·운영되어야 하는 것이다. 수리학에서 취급하는 각종 공학적 원리는 양적으로 다루어져야 하므로 차원과 단위의 문제가 등장하며, 또한 물의 여러 가지 물리적 성질은 각종 수리학적 문제를 적절히 해결하는 데 매우 중요한 요소가 되므로 이 장에서는 이들에 관해 살펴보기로 한다.

1.2 유체의 정의

모든 물체는 두 개의 상태, 즉 고체와 유체의 상태로 분류할 수 있으며, 유체는 다시 액체와 기체로 구분된다. 고체는 상온과 상압 하에서 일정한 형태를 가지고 있는 데 반해 액체와 기체는 고유의 형태가 없이 담겨진 용기의 모양에 따라 어떤 형태로든지 임의로 변하게 된다. 그리고 대기권이나 바다와 같이 넓은 공간에서는 유체의 대부분은 서로 자유스럽게 연속적으로 변형을 하고 있다. 이와 같이 변형을 수반하는 운동을 유체의 흐름이라 하며, 이 흐름을 역학적으로 해석하고자 하는 학문의 분야가 바로 유체역학(fluid mechanics)인 것이다.

유체가 일정한 형태 없이 자유로이 그 모양을 바꾼다는 것은 유체가 흐른다는 것을 의미하며, 유체가 흐를 때에는 유체의 점성 때문에 유체분자 간 혹은 유체와 경계면 사이에서 전단응력이 발생하게 되며, 이러한 유체를 점성유체(viscous fluid)라고 한다. 유체가 흐를 때 점성이 전혀 없어서 전단응력이 발생하지 않는 유체를 비점성 유체(inviscid fluid)라고 한다. 유체를 점성(viscosity)의 유무에 따라 점성유체 혹은 비점성 유체로 나누듯이 유체의 성질 중의 하나인 압축성(compressibility)의 유무에 따라 압축성 유체(compressible fluid) 및 비압축성 유체(incompressible fluid)로 분류할 수도 있다. 일반적으로 유체 중 기체는 일정한 온도 하에서 압력을 변화시키면 그 체적은 쉽게 증감하므로 압축성 유체로 분류할 수 있고, 액체의 경우는 체적의 증감률이 매우 작으므로 비압축성 유체로 간주할 수 있다.

또한 유체의 운동을 수학적으로 쉽게 취급하기 위해 점성이나 압축성을 완전히 무시한 이상적인 유체를 고려하는 경우도 많으며, 이러한 유체를 이상유체(ideal fluid) 혹은 완전유체(perfect fluid)라고 한다.

역학적인 해석의 편의상 유체를 위와 같이 분류해 보았으나 자연계의 모든 유체는 엄밀한 의미에서는 압축성 점성유체라고 할 수 있다. 수리학에서 다루는 매체인 물도 압축성과 점성을 가지는 유체이나 압축성이 매우 작으므로 거의 비압축성으로 가정하며, 물의 점성은 크지는 않으나 무시할 수는 없다. 그러나 해석의 간편화를 위해 우선 물의 점성도 무시하는 전술한 바의 비압축성 이상유체로 가정하여 물의 흐름에 대한 기본방정식을 정립하고, 다음으로 물의 점성을 고려해 주기 위해 기본방정식을 보정하여 비압축성 실제유체의 해석절차를 정립하는 순으로 해석하는 것이 보통이다.

1.3 물의 세 가지 상태

물 분자는 산소 및 수소 원자로 구성되는 안정된 화합물로서 물 분자의 유지에 필요한 에너지는 온도와 압력에 의존되며, 이 에너지의 크기에 따라 물은 고체상태 혹은 액체 및 기체상태에 있게 된다. 즉, 눈이나 얼음은 고체상태이고 대기 중의 습기나 수증기는 기체상태, 물은 액체상태인 것이며, 이를 물의 세 가지 상태(three phases)라고 한다. 물 분자에 에너지를 증감시키면 한 상태에서 다른 상태로 바뀌게 되며 이러한 상태변화를 위해 소요되는 에너지를 잠재에너지(latent energy)라고 하며, 열이나 혹은 압력의 형태를 취한다. 열에너지는 칼로리(calories, cal) 단위로 표시된다. 1 cal는 액체상태에 있는 물 1 g의 온도를 1℃ 높이는 데 필요한 에너지이고, 어떤 물질을 1℃만큼 온도를 올리는 데 필요한 열에너지를 그 물질의 비열(specific heat)이라고 한다.

표준대기압 하에서 물과 얼음의 비열은 각각 1.0 및 0.465 cal/g/℃이고, 수증기의 경우는 압력이 일정할 때 0.432 cal/g/℃, 체적이 일정할 때 0.322 cal/g/℃이다. 1 g의 얼음을 녹이는데 소요되는 잠재열량(latent heat)은 79.71 cal/g이며, 반대로 1 g의 물을 얼음으로 얼리기 위해서는 같은 크기의 잠재열량을 물로부터 빼앗아야 한다. 또한 1 g의 물을 증발(evaporation)시켜 수증기로 만드는 데는 597 cal/g이 필요하다. 증발현상은 물 표면을 통한 물 분자의 이동으로 설명될 수 있다. 즉, 액체와 기체의 경계면에서는 물 분자의 교환이 계속적으로 이루어지는데 만약 액체상태로부터 이탈하는 분자가 액체상태로 들어오는 분자보다 많으면 증발현상이 발생하게 되고, 이와 반대인 경우에는 응축현상(condensation)이 발생하게 된다. 연속적으로 증발하는 수증기가 물 표면에 미치는 부분압을 증기압(vapor pressure)이라 하며 물 표면에 미치는 타 기체의 부분압과 더불어 대기압을 형성하게 된다. 단위시간당 물 표면을 이탈하는 물 분자의 수와 물속으로 들어오는 물 분자의 수가 같아지면 평형상태에 도달하게 되며 이때의 증기압을 포화증기압(saturation vapor pressure)이라 한다. 물 분자의 운동은 온도에 따른 운동에너지의 크기에 의해

표 1-1 물의 포화증기압

온 도(℃)	증기압(kg/m^2)	온 도(℃)	증기압(kg/m^2)
-5	43	55	1,605
0	62	60	2,031
5	89	65	2,550
10	129	70	3,177
15	174	75	3,931
20	238	80	4,829
25	323	85	5,894
30	432	90	7,149
35	573	95	8,619
40	752	100	10,332
45	977	105	12,318
50	1,257	110	14,069

좌우되므로 포화증기압은 온도상승에 따라 커지며 표 1-1에서와 같이 특정온도에서 특정값을 가진다.

표 1-1에서 보는 바와 같이 물의 온도가 상승함에 따라 포화증기압은 점점 커지게 되며, 어떤 온도에 도달하면 포화증기압의 크기가 국지대기압과 같아지게 되어 증발현상이 급속도로 활발해 져서 물이 끓게 된다. 이 온도를 비등점(boiling temperature)이라 하며 평균해면 수준에서는 약 100℃이다.

물이 대기와 접촉해 있지 않고 관로나 펌프에서처럼 폐합상태에 있을 때에 국부적으로 압력이 물의 어떤 온도에서의 포화증기압보다 낮아지면 물의 증발현상이 가속되어 기포가 생기게 되는 데 이 현상을 공동현상(空洞現象, cavitation)이라 한다. 폐합시스템 내에서 공동현상이 발생하면 다량의 기포가 시스템 내의 고압부로 이동되어 터지면서 시스템에 충격을 주어 큰 손상을 끼치 게 되므로, 이를 방지할 수 있도록 시스템의 어느 부분에서나 압력이 포화증기압보다 낮지 않도 록 설계·운영해야 한다.

1.4 차원과 단위

1.4.1 차원

일반적으로 물리적인 관계를 나타내는데는 물리학의 정의나 법칙에 따라서 질량, 길이, 시간, 온도, 가속도 등의 사이에 어떤 관계가 있는가를 나타내는 방정식의 형이 사용된다. 일반역학에 서는 이들 물리량 중에서 서로 독립된 기본 양으로서 질량, 길이, 시간의 세 가지를 택한다. 이와 같이 독립된 기본량 3개를 고르면 그밖의 물리량은 기본량을 적당히 조합해서 지수의 곱의 꼴로 나타낼 수가 있다. 이와 같은 물리량이 기본 양의 어떤 조합으로 이루어지는가를 나타내기 위하 여 기본량의 요소를 하나의 문자로 나타내어 질량을 $[M]$, 길이를 $[L]$, 시간을 $[T]$로 표시하고, 이것을 각각 질량, 길이, 시간의 차원(dimension)이라고 한다. 기본량으로 선정된 양을 일반적으 로 1차량이라 하고, 그 밖의 양을 2차량이라고도 한다. 물리학에서 취급하는 일반역학에서는 질 량$[M]$, 길이$[L]$, 시간$[T]$를 1차원으로 하는 $[MLT]$계가 사용되고 있다. 이것은 절대단위에 대응한다. 공학적 문제에 대해서는 질량$[M]$ 대신에 단위질량에 작용하는 중력, 즉 힘$[F]$을 1차 량으로 한 $[FLT]$계가 사용되고 있다. 이것은 중력단위에 대응한다. 예컨대 면적은 $[L^2]$, 속도 = (길이)/(시간)은 $[LT^{-1}]$, 가속도 = (속도)/(시간)은 $[LT^{-2}]$과 같이 표시된다. Newton의 운 동법칙에서 $F= ma$이므로 힘의 차원은

$$[F] = [M][LT^{-2}] = [MLT^{-2}] \quad \therefore \quad [M] = [FL^{-1}T^2] \tag{1.1}$$

표 1-2 수리학에서 취급하는 주요 물리량의 차원

물리량	MLT 계	FLT 계	물리량	MLT 계	FLT 계
길 이	$[L]$	$[L]$	질 량	$[M]$	$[FL^{-1}T^2]$
면 적	$[L^2]$	$[L^2]$	힘	$[MLT^{-2}]$	$[F]$
체 적	$[L^3]$	$[L^3]$	밀 도	$[ML^{-3}]$	$[FL^{-4}T^2]$
시 간	$[T]$	$[T]$	운동량, 역적	$[MLT^{-1}]$	$[FT]$
속 도	$[LT^{-1}]$	$[LT^{-1}]$	비중량	$[ML^{-2}T^{-2}]$	$[FL^{-3}]$
각속도	$[T^{-1}]$	$[T^{-1}]$	점성계수	$[ML^{-1}T^{-1}]$	$[FL^{-2}T]$
가속도	$[LT^{-2}]$	$[LT^{-2}]$	표면장력	$[MT^{-2}]$	$[FL^{-1}]$
각가속도	$[T^{-2}]$	$[T^{-2}]$	압력강도	$[ML^{-1}T^{-2}]$	$[FL^{-2}]$
유 량	$[L^3T^{-1}]$	$[L^3T^{-1}]$	일, 에너지	$[ML^2T^{-2}]$	$[FL]$
동점성계수	$[L^2T^{-1}]$	$[L^2T^{-1}]$	동 력	$[ML^2T^{-3}]$	$[FLT^{-1}]$

로 된다. 이 관계를 이용하면 임의로 물리량이 $[MLT]$계로 표시되어 있을 때 쉽게 $[FLT]$계로 변환할 수가 있다. 이 반대의 변환도 쉽다. 표 1-2는 수리학에서 흔히 취급되는 물리량의 차원을 표시하고 있다.

> **문제 1-01**
>
> 밀도의 차원을 $[MLT]$계로 표시하라.
>
> **풀이** 밀도 $\rho =$ (질량)/(체적)이므로
>
> $[MLT]$계에서는
>
> $$[\rho] = [M]/[L^3] = [ML^{-3}]$$
>
> $[FLT]$ 계에서는
>
> $$[\rho] = [FL^{-1}T^2][L^{-3}] = [FL^{-4}T^2]$$

1.4.2 단 위

물리량의 크기는 일정한 기준이 되는 크기를 정하여 두고 그 기준량과의 비, 즉 기준치에 대한 상대적 크기로서 나타내며, 이 기준치가 바로 단위(unit)인 것이다.

단위계는 크게 미터제(metric unit system)와 영국단위제(British unit system)로 구분되며, 이들은 다시 각각 절대단위계(absolute unit system)와 공학단위계(technical unit system)로 분류된다. 절대단위계에서는 질량, 길이, 시간의 3개 기본차원을 기준단위로 표시하여 사용하는 데 반하여 공학단위계에서는 질량 대신 힘을 기본차원으로 채택하고 있다.

영국단위제는 영국에서 처음으로 사용되어 현재까지 많은 나라에서 사용되어 온 단위제로서 힘(혹은 질량), 길이, 시간의 기본단위로서 lb중(혹은 lb), ft, sec를 사용하는 것으로, 우리나라에서는 이 단위를 사용하지 않고 미터단위제를 사용하고 있다.

미터단위제에서 절대단위계는 CGS단위계라고도 불리우며 질량을 g_0, 길이를 cm, 시간을 sec로 표시하는 MLT계의 단위이다. 따라서 힘의 기본단위를 Newton의 제 2 법칙에 의하면

$$F = ma = 1\,g_0 \times 1\,\mathrm{cm/sec^2} = 1\,g_0\,\mathrm{cm/sec^2} \equiv 1\,\mathrm{dyne}$$

우리나라에서 수리학을 포함한 대부분의 공학에서 사용되고 있는 단위계는 미터단위제의 공학단위계로서 힘을 kg중(重), 길이를 m, 시간을 sec로 표시하고 있다. 따라서 이 단위계에서의 힘의 기본단위는 1 kg중이며 절대단위계의 힘의 기본단위인 dyne과는 다음과 같은 관계가 있다. 즉, Newton의 제 2 법칙을 적용하면 1 kg의 힘은 1 kg(1,000g_0)의 질량에 중력가속도가 작용하는 것이므로

$$1\,\mathrm{kg}\, 중 = 1,000\,g_0 \times 980\,\mathrm{cm/sec^2}$$
$$= 0.98 \times 10^6\,g_0\,\mathrm{cm/sec^2} = 0.98 \times 10^6\,\mathrm{dyne}$$

위에서는 질량(kg)과 힘 (kg중)을 구분하기 위해 힘을 kg중으로 표시했으나 미터제 공학단위계에서는 힘을 통상 kg 단위로 표시한다.

최근에 와서 각국에서 사용되고 있는 각 양의 단위제도를 통일하기 위해 국제도량형총회에서 SI 단위제(Systéme International d'Unités)를 채택하여 미국, 일본 등의 많은 나라에서 이 제도로 단위를 통일시켜 나가고 있고 한국공업규격(Korea Standards, KS)도 이 제도를 채택하고 있다.

SI 단위는 미터단위제에 속하나 질량을 kg, 길이를 m, 시간을 sec로 표시하는 이른바 MLT계의 단위를 사용하는 것이다. 이 단위계에서의 힘의 기본단위는 Newton(N)으로서 1 kg의 질량에 단위가속도(1 m/sec^2)가 작용하는 힘으로 정의된다. 즉,

$$1\,\mathrm{N} = 1\,\mathrm{kg} \times 1\,\mathrm{m/sec^2} = 1\,\mathrm{kg \cdot m/sec^2}$$

따라서 미터제 공학단위계에서 사용되는 힘의 기본단위 kg중과는 다음의 관계가 있다.

$$1\,\mathrm{kg}\, 중 = 1\,\mathrm{kg} \times 9.8\,\mathrm{m/sec^2} = 9.8\,\mathrm{kg \cdot m/sec^2} = 9.8\,\mathrm{N}$$

대부분의 수리학 문제에 있어서 미터제 공학단위와 SI 단위의 차이점은 위와 같이 표시되는 힘 이외의 물리량에서는 문제가 되지 않으므로 큰 차이는 없으며, 세계적 추세가 SI 단위제로 전환해 가고 있으나 현재까지의 관습과 우리나라의 실무현장에서 사용되고 있는 단위제도는 역시 미터제 공학단위(M.K.S 단위)이므로 이 책에서는 이 단위제를 사용하였다.

4℃에서의 물의 단위중량은 $1,000 \, kg/m^3$이다. 영국단위제(ft‑lb‑sec)로 표시한다면 얼마인가?

풀이 $1 \, kg = 2.205 \, lb$, $1 \, m = 3.2808 \, ft$이므로

$$\gamma = 1,000 \, kg/cm^3 = \frac{1,000 \, kg \times 2.205 \, lb \times (1 \, m)^3}{m^3 \times 1 \, kg \times (3.2808 \, ft)^3} = 62.4 \, lb/ft^3$$

1.5 물의 밀도, 단위중량 및 비중

밀도(density)란 단위체적당의 질량으로서 비질량(specific mass)이라고도 한다. 지금 어떤 물체의 무게를 W, 그 질량을 m, 중력가속도를 g라 하면 $W = mg$가 되며 그 체적을 V라 할 때 밀도 ρ는 다음과 같다.

$$\rho = \frac{m}{V} \tag{1.2}$$

이때 밀도 ρ의 차원은 질량‑길이‑시간$[MLT]$계로 표시할 수 있으며, 그 단위는 g_0/cm^3, kg_0/m^3, lb_0/ft^3 또는 $Slugs/ft^3$로서 표시된다. 이중 Slug의 단위는 영국에서 많이 사용하는 것으로서 1 pound의 힘으로 $1 \, ft/sec^2$의 가속도가 생기도록 할 수 있는 물체의 질량, 즉 $1 \, Slug = 1 \, lb \cdot sec^2/ft$를 말한다.

표준대기압(1 기압) 하의 물의 밀도는 3.98℃에서 최대이며 그 값은 CGS 단위로 $1 \, g_0/cm^3$(공학단위로 $102 \, kg \cdot sec^2/m^4$, Slug의 단위로 $62.4/32.2 = 1.94 \, Slugs/ft^3$에 해당)이다. 그러나 온도의 증가나 감소에 따라 그 값이 감소되며 압력이 증가할 때는 그 값이 크게 된다.

단위중량(specific weight)이란 단위체적당의 유체의 무게로서 비중량이라고도 한다. 즉, 단위중량 γ는 다음과 같이 표시할 수 있다.

$$\gamma = \frac{W}{V} = \frac{mg}{V} \qquad \therefore \gamma = \rho g$$

여기서 단위중량 γ의 차원은 힘‑길이‑시간$[FLT]$계로 표시할 수 있으며 그 단위는 g/cm^3, kg/m^3, lb/ft^3인 공학단위를 갖는다.

순수한 물일 경우 역시 표준대기압 하에서 그 단위중량은 $1 \, g/cm^3 (= 1 \, kg/L = 1 \, ton/m^3)$ 또는 $62.4 \, lb/ft^3$이며 온도의 변화와 함께 다소 무게가 변화하므로 공학적으로 취급할 때는 보통 연평균기온을 15~18℃로 하여 앞에서 말한 무게를 그대로 사용한다. 한편 해수는 염분의 다소에 따라 단위중량이 다르며 평균해서 $1.025 \, g/cm^3 (= 1.025 \, kg/L = 1.025 \, ton/m^3)$ 또는 $64.0 \, lb/ft^3$으로

표 1-3 온도에 따른 물의 밀도와 단위중량

온도(℃)		-10	0	4	10	15	20	30
밀도	(g_0/cm^3)	0.9183	0.9999	1.0000	0.9997	0.9991	0.9982	0.9957
	$(kg \cdot sec^2/m^4)$	93.70	102.03	102.04	102.01	101.95	101.86	101.60
단위중량(kg/m³)		918.3	999.9	1000.0	999.7	999.1	998.2	995.7

하고 있다. 또한 수은의 단위중량은 13.596 g/cm³(0℃)이다. 표 1-3은 온도에 따른 물의 밀도와 단위중량의 변화를 표시하고 있다.

일반적으로 중력가속도가 동일한 위치에서 단위중량의 값과 밀도의 값은 동일한 수치로 표시되며, 단위중량은 지역적인 중력가속도에 좌우되므로 엄격히 말해서 유체의 진성질이 아니다. 그러나 유체에 의한 정압은 중력에 좌우되며 그 계산에 있어서 일반적으로 단위중량을 사용하고 있다.

어떤 물체의 비중(specific gravity) S는 4℃에서의 물의 체적과 동일한 체적의 무게비를 말한다. 따라서 S는 물의 밀도 혹은 단위중량에 대한 어떤 물체의 밀도 혹은 단위중량의 비로 표시할 수 있다.

$$S = \frac{W}{W_w} = \frac{\rho}{\rho_w} = \frac{\gamma}{\gamma_w} \tag{1.3}$$

여기서 첨자 w는 물에 대한 것을 표시하며 첨자가 없는 변수는 임의 물체에 대한 것이다.

문제 1-03

체적이 0.1 m³인 어떤 유체의 비중이 13.6일 때 이 유체의 단위중량, 총무게, 밀도를 구하라.

풀이 $S = \frac{\gamma}{\gamma_w}$ 에서 $\gamma = S\gamma_w = 13.6 \times 1,000 = 13,600 \text{ kg/m}^3$

$\gamma = \frac{W}{V}$ 에서 $W = \gamma V = 13,600 \times 0.1 = 1,360 \text{ kg}$

$\gamma = \rho g$ 에서 $\rho = \frac{\gamma}{g} = \frac{13,600}{9.8} = 1,387.8 \text{ kg} \cdot \text{sec}^2/\text{m}^4$

문제 1-04

직경 2 m인 원통에 1 m 수심으로 물이 차 있을 때 원통의 바닥면이 받는 힘을 계산하라. 수온은 30℃로 가정하라.

풀이 표 1-3에서 30℃일 때 물의 밀도 $\rho = 101.60 \text{ kg} \cdot \text{sec}^2/\text{m}^4$, $F = W = mg = (\rho V)g$ 이므로

$$F = 101.60 \times \left(\frac{\pi \times 2^2}{4} \times 1 \right) \times 9.8 = 3,126.4 \text{ kg}$$

1.6 물의 점성

물의 점성(viscosity)이란 물 분자가 상대적인 운동을 할 때 물 분자간, 혹은 물 분자와 고체경계면 사이에 마찰력을 유발시키는 물의 성질을 말하며, 이는 물 분자의 응집력 및 물 분자간의 상호작용 때문에 생긴다.

그림 1-1과 같이 간격이 y인 평행한 두 개의 평판 사이에 물을 채우고 아래 평판은 고정시킨 채 위 평판에 일정한 힘 F를 가하여 평판을 일정한 속도 U로 움직인다고 가정하자. 이때 위 평판에 접해 있는 물의 흐름 속도는 평판의 속도 U와 같을 것이고 고정평판에서의 흐름 속도는 영이므로 그림 1-1에서와 같은 직선형 유속분포가 되며, 전단력 F에 저항하는 물의 마찰력의 크기는 F와 같고 방향은 반대가 된다. 위 평판의 면적을 A라 하면 평판의 단위면적당 마찰력, 즉 전단응력(shear stress) τ는 물의 각 변형률(angular deformation rate) $d\theta/dt$에 비례하는 것으로 알려져 있다. 즉,

$$\tau = \frac{F}{A} \propto \frac{d\theta}{dt} = \frac{\dfrac{dx}{dy}}{dt} = \frac{\dfrac{dx}{dt}}{dy} = \frac{du}{dy} \tag{1.4}$$

여기서 dx/dt는 거리 dy에 해당하는 속도변화량 du이다. 식 (1.4)의 전단응력과 각 변형률(혹은 속도구배라고도 함) 간의 비례상수를 μ라 하면

$$\tau = \mu \frac{du}{dy} \tag{1.5}$$

식 (1.5)의 관계는 Newton의 마찰법칙(law of friction)으로 알려져 있으며 μ는 점성계수(viscosity)라 한다. 식 (1.5)로부터 전단응력 τ와 각 변형률 du/dy 사이에 원점을 지나는 직선 관계가 성립함을 알 수 있으며, 이 관계에 따르는 유체는 뉴턴 유체(Newtonian fluids)라 하고 그렇지 못한 유체를 비 뉴턴 유체(non-Newton fluids)라 부른다.

점성계수 μ의 차원을 식 (1.5)로부터 따져보면

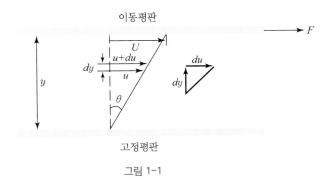

그림 1-1

$$[\mu]=\frac{\tau}{\dfrac{du}{dy}}=\frac{[FL^{-2}]}{[T^{-1}]}=[FTL^{-2}]=[ML^{-1}T^{-1}] \qquad (1.6)$$

즉, FLT계에서는 $[FTL^{-2}]$이므로 μ 의 단위는 $\mathrm{kg\cdot sec/m^2}$(미터제 공학단위계), $\mathrm{dyne\cdot}$ $\mathrm{sec/cm^2}$(미터제 절대단위계), $\mathrm{lb\cdot sec/ft^2}$(영국단위제) 등으로 표시되며, MLT계에서는 $[ML^{-1}T^{-1}]$의 차원을 μ 의 단위는 $\mathrm{kg_0/m\cdot sec}$, $\mathrm{g_0/cm\cdot sec}$, $\mathrm{slug/ft\cdot sec}$ 등으로 표시한다. 점성계수 μ 의 특수단위로서 포아즈(poise) 혹은 센티포아즈(centipoise)를 사용하기도 하는 데, 식 (1.6)에서 $\tau=1\,\mathrm{dyne/cm^2}, du/dy=1/\mathrm{sec}$ 일 때의 μ 로서 다음과 같이 표시된다.

$$1\,\mathrm{poise}=1\,\mathrm{dyne\cdot sec/cm^2}=0.00102\,\mathrm{g\cdot sec/cm^2}$$
$$=0.0102\,\mathrm{kg\cdot sec/m^2}=1\,\mathrm{g_0/sec\cdot cm}$$
$$=100\,\mathrm{centipoise}$$

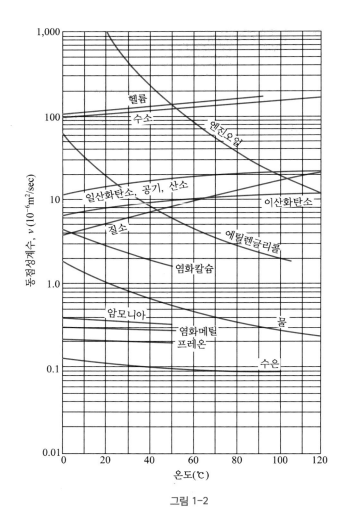

그림 1-2

실무에의 응용을 위해서 점성계수 μ 대신 다음과 같이 표시되는 동점성계수(kinematic viscosity) ν를 사용하는 경우가 매우 많다.

$$\nu = \frac{\mu}{\rho} \qquad (1.7)$$

여기서 ρ는 어떤 온도에서의 μ에 대응하는 물의 밀도이다. 동점성계수의 차원 $[\nu] = [L^2 T^{-1}]$로 표시되며 따라서 단위는 m²/sec, cm²/sec 혹은 ft²/sec로 표시된다. ν의 특수단위로는 스토크(stoke) 혹은 센티스토크(centistoke)가 사용되며

$$1\,\mathrm{stoke} = 1\,\mathrm{cm}^2/\mathrm{sec} = 10^{-4}\,\mathrm{m}^2/\mathrm{sec} = 100 \ \mathrm{centistoke}$$

일반적으로 유체의 점성계수는 온도에 따라서 크게 변화하며 액체와 기체의 경우 점성계수와 온도 간의 관계는 서로 상반되는 관계를 가진다. 즉, 액체가 흐를 때에 생기는 마찰력의 원인이 되는 점성은 액체분자 간의 응집력에 의한 것이며, 온도가 상승하면 응집력은 약해지므로 점성이 떨어져서 점성계수가 작아진다. 반면에 기체가 흐를 때 생기는 마찰력은 분자간의 응집력 때문에 생기는 것이 아니라 분자간의 충돌로 인한 충격력 때문에 생기는 것이므로 온도가 상승하면 분자간의 충돌은 더욱 더 활발해지므로 점성은 높아져서 점성계수가 커진다. 그림 1-2는 몇 가지 액체와 기체의 동점성계수가 온도에 따라 어떻게 변하는지를 표시하고 있다. 그림으로부터 액체의 경우는 온도상승에 따라 동점성계수가 작아지나 기체의 경우는 커짐을 알 수 있다. 또한 표 1-4에는 물과 공기의 온도에 따른 점성계수 및 동점성계수를 수록하였다.

표 1-4 물과 공기의 점성계수

온 도 (℃)	물		공 기	
	점성계수, μ ($10^{-4}\,\mathrm{kg}\cdot\mathrm{sec}/\mathrm{m}^2$)	동점성계수, ν ($10^{-6}\,\mathrm{m}^2/\mathrm{sec}$)	점성계수, μ ($10^{-6}\,\mathrm{kg}\cdot\mathrm{sec}/\mathrm{m}^2$)	동점성계수, ν ($10^{-5}\,\mathrm{m}^2/\mathrm{sec}$)
0	1.816	1.785	1.750	1.329
5	1.547	1.519	1.775	1.317
10	1.332	1.306	1.801	1.417
15	1.161	1.139	1.828	1.463
20	1.021	1.003	1.852	1.509
25	0.907	0.893	1.876	1.555
30	0.814	0.800	1.900	1.601
40	0.666	0.658	1.947	1.695
50	0.558	0.553	1.992	1.794
60	0.475	0.474	2.040	1.886
70	0.412	0.413	2.084	1.986
80	0.361	0.364	2.128	2.087
90	0.321	0.326	2.172	2.193
100	0.288	0.294	2.216	2.302

수온이 22℃일 때의 물의 점성계수 및 동점성계수를 구하고, 이를 각각 poise 및 stoke 단위로 환산하라.

풀이 (1) 표 1-4로부터 보간법을 사용하면

$$\mu = \left[1.021 + \frac{2}{5}(0.907 - 1.021) \right] \times 10^{-4} = 0.9754 \times 10^{-4} \, \mathrm{kg \cdot sec/m^2}$$

$1\,\mathrm{poise} = 1\,\mathrm{dyne \cdot sec/cm^2}$, $1\,\mathrm{kg} = 0.98 \times 10^6\,\mathrm{dyne}$ 이므로 단위를 환산해 보면

$$\mu = 0.9754 \times 10^{-4} \, \mathrm{kg \cdot sec/m^2}$$

$$= \frac{0.9754 \times 10^{-4} \, \mathrm{kg \cdot sec} \times 0.98 \times 10^6 \, \mathrm{dyne} \times 1\,\mathrm{m^2}}{\mathrm{m^2} \times 1\,\mathrm{kg} \times (100\,\mathrm{cm})^2}$$

$$= 0.956 \times 10^{-2} \, \mathrm{dyne \cdot sec/cm^2}$$

$$= 0.00956 \, \mathrm{poise}$$

$$= 0.956 \, \mathrm{centipoise}$$

(2) 표 1-3으로부터 22℃일 때의 물의 밀도를 보간법으로 구하면

$$\rho = 101.86 + \frac{2}{10}(101.60 - 101.86) = 101.81 \, \mathrm{kg \cdot sec^2/m^4}$$

따라서,

$$\nu = \frac{\mu}{\rho} = \frac{0.9574 \times 10^{-4}}{101.81} = 0.940 \times 10^{-6} \, \mathrm{m^2/sec}$$

혹은 표 1-4로부터 직접 보간법을 사용하면

$$\nu = \left[1.003 + \frac{2}{5}(0.893 - 1.003) \right] \times 10^{-6} = 0.959 \times 10^{-6} \, \mathrm{m^2/sec}$$

$\nu = \mu/\rho$ 로 계산한 값은 μ 와 ρ 를 각각 보간법으로 결정한 후 γ 를 계산했으므로 오차가 누적되었다고 본다. 따라서 표 1-4로부터 직접 보간법으로 계산한 $\nu = 0.959 \times 10^{-6}$ m²/sec를 취한다.

$1\,\mathrm{stoke} = 1\,\mathrm{cm^2/sec}$이므로 단위를 환산해 보면

$$\nu = 0.959 \times 10^{-6} \, \mathrm{m^2/sec}$$

$$= \frac{0.959 \times 10^{-6} \, \mathrm{m^2} \times (100\,\mathrm{cm})^2}{\mathrm{sec} \times 1\,\mathrm{m^2}}$$

$$= 0.959 \times 10^{-2} \, \mathrm{cm^2/sec}$$

$$= 0.00959 \, \mathrm{stoke}$$

$$= 0.959 \, \mathrm{centistoke}$$

1.7 물의 표면장력과 모세관현상

액체표면의 아래에 있는 분자 사이에는 모든 방향으로 동일한 크기의 응집력, 즉 인력이 작용하여 평형상태를 유지하나 액체의 표면에 있는 분자는 액체내부에 있는 분자와의 인력에 비해 표면외부, 즉 공기분자와의 인력이 너무 작아서 인력의 평형을 이루지 못하게 된다. 따라서 액체 표면에 있는 분자는 표면에 접선인 방향으로 끌어당기는 힘을 받게 되며, 이를 표면장력(surface tension)이라 한다. 가느다란 관내로 액체가 올라가거나 내려가는 현상 등은 모두 이 표면장력 때문에 일어나는 것이다.

표면장력의 크기는 단위길이당 힘(dyne/cm)으로 표시하며, 액체의 종류와 온도에 따라 변하고 온도가 상승하면 분자간의 인력이 작아지므로 표면장력 또한 작아진다. 표 1 – 5는 물의 표면장력이 온도에 따라 어떻게 변하는지를 표시하고 있다.

표 1-5 물의 표면장력

온 도(℃)	0	10	20	30	40	50	60	70	80	90
σ(dyne/cm)	74.16	72.79	71.32	69.75	68.18	67.86	66.11	64.36	62.60	60.71

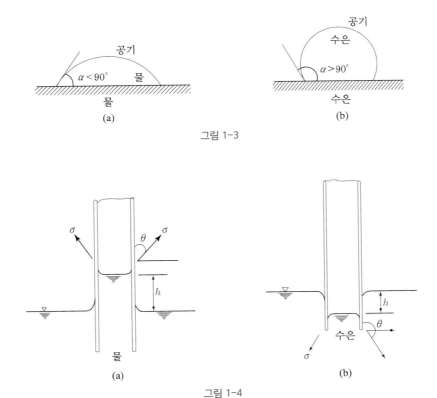

그림 1-3

그림 1-4

표 1-5에서 볼 수 있는 바와 같이 물의 표면장력은 각종 수리현상에 관련되는 정수압이나 동수압 및 기타의 힘의 크기에 비해 상대적으로 매우 작으므로 대부분의 수리문제에서 거의 무시하는 것이 보통이다. 그러나 흐름의 영역이 아주 작으면서 자유표면을 가질 경우에 표면장력을 무시하지 못할 경우도 없지 않다. 예를 들면, 수리모형실험의 경우 원형에서는 표면장력을 무시할 수 있으나 이를 크게 축소하여 만든 모형에서는 표면장력이 상대적으로 무시할 수 없는 힘이 되어 실험에서의 흐름현상을 지배하는 경우도 생기므로 이를 감안하여 실험결과를 해석하지 않으면 안된다.

대부분의 액체는 고체면에 접하면 부착하려는 성질을 가지고 있으며, 부착력의 크기는 액체 및 고체면의 성질에 따라 변한다. 만약 액체와 고체면 사이의 부착력이 액체분자간의 응집력보다 크면 그림 1-3 (a)에서와 같이 액체는 고체면 위에 퍼지면서 적시게 되나, 응집력이 부착력보다 크면 그림 1-3 (b)에서와 같이 액체방울을 형성하게 된다. 예를 들면, 유리관에 물방울을 떨어뜨리면 물은 유리를 적시나 수은방울을 떨어뜨리면 수은은 방울을 형성하게 된다. 만약 가느다란 관(세관)을 그림 1-4 (a)와 같이 물표면에 걸쳐 연직으로 세우면 표면장력 때문에 물은 세관 속으로 올라가고, 그림 1-4 (b)와 같이 수은 속에 세우면 수은은 세관 아래로 내려가며 이와 같은 현상을 모세관현상(capillary action)이라 한다. 모세관현상은 액체와 고체벽 사이의 부착력과 액체분자간의 응집력이 상대적인 크기에 의해 영향을 받는다. 즉, 물에서와 같이 부착력이 응집력보다 클 경우에는 세관 위로 올라가고 수은에서처럼 응집력이 부착력보다 크면 세관 내의 수은은 수은표면보다 아래로 내려간다.

모세관 내 상승고(capillary rise) 혹은 하강고(capillary depression) h 는 세관 내 액체표면에 작용하는 표면장력으로 인한 부착력의 연직분력과 액체표면 위로 올라간(혹은 아래로 내려간) 액체의 무게를 같게 놓으면 계산할 수 있다. 여기서 그림 1-4의 액체와 고체벽면이 이루는 각 θ 를 접촉각(angle of contact)이라 하며, 접촉물질이 물과 유리일 경우는 8~9°, 물과 깨끗한 유리일 경우는 0°, 수은과 유리일 경우는 약 140°가 된다. 직경이 d 인 세관 내의 상승고(혹은 하강고) h 를 구하기 위해 세관 내의 액체표면에 작용하는 표면장력의 연직분력과 상승(혹은 하강)된 액체의 무게를 같게 놓으면

$$(\sigma \pi d)\cos\theta = \gamma \left(\frac{\pi d^2}{4} h \right) \tag{1.8}$$

따라서

$$h = \frac{4\sigma\cos\theta}{\gamma d}$$

여기서 σ 는 액체의 표면장력이고 γ 는 단위중량이다.

위에서 설명한 모세관현상은 2장에서 설명하게 될 액주계라든지 기타 세관을 사용하여 액체를 계측하는 기구에 의한 측정에 오차를 초래할 우려가 있으며, 이를 방지하기 위해서는 통상 직경 1 cm보다 작지 않은 관을 사용해야 하는 것으로 알려져 있다.

문제 1-06

직경 5 mm인 깨끗한 유리관을 물표면에 걸쳐 연직으로 세웠을 때 모세관 내 상승고를 계산하라. 수온은 20℃라 가정하라.

풀이 수온이 20℃일 때의 $\sigma = 71.32 \text{ dyne/cm}$ (표 1-5)이고 $d = 5\,\text{mm} = 0.5\,\text{cm}, \theta = 0°$,

$\gamma = 0.998 \text{ g/cm}^3$(표 1-3).

1 g중 = 980 dyne이므로

$$\sigma = 71.32 \text{ dyne/cm}$$
$$= 0.0728 \text{ g/cm}$$

식 (1.8)을 사용하면

$$h = \frac{4 \times 0.0728 \times \cos 0°}{0.998 \times 0.5}$$
$$= 0.584 \text{ cm}$$

문제 1-07

비누풍선 속의 압력을 표면장력(σ)과 비누풍선의 직경 d의 항으로 표시하라.

풀이 그림 1-5에서 비누풍선의 표면에 작용하는 힘, 즉 표면장력 σ에 의해 유발된 힘은 비누풍선 내부와 외부의 압력차 p에 의해서 이루어지는 힘과 서로 평형을 이루어야 하므로

총장력 = 총압력

$$\sigma \pi d = p \frac{\pi d^2}{4}$$
$$\therefore p = \frac{4\sigma}{d}$$

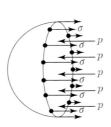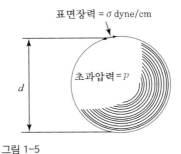

표면장력 = σ dyne/cm

초과압력 = p

그림 1-5

1.8 물의 압축성과 탄성

모든 유체는 압축하면 체적이 감소하며 에너지가 완전히 보존된다면 탄성에너지로 축적되어 있다가 압력을 제거하면 최초의 체적으로 팽창하게 된다. 이와 같은 물의 성질을 탄성(elasticity)이라 한다. 정상적인 조건 하에서는 물의 압축성은 매우 작으므로 물을 비압축성 유체로 가정하여 해석하는 것이 보통이나 관수로 내에서의 수격작용(water hammer)과 같이 물의 압축성을 무시하지 못할 경우도 있다.

탄성을 가지는 고체물질에서는 탄성의 척도로서 강체에 작용된 응력과 길이의 변형률 간의 비례상수인 탄성계수(modulus of elasticity)를 사용하나 유체는 강성이 없으므로 작용한 압력과 체적변화율 간의 관계를 표시하기 위해 체적탄성계수(bulk modulus of elasticity)를 사용한다. 즉, 체적탄성계수 E_b 는 다음과 같이 정의된다.

$$\Delta p = - E_b \frac{\Delta \mathrm{V}}{\mathrm{V}} \tag{1.9}$$

여기서 Δp 와 $\Delta \mathrm{V}$ 는 각각 압력과 체적의 변화량이고 V 는 초기체적이다. 표 1-6은 압력과 온도에 따라 변하는 물의 체적탄성계수를 표시하고 있다.

표 1-6 물의 체적탄성계수, $E_b(10^8\,\mathrm{kg/m^2})$

압력 (bar*)	온도(℃)			
	0	10	20	50
1~25	1.967	2.069	2.110	
25~50	1.998	2.100	2.171	
50~75	2.029	2.181	2.273	
75~100	2.059	2.202	2.283	
100~500	2.171	2.314	2.385	2.477
500~1,000	2.477	2.620	2.722	2.824
1,000~1,500	2.895	2.966	3.058	3.170

주 : * 1기압 = 1.013 bar, 1 bar = 10^5 Newton/m^2

해수의 비중은 1.026이다. 수심이 2,000 m 되는 해저에서의 해수의 밀도를 계산하라. 수온은 10℃라 가정하라.

풀이 해면으로부터 2,000 m 깊이에서의 압력은 해면에서의 압력(대기압＝1 기압)보다 단위면적을 갖는 수주의 무게만큼 크다. 즉,

$$\Delta p = \text{해수의 단위중량} \times \text{수주의 체적}$$
$$= (1.026 \times 1,000) \times (2,000 \times 1 \times 1) = 2.052 \times 10^6 \text{ kg/m}^2$$
$$= 201.1 \times 10^5 \text{ N/m}^2 = 201.1 \text{ bar}$$

표 1-6으로부터 압력이 100~500 bar, 수온이 10℃일 때의 $E_b = 2.314 \times 10^8 \text{kg/m}^2$

따라서 식 (1.9)를 사용하면

$$\frac{\Delta V}{V} = \frac{-\Delta p}{E_b} = \frac{-2.052 \times 10^6}{2.314 \times 10^8} = -0.00887$$

해면에서의 체적 및 밀도를 각각 V, ρ 라 하고 2,000 m 깊이에서의 체적과 밀도를 V', ρ' 이라 하면

$$\Delta V = V' - V = \frac{m}{\rho'} - \frac{m}{\rho}$$

따라서,

$$\frac{\Delta V}{V} = \frac{1}{\rho'} \left(\frac{m}{V} \right) - \frac{1}{\rho} \left(\frac{m}{V} \right) = \frac{\rho}{\rho'} - 1$$

$$\therefore \rho' = \frac{\rho}{1 + \frac{\Delta V}{V}} = \frac{1.026}{1 - 0.00887} = 1.0352 \, \text{g}_0/\text{cm}^3$$

01 수온이 80℃인 500L의 물을 얼게 하기 위해서는 얼마만큼 열을 빼앗아야 하는가?

02 수심이 아주 얕은 증발접시에 45℃의 물이 1,200 g 들어 있다. 대기압이 0.9 bar일 때 증발이 시작되는 데 필요한 열에너지(calories)를 계산하라.

03 다음 물리량들의 차원을 *FLT*계와 *MLT*계로 각각 표시하라.
   (a) 체적   (b) 유량   (c) 동점성계수
   (d) 밀도   (e) 단위중량   (f) 표면장력
   (g) 전단응력   (h) 체적탄성계수   (i) 모멘트

04 20℃에서의 물의 점성계수는 1.021×10^{-4} kg·sec/m²이다. foot·pound 단위로 환산하라.

05 30℃인 물의 점성계수를 poise 단위로 표시하고, 동점성계수를 stoke 단위로 표시하라. 또한 각각을 foot·pound 단위로 표시하라.

06 약 15.5℃에서 수은과 물의 점성계수는 비슷해진다. 이때의 동점성계수를 계산하라.

07 600 m³/min의 유량을 ft³/sec 단위로 환산하라.

08 100 lb/ft³는 몇 kg/cm³인가?

09 체적이 5.8 m³이고 무게가 6.35 ton인 액체가 있다. 이 액체의 단위중량, 밀도 및 비중을 구하라.

10 체적이 4.6 m³인 액체의 단위중량이 1.025 ton/m³일 때 이 액체의 무게, 밀도 및 비중을 구하라.

11 어떤 용기의 체적은 5 m³이고 무게는 160 kg이다. 이 용기에 어떤 액체를 채웠더니 무게가 4,800 kg이 되었다. 이 액체의 밀도를 구하라.

12 고정되어 있는 용기 속에 점성을 알 수 없는 기름이 들어 있다. 용기의 바닥으로부터 0.1 cm 간격으로 면적이 100 cm²인 평판을 75 cm/sec의 일정한 속도로 이동시키는 데 5.3 kg의 힘이 필요하였다. 이 기름의 점성계수를 계산하라.

13 반경이 1 m인 원형평판과 고정면 사이에 점성이 20℃의 물의 점성보다 16배 큰 기름이 들어 있다. 평판을 0.65 rad/sec의 각속도로 회전시키기 위해 필요한 토크(torque)를 계산하라. 원형평판과 고정경계면 사이의 간격은 0.5 mm이다.

14 어떤 액체의 점성계수가 3 centipoise이다. SI 단위로 환산하라.

15 내경이 5 mm인 유리관을 정수 중에 연직으로 세웠을 때 모세관 내 수면상승고를 계산하라. 수온은 15℃이며 물과 유리의 접촉각은 8°라 가정하라.

16 정지하고 있는 물속에 직경 2 mm인 유리관을 연직으로 세웠을 때 모세관 내 상승고는 15 mm이었다. 접촉각이 0°일 때 표면장력을 구하라.

17 직경 1 mm인 수직 유리관에서 20℃의 수은은 표면으로부터 얼마나 밑으로 내려갈 것인가? 20℃에서의 수은의 표면장력은 514 dyne/cm이다.

18 직경이 0.5 mm인 모세관 내로 올라간 어떤 액체의 상승고가 18 mm, 접촉각이 47°였다. 이 액체의 비중이 0.998, 온도가 20℃였다면 표면장력은 얼마이겠는가?

19 5 cm 직경의 비눗방울의 내부압력은 대기압보다 2.1 kg/m²만큼 높다. 이 비누막의 표면장력을 계산하라.

20 0.4 m³의 물이 70 bar의 압력을 받고 있을 때 물의 체적을 구하라.

21 어떤 액체에 7 bar의 압력을 가했더니 체적이 0.035%만큼 감소되었다. 이 액체의 체적탄성계수를 구하라.

22 압력이 25 bar에서 4.5×10^6 dyne/cm²로 갑자기 상승되었을 때 20℃의 물의 밀도변화를 계산하라.

23 어떤 액체에 작용하는 압력을 500 kg/cm²에서 1,000 kg/cm²로 증가시켰더니 체적이 0.8% 감소하였다. 이 액체의 체적탄성계수를 구하라.

24 표준대기압 하 4℃에서 물의 체적이 120 m³이었다. 이때의 물의 무게를 구하고, 압력이 10 bar 및 100 bar로 증가할 경우의 무게와 비교하라.

Chapter 2
정수압과 부력 및 상대적 평형

2.1 서 론

흐르지 않고 정지상태에 있는 물이 어떤 점 혹은 면에 작용하는 힘의 관계를 다루는 분야를 정수역학(hydrostatics)이라 하며, 이 장에서는 물속에서의 위치변화에 따르는 압력의 변화양상과 물의 무게에 의해 유발되는 단위면적당의 힘인 정수압강도의 측정단위 및 방법, 각종 면에 작용하는 정수압의 크기와 작용점 등의 문제를 다루게 된다. 정지하고 있는 유체에서는 분자 상호간에 상대적인 운동이 없으므로 유체의 점성은 역할을 못한다. 따라서 마찰의 원인이 되는 점성효과를 무시할 수 있으므로 실험할 필요 없이 순수이론적 해석에 의해 정수역학 문제의 해결이 가능한 것이다.

또한 이 장에서는 부력의 원리와 부체의 안정에 관한 문제도 다루고 있으며, 정수역학의 원리가 그대로 적용되는 특별한 경우인 상대적 평형문제도 취급하였다. 상대적 평형문제는 등가속도 운동을 받고 있는 용기에 담겨진 물은 용기의 운동에 동반하여 운동하지만, 유체층 사이에는 상대적인 운동이 있을 수 없게 되므로 역시 점성의 효과를 무시하고 정수역학의 제반원리를 적용할 수 있게 되는 것이다.

2.2 정수압의 크기와 작용방법

위에서 언급한 바와 같이 분자간에 상대적 운동이 없는 유체 내에서는 전단응력이 발생하지 않으며, 다만 면에 수직한 응력만이 상호간에 반대방향으로 작용하게 된다. 이와 같은 종류의 응력을 압력(pressure)이라 하며 취급하는 유체가 물인 경우 이를 정수압(hydrostatic pressure)이라 한다. 정수압은 물을 넣은 용기벽 내면 혹은 수중의 가상면에 항상 직각인 방향으로 작용한다. 이것은 면을 따르는 방향의 힘, 즉 전단응력이 정수 중에는 존재하지 않음을 생각하면 당연한 일이다. 정수압의 강도(pressure intensity)는 단위면적당 힘으로 표시되는데 kg/cm², ton/m² 또는 lb/in² 등의 단위를 사용하여 표시한다.

물속의 임의의 단면을 생각하여 그 평면의 단면적 A에 균일한 압력이 작용할 경우 그 평면상에 작용하는 전압력(힘)을 P, 단위면적당의 압력강도를 p라 하면

$$p = \frac{P}{A} \tag{2.1}$$

압력강도가 평면상에서 균일하지 않을 경우에는 미소면적 ΔA에 작용하는 힘을 ΔP라고 할 때 압력강도 p는 다음과 같이 정의된다.

$$p = \lim_{\Delta A \to 0} \frac{\Delta P}{\Delta A} = \frac{dP}{dA} \tag{2.2}$$

정수압이 가지는 또 하나의 중요한 성질은 수중의 한 점에서 정수압은 모든 방향으로 똑같은 크기를 가진다는 것이다. 그림 2–1의 2차원 자유물체도로부터 이 성질을 증명해 보기로 한다. 그림 2–1의 미소삼각형 수체는 지면에 수직인 방향으로 단위두께를 갖는다고 가정하고 p_x, p_z, p_s는 각 면에 작용하는 평균압력강도, γ를 물의 단위중량이라 하면 정역학적 평형방정식은 다음과 같다.

$$\sum = p_x dz - p_s d_s \sin\theta = 0 \tag{2.3}$$

$$\sum F_x = p_z dx - \frac{1}{2}\gamma dx\,dz - p_s d_s \cos\theta = 0 \tag{2.4}$$

그런데

$$dz = ds\sin\theta \tag{2.5}$$

$$dx = ds\cos\theta \tag{2.6}$$

식 (2.5)를 식 (2.3)에 대입하면

$$p_x = p_s$$

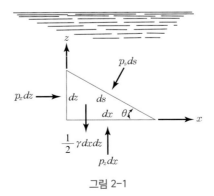

그림 2–1

식 (2.6)을 식 (2.4)에 대입하고 미소삼각형 수체 내의 물의 무게를 무시하면

$$p_z = p_s$$

따라서

$$p_x = p_z = p_s \qquad (2.7)$$

즉, 정수 중의 한 점에 작용하는 정수압의 크기는 모든 방향으로 똑같은 값을 가진다.

2.3 정수압의 연직방향 변화

정지하고 있는 유체 중에서는 수평방향으로의 압력의 변화는 전혀 없다. 즉, 연속되어 있는 정지유체에서는 동일 수평면상의 임의의 두 점에서 압력은 동일하다는 것이며 이는 그림 2-2로부터 증명될 수 있다. 그림 2-2의 xy 평면은 수면을 표시하고 있으며 수면으로부터 z의 깊이에 있는 미소입방체의 수체를 생각하고 x, y 방향의 정역학적 평형방정식을 세우면

$$x\,\text{방향} : p\,dy\,dz - \left(p + \frac{\partial p}{\partial x}\,dx\right)dy\,dz = 0$$

$$\therefore \frac{\partial p}{\partial x} = 0 \qquad p = \text{일정} \qquad (2.8)$$

$$y\,\text{방향} : p\,dx\,dz - \left(p + \frac{\partial p}{\partial y}\,dy\right)dx\,dz = 0$$

$$\therefore \frac{\partial p}{\partial y} = 0 \qquad p = \text{일정} \qquad (2.9)$$

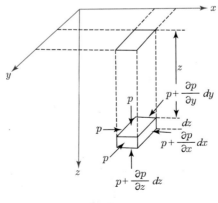

그림 2-2

식 (2.8), (2.9)로부터 정수 중에서는 수평방향으로의 압력은 항상 일정하여 변화가 없음을 알 수 있다.

다음으로 수심방향, 즉 z방향으로의 정역학적 평형방정식을 수립해 보면

$$\sum F_z = p\,dx\,dy + \gamma\,dx\,dy\,dz - \left(p + \frac{\partial p}{\partial z}\,dz\right)dx\,dy = 0$$

$$\therefore \frac{\partial p}{\partial z} = \gamma \qquad\qquad (2.10)$$

식 (2.10)은 연직방향으로의 압력의 변화율은 유체의 단위중량과 같음을 표시하고 있으며, 물과 같은 비압축성 유체에 대해서는 단위중량 γ를 상수로 간주할 수 있으므로 미분방정식 (2.10)을 쉽게 적분할 수 있다. 즉,

$$p = \gamma z + C \qquad\qquad (2.11)$$

식 (2.11)의 적분상수 C는 수표면에서의 압력이 대기압이라는 조건을 사용하면 결정된다. 즉, $z = 0$일 때 $p = p_a$이므로

$$C = p_a = 대기압$$

따라서 식 (2.11)은 다음과 같아진다.

$$p = p_a + \gamma z \qquad\qquad (2.12)$$

그런데 수면에서의 압력 p_a를 계기압력으로 표시하면 $p_a = 0$이므로 식 (2.12)는 다음과 같아진다.

$$p = \gamma z \qquad\qquad (2.13)$$

따라서 수표면으로부터의 깊이가 z인 점에 작용하는 단위면적당 힘으로 표시되는 압력강도는 물의 단위중량 γ에 깊이 z를 곱함으로써 쉽게 계산할 수 있으며, 동일한 유체의 동일 수평면상에 있는 모든 점에 있어서의 압력은 동일함을 알 수 있다. 수면으로부터 깊이 z_1과 z_2에 있는 두 점($z_2 > z_1$) 간의 정수압 강도차는 $z_2 - z_1 = h$라 놓으면

$$\Delta p = \gamma z_2 - \gamma z_1 = \gamma(z_2 - z_1) = \gamma h$$

따라서

$$h = \frac{\Delta p}{\gamma} \qquad\qquad (2.14)$$

여기서 두 점 간의 정수압차는 수주의 높이 h로 표시되었으며, 이를 압력수두(pressure head)라 한다.

개방된 물통 속에 물이 담겨져 있는데 깊이가 2 m이다. 이 물 위에는 비중이 0.8인 기름이 1 m의 깊이로 떠 있다. 기름과 물의 접촉면에서의 압력과 물통 밑바닥에서의 압력을 계산하라.

풀이 접촉면에서는 $z = 1\,\mathrm{m}$

$$p = \gamma z = 0.8 \times 1{,}000 \times 1 = 800\,\mathrm{kg/m^2}$$

물통 바닥에서의 정수압에 물과 기름에 의한 압력을 더하면 된다. 즉,

$$p = 800 + 1{,}000 \times 2 = 2{,}800\,\mathrm{kg/m^2}$$

수심 3,000 m의 해저에 있어서의 정수압을 구하라. 단, 해수의 비중은 1.025이다.

풀이 식 (2.13)을 사용하면

$$\gamma = 1{,}025\,\mathrm{kg/m^3} = 1.025\,\mathrm{ton/m^3}\text{이므로}$$

$$p = 1{,}025 \times 3{,}000 = 3{,}075{,}000\,\mathrm{kg/m^2} = 3{,}075\,\mathrm{ton/m^2}$$

2.4 정수압의 전달

그림 2-3과 같이 입구가 좁은 용기에 물을 가득 넣어 단면적이 a인 마개로 꼭 막고, 마개 위에서 P인 힘을 가할 경우 마개의 무게와 마개 주위의 마찰력을 무시하면 그 아래쪽 면 A에 작용하는 압력강도는

$$p_A = \frac{P}{a}$$

면 A 보다 z 만큼 낮은 곳에 있는 점 B에 있어서의 압력강도는 식 (2.13)에 의하여 $p_A + \gamma z$ 로 표시된다. 힘 P를 $P + \Delta P$로 증가시킬 때 p_A 가 $p_A + \Delta p_A$ 로 증가되었다고 하면 점 B에 있어서의 압력강도는

$$p_B = p_A + \Delta p_A + \gamma z$$

즉, 여기서도 압력의 증가는 Δp_A, 즉 $\Delta P / a$ 로 된다.

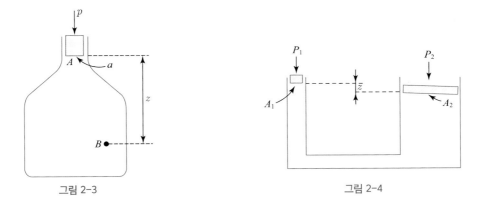

그림 2-3 그림 2-4

점 B의 위치는 임의이므로 압력의 증가량은 용기 속의 어디에서나 동일하다는 것을 알 수 있다. 즉, 압력은 용기전체에 고르게 전달된다. 이것을 Pascal의 원리(Pascal's law)라고 한다.

압력의 전파속도 C는 용기가 완전한 강체일 때 액체의 체적탄성계수를 E_b라 하면 다음과 같이 표시할 수 있다.

$$C = \sqrt{\frac{E_b}{\rho}} \qquad (2.15)$$

표준대기압 하에서 수온이 20℃이면 $E_b = 2.11 \times 10^8\,\mathrm{kg/m^2}$(표 1-6), $\rho = 101.86\,\mathrm{kg} \cdot \mathrm{sec^2/m^4}$(표 1-3)이므로 $C ≒ 1,440\,\mathrm{m/sec}$의 속도로 전파하므로 용기가 매우 크더라도 압력은 용기전체를 통해서 순간적으로 전파된다.

다음에 그림 2-4와 같은 U자관을 마개로 밀폐하고 외부에서 힘 P_1 및 P_2를 가하여 평형시킨다. 두 마개의 면적을 각각 A_1 및 A_2라 하고 마개의 무게에 의한 마찰을 무시하면 마개의 아래쪽 면의 정수압강도는 각각 P_1/A_1, P_2/A_2가 되며, 양자 사이에는 다음 관계가 성립한다.

$$\frac{P_1}{A_1} + \gamma z = \frac{P_2}{A_2}$$

외부로부터 가하는 힘을 충분히 크게 하면 γz는 외력 P에 비하여 미소하므로 이를 무시할 수 있다. 즉,

$$\frac{P_1}{A_1} = \frac{P_2}{A_2} \qquad (2.16)$$

따라서 A_2와 A_1의 비를 매우 크게 하면 적은 힘 P_1을 매우 큰 힘 P_2와 평행시킬 수 있다. 수압기(hydraulic press)는 이 원리를 이용해서 작은 힘으로 큰 힘을 얻는 데 사용된다.

그림 2-5의 피스톤 A와 B의 직경은 각각 3 cm 및 20 cm이다. 두 피스톤의 아랫면은 같은 높이에 있고 피스톤 아래의 수압기에는 기름이 차 있다. 그림의 지렛대의 C점에 10 kg의 힘을 작용했을 때 평형을 이루었다. 이 수압기는 얼마만한 무게 W를 지지하고 있는 것인가?

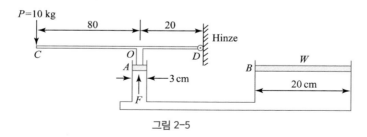

그림 2-5

풀이 C점에 작용하는 $P=$ 10 kg 으로 인해 평형상태에 도달했을 때 피스톤 A가 받는 반작용력 F의 크기를 모멘트의 원리로 계산해 보면

$$P \times (80+20) = F \times 20 \qquad \therefore F = 50 \, \text{kg}$$

피스톤 A, B에 파스칼의 원리를 적용하기 위해 식 (2.16)을 사용하면

$$\frac{50}{\left(\dfrac{\pi \times 3^2}{4}\right)} = \frac{W}{\left(\dfrac{\pi \times 20^2}{4}\right)}$$

$$\therefore W = 50 \times \left(\frac{20}{3}\right)^2 = 2,222.2 \, \text{kg}$$

즉, C점에 10 kg을 작용하면 $W=$ 2,222.2 kg 일 때 평형상태를 유지하게 되며 $P > 10 \, \text{kg}$ 이 되면 2,222.2 kg의 물체를 위 방향으로 움직일 수 있게 된다.

2.5 압력의 측정기준과 단위

압력의 크기는 특정압력을 기준으로 하여 측정되며 흔히 사용되는 기준압력은 절대영압 (absolute zero pressure)과 대기압(atmospheric pressure)이다. 압력을 절대영압, 즉 완전진공을 기준으로 하여 측정할 때에는 절대압력(absolute pressure)이라 하고, 국지대기압을 기준으로 측정할 때는 계기압력(gauge pressure)이라 한다. 그림 2-6은 압력측정의 기준과 각종 압력의 예를 표시하고 있다. 그림에서 표준대기압은 평균해면에서 대기가 지구표면을 누르는 평균압력을 말하며, 이는 지구표면을 둘러싸고 있는 약 1,500 km 두께의 공기층(질소 78%, 산소 21%, 아르곤 등 기타 기체 1%)의 무게가 지구표면에 작용하기 때문에 생기는 압력이다. 표준대기압은 여

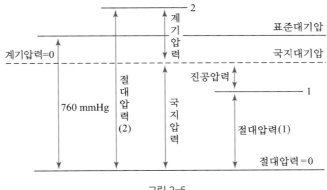

그림 2-6

러 가지 단위로 표시할 수 있으며 그 크기는 다음과 같다.

$$1기압 = 760 \, \mathrm{mm \, Hg} = 10.33 \, \mathrm{m \, H_2O}$$
$$= 1.013 \times 10^5 \, \mathrm{N/m^2} = 1.013 \, \mathrm{bar} = 1,013 \, \mathrm{milibar}$$
$$= 1.033 \, \mathrm{kg/cm^2} = 14.7 \, \mathrm{lb/in^2}$$

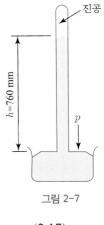

그림 2-7

국지대기압이란 어떤 고도나 기준조건 하에서의 대기압을 말하는 것으로서 수은압력계(mercury barometer)로 측정함이 보통이다. 수은압력계는 그림 2-7과 같이 수은으로 가득 채워진 유리관을 수은이 담겨 있는 용기 속에 거꾸로 세웠을 때 생기는 유리관 내의 수은주 h에 의해 대기압을 측정하는 계기이다. 그림 2-7의 거꾸로 세운 유리관의 꼭대기 부분에는 수은의 온도에서의 증기압이 작용하겠으나 거의 무시할 수 있을 정도로 작으므로 진공으로 간주할 수 있으며, 수은주의 평형은 대기압 p에 의해 유지되는 것이다. 따라서 식 (2.13)을 사용하면 국지대기압의 크기는 다음과 같이 표시할 수 있다.

$$p = \gamma_m h \tag{2.17}$$

여기서 γ_m은 수은의 단위중량이다.

그림 2-6에서 알 수 있는 바와 같이 어떤 크기의 압력은 절대영압(완전진공)을 기준으로 하거나 혹은 국지대기압을 기준으로 하여 표시된다. 그림의 (1)의 압력은 국지대기압보다 낮으므로 계기압력으로는 부압력(負壓力)혹은 진공압력이라 하며, (2)의 경우는 국지대기압보다 크므로 양의 계기압력이 된다. 또한 절대압력 p_{abs}은 국지대기압 p_a에 계기압력 p_g를 더한 것으로 표시된다. 즉,

$$p_{abs} = p_a + p_g \tag{2.18}$$

대부분의 공학문제에서는 절대압력을 쓰지 않고 계기압력을 사용하므로 이 책에서는 별도의 설명이 없는 한 압력이라 하면 계기압력을 뜻하는 것으로 하며, 전술한 바와 같이 압력의 단위로는 kg/cm^2, ton/m^2, lb/in^2 등을 사용하기로 한다.

문제 2-04

계기압력 $5\,kg/cm^2$를 절대압력으로 표시하라. 국지대기압은 768 mm의 수은주와 같다. 또한 이 절대압력을 bar 단위로 환산하라. 수은의 비중은 13.60이다.

풀이 국지대기압 $p_a = 13.6 \times 1{,}000 \times 0.768 = 10{,}444.8\,kg/m^2 = 1.045\,kg/cm^2$

따라서

$$절대압력 \quad p_{abs} = p_a + p_g = 1.045 + 5.0 = 6.045\,kg/cm^2$$

$1\,kg = 9.8\,Newton$이고 $1\,bar = 10^5\,Newton/m^2$이므로

$$p_{abs} = 6.045 \times 9.8 \times 10^4 = 5.924 \times 10^5\,N/m^2 = 5.924\,bar$$

2.6 압력측정 계기

자유표면을 가지는 물의 경우 수면 아래의 임의점에 있어서의 정수압은 수면으로부터의 깊이에 의해 결정(식 (2.13))되나 관로와 같이 폐합된 수로에 물이 흐를 경우 압력의 측정을 위해서는 별도의 계기가 필요하다. 흔히 사용되는 계기는 수압관(piezometer), 버어돈 압력계(Bourdon pressure gauge) 및 액주계(manometer)의 세 가지로 분류할 수 있다.

2.6.1 수압관

그림 2-8에서처럼 관로의 벽을 뚫어 짧은 꼭지(tap)를 달고 여기에 충분히 긴 가느다란 관(tube)을 끼워 연결한 장치를 수압관(piezometer)이라 한다. 관 내의 수압 때문에 물은 수압관 위로 올라가게 되며 마침내는 대기압과 평형을 이루게 된다. 따라서 관의 중립축상의 점 A에서의 압력, p_A는 수압관 내의 물의 높이 h로 표시된다. 즉, $p_A = \gamma h$이다. 수압관은 관로 내의 압력이 비교적 작을 때 효과적으로 사용될 수 있으며, 만약 압력이 커지면 수압관의 길이도 커져야 하기 때문에 큰 압력의 측정에는 불편하다. 관의 벽을 뚫어 장치하는 꼭지의 내경은 약 3.2 mm 이내로 하는 것이 좋으며 관로내벽의 곡면과 일치하도록 제작되어야 한다.

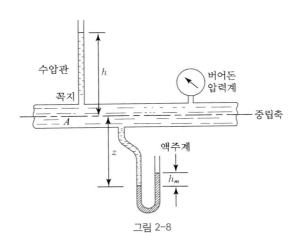

그림 2-8

2.6.2 버어돈 압력계

버어돈(Bourdon) 압력계는 관로벽에 직접, 혹은 수압관의 단부에 연결하여 사용하는 상용 압력계로서 속이 빈 구부러진 금속 튜브로 구성되어 있고, 튜브의 한쪽 끝은 막혀 있는 반면에 다른 쪽 끝은 압력을 측정하고자 하는 점에 연결되어 있다. 만약 압력이 커지면 구부러져 있던 튜브는 직선적으로 펴지고 튜브 끝에 달려 있는 압력표시계(pointer)는 압력의 크기에 비례하여 움직이도록 되어 있다. 튜브의 외부는 국지대기압이 작용하고 있으므로 표시침이 가리키는 압력은 계기압력이 된다. 압력계의 계기판(dial)은 원하는 압력단위로 제작할 수 있으며 그림 2-9는 dyne/cm^2 및 물기둥(수주)의 높이(m)로 표시한 계기판을 예시하고 있다. 버어돈 압력계는 큰 압력의 측정에는 많이 사용되나 정밀도가 대체로 낮아서 미소한 압력의 측정에는 부적당한 것으로 알려져 있다.

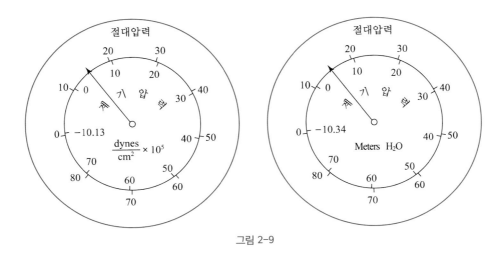

그림 2-9

2.6.3 액주계

액주계(manometer)는 비중을 알고 있는 유체(액주계 유체)가 들어 있는 U자형의 가느다란 유리관으로서, 관로나 용기의 한 단면에서의 압력 혹은 두 단면 간의 압력차를 측정하는 데 사용된다. 액주계의 종류는 크게 개구식과 시차식의 두 가지로 나눌 수 있으며, 전자는 그림 2-10 (그림 2-8의 액주계 경우)과 같이 액주계의 일단이 대기에 접촉하고 있어서 타단에서의 계기압력을 측정하는 데 사용되는 반면, 후자는 그림 2-11과 같이 액주계의 양단이 각각 다른 압력을 받고 있는 점에 연결되어 있어 두 점 간의 압력차를 측정하는 데 사용된다.

액주계 유체(manometer fluid)는 측정하고자 하는 유체보다 무거운 유체를 사용하는 것이 보통이며 측정유체와 섞이지 않아야 한다. 가장 흔히 사용되는 액주계 유체와 그 비중은 표 2-1과 같다.

그림 2-10과 같은 개구식 액주계에서 관로단면의 중심점 A에서의 압력을 구하는 절차를 살펴보면 다음과 같다.

① 평형상태에서 액주계 유체의 낮은 표면에 맞추어 수평선을 긋는다. 그러면 점 1, 2는 동일 유체의 동일 수평면상의 점이므로 압력은 같아야 한다. 즉, $p_1 = p_2$

② 점 1에서의 압력을 A 점의 압력과 연관시키고 점 2에서의 압력을 계산한다. 즉, 점 1에서의 압력은 A 점의 압력에 수주 y에 의한 압력을 더한 것과 같고, 점 2에서의 압력은 수은표면이 대기와 접하고 있으므로 수은주 h에 의한 압력과 같다.

③ $p_1 = p_2$라 놓고 A 점에서의 압력을 계산한다.

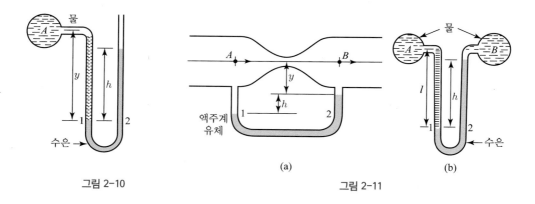

그림 2-10

(a)

(b)

그림 2-11

표 2-1 액주계 유체

액주계 유체	수 은	물	알코올	Merian* Unit oil	Merian* No. 3 oil	사염화탄소 (CCl$_4$)
비중	13.6	1.0	0.9	1.0	2.95	1.6

주 : * Merian Instruments, Division of Scott & Fetzer Co., Cleveland, Ohio, USA

그림 2 – 11 (b)와 같은 시차식 액주계의 경우도 계산절차는 비슷하며, 단지 위의 절차 ②에서 점 2에서의 압력을 B점의 압력과 연관시키고 절차 ③에서 등식 $p_1 = p_2$를 점 A, B에서의 압력차에 관해 풀면 된다.

이상의 절차에 따라 그림 2 – 10의 A점에서의 압력 p_A을 표시해 보면

$$p_1 = p_A + \gamma y, \qquad p_2 = \gamma_m h$$

여기서 γ와 γ_m은 각각 물과 수은의 단위중량이다. $p_1 = p_2$로 놓으면

$$p_A = \gamma_m h - \gamma y \tag{2.18}$$

한편, 그림 2 – 11 (b)의 점 A, B에서의 압력 p_A, p_B 간의 차는

$$p_1 = p_A + \gamma l, \qquad p_2 = p_B + \gamma(l - h) + \gamma_m h$$

따라서 $p_1 = p_2$라 놓고 압력차$(p_A - p_B)$를 구하면

$$p_A - p_B = (\gamma_m - \gamma) h \tag{2.19}$$

두 점 간의 압력차가 아주 작거나 높은 정밀도의 압력차를 측정하기 위해서는 그림 2 – 12와 같은 미차액주계(micromanometer)를 사용한다. 미차액주계는 그림 2 – 12에서 볼 수 있는 바와 같이 U자관의 중간부분에 두 개의 탱크(tank)가 연결되어 있으며, 액주계 유체로는 서로 섞이지 않는 두 가지 유체를 사용한다. 그림에서 탱크와 U자관의 단면적을 각각 A_1, A_2라 하고 압력이 작용되기 전의 두 액주계 유체의 원위치를 생각하면

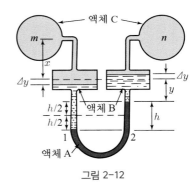

그림 2-12

$$A_1 \Delta y = A_2 \left(\frac{h}{2} \right)$$

$$\therefore \Delta y = \frac{A_2}{2 A_1} h \tag{2.20}$$

식 (2.20)을 바꾸어 쓰면 $h = 2 A_1 \Delta y / A_2$이며, A_1 / A_2(단면적비)를 크게 하면 m, n 점간의 압력차를 대표하는 Δy를 확대하여 h로 읽을 수 있게 되는 것이다.

압력차의 계산절차에 따르면

$$p_1 = p_m + \gamma_C(x + \Delta y) + \gamma_B(y + h - \Delta y)$$
$$p_2 = p_n + \gamma_C(x - \Delta y) + \gamma_B(y + \Delta y) + \gamma_A h$$

여기서 p_m, p_n은 각각 m 및 n점에서의 압력이다. $p_1 = p_2$라 놓고 풀면

$$p_m - p_n = (\gamma_A - \gamma_B)h + 2(\gamma_B - \gamma_C)\Delta y \qquad (2.21)$$

식 (2.21)에 식 (2.20)을 대입하면

$$p_m - p_n = (\gamma_A - \gamma_B)h + \frac{A_2}{A_1}(\gamma_B - \gamma_C)h \qquad (2.22)$$

$$= \left[\gamma_A + \left(\frac{A_2}{A_1} - 1\right)\gamma_B - \frac{A_2}{A_1}\gamma_C\right]h$$

따라서 3가지 유체의 단위중량과 단면적비를 알고 읽음값 h 만 읽으면 두 점 간의 압력차를 계산할 수 있다.

문제 2-05

그림 2 – 13과 같은 경사수압관에서 $\theta = 30°$, $l = 10\,\mathrm{cm}$, $\gamma_0 = 1,200\,\mathrm{kg/m^3}$ 일 때의 압력 p_A 를 계산하라.

풀이 $h = l\sin\theta = 10\,\mathrm{cm} \times \sin 30° = 5\,\mathrm{cm}$

$\gamma_0 = 1,200\,\mathrm{kg/m^3} = 1.2\,\mathrm{g/cm^3}$

$\therefore p_A = \gamma_0 h = 1.2 \times 5 = 6\,\mathrm{g/cm^2}$

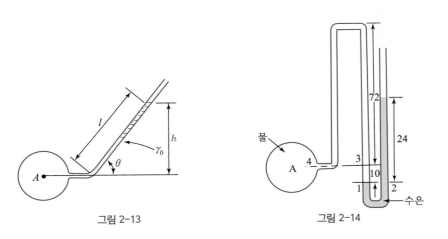

그림 2–13   그림 2–14

문제 2-06

그림 2 – 14와 같은 액주계에서 A 점에서의 수압을 계산하라. 액주계 유체는 수은이며 측정단위는 cm이다.

풀이 평형상태에 있으므로 $p_1 = p_2, \qquad p_3 = p_A$

$\gamma = 1\,\mathrm{g/cm^3}$ 이므로 $p_1 = p_3 + 1.0 \times 10 = (p_A + 10)\,\mathrm{g/cm^2}$

$p_2 = 13.6 \times 1.0 \times 24 = 326.4\,\mathrm{g/cm^2}$

$p_1 = p_2$ 로 놓으면 $p_A = 316.4\,\mathrm{g/cm^2}$

문제 2-07

그림 2-15와 같은 시차식 액주계에서 점 A, B 간의 압력차를 구하라. 측정단위는 cm이다.

풀이 그림에서 $p_1 = p_2$ $p_1 = p_A - \gamma(4+y) + 3.2\gamma$

$$p_2 = p_B - \gamma y + 13.6\gamma \times 3.2$$

$p_1 = p_2$ 라 놓고 풀면 $p_A - p_B = \gamma(4+y) - 3.2\gamma - \gamma y + 13.6 \times 3.2\gamma$

$$= 44.32\gamma = 44.32 \times 1.0 = 44.32 \text{ g/cm}^2$$

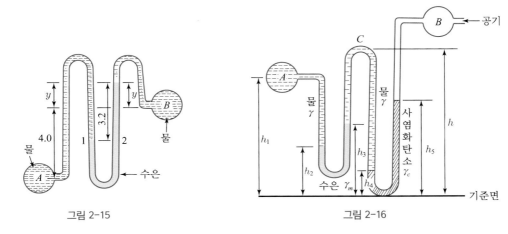

그림 2-15   그림 2-16

문제 2-08

그림 2-16과 같은 복식 액주계에서 B는 대기에 접해 있다. 지금 h_1, h_2, h_3, h_4 및 h_5가 각각 25, 10, 15, 5 및 20 cm일 때 점 A에서의 압력 p_A를 구하라. 단, 수은의 단위중량은 13.6 g/cm^3, 사염화탄소는 1.6 g/cm^{3}이다.

풀이 이 액주계는 C점에서 연결한 2개의 액주계라고 생각하여 기준면으로부터 C점까지의 높이를 h라 할 때 C점 왼쪽 액주계에서는

$$p_A + \gamma(h_1 - h_2) = p_c + \gamma(h - h_3) + \gamma_m(h_3 - h_2) \tag{a}$$

C점 오른쪽 액주계에서는

$$p_c + \gamma(h - h_4) = \gamma_c(h_5 - h_4) \tag{b}$$

$$\therefore p_c = \gamma_c(h_5 - h_4) - \gamma(h - h_4)$$

식 (b)를 식 (a)에 대입하면

$$p_A = p_c - \gamma(h_1 - h_2) + \gamma(h - h_3) + \gamma_m(h_3 - h_2)$$
$$= \gamma_c(h_5 - h_4) - \gamma(h - h_4) - \gamma(h_1 - h_2) + \gamma(h - h_3) + \gamma_m(h_3 - h_2)$$
$$= \gamma_c(h_5 - h_4) - \gamma(h_1 - h_2 + h_3 - h_4) + \gamma_m(h_3 - h_2)$$
$$= 1.6 \times (20 - 5) - 1.0 \times (25 - 10 + 15 - 5) + 13.6 \times (15 - 10)$$
$$= 24 - 25 + 68 = 67 \text{ g/cm}^2$$

2.7 수중의 평면에 작용하는 힘

수중의 평면에 작용하는 정수압으로 인한 힘의 크기와 작용방향 및 작용점을 결정하는 문제는 댐, 수문, 수조 및 선박의 설계에 있어서 매우 중요한 위치를 차지한다.

수중의 평면이 자유표면과 평행할 경우에 작용하는 힘은 압력분포가 그 평면을 따라 일정하므로 아주 쉽게 구할 수 있다. 그러나 자유표면과 평행하지 않은 평면, 즉 연직면 혹은 경사면에 작용하는 힘은 압력분포의 깊이에 따른 변화 때문에 까다로워지지만 식 (2.13)으로부터 알 수 있는 바와 같이 정수압은 깊이에 따라 직선적으로 변하므로 정도 이상으로 복잡한 것은 아니다.

2.7.1 수면과 평행한 평면의 경우

그림 2–17과 같이 수면과 평행한 평면에 작용하는 정수압의 분포는 평면상의 모든 점에서의 압력강도가 동일하므로 직사각형 모양을 가지며, 직사각형의 면적은 평면 위의 물의 실제 체적을 표시하며 이를 압력프리즘(pressure prism)이라 부른다.

기초역학의 원리에 의하면 작용하는 힘 P 는 압력프리즘의 체적과 같으며, 압력프리즘의 도심 (centroid)을 통과함이 증명되어 있다. 즉, 힘의 크기 P 는

$$P = \gamma h A \qquad (2.23)$$

2.7.2 수면에 경사진 평면의 경우

그림 2–18과 같이 수면에 경사져 있고 총면적이 A 인 수중의 평면에 작용하는 힘의 크기와 작용점을 구해 보기로 하자. 이 평면의 도심은 자유표면으로부터 h_G 의 깊이에 있고 자유표면과 평면의 연장선과의 교차점 O 로부터는 l_G 의 거리에 있다고 가정하면 미소면적 dA 에 작용하는 정수압 dP 는 다음과 같이 표시된다.

$$dP = \gamma h \, dA = \gamma l \sin \alpha \, dA \qquad (2.24)$$

평면의 총면적 A 에 작용하는 힘은 평면적 전체에 걸친 식 (2.24)의 적분으로 표시된다. 즉,

$$P = \gamma \sin \alpha \int_A l \, dA \qquad (2.25)$$

식 (2.25)의 $\int_A l \, dA$ 는 평면적 A 의 $O - O$ 선에 대한 1차 모멘트이며 총면적 A 와 $O - O$ 선으로부터 도심까지의 거리 l_G 의 곱으로 표시될 수 있다. 즉,

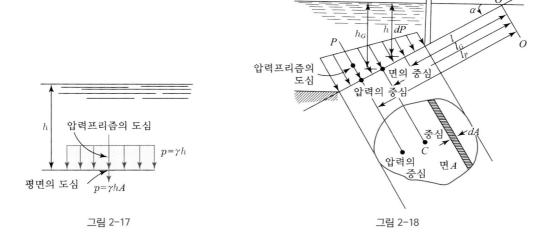

그림 2-17

그림 2-18

$$\int_A l\,dA = l_G A \tag{2.26}$$

식 (2.26)을 식 (2.25)에 대입하면

$$P = \gamma\,A\,l_G\sin\alpha \tag{2.27}$$

그런데 그림 2-18로부터 $l_G\sin\alpha = h_G$ 이므로

$$P = \gamma h_G A \tag{2.28}$$

즉, 수중의 임의 평면에 작용하는 힘의 크기는 그 평면적 A에 평면의 도심에 작용하는 정수압 강도 γh_G를 곱함으로써 얻어진다.

다음은 크기가 결정된 힘의 방향과 작용점을 결정하는 문제이다. 힘의 작용방향은 해당 평면에 항상 수직임을 전술한 바 있다. 힘의 작용선과 $O-O$선 간의 거리 l_p는 $O-O$선에 대한 미소면적 dA에 작용하는 힘의 모멘트의 적분치를 총 힘의 크기로 나누면 얻어진다. 즉,

$$l_P = \frac{\displaystyle\int_A l\,dP}{P} \tag{2.29}$$

따라서 식 (2.24)와 식 (2.25)를 식 (2.29)의 분자와 분모에 대입하여 정리하면

$$l_P = \frac{\displaystyle\int_A l^2\,dA}{l_G A} = \frac{I_{O-O}}{l_G A} \tag{2.30}$$

여기서 $\displaystyle\int_A l^2\,dA$는 총면적 A의 $O-O$선에 대한 단면 2차모멘트 (I_{O-O})이다. 그런데 $O-O$ 선에 대한 단면 2차모멘트를 평면의 도심을 지나면서 $O-O$선에 평행한 선에 대한 A의 2차

표 2-2 각종 도형의 면적, 도심 및 단면 2차모멘트

도 형	면 적	도 심	x 축에 관한 단면 2차모멘트 I_G
사각형	bh	$\overline{x} = \dfrac{1}{2}\,b$ $\overline{y} = \dfrac{1}{2}\,h$	$\dfrac{1}{12}\,bh^3$
삼각형	$\dfrac{1}{2}\,bh$	$\overline{x} = \dfrac{b+c}{3}$ $\overline{y} = h\,/\,3$	$\dfrac{1}{36}\,bh^3$
원 형	$\dfrac{1}{4}\,\pi\,d^2$	$\overline{x} = \dfrac{1}{2}\,d$ $\overline{y} = \dfrac{1}{2}\,d$	$\dfrac{1}{64}\,\pi\,d^4$
사다리꼴형	$\dfrac{h\,(a+b)}{2}$	$\overline{y} = \dfrac{h\,(2\,a+b)}{3\,(a+b)}$	$\dfrac{h^3\,(a^2 + 4\,ab + b^2)}{36\,(a+b)}$
반원형	$\dfrac{1}{2}\,\pi\,r^2$	$\overline{y} = \dfrac{4\,r}{3\,\pi}$	$\dfrac{(9\,\pi^2 - 64)\,r^4}{72\,\pi}$
타원형	$\pi\,bh$	$\overline{x} = b$ $\overline{y} = h$	$\dfrac{\pi}{4}\,bh^3$
반타원형	$\dfrac{\pi}{2}\,bh$	$\overline{x} = b$ $\overline{y} = \dfrac{4\,h}{3\,\pi}$	$\dfrac{(9\,\pi^2 - 64)}{72\,\pi}\,bh^3$
포물선형	$\dfrac{2}{3}\,bh$ $y = h\left(1 - \dfrac{x^2}{b^2}\right)$	$\overline{y} = \dfrac{2}{5}\,h$ $\overline{x} = \dfrac{3}{8}\,b$	$\dfrac{16}{105}\,bh^3$

모멘트, I_G와 거리 l_G로 표시하면

$$I_{O-O} = I_G + l_G^2 A \qquad (2.31)$$

식 (2.30)에 이를 대입하면

$$l_P = l_G + \frac{I_G}{l_G A} = l_G + \frac{k^2}{l_G} \qquad (2.32)$$

여기서 $k = \sqrt{I_G/A}$ 로서 단면 2차회전반경이다. 식 (2.32)로부터 평면에 작용하는 정수압으로 인한 힘의 작용점은 수평한 평면의 경우를 제외하고는 항상 도심보다 아래에 있음을 알 수 있다. 정수압으로 인해 수중의 평면에 작용하는 힘의 크기와 작용점을 구하는 데 필요한 각종 도형의 면적, 도심의 위치 $C.G(\overline{x}, \overline{y})$, 도심을 지나는 x축에 대한 단면 2차모멘트(I_G) 등을 표 2-2에 수록하였다.

2.7.3 수면에 연직인 평면의 경우

그림 2-19와 같이 수면에 연직인 평면의 경우는 그림 2-18의 경사각 $\alpha = 90°$인 경우이며 경사평면의 경우와 비교하면 $l_G = h_G, l_P = h_P$임을 알 수 있다. 따라서 작용하는 힘의 크기와 작용점은 식 (2.27), (2.32)로부터 다음과 같아진다.

$$P = \gamma A l_G \sin\alpha = \gamma A h_G \sin 90° = \gamma h_G A \qquad (2.33)$$

$$h_P = h_G + \frac{I_G}{h_G A} \qquad (2.34)$$

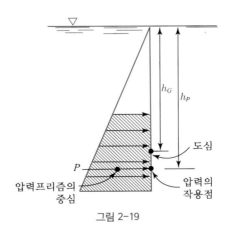

그림 2-19

그림 2-20과 같은 수문의 폭이 3 m일 때 수문에 작용하는 힘과 작용점을 구하라.

풀이 좌측으로부터 작용하는 힘

$$P_1 = \gamma h_{G1} A_1 = 1 \times 2\,(4 \times 3) = 24\,\text{ton}$$

작용점은

$$h_{p1} = 2 + \frac{\dfrac{3 \times 4^3}{12}}{2 \times (4 \times 3)} = 2.67\,\text{m}$$

우측으로부터 수문에 작용하는 힘

$$P_2 = \gamma h_{G2} A_2$$
$$= 1 \times 1.25 \times (3 \times 2.5) = 9.38\,\text{ton}$$
$$h_{p2} = 1.25 + \frac{\dfrac{3 \times (2.5)^3}{12}}{1.25 \times (3 \times 2.5)} = 1.67\,\text{m}$$

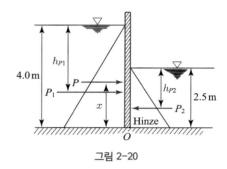

그림 2-20

수문에 작용하는 순 힘은

$$P = P_1 - P_2 = 24 - 9.38 = 14.62\,\text{ton}\,(\rightarrow)$$

이 순 힘의 작용점을 구하기 위해 그림 2-20의 점 O에 대한 힘 P_1, P_2의 모멘트를 취한 것을 합력 P로 인한 모멘트와 같게 놓으면

$$Px = P_1(4 - h_{p1}) - P_2(2.5 - h_{p2})$$
$$14.62\,x = 24 \times (4 - 2.67) - 9.38 \times (2.5 - 1.67)$$
$$\therefore x = 1.65\,\text{m}$$

그림 2-21과 같이 제형단면의 수문이 연직으로 설치되어 있을 때 수문에 작용하는 힘의 크기와 작용점의 위치를 결정하라.

풀이 표 2-2의 사다리꼴형의 도심을 고려하면

$$h_G = 5 + \frac{2\,(2+3)}{3\,(1+3)} = 5.833\,\text{m}$$

$$A = \frac{1}{2} \times 2 \times (1+3) = 4\,\text{m}^2$$

$$\therefore P = 1 \times 5.833 \times 4 = 23.33\,\text{ton/m}^2$$

$$I_G = \frac{2^3\,(1 + 4 \times 1 \times 3 + 3^2)}{36 \times (1+3)} = 1.222\,\text{m}^4$$

따라서 작용점은

$$h_p = 5.833 + \frac{1.222}{5.833 \times 4} = 5.885\,\text{m}$$

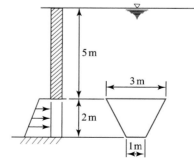

그림 2-21

문제 2-11

그림 2-22에서와 같이 수심 H에 대하여 수문을 설계하고자 한다. 각 구간에 작용하는 수압으로 인한 힘이 동일하게 H를 n개 구간으로 분할하는 공식을 유도하라.

풀이 그림과 같이 $P = P_2 = \cdots = P_n$이 되게 n개 구간으로 분할했다고 하자. 수문의 단위폭당 작용하는 총 힘은

$$P = \frac{1}{2}\gamma H^2$$

각 구간에 작용하는 힘을 같게 하고자 하므로

$$P_1 = P_2 = \cdots = P_n = \frac{P}{n} = \frac{\gamma H^2}{2n}$$

따라서 임의의 분할점 m까지의 구간에 작용하는 힘의 합계는

그림 2-22

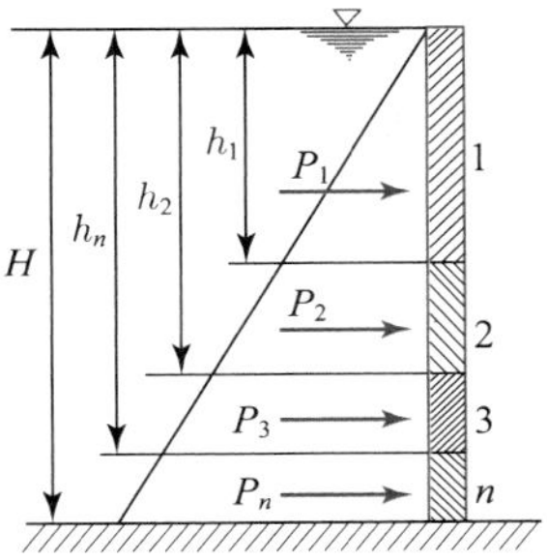

$$P_1 + P_2 + \cdots + P_m = m\frac{\gamma H^2}{2n}$$

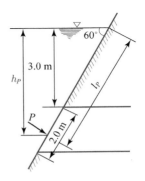

또한 m점의 수두를 h_m이라 하면 수면에서 m점까지의 전수압은 $\frac{\gamma h_m^2}{2}$이므로

$$\frac{\gamma h_m^2}{2} = m\frac{\gamma H^2}{2n}$$

$$h_m^2 = \frac{m}{n}H^2$$

$$\therefore h_m = \sqrt{\frac{m}{n}} \cdot H$$

문제 2-12

그림 2-23에 표시한 바와 같은 폭 4 m의 직사각형 통관의 문짝에 작용하는 힘과 그 작용점을 구하라.

풀이 작용하는 힘의 크기는

$$h_G = 3 + 1 \times \sin 60° = 3 + \sqrt{3}/2 = 3.866\,\text{m}$$

$$A = 2 \times 4 = 8\,\text{m}^2$$

$$P = 1 \times 3.866 \times 8 = 30.9\,\text{ton}$$

힘의 작용점은

$$l_G = h_G/\sin 60° = 3.866/0.866 = 4.46\,\text{m}$$

$$l_P = 4.46 + \frac{\frac{4 \times 2^3}{12}}{4.46 \times 8} = 4.54\,\text{m}$$

$$\therefore h_P = l_P \sin 60° = 4.54 \times 0.866 = 3.93\,\text{m}$$

그림 2-23

2.8 수중의 곡면에 작용하는 힘

수중의 곡면에 작용하는 정수압으로 인한 힘은 평면의 경우에 사용한 방법으로는 직접계산할 수는 없으나 전수압의 수평 및 수직분력을 각각 결정함으로써 힘의 합성에 의해 계산할 수 있다.

그림 2-24와 같은 정수 중의 단위두께의 곡면 AB에 작용하는 힘을 계산하는 원리를 살펴보기로 하자. 곡면의 각 미소요소에 작용하는 수압의 크기, 방향 및 작용점을 평면에서나 마찬가지 방법으로 결정할 수 있으므로 그림 2-24 (a)에 표시된 바와 같은 압력분포를 얻을 수 있으며, 이를 다시 수평분력 P_H와 수직분력 P_V를

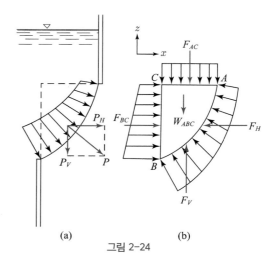

(a)　　　　　　　　　(b)

그림 2-24

가진 한 개의 힘 P로 표시할 수 있다. 그림 2-24 (b)의 자유물체도 ABC에 대한 정역학적 평형조건을 적용하면 P_H와 P_V의 반력인 F_H와 F_V를 아래와 같이 얻을 수 있으며, Newton의 작용-반작용법칙에 의하면 P_H, P_V와 같음을 알 수 있다. 즉,

$$\sum F_x = F_{BC} - F_H = 0$$
$$\therefore F_H = F_{BC} = P_H \tag{2.35}$$
$$\sum F_y = F_V - W_{ABC} - F_{AC} = 0 \tag{2.36}$$
$$\therefore F_V = W_{ABC} + F_{AC} = P_V$$

따라서 곡면 AB에 작용하는 힘의 결정은 F_{BC}와 F_{AC}의 크기와 작용점을 구하는 문제가 되며, W_{ABC}는 단순히 자유물체도 ABC 내의 물의 무게이고 작용점은 ABC의 중심(重心)을 통하여 연직방향으로 작용한다.

따라서 수중의 곡선에 작용하는 힘의 수평 및 연직분력의 크기와 작용점은 다음과 같은 방법으로 구할 수 있다.

① 수중의 곡면에 작용하는 정수압으로 인한 힘의 수평분력은 그 곡면을 연직면상에 투영했을 때 생기는 투영면적에 작용하는 정수압으로 인한 힘의 크기와 같고, 작용점은 수중의 연직면에 작용하는 힘의 작용점(식 (2.34))과 같다.

② 수중의 곡면에 작용하는 힘의 연직분력은 그 곡면이 밑면이 되는 물기둥(水柱)의 무게와 같고 그 작용점은 수주의 중심을 통과한다.

작용하는 힘의 연직분력을 계산할 때 한 가지 주의해야 할 사항은 곡면의 상부가 물로 채워져 있지 않을지라도 그 곡면을 밑면으로 하는 수면까지의 체적에 해당하는 물의 무게와 같은 상향력을 받게 되며 그 작용점은 체적의 중심이라는 점이다.

문제 2-13

그림 2-25와 같은 부채꼴 수문의 폭을 6 m라 할 때 이 수문의 AC에 작용하는 정수압으로 인한 힘의 크기와 작용점의 위치를 구하라.

풀이 작용하는 힘의 수평 및 연직분력을 P_H, P_V라 하면 $AB = DC = 5\sin 45° = 3.536\,\text{m}$ 이므로

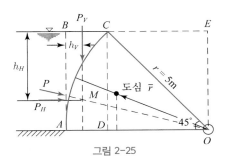

그림 2-25

$$P_H = \gamma h_G A$$
$$= 1 \times \left(\frac{1}{2} \times 3.536\right) \times (3.536 \times 6)$$
$$= 37.5\,\text{ton}$$

작용점은

$$h_H = \left(\frac{1}{2} \times 3.536\right) + \frac{\dfrac{6 \times (3.536)^3}{12}}{1.768 \times (3.536 \times 6)}$$
$$= 2.36\,\text{m}$$

곡면 AC 위의 면적 = 직사각형 $ABEO$ − 삼각형 CEO − 부채꼴 OAC

$$= 3.536 \times 5 - \frac{1}{2} \times 3.536 \times 3.536 - \frac{1}{8} \times \pi \times 5^2$$
$$= 17.68 - 6.25 - 9.82 = 1.61\,\text{m}^2$$

곡면 AC 위에 작용하는 수압의 연직분력은 AC 위의 물의 무게와 같으므로

$$P_V = 1.61 \times 6 = 9.66\,\text{ton}$$

따라서 전수압의 크기는

$$P = \sqrt{P_H^2 + P_V^2} = \sqrt{37.5^2 + 9.66^2} = 38.7\,\text{ton}$$

P_V의 작용점은 ABC 단면의 도심과 동일 연직선상에 있으며, 그 위치 h_V를 구하는 방법에는 다음과 같은 두 가지 방법이 있다.

첫째 방법은 AB에 관한 ABC 단면의 면적 모멘트의 총합 $\sum M_{AB}$를 구하고, 그 면적 모멘트의 총합을 면적으로 나누는 일반적인 해법이다. 반경 r인 부채꼴의 도심위치는 $\theta = 45° = \dfrac{\pi}{4}\,\text{rad}$ 이므로

$$\bar{r} = \frac{2}{3} \frac{r\sin\left(\dfrac{\theta}{2}\right)}{\dfrac{\theta}{2}} = \frac{2}{3} r \frac{\sin\left(\dfrac{\pi}{8}\right)}{\dfrac{\pi}{8}} = 0.650\,r$$

따라서

$$\sum M_{AB}= \text{직사각형 } ABEO \times \frac{r}{2} - \text{삼각형 } CEO \times \left(r - \frac{1}{3} \times 3.536\right)$$

$$- \text{부채꼴 } OAC \times \left(r - 0.650r \times \cos \frac{45°}{2}\right) = 3.536 \times 5 \times \frac{5}{2}$$

$$- \frac{1}{2} \times 3.536 \times 3.536 \times \left(5 - \frac{1}{3} \times 3.536\right) - \frac{\pi}{8} \times 5^2$$

$$\times (5 - 0.650 \times 5 \cos 22.5°) = 0.70 \, \text{m}^3$$

$$\therefore h_V = \frac{\sum M_{AB}}{\text{면적 } ABC} = \frac{0.70}{1.61} = 0.43 \, \text{m}$$

둘째 방법은 AC면이 원호인 것을 이용하는 방법인데, 만일 원호가 아닐 때에는 이 방법은 이용할 수 없다. 이러한 경우에 P_H와 P_V의 합력 P는 원호면에 직각으로 작용해야 하므로 그 작용선은 중심 O를 통과하지 않을 수 없다. 따라서,

$$P_H(3.536 - h_H) = P_V(r - h_V)$$

$$37.5(3.536 - 2.36) = 9.66(5 - h_V) \qquad \therefore h_V = 0.43 \, \text{m}$$

문제 2-14

그림 2-26과 같은 직경 2 m, 길이 1 m인 원통식 수문에 작용하는 정수압으로 인한 힘의 크기와 작용점을 구하라.

풀이 작용하는 힘의 수평분력은

$$P_H = 1 \times 1 \times (2 \times 1) = 2 \, \text{ton}$$

작용점은

$$h_H = 1 + \frac{\dfrac{1 \times 2^3}{12}}{1 \times 2} = 1.33 \, \text{m}$$

연직분력은 수문의 아랫곡면 FE에 작용하는 상향력과 윗곡면 FB에 작용하는 하향력의 차이므로

$$P_V = \gamma(\text{면적 } BEFG - \text{면적 } BFG) \times 1$$

$$= \gamma(\text{반원 } BEFB\text{의 면적}) \times 1$$

$$= 1 \times \left(\frac{1}{2} \times \frac{\pi}{4} \times 2^2\right) \times 1 = 1.57 \, \text{ton}$$

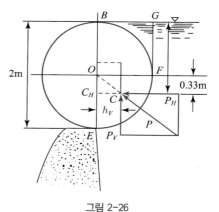

그림 2-26

연직분력 P_V의 작용점은 합력이 원의 중심 O를 통과하므로 다음 식을 만족시켜야 한다.

$$\overset{\curvearrowleft}{\underset{+}{\sum}} M_O = P_V h_V - P_H(h_H - \overline{BO}) = 0$$

따라서

$$h_V = \frac{2 \times (1.33 - 1)}{1.57} = 0.42 \, \text{m}$$

합력의 크기는

$$P = \sqrt{2^2 + 1.57^2} = 2.54 \, \text{ton}$$

2.9 원관의 벽에 작용하는 동수압

원형관 내에 물이 흐르면 관의 벽에는 흐르는 물로 인해 압력이 작용하며 관의 벽은 인장력을 받게 된다. 이와 같은 동수압으로 인해 관의 벽이 받는 힘은 곡면에 작용하는 정수압의 수평분력을 계산하는 원리를 그대로 적용하면 계산이 가능하며, 관재료의 인장력이 이 힘에 저항하는 힘이 된다. 그림 2 – 27에서와 같이 관의 내경을 D, 길이를 l, 관 내의 동수압 강도를 p, 동수압이 관의 절반단면에

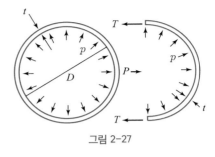

그림 2-27

미치는 힘을 P라 하고, 관벽면이 발휘하는 인장력을 T라 하면 원관은 모든 방향으로 대칭이므로 그림 2 – 27과 같고, 반원관에 대해서만 고려하면 된다. 따라서 그림의 자유물체도로부터

$$2\,T = P = p\,Dl \tag{2.37}$$

관의 인장응력을 σ, 관의 두께를 t라 하면

$$T = \sigma t l \tag{2.38}$$

식 (2.37)과 (2.38)로부터

$$\sigma t = \frac{p\,D}{2}$$

관의 설계에 있어서는 σ 대신에 관재료의 허용응력 σ_{ta}를 사용하며

$$t = \frac{p\,D}{2\,\sigma_{ta}} \tag{2.39}$$

식 (2.39)를 주장력공식(周張力公式)이라고 하며, 관의 직경과 동수압이 결정되면 그때의 관의 두께를 구할 수 있다. 만일 압축응력이 작용할 때에는 허용인장응력 대신에 허용압축응력 σ_{ca}를 사용한다.

문제 2-15

수두 50 m의 수압을 받는 수압관의 내경이 800 mm라 하면 강관의 두께는 얼마로 설계해야 할 것인가? 단, $\sigma_{ta} = 1,400 \, \text{kg/cm}^2$이다.

풀이 $\gamma = 1,000 \, \text{kg/m}^3$, $h = 50 \, \text{m}$, $D = 800 \, \text{mm} = 80 \, \text{cm}$

$p = \gamma h = 1,000 \times 50 = 50,000 \, \text{kg/m}^2 = 5 \, \text{kg/cm}^2$

식 (2.39)를 사용하면

$$t = \frac{5 \times 80}{2 \times 1,400} = 0.143 \, \text{cm}$$

2.10 부력과 부체의 안정

기원전 250년경에 아르키메데스(Archimedes)는 "액체 속에 잠겨 있는 물체의 무게는 공기 중에서의 무게에 비해 그의 체적에 해당하는 액체의 무게 만큼 가벼워진다"는 사실을 밝혔으며, 이는 아르키메데스의 원리(Archimedes' Principle)로 알려져 있다. 아르키메데스의 원리는 근본적으로 수중에 잠겨 있거나 떠 있는 물체가 부력을 받게 됨을 말하며, 이는 수중의 곡면에 작용하는 정수압으로 인한 힘의 계산방법으로 증명할 수 있다.

2.10.1 부력(浮力)

그림 2-28과 같이 고형물체 $ANBMA$가 수중에 잠겨 평형상태에 있다고 가정하자. 이 물체에 작용하는 수평력은 곡면 MAN에 오른쪽 방향으로 작용하는 힘 P_H와 곡면 MBN에 왼쪽 방향으로 작용하는 힘 $P_H{'}$의 합이다. 그런데 곡면 MAN 및 MBN에 작용하는 힘은 각각 이 곡면을 연직으로 투명한 평면, 즉 MN을 통과하는 연직평면에 작용하는 힘과 같으며 방향은 서로 반대이므로

$$P_H + P_H{'} = 0$$

즉, 물체는 수평방향으로는 전혀 힘을 받지 않는다.

그림 2-28의 고형물체에 작용하는 연직방향의 힘은 미소단면적 ΔA를 가지는 프리즘 ab에 작용하는 연직력을 고려하고 이를 물체의 전 체적에 걸쳐 적분함으로써 구할 수 있다. 그림에서 프리즘 ab에 작용하는 연직방향의 순힘은 ab의 하면에서 위로 작용하는 힘과 상면에서 아래로 작용하는 힘의 차이다. 즉,

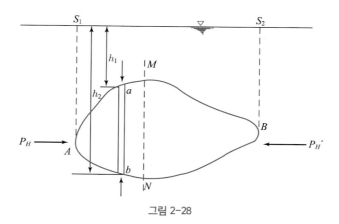

그림 2-28

$$P_V = \gamma h_2 \Delta A - \gamma h_1 \Delta A = \gamma (h_2 - h_1) \Delta A \, (\text{상향})$$

여기서 P_V는 프리즘 ab로 대체된 물의 무게와 같다(즉, 프리즘 ab의 체적과 같은 물의 무게와 같다). 다시 말하면 수중의 프리즘 ab의 무게는 프리즘의 체적에 해당하는 물의 무게 만큼 가벼워진다. 따라서 물체 전체에 걸쳐 작용하는 연직력은 물체를 구성하는 수많은 프리즘 각각에 작용하는 연직력을 합성함으로써 얻을 수 있으며, 그 크기는 물체 $ANBMA$의 체적으로 대체된 물의 무게와 같다.

아르키메데스(Archimedes)의 부력에 관한 원리는 수중의 곡면에 작용하는 정수압의 원리를 이용해서도 설명될 수 있다. 그림 2-28의 곡면 ANB와 AMB에 작용하는 연직력은

$$P_{ANB} = \gamma \times (\text{곡면 } ANB \text{를 밑면으로 하는 수주 } S_1 ANBS_2 \text{의 체적})$$
$$P_{AMB} = \gamma \times (\text{곡면 } AMB \text{를 밑면으로 하는 수주 } S_1 AMBS_2 \text{의 체적})$$

따라서 물체에 작용하는 순연직력은

$$F_B = P_{ANB} - P_{AMB} = \gamma \times (\text{물체 } ANBMA \text{의 체적}) \tag{2.40}$$
$$\therefore F_B = \gamma V$$

여기서 V는 물체의 체적이며 물체가 배제한 물의 용적, 즉 배수용적과 같고 F_B는 배제된 물의 무게와 같으며 이를 부력(buoyancy)이라 한다.

그림 2-28과 같이 물체가 수중에 잠겨 떠 있기 위해서는 그림 2-29에서와 같이 물체 $ABCDA$에 끈을 매달아 힘 F를 상향으로 작용시켜 주지 않으면 안 되며, 이때 물체에 작용하는 힘의 정역학적 평형방정식은

$$F + (F_2 - F_1) - W = 0$$

혹은

$$F + F_B - W = 0 \tag{2.41}$$

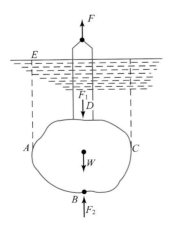

그림 2-29 물속에 잠겨 있는 물체

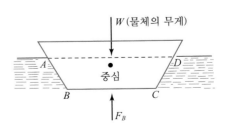

그림 2-30 물 위에 떠 있는 물체

여기서 W는 공기 중에서의 물체의 무게이다.

만약 힘 F를 작용하지 않았을 때에도 물체가 수중에 떠 있기 위해서는 $F_B = W$이어야 하고, $F_B = \gamma V$, $W = \gamma_s V$이므로 $\gamma_s = \gamma$, 즉 물체의 단위중량이 물의 단위중량과 같아야만 한다. 또한 식 (2.41)에서 $F = W - F_B$는 공기 중에서의 물체의 무게 W에서 부력을 뺀 것이므로 수중에서의 물체의 무게임을 알 수 있다.

지금까지는 물체가 물속에 완전히 잠겨 있는 경우에 대해서는 살펴보았으나 그림 2-30과 같이 물체가 물 표면에 떠 있을 경우에 물체에 작용하는 부력을 살펴보기로 한다. 그림의 사다리꼴 물체가 받은 부력의 크기는 수면 아래로 잠긴 체적 $ABCD$에 해당하는 물의 무게와 같아야 하므로

$$F_B = \gamma \, (\text{체적} \ ABCD)$$

한편, 물체에 작용하는 힘의 정역학적 평형방정식은

$$F_B - W = 0 \qquad \therefore F_B = W \tag{2.42}$$

따라서

$$W = F_B = \gamma \, (\text{체적} \ ABCD) \tag{2.43}$$

식 (2.42)로부터 물의 표면에 떠 있는 물체는 그 물체의 무게와 동일한 부력을 받는다고 말할 수 있다.

부력의 작용점은 물체가 배제한 물 체적의 중심과 같으며 이를 부심(浮心, center of buoyancy)이라 한다. 물체가 물 표면에 걸쳐 떠 있거나 수중에 잠겨서 평형상태(정지상태)에 있을 때에는 물체의 중심과 부심은 동일 연직선상에 있고, 무게와 부력의 크기는 같으나 작용방향은 서로 반대이다. 물 표면에 떠 있는 부체가 수면에 의해 절단되는 면을 부양면(浮揚面, plane of floatation)이라 하고, 부양면으로부터 물체의 최하단까지의 깊이를 흘수(吃水, draft)라 한다.

문제 2-16

어떤 물체의 대기 중에서의 무게와 물속에서의 무게가 각각 6 kg 및 1 kg이었다. 이 물체의 체적과 비중을 구하라.

풀이 물체의 체적을 V라 하고 식 (2.41)을 사용하면

$$F_B = W - F$$

$$1,000 \times V = 6 - 1$$

$$\therefore V = 0.005 \, \text{m}^3$$

따라서 비중은

$$S = \frac{6}{1,000 \times 0.005} = 1.2$$

문제 2-17

그림 2 – 31과 같은 뗏목배의 무게가 36 ton이다. 뗏목배가 운행하는 데 필요한 수로의 최소수심을 계산하라.

풀이 최소수심을 y라 하고 식 (2.43)을 사용하면

$$36,000 = 1,000 \times (3 \times 12 \times y)$$

$$\therefore y = 1\,\text{m}$$

그림 2-31

2.10.2 부체의 안정조건

부체의 안정은 그림 2 – 32에 표시한 바와 같은 물 표면에 떠 있는 물체의 중심 G와 부심 B의 상대적인 위치에 따라 결정된다. 그림 2 – 32 (a)와 같이 G와 B가 동일 연직선상에 위치하면 물체는 평형상태에 있게 되어 안정을 유지하게 되나, 바람이나 파도 등으로 인해 그림 2 – 32 (b)와 같이 물체가 수면과 θ의 각도로 기울어진다고 가정하면 평형상태는 깨어진다. 물체가 기울어진 상태에서는 중심 G의 위치에는 변동이 없으나 부심 B는 그림의 면적 $a'cb'$의 중심인 B'으로 이동하게 된다. 중심 G에 작용하는 물체의 무게 W와 B'에 작용하는 F_B는 크기가 같고(식 (2.12)), 방향이 반대이므로 한 쌍의 우력(偶力, couple) $W \cdot x$를 형성하며 반시계방향으로 작용하므로 더 이상의 전도(overturning)를 방지하는 복원 모멘트(righting moment)의 역할을 한다. 따라서 물체는 평형을 되찾게 되는 것이다. 만약 물체가 외부요인에 의해 기울어져서 부심의 위치가 중심보다 왼쪽에 위치하게 되면 우력은 시계방향으로 작용하는 전도 모멘트(overturning moment)를 발생시키게 되므로 물체는 완전히 전도되고 만다.

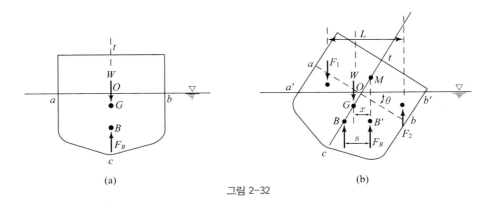

(a)   그림 2-32   (b)

그림 2 - 32 (b)에서 부심 B'를 지나는 연직선을 그어 평형상태(그림 2 - 32 (a))에서의 중심과 부심을 연결하는 선 ct와 만나게 한 점 M을 부체의 경심(metacenter)이라 하고, $\overline{GM}$을 경심고(metacentric height)라 하며, 부체안정 여부의 척도가 된다. 따라서 부체의 경심고와 복원 모멘트를 결정하는 방법을 살펴보기로 한다.

부체가 그림 2 - 32 (b)에서와 같이 기울어지더라도 부체의 무게에는 변화가 없으며 배제되는 물의 체적은 aOa'와 bOb'의 체적이 같으므로 모양은 변화하지만 그 크기는 기울어지기 전과 동일하다. 기울어진 상태에서 부체에 작용하는 부력 $F_B = \gamma V$ (V는 배제된 물의 체적)는 원래의 위치 B로부터 s만큼 이동한 B'에 작용하게 되며, 이는 그림의 우력 F_1, F_2로 인한 것이라고 풀이할 수 있다. 따라서 점 B에 관한 F_B의 모멘트와 두 우력으로 인한 모멘트를 같게 놓으면

$$F_B \cdot s = F_1 \cdot L = F_2 \cdot L$$

여기서 $F_1 = F_2 = \gamma V' = F'$ (V'는 체적 aOa' 혹은 bOb'의 체적)이고 L은 체적 aoa'와 bob'의 중심에 작용하는 우력(F_1, F_2)의 모멘트 팔이다. 따라서

$$s = \frac{V'}{V} \cdot L \tag{2.44}$$

그런데 그림의 기하학적 관계로부터

$$s = \overline{MB}\sin\theta \text{ 혹은 } \overline{MB} = \frac{s}{\sin\theta} \tag{2.45}$$

식 (2.44)와 (2.45)로부터

$$\overline{MB} = \frac{V' \cdot L}{V \cdot \sin\theta}$$

기울어진 각도 θ가 작으면 $\sin\theta \fallingdotseq \theta$이므로

$$\overline{MB} = \frac{V'L}{V\theta} \tag{2.46}$$

그림 2 - 32 (b)의 체적 bOb'로 인한 부력의 크기는 그림 2 - 33에서와 같은 미소체적으로 인한 부력을 전 체적에 걸쳐 적분하면 구할 수 있다. 그림에서 수면상의 단면적이 dA인 미소체적의 무게는 $\gamma(x\theta dA)$이고 회전축 O에 관한 모멘트는 $\gamma x^2 \theta dA$이므로 체적 bOb'의 물로 인한 모멘트는 평면적 전체에 걸쳐서 적분한 것이며 이는 우력의 모멘트와 같아야 한다.

$$F \cdot L = \int_A \gamma x^2 \theta \, dA = \gamma\theta \int_A x^2 \, dA \tag{2.47}$$

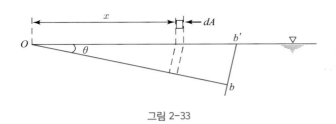

그림 2-33

식 (2.47)에서 우력의 모멘트 $F \cdot L = \gamma V' \cdot L$ 이고 식 (2.46)으로부터 $\theta = V'L / (V \cdot \overline{MB})$ 이므로

$$\int_A x^2 \, dA = \overline{MB} \cdot V$$

여기서 $\displaystyle\int_A x^2 \, dA$ 는 수면이 부체를 자르는 면 $a'Ob'$, 즉 부양면의 O 점을 지나는 축에 대한 단면 2차모멘트 I_0 이다. 따라서

$$\overline{MB} = \frac{I_0}{V} \qquad\qquad (2.48)$$

부체의 경심고 $\overline{GM}$ 은 경심과 중심 간의 거리이므로

$$\overline{GM} = \overline{MB} \mp \overline{GB} = \frac{I_0}{V} \mp \overline{GB} \qquad\qquad (2.49)$$

여기서 $\overline{GB}$ 는 중심과 부심 간의 거리이며 이는 평형상태 때의 물체의 수면 아래 체적의 기하학적 성질로부터 결정할 수 있다. 식 (2.49)에서 G 가 B 위에 있으면 $(-)$ 부호를 사용하고 G 가 B 아래에 있으면 $(+)$ 부호를 사용해야 한다. 또한 식 (2.49)로 계산되는 $\overline{GM} > 0$ 이면(M 이 G 보다 위에 있으면) 복원 모멘트가 작용하게 되어 부체는 안정상태를 되찾게 되나 $\overline{GM} < 0$ 가 되면(M 이 G 보다 아래에 있으면) 전도 모멘트가 작용하게 되어 부체는 불안정한 상태가 계속되어 전도되고 만다. $\overline{GM} = 0$ 일 때를 중립상태라 하며 구형부체의 경우를 제외하고는 실제로 드문 상태라 할 수 있다. $\overline{GM} > 0$, 즉 안정형태로 회복되는 복원 모멘트의 크기는 다음과 같다.

$$M_R = W \cdot \overline{GM} \cdot \sin\theta \qquad\qquad (2.50)$$

그림 2-34와 같은 폭 3 m, 길이 4 m, 깊이 2 m인 Box 케이슨(caisson)이 평형상태로 물 위에 떠 있을 때의 흘수는 1.2 m이다.

(a) 경심고를 구하여 부체의 안정여부를 판단하라.

(b) $\theta = 8°$로 기울어진 상태에서의 경심고와 복원 모멘트를 계산하라.

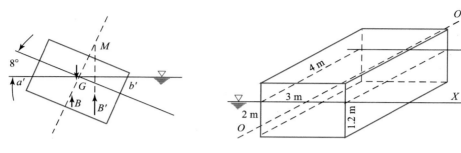

그림 2-34

풀이 (a) 중심 G는 수면으로부터 0.2 m, 부심 B는 수면으로부터 0.6 m 깊이에 있으므로

$$\overline{GB} = 0.6 - 0.2 = 0.4\,\text{m}$$

식 (2.48)의

$$\overline{MB} = \frac{I_0}{V} = \frac{\dfrac{4 \times 3^3}{12}}{(3 \times 4 \times 1.2)} = 0.625\,\text{m}$$

중심이 부심보다 위에 있으므로 식 (2.49)로부터

$$\overline{GM} = \overline{MB} - \overline{GB} = 0.625 - 0.40 = 0.025\,\text{m} > 0$$

따라서 부체는 안정상태에 있다.

(b) $\overline{GB} = 0.4\,\text{m}$에는 변동이 없고 그림 2-24에서 부양면의 폭

$$\overline{a'b'} = 2 \times \left(\frac{1.5}{\cos 8°} \right) = 3.03\,\text{m}$$

식 (2.49)를 사용하면

$$\overline{GM} = \frac{\dfrac{4 \times 3.03^3}{12}}{(3 \times 4 \times 1.2)} - 0.4 = 0.644 - 0.4 = 0.244\,\text{m} > 0$$

부체는 안정하여 복원 모멘트는 식 (2.50)에 의해

$$M_R = (1{,}000 \times 4 \times 3 \times 1.2) \times (0.244 \times \sin 8°) = 489\,\text{kg} \cdot \text{m}$$

그림 2-35와 같은 중공 콘크리트 케이슨이 해수표면에 떠 있을 때 안정성 여부를 판단하라. 콘크리트의 비중은 2.5, 해수의 비중은 1.025이다.

풀이 케이슨의 무게

$$W = 2,500 \times [(5 \times 6 \times 4.5) - \{(5-0.6) \times (6-0.6) \times (4.5-0.5)\}]$$

$$= 99,900\,\text{kg}$$

$F_B = W$ 이므로 흘수 x를 구하면

$$F_B = 1,025 \times (5 \times 6 \times x) = 99,900$$

$$\therefore x = 3.25\,\text{m}$$

케이슨의 밑면 X에서 중심 G까지의 높이 $\overline{XG}$는 밑면에 대한 모멘트 원리를 적용하면 구할 수 있다. 즉,

$$W \times \overline{XG} = 2,500 \left[(5 \times 6 \times 4.5) \times \frac{4.5}{2} \right.$$

$$\left. - (4.4 \times 5.4 \times 4.0) \times \left(0.5 + \frac{4.0}{2}\right) \right]$$

$$99,990\,\overline{XG} = 2,500 \times (303.75 - 237.60)$$

$$\therefore \overline{XG} = 1.655\,\text{m}$$

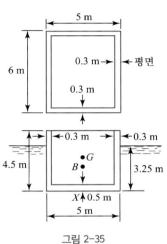

그림 2-35

케이슨 밑면으로부터 부심 B까지의 높이

$$\overline{XB} = \frac{3.25}{2} = 1.625\,\text{m}$$

따라서

$$\overline{GB} = \overline{XG} - \overline{XB} = 1.655 - 1.625 = 0.03\,\text{m}$$

한편, 케이슨으로 인해 배제된 물의 체적은

$$V = \frac{W}{\gamma} = \frac{99,900}{1,025} = 97.46\,\text{m}^3$$

혹은

$$V = 3.25 \times 5 \times 6 = 97.5\,\text{m}^3$$

따라서

$$\overline{MB} = \frac{I_0}{V} = \frac{\dfrac{6 \times 5^3}{12}}{97.5} = 0.641\,\text{m}$$

$$\therefore \overline{GM} = \overline{MB} - \overline{GB} = 0.641 - 0.03 = 0.611\,\text{m} > 0$$

즉, 경심이 부심보다 위에 있으므로 케이슨은 안정하다.

2.11 상대적 평형

물이 담겨진 용기가 일정한 등가속도를 받으면 물은 용기와 함께 등가속도운동을 하게 되므로 물 분자 상호간에는 상대적인 운동이 없어 마찰응력은 작용하지 않게 된다. 따라서 물에 작용하는 힘은 압력뿐이며 물은 용기에 대하여 상대적 평형(relative equilibrium)을 이루게 되므로 정수역학의 원리를 그대로 적용할 수 있게 된다.

2.11.1 정수의 평형방정식

그림 2-36과 같이 정수 중의 임의의 미소 육면체 $dx\,dy\,dz$를 생각해 보자. 이 미소육면체의 단위질량당 작용하는 모든 외력의 x, y, z 방향성분을 각각 X, Y, Z라 하고 육면체의 중심에서의 정수압을 p라 할 때, x방향으로 작용하는 외력은 질량력과 압력에 의한 힘뿐이며 이들 힘은 정역학적으로 평형을 이루고 있다. 즉,

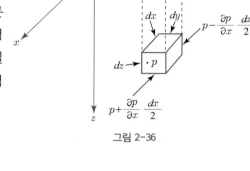

그림 2-36

$$\rho\,dx\,dy\,dz \cdot X + \left(p - \frac{\partial p}{\partial x}\,\frac{dx}{2}\right)dy\,dz$$

$$- \left(p + \frac{\partial p}{\partial x}\,\frac{dx}{2}\right)dy\,dz = 0$$

$$\therefore \frac{\partial p}{\partial x} = \rho X \tag{2.51}$$

마찬가지 방법으로 y, z 방향의 평형조건식을 쓰면

$$\frac{\partial p}{\partial y} = \rho Y \tag{2.52}$$

$$\frac{\partial p}{\partial z} = \rho Z \tag{2.53}$$

식 (2.51, 2.52, 2.53)의 양변에 각각 dx, dy, dz를 곱한 후 각 항을 더하면

$$\frac{\partial p}{\partial x}\,dx + \frac{\partial p}{\partial y}\,dy + \frac{\partial p}{\partial z}\,dz = dp = \rho(X\,dx + Y\,dy + Z\,dz) \tag{2.54}$$

여기서 dp는 정수압 p의 전미분으로서 x, y, z 방향의 압력의 전 변화량을 표시한다. 압력이 동일한 점을 연결한 등압면상에서는 p는 일정하므로 $dp = 0$이 된다. 따라서 등압면의 방정식은 식 (2.54)로부터

$$Xdx + Ydy + Zdz = 0 \qquad (2.55)$$

식 (2.55)를 사용하면 등압면 중에서도 계기압력이 0이 되는 특수한 경우인 수면방정식을 구할
수 있다.

2.11.2 수평 등가속도를 받는 수체

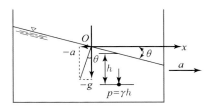

그림 2-37과 같이 물이 들어 있는 상부가 개방된 용기
에 일정한 가속도 a를 수평방향(x 방향)으로 작용하여 이
동시킨다고 가정하자. 용기가 $+x$ 방향으로 a의 가속도
를 받으므로 물은 $-a$의 가속도를 받게 되어 평형상태에
도달하면 수면은 그림과 같이 기울어진다. 이때 단위질량
의 물이 받는 x, y, z 방향의 외력은 그림의 좌표축을 사
용하면

그림 2-37

$$X = 1 \cdot (-a) = -a, \quad Y = 0, \quad Z = 1 \cdot (-g) = -g$$

따라서 식 (2.55)로부터

$$-adx - gdz = 0$$

적분하면

$$-ax - gz + c = 0$$

그림과 같이 원점을 잡으면 $x = 0$ 일 때 $z = 0$ 이므로 $c = 0$ 이다.
따라서

$$z = -\frac{a}{g} x \qquad (2.56)$$

식 (2.56)은 평형수면의 방정식이며 그림의 원점 O를 지나는 직선임을 알 수 있고 수평과 이루
는 각 θ 는 다음과 같이 표시된다.

$$\tan\theta = \frac{dz}{dx} = \frac{a}{g} \qquad (2.57)$$

한편, 수면 아래 연직방향의 정수압변화는 식 (2.53)을 사용하면

$$\frac{dp}{dz} = -\rho g = -\gamma$$

$$\therefore p = -\gamma z$$

따라서 수면으로부터 $z = -h$ 인 점에서의 정수압은 $p = \gamma h$ 로서 식 (2.13)과 동일함을 알 수
있다.

2.11.3 연직 등가속도를 받는 수체

그림 2-38과 같이 물이 든 용기를 연직상향으로 a의 등가속도로 이동시키면 물은 이동방향과 반대되는 방향으로 등가속도를 받게 된다. 이때 좌표축을 그림과 같이 잡으면 평형상태에 도달했을 때 단위질량이 받는 x, y, z 방향의 외력은

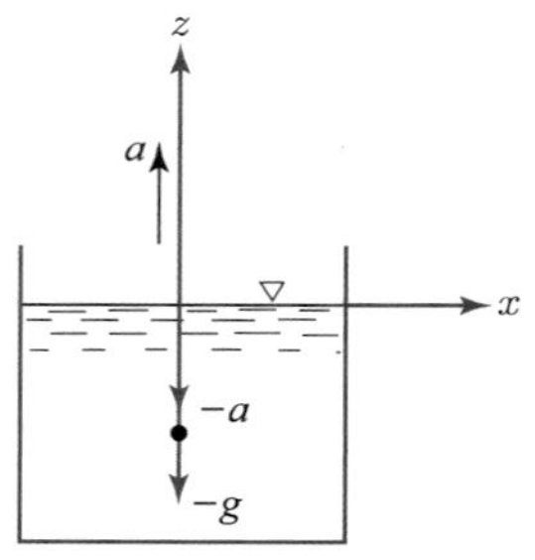

$$X = 0, \quad Y = 0, \quad Z = -(a+g)$$

그림 2-38

따라서 식 (2.55)는

$$-(a+g)dz = 0 \quad \therefore z = \text{const.} \tag{2.57}$$

식 (2.57)은 수면이 수평을 유지함을 뜻한다.

수면아래 연직방향의 정수압변화는 식 (2.53)으로부터

$$\frac{dp}{dz} = -\rho(a+g) = -\gamma\left(1 + \frac{a}{g}\right) \tag{2.58}$$

$$\therefore p = -\gamma z\left(1 + \frac{a}{g}\right)$$

따라서 수면으로부터 $z = -h$인 점에서의 정수압은

$$p = \gamma h\left(1 + \frac{a}{g}\right) \tag{2.59}$$

식 (2.59)로부터 연직상향의 등가속도 a를 받을 경우는 중력가속도만 받을 경우보다 정수압이 (a/g)배 만큼 더 커짐을 알 수 있다.

만약 등가속도 a가 연직하향으로 작용하면 물은 연직상향으로 가속도를 받게 되므로 식 (2.58)과 (2.59)의 괄호 안 부호는 $(-)$로 표시된다. 따라서 연직방향의 압력은 중력가속도만을 받을 경우보다 (a/g)배 만큼 작아지게 되며, $a = g$로 작용할 때에는 $p = 0$이 되어 무압력상태가 된다.

2.11.4 회전 등가속도를 받는 수체

그림 2-39와 같이 반경이 r인 원통에 초기 수심 h로 물을 담고 원통을 일정한 각속도 ω로 원통축 둘레로 회전시킨다고 가정해 보자. 원통 내의 물도 각속도 ω로 회전하게 될 것이며, 결국 상대적 평형상태에 도달하게 되어 그림에서와 같이 수면은 곡면을 이루게 된다. 그림 2-39 (a)의 회전축 z로부터 거리 x인 수면에서의 단위질량의 물에 작용하는 힘은 곡면에 접선인 방향으로의 회전각속도 ω에 의한 구심가속도 $x\omega^2$으로 인한 원심력과 중력가속도 g로 인한 물의 무게이다. 즉,

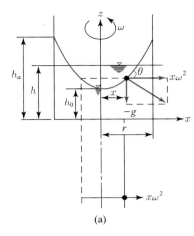

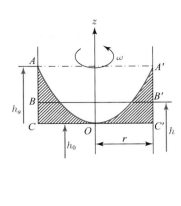

그림 2-39

$$X = x\,\omega^2, \quad Y = 0, \quad Z = -g$$

따라서 식 (2.55)에 이를 대입하면

$$x\,\omega^2\,d\,x - g\,d\,z = 0$$

적분하면

$$\frac{\omega^2}{2}\,x^2 - g\,z + C = 0$$

그림 $2-39$ (a)의 좌표축에서 $x = 0$ 일 때 $z = h_0$ 이므로 $C = g\,h_0$ 이다. 따라서

$$z = \frac{\omega^2}{2\,g}\,x^2 + h_0 \tag{2.60}$$

식 (2.60)이 회전등가속도를 받는 수위의 수면곡선식이며 회전포물면임을 알 수 있다. 수면곡선상의 임의의 점에서의 수면경사는

$$\frac{d\,z}{d\,x} = \tan\theta = \frac{\omega^2}{g}\,x \tag{2.61}$$

여기서 θ 는 수평과 이루는 경사각이다.
회전포물면인 수면으로부터 연직방향의 압력변화는 식 (2.53)으로부터

$$\frac{d\,p}{d\,z} = -\rho\,g = -\gamma$$

$$\therefore p = -\gamma\,z$$

따라서 수면상의 임의의 점으로부터 $z = -h$ 인 점에서의 정수압은 $p = \gamma\,h$ 로서 식 (2.13)과 동일하다.

그림 2-39 (a)의 원통 내 정수 시의 수심 h와 회전평형상태에서의 중심축 수심 h_0 및 외측 수심 h_a 사이의 관계는 수체의 기하학적 모양과 식 (2.60)을 사용하여 수립할 수 있다. 그림 2-39 (b)에서 사선친 부분의 체적($ACOC'A'OA$)은 정수 시의 원통 $BCC'B'B$의 체적과 같다. 즉,

$$\text{사선친 부분의 체적} = \pi r^2 (h - h_0) \tag{2.62}$$

한편, 회전포물면 AOA'는 원통 $ACC'A'A$의 체적을 2등분하므로(회전포물면 $z = \omega^2 x^2 / 2g$ 아래의 체적을 적분하여 원통 $ACC'A'A$의 체적과 비교하면 증명할 수 있다) 원통 $ACC'A'A$의 체적의 절반과 식 (2.62)를 같게 놓을 수 있다.

$$\frac{1}{2} \pi r^2 (h_a - h_0) = \pi r^2 (h - h_0) \tag{2.63}$$

$$\therefore h_0 = 2h - h_a$$

식 (2.60)에서 $x = r$(원통의 벽)에서의 $z = h_a$라 하였으므로

$$h_a = \frac{\omega^2}{2g} r^2 + h_0 \tag{2.64}$$

식 (2.63)을 식 (2.64)에 대입하여 h_a에 관해 풀면

$$h_a = \frac{1}{2} \left(2h + \frac{\omega^2}{2g} r^2 \right) \tag{2.65}$$

식 (2.64)를 식 (2.63)에 대입하여 h_0에 관해 풀면

$$h_0 = \frac{1}{2} \left(2h - \frac{\omega^2}{2g} r^2 \right) \tag{2.66}$$

식 (2.65)와 식 (2.66)으로부터 h_0 및 h_a는 정수심 h와 원통의 반경 r 및 회전각속도 ω 만의 함수임을 알 수 있다.

<hr>

문제 2-20

그림 2-40과 같이 수평과 30°의 경사를 가지는 사면 위에 1 m × 1 m × 1 m 입방체의 용기내에 물이 절반만큼 차 있다. 경사면을 따라 상향으로 3 m/sec²의 등가속도를 작용시켰을 때 수면의 경사와 수면방정식을 구하고 용기의 바닥면 $O-O'$를 따른 정수압의 변화를 표시하는 공식을 유도하라.

풀이 (1) 그림에서와 같이 좌표측을 취하면 등가속도의 x, z 방향성분은

$$\alpha_x = 3 \times \cos 30° = 2.60 \, \text{m/sec}^2$$

$$\alpha_z = 3 \times \sin 30° = 1.50 \, \text{m/sec}^2$$

따라서 x, y, z 방향의 단위작용력은

$$X = -a_x, \quad Y = 0, \quad Z = -(\alpha_z + g)$$

식 (2.55)를 사용하면 수면방정식은

$$-a_x\,dx - (a_z + g)\,dz = 0$$

적분하면

$$-a_x x - (a_z + g)z + C = 0$$

$$\therefore z = -\frac{a_x}{a_z + g}x + C' \qquad\qquad (a)$$

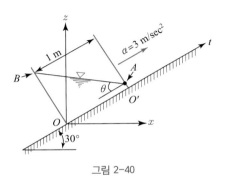

그림 2-40

여기서 적분상수 C' 은 경계조건에 의해 결정될 수 있다.

수면의 경사는

$$\tan\theta' = -\frac{a_x}{a_z + g} = \frac{-2.60}{1.50 + 9.8} = -0.23$$

$$\therefore \theta' = 12.95^\circ$$

$\theta' = 12.95^\circ$ 는 수면이 수평과 이루는 각이므로 용기의 바닥면과 이루는 각 $\theta = 12.95 + 30 = 42.95^\circ$ 이다.

(2) 용기의 폭이 1 m이고 물의 체적은 $1 \times 1 \times 0.5 = 0.5\,\mathrm{m}^3$이므로 $BOO'AB$의 체적과 같게 놓으면

$$\frac{1}{2}(\overline{BO} + \overline{AO'}) \times 1 \times 1 = 0.5\,\mathrm{m}^3 \qquad\qquad (b)$$

또한

$$\overline{BO} - \overline{AO'} = 1 \times \tan 42.95^\circ = 0.931\,\mathrm{m} \qquad\qquad (c)$$

식 (b), (c)로부터 $\overline{AO'} = 0.0345\,\mathrm{m}$, $\overline{BO} = 0.9655\,\mathrm{m}$

그림에서 점 A 의 x 및 z 좌표는

$$x = 1 \times \cos 30^\circ - 0.0345 \times \sin 30^\circ = 0.849\,\mathrm{m}$$

$$z = 1 \times \sin 30^\circ + 0.0345 \times \cos 30^\circ = 0.530\,\mathrm{m}$$

따라서 식 (a)에 대입하면

$$C' = 0.530 + 0.23 \times 0.849 = 0.725\,\mathrm{m}$$

따라서 수면곡선식은

$$z = -0.23\,x + 0.725 \qquad\qquad (d)$$

(3) 식 (d)를 사면을 따르는 t 축으로 표시하려면 $x = 0.866t$, $z = z' + 0.5t$ 의 관계를 대입해야 하므로

$$z' = -0.5t - 0.23 \times (0.866t) + 0.725$$

$$\therefore z' = -0.699t + 0.725$$

여기서 z'은 수면 BA 아래의 수심이며 t는 점 O로부터 사면을 따라 측정한 거리이다. 따라서 정수압 공식은

$$p_{o-o}' = \gamma z' = 725 - 699 t \qquad (e)$$

식 (e)에서 $t = 0\,(x = 0)$인 O점에서의 $p_0 = 725\,\mathrm{kg/m^2}$, $t = 1\,\mathrm{m}$ 일 때의 $p = 26\,\mathrm{kg/m^2}$이며 정수압은 직선적으로 감소함을 알 수 있다.

문제 2-21

그림 2-41과 같이 물이 담겨져 있는 반경 1 m인 원통을 중심축 주위로 각속도 $\omega = 30\,\mathrm{rpm}$으로 회전시켰다. 회전포물면의 방정식을 구하고 용기바닥의 점 A와 B에서의 정수압을 구하라.

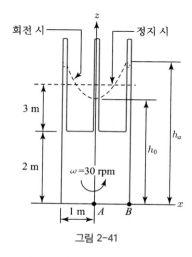

그림 2-41

풀이 (1) $\omega = 30$ 회/min $= 30 \times 2\pi/60 = 3.14\,\mathrm{rad/sec}$, $r = 1\,\mathrm{m}, h = 5\,\mathrm{m}$ 이므로 식 (2.65) 및 (2.66)을 사용하면

$$h_a = \frac{1}{2}\left(2 \times 5 + \frac{3.14^2}{2 \times 9.8} \times 1^2\right) = 5.252\,\mathrm{m}$$

$$h_0 = \frac{1}{2}\left(2 \times 5 - \frac{3.14^2}{2 \times 9.8} \times 1^2\right) = 4.749\,\mathrm{m}$$

식 (2.60)을 사용하면 회전포물면의 방정식은

$$z = 0.503\,x^2 + 4.749$$

(2) 점 A와 B에서의 정수압 p_A와 p_B는

$$p_A = \gamma h_0 = 1{,}000 \times 4.749 = 4{,}749\,\mathrm{kg/m^2}$$

$$p_B = \gamma h_a = 1{,}000 \times 5.252 = 5{,}252\,\mathrm{kg/m^2}$$

01 원통형 용기의 바닥에 수심 1.2 m까지는 비중 1.4인 액체를 넣고 그 위에 1.5 m 깊이로 비중 0.95인 액체를 넣었을 때 바닥면이 받는 정수압으로 인한 힘을 구하라. 또한 벽면에 작용하는 압력분포를 그려라.

02 어떤 산의 정상에서의 대기압이 996 milibar로 측정되었으며 해면에서의 대기압은 1,015 milibar였다. 공기의 밀도가 1.125×10^{-3} g_0/cm^{3}로 일정하다면 정상의 해발표고는 몇 m일까?

03 2.56×10^5 N/m^{2}를 수주, 수은주, kg/cm^2 및 bar 단위로 환산하라.

04 그림 2-42와 같은 밀폐된 탱크 속에 들어 있는 비중 0.8인 액체가 압력을 받고 있다. 압력계의 읽음이 3.2×10^5 dyne/cm^{2}이었다면 탱크의 바닥면에서 받는 압력강도는 얼마인가? 또 수압관 내로의 상승고 h를 계산하라.

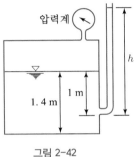

압력계

h

1 m

1.4 m

그림 2-42

05 어떤 어족은 정수압이 표준대기압의 5배 이상이 되면 살 수 없다고 한다. 이 어족은 몇 m 깊이까지 생존 가능한가?

06 밀폐된 기름탱크 내에 비중 0.85인 기름이 차 있고 기름표면의 대기압은 표준대기압의 1.2배이다. 기름표면으로부터 5 m 깊이에 있는 점에서의 계기압력과 절대압력을 kg/cm^{2}로 계산하라.

07 그림 2-4에서 $A_1 = 10\,\text{cm}^2$, $A_2 = 1,000\,\text{cm}^2$, $z = 30\,\text{cm}$, $P_1 = 2\,\text{kg}$ 일 때 수압기가 들어올릴 수 있는 무게 P_2를 계산하라.

08 문제 2-03에서 피스톤 A와 B의 직경이 각각 5 cm, 3 cm일 때 무게 $W = 3$ ton을 들어올리기 위해서 점 C에 가해 주어야 할 힘을 계산하라.

09 양단이 개방되어 대기와 접하고 있는 U자관의 아랫부분에 수은이 들어 있다. U자관의 한쪽에 물을 부어 수은-물 경계면으로부터 1 m 깊이가 되도록 하면 U자관 내 수은의 수면차는 얼마가 되겠는가?

10 연습문제 09의 경우에서 물이 들어 있는 관의 반대쪽 관에 비중 0.79인 기름을 60 cm 부었을 때 수은의 수면차를 계산하라.

11 도시 상수도관의 어떤 단면에 그림 2-43과 같이 액주계를 연결하였더니 수은주가 1 m로 나타났다. 관단면에서의 평균압력을 구하라.

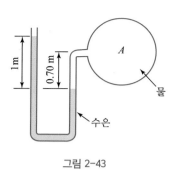

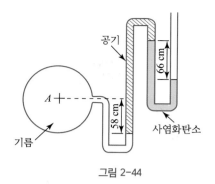

그림 2-43   그림 2-44

12 그림 2-44와 같은 개구식 액주계로 비중 0.82인 기름이 흐르고 있는 관내의 압력을 측정하고자 한다. 액주계 유체가 사염화탄소(비중 1.60)이고 독치가 그림에 표시된 바와 같을 때 관내의 압력을 수주(m)로 표시하라.

13 그림 2-45에서 관 A에서의 압력 p 를 구하라. 기름의 비중은 0.95이다.

14 그림 2-46에서 $h_1 = 20\,cm$, $h_2 = 67\,cm$ 이고 액주계 유체는 수은이며 관속에는 물이 흐르고 있다. 관내의 평균압력을 구하라.

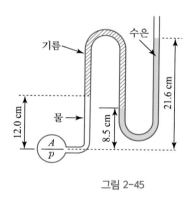

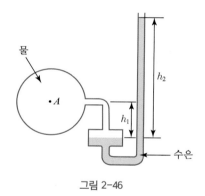

그림 2-45   그림 2-46

15 그림 2-47에서 비중 $S_1 = S_3 = 0.82$, $S_2 = 13.6$ 이고 $h_1 = 38\,cm$, $h_2 = 20\,cm$, $h_3 = 15\,cm$ 이다. 다음을 각각 구하라.
   (a) $p_B = 0.8\,bar$ 일 때 p_A
   (b) $p_A = 1.5\,bar$ 이고 대기압이 $1,013\,milibar$일 때 p_B

16 그림 2-48에서 비중 $S_1 = S_3 = 1.0$, $S_2 = 0.94$ 이고 $h_1 = h_2 = 30\,cm$, $h_3 = 90\,cm$ 이다.
   (a) $(p_A - p_B)$를 수주로 계산하라.
   (b) $(p_A - p_B)$의 값이 $-30\,cm$의 수주이면 h_2 는 얼마나 되겠는가?

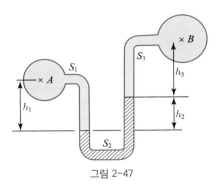

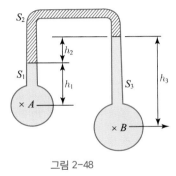

그림 2-47   그림 2-48

17 그림 2-49에서 관 A, B에 흐르는 유체의 비중은 각각 0.75 및 1.0이다. 액주계 유체가 수은이라면 두 관내 압력의 차는 얼마인가?

18 그림 2-50에서 A, B에서의 압력차$(p_A - p_B)$를 계산하라.

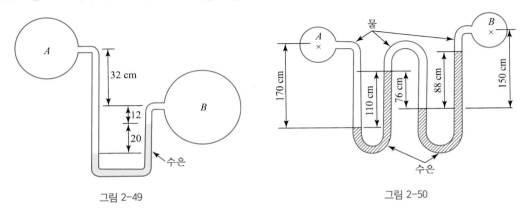

그림 2-49   그림 2-50

19 그림 2-51에서 압력계 A로 읽은 계기압력은 $-0.15\,\mathrm{kg/cm^2}$이었다.
  (a) 측벽에 작용하는 압력분포를 그려라.
  (b) 그림과 같이 설치된 액주계의 수은주차 h를 계산하라.

20 그림 2-52에서 밸브(valve)를 완전히 열면 수은주차가 어느 방향으로 얼마만큼 생기겠는가?

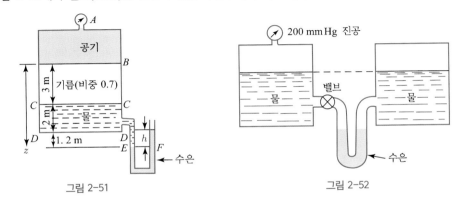

그림 2-51   그림 2-52

21 그림 2-52의 미차액주계에서 액체 A 는 수은, B 는 사염화탄소, C 는 물이며 탱크와 U 자관의 직경은 각각 20 cm 및 1 cm이다. 수은주차 h=10 cm였다면 $(p_m - p_n)$은 얼마이겠는가?

22 그림 2-53의 구형수문 AB 의 폭은 1.5 m이다. 수문의 자중을 무시하고 A 점에 걸리는 힘을 계산하라.

23 그림 2-54와 같은 수문 CD 의 폭은 2 m이며 수문의 중심 A 에서 사재 AB 로 저지되어 있다. AB 가 수문 CD 에 작용하는 반력을 구하라.

24 그림 2-55와 같이 저수지로부터 도수터널로 들어가는 입구에 2 m × 3 m의 철제 수문(자중 2 ton)이 설치되어 있다. A 점은 힌지로 되어 있고 B 점은 홈에 들어가 있다. 수문이 열리지 않도록 하기 위한 저수지 내 최대수심 h 를 구하라.

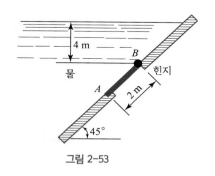

그림 2-53

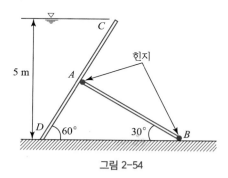

그림 2-54

25 그림 2-56과 같은 직경 50 cm인 원형 밸브 CD 가 완전히 닫혀져 있을 때 받는 힘의 크기와 작용점을 구하라.

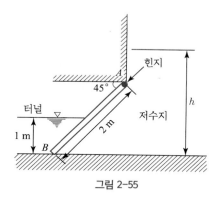

그림 2-55

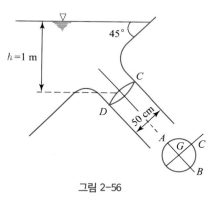

그림 2-56

26 그림 2-57에서 수문 AB 가 열리지 않게 하기 위해 B 점에 가해 주어야 할 힘 F 를 구하라. 수문의 폭은 1.2 m이다.

27 그림 2-58에서 2 m 평방의 정사각형 수문의 상단이 힌지로 연결되어 있을 때 A 점에 걸리는 힘을 계산하라.

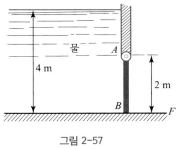

그림 2-57

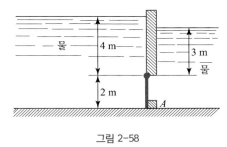

그림 2-58

28 그림 2-59와 같이 연직으로 놓여 있는 삼각형 수문판에 작용하는 힘의 크기와 작용점을 구하라.

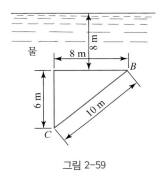

그림 2-59

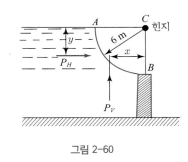

그림 2-60

29 그림 2-60에서 수문 AB에 작용하는 힘의 크기와 작용점을 구하라. 수문 AB의 폭은 5 m이다.

30 그림 2-61과 같은 곡면의 수문에 작용하는 힘의 크기와 작용점을 구하라.

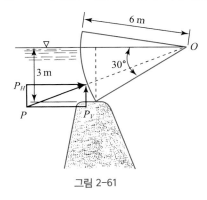

그림 2-61

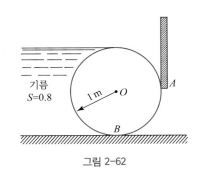

그림 2-62

31 그림 2-62에서와 같이 반경 1 m인 실린더가 기름의 흐름을 막고 있다. 실린더의 길이는 1.5 m이고 무게는 2,300 kg이다. 마찰을 무시할 때 점 A, B에서의 반력을 구하라.

32 그림 2-63의 곡면 AB의 단위폭당 작용하는 힘의 크기와 작용점을 구하라.

33 그림 2-64와 같은 콘크리트 댐(비중 1.67)의 단위폭당 작용하는 힘으로 인한 점 A에서의 모멘트의 크기와 방향을 구하라.

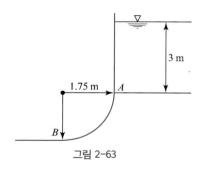

그림 2-63

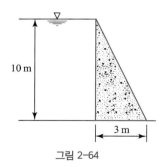

그림 2-64

34 그림 2-65와 같은 방사상 수문 ABC에 작용하는 힘의 크기와 작용점을 구한 후 수문을 열기 위해 점 A에 가해 주어야 할 힘 F를 구하라. 수문의 폭은 1.8 m이며 자중은 무시하라.

35 그림 2-66과 같은 실린더형 수문이 강판 AB로 댐에 힌지되어 있고 수문의 위치는 실린더 내로 물을 양수하여 조절하도록 되어 있다. 실린더 내부가 비어 있을 때 수문의 중심은 힌지로부터 1.2 m의 위치에 있고 그림의 위치에서 수문이 평형상태에 있다. 수위가 현수위보다 1 m만큼 상승할 때 수문의 위치가 그림의 위치를 유지하기 위해서 얼마만큼의 물을 실린더 내부로 양수해 넣어야 하겠는가?

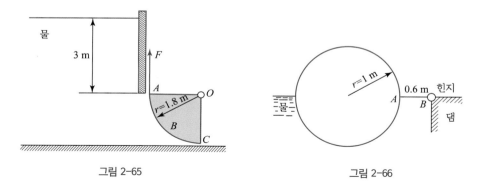

그림 2-65   그림 2-66

36 20 cm × 20 cm × 40 cm인 육면체의 수중무게가 5 kg이었다면 이 물체의 공기 중 무게와 비중은 얼마이겠는가?

37 비중이 7.25인 물체가 수은표면에 떠 있다. 표면 위로 나온 부분은 전체적의 몇 %인가?

38 폭이 3 m, 길이가 7.5 m, 길이가 4 m인 상자의 무게는 40 ton이고, 속은 비어 있다.
(a) 상자를 물 위에 띄웠을 때 수면 밑으로 얼마나 내려가겠는가?
(b) 수심이 4 m일 때 상자를 바닥면에 완전히 가라앉게 하려면 상자 속에 얼마의 무게를 넣어야 하는가?

39 그림 2-67과 같이 직경 50 cm인 원통형 부표에 직경 30 cm의 금속구(비중 $s=14$)가 매달려서 앵커(anchor)의 역할을 하고 있다. 부표의 높이는 2 m, 비중은 0.5이다. 금속구가 바닥으로부터 뜨기 위해서는 해수(비중 $S=1.025$)의 수위(h)가 얼마나 더 증가해야 하는가?

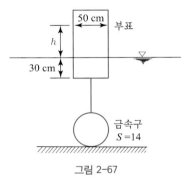

그림 2-67

40 폭 5 m, 길이 12 m, 깊이 2 m인 뗏목배로 인한 흘수가 1.5 m이었다. 이 뗏목배가 수평과 4°, 8° 및 12°로 각각 기울어졌을 때 각각의 경심고를 구하고 또 이때의 복원 모멘트를 계산하라.

41 직경 10 m인 원통형 케이슨의 중심은 케이슨의 바닥으로부터 2 m 높이에 있다. 해수 중에서 풍랑으로 인해 수평으로부터 10° 만큼 기울어졌을 때 경심고를 구하여 안정여부를 판단하고 복원(혹은 전도) 모멘트를 계산하라. 케이슨의 높이는 12 m, 두께는 0.8 m이다.

42 폭 1 m, 길이 2 m, 깊이 1 m인 통나무를 물 위에 띄웠을 때 경심과 중심이 일치했다면 통나무의 비중은 얼마인가? 부체는 안정한가?

43 그림 2-68과 같이 직경 25 cm, 길이 2 m인 나무막대기(비중 $S=0.6$)로 된 부표에 구형추(비중 $S=1.62$)가 매달려 있다. 부심의 위치와 경심고를 각각 구하라. 단 바닷물의 비중은 1.025이다.

44 실린더 속에 0.03 m^3의 물이 60 cm의 깊이로 담겨 있다. 이 실린더가 상방향으로 6 m/sec^2의 등가속도를 받는다면 바닥면에서의 정수압과 이로 인해 받는 힘의 크기는 얼마인가?

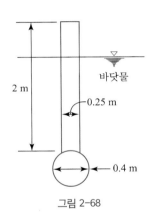

그림 2-68

45 길이가 6 m, 폭이 2 m, 깊이가 2 m인 탱크에 깊이 1 m의 물이 들어 있다. 이 탱크가 길이 방향으로 수평등가속도 2.5 m/sec^2를 받고 있을 때
(a) 수면곡선의 방정식을 구하라.
(b) 탱크의 양측 벽에 작용하는 힘을 계산하라.

46 연습문제 45번에서 탱크에 물을 가득 채우고 같은 방향으로 1.5 m/sec^2의 수평등가속도를 작용하면 얼마만큼의 물이 탱크 밖으로 쏟아지겠는가?

47 한 변의 길이가 1.5 m인 정입방체의 용기 속에 비중이 0.8인 기름이 채워져 있다. 다음의 경우 용기의 한 측벽에 작용하는 힘을 계산하라.
(a) 상방향으로 5 m/sec^2의 등가속도를 받을 때
(b) 하방향으로 5 m/sec^2의 등가속도를 받을 때

48 직경이 1.2 m이고 높이가 1.8 m인 원통형 용기에 물이 가득차 있다. 이 용기에 수평등가속도 a를 작용시켰더니 물 체적의 2/3가 용기밖으로 쏟아졌다. 등가속도 a를 구하라.

49 직경이 1 m이고 높이가 2 m인 원통 속에 물이 1.4 m의 깊이로 채워져 있다. 원통의 중심축 주위로 원통을 회전시킬 때 다음을 구하라.

    (a) 물이 쏟아지지 않게 하면서 작용할 수 있는 최대 회전각속도(rpm)

    (b) 회전각속도 $\omega = 6$ rad/sec일 때 원통바닥의 중심과 벽면에서의 정수압

    (c) $\omega = 6$ rad/sec일 때 원통의 측벽에 작용하는 힘

50 연습문제 49번에서 용기의 상단이 밀폐되어 있고 용기 내 공기의 압력을 0.02 bar로 유지하면서 $\omega = 12$ rad/sec를 작용시키면 바닥의 중심과 벽면에서의 정수압은 얼마가 될까?

51 직경 1 m, 높이 2 m인 밀폐된 원통형 용기에 1.4 m 깊이의 물이 채워져 있다. 중심축 주위로 20 rad/sec의 회전등각속도를 작용시킬 때 용기의 밑바닥에서 물과 접촉되지 않는 부분의 면적은 얼마나 될까?

Chapter 3

흐름의 운동법칙

3.1 서 론

제2장에서는 정지하고 있는 물의 역학적인 문제에 관하여 취급하였으나, 이 장에서는 물이 흐를 경우의 운동학(kinematics)에 관하여 논의하고자 한다. 고체역학(solid mechanics)에서처럼 운동학에서는 유체입자의 변위(displacement)와 속도(velocity) 및 가속도(acceleration)로서 유체의 운동을 서술하게 되는 것이며, 이들 성질과 힘(force) 간의 관계를 다루는 동수역학(hydrodynamics)과 구별된다고 하겠다. 흐르는 물을 구성하고 있는 개개 입자는 고체와는 달리 각각 상이한 속도나 가속도를 가지게 되며, 이들 운동학적 성질을 표현하는 방법과 연속적인 흐름이 가지는 질량보존법칙 (law of mass conservation)의 유도 및 의의 등 제반 운동학적 문제에 대하여 살펴보기로 한다.

3.2 흐름의 분류

유체의 흐름은 여러 가지 관점에서 다양하게 분류할 수 있으나 여기서는 운동학의 전개에 우선적으로 필요한 정상류(定常流, steady flow) 및 부정류(不定流, unsteady flow), 1차원 및 2차원, 3차원 흐름(one-, two-, and three-dimensional flows)에 대한 개념만 소개하기로 한다.

3.2.1 정상류와 부정류

유체의 흐름 특성이 시간에 따라 변하느냐 혹은 변하지 않느냐는 정상류(steady flow)와 부정류(unsteady flow)를 구분하는 기준이 된다. 즉 흐름의 임의의 단면에서 밀도, 유속, 압력, 온도 등의 모든 흐름 특성이 전혀 변하지 않으면 그 흐름은 정상류이나 어느 한 가지 특성이라도 변한다면 부정류로 분류된다. 예를 들면 그림 3-1과 같은 무한히 큰 저수지에 연결된 관로에 부착된 밸브 A 를 개폐한 순간의 사출수는 부정류이나 밸브의 개구를 일정하게 고정했을 때의 흐름은 정상류에 속한다. 정상류의 경우에는 흐름의 특성이 시간의 함수가 아니므로 부정류에 비하여 그 해석이 매우 간단하다. 실제 자연계의 흐름은 엄밀한 의미에서는 대부분 부정류에 속하는 것이 통상이나 정상류의 이론은 실제문제의 해결에 매우 널리 적용된다. 물론 정상류로 가정하는데서 생기는 오차가 없지는 않지만 많은 흐름 문제에서 이 오차는 거의 무시할 수 있을 정도로 심각하지 않은 것이 보통이며, 부정류 해석의 복잡성을 피하기 위한 현명한 가정이라고 볼 수 있다. 따라서 여기서는 정상류에 국한하여 각종 해석의 기본이 되는 원리를 전개하고자 한다.

운동하고 있는 물 혹은 다른 유체 중에서 개개 유체입자가 흐르는 경로를 유적선(流跡線, stream path line)이라 하며 어느 순간에 각 점에 있어서의 속도벡터를 그릴 때 이에 접하는 곡선을 그을 수 있다. 이 곡선을 연결하는 선을 유선(流線, streamline)이라 하며 그림 3-2는 이를 도식적으로 표시하고 있다.

따라서 이렇게 정의된 유선에 수직한 방향으로서 속도성분은 항상 영이 되며 유선을 가로 지르는 흐름은 존재할 수 없게 된다. 이러한 유선은 흐름의 역학적 문제를 정성적 혹은 정량적으로 해석하는 데 매우 편리한 도구가 된다. 그림 3-3은 비행기 날개와 원통형 실린더 단면의 주위에서 일어나는 유체흐름의 양상을 표시하고 있으며 유선을 관찰함으로써 유속이 빠른 부분과 느린 부분, 혹은 압력이 높고 낮은 구역 등을 판별할 수 있다.

흐름이 정상류이면 유선의 모양이 시간에 따라 변화하지 않으므로 유선은 유체입자의 운동경로인 유적선과 일치하나 부정류의 경우에는 서로 상이하다.

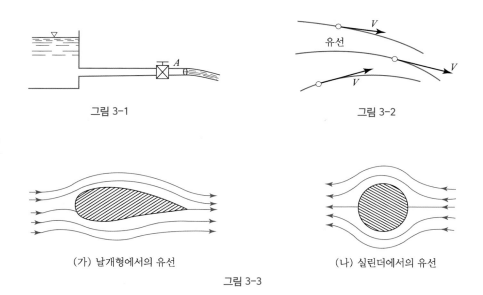

그림 3-1

그림 3-2

(가) 날개형에서의 유선

(나) 실린더에서의 유선

그림 3-3

공간좌표상에 유선상의 한 점 $(x,\ y,\ z)$에 있어서의 속도벡터 $\boldsymbol{V}$의 세 직각성분을 $u,\ v,\ w$라 하고 방향여현(directional cosine)을 $l,\ m,\ n$이라 하면

$$u=\ \boldsymbol{V}l,\ \ v=\ \boldsymbol{V}m,\ \ w=\ \boldsymbol{V}n \tag{3.1}$$

또한 유선의 미소변위 ds의 세 직각성분을 각각 $dx,\ dy,\ dz$라 하면

$$dx=\ lds,\ \ dy=\ mds,\ \ dz=\ nds \tag{3.2}$$

식 (3.1)과 (3.2)로부터 유선상을 따라 이동하는 유체입자의 변위와 속도성분 간의 관계를 표시하는 다음과 같은 식을 얻을 수 있다.

$$\frac{dx}{u}=\ \frac{dy}{v}=\ \frac{dz}{w} \tag{3.3}$$

식 (3.3)은 유선방정식이라 불리우며 이 관계를 만족하는 공간좌표상의 선이 바로 유선이다. 정상류의 경우 그림 3-4 에서처럼 폐곡선을 통하여 유선들을 그리면 유선은 일종의 경계면을 형성하게 되며 유선의 정의에 의하면 유체입자는 이 경계면을 통과할 수 없게 된다. 따라서 유선으로 둘러싸

그림 3-4

인 공간은 일종의 관이 되며 이를 유관(streamtube)이라 부른다. 유관의 개념을 적용하면 유체흐름의 여러 가지 기본원리의 응용범위를 넓힐 수 있을 뿐 아니라 어떤 크기를 가지는 유관은 극한에 가서는 본질적으로 한 개의 유선과 같이 취급할 수 있으므로 아주 작은 유관으로부터 유도되는 여러 가지 방정식들은 유선에도 그대로 적용할 수 있게 된다.

문제 3-01

평면상의 $x,\ y$ 방향의 속도성분이 각각 $u=-r\omega\sin\theta,\ v=r\omega\cos\theta$이고 $\tan\theta=\dfrac{y}{x}$이면 흐름은 어떤 운동을 하는 것인가? ω는 각속도를 표시한다.

풀이 유선방정식(식 (3.3))을 적용하면

$$\frac{dx}{-r\omega\sin\theta}=\ \frac{dy}{r\omega\cos\theta}$$

따라서

$$\frac{dy}{dx}=-\frac{\cos\theta}{\sin\theta}=-\frac{1}{\tan\theta}=-\frac{x}{y}$$
$$x\,dx+y\,dy=0$$

적분하면

$$x^2+y^2=\text{Constant}=r^2$$

따라서 흐름은 반경 r인 원운동을 하고 있다.

3.2.2 1차원, 2차원 및 3차원 흐름

한 개의 유선은 수학적으로 정의된 개념적인 가상의 선으로서 단지 한 개의 차원(dimension)만을 가진다고 볼 수 있다. 따라서 개개 유선을 따라 흐르는 흐름은 1차원 흐름(one dimensional flow)이라 부르며 이러한 흐름에서는 압력이나 유속, 밀도 등의 변화는 오로지 유선을 따라서만 생각할 수 있는 것이다. 실제의 흐름이 1차원이 아니더라도 유동장(flow field) 내의 유선이 거의 직선에 가깝고 서로 평행할 경우에는 1차원 흐름으로 간단하게 해석하는 경우가 매우 많다.

2차원 흐름은 한 개의 유선으로는 정의될 수 없고, 여러 개의 상이한 유선으로 정의될 수 있는 유동장을 말한다. 따라서 2차원의 흐름의 유동장을 표시하기 위해서는 여러 개의 유선으로 이루어지는 개개 평면이 필요하며 그 예가 그림 3–5에 표시되어 있다. 그림 3–5 (a)는 예연위어 (sharp-crested weir) 위로 월류하는 흐름을 2차원적으로 표시하고 있으며, 그림 3–5 (b)는 비행기 날개 주위의 2차원 흐름을 표시하고 있다. 이들 흐름에 있어서는 유속, 압력 혹은 밀도 등의 흐름 특성은 유동장 내에서 공간적으로 변화하게 되며, 위어나 날개가 지면에 수직으로 무한히 길 경우에만 실제 흐름을 대변하게 되나 단효과(end effect)를 고려하면 실제 흐름의 개략적인 표현에 지나지 않는다.

그림 3–6은 축 대칭 3차원 흐름의 두 경우를 도시하고 있다. 이들 흐름에 있어서의 유선은 곡면을 형성하며 유관의 동심원 단면(annular cross section)을 가지고 있고 유동장은 3차원 공간에서만 완전히 표시될 수 있다. 3차원 흐름에 있어서 흐름이 축대칭이 아닐 경우의

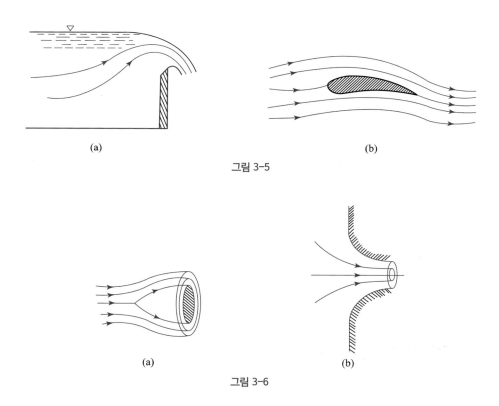

(a)

(b)

그림 3-5

(a)

(b)

그림 3-6

흐름 해석은 매우 복잡하므로 여기서는 실제의 흐름 문제에 많이 적용되는 1차원, 2차원 및 축대칭 3차원 흐름에 대한 이론에 관해서만 살펴보기로 하겠다.

3.3 속도와 가속도

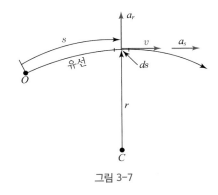

그림 3-7

그림 3-7에 표시된 바와 같은 유선을 따라 흐르는 1차원 흐름의 속도와 가속도는 강체의 이동 시와 동일한 방법으로 표시할 수 있다. 그림 3-7에서 점 O 를 기준점으로 잡고 유선을 따라 변위 s 인 점에 있어서의 유속 v 는 dt 시간 동안에 ds 만큼 이동했다고 생각하면 ds/dt 로 표시된다. 한편 유선요소 ds 에 접선인 방향의 가속도성분은 다음과 같이 표시된다.

$$a_s = \frac{d^2 s}{dt^2} = \frac{d}{dt}\left(\frac{ds}{dt}\right) \qquad (3.4)$$

$$= \frac{dv}{dt} = \frac{dv}{ds}\frac{ds}{dt} = v\frac{dv}{ds}$$

유선요소 ds 에 연직인 방향의 가속도성분은 강체역학에서처럼 다음과 같이 표시할 수 있다.

$$a_r = -\frac{v^2}{r} \qquad (3.5)$$

여기서 r 은 유선요소 ds 의 곡률반경이다.

실제의 유동장에서 속도와 가속도를 정의하는 것은 쉬운 일이 아니다. 그림 3-8의 평면좌표계에서의 흐름의 속도와 가속도를 정의해 보기로 하자.

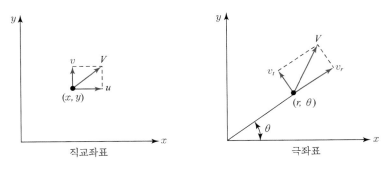

그림 3-8

유동장 내에 있는 임의의 점에 있어서의 x 축 및 y 축의 속도성분을 u, v라 하자. u, v는 장내의 모든 점에서 상이한 값을 가지므로 x, y의 함수로서 표시된다. 즉,

$$u = u(x, y), \quad v = v(x, y) \qquad (3.6)$$

속도성분 u와 v를 변위와 시간으로 표시하면

$$u = \frac{dx}{dt}, \quad v = \frac{dy}{dt} \qquad (3.7)$$

x, y 방향의 가속도성분 a_x, a_y는 속도의 변화율로 각각 표시할 수 있으므로

$$a_x = \frac{du}{dt}, \quad a_y = \frac{dv}{dt} \qquad (3.8)$$

식 (3.8)의 전미분 du, dv를 편미분의 항으로 표시하면

$$du = \frac{\partial u}{\partial x} dx + \frac{\partial u}{\partial y} dy, \quad dv = \frac{\partial v}{\partial x} dx + \frac{\partial v}{\partial y} dy \qquad (3.9)$$

식 (3.9)를 식 (3.8)에 대입하고 $u = dx/dt$, $v = dy/dt$의 관계를 사용하면

$$a_x = u \frac{\partial u}{\partial x} + v \frac{\partial u}{\partial y}, \quad a_y = u \frac{\partial v}{\partial x} + v \frac{\partial v}{\partial y} \qquad (3.10)$$

극좌표상에서의 임의점 (r, θ)에 있어서의 속도성분 v_r과 v_t(그림 3 – 8 참조)는 r 및 θ의 함수이며 각각 다음과 같이 표시된다.

$$v_r = \frac{dr}{dt}, \quad v_t = r \frac{d\theta}{dt} \qquad (3.11)$$

한편, 가속도성분은 다음 식으로 표시될 수 있다.

$$a_r = v_r \frac{\partial v_r}{\partial r} + v_t \frac{\partial v_r}{r \partial \theta} - \frac{v_t^2}{r} \qquad (3.12)$$

$$a_t = v_r \frac{\partial v_t}{\partial r} + v_t \frac{\partial v_t}{r \partial \theta} + \frac{v_r v_t}{r} \qquad (3.13)$$

그림 3-9에 표시된 바와 같이 유선이 직선으로 표시되며 유속의 크기 $v = \sqrt{x^2 + y^2}\,(\mathrm{m/sec})$로 표시될 때 점(2, 1.5)에서의 속도와 가속도를 계산하라.

풀이 그림 3-9에서 원점으로부터의 변위 $s = \sqrt{x^2 + y^2}$ 이므로 유속 $v = \sqrt{x^2 + y^2} = s$ 이다. 따라서 점 (2, 1.5)에서의 유속은

$$v = \sqrt{2^2 + 1.5^2} = 2.5\,\mathrm{m/sec}$$

흐름 방향의 가속도는

$$a_s = v\frac{dv}{ds} = s(1) = s = \sqrt{2^2 + 1.5^2} = 2.5\,\mathrm{m/sec^2}$$

흐름 방향에 연직한 방향으로의 가속도 a_r 은 유선의 곡률반경 r 이 무한대이므로 영이 된다.

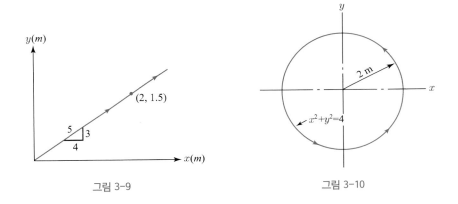

그림 3-9   그림 3-10

그림 3-10에 표시된 원형유선을 따른 흐름의 유속이 2 m/sec로 일정할 때 유선상의 임의 점에서의 접선 및 법선방향의 가속도성분을 구하라.

풀이 유선을 따르는 유속이 일정하므로 식 (3.4)에 의하면 $a_s = 0$ 이다. 유선에 연직한 방향의 가속도성분 a_r 은 식 (3.5)에 의하면

$$a_r = -\frac{(2)^2}{2} = -2\,\mathrm{m/sec}$$

여기서 음(-)의 부호는 가속도의 방향이 원의 중심으로 향함을 의미한다.

3.4 연속방정식

연속방정식(continuity equation)은 "질량은 창조되지도 않고 소멸되지도 않는다"는 질량보존의 법칙(law of mass conservation)을 설명해 주는 방정식을 말하며, 한 단면에서 다른 단면으로 흐르는 유체흐름의 연속성을 표시해 준다.

3.4.1 1차원 흐름의 연속방정식

그림 3–11에서와 같이 압축성 유체의 정상류가 흐르는 한 개의 유관요소를 생각해 보자. 단면 1에서의 단면적과 유체의 평균밀도를 각각 A_1, ρ_1 단면 2에서의 값들을 A_2, ρ_2라 하고 그림 3–11의 단면 BB' 사이의 유체질량이 미소시간 dt 동안에 단면 CC'으로 이동한다고 가정하면 질량보존의 법칙에 의하여 다음과 같은 관계를 얻게 된다.

$$\rho_1 A_1 d s_1 = \rho_2 A_2 d s_2 \tag{3.14}$$

식 (3.14)의 양변을 dt로 나누면

$$\rho_1 A_1 \frac{d s_1}{dt} = \rho_2 A_2 \frac{d s_2}{dt} \tag{3.15}$$

여기서 $d s_1 / dt$와 $d s_2 / dt$는 각각 단면 1과 2에서의 흐름의 평균유속을 표시한다. 따라서

$$\rho_1 A_1 V_1 = \rho_2 A_2 V_2 \tag{3.16}$$

식 (3.16)이 곧 1차원 정상류의 연속방정식이다. 이 식이 가지는 의미를 풀이해 보면 정상류에 있어서는 유관의 모든 단면을 지나는 질량유량(mass flow rate)은 항상 일정하다는 것이다. 즉, 다른 형태의 식으로 표시하면

$$\rho A V = \text{Constant}, \ \ \mathrm{d}(\rho A V) = 0, \ \ \text{혹은} \ \ \frac{d\rho}{\rho} + \frac{dA}{A} + \frac{dV}{V} = 0 \tag{3.17}$$

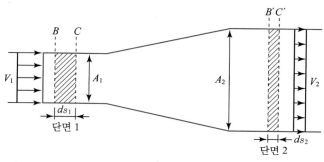

그림 3-11

식 (3.16)의 양변에 중력가속도 g 를 곱하면

$$G = \gamma_1 A_1 V_1 = \gamma_2 A_2 V_2 \qquad (3.18)$$

여기서 G 는 ton/sec의 단위를 가지는 중량유량(weight flow rate)을 표시한다.

만약 유동장 내에서 유체의 밀도변화가 무시할 정도로 작아서 밀도가 일정하다고 가정할 수 있으면 이 유체는 비압축성 유체(incompressible fluid)로 간주되며 식 (3.18)은 다음과 같이 표시된다.

$$A_1 V_1 = A_2 V_2 = Q \qquad (3.19)$$

여기서 Q 는 체적유량(volume flow rate)으로서 통상 유량(flow rate 혹은 discharge)이라 약칭하며 m³/sec의 단위를 가진다. 주로 토목에서 다루는 유체인 물은 압력이나 온도에 따라 그 밀도변화가 거의 무시될 수 있으므로 대부분의 경우 비압축성으로 가정한다. 따라서 수리학에서 주로 사용하는 정상류에 대한 연속방정식은 식 (3.19)의 형태이다.

2차원 흐름에 대한 유량은 흐름 방향에 수직한 단위폭당의 유량으로 표시하는 경우가 많다. 두 개의 상이한 흐름 평면(flow plane)간의 간격 혹은 폭을 b 라 하고 유선간의 간격을 h 라 하면 개개 유관을 통한 2차원적 유량은 다음과 같다.

$$Q/b = q = h_1 V_1 = h_2 V_2 \qquad (3.20)$$

여기서 q 는 2차원적 체적유량을 의미하며 m³/sec/m의 단위를 가진다. 물론 식 (3.20)은 비압축성 유체에 관한 것이며 첨자 1 및 2는 서로 떨어져 있는 두 단면을 표시한다.

실제 유체의 흐름에 있어서는 그림 3-12에서 볼 수 있는 바와 같이 임의 단면의 각 점에 있어서의 점유속은 각각 상이한 것으로 알려져 있다. 이는 유체가 가지는 점성 때문에 유체입자 간 혹은 유체입자와 경계면 사이의 마찰력에 의한 것이며, 연속방정식의 타당성에는 아무런 영향도 미치지 않는다.

그러나 식 (3.17) 및 (3.19)의 유속 V 는 $V = Q/A$ 로 정의되는 특정단면에서의 평균유속(mean velocity)이며, 단면을 통과하는 총유량 Q 는 미소면적 dA 를 통과하는 미소유량 dQ 를 전 단면적에 걸쳐 적분함으로써 얻을 수 있다. 따라서

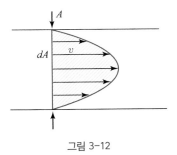

그림 3-12

$$V = \frac{Q}{A} = \frac{1}{A} \int_A v\,dA \qquad (3.21)$$

여기서 v 는 점유속을 표시하며 유속분포가 알려지면 식 (3.21)을 수학적 혹은 도식적으로 적분함으로써 평균유속을 구할 수 있게 된다.

정상류에 대한 1차원 연속방정식이 가지는 물리적 의미를 고찰해 보면 유동장 내의 유선의 양상을 간접적으로 풀이할 수 있다. 즉, 비압축성 유체의 경우 어떤 유관을 따른 단면적(A)에

평균유속(V)을 곱한 값은 항상 일정해야 하므로, 유관의 단면적이 커지면 평균유속은 작아지고 반대로 단면적이 작아지면 평균유속은 커진다. 따라서 유선 간의 간격이 큰 곳에서는 간격이 작은 곳에서보다 유속이 완만할 것임을 짐작할 수 있다.

문제 3-04

직경 20 cm인 관이 직경 10 cm인 단면으로 줄었다가 다시 직경 15 cm의 단면으로부터 확대되었다(그림 3-13 참조). 10 cm관 속의 평균유속이 3 m/sec일 때 유량은 얼마이며 15 cm 및 20 cm 관속에서의 평균유속은 얼마인가? 유체는 비압축성으로 가정하라.

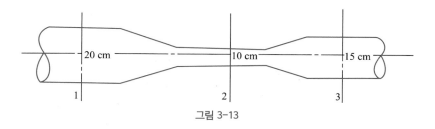

그림 3-13

풀이

$$Q = A_2\,V_2 = \frac{\pi}{4}(0.1)^2(3) = 0.0236\,\text{m}^3/\text{sec}$$

$$V_1 = \frac{Q}{A_1} = \frac{0.0236}{\frac{\pi(0.2)^2}{4}} = 0.75\,\text{m}/\text{sec}$$

$$V_3 = \frac{Q}{A_3} = \frac{0.0236}{\frac{\pi(0.15)^2}{4}} = 1.33\,\text{m}/\text{sec}$$

혹은 $Q = A_1\,V_1 = A_2\,V_2 = A_3\,V_3$ 이므로

$$V_1 = \frac{A_2\,V_2}{A_1} = \frac{\frac{\pi(0.1)^2}{4}}{\frac{\pi(0.2)^2}{4}} \times 3 = 0.75\,\text{m}/\text{sec}$$

$$V_3 = \frac{A_2\,V_2}{A_3} = \frac{\frac{\pi(0.1)^2}{4}}{\frac{\pi(0.15)^2}{4}} \times 3 = 1.33\,\text{m}/\text{sec}$$

그림 3-14와 같이 $d_1 = 1$ m인 원통형 수조의 측벽에 내경 $d_2 = 10$ cm의 철관으로 송수할 때 관내의 평균유속이 2 m/sec였다. 유량 Q와 수조 내의 유속 V_1을 구하라.

풀이
$$Q = A_2 V_2 = \frac{\pi (0.1)^2}{4} \times 2$$
$$= 0.0157 \, \text{m}^3/\text{sec}$$
$$V_1 = \frac{Q}{A_1} = \frac{0.0157}{\frac{\pi (1)^2}{4}} = 0.02 \, \text{m/sec}$$

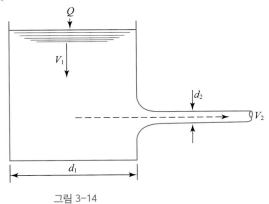

그림 3-14

반경 R인 원관 내의 흐름이 포물선형 유속분포를 가질 때 흐름의 평균유속을 관의 중립축 유속으로 표시하라.

풀이 그림 3-15의 유속분포곡선은 포물선형이므로 점유속 v를 관의 중립축 유속 v_c의 항으로 표시하면

$$v = v_c \left(1 - \frac{r^2}{R^2} \right)$$

점유속 v로 환형 미소면적 dA를 통해 흐르는 유량 dQ는

$$dQ = v \, dA = v \cdot 2 \pi r dr$$

따라서 평균유속은 dQ를 전단면적에 걸쳐 얻는 총유량 Q를 총단면적 πR^2으로 나눔으로써 얻을 수 있다. 즉

$$V = \frac{Q}{A} = \frac{1}{\pi R^2} \int_0^R v_c \left(1 - \frac{r^2}{R^2} \right) 2 \pi r dr = \frac{2 \pi v_c}{\pi R^2} \left[\frac{r^2}{2} - \frac{r^4}{4R^2} \right]_0^R = \frac{1}{2} v_c$$

즉, 평균유속은 관 중립축에 있어서의 점유속의 $\frac{1}{2}$ 이다.

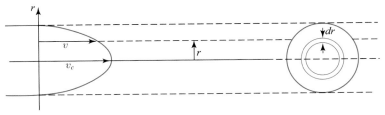

그림 3-15

3.4.2 2차원 및 3차원 흐름의 연속방정식**

앞에서 유도한 1차원 흐름의 연속방정식은 흐름의 유속성분이 유선(혹은 유관)방향으로만 존재한다는 가정 하에 유도되었으나 실제 흐름에 있어서는 3차원적으로 해석되어야 한다. 연속방정식이 대변하는 질량보존의 법칙은 그림 3 – 16의 입방체와 같은 어떤 한정된 공간 내의 유체질량의 증가율이 단위시간에 이 공간 내로 흘러들어가는 질량의 차와 같음을 의미한다. 따라서 유체의 흐름이 연속적이라는 사실은 이 법칙을 미분형으로 표시할 수 있게 한다. 그림 3 – 16에서 입방체의 x, y, z방향 변의 길이를 δx, δy, δz라 하고 입방체의 중심(centroid)에서의 밀도를 ρ, 속도성분을 u, v, w라 하면 중심에 있어서의 단위단면적당 질량유량(혹은 질량 flux)의 x, y, z방향성분은 각각 ρu, ρv 및 ρw로 표시된다. 따라서 중심으로부터 x방향으로 $-\delta x / 2$ 떨어진 유입면으로 흘러들어오는 질량유량은

$$\left(\rho u - \frac{\partial (\rho u)}{\partial x} \frac{\delta x}{2} \right) \delta y \, \delta z \tag{3.22}$$

마찬가지로, x방향으로 $\delta x / 2$만큼 떨어진 유출면으로부터 흘러나가는 질량유량은

$$\left(\rho u + \frac{\partial (\rho u)}{\partial x} \frac{\delta x}{2} \right) \delta y \, \delta z \tag{3.23}$$

따라서 x방향의 순질량 플럭스(net mass flux)는 유입면과 유출면에서의 질량플럭스의 차이므로 식 (3.22)에서 식 (3.23)을 빼면

$$- \frac{\partial (\rho u)}{\partial x} \delta x \, \delta y \, \delta z \tag{3.24}$$

동일한 방향으로 y방향 및 z방향의 순 질량 플럭스를 구하면 각각 다음과 같이 표시된다.

$$y\text{방향} : \quad - \frac{\partial (\rho v)}{\partial x} \delta x \, \delta y \, \delta z \tag{3.25}$$

$$z\text{방향} : \quad - \frac{\partial (\rho w)}{\partial x} \delta x \, \delta y \, \delta z \tag{3.26}$$

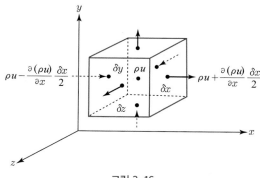

그림 3-16

따라서 입방체를 통한 총질량 플럭스는 x, y, z방향의 질량플럭스(mass flux)를 합한 것과 같으며 이는 시간에 따른 입방체 내의 질량의 변화율 $\frac{\partial}{\partial t}(\rho\,\delta x\,\delta y\,\delta z)$와 같아야 한다. 즉

$$-\left(\frac{\partial(\rho u)}{\partial x}+\frac{\partial(\rho v)}{\partial y}+\frac{\partial(\rho w)}{\partial z}\right)\delta x\,\delta y\,\delta z = \frac{\partial}{\partial t}(\rho\,\delta x\,\delta y\,\delta z) \qquad (3.27)$$

여기서 $(\delta x\,\delta y\,\delta z)$는 한정된 공간(이 경우는 입방체)을 표시하는 상수이므로 식 (3.27)의 우변에서 미분 바깥으로 뽑아낼 수 있으며 좌변의 $(\delta x\,\delta y\,\delta z)$와 상쇄시킬 수 있으므로 식 (3.27)은 다음과 같아진다.

$$\frac{\partial(\rho u)}{\partial x}+\frac{\partial(\rho v)}{\partial y}+\frac{\partial(\rho w)}{\partial z}=-\frac{\partial\rho}{\partial t} \qquad (3.28)$$

식 (3.28)은 모든 유체의 흐름에 공히 적용할 수 있는 연속방정식의 일반형으로서 여러 가지 조건을 가지는 특수 흐름의 경우에는 이 식의 변형이 필요하다.

2차원 흐름에 대한 연속방정식의 일반형은 식 (3.28)에서 1개의 차원을 없앰으로써 얻을 수 있다. 즉,

$$\frac{\partial(\rho u)}{\partial x}+\frac{\partial(\rho v)}{\partial y}=-\frac{\partial\rho}{\partial t} \qquad (3.29)$$

흐름이 압축성 정상류이면 유체의 밀도는 시간에 따라서는 변하지 않지만 공간적으로 변하므로 식 (3.28)은 다음과 같아진다.

$$\frac{\partial(\rho u)}{\partial x}+\frac{\partial(\rho v)}{\partial y}+\frac{\partial(\rho w)}{\partial z}=0 \qquad (3.30)$$

흐름이 정상류이면서 비압축성이면 식 (3.30)의 ρ를 상수로 취급할 수 있으므로 연속방정식은

$$\frac{\partial u}{\partial x}+\frac{\partial v}{\partial y}+\frac{\partial w}{\partial z}=0 \qquad (3.31)$$

앞에서 유도한 바 있는 1차원 정상류에 대하여 생각하면

$$\frac{\partial u}{\partial x}=0 \qquad \therefore u=\text{Constant} \qquad (3.32)$$

여기서 u는 식 (3.17) 및 식 (3.19)의 평균유속 V를 의미하며 흐름의 단면이 일정한 한 평균유속은 일정함을 뜻한다.

문제 3-07

2차원 비압축성 유동장이 $u=4x$, $v=-4y$로 표시될 때 유동장을 스케치하고 연속방정식이 성립하는지를 검사하라.

풀이 유속의 x방향 성분 u는 x에 따라 증가하며, y방향 성분 v는 y에 따라 감소하므로 그림 3-17에 표시한 바와 같이 4개 상한에서 비슷한 유형의 흐름이 표시될 수 있다. 또한 2개의 축 x, y는 각 상한 내 흐름에 대한 고정벽(solid boundary)을 표시한다.

$$u=4x \text{ 와 } v=-4y \text{ 및}$$

$w=0$ (2차원 흐름이므로)를 식 (3.31)에 대입해 보면

$$\frac{\partial}{\partial x}(4x)+\frac{\partial}{\partial y}(-4y)=4-4=0$$

따라서 2차원 연속방정식이 성립되므로 이러한 흐름은 물리적으로 존재가능하다.

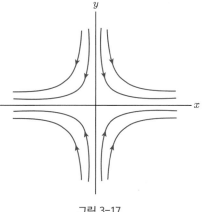

그림 3-17

문제 3-08

2차원 비압축성 정상류의 유속성분이 다음과 같이 표시될 때 연속방정식이 성립하는지를 검사하라.
$$u=(2x-3y)t, \quad v=(x-2y)t$$

풀이
$$\frac{\partial u}{\partial x}=2t, \quad \frac{\partial v}{\partial y}=-2t$$

$$\frac{\partial u}{\partial x}+\frac{\partial v}{\partial y}=2t-2t=0$$

따라서 2차원 비압축성 정상류의 연속방정식이 성립된다.

문제 3-09

다음과 같은 유속성분을 가지는 비압축성 정상류는 존재할 수 있는가?
$$u=2x^2-xy+z^2, \quad v=x^2-4xy+y^2, \quad w=-2xy-yz+y^2$$

풀이
$$\frac{\partial u}{\partial x}=4x-y, \quad \frac{\partial v}{\partial y}=-4x+2y, \quad \frac{\partial w}{\partial z}=-y$$

$$\frac{\partial u}{\partial x}+\frac{\partial v}{\partial y}+\frac{\partial w}{\partial z}=(4x-y)+(-4x+2y)+(-y)=0$$

따라서 연속방정식이 성립되므로 이 흐름은 물리적으로 존재할 수 있다.

연습문제

01 다음과 같은 식으로 표시되는 흐름의 유동장을 스케치하고 그의 가속도성분을 표시하는 일반식을 유도하라.

(1) $u = 4, \ v = 3x$ (2) $u = 4y, \ v = 3x$

(3) $u = 4, \ v = -4x$ (4) $u = 4xy, \ v = 0$

(5) $u = \dfrac{c}{r}, \ v_t = 0$ (6) $u_r = 0, \ v_t = \dfrac{c}{r}$

02 어떤 흐름장 내의 $x, \ y$ 방향 속도성분이 각각 $u = rw\sin\theta, \ v = r\omega\cos\theta$라 할 때 유선방정식을 구하고 어떤 흐름인가를 스케치하라. 단 $r = \sqrt{x^2 - y^2}$, $\tan\theta = -\dfrac{y}{x}$ 이며 ω는 각속도를 표시한다.

03 그림 3-18과 같은 원형 유선을 따라 2 m/sec 속도로 흐르는 흐름이 있다. 점 $P(2\,\text{m}, \ 60°)$에서의 속도 및 가속도의 수평, 수직성분을 직교좌표상에서 구하고 접선 및 법선성분을 극좌표상에서 구하라.

04 직경 20 cm인 관 내의 평균유속이 2 m/sec일 때 유량을 m³/sec로 구하고 이를 ft³/sec, gallons/min, lb/sec로 환산하라.

05 분당 50 kg의 물이 15 cm 관을 흐를 때의 평균유속을 구하라.

06 직경 10 cm인 관이 20 cm관으로 확대된 관로에 물이 흐를 때 20 cm 관에서의 평균유속이 2 m/sec이면 10 cm 관에서의 평균유속은 얼마나 되겠는가? 직경비와 평균유속비 간의 관계는 어떠한가?

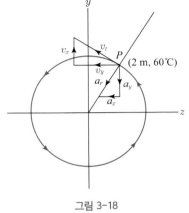

그림 3-18

07 직경 15 cm인 관로에 직경 3 cm의 노즐이 부착되어 있다. 관로 내의 유량이 0.02 m²/sec라면 노즐로부터 분출되는 흐름의 평균유속은 얼마나 되겠는가?

08 2차원 유속장 내의 임의의 단면에서 평행한 두 유선 간의 간격이 1 cm였으며 다른 한 단면에서는 이 두 유선 간의 간격이 0.2 cm였다. 유선간격 1 cm인 단면에서의 유속이 2 m/sec였다면 0.2 cm인 단면에서의 유속은 얼마이겠는가?

09 한 시가지에서의 각종 용수공급을 위해 25 mgd(million gallons per day)의 물이 필요하다. 관로 내의 평균유속 1 m/sec 및 3 m/sec로 할 경우의 관로의 소요직경을 계산하라.

10 직경 15 cm에서 60 cm로 서서히 확대되는 관로의 확대부 길이가 2 m라고 가정하자. 15 cm관의 말단에서부터 시작되는 확대부 내의 평균유속이 직선적으로 변하게 하기 위해서는 확대부의 직경을 어떻게 변화시켜야 할 것인가? 15 cm관의 말단에서부터 20 cm 간격에 있어서의 소요직경을 구하고 확대부의 축을 연한 직경의 변화를 방안지에 표시하라.

11 직경 30 cm인 관이 Y자 모양으로 분기된다. 분기된 두 관의 직경은 20 cm 및 15 cm 이며 주관(30 cm 관) 내의 유량은 0.3 m³/sec, 20 cm관 내에서의 평균유속은 2.5 m/sec이다. 15 cm관 속을 흐르는 유량을 계산하라.

12 말단이 막힌 10 cm관의 벽에 4개의 작은 구멍이 등간격으로 뚫려 있다. 이들 각 구멍으로부터의 유출량이 0.02 m³/sec라면 10 cm관에서의 평균유속은 얼마나 되겠는가?

13 그림 3-19는 수력발전소의 터빈을 돌린 물을 하류로 흘려 보내기 위한 방류관로(draft tube)를 표시하고 있다. 방류량이 50 m³/sec일 때 단면 A와 B에서의 평균유속을 구하라.

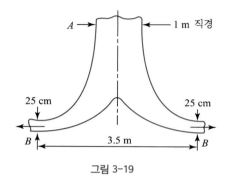

그림 3-19

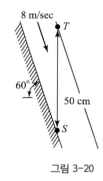

그림 3-20

14 그림 3-20과 같이 60° 경사로 기울어진 댐 여수로의 마루길이(crest length)가 12 m이다. 경사면상의 한 점 S에 있어서의 연직수심이 50 cm이고 T점을 지나는 흐름단면에서의 평균유속이 8 m/sec이다. 여수로 위로 월류하는 총유량을 계산하라.

15 하폭이 넓은 자연하천의 한 단면에서의 수심이 2 m이고 단면에서의 평균유속이 1.5 m/sec라면 단위폭당 하천유량은 얼마나 되겠는가? 준설작업에 의해 수심이 3.2 m 되는 단면에 있어서의 평균유속을 구하라.

16 그림 3-21과 같은 수조 내의 물이 수조바닥에 위치한 직경 2.5 cm인 구멍을 통해 흐른다. 흐름의 속도가 4 m/sec일 때의 유량을 구하라. 수조의 폭이 25 cm라면 수면의 강하속도는 얼마나 되겠는가?

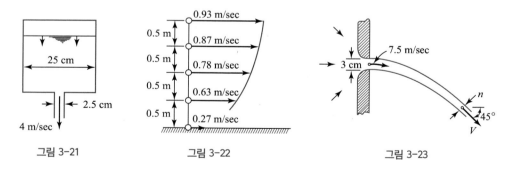

그림 3-21   그림 3-22   그림 3-23

17 광폭 하천단면의 연직축에 걸친 유속측정 결과 그림 3-22와 같은 유속분포를 얻었다. 하천의 단위폭당 유량을 도식적 및 수치적분에 의하여 구하라.

18 그림 3-23과 같이 길이가 긴 네모꼴 단면의 구멍을 통해 물이 분출한다. 구멍의 높이는 그림에 표시된 바와 같이 3 cm이며 출구에서의 유속은 7.5 m/sec이다. 분출수맥이 중력에 의하여 아래로 떨어질 때 유속의 수평분력이 7.5 m/sec로 항상 일정하다고 가정하고 수평과 45°의 각을 이루는 수맥상의 한 단면에서의 평균유속과 수맥의 두께를 구하라.

19 2차원 흐름이 그림 3-24와 같은 유속분포를 가질 때 평균유속을 계산하라. 관의 중립축 유속 v_c =4m/sec 이다.

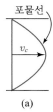 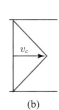 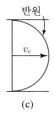 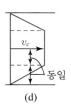 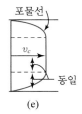

(a) (b) (c) (d) (e)

그림 3-24

20 비압축성 정상류에서 다음과 같은 흐름이 가능한지를 판별하라.
(1) $u = 4xy + y^2, \quad v = 6xy + 3x$
(2) $u = 2x^2 + y^2, \quad v = -4xy$
(3) $u = 2x^2 - xy + z^2, \quad v = x^2 - 4xy + y^2, \quad w = -2xy - yz + y^2$

Chapter 4

비압축성 이상유체의 흐름

4.1 서 론

유체 흐름의 기본원리에 대한 지식은 가상적인 이상유체의 흐름(flow of ideal fluid)에 관한 원리를 이해함으로써 가장 쉽게 터득될 수 있다. 이상유체란 점성(viscosity)이 없는 유체를 말한다. 따라서 이상유체에서는 유체입자 간 혹은 유체입자와 경계면 사이에 점성으로 인한 마찰효과가 있을 수 없으며, 따라서 와류의 형성이나 에너지의 손실도 있을 수 없다. 물론 실제유체(real fluid) 혹은 점성유체(viscous fluid)의 경우에는 정도의 차이는 있지만 반드시 점성으로 인한 에너지의 손실이 수반되나 이상유체로 가정함으로써 유체 흐름의 기본방정식들을 단순화할 수 있으며, 이들 방정식을 쉽게 풀이함으로써 여러 가지 실질적인 문제의 해결이 가능하게 된다.

이상유체의 가정에 부가해서 유체가 비압축성이라 가정하면 유체밀도의 압력 및 온도에 따른 변화를 무시할 수 있으므로 흐름에 주는 열역학적 영향(thermodynamic effects)을 제거할 수 있어서 흐름의 문제는 한층 더 간단해진다. 물론 유체밀도가 압력이나 온도에 따라 크게 변화하는 기체의 흐름에 대해서는 비압축성 유체 가정이 합당하지 않으나 전술한 바와 같이 주로 토목에서 다루는 물은 실질적인 목적을 위해 비압축성으로 가정해도 무방하다고 보겠다.

본 장에서는 위에서 언급한 가정 하에서 유체동역학(fluid dynamics)에 관하여 살펴보고자 한다. 유체의 흐름의 원리와 응용을 다루는 동역학의 기본이 되는 방정식인 Euler 방정식, Bernoulli 방정식 및 역적－운동량방정식 등의 유도와 물리적 의미, 그리고 이들 식의 응용에 관하여 상세하게 논하기로 한다.

4.2 1차원 Euler 방정식

Leonard Euler는 1750년에 유체입자의 운동을 서술하기 위하여 Newton의 제2법칙을 적용하여 이른바 Euler의 방정식을 유도함으로써 유체의 운동학적 문제를 해결하기 위한 해석적 방법 (analytical method)의 기초를 마련하였다. 이 Euler 방정식은 후술할 Bernoulli 방정식의 모체가 되었으며 근대 유체역학의 이론적 체계를 정립하는 데 큰 역할을 했다고 볼 수 있다.

그림 4-1에서와 같이 한 개의 유선을 따라 운동하는 흐름을 생각해 보자. 유체상의 원통형 미소유체의 질량을 가속하는 힘은 미소 유관의 양단에 작용하는 압력차와 유체중량의 운동방향 성분뿐이다. 즉, 두 단면 사이의 압력차는

$$p\,dA - (p+dp)\,dA = -\,dp\,dA \tag{4.1}$$

유체중량의 운동방향 성분은

$$-\,dW\sin\theta = -\,\rho g\,ds\,dA\sin\theta$$
$$= -\,\rho g\,ds\,dA\left(\frac{dz}{ds}\right) = -\,\rho g\,dA\,dz \tag{4.2}$$

한편, 미소유관 내의 유체의 질량은

$$dM = \rho\,ds\,dA \tag{4.3}$$

유선방향의 가속도는

$$a = \frac{d^2 s}{dt^2} = \frac{d}{dt}\left(\frac{ds}{dt}\right) = \frac{dV}{dt} = \frac{dV}{ds}\frac{ds}{dt} = V\frac{dV}{ds} \tag{4.4}$$

Newton의 제2법칙 $dF = (dM)a$ 를 적용하려면 dF는 식 (4.1)과 식 (4.2)의 합으로 표시된다. 즉

$$dF = -\,dp\,dA - \rho g\,dA\,dz \tag{4.5}$$

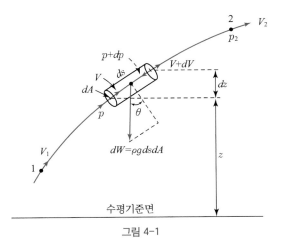

그림 4-1

식 (4.5)와 식 (4.3) 및 식 (4.4)를 사용하여 Newton의 제2법칙을 표시하면

$$-dp\,dA - \rho g\,dA\,dz = (\rho\,ds\,dA)\,V\frac{dV}{ds} \tag{4.6}$$

양변을 $\rho\,dA$ 로 나누고 정리하면

$$\frac{dp}{\rho} + V\,dV + g\,dz = 0 \tag{4.7}$$

식 (4.7)이 1차원 흐름에 대한 Euler 방정식이다. 비압축성 유체의 흐름에 대해서는 식 (4.7)을 중력가속도 g 로 나누고 약간 변형하여 다음과 같이 표시함이 통상이다.

$$\frac{dp}{\gamma} + d\left(\frac{V^2}{2g}\right) + dz = 0 \tag{4.8}$$

4.3 1차원 Bernoulli 방정식

비압축성 유체의 경우에는 유체의 단위중량 γ 를 상수로 취급할 수 있으므로 1차원 흐름의 운동을 표시하는 Euler 방정식(식 (4.8))은 쉽게 적분될 수 있다. 즉

$$\int \frac{dp}{\gamma} + \int d\left(\frac{V^2}{2g}\right) + \int dz = \text{Constant} \tag{4.9}$$

따라서 식 (4.9)는 다음과 같이 표시된다.

$$\frac{p}{\gamma} + \frac{V^2}{2g} + z = H = \text{일정} \tag{4.10}$$

식 (4.10)이 곧 Bernoulli의 에너지 방정식이며 p/γ 를 압력수두(pressure head), $V^2/2g$ 를 속도수두(velocity head), z 를 위치수두(potential head)라 하며 H 를 전수두(total head)라 한다. 이들 수두는 길이의 단위(m)를 가지나 실질적으로는 유체 단위중량당 에너지(kg-m/kg)를 의미하는 것이다. 따라서 식 (4.10)은 유선(혹은 미소유관)상의 각 점(혹은 각 단면)에 있어서의 압력에너지와 속도에너지 및 위치에너지의 합이 항상 일정함을 뜻한다.

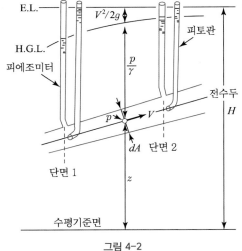

그림 4-2

Pitot는 상단이 개방된 세관(Pitot관이라 부름)을 유체 흐름 속에 넣어 속도수두와 압력수두의 합을 측정하였으며 이는 그림 4–2에 잘 표시되어 있다. 그림 4–2의 유관상의 한 단면에서 운동하는 1 kg의 유체가 가지는 에너지는 표시된 바와 같이 위치에너지 z 와 압력에너지 p/γ 및 속도에너지 $V^2/2g$ 이며 이의 합인 전수두 H 는 모든 단면에서 일정한 것으로 표시되어 있다. 이와 같이 각 단면에서의 전수두를 연결하는 선은 수평기준면과 평행한 수평선이며, 이를 에너지선(energy line, E.L.)이라 하고, 압력수두를 연결하는 선을 동수경사선(hydraulic grade line, H.G.L.)이라 부른다. 그림 4–2에 표시된 바와 같이 한 단면에 있어서의 압력수두는 관의 벽에 세운 세관(피에조메타, piezometer)에 의해 측정할 수 있다.

한편, 그림 4–2의 단면 1과 2사이에 Bernoulli 방정식을 적용하면

$$\frac{p_1}{\gamma} + \frac{V_1^2}{2g} + z_1 = \frac{p_2}{\gamma} + \frac{V_2^2}{2g} + z_2 \tag{4.11}$$

식 (4.11)의 각 항을 압력으로 표시하기 위하여 식의 양변에 γ를 곱하면

$$p_1 + \frac{\rho V_1^2}{2} + \gamma z_1 = p_2 + \frac{\rho V_2^2}{2} + \gamma z_2 \tag{4.12}$$

여기서 p 는 정압력, $\rho V^2/2$ 는 동압력, 그리고 γz 는 위치압력이라 부른다.

이상에서 유도된 Bernoulli 방정식은 몇 가지 가정을 전제하고 있으므로 이들 가정이 허용되는 흐름에만 그 적용이 가능하다고 보겠다. 이들 가정을 요약해 보면 흐름은 정상류이어야 하며 마찰에 의한 에너지손실이 없는 이상유체인 동시에 비압축성 유체의 흐름이어야 한다. 뿐만 아니라 Euler 방정식이 한 개의 유선을 따라 유도되었으므로 Bernoulli 방정식을 적용하고자 하는 임의의 두 점은 같은 유선상에 있어야 한다는 것이다.

문제 4-01

그림 4–3과 같은 복합관이 수평으로 놓여 있다. 직경 15 cm인 관 속의 평균유속은 4.8 m/sec이며 압력은 350 kg/m^{2}이다. 30 cm 및 20 cm 관 내의 평균유속과 압력을 구하라.

풀이 그림 4–3에서 $V_2 = 4.8\,\mathrm{m/sec}$ 이므로

$$V_1 = \frac{A_2}{A_1}\,V_2 = \left(\frac{15}{30}\right)^2 \times 4.8 = 1.2\,\mathrm{m/sec}$$

$$V_3 = \frac{A_2}{A_3}\,V_2 = \left(\frac{15}{20}\right)^2 \times 4.8 = 2.7\,\mathrm{m/sec}$$

$z_1 = z_2 = z_3$ 이므로 Bernoulli 방정식은

$$\frac{p_1}{\gamma} + \frac{V_1^2}{2g} = \frac{p_2}{\gamma} + \frac{V_2^2}{2g} = \frac{p_3}{\gamma} + \frac{V_3^2}{2g}$$

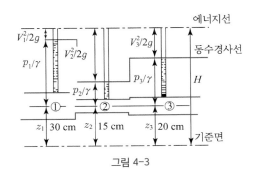

그림 4-3

여기서 $p_2 = 350 \, \text{kg/m}^2$ 이므로

$$\frac{p_1}{\gamma} = \frac{p_2}{\gamma} + \frac{1}{2g} \left(V_2^2 - V_1^2 \right) = \frac{0.35}{1} + \frac{4.8^2 - 1.2^2}{2 \times 9.8} = 1.453 \, \text{m}$$

$$\therefore p_1 = 1.453 \, \text{ton/m}^2$$

$$\frac{p_3}{\gamma} = \frac{p_2}{\gamma} + \frac{1}{2g} \left(V_2^2 - V_3^2 \right) = \frac{0.35}{1} + \frac{4.8^2 - 2.7^2}{2 \times 9.8} = 1.153 \, \text{m}$$

$$\therefore p_3 = 1.153 \, \text{ton/m}^2$$

문제 4-02

그림 4-4와 같이 밀폐된 수조 내의 물이 단면 1에서 2의 방향으로 흐른다. 단면 1에 있어서의 유속이 3 m/sec, 압력이 2 kg/cm²라면 단면 2에 있어서의 유속과 압력은 얼마나 되겠는가? 물의 점성은 무시하라.

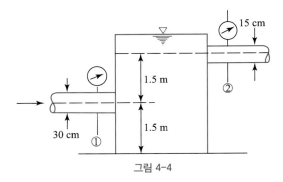

그림 4-4

풀이 연속방정식 $Q = A_1 V_1 = A_2 V_2$ 로부터

$$V_2 = \frac{A_1}{A_2} V_1 = \left(\frac{0.30}{0.15} \right)^2 \times 3 = 12 \, \text{m/sec}$$

Bernoulli 방정식으로부터

$$p_1 + \frac{\gamma}{2g} V_1^2 + \gamma z_1 = p_2 + \frac{\gamma}{2g} V_2^2 + \gamma z_2$$

따라서

$$p_2 = p_1 + \frac{\gamma}{2g} \left(V_1^2 - V_2^2 \right) + \gamma(z_1 - z_2)$$

$$= 2 \times 10^4 + \frac{1000}{2 \times 9.8} (3^2 - 12^2) + 1000(1.5 - 3)$$

$$= 11,619 \, \text{kg/m}^2 = 1.162 \, \text{kg/cm}^2$$

그림 4–5에서 보는 바와 같이 내경이 일정한 배관 내에 물이 흐를 경우 A, B, C 및 D점에서의 압력수두를 구하라(단, 관의 마찰은 무시한다.).

풀이 수조 내의 수면을 수평기준면으로 정하면 수면에서의 전수두 H는

$$H = \frac{p}{\gamma} + \frac{V^2}{2g} + z = 0$$

따라서 임의점에 있어서의 압력수두는

$$\frac{p}{\gamma} = -\frac{V^2}{2g} - z$$

E점은 대기와 접하고 있으므로 $\frac{p}{\gamma} = 0$이며 $z = -1\,\mathrm{m}$이므로 위의 식에서

$$\frac{V^2}{2g} = -z = 1\,\mathrm{m}$$

배관의 내경은 일정하므로 흐름이 정상류인 한 유량은 일정하며 유속 또한 일정하다. 따라서 속도수두 $V^2/2g = 1\,\mathrm{m}$로 항상 일정하다. 이로부터 각 점에 있어서의 압력수두는 다음과 같이 계산된다.

$$A점 : \frac{p_A}{\gamma} = -1 + 2 = 1\,\mathrm{m}$$

$$B점 : \frac{p_B}{\gamma} = -1 - 0 = -1\,\mathrm{m}$$

$$C점 : \frac{p_C}{\gamma} = -1 - 1 = -2\,\mathrm{m}$$

$$D점 : \frac{p_D}{\gamma} = -1 + 4 = 3\,\mathrm{m}$$

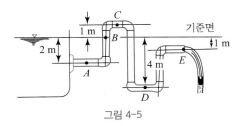

그림 4-5

그림 4-6과 같이 수심 3 m의 수조에 직경 15 cm인 사이폰이 장치되어 있다. 관의 최하단은 수조의 바닥과 동일한 높이이다. 유출구 B로부터 사이폰의 정점까지의 높이가 5 m일 때 사이폰내의 유속과 정점 E에서의 압력을 구하라.

풀이 수조 내 수면과 유출 구간에 Bernoulli 방정식을 적용하면

$$0 + 0 + z_A = 0 + \frac{V_B^2}{2g} + 0$$

$$\therefore V_B = \sqrt{2gz_A} = \sqrt{2 \times 9.8 \times 3} = 7.668 \, \text{m/sec}$$

따라서 사이폰을 통해 흐르는 유량은

$$Q = \frac{\pi}{4} \times (0.15)^2 \times 7.668 = 0.136 \, \text{m}^3/\text{sec}$$

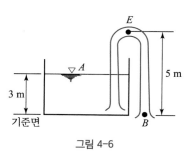

그림 4-6

사이폰의 정점 E와 유출구 B 간에 Bernoulli 방정식을 적용하면

$$\frac{P_E}{\gamma} + \frac{V_E^2}{2g} + z_E = 0 + \frac{V_B^2}{2g} + 0$$

그런데 $V_E = V_B$ 이므로

$$\frac{P_E}{\gamma} = -z_E = -5 \, \text{m}$$

$$\therefore P_E = -5 \, \text{ton/m}^2 (\text{부압력})$$

그림 4-7과 같이 길이 3 m, 직경 15 cm인 원관을 붙인 직경 1 m의 원형 수조 내에 매초당 0.15 m³의 물을 공급한다. 평형상태에 도달했을 때(수조 내의 물의 공급이 상당한 시간 동안 계속된 후) 수조 내의 수심은 얼마가 되겠는가? 또한 이때의 관내 압력분포를 그려라.

풀이 B점을 통과하는 수평선을 기준면으로 잡고 수면 A와 B 사이에 Bernoulli 방정식을 적용하면

$$0 + \frac{V_A^2}{2g} + (l + h) = 0 + \frac{V_B^2}{2g} + 0$$

유량 Q가 일정할 때 유속 V_A와 V_B의 비를 수조 직경 (D_A)과 관 직경(D_B)의 비로 표시하면 다음과 같아진다.

$$\frac{V_A}{V_B} = \frac{Q \left/ \left(\frac{\pi}{4}\right) D_A^2 \right.}{Q \left/ \left(\frac{\pi}{4}\right) D_B^2 \right.} \equiv \left(\frac{D_B}{D_A}\right)^2$$

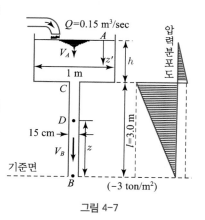

그림 4-7

따라서

$$\left(\frac{V_A}{V_B}\right)^2 = \left(\frac{D_B}{D_A}\right)^4 = \left(\frac{0.15}{1}\right)^4 \fallingdotseq 5 \times 10^{-4}$$

즉, $(V_A)^2 = 5 \times 10^{-4}(V_B)^2$ 이므로 $V_A^2/2g$ 은 $V_B^2/2g$ 에 비하여 매우 작으며 이는 무시할 수 있다. 따라서

$$(l+h) = \frac{V_B^2}{2g} = \frac{1}{2g}\left(\frac{Q}{A_B}\right)^2 = \frac{1}{2 \times 9.8}\left(\frac{0.15}{\pi \times 0.15^2/4}\right)^2 = 3.68\,\mathrm{m}$$

$$\therefore h = 3.68 - 3.0 = 0.68\,\mathrm{m}$$

즉, 평형상태 하에서 수조 내의 수심은 0.68 m로 유지될 것이다.

점 B로부터 높이 z에 있는 점 D와 B 간에 Bernoulli 방정식을 적용하면

$$0 + \frac{V_B^2}{2g} + 0 = \frac{p_D}{\gamma} + \frac{V_D^2}{2g} + z_D$$

여기서 $V_B = V_D$ 이므로

$$\frac{p_D}{\gamma} = -z_D \qquad \therefore p_D = -r z_D$$

따라서 B점으로부터의 높이 z가 0에서 3 m까지 변함에 따라 관내의 부압력은 직선적으로 커지며 압력분포도에 표시한 바와 같다.

반면에 수조 내의 압력분포는 정수압 분포를 보일 것이며 $p = \gamma z'$ 으로 표시되고 도시한 바와 같아진다. 압력분포도에서 볼 수 있는 바와 같이 수조바닥에서는 정수압을 받게 되나 관 입구에서의 압력은 불연속이 된다.

4.4 에너지 개념에 의한 1차원 Bernoulli 방정식의 유도**

Bernoulli 방정식은 한정된 유동장 내에서의 에너지 관계를 따짐으로써 유도될 수도 있으며, 흐름의 원리를 이해하고 적용하는 데 매우 편리한 경우가 많다. 유동장으로서 그림 4-8과 같은 유관의 통제용적(control volume) 1221을 생각해 보자. 한 단면을 통해 흐르는 유체의 운동에너지(kinematic energy)는 $m V^2/2g$ 이며 단위중량(1 kg)당의 운동에너지는 $m = 1\,\mathrm{kg}$일 경우이므로($V^2/2g$) kg-m/kg 이 된다. 마찬가지로 수평기준면으로부터 높이 z에 있는 무게 W kg 의 유체가 가지는 위치에너지는 $W \cdot z$ kg-m이므로 단위중량당의 에너지는 z kg-m/kg이다. 에너지보존의 원리에 의하면 그림 4-8의 단면 1을 통해 흘러들어오는 단위중량의 에너지 유입률은 단면 2를 통해 흘러나가는 단위중량의 에너지 유출률과 동일해야 한다. 따라서 단위중량의

유체가 통제용적 1221 내로 운반하는 에너지는 운동
에너지와 위치에너지의 합으로 표시된다. 즉,

$$\frac{V_1^2}{2g} + z_1$$

또한 단위중량의 유체가 1221로부터 운반해 나가는
에너지는

$$\frac{V_2^2}{2g} + z_2$$

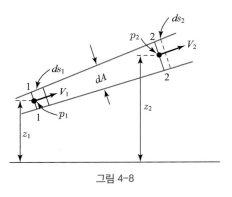

그림 4-8

한편 어떤 시간 동안에 단면 1을 통해 흘러들어오는 무게 $\gamma\,ds_1\,dA_1$ 인 유체가 통제용적 내의
유체에 하는 일(work)은 $(p_1\,dA_1)\,ds_1$ 으로 표시되며 통제용적 내의 유체가 단면 2를 통해 흘러
나가는 무게 $\gamma\,ds_2\,dA_2$ 인 유체에 하는 일은 $(p_2\,dA_2)\,ds_2$ 이다. 이들 일을 단위중량당으로 표시
하고 1221 내의 유체에 가해진 순 일(net work)을 표시하면

$$\frac{p_1}{\gamma} - \frac{p_2}{\gamma}$$

따라서 에너지 방정식은 다음과 같이 표시된다.

$$\begin{bmatrix} \text{용적 1221로} \\ \text{들어가는 에너지} \end{bmatrix} + \begin{bmatrix} \text{용적 1221 내의} \\ \text{유체에 하여진 순 일} \end{bmatrix} = \begin{bmatrix} \text{용적 1221을} \\ \text{떠나는 에너지} \end{bmatrix}$$

즉,

$$\left[\frac{V_1^2}{2g} + z_1 \right] + \left[\frac{p_1}{\gamma} - \frac{p_2}{\gamma} \right] = \left[\frac{V_2^2}{2g} + z_2 \right] \tag{4.13}$$

식 (4.13)을 정리하면

$$\frac{p_1}{\gamma} + \frac{V_1^2}{2g} + z_1 = \frac{p_2}{\gamma} + \frac{V_2^2}{2g} + z_2 \tag{4.14}$$

식 (4.14)는 에너지 관계로부터 유도된 Bernoulli 방정식이며 유체 흐름에 의해 하여진 일의 항,
p/γ 가 흐름이 가지는 에너지 $V^2/2g$ 및 z 와 관련되어 있음을 보여 주며 Bernoulli 방정식
자체가 일종의 에너지 방정식임을 알 수 있다.

4.5 유한단면을 가진 유관에 대한 1차원적 가정**

전 절까지 유도한 Bernoulli 방정식은 한 개의 유선 혹은 미소유관을 따라 유도되었으나 실제에 있어서는 관수로나 개수로 등의 큰 유관에도 적용이 가능하다. 즉 1차원 Bernoulli 방정식은 어떤 조건 하에서는 2차원 혹은 3차원 흐름에도 적용할 수 있다는 것이다.

그림 4-9에서와 같이 어떤 유동장 내에 유체가 흐르고 있으며 유동장 내의 유선은 모두 직선이며 서로 평행하다고 가정하자. 그림에 표시된 미소 유체요소에 유선과 직각인 방향으로 작용하는 힘은 압력차$(p_1 - p_2)ds$와 미소 유체요소가 가지는 무게의 유선에 직각인 방향성분 $\gamma h \, ds \cos \alpha$이다. 따라서 유선에 직각인 방향의 힘의 합성은

$$\sum F = (p_1 - p_2)\,ds - \gamma h \, ds \cos \alpha \qquad (4.15)$$

그런데 그림 4-9로부터 상사 3각형의 원리에 의하면

$$\cos \alpha = \frac{z_2 - z_1}{h} \qquad (4.16)$$

유동장 내의 유선이 모두 직선이고 서로 평행하다고 가정하면 유선에 수직인 방향의 가속도는 영이므로 Newton의 제2법칙은

$$\sum F = ma = m(0) = 0 \qquad (4.17)$$

따라서 식 (4.15~4.17)로부터

$$(p_1 - p_2)\,ds = \gamma(z_2 - z_1)\,ds \qquad (4.18)$$

식 (4.18)을 정리하면

$$\frac{p_1}{\gamma} + z_1 = \frac{p_2}{\gamma} + z_2 \qquad (4.19)$$

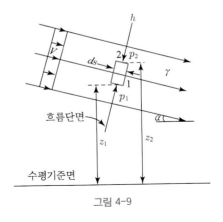

그림 4-9

식 (4.19)는 유동장 내의 유선이 모두 직선이고 서로 평행할 경우에는 $(p/\gamma + z)$가 일정함을 뜻한다. 즉 모든 유선에 대한 압력수두와 위치수두의 합이 동일한 값을 가짐을 의미하므로 동수경사선도 한 개밖에 존재하지 않는다. 엄밀히 말하면 "유선이 모두 직선이고 서로 평행하다"는 가정은 실제 흐름에서는 적용되지 않으나 관수로나 개수로 혹은 기타 흐름에 있어서 본 가정이 거의 성립하는 경우가 많으므로 단일유선에 대하여 유도된 Bernoulli 방정식은 여러 가지 실제 흐름(2차원 혹은 3차원 흐름)의 해석에 많이 사용되고 있다.

이상유체의 경우에는 점성에 의한 마찰력을 무시하므로 흐름의 한 단면에 있어서의 유속분포는 균일하다. 즉, 모든 유체입자는 한 단면에서 똑같은 평균유속 V를 가지므로 Bernoulli 방정식 내의 속도수두항 $V^2/2g$에 아무런 보정도 해 주지 않으나 점성을 고려하는 실제 유체에 대

해서는 후술하겠지만 속도수두 $V^2/2g$ 은 유속분포를 고려하여 보정해 주게 된다.

문제 4-06

그림 4-10에 표시된 원관 내에 물이 흐른다. 점 C에서의 압력이 $0.4\,\text{kg/cm}^2$이라면 점 A와 B에 있어서의 압력은 얼마나 되겠는가? $A\,B\,C$ 단면에서의 동수경사선의 위치는?

풀이 식 (4.19)에 의하면 A, B, C점에 있어서의 $(p/\gamma + z)$값은 동일하다. 즉,

$$\frac{p_A}{\gamma} + z_A = \frac{p_B}{\gamma} + z_B = \frac{p_C}{\gamma} + z_C$$

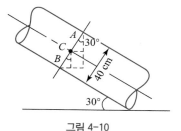

그림 4-10

따라서

$$p_A = p_C + \gamma(z_C - z_A)$$

$$p_B = p_C + \gamma(z_C - z_B)$$

$p_C = 0.4\,\text{kg/cm}^2, \gamma = 1,000\,\text{kg/m}^3 = 10^{-3}\,\text{kg/cm}^3$이고,

$$(z_C - z_A) = -\left(20 \times \frac{\sqrt{3}}{2}\right) = -17.32\,\text{cm}, \quad (z_C - z_B) = 20 \times \frac{\sqrt{3}}{2} = 17.32\,\text{cm}$$

이므로

$$p_A = 0.4 + 0.001 \times (-17.32) = 0.383\,\text{kg/cm}^2$$

$$p_B = 0.4 + 0.001 \times 17.32 = 0.417\,\text{kg/cm}^2$$

동수경사선의 위치는 점 C로부터 연직으로 $p_C/\gamma = 0.4/0.001 = 400\,\text{cm} = 4\,\text{m}$

4.6 1차원 Bernoulli 방정식의 응용

전 절까지 논의한 Bernoulli 방정식은 수리학적 문제의 해결에 가장 많이 적용되는 방정식이므로 여러 가지 경우에 이 식을 적절하게 응용하는 방법을 익혀둘 필요가 있다.

본 절에서는 Bernoulli 방정식으로 설명될 수 있는 몇 가지 흐름과 유체계기에 대해서 살펴보기로 한다.

4.6.1 Torricelli의 정리

1643년 Torricelli는 정수두(static head) 하에 있는 작은 오리피스를 통한 이상유체의 흐름의 평균유속 V는 정수두 h의 평방근에 비례함을 밝힌 바 있다. 즉

$$V = \sqrt{2gh} \qquad (4.20)$$

식 (4.20)은 Torricelli의 정리(Torricelli's theorem)로 알려져 있으며 이는 Bernoulli 방정식의 한 특수한 경우로 풀이될 수 있다.

그림 4-11의 큰 수조 측면에 위치한 한 개의 작은 오리피스를 통한 흐름을 생각해 보자. 수조가 오리피스에 비하여 매우 크다고 가정하면 수조 내 물의 흐름 속도는 오리피스 말단부를 제외하고는 거의 무시할 수 있다. 오리피스 중심을 지나는 수평선을 기준면으로 취하면 수조 내 임의의 점에 있어서의 $(p/\gamma + z)$는 h로 일정하다(식 (4.19) 참조). 수조의 임의의 단면 1과 오리피스 단면 2 사이에 Bernoulli 방정식을 적용하면

$$\frac{p_1}{\gamma} + \frac{V_1^2}{2g} + z_1 = \frac{p_2}{\gamma} + \frac{V_2^2}{2g} + z_2 \qquad (4.21)$$

여기서 $V_1^2/2g \fallingdotseq 0$이고 $p_1/\gamma + z_1 = h$로 일정하며 $z_2 = 0$이므로 $p_2 = 0$이면 식 (4.21)은 식 (4.20)과 같아지며 Torricelli의 정리가 Bernoulli 방정식의 한 경우임이 증명된다. 이를 해석적으로 증명하기 위해 그림 4-11의 오리피스 말단부(단면 2-2)를 통한 유선이 모두 직선적이고 서로 평행하다고 가정하자. 오리피스 주변은 대기와 접하고 있으므로 계기압력은 영이며 미소 유체요소 $\rho\, dA\, dz$에 작용하는 연직방향의 가속도는 중력가속도 g이다. 이 가속도를 유발시키는 힘은 유체요소의 상하단의 압력차와 미소 유체요소 자체의 무게이므로 Newton의 제2법칙을 적용하면

$$\sum F = -(p+dp)dA + p\,dA - \gamma\,dA\,dz = -(\rho\,dA\,dz)g \qquad (4.22)$$

식 (4.22)를 정리하면 $dp = 0$이 된다. 따라서 오리피스 출구단면에 있어서의 압력변화는 없으며 오리피스 주변에서의 압력이 영이므로 오리피스 단면 전체에 걸친 압력은 영임을 알 수 있다. 뿐만 아니라 관습적으로 오리피스 말단하류의 자유수맥(free jet) 내의 모든 점에 있어서의 압력도 영으로 가정하여 실제 문제를 풀이하는 것이 보통이다.

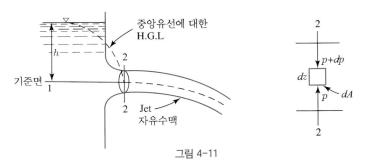

그림 4-11

그림 4-12와 같은 수조의 측벽에 직경 10 cm의 구멍을 뚫어 물을 분출시킬 때 구멍을 통해 분출되는 유량을 계산하라. 수조 내의 물은 5 m 수심으로 일정하게 유지되는 것으로 가정하라.

풀이 $V = \sqrt{2gh} = \sqrt{2 \times 9.8 \times 5} = 9.9\,\text{m/sec}$

구멍의 단면적 $A = \dfrac{\pi}{4}(0.1)^2 = 0.00785\,\text{m}^2$

$Q = AV = 0.00785 \times 9.9 = 0.078\,\text{m}^3/\text{sec}$

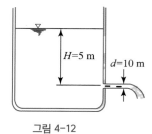

그림 4-12

4.6.2 피토관(Pitot tube)

피토관은 1732년 Henry Pitot가 정체압력(stagnation pressure) 혹은 총압력(total pressure)을 측정하기 위하여 처음으로 사용하였으며, 그 원리는 그림 4-13에 표시되어 있다. 정체압력을 피토관에 의하여 측정하면 Bernoulli 방정식을 사용하여 흐름의 유속을 계산할 수 있으므로 관수로나 개수로 흐름의 속도측정계기로 흔히 사용된다.

그림 4-13의 A, B점에 Bernoulli 방정식을 사용하면

$$\frac{p_0}{\gamma} + \frac{V_0^2}{2g} = \frac{p_s}{\gamma} + 0 \tag{4.23}$$

여기서 p_s가 바로 정체압력이며 정체점(stagnation point) B에 있어서의 유속은 평형상태에 도달한 정상류상태에 있으므로 영이 된다. 식 (4.23)을 유속에 관하여 풀이하면

$$V_0 = \sqrt{2g\left(\frac{p_s}{\gamma} - \frac{p_0}{\gamma}\right)} = \sqrt{2g\,\Delta h} \tag{4.24}$$

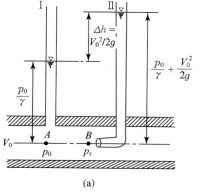

(a)

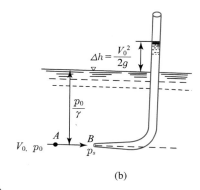

(b)

그림 4-13

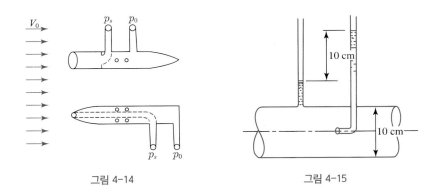

| 그림 4-14 | 그림 4-15 |

여기서 Δh는 정체압력수두(p_s / γ)와 정압력수두(p_0 / γ)의 차이며 관수로의 경우에는 그림 4-13 (a)에서와 같이 정체압력수두는 피토관(pitot tube)으로, 정압력수두는 관의 벽에 세운 세관, 즉 정압관(static tube)으로 측정하며 개수로의 경우에는 그림 4-13 (b)에서와 같이 측정함으로써 평균유속의 계산이 가능하게 된다. 실제의 유속측정에 있어서는 압력차$(p_s - p_0)$를 직접 읽을 수 있도록 하기 위하여 그림 4-14와 같은 복합형 피토관을 많이 사용하고 있다.

문제 4-08

그림 4-15와 같이 직경 10 cm인 원관에 물이 흐를 때 정압관과 피토관내의 수면차가 10 cm로 측정되었다. 관의 단면에 있어서의 평균유속이 중립축에서의 최대유속의 70%라면 관을 통한 유량은 얼마이겠는가?

풀이 식 (4.24)에 $\Delta h = 10\,\mathrm{cm} = 0.1\,\mathrm{m}$를 대입하여 관 중립축에서의 유속 $V_{\max}$를 구하면

$$V_{\max} = \sqrt{2 \times 9.8 \times 0.1} = 1.4\,\mathrm{m/sec}$$

$V_{\mathrm{mean}} / V_{\max} = 0.7$ 이므로 $V_{\mathrm{mean}} = 0.7 \times 1.4 = 0.98\,\mathrm{m/sec}$

따라서

$$Q = A\,V_{\mathrm{mean}} = \frac{\pi}{4}(0.1)^2 \times 0.98 = 0.00769\,\mathrm{m^3/sec}$$

4.6.3 벤츄리미터

벤츄리미터(Venturi meter)도 관내 유속 혹은 유량을 결정하기 위해 Bernoulli 방정식을 응용하는 유체계기이다.

벤츄리미터는 그림 4-16과 같이 계측하고자 하는 관의 직경과 동일한 상류측 단면으로 관에 연결되고 축소원추부로 목(throat)을 형성하며 다시 확대원추부로서 단면적을 회복하여 하류측 관에 연결된다. 입구부와 목 부분에는 그림 4-16에서와 같은 시차액주계(differential manometer)를 연결하여 두 단면 간의 압력차를 측정하도록 되어 있다. 보다 정확한 계측을 위하여 벤츄리미

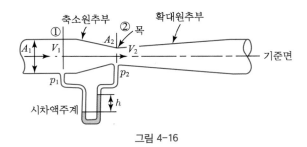

그림 4-16

터는 관직경의 약 30배가 되는 직선관을 상류부에 가져야 하며 목 부분의 직경은 보통 입구부 약 $\frac{1}{2} \sim \frac{1}{4}$ 정도로 한다. 단면의 축소각은 21° 정도가 좋고 확대각은 5~9° 정도가 가장 좋은 것으로 알려져 있다.

벤츄리미터의 중립축을 기준면으로 하여 단면 1, 2 사이에 Bernoulli 방정식을 적용하면,

$$\frac{p_1}{\gamma} + \frac{V_1^2}{2g} = \frac{p_2}{\gamma} + \frac{V_2^2}{2g} \tag{4.25}$$

연속방정식에 의하면 $Q = A_1 V_1 = A_2 V_2$ 이므로 V_1 을 V_2 의 항으로 표시하여 이를 식 (4.25) 에 대입한 후 V_2 에 관하여 풀면

$$V_2 = \frac{1}{\sqrt{1 - \left(\dfrac{A_2}{A_1}\right)^2}} \sqrt{2g\left(\frac{p_1 - p_2}{\gamma}\right)} \tag{4.26}$$

여기서 $(p_1 - p_2)/\gamma = \Delta h$ 는 단면 1과 2에 있어서의 압력수두차이므로 시차액주계로부터 구할 수 있고 A_1, A_2 는 벤츄리미터의 크기에 따라 결정되므로 식 (4.26)에 의해 V_2 를 계산할 수 있 으며, 따라서 유량 Q 를 산정할 수 있다. 즉

$$Q = A_2 V_2 = \frac{A_2}{\sqrt{1 - \left(\dfrac{A_2}{A_1}\right)^2}} \sqrt{2g\,\Delta h} = \frac{A_1 A_2}{\sqrt{A_1^2 - A_2^2}} \sqrt{2g\,\Delta h} \tag{4.27}$$

그러나 실제 유체의 흐름에 있어서는 마찰 및 와류에 의한 에너지 손실이 있으므로 식 (4.26) 에는 유속계수를, 그리고 식 (4.27)에는 유량계수를 각각 곱해서 유속과 유량을 계산하며 이들 계 수는 통상 실험적으로 결정된다.

문제 4-09

그림 4-17과 같이 연직관로 내의 유량을 측정하기 위하여 벤츄리미터를 설치하였다. 시차액주계의 수은 주차가 25.2 cm였다면 관로 내의 유량은 얼마이겠는가?

풀이 점 A, B 간에 연속방정식을 적용하면

$$V_A A_A = V_B A_B$$

$$\therefore V_A = \frac{A_B}{A_A} V_B = \frac{\frac{\pi}{4}(15)^2}{\frac{\pi}{4}(30)^2} V_B = \frac{1}{4} V_B$$

점 A를 지나는 수평면을 기준면으로 잡고 A, B 간에 Bernoulli 방정식을 적용하면

$$\frac{p_A}{\gamma} + \frac{V_A^2}{2g} + 0 = \frac{p_B}{\gamma} + \frac{V_B^2}{2g} + z_B \qquad \text{(a)}$$

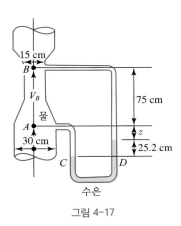

그림 4-17

$V_A = \frac{1}{4} V_B$와 $z_B = 0.75\,\mathrm{m}$를 식 (a)에 대입하고 식 (a)를 정리하면

$$\frac{p_A - p_B}{\gamma} = \frac{15}{16}\frac{V_B^2}{2g} + 0.75 \qquad \text{(b)}$$

그런데 액주계상의 점 C 및 D에 있어서의 압력은 같으므로 $p_C = p_D$이며 액주계의 원리에 의하면

$$p_C = p_A + \gamma(0.252 + z)$$
$$p_D = p_B + \gamma(0.75 + z) + 13.6\gamma(0.252)$$

따라서 p_C와 p_D를 같게 놓고 정리하면

$$\frac{p_A - p_B}{\gamma} = 0.75 + (0.252 \times 12.6) \qquad \text{(c)}$$

식 (b), (c)의 좌변은 동일하므로

$$\frac{15}{16}\frac{V_B^2}{2g} + 0.75 = 0.75 + (0.252 \times 12.6)$$

$$\therefore V_B = 8.15\,\mathrm{m/sec}$$

$$Q = \frac{\pi}{4}(0.15)^2 \times 8.15 = 0.144\,\mathrm{m^3/sec}$$

4.6 1차원 Bernoulli 방정식의 응용 **101**

문제 4-10

그림 4-18과 같은 벤츄리미터에 10 ℓ/sec의 물이 흐를 때 시차액주계 내 수은주차를 계산하라. 단, 관내의 손실은 없는 것으로 가정하라.

풀이 단면 1, 2에서의 압력수두차는 문제 09의 계산과정에서 알 수 있는 바와 같이

$$\frac{p_1-p_2}{\gamma}=\left(\frac{\gamma_m-\gamma}{\gamma}\right)h=\left(\frac{\gamma_m}{\gamma}-1\right)h=(S_m-1)h$$

여기서 γ_m 및 γ는 각각 액주계 유체 및 관로 내 유체의 단위중량이며 액주계 액체가 수은일 경우에는

$$\Delta h=\frac{p_1-p_2}{\gamma}=(13.6-1)h=12.6h \qquad (1)$$

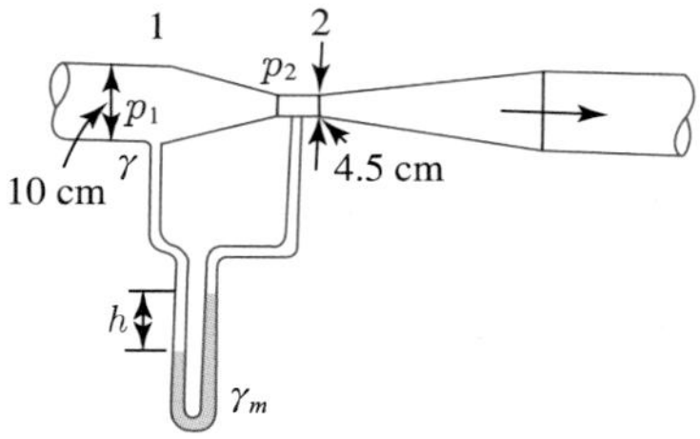

그림 4-18

식 (4.27)을 사용하기 위하여 단면 1, 2에서의 단면적을 계산하면

$$A_1=\frac{\pi}{4}(0.1)^2=0.007854\,\text{m}^2$$

$$A_2=\frac{\pi}{4}(0.045)^2=0.00159\,\text{m}^2$$

식 (4.27)에 $\Delta h=12.6h$로 놓고 A_1, A_2 및 $Q=10\,\ell/\text{sec}=0.01\,\text{m}^3/\text{sec}$를 대입하여 h에 관하여 풀면

$$h=0.1535\,\text{mHg}=15.35\,\text{cmHg}$$

따라서 수은주차는 15.35 cm가 된다.

문제 4-11

그림 4-19와 같이 수조로부터 관로 ABC를 통해 물이 방류된다. 관로의 단면은 입구 A의 30 cm 직경에서 축소되어 B단면에서는 10 cm가 되었다가 C단면에서 다시 30 cm로 확대되었다. 관로 내의 유량이 35 ℓ/sec로 일정하도록 수조 내의 수두 H를 조절한다면 용기 E에 있는 세관의 물은 얼마만한 높이(h)까지 상승할 것인가?

풀이 $Q=35\,\ell/\text{sec}=35{,}000\,\text{cm}^3/\text{sec}$로 일정하므로 연속방정식에 의한 B점에서의 유속은

$$V_B=\frac{Q}{A_B}=\frac{35{,}000}{\frac{\pi}{4}(10)^2}=\frac{35{,}000}{78.54}=446\,\text{cm/sec}$$

$$V_C=\frac{Q}{A_C}=\frac{35{,}000}{\frac{\pi}{4}(30)^2}=\frac{35{,}000}{706.86}=49.6\,\text{cm/sec}$$

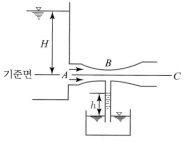

그림 4-19

단면 B 및 C 사이에 Bernoulli 방정식을 적용하면

$$\frac{p_B}{\gamma} + \frac{V_B^2}{2g} = \frac{p_C}{\gamma} + \frac{V_C^2}{2g}$$

따라서

$$\frac{p_c - p_B}{\gamma} = \frac{V_B^2 - V_C^2}{2g}$$

그런데 단면 C는 방류단이므로 대기와 접촉하고 있어서 $p_C = 0$ 이다.

따라서

$$h = \frac{-p_B}{\gamma} = \frac{(446)^2 - (49.6)^2}{2 \times 980} \fallingdotseq 100\,\text{cm}$$

4.6.4 개수로 흐름에의 응용

  Bernoulli 방정식은 지금까지 예를 든 관수로의 흐름뿐만 아니라 개수로 내의 여러 가지 흐름 문제를 해결하는 데도 반드시 필요한 식이다. 여러 가지 예를 들 수 있겠으나 여기에서는 가장 간단한 한 가지 경우에 대해서만 살펴보기로 한다. 그림 4-20과 같이 수문 아래로 2차원 오리피스 흐름이 발생할 때 단위폭당 유량 q는 수문의 상류 및 하류부 수심 y_1, y_2만 측정하면 Bernoulli 방정식으로부터 계산될 수 있다. 그림 4-20의 단면 1, 2에 대한 Bernoulli 방정식은

$$y_1 + \frac{V_1^2}{2g} = y_2 + \frac{V_2^2}{2g} \tag{4.28}$$

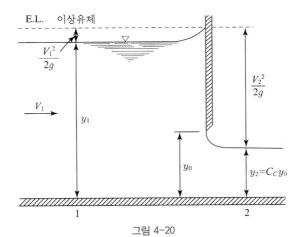

그림 4-20

흐름의 연속방정식은

$$y_1 V_1 = y_2 V_2 \qquad \therefore\ V_1 = \frac{y_2}{y_1} V_2 \tag{4.29}$$

식 (4.29)를 식 (4.28)에 대입하고 V_2에 관하여 풀면

$$V_2 = \frac{1}{\sqrt{1 - \left(\dfrac{y_2}{y_1}\right)^2}} \sqrt{2\,g\,(y_1 - y_2)} \tag{4.30}$$

따라서 수로의 단위폭당 유량 q는

$$q = y_2 V_2 = \frac{C_c y_0}{\sqrt{1 - (y_2/y_1)^2}} \sqrt{2\,g\,(y_1 - y_2)} \tag{4.31}$$

여기서 y_0는 수문의 개구(開口, opening)이며 C_c는 단면수축계수(coefficient of contraction)이다. 실제 유체의 흐름에 있어서는 마찰에 의한 에너지 손실을 고려해 주기 위하여 식 (4.31)에 유속계수를 곱해 주어야 한다.

문제 4-12

그림 4-21과 같이 댐 여수로 위로 월류하는 수맥상의 단면 2에서의 수면표고는 34 m이며, 60° 경사각을 가지는 여수로면의 표고는 33.5 m이다. 단면 2에서의 수면유속 $V_{s2}=6$ m/sec일 때 여수로면에서의 압력과 유속을 계산하라. 또한 저수지 바닥면의 표고가 33.05 m일 때 접근수로(approach channel)의 단면 1에서의 수심과 유속을 구하라. 단, 비압축성 이상유체로 가정하라.

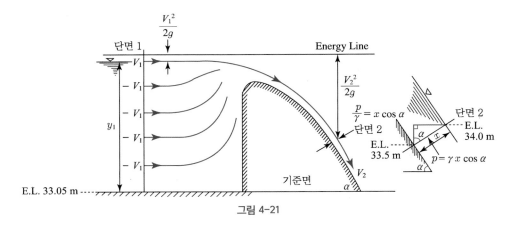

그림 4-21

풀이 단면 2에서의 경사면에 직각인 수심 $x = \dfrac{34 - 33.5}{\cos 60°} = 1.0\,\text{m}$

단면 2에서의 수심에 의한 여수로면상에서의 압력성분은

$$1.0 \times 1 \times \cos 60° = 0.5\,\text{ton/m}^2 = 500\,\text{kg/m}^2$$

$$\text{단면 2의 에너지선의 표고} = 34 + \frac{6^2}{2 \times 9.8} = 35.84\,\text{m}$$

$$35.84 = \frac{500}{1,000} + \frac{V_{F2}^2}{2g} + 33.5$$

$$\therefore V_{F2} = \sqrt{2 \times 9.8 \times 1.84} = 6\,\text{m/sec} \text{ (단면 2의 여수로면상에서의 유속)}$$

즉, $V_{S2} = V_{F2}$이며 이는 1차원 흐름의 가정을 생각하면 당연하다.

여수로 단위길이당의 유량은

$$q = 1 \times 1 \times 6 = 6\,\text{m}^3/\text{sec/m}$$

기준면으로부터 단면 2의 에너지선까지의 높이는 $35.84 - 33.05 = 2.79\,\text{m}$

따라서, 단면 1과 단면 2에 대하여 Bernoulli 방정식을 적용하면

$$2.79 = y_1 + \frac{V_1^2}{2g} = y_1 + \frac{(6/y_1)^2}{2g}$$

$$y_1^3 - 2.79\,y_1^2 + 1.835 = 0$$

시행착오법으로 해를 구하면 $y_1 = 2.5\,\text{m}$

따라서 접근수로에서의 유속은

$$\frac{V_1^2}{2g} = 2.79 - 2.50 = 0.29\,\text{m}$$

$$\therefore V_1 = 2.39\,\text{m/sec}$$

혹은 $V_1 = \dfrac{q}{y_1} = \dfrac{6}{2.5} = 2.40\,\text{m/sec}$

4.7 기계적 에너지를 포함하는 1차원 Bernoulli 방정식

유체의 흐름에 기계적 에너지(mechanical energy)가 포함될 경우에는 이 에너지항을 Bernoulli 방정식에 추가해 주지 않으면 안 된다.

만약 펌프(pump)에 의하여 유체 흐름에 에너지가 가해질 경우에는 Bernoulli 방정식은 다음과 같이 표시된다.

$$\frac{p_1}{\gamma} + \frac{V_1^2}{2g} + z_1 + E_P = \frac{p_2}{\gamma} + \frac{V_2^2}{2g} + z_2 \tag{4.32}$$

여기서 E_P는 펌프에 의하여 단면 1, 2 사이의 유체에 가해지는 단위무게당의 에너지를 표시하며 E_P가 가해진 지점에서의 에너지선은 E_P만큼 급상승하게 된다.

펌프의 경우와는 반대로 흐르는 유체의 에너지를 이용하여 터빈(turbine)을 돌릴 경우에는

$$\frac{p_1}{\gamma} + \frac{V_1^2}{2g} + z_1 = \frac{p_2}{\gamma} + \frac{V_2^2}{2g} + z_2 + E_T \qquad (4.33)$$

여기서 E_T는 유체의 단위무게로부터 얻어지는 기계적 에너지이며 유체의 입장에서 볼 때에는 에너지의 손실이며 에너지선은 E_T만큼 급강하하게 된다.

흐름계에 펌프와 터빈이 동시에 포함될 경우의 Bernoulli 방정식은 다음과 같다.

$$\frac{p_1}{\gamma} + \frac{V_1^2}{2g} + z_1 + E_P = \frac{p_2}{\gamma} + \frac{V_2^2}{2g} + z_2 + E_T \qquad (4.34)$$

펌프나 터빈과 같은 기계에 의한 에너지의 가감은 통상 동력(power)으로 표시되며, 이는 중량유량(weight flow rate, kg/sec)과 유체 단위중량당의 에너지(kg-m/kg)의 곱으로 표시되고 사용하는 단위에 따라 다음과 같은 식에 의하여 계산된다.

$$\text{M.K.S계 : 동력} = \frac{\gamma QE}{102.04} = 9.8\,QE(\text{KW}) \qquad (4.35)$$

$$= \frac{\gamma QE}{75} = 13.33\,QE(\text{HP}) \qquad (4.36)$$

$$\text{F.P.S계 : 동력} = \frac{\gamma QE}{550}(\text{HP}) \qquad (4.37)$$

식 (4.35) 및 (4.36)은 M.K.S(meter – kilogram – second)계에서의 동력계산 공식으로 γ는 물의 단위중량(1,000 kg/m3), Q는 유량(m³/sec), E는 펌프 혹은 터빈에 의한 단위중량당 에너지 혹은 수두(m)를 표시하며 계산되는 값은 KW(kilowatt), 마력(horse power, HP) 단위를 갖게 된다. 식 (4.37)은 F.P.S(foot-pound-second)계에서의 동력계산식으로서 γ는 62.4 lb/ft³, Q는 ft³/sec, 그리고 E는 ft는 표시되며 계산되는 동력은 마력의 단위를 갖는다.

식 (4.35~4.37)로 계산되는 동력은 펌프의 효율과 터빈의 경우는 수차 및 발전기의 효율이 100%일 때의 동력이므로 실동력은 기계의 효율로 나누거나 곱하여 계산하게 된다. 뿐만 아니라 실제 유체의 경우에는 흐름계 내에서 마찰에 의한 에너지의 손실이 수반되므로 이를 고려하여 기계에 의한 수두(E_P 및 E_T)를 에너지 손실분만큼 감해 주게 된다.

그림 4-22와 같이 하부 저수지로부터 20 m 위에 있는 수조로 0.3 m³/sec의 물을 양수하는 데 필요한 펌프의 소요출력을 KW 및 마력으로 계산하라. 단, 펌프의 효율은 80%로 가정하며, 모든 손실을 무시한다.

풀이 저수지면을 기준면으로 잡고 저수지와 수조의 수면 1, 2 사이에 Bernoulli 방정식을 적용하면

$$0+0+0+E_P = 0+0+20 \quad \therefore E_P = 20\,\text{m}$$

식 4.35를 사용하면

$$\text{동력} = 9.8 \times 0.3 \times 20 = 58.8\,\text{KW}$$

펌프의 실 소요동력을 계산하기 위해서는 펌프효율로 나누어 주어야 하므로

$$\text{실 소요동력} = \frac{58.8}{0.8} = 73.5\,\text{KW}$$

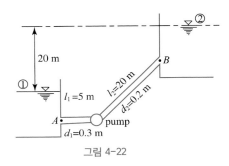

그림 4-22

식 (4.36)에 의하면

$$\text{동력} = 13.33 \times 0.3 \times 20 = 79.98\,\text{HP}$$

$$\text{실 소요동력} = \frac{79.98}{0.8} = 99.975\,\text{HP}$$

그림 4-23과 같이 터빈을 통해 물이 흐르고 있다. 유량이 0.25 m³/sec이고 점 A와 B에서의 압력이 각각 2 kg/cm² 및 0.5 kg/cm²로 측정되었다. 물에 의하여 터빈에 전달되는 동력을 계산하라.

풀이 A, B에서의 평균유속 V_A, V_B는

$$V_A = \frac{0.25}{\frac{\pi(0.3)^2}{4}} = 3.52\,\text{m/sec}$$

$$V_B = \frac{0.25}{\frac{\pi(0.6)^2}{4}} = 0.88\,\text{m/sec}$$

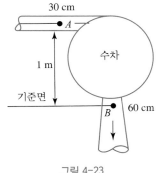

그림 4-23

A와 B 사이에 Bernoulli 방정식을 적용하면

$$\frac{2 \times 10^4}{1,000} + \frac{3.52^2}{2 \times 9.8} + 1 = \frac{0.5 \times 10^4}{1,000} + \frac{0.88^2}{2 \times 9.8} + 0 + E_T$$

$$\therefore E_T = 16.59\,\mathrm{m}$$

식 (4.35)에 의하면 전달동력은

$$9.8 \times 0.25 \times 16.59 = 40.65\,\mathrm{kW}$$

4.8 2차원 Euler 방정식

2차원 흐름에 대한 Euler 방정식은 1차원 흐름의 경우와는 달리 편미분방정식으로 표시되며 일반적으로 그 해를 해석적으로 구하기 힘든 것이 보통이다. 따라서 여기서는 2차원 흐름에 대한 Euler 방정식의 유도과정과 식 자체의 의미 및 해를 구하는 일반적인 방법론에 대해서만 간단히 소개하기로 한다.

그림 4-24에서와 같은 2차원 연직유동장 내의 미소 유체요소 $ABCD$에 Newton의 제2법칙을 적용해 보기로 하자. x방향의 힘의 변화량 dF_x는 그 방향의

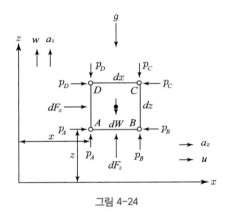

그림 4-24

압력변화율에 연직변의 길이 dz를 곱한 것과 같고, z방향의 힘의 변화량 dF_z는 z방향의 압력변화율에 수평변의 길이 dx를 곱한 값에 유체자중을 더한 것으로 표시된다. 즉

$$dF_x = -\frac{\partial p}{\partial x}\,dx\,dz \tag{4.38}$$

$$dF_z = -\frac{\partial p}{\partial z}\,dz\,dx - \rho g\,dx\,dz \tag{4.39}$$

이 유체요소가 가지는 x, z방향의 가속도성분은 식 (3.10)에서 유도한 바와 같다. 즉

$$a_x = u\frac{\partial u}{\partial x} + w\frac{\partial u}{\partial z} \tag{4.40}$$

$$a_z = u\frac{\partial w}{\partial x} + w\frac{\partial w}{\partial z} \tag{4.41}$$

식 (4.38~4.41)을 사용하여 Newton의 제2법칙을 적용하면

$$-\frac{\partial p}{\partial x}dxdz = \rho\,dx\,dz\left(u\frac{\partial u}{\partial x} + w\frac{\partial u}{\partial z}\right) \qquad (4.42)$$

$$-\frac{\partial p}{\partial z}dzdx - \rho g\,dx\,dz = \rho\,dx\,dz\left(u\frac{\partial u}{\partial x} + w\frac{\partial w}{\partial z}\right) \qquad (4.43)$$

식 (4.42)와 (4.43)을 정리하면

$$u\frac{\partial u}{\partial x} + w\frac{\partial u}{\partial z} = -\frac{1}{\rho}\frac{\partial p}{\partial x} \qquad (4.44)$$

$$u\frac{\partial w}{\partial x} + w\frac{\partial w}{\partial z} = -\frac{1}{\rho}\frac{\partial p}{\partial z} - g \qquad (4.45)$$

식 (4.44), (4.45)가 2차원 비압축성 정상류에 대한 Euler 방정식이며, 다음과 같은 연속방정식과 함께 2차원 유동장을 표시하게 된다.

$$\frac{\partial u}{\partial x} + \frac{\partial w}{\partial z} = 0 \qquad (4.46)$$

식 (4.44~4.46)은 2차원 흐름 문제를 해결하는 데 기본이 되는 연립편미분방정식으로서 이 방정식계의 완전해를 구한다는 것은 x와 z의 함수로서 p, u, w를 구함을 뜻하며, 따라서 유동장 내의 어떠한 점에 대해서든지 압력과 유속의 계산이 가능하다는 것이다.

4.9 2차원 Bernoulli 방정식**

2차원 Bernoulli 방정식은 1차원 흐름의 경우와 같이 2차원 Euler 방정식을 적분함으로써 얻어진다. 식 (4.44)에 dx를 곱하고 식 (4.45)에 dz를 곱하여 합한 후 정리하면

$$-\frac{1}{\rho}\left[\frac{\partial p}{\partial x}dx + \frac{\partial p}{\partial z}dz\right] = u\frac{\partial u}{\partial x}dx \qquad (4.47)$$
$$+ w\frac{\partial u}{\partial z}dx + u\frac{\partial w}{\partial x}dz + w\frac{\partial w}{\partial z}dz + g\,dz$$

식 (4.47)의 우변에 $w\dfrac{\partial w}{\partial x}dx$와 $u\dfrac{\partial u}{\partial z}dz$를 더한 후 다시 빼어 주고 이를 정리하면

$$-\frac{1}{\rho}\left[\frac{\partial p}{\partial x}dx + \frac{\partial p}{\partial z}dz\right] = \left[u\frac{\partial u}{\partial x}dx + w\frac{\partial w}{\partial u}dx\right] \qquad (4.48)$$
$$+ \left[u\frac{\partial u}{\partial z}dz + w\frac{\partial w}{\partial z}dz\right] + (u\,dz - w\,dx)\left[\frac{\partial w}{\partial x} - \frac{\partial u}{\partial z}\right] + g\,dz$$

여기서,

$$\left[\frac{\partial p}{\partial x}\,dx + \frac{\partial p}{\partial z}\,dz\right] = dp$$

$$\left[u\,\frac{\partial u}{\partial x}\,dx + w\,\frac{\partial w}{\partial x}\,dx\right] + \left[u\,\frac{\partial u}{\partial z}\,dz + w\,\frac{\partial w}{\partial z}\,dz\right] = d\left(\frac{u^2 + w^2}{2}\right)$$

$$\left[\frac{\partial w}{\partial x} - \frac{\partial u}{\partial z}\right] = \xi = \text{Vorticity} = 와류도(渦流度)$$

따라서 식 (4.48)에 이를 대입하고 g 로 나누면

$$-\frac{dp}{\gamma} = \frac{d(u^2 + w^2)}{2g} + \frac{1}{g}(u\,dz - w\,px)\xi + dz \tag{4.49}$$

식 (4.49)를 적분하면

$$\frac{p}{\gamma} + \frac{u^2 + w^2}{2g} + z = -\frac{1}{g}\int \xi(u\,dz - w\,dx) + H \tag{4.50}$$

여기서 H 는 적분상수이다. 그런데 유동장 내의 임의의 점에 있어서의 평균유속 $V = \sqrt{u^2 + w^2}$ 이므로 식 (4.50)은 다음과 같아진다.

$$\frac{p}{\gamma} + \frac{V^2}{2g} + z = -\frac{1}{g}\int \xi(u\,dz - w\,dx) + H \tag{4.51}$$

만약 흐름이 비회전류(irrotational flow)이면 와류도(vorticity)는 영이 되므로 식 (4.51)은 1차원 Bernoulli 방정식과 같아진다. 즉,

$$\frac{p}{\gamma} + \frac{V^2}{2g} + z = H$$

따라서 비회전류의 경우에는 흐름에 와류가 생성되지 않으면 유동장 내의 유선은 근본적으로 직선이며 서로 평행함을 뜻하고, 실제에 있어서는 2차원 흐름일지라도 1차원적으로 해석이 가능하나 유선이 만곡되고 와류가 생길 경우에는 식 (4.51)을 적용해야 정확한 해를 구할 수 있다.

그림 4-25는 예연위어(sharp-crested weir) 위로 월류하는 전형적인 2차원 비회전류를 표시하고 있다. 위어의 상류단면 1에서의 유선은 직선적이며 평행할 것이므로 1차원 흐름으로 간주할 수 있다. 단면 1과 와류수맥 사이의 유선과 에너지선은 대체로 그림 4-25에 표시된 바와 같을 것이다. 흐름의 경계를 표시하는 유선 AA 와 BB 는 대기와 접하고 있으므로 이들 유선상의 모든 점에 있어서의 압력은 영이므로 에너지선의 위치만 알면 유속을 계산할 수 있다. 단면 1에서의 압력은 정수압분포를 가질 것이며 정체점 A'' 에서는 $\gamma(y + V^2/2g)$ 의 압력이 작용할 것이다. 유동장 내의 임의의 점 C 의 위치 z_c 가 결정되면 Bernoulli 방정식에 의하여 $(p_c/\gamma + v_c^2/2g)$ 를 계산할 수 있으나 C 에서의 점 유속 v_c 를 알지 못하는 한 p_c 를 구할 수는 없다.

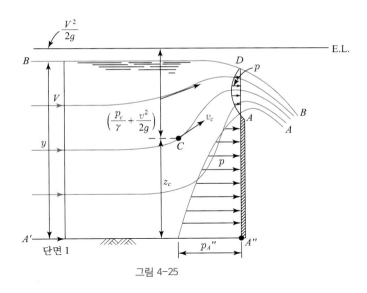

그림 4-25

위어단면에서의 압력분포는 점 A 와 D 에서의 압력이 영이므로 정성적으로 유추가능하다. 점 A 와 D 사이의 압력은 위어마루(weir crest)에 있어서의 유선이 가장 만곡이 심할 것이므로 $(p/\gamma + z)$ 의 변화량이 최대가 될 것임을 생각하면 그림 4-25에 표시한 바와 같이 양(+)의 압력분포를 가지게 될 것이다.

문제 4-15

그림 4-26에 표시된 2차원 노즐을 통해 대기 중으로 분출되는 단위폭당 유량을 계산하라.

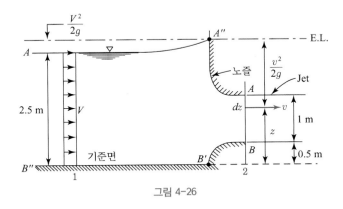

그림 4-26

풀이 노즐의 출구단면에서의 압력을 영으로 가정하고 Bernoulli 방정식을 적용하면

$$2.5 + \frac{V^2}{2g} = z + \frac{v^2}{2g}$$

$$\therefore v = \sqrt{2g\left(2.5 + \frac{V^2}{2g} - z\right)}$$

단위폭당 유량은

$$q = 2.5\,V = \int_{0.5}^{1.5} \sqrt{2g\left(2.5 + \frac{V^2}{2g} - z\right)}\; dz = \left[-\frac{(49 + V^2 - 2gz)^{3/2}}{3g} \right]_{0.5}^{1.5}$$

$$2.5\,V = \left[\frac{-(19.6 + V^2)^{3/2}}{29.4} + \frac{(39.2\,V^2)^{3/2}}{29.4} \right]$$

시산법으로 풀면

$$V = 2.36\,\mathrm{m}$$

따라서,

$$q = 2.5\,V = 5.9\,\mathrm{m^3/sec/m}$$

4.10 역적 – 운동량방정식

역적 – 운동량방정식(impulse-momentum equation)은 지금까지 취급한 연속방정식과 Bernoulli 방정식(혹은 에너지 방정식)과 함께 유체 흐름의 문제를 해결하기 위한 제3의 기본도구로 사용되는 중요한 방정식이다. 어떤 경우에 있어서는 연속방정식과 Bernoulli 방정식으로는 해석이 불가능한 문제가 운동량방정식에 의해 쉽게 풀이될 수도 있으며 많은 경우 에너지 방정식과 함께 사용되기도 한다. 여기서는 실제 문제에의 응용을 위한 운동량방정식의 기본원리를 전개하기 위하여 가장 간단한 경우인 1차원 정상류의 경우에 대해서만 생각해 보기로 한다.

짧은 시간 dt 사이에 흐름의 유속이 V_1 에서 V_2 로 변하였다고 하고 이 시간 동안에 유체에 작용한 외력의 합을 $\sum F$ 라 하자. dt 시간 동안에 유체에 생기는 가속도 a 는

$$a = \frac{V_2 - V_1}{dt} = \frac{dV}{dt} \tag{4.52}$$

질량 m 인 유체를 생각하고 Newton의 제2법칙을 적용하면

$$\sum F = ma = m\frac{V_2 - V_1}{dt} \tag{4.53}$$

$$\therefore\ (\sum F)dt = m(V_2 - V_1) \tag{4.54}$$

식 (4.54)를 역적-운동량방정식이라 부르며 좌변의 $(\sum F)\Delta t$ 를 역적(力積, impulse), 우변의 mV 를 운동량(運動量, momentum)이라 한다. 식 (4.54)를 다시 쓰면

$$\Sigma F = \frac{m}{dt}(V_2 - V_1) = \frac{mV_2 - mV_1}{dt} = \frac{d}{dt}(mV) \qquad (4.55)$$

여기서 m/dt 는 단위시간당 흐르는 유체질량 즉 질량유량(mass flow rate)이므로

$$m/dt = \rho_1 A_1 V_1 = \rho_2 A_2 V_2 = \rho Q$$

이다. 따라서 식 (4.55)는 다음과 같이 표시될 수도 있다.

$$\Sigma F = \rho Q(V_2 - V_1) = \frac{d}{dt}(mV) \qquad (4.56)$$

식 (4.55)가 가지는 의미는 유체가 가지는 운동량의 시간에 따른 변화율이 외력의 합과 같다는 것이다. 식 (4.55)에서 힘 F 와 속도 V 는 벡터(vector)량이므로 크기뿐만 아니라 방향을 가짐에 유의해야 한다. 그러나 간단한 문제에 있어서는 오히려 힘과 속도를 벡터로 계산하는 것보다 스칼라(scalar)량으로 취급하여 계산하는 편이 편리할 때가 많다. 그림 4-27과 같은 유관에 작용하는 x, y 방향의 외력의 합을 ΣF_x, ΣF_y 라 하고 속도의 x, y 방향성분을 각각 V_x, V_y 라 하면 운동량방정식은 식 (4.56)의 벡터방정식으로부터

$$\Sigma F_x = \rho Q(V_{2x} - V_{1x}) = \frac{d}{dt}(mV)_x \qquad (4.57)$$

$$\Sigma F_y = \rho Q(V_{2y} - V_{1y}) = \frac{d}{dt}(mV)_y \qquad (4.58)$$

식 (4.57)과 (4.58)은 평면계에 흐르는 흐름의 역적-운동량관계를 표시하는 스칼라 방정식으로서 여러 가지 수리학적 문제의 해결에 많이 사용된다.

식 (4.57)과 (4.58)에 추가하여 유동장 내의 임의점에 대한 흐름이 가지는 운동량의 모멘트(moment of momentum)의 변화율은 그 점에 대한 외력의 모멘트의 합과 같다는 정리를 사용해서 문제를 풀이해야 할 경우가 있다. 즉

$$\Sigma M_0 = \frac{d}{dt}(rmV)_0 \qquad (4.59)$$

여기서 M_0 는 점 0에 대한 외력의 모멘트이며 rmV 는 운동량의 모멘트를 표시한다.

그림 4-27의 경우에 대하여 식 (4.59)를 적용하면

$$\Sigma \overset{\curvearrowright}{M_x})_0 = -F_{1x}y_1 + F_x y + F_{2x}y_2$$
$$= \rho Q[-V_{2x}y_2 + V_{1x}y_1] = \frac{d}{dt}(r_y \overset{\curvearrowright}{m} V_x)_0$$
$$\Sigma \overset{\curvearrowright}{M_y})_0 = F_{1y}x_1 + F_y x - Wx_w - F_{2y}x_2$$
$$= \rho Q[V_{2y}x_2 - V_{1y}x_1] = \frac{d}{dt}(r_x \overset{\curvearrowright}{m} V_y)_0$$

여기서 외력 F_1, F_2, W는 통상 기지의 양이 되며 F는 Q, V_1, V_2만 알면 식 (4.57)과 식 (4.58)로부터 구할 수 있고 힘 F의 작용점(x, y)은 위의 두 식으로부터 구할 수 있게 된다.

지금까지 살펴본 식의 유도과정에서 알 수 있듯이 운동량 방정식의 적용을 위해서는 유동장의 내부에서 일어나는 복잡한 현상에 대해서는 전혀 알 필요가 없고, 다만 통제용적 (control volume)의 입구 및 출구에서의 조건만 알면 된다는 점이 에너지 방정식을 사용하는 것보다 편리한 점이라 하겠다.

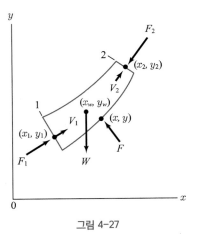

그림 4-27

4.11 운동량방정식의 응용

전술한 바와 같이 운동량방정식은 관수로나 개수로 내의 여러 가지 유체 흐름 문제를 해결하는 데 편리하게 사용되고 있으며, 에너지 방정식으로서 해결이 불가능한 수리학적 문제도 해결할 수 있는 강점을 가지고 있다. 본 절에서는 운동량방정식의 적용방법을 예시하기 위하여 몇 가지 전형적인 사용 예를 들어보기로 하겠다.

4.11.1 만곡관의 벽에 작용하는 힘

그림 4-28 (a)는 단면이 점차로 축소되는 만곡관 내의 흐름을 표시하고 있다. 이러한 관로에 있어서는 흐르는 유체에 의하여 관벽에 힘이 미치게 되며 이 힘은 운동량방정식에 의해 계산될 수 있다. 그림 4-28 (b)의 만곡관은 통제용적 $ABCD$의 자유물체도와 속도벡터를 표시하고 있으며 p_1, p_2는 단면 1과 2에서의 평균압력이고 F는 유체가 관의 벽에 미치는 힘의 합력을 표시한다.

그림 4-28 (b)의 자유물체도에 식 (4.57)과 식 (4.58)을 적용하면

$$\sum F_x = p_1 A_1 - p_2 A_2 \cos\theta - F_x = \rho Q(V_2\cos\theta - V_1) \tag{4.60}$$

$$\sum F_y = F_y - W - p_2 A_2 \sin\theta = \rho Q(V_2\sin\theta - 0) \tag{4.61}$$

따라서 관속에 흐르는 유량 Q와 입구와 출구의 직경을 알고 압력 p_1, p_2를 측정하면 식 (4.60) 및 (4.61)로부터 F_x 및 F_y를 계산할 수 있으며 이를 벡터합성함으로써 F의 크기와 방향을 알 수 있다.

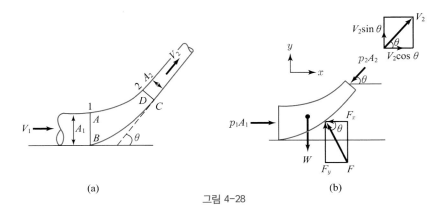

(a)   (b)

그림 4-28

문제 4-16

그림 4-28의 원형단면을 가진 만곡관 내에 물이 흐른다. 단면 1과 2에서의 직경이 각각 40 cm 및 30 cm이고 유량은 0.35 m³/sec이다. 단면 1에서의 압력이 15 ton/m²으로 측정되었을 때 곡관의 벽에 작용하는 힘을 구하라. $ABCD$의 체적은 0.1 m³이며 만곡각 $\theta = 60°$이고 단면 1, 2의 중립축 표고차는 1 m이다.

풀이 식 (4.60) 및 (4.61)을 적용하기 위하여 필요한 변량을 계산하면

$$A_1 = \frac{\pi}{4}(0.4)^2 = 0.126\,\mathrm{m}^2, \quad A_2 = \frac{\pi}{4}(0.3)^2 = 0.0707\,\mathrm{m}^2$$

$$V_1 = \frac{Q}{A_1} = \frac{0.35}{0.126} = 2.78\,\mathrm{m/sec}, \quad V_2 = \frac{Q}{A_2} = \frac{0.35}{0.0707} = 4.95\,\mathrm{m/sec}$$

연직평면 내의 흐름이므로 $z_2 - z_1 = 1$ m이며 Bernoulli 방정식은

$$\frac{p_1}{\gamma} + \frac{V_1^2}{2g} = \frac{p_2}{\gamma} + \frac{V_2^2}{2g} + z_2$$

따라서

$$\frac{p_2}{\gamma} = \frac{15}{1} + \frac{1}{2 \times 9.8}(2.78^2 - 4.95^2) - 1.0 = 13.14\,\mathrm{m}$$

$$\therefore p_2 = 13.14\,\mathrm{ton/m}^2$$

또한

$$W = 0.1 \times 1 = 0.1\,\mathrm{ton}$$

식 (4.60)과 (4.61)에 이들 값을 대입하여 F_x와 F_y에 관하여 풀면

$$F_x = 15 \times 0.126 - 13.14 \times 0.0707\cos 60° - \frac{1}{9.8} \times 0.35 \times (4.95\cos 60° - 2.78) = 1.41\,\mathrm{ton}$$

$$F_y = 0.1 + 13.14 \times 0.0707\sin 60° + \frac{1}{9.8} \times 0.35 \times (4.95\sin 60°) = 1.06\,\mathrm{ton}$$

따라서, 합력은

$$F = \sqrt{F_x^2 + F_y^2} = \sqrt{(1.41)^2 + (1.06)^2} = 1.76\,\mathrm{ton}$$

작용방향은

$$\theta = \tan^{-1}\frac{F_y}{F_x} = \tan^{-1}\left(\frac{1.06}{1.41}\right) = \tan^{-1}(0.752) = 36.94°$$

4.11.2 단면 급확대관에서의 에너지 손실

역적 – 운동량의 원리는 그림 4 – 29와 같이 관의 단면이 흐름축을 기준으로 하여 대칭으로 급확대될 경우 확대단면에서의 에너지 손실을 구하는 데도 적용될 수 있다. 그림 4 – 29의 통제용적 $ABCD$를 생각하면 단면 1, 2에 있어서의 유량은 연속방정식에 의하면

$$Q = A_1 V_1 = A_2 V_2$$

운동량의 변화율은

$$\frac{d}{dt}(m V) = \rho Q(V_2 - V_1) = \rho A_2 V_2 (V_2 - V_1) \qquad (4.62)$$

식 (4.62)의 운동량변화를 유발시키는 힘은 단면 AB와 CD에 흐름이 미치는 압력이며 정수압으로 가정하면

$$\sum F_x = p_1 A_2 - p_2 A_2 = (p_1 - p_2) A_2 \qquad (4.63)$$

따라서 운동량방정식(4.57)을 적용하면

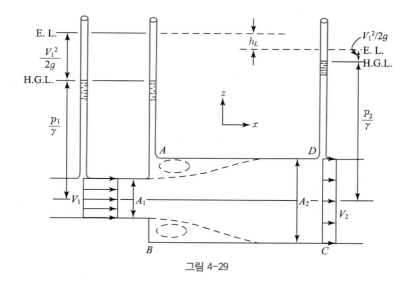

그림 4-29

$$\sum F_x = (p_1 - p_2) A_2 = \rho A_2 V_2 (V_2 - V_1) \qquad (4.64)$$

$$\therefore \frac{p_1 - p_2}{\gamma} = \frac{V_2(V_2 - V_1)}{g}$$

그러나 그림 4-29의 에너지선으로부터

$$\frac{p_1 - p_2}{\gamma} = \frac{V_2^2}{2\,g} - \frac{V_1^2}{2\,g} + h_L \qquad (4.65)$$

여기서 h_L은 단면 급확대로 인한 손실수두이다. 식 (4.64)와 (4.65)를 연립해서 h_L에 관하여 풀면

$$h_L = \frac{(V_1 - V_2)^2}{2\,g} = \frac{V_1^2}{2\,g} \left(1 - \frac{A_1}{A_2}\right)^2 \qquad (4.66)$$

즉, 단면 급확대관에서의 손실수두 h_L은 속도수두 $V_1^2/2\,g$에 직접 비례함을 알 수 있으며, 식 (4.66)으로 표시되는 h_L은 흔히 Borda-Carnot의 손실수두로 알려져 있다.

문제 4-17

그림 4-29에서 확대 전후의 관경이 각각 10 cm 및 20 cm이며 확대 전의 유속과 압력이 각각 4.5 m/sec 및 320 kg/m²이라면 20 cm 관에서의 압력은 얼마나 되겠는가? 관은 수평으로 놓여 있다고 가정하라.

풀이 식 (4.64)로부터

$$p_2 = p_1 + \rho V_2 (V_1 - V_2)$$

그런데

$$V_2 = \frac{A_1}{A_2} V_1 = \left(\frac{0.1}{0.2}\right)^2 \times 4.5 = 1.125 \, \mathrm{m/sec}$$

$$p_2 = 320 + \frac{1,000}{9.8} \times 1.125 \times (4.5 - 1.125) = 707.436 \, \mathrm{kg/m^2}$$

4.11.3 고정된 날개에 작용하는 힘

유체의 분류(jet)가 구부러진 날개(vane or blade)에 부딪히면 분류는 날개의 모양에 따라 방향이 변하게 되며 운동량의 변화가 일어나게 된다. 이때 고정되어 있는 날개는 힘을 받게 되며 이것이 바로 운동하는 유체로부터 힘을 얻는 유체기계의 기본원리이다.

그림 4-30과 같은 고정날개(fixed vane)에 의하여 분류의 방향이 전환될 때 분류는 날개에 힘을 미치게 되며 날개는 반작용으로서 유체에 힘을 가하게 된다. 분류가 수평면 내의 흐름이며 자유표면을 갖는 자유분류(free jet)라면 그림 4-30의 단면 1, 2와 자유표면에서의 압력은 영이

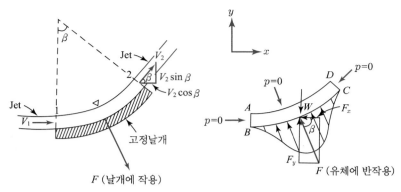

그림 4-30

므로 자유물체 $ABCD$에 작용하는 힘은 날개가 분류에 미치는 힘 F와 분류의 자중 W뿐이다. 따라서 그림 4-30의 자유물체에 x, y방향의 운동량방정식을 적용하면

$$\sum F_x = -F_x = \rho Q(V_2 \cos \beta - V_1) \tag{4.67}$$

$$\sum F_y = F_y - W = \rho Q(V_2 \sin \beta - 0) \tag{4.68}$$

통상의 경우 분류자체의 무게 W는 F_y에 비하면 매우 작으므로 식 (4.68)에서 W항을 무시하는 것이 보통이다.

문제 4-18

그림 4-30과 같은 고정날개에 접선방향으로 흘러들어온 분류가 $\beta = 60°$의 방향으로 유출한다. 분류는 직경 5 cm의 노즐로부터 분출되며 분출속도는 30 m/sec이고 이는 단면 1, 2에서 그대로 유지된다. 고정날개에 가해지는 힘을 구하라. 단, 분류의 자중은 무시하라.

풀이 $Q = \dfrac{\pi}{4} \times (0.05)^2 \times 30 = 0.059 \, \text{m}^3/\text{sec}$

식 (4.67)과 (4.68)을 적용하면

$$-F_x = \frac{1}{9.8} \times 0.059 \times (30 \cos 60° - 30)$$

$$F_y = \frac{1}{9.8} \times 0.059 \times (30 \sin 60°)$$

따라서, $F_x = 0.0903 \, \text{ton}$, $F_y = 0.1565 \, \text{ton}$

$$F = \sqrt{(0.0903)^2 + (0.1565)^2} = 0.1807 \, \text{ton}$$

작용방향은 $\beta = \tan^{-1}\left(\dfrac{0.1565}{0.0903}\right) = 60.02°$

그림 4–31에서와 같이 분류가 한 수평면 내에서 60°로 경사진 고정벽에 충돌하여 두 개의 수맥으로 분류된다. 분류의 유속이 30 m/sec, 유량이 70 ℓ/sec일 때 충돌 후 각각의 분류량과 벽에 가해지는 힘을 구하라. 충돌할 때의 와류손실과 벽면의 마찰손실은 없는 것으로 가정하라.

풀이 그림 4–31에서와 같이 고정벽에 수직한 방향을 x 축, 벽면의 방향을 y 축으로 잡고 분류의 중심선이 벽과 만나는 점을 원점으로 잡아 해석하기로 한다.

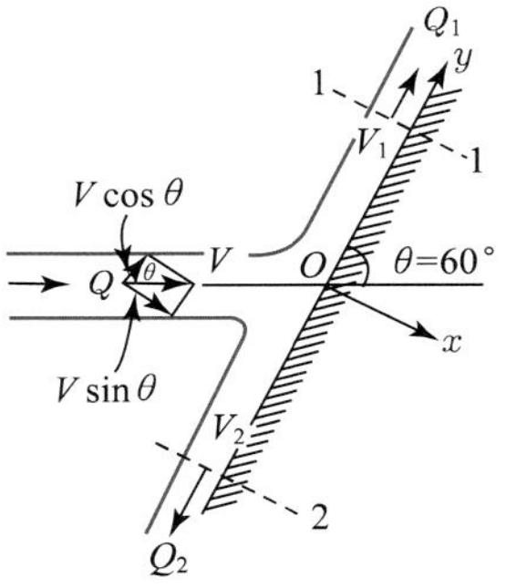

벽면은 수평면 내에 놓여져 있으므로 분류가 충돌한 후에도 중력이나 압력의 변화는 없을 것이므로 분류 후의 유속 V_1, V_2는 충돌 전의 유속 V와 동일하다. 또한 벽이 y 방향으로 유체에 작용하는 힘은 없으므로 y 방향의 운동량의 변화는 없다. 따라서

$$\sum F_y = 0 = (\rho Q_1 V_1 - \rho Q_2 V_2) - \rho Q V \cos \theta$$

$V = V_1 = V_2$이므로

$$Q_1 - Q_2 = Q \cos \theta \qquad\qquad\qquad (a)$$

한편, 연속방정식은

$$Q = Q_1 + Q_2 \qquad\qquad\qquad (b)$$

식 (a), (b)를 연립해서 풀면

$$Q_1 = \frac{Q}{2}(1 + \cos \theta), \quad Q_2 = \frac{Q}{2}(1 - \cos \theta)$$

따라서

$$Q_1 = \frac{0.07}{2}(1 + \cos 60°) = 0.0525 \, \text{m}^3/\sec$$

$$Q_2 = \frac{0.07}{2}(1 - \cos 60°) = 0.0175 \, \text{m}^3/\sec$$

벽면에 가해지는 힘은 벽에 수직으로 작용해야 하므로 x 방향의 운동량방정식을 적용하면

$$F_x = \rho Q(V \sin \theta - 0) = \rho Q V \sin \theta$$

따라서

$$F_x = \frac{1}{9.8} \times 0.07 \times 30 \sin 60° = 0.186 \, \text{ton}$$

그림 4-31

4.11.4 이동하는 날개에 작용하는 힘

고정된 날개는 분류로부터 힘을 얻을 수는 있으나 이 힘으로 일을 할 수는 없다. 그러나 날개가 이동할 수 있을 경우에는 분류로부터 받은 힘으로 날개는 일을 할 수 있게 되며, 이것이 바로 터빈이나 펌프 등 유체기계의 원리인 것이다.

그림 4-32와 같이 수평방향으로 속도 u를 가지고 이동하는 날개에 접선방향으로 분류가 들어올 경우 유체가 날개에 가하는 힘을 구해 보기로 하자.

고정된 날개의 경우와는 달리 날개가 속도 u로 이동하므로 분류는 각도 β로 날개의 말단을 이탈하지 않을 뿐 아니라 유입구에서의 유속도 상대속도 $v_1 = (V_1 - u)$가 되며 출구에서도 동일한 상대속도 $v_2 = (V_1 - u)$를 갖게 된다. 따라서 출구에서의 절대속도 V_2는 그림 4-32의 벡터선도에 표시된 바와 같이 날개의 이동속도 u와 출구에서의 분류의 상대속도$(V_1 - u)$의 벡터합으로 표시된다. 따라서 그림 4-32에 운동량방정식을 적용하면

$$\sum F_x = -F_x = \rho Q(V_{x2} - V_{x1}) \tag{4.69}$$
$$= \rho Q[\{u + (V_1 - u)\cos\beta\} - V_1]$$
$$= -\rho Q(V_1 - u)(1 - \cos\beta)$$
$$\sum F_y = F_y = \rho Q(V_{y2} - V_{y1}) = \rho Q[(V_1 - u)\sin\beta - 0] \tag{4.70}$$
$$= \rho Q(V_1 - u)\sin\beta$$

단면 1과 2에서의 상대속도 v_1과 v_2를 사용하면 상기한 분류는 고정된 날개에 흘러들어가는 분류와 같아진다. 즉, 그림 4-33의 벡터선도에서 단면 1에서의 상대속도 $v_1 = (V_1 - u)$와 단면 2에서의 상대속도 $v_2 = (V_1 - u)$ 간의 속도의 변화량은

$$\Delta \vec{v} = \vec{v}_2 - \vec{v}_1 \tag{4.71}$$

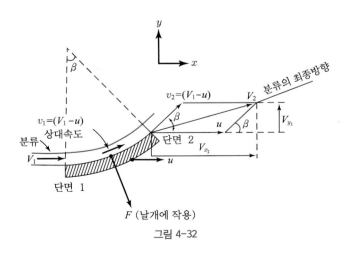

그림 4-32

따라서, 운동량방정식은

$$\sum F_x = -F_x = \rho\, Q\, \Delta\, v_x \qquad (4.72)$$

$$\sum F_y = F_y = \rho\, Q\, \Delta\, v_y \qquad (4.73)$$

그림 4-33으로부터 x, y방향의 속도변화량은

$$-\Delta\, v_x = (V_1 - u) - (V_1 - u)\cos\beta \qquad (4.74)$$

$$= (V_1 - u)(1 - \cos\beta)$$

$$\Delta\, v_y = (V_1 - u)\sin\beta \qquad (4.75)$$

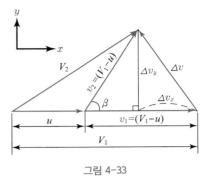

그림 4-33

식 (4.74)와 (4.75)를 식 (4.72)와 (4.73)에 각각 대입하면 식 (4.69) 및 (4.70)과 같은 결과를 얻게 된다.

그런데 식 (4.69), (4.70) 혹은 식 (4.72), (4.73) 내의 유량 Q는 단일날개일 경우는 분류의 실제 속도, 즉 상대속도($V_1 - u$)를 사용하여 다음과 같이 계산해야 한다.

$$Q = (V_1 - u)A_1 \qquad (4.76)$$

여기서 A_1은 이동하는 날개 위로 흐르는 분류의 단면적이다. 그러나 충격식 터빈(impulse turbine)에서와 같이 터빈 주변에 날개가 연속적으로 달려 있을 경우에는 첫 번째 날개를 통과한 분류는 바로 다음 날개에 전달되므로 결국 V_1의 속도로 분사되는 전분류를 받게되므로 $Q = A_1 V_1$에 의하여 유량을 계산하게 된다.

　다음에는 수력발전에 사용되는 충격식 터빈(impulse turbine)의 날개에 노즐로부터 분사되는 분류가 미치는 힘과 이로 인해 생성되는 동력의 특성에 대하여 살펴보자. 그림 4-34는 충격식 터빈을 도식적으로 표시하고 있으며, 주변에는 물론 일련의 날개가 일정한 간격으로 달려 있고 노즐로부터의 분류는 이들 날개에 유입되어 날개를 돌림으로써 동력을 발생하게 한다. 이때 날개에 작용하는 힘의 수직분력 F_y의 터빈축에 대한 모멘트 길이(moment arm)는 거의 영에 가까우므로 F_y는 동력의 발생에는 공헌을 하지 못하며 수평분력 F_x에 의해 주로 동력이 발생하게 된다. 분류로부터 터빈에 전달되는 동력은 F_x에 날개의 이동속도 u를 곱한 것으로 표시되므로 식 (4.69)를 사용하면 동력 P는

$$P = F_x u = \rho\, Q(V_1 - u)(1 - \cos\beta)u \qquad (4.77)$$

식 (4.77)에서 $u = 0$이거나 $u = V_1$이면 동력 P는 영이 되며 Q, ρ, V_1 및 β가 일정할 때 P는 u^2에 비례하므로 그림 4-34에서와 같이 $P \sim u$관계는 포물선으로 나타난다. 식 (4.77)의 P를 u에 관하여 미분하여 영으로 놓으면

$$\frac{dP}{du} = \rho\, Q(1 - \cos\beta)(V_1 - 2u) = 0 \qquad \therefore u = \frac{1}{2}V_1 \qquad (4.78)$$

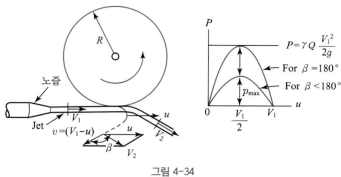

그림 4-34

즉 $u = \dfrac{1}{2} V_1$ 일 때 동력 P 는 다음과 같은 최대치를 가지게 된다.

$$P_{\max} = \rho Q \left(V_1 - \frac{1}{2} V_1 \right)(1 - \cos \beta)\left(\frac{1}{2} V_1 \right) \tag{4.79}$$

$$= \frac{1}{4} \rho Q V_1^2 (1 - \cos \beta)$$

날개의 각도 $\beta = 180°$ 이면 식 (4.79)는

$$P_{\max} = \frac{1}{2} \rho Q V_1^2 = \gamma Q \frac{V_1^2}{2g} \tag{4.80}$$

식 (4.80)의 우변은 분류가 가지는 동력과 똑같으므로 이론적으로는 분류가 가지는 전 에너지를 기계적인 일로 변환할 수 있음을 뜻한다. 그러나 실제에 있어서 날개의 각도를 180°로 만든다는 것은 불가능하여 165° 정도로 제작하는 것이 보통이고 날개의 이동속도도 분류속도의 약 48%로 유지하게 되며 이때 얻어지는 첨두효율(peak efficiency)은 약 90% 정도가 된다.

문제 4-20

직경 2 m인 충격식 터빈이 65 m/sec의 유속으로 분출되는 직경 5 cm인 분류에 의하여 회전되고 있다. 터빈의 회전속도가 250 rpm일 때 날개에 작용하는 수평력과 이로 인해 발생되는 동력을 계산하라. 날개의 각도는 150° 이다.

풀이

$$w = 2\pi \left(\frac{250}{60} \right) = 26.19 \, \text{rad/sec}$$

$$u = Rw = 1 \times 26.19 = 26.19 \, \text{m/sec}$$

상대속도

$$v_1 = v_2 = V_1 - u = 65 - 26.19 = 38.81 \, \text{m/sec}$$

그림 4-35의 속도의 벡터선도에서

속도변화량 Δv 의 x 및 y 성분은

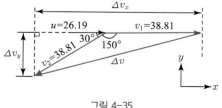

그림 4-35

$$\Delta v_x = -[v_1 + v_2 \cos 30°] = -\left[38.81 + 38.81 \times \frac{\sqrt{3}}{2}\right] = -72.42\,\mathrm{m/sec}$$

$$\Delta v_y = v_2 \sin 30° = 38.81 \times \frac{1}{2} = 19.41\,\mathrm{m/sec}$$

또한, 분류의 유량 $Q = \frac{\pi}{4}(0.05)^2 \times 65 = 0.129\,\mathrm{m^3/sec}$

따라서 식 (4.72)를 적용하면

$$-F_x = \frac{1,000}{9.8} \times 0.128 \times (-72.42) = -945.81\,\mathrm{kg}$$

$$\therefore F_x = 945.81\,\mathrm{kg}$$

발생동력은

$$P = F_x u = 945.81 \times 26.19 = 24,800\,\mathrm{kg \cdot m/sec}$$

$1\,\mathrm{HP} = 75\,\mathrm{kg \cdot m/sec}$ 이므로 $P = 330.7$ 마력

문제 4-21

그림 4-36과 같이 직경 8 cm인 분류가 45 m/sec의 속도로 날개에 부딪힌 후 최초의 흐름 방향에서 150° 방향을 바꾸었다. 날개가 최초의 흐름 방향으로 20 m/sec의 속도로 이동할 때 날개에 작용하는 힘을 구하라.

풀이 단일날개이므로 분류의 유량은 식 (4.76)에 의해 계산된다. 즉,

$$Q = (V_1 - u)A_1$$
$$= (45 - 20) \times \frac{\pi}{4}(0.08)^2 = 0.126\,\mathrm{m^3/sec}$$

식 (4.69) 및 (4.70)을 사용하면

$$F_x = \frac{1}{9.8} \times 0.126 \times (45 - 20)(1 - \cos 150°) = 0.599\,\mathrm{ton}$$

$$F_y = -\frac{1}{9.8} \times 0.126 \times (45 - 20)\sin 150° = -0.161\,\mathrm{ton}$$

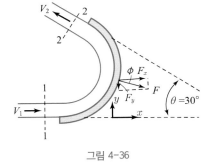

그림 4-36

여기서 음(−)의 부호는 F_y가 그림에 가정한 방향과는 반대방향으로 작용함을 뜻한다. 따라서, 작용하는 총 힘은

$$F = \sqrt{0.599^2 + 0.161^2} = 0.620\,\mathrm{ton}$$

작용방향은

$$\phi = \tan^{-1}\left(\frac{0.161}{0.599}\right) = \tan^{-1}(0.269) = 15°4'$$

4.11.5 반동터빈과 원심펌프에의 응용**

역적과 운동량의 원리는 터빈과 펌프 등의 유체구동장치와 토크 컨버터(torque converter)와 같은 유체기계의 설계에 가장 많이 응용되고 있다. 그러나 이들 흐름의 문제는 복잡한 3차원 흐름의 경우가 대부분이므로 여기서는 비교적 단순한 반동터빈(reaction turbine)과 원심펌프(centrifugal pump) 등의 2차원 흐름에 역적－운동량의 원리를 적용하여 이들 유체기계의 설계와 작동에 대한 이해를 돕고자 한다.

그림 4－37은 회전축에 대하여 대칭인 회전차(moving blade system)를 가지고 있는 반동터빈과 원심펌프를 도식적으로 표시하고 있다. 회전차는 이들 기계의 회전요소 중 가장 중요한 부분이며 반동터빈의 경우에는 런너(runner)라 부르고, 원심펌프의 경우에는 임펠러(impeller)라 부른다. 회전차를 통해 유체가 흐를 때 절대유속의 접선방향 성분은 변하게 되는데 터빈의 경우에는 감소하나 펌프의 경우에는 증가하게 된다. 그림 4－37에서 단면 1은 유체의 유입구를, 그리고 단면 2는 유출구를 각각 표시하고 있다. 터빈이나 펌프에서는 중심축에 관해서 회전하므로 유체에 일을 가해 주거나(펌프의 경우) 또는 유체로부터 일을 얻게(터빈의 경우) 되므로 항상 절대속도의 접선방향 성분만이 일에 관계되며 법선방향의 속도성분은 축의 회전에는 아무런 효과도 주지 않는다.

두 기계의 중심축 O에 관한 운동량의 모멘트(moment of momentum)의 시간에 대한 변화율은

$$\frac{d}{dt}(rmV)_0 = \rho Q[(rV_t)_2 - (rV_t)_1] \tag{4.81}$$

어떤 축에 관한 운동량의 모멘트 변화율은 그 축에 대한 모멘트의 합, 즉 토크(torque) T와 같으므로

$$\sum M_0 = T = \rho Q[(rV_t)_2 - (rV_t)_1] \tag{4.82}$$

식 (4.82)에서 토크 T의 방향은 터빈에서는 시계방향이나 펌프의 경우에는 반시계방향이다.

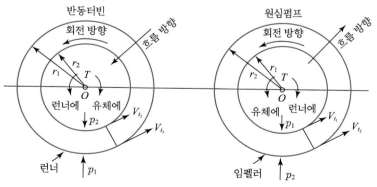

그림 4-37

이들 두 유체기계의 경우 단위 유체중량당의 에너지는 식 (4.82)와 다음의 관계로부터 계산될 수 있다.

$$P = T\omega, \quad P = \gamma QE$$

여기서 P는 동력을 표시하며 ω는 각속도, E는 에너지를 표시하는 수두(head)이다. 상기한 두 식으로부터

$$E = \frac{T\omega}{\gamma Q} \tag{4.83}$$

식 (4.82)를 식 (4.83)에 대입하면

$$E = \frac{\omega}{g}\left[(r V_t)_2 - (r V_t)_1\right] \tag{4.84}$$

펌프에 있어서는 $(r V_t)_2 > (r V_t)_1$ 이므로

$$E_P = \frac{\omega}{g}\left[(r V_t)_2 - (r V_t)_1\right] \tag{4.85}$$

터빈의 경우에는 $(r V_t)_2 > (r V_t)_1$ 이므로

$$E_T = \frac{\omega}{g}\left[(r V_t)_1 - (r V_t)_2\right] \tag{4.86}$$

문제 4-22

그림 4–38에서와 같이 2차원 반동터빈의 $r_1 = 1.6\,\mathrm{m}$, $r_2 = 1.1\,\mathrm{m}$, $\beta_1 = 60°$, $\beta_2 = 150°$이며 회전축에 평행한 방향으로 30 cm의 두께를 가지고 있다. Guide vane의 각이 15°이고 유량이 11 m³/sec일 때 유입구로 분류가 와류 없이 흘러들어가기 위해서는 런너의 속도는 얼마나 되어야 할 것인가? 또한 이때 런너에 유발되는 토크, 발생되는 동력의 마력수, 단위 kg의 유체로부터 얻어지는 에너지 및 런너를 통한 압력강하량을 계산하라.

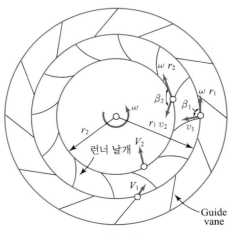

그림 4-38

풀이 $Q = 2\pi r_1 b_1 V_{r1} = 2\pi r_2 b_2 V_{r2}$ 이며 이 문제에서는 $b_1 = b_2 = 0.3\,\mathrm{m}$ 이므로

$$V_{r1} = \frac{11}{2\pi \times 1.6 \times 0.3} = 3.6\,\mathrm{m/sec}$$

$$V_{r2} = \frac{11}{2\pi \times 1.1 \times 0.3} = 5.3\,\mathrm{m/sec}$$

그림 4-39의 벡터로부터

$$V_{t1} = V_{r1}\cot 15° = 3.6 \times \cot 15° = 13.4\,\mathrm{m/sec}$$

$$u_1 = \omega r_1 = 13.4 - 3.6\tan 30° = 11.3\,\mathrm{m/sec}$$

$$\therefore \omega = \frac{11.3}{1.6} = 7.06\,\mathrm{rad/sec} = 67.4\,\mathrm{rpm}$$

$$u_2 = \omega r_2 = 7.06 \times 1.1 = 7.77\,\mathrm{m/sec}$$

$$V_{t2} = 7.77 - 5.3\cot 30° = -1.41\,\mathrm{m/sec}$$

$$\therefore T = \frac{1,000}{9.8} \times 11\,[13.4 \times 1.6 - (-1.41 \times 1.1)] = 25,806\,\mathrm{kg \cdot m}$$

동력 $P = T\omega = \dfrac{25,806 \times 7.06}{75} = 2,429$ 마력

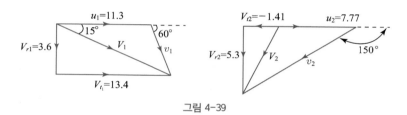

그림 4-39

$$\frac{\gamma Q E_T}{75} = P = 2,429 \qquad \therefore E_T = 16.56\,\mathrm{kg \cdot m/kg}$$

그림 4-39로부터

$$V_1 = \sqrt{(3.6)^2 + (13.4)^2} = 13.87\,\mathrm{m/sec}$$

$$V_2 = \sqrt{(5.3)^2 + (-1.41)^2} = 5.48\,\mathrm{m/sec}$$

단면 1, 2 사이에 Bernoulli 방정식을 적용하면

$$\frac{p_1}{\gamma} + \frac{(13.87)^2}{2g} = \frac{p_2}{\gamma} + \frac{(5.48)^2}{2g} + 16.56$$

입력강하량 $\Delta p = p_1 - p_2 = 8,277\,\mathrm{kg/m^2} = 0.83\,\mathrm{kg/cm^2}$

그림 4 – 40과 같은 2차원 원심펌프의 임펠러의 $r_1 = 8\,cm$, $r_2 = 25\,cm$, $\beta_1 = 120°$, $\beta_2 = 135°$이며 두께는 2.5 cm이다. 유입구에서의 접선방향 속도성분이 영이 되도록 분류가 유입하며 유량은 150 ℓ/sec이다. 이때의 임펠러의 회전속도(rpm)와 유발되는 토크 및 동력, 단위무게의 물에 가해지는 에너지, 그리고 임펠러를 통한 압력강하량을 계산하라.

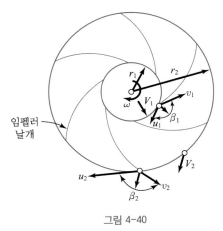

그림 4-40

풀이 유입구에서의 접선방향 속도성분이 없으므로

$$V_1 = V_{r1} = \frac{Q}{2\pi r_1 b_1} = \frac{0.15}{2\pi \times 0.08 \times 0.025} = 11.93\,\mathrm{m/sec}$$

$$V_{r2} = \frac{0.15}{2\pi \times 0.25 \times 0.25} = 3.83\,\mathrm{m/sec}$$

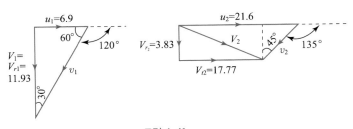

그림 4-41

그림 4 – 41의 벡터선도로부터

$$u_1 = \omega r_1 = V_1 \tan 30° = 11.93 \times \frac{1}{\sqrt{3}} = 6.9\,\mathrm{m/sec}$$

$$\therefore \omega = \frac{u_1}{r_1} = \frac{6.9}{0.08} = 86.4\,\mathrm{rad/sec} = 825\,\mathrm{rpm}$$

$$u_2 = \omega r_2 = 86.4 \times 0.25 = 21.6\,\mathrm{m/sec}$$

$$V_{t_2} = u_2 - V_{r_2} \tan 45° = 21.60 - 3.83 = 17.77\,\mathrm{m/sec}$$

$$T = \frac{1,000}{9.8} \times 0.15\,(17.77 \times 0.25 - 0) = 68\,\mathrm{kg \cdot m}$$

$$P = \frac{68 \times 86.4}{75} = 78.25\,\text{마력}$$

$$\frac{1,000 \times 0.15\,E_P}{75} = 78.25 \qquad \therefore\ E_P = 39.1\,\mathrm{kg \cdot m / kg} = 39.1\,\mathrm{m}$$

벡터선도로부터

$$V_1 = V_{r_1} = 11.93\,\mathrm{m/sec}$$

$$V_2 = \sqrt{(3.83)^2 + (17.77)^2} = 18.19\,\mathrm{m/sec}$$

단면 1과 2 사이에 Bernoulli 방정식을 적용하면

$$\frac{p_1}{\gamma} + \frac{(11.93)^2}{2\,g} + 39.1 = \frac{p_2}{\gamma} + \frac{(18.19)^2}{2\,g}$$

$$\frac{(p_2 - p_1)}{\gamma} = 39.1 + \frac{1}{2 \times 9.8}\,[(11.93)^2 - (18.19)^2] = 29.5\,\mathrm{m}$$

$$\therefore\ p_2 - p_1 = 29,500\,\mathrm{kg/m^2} = 2.95\,\mathrm{kg/cm^2}$$

4.11.6 개수로 내 수리구조물에 작용하는 힘

개수로 내의 흐름이 댐이나 수문 등의 수리구조물(hydraulic structure)에 미치는 힘은 역적－운동량의 원리를 적용하여 계산할 수 있으며, 이는 해당 구조물의 설계를 위한 해석에 매우 중요하다.

그림 4－42의 경사진 수문에 흐름이 가하는 힘을 구해 보기로 하자. 수문 상하류의 수심 y_1, y_2 를 알면 연속방정식과 Bernoulli 방정식을 연립하여 풀어서 유속 V_1 과 V_2 를 계산할 수 있다. 단면 ①, ②에 포함되는 용적을 통제용적으로 취하여 작용하는 외력을 그림에서와 같이 표시한 후 x 방향의 역적－운동량방정식을 적용하면

$$\sum F_x = F_1 - F_2 - F_x = \frac{1}{2}\,\gamma y_1^2 - \frac{1}{2}\,\gamma y_2^2 - F_x = \rho\,q\,(V_2 - V_1) \qquad (4.87)$$

여기서 F_1, F_2 는 각각 단면 1과 2에 작용하는 수로의 단위폭당 정수압으로 인한 힘이며 q 는 단위폭당 유량, 즉, Q/b (b 는 수로의 총폭)을 표시한다. 수문에 작용하는 힘은 수문에 수직한 힘 F 이며 식 (4.87)의 F_x 는 힘 F 의 수평성분이다. 따라서 $F = F_x / \cos\theta$ 로부터 구할 수 있고 $F_y = F_x \tan\theta$ 에 의해 구할 수 있다. 힘 F 의 y 방향 분력 F_y 는 y 방향의 운동량방정식으로부터도 구할 수 있다. 즉,

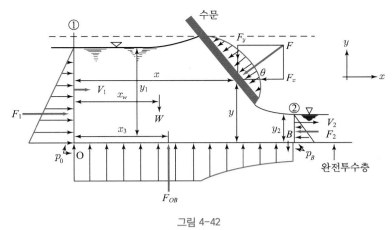

그림 4-42

$$\sum F_y = F_{OB} - W - F_y = 0 \qquad \therefore F_y = F_{OB} - W \qquad (4.88)$$

여기서 W는 단면 ①과 ② 사이에 포함된 유체의 무게이고 F_{OB}는 OB면에서 유체에 가하는 반작용력이며 통제용적의 기하학적 모양에 따라 결정된다.

수문에 작용하는 힘 F는 이상과 같이 구할 수 있으나 이의 작용점은 점 O에 관하여 식 (4.59)를 다음과 같이 적용함으로써 구할 수 있다.

$$\sum \overset{\curvearrowleft +}{M_x})_0 = F_x y + F_2 \left(\frac{y_2}{3} \right) - F_1 \left(\frac{y_1}{3} \right) \qquad (4.89)$$

$$= \rho q \left[(-V_2) \left(\frac{y_2}{2} \right) - V_1 \left(\frac{y_1}{2} \right) \right]$$

$$\sum \overset{\curvearrowleft +}{M_y})_0 = F_{OB} x_3 - F_y \cdot x - W x_w = \rho q (0 - 0) = 0 \qquad (4.90)$$

문제 4-24

그림 4-43과 같이 댐 여수로 위로 물이 월류할 때 물이 댐에 가하는 힘의 수평성분을 구하라.

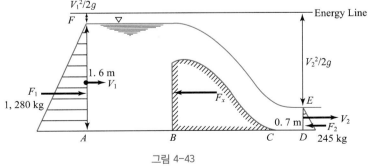

그림 4-43

풀이 이상유체라 가정하고 에너지선은 그림에 그은 바와 같다. 단면 A, D에 Bernoulli 방정식을 적용하면

$$\frac{V_1^2}{2g} + 1.6 = \frac{V_2^2}{2g} + 0.7 \qquad (a)$$

연속방정식은

$$q = 1.6\,V_1 = 0.7\,V_2 \qquad (b)$$

식 (a), (b)를 연립해서 풀면

$$V_1 = 2.04\,\mathrm{m/sec}, \quad V_2 = 4.67\,\mathrm{m/sec}$$

$$\therefore q = 3.27\,\mathrm{m^3/sec/m}$$

단면 A, D에 작용하는 수로의 단위폭당 작용하는 힘(정수압)은

$$F_1 = 1{,}000 \times \frac{1.6^2}{2} = 1{,}280\,\mathrm{kg/m}$$

$$F_2 = 1{,}000 \times \frac{0.7^2}{2} = 245\,\mathrm{kg/m}$$

통제용적 $ABCDEF$에 운동량방정식을 적용하면

$$\sum F_x = 1{,}280 - F_x - 245 = \frac{1{,}000}{9.8} \times 3.27 \times (4.67 - 2.04) = 878$$

$$\therefore F_x = 157\,\mathrm{kg/m}$$

01 관로에 물이 흐르고 있다. 관로상의 한 점에서의 직경은 18 cm, 유속은 4 m/sec, 압력은 4 kg/cm²이며 이 점으로부터 12 m 떨어진 점에서 직경은 8 cm로 축소되었다. 관로가 수평일 경우와 수직일 경우(물은 수직 하향으로 흐름)에 8 cm 단면에서의 압력을 구하라.

02 단면적이 0.1 m²인 수로가 서서히 축소되어 0.03 m²의 단면이 되었다. 두 단면 사이의 압력강하량을 측정하기 위하여 수은이 든 시차액주계를 사용하였더니 38 cm의 변위(deflection)가 생겼다. 이 수로를 통한 유량을 계산하라.

03 그림 4-44와 같은 관로에 0.8 m³/sec의 물이 흐른다. 직경이 1 m인 단면에서의 압력이 0.12 kg/cm²였다면 0.7 m 단면에서의 압력은 얼마가 될 것인가?

04 댐 여수로의 하류부 경사가 50°이며 이 위로 월류하는 수맥의 수심(경사면에 직각으로 측정)이 1 m이다. 여수로면에서의 압력을 구하라.

05 그림 4-45와 같이 저수지로부터 직경 30 cm인 관을 통해 0.3 m³/sec의 물이 흐른다. 점 A에서의 압력을 구하라.

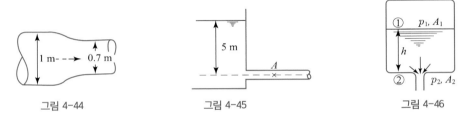

그림 4-44   그림 4-45   그림 4-46

06 그림 4-46에서 물이 들어 있는 탱크의 밑바닥에 구멍이 뚫어져 있다. 자유표면 1과 출구 2에서의 압력을 각각 p_1 및 p_2, 단면적을 A_1 및 A_2, 구멍으로부터의 수두를 h라 하고 구멍을 통한 흐름의 유속을 구하라.

07 그림 4-47과 같이 수직원추관을 통해 낙하하는 수류가 있다. 단면 1, 2에서의 계기압력이 각각 2.0 kg/cm² 및 1.8 kg/cm²일 때 유량을 구하라.

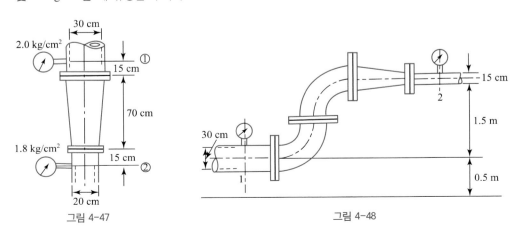

그림 4-47   그림 4-48

08 그림 4-48의 곡관을 지나서 물이 단면 1에서 2의 방향으로 흐른다. 단면 1에서의 유속과 압력이 각각 1 m/sec 및 1 kg/cm²일 때 단면 2에서의 유속과 압력을 구하라. 또한 관로를 통한 유량은 얼마나 되겠는가?

09 직경 30 cm인 관을 통하여 저수지로부터 0.3 m³/sec의 유량으로 물을 양수하여 수조로 송수한다. 수조로 유입하는 지점에 있어서의 관경은 20 cm이며 흡입관상의 표고 24 m 지점에서의 압력이 8 kg/cm²로 측정 되었다면 배출관상의 표고 52 m에서의 압력은 얼마나 되겠는가?

10 그림 4-49의 관로를 통한 유량이 0.035 m³/sec이고 이때의 압력계 A, B의 읽은 값이 동일하였다면 축소부 C에서의 직경은 얼마이겠는가?

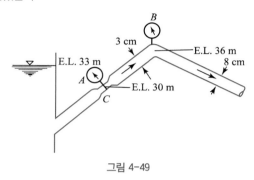

그림 4-49

11 그림 4-50과 같은 벤츄리미터에 물이 흐르고 있다. 유량을 계산하라.

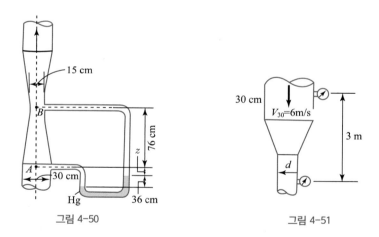

그림 4-50

그림 4-51

12 그림 4-51과 같은 관로에 물이 흐르고 있다. 두 압력계의 읽은 값이 동일하다면 작은 관의 직경 d 는 얼마가 되겠는가?

13 직경 5 cm인 노즐 출구에서의 수두가 4 m라면 유량은 얼마이겠는가?

14 직경 5 cm인 노즐을 통해 수조로부터 압력 0.4 kg/cm²인 공기탱크로 물이 분출된다. 수조의 수면과 노즐 단면의 표고차가 5 m라면 노즐을 통한 유량은 얼마나 되겠는가?

15 밀폐된 탱크 내에 자유표면을 가진 물이 들어 있다. 탱크 내의 공기압력은 $1\,kg/cm^2$로 일정하며 탱크 내 수면으로부터 3.5 m 아랫부분에 노즐이 달려 있다. 노즐이 대기 중으로 물을 분출할 때 유속을 구하라.

16 유속계수 $C_v = 0.98$인 피토관을 벤젠(비중 0.88)이 흐르는 관로의 중심선상에 위치시켰다. 정압력과 동압력의 차를 측정하기 위한 수은 시차액주계의 읽은 값이 8 cm일 때 관중심선에서의 유속을 계산하라.

17 그림 4-52의 관로를 통한 유량을 계산하고 점 A, B, C 및 D에서의 압력을 계산하라.

18 그림 4-53에서 A점에 있어서의 압력과 B점에서의 유속을 계산하라.

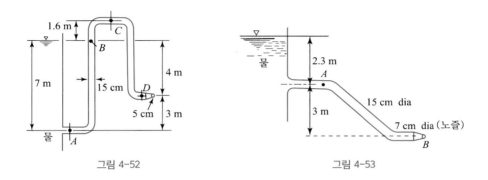

그림 4-52   그림 4-53

19 어떤 수조로부터의 물을 직경 2.5 cm인 사이폰(siphon)으로 뽑아내려고 한다. 사이폰의 말단은 수조 내 수면보다 3 m 아래에 있고 사이폰의 정점부는 1 m 위에 있다. 사이폰을 통해 배출되는 유량과 정점부에서의 압력을 구하라.

20 한 수조의 수면으로부터 1.7 m 아래에 있는 측벽에 직경 8 cm의 수평관이 연결되어 있다. 이 관은 점차적으로 확대되어 10 cm의 관과 연결되어 있고 10 cm관을 통해 대기 중으로 물을 방출한다. 관로를 통한 유량과 8 cm 관내의 압력을 구하라.

21 그림 4-54의 관을 통한 유량을 계산하라.

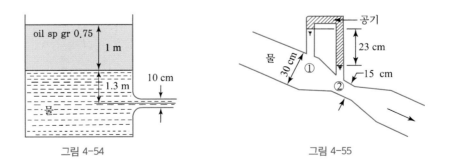

그림 4-54   그림 4-55

22 그림 4-55의 벤츄리미터를 통해 흐르는 유량을 계산하라.

23 그림 4-56의 벤츄리미터를 통해 흐르는 유량을 시차액주계의 독치차 R의 함수로 표시하라.

24 그림 4-57에서 $R=30\,\text{cm}$일 때 관의 중심선에서의 유속 V를 계산하라.

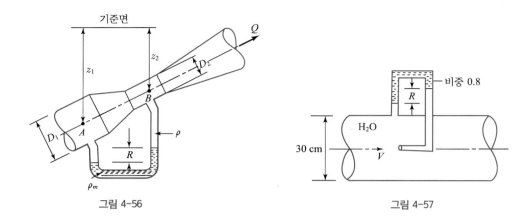

그림 4-56

그림 4-57

25 그림 4-58의 노즐을 통한 분류가 점 A를 통과한다면 유량은 얼마나 되겠는가?

26 직경 $5\,\text{cm}$인 노즐을 통해 $0.015\,\text{m}^3/\text{sec}$의 유량이 연직 하향으로 분사될 때 노즐로부터 $3\,\text{m}$ 아래 지점에서의 유속은 얼마나 되겠는가?

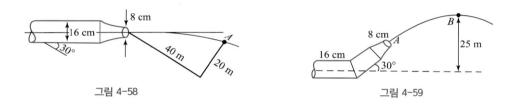

그림 4-58

그림 4-59

27 그림 4-59에서 B점에서의 유속이 $15\,\text{m/sec}$였다. 점 A에서의 압력을 계산하라.

28 그림 4-60은 수조 측벽의 두 오리피스로부터 분출되는 분류의 경로를 표시하고 있다. 이때 $h_1y_1 = h_2y_2$임을 증명하라.

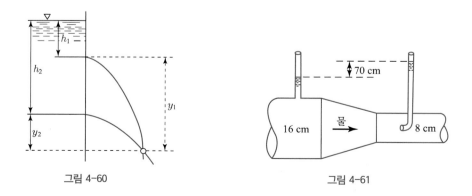

그림 4-60

그림 4-61

29 그림 4-61의 관로를 통해 흐르는 유량을 계산하라.

30 그림 4-62의 곡관을 통해 흐르는 유량을 계산하라.

31 그림 4-63의 관에 물이 흐를 때 압력계 A에서의 독치를 계산하라.

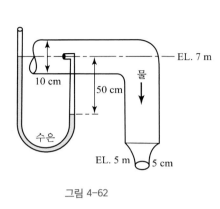

그림 4-62

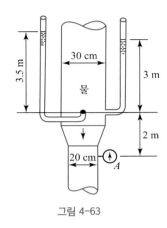

그림 4-63

32 그림 4-64의 8 cm관에서의 속도수두를 계산하라.

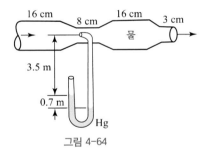

그림 4-64

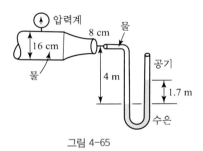

그림 4-65

33 그림 4-65의 경우 압력계의 독치를 구하라.

34 그림 4-66의 노즐을 통한 유량을 계산하라.

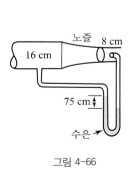

그림 4-66

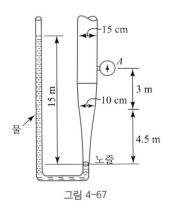

그림 4-67

35 그림 4-67의 노즐을 통한 유량과 압력계 A의 독치를 구하라.

36 그림 4-68의 노즐로부터 분사되는 수맥의 정점에 피토관을 위치시켰더니 10 m의 수두가 측정되었다. 노즐을 통한 유량과 경사각 θ를 구하라.

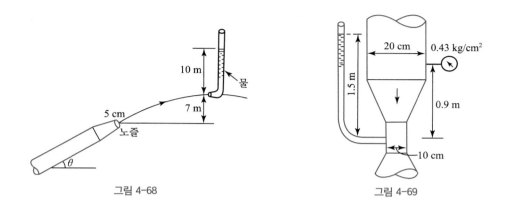

그림 4-68   그림 4-69

37 직경 10 cm인 수직관을 통해 물이 위 방향으로 흐른다. 이 관의 말단부에 직경 5 cm인 노즐이 달려 있으며 노즐말단으로부터 2 m 아래에 있는 10 cm관의 단면에서 측정한 압력이 4 kg/cm2였다면 관을 통한 유량은 얼마이겠는가?

38 그림 4-69의 관을 통해 물이 흐른다. 유량을 계산하라.

39 그림 4-70의 만곡관에 단위중량 850 kg/m³인 액체가 0.3 m³/sec의 유량으로 흐른다. 수은 시차액주계의 차인 h값을 구하라.

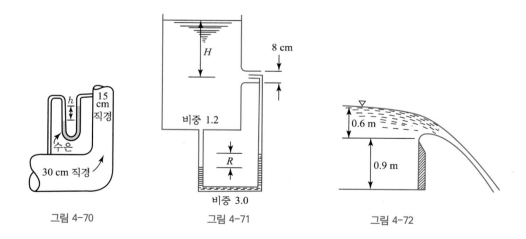

그림 4-70   그림 4-71   그림 4-72

40 그림 4-71의 오리피스를 통해 물이 흐를 때 액주계의 독치 R을 H의 항으로 표시하라.

41 폭 3 m인 구형단면을 가진 개수로가 4 m 폭으로 확대된다. 폭 3 m인 단면에서의 수심이 1.5 m였다면 4 m 폭을 가진 단면에서의 수심은 얼마나 될까?

42 그림 4-72에 표시한 예연위어를 월류하는 단위폭당 유량은 8 m³/sec/m이다. 위어정점으로부터 1 m 아래 지점에 있어서 수맥의 두께를 계산하라.

43 그림 4-73에서와 같이 수문 아래로 물이 흐른다. $h=2$ m이면 단위폭당 유량은 얼마나 될까? 만약 수로의 단위폭당 유량이 1 m³/sec/m라면 h는 얼마일까?

44 직경 10 cm인 흡입관과 직경 8 cm인 방출관을 가진 펌프가 0.04 m³/sec의 유량으로 양수하고 있다. 흡입관의 한 단면에서의 진공 계기압력은 수은주로 15 cm이었다. 이 단면보다 5 m 높은 위치에 있는 방출관상의 한 단면에 있어서의 압력이 4 kg/cm²이었다면 펌프에 의하여 공급된 동력은 몇 마력이나 될 것인가?

45 수면표고 100 m인 저수지로부터 수면표고가 150 m인 저수지로 0.016 m³/sec의 물을 양수하려면 소요 마력수는 얼마나 될 것인가?

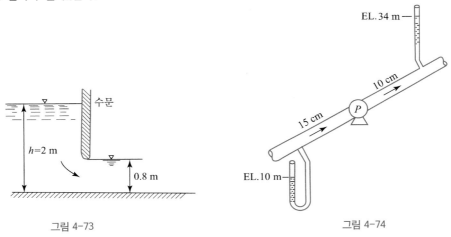

그림 4-73   그림 4-74

46 흡입관과 방출관의 직경이 각각 20 cm 및 15 cm인 펌프로 0.16 m³/sec의 물을 양수한다. 펌프 위치에서 동수경사선을 20 m 높이기 위해 필요한 펌프의 마력을 계산하라. 60 마력을 가진 펌프를 사용한다면 동일한 수두증가에 대하여 얼마만큼의 유량을 양수할 수 있을 것인가?

47 그림 4-74와 같이 펌프에 의하여 0.03 m³/sec의 유량으로 물을 양수하는 데 소요되는 마력을 계산하라.

48 그림 4-75의 펌프용량은 7마력이다. 0.07 m³/sec의 물을 양수할 때 방출관에 위치한 계기의 독치는 얼마나 되겠는가?

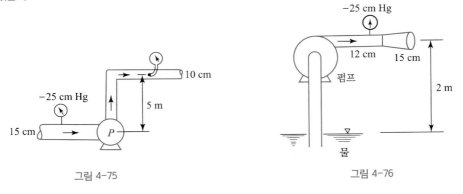

그림 4-75   그림 4-76

49 그림 4-76에서 15 cm관에 물이 꽉 차서 흐르도록 하기 위해서는 몇 마력 용량의 펌프를 사용해야 할 것인가?

50 그림 4-77에서 노즐로부터 분사되는 분류가 벽을 넘도록 하기 위해서는 펌프 마력을 최소 얼마 이상으로 해야 할 것인가?

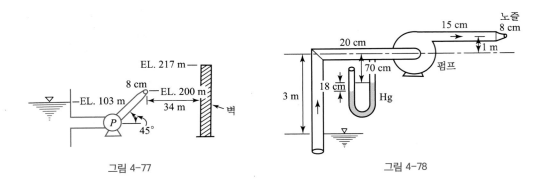

그림 4-77   그림 4-78

51 그림 4-78에서와 같이 펌프로 물을 양수할 때 펌프의 소요 마력을 계산하라.

52 그림 4-79와 같이 저수지의 물을 사용하여 터빈을 돌리고자 한다. 터빈에 유입하는 유량을 $0.1 \text{ m}^3/\text{sec}$로 하고 20마력의 동력을 얻기 위해 필요한 h를 구하라.

53 한 수력발전소의 터빈이 수면표고 EL. 80 m인 저수지로부터 $3.5 \text{ m}^3/\text{sec}$의 유량으로 물을 취한 후 수면표고 EL. 25 m인 하류의 하천으로 방류한다. 이때 터빈이 얻게 되는 동력을 구하라.

54 그림 4-80의 관로에 물이 흐를 때 터빈이 얻는 동력을 마력과 kW로 계산하라.

55 그림 4-81에 표시된 터빈의 출력을 계산하라.

56 그림 4-82의 A 점에서 대기로 방출되는 분류가 가지는 동력을 계산하라.

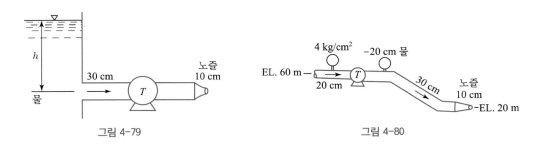

그림 4-79   그림 4-80

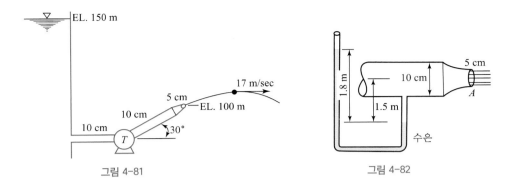

그림 4-81

그림 4-82

57 그림 4-83과 같은 2차원 방류구조물을 통해 흐르는 유량을 계산하고 구조물의 상류면에서의 수심과 A 점에서의 압력을 구하라.

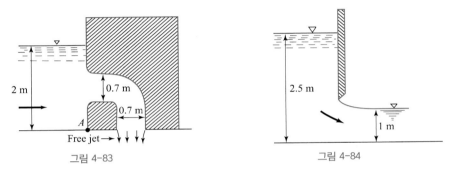

그림 4-83

그림 4-84

58 그림 4-84와 같이 수문 아래로 물이 흐를 때 2차원 유량과 수문의 직상류면에서의 수심을 계산하라.

59 그림 4-85와 같은 터빈에 0.5 m³/sec의 유량으로 물이 유입한다. 계기 1 및 2의 독치가 각각 0.8 kg/cm²및 −0.4 kg/cm²였다. 터빈의 이론출력을 계산하라.

60 그림 4-86과 같은 터빈에 70 m³/sec의 물이 유입한다. 계기 A에서의 압력이 1 kg/cm²였으며 이때 터빈에는 600마력의 출력이 발생하였다. 계기 B에서의 압력은 얼마였겠는가?

61 그림 4-87과 같이 60° 만곡되는 축소관을 통해 0.3 m³/sec의 물이 흐를 때 만곡부에 작용하는 힘의 크기와 방향을 구하라. 단, 관은 수평면 내에 있다.

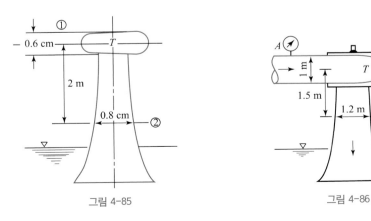

그림 4-85

그림 4-86

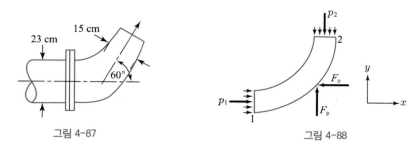

그림 4-87

그림 4-88

62 그림 4-88과 같은 90° 만곡관의 직경은 60 cm이다. 비중이 0.85인 기름이 1 m³/sec의 유량으로 흐를 때 단면 1에서의 압력이 3 kg/cm²였다면 만곡관에 작용하는 힘의 크기는 얼마나 되겠는가? 단, 관은 수평면 내에 놓여 있다고 가정하라.

63 직경 10 cm인 수평관이 180° 만곡되면서 직경 5 cm로 축소된다. 10 cm 및 5 cm 관에서의 압력이 각각 1 kg/cm² 및 4 kg/cm²일 때 만곡부에 작용하는 힘을 구하라.

64 그림 4-89의 관로에 물이 흐를 때 관을 연결하고 있는 볼트에 걸리는 힘을 계산하라.

65 직경 15 cm인 수평관에 0.07 m³/sec의 물이 흐르고 있다. 이 관에서의 압력은 4 kg/cm²로 측정되었으며 관의 말단의 직경이 7.5 cm로 축소되어 있다. 축소된 단면에 걸리는 수평력을 구하라.

66 직경이 5 cm인 수평관이 직경 10 cm로 확대된다. 이 관로를 통해 0.025 m³/sec의 물이 흐를 때 5 cm 관에서 측정한 압력은 1.5 kg/cm²이었다. 확대부에 작용하는 수평력을 계산하라.

67 그림 4-90의 관에 0.25 m³/sec의 물이 흐를 때 오리피스에 작용하는 힘을 구하라.

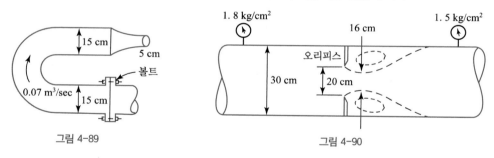

그림 4-89

그림 4-90

68 그림 4-91의 고정날개에 작용하는 힘을 구하라. 분류의 직경은 5 cm이며 유속은 20 m/sec이다.

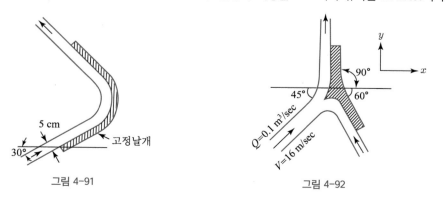

그림 4-91

그림 4-92

69 그림 4-92와 같은 고정날개가 수평면 내에 놓여 있으며 분류가 유입하여 두 방향으로 나누어질 때 날개에 작용하는 힘을 구하라. 단, 유량은 반반씩 분류된다고 가정하라.

70 그림 4-93에 표시한 날개는 일련의 날개군 중의 한 개를 표시하고 있다. 날개의 방향변환은 150°이며 직경 8 cm인 분류가 35 m/sec의 속도로 유입한다. 만약 날개가 25 m/sec의 속도로 유입하는 분류와 동일한 방향으로 이동한다면 날개가 받는 힘은 얼마나 되겠는가? 힘의 작용방향은?

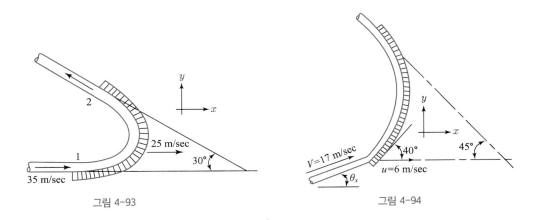

그림 4-93   그림 4-94

71 그림 4-94의 날개는 날개군 중의 하나로서 6 m/sec의 속도로 이동하고 있다. 유속 17 m/sec인 분류가 날개에 충격을 주지 않도록 접선방향으로 유입하려면 유입각(θ_x)을 얼마로 해야 할 것인가? 분류의 유량이 0.09 m³/sec일 때 발생되는 동력을 구하라.

72 그림 4-95의 날개는 수차에 달려 있는 한 개의 날개를 표시하고 있다. 분류가 날개에 미치는 힘을 계산하라.

73 그림 4-96에서 $\alpha_1 = \alpha_2$일 때 날개에 작용하는 수평력과 발생하는 동력을 계산하라.

74 그림 4-97의 펌프에 흡수관과 방출관이 용접 연결되어 있다. 펌프가 24 m의 수두를 시스템에 공급할 때 물이 펌프계통에 미치는 힘의 수평성분과 작용방향을 구하라.

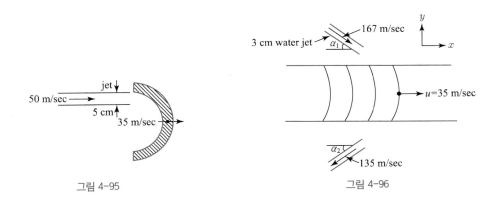

그림 4-95   그림 4-96

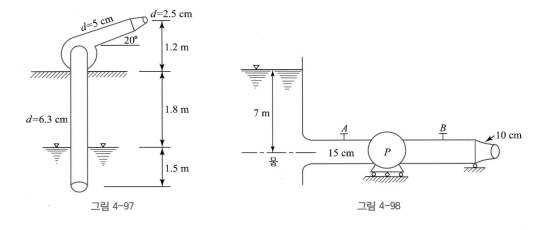

그림 4-97

그림 4-98

75 그림 4-98에서와 같이 펌프로 저수지의 물을 양수하는 동안 압력계 A, B로 관의 수평인장력을 측정한 결과 A에는 12 kg, B에는 50 kg임을 알았다. 양수율과 펌프의 마력을 구하라.

76 5 cm의 노즐이 달린 15 cm관이 날개의 각도 165°, 직경 2 m를 가진 충격식 터빈에 물을 공급한다. 노즐 부분에서의 압력이 8 kg/cm^{2}일 때 터빈의 rpm과 이론출력(마력) 간의 관계곡선을 그려라. 최대출력이 발생할 때 날개가 받는 힘을 구하고 터빈 rpm에 따른 힘의 변화를 곡선으로 표시하라.

77 $r_1 = 5$ cm, $r_2 = 15$ cm 원심형 펌프의 임펠러가 4 cm의 두께를 가지고 있다. 이 펌프로 0.3 m^3/sec의 물을 양수하여 12 m의 수두를 시스템에 공급하고자 한다. 임펠러의 회전속도가 1,000 rpm일 때 날개의 소요각도를 구하라. 또한 이 펌프를 작동시키는 데 필요한 동력을 마력 및 kW로 구하라.

78 그림 4-99와 같은 원심펌프의 임펠러가 500 rpm의 속도로 회전한다. 날개의 입구에서 물이 펌프의 중심으로 향해 흘러들어간다고 가정하고 유량과 날개의 유입구 및 유출구 간의 압력차를 구하고 이 조건을 만족시키는 데 소요되는 토크와 동력을 계산하라.

79 직경이 70 cm이고 두께가 15 cm인 펌프 임펠러의 출구에서의 유속이 35 m/sec이며 유출수가 방사선(radial line)과 60°의 각을 이룬다면 임펠러에 가해진 토크는 얼마나 될 것인가 ?

80 그림 4-100의 4개 노즐은 모두 동일한 직경 2.5 cm를 가진다. 각 노즐에 0.007 m^3/sec의 물이 흐르고 터빈의 회전수가 100 rpm일 때의 동력을 구하라.

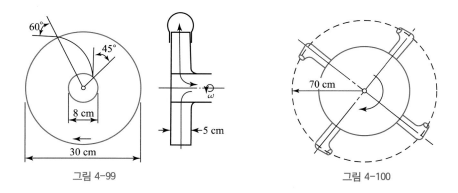

그림 4-99

그림 4-100

81 $r_1 = 1$ m, $r_2 = 0.7$ m이며 두께가 30 cm인 반동터빈의 가이드 베인(guide vane) 각도 $\alpha_1 = 30°$이다. 3.5 m^3/sec의 유량으로 물이 유입하고 $\alpha_2 = 60°$임이 알려졌다면 터빈 런너에 가해지는 토크는 얼마나 될까? 만약 $\beta_2 = 150°$이면 터빈 런너의 회전속도는? 런너에 물이 충격 없이 유입하는 데 필요한 β_1 과 터빈의 동력을 계산하라.

82 그림 4-101의 예연위어 위로 월류하는 단위폭당 유량은 0.1 m^3/sec이다. 위어에 작용하는 힘의 크기와 방향을 구하라.

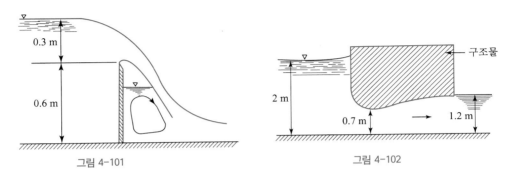

그림 4-101   그림 4-102

83 그림 4-102의 수로폭이 1 m일 때 구조물에 작용하는 수평력을 구하라.

84 그림 4-103에 표시한 수리구조물 위로 물이 흐를 때 구조물 AB에 미치는 수평력의 크기와 방향을 구하라. 수로폭은 1 m라고 가정하라.

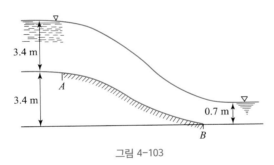

그림 4-103

85 그림 4-104와 같이 댐 여수로 하류부에 있는 버킷형 감세공 AB에 부딪히는 수류의 수평력 및 수직력을 구하여 총 힘을 계산하고 그의 작용방향을 결정하라. 단, 단면 A와 B 사이의 물의 무게는 300 kg이며 B단면 하류의 수맥은 자유분류(free jet)라고 가정하라.

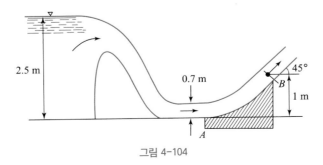

그림 4-104

86 그림 4-105에서 물의 흐름이 구조물에 미치는 힘의 수평력을 계산하라. 수로폭은 1 m이다.

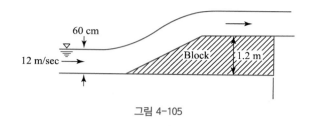

그림 4-105

Chapter 5

비압축성 실제유체의 흐름

5.1 서 론

실제유체(real fluid) 혹은 점성유체(viscious fluid)의 흐름은 유체의 점성(vicosity)에 의한 여러 가지 현상 때문에 4장에서 살펴본 이상유체의 흐름보다 대체로 복잡하며, 점성의 영향을 고려해 주기 위해서는 이상유체의 흐름의 원리를 표시하는 각종 방정식에 조정을 가하지 않으면 안 된다. 물의 점성은 타 유체의 점성에 비하면 비교적 작은 편이나 실제 문제의 해결을 위해서는 점성을 무시할 수 없으므로 실제유체로 다루어야 한다는 것이다.

실제유체가 가지는 점성은 유체층 간 혹은 유체입자와 경계면 사이에 마찰력(혹은 전단력)을 일으킴으로써 흐름에 저항력을 유발시키게 된다. 따라서 유체가 이 저항력을 이기고 흐르기 위해서는 일(work)을 해야 하며 이 과정에서 유체가 가지는 에너지의 일부는 열에너지로 변환된다.

실제유체의 이러한 성질 때문에 이상유체 흐름에 있어서의 유관 내의 균일유속분포(uniform velocity distribution) 가정은 허용되지 않으며 실제의 유속분포는 관의 양쪽 벽에서는 영이 되고 관의 중립축으로 갈수록 유속이 커지는 곡선형이 되는 것이다.

물론 Euler 방정식에 실제유체의 흐름에 의한 전단력(shear force)의 항을 포함시킬 수도 있으나 그 결과식은 편미분방정식이 되며 현재까지 이 방정식의 일반해를 해석적으로 얻을 수 없는 것이 사실이다. 따라서 실제유체의 흐름 문제를 해결하기 위해 현재까지 많은 실험적 혹은 반실험적 방법이 강구되어 왔고 이들 방법에 의존하여 문제를 해결해 왔다. 이러한 관점에서 볼 때 실제 흐름의 여러 가지 물리적 현상을 근본적으로 이해하는 것은 매우 중요하므로 본 장에서는 실제유체의 점성이 흐름에 미치는 마찰효과에 관련된 여러 가지 면모에 관하여 고찰하기로 한다.

5.2 Reynolds의 실험과 그 의의

실제유체가 가지는 점성효과는 흐름의 두 가지의 서로 전혀 다른 흐름형태로 만든다. 즉, 실제유체의 흐름은 층류(層流, laminar flow)와 난류(亂流, turbulent flow)로 구분된다. 층류에서는 유체입자가 서로 층을 이루면서 직선적으로 미끄러지게 되며 이들 층과 층 사이에는 유체의 분자에 의한 운동량의 변화만이 있을 뿐이다. 반면에 난류는 유체입자가 심한 불규칙 운동을 하면서 상호 간에 격렬한 운동량의 교환을 하면서 흐르는 상태를 말한다.

실제유체의 흐름을 층류와 난류로 구분한 것은 Reynolds의 실험결과로부터 비롯된다. 그림 5-1은 Reynolds의 실험장치를 도식적으로 표시하고 있다. 그림 5-1에서와 같이 물탱크 내에 나팔형 입구를 가진 긴 유리관을 설치하고 이 유리관의 끝부분에는 관내의 유속을 조절할 수 있는 밸브를 장치하였다. 그리고 아주 가느다란 관을 그림 5-1에서와 같이 유리관의 중심에 위치시키고 착색액을 공급할 수 있도록 하였다. 색소를 유리관 내로 주입시키면서 밸브를 약간 열었을 때 물은 유리관 속으로 느린 속도로 흘렀으며 색소는 가는 실과 같이 흐트러지지 않고 직선을 그리는 것을 관찰했으며 Reynolds는 이러한 상태의 흐름을 층류라고 정의하였다. 밸브를 서서히 더 열었을 때 유리관 내의 유속도 더 빨라졌으며 유속이 어느 정도의 크기에 달했을 때 색소의 직선적인 유동은 밸브 부근에서부터 흐트러졌으며 결국에는 유리관의 입구부까지 혼탁한 상태가 파급되었다. 이러한 상태의 흐름을 난류라고 정의하였다.

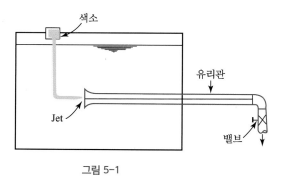

그림 5-1

이상과 같은 실험으로부터 Reynolds는 색소가 흐트러지기 시작하는 순간의 유리관 내 평균유속의 크기는 물탱크 내 물의 정체(quiescence) 정도에 비례하여 커짐을 발견하였다. 이 유속을 한계유속(限界流速, critical velocity)이라 부르며 이는 상한계유속(upper critical velocity)과 하한계유속(lower critical velocity)으로 나눈다. 즉, 전자는 층류상태로부터 난류상태로 변화시킬 때의 한계유속을 의미하며 후자는 난류상태로부터 유속을 줄여서 층류상태로 변화시킬 때의 한계유속을 뜻한다.

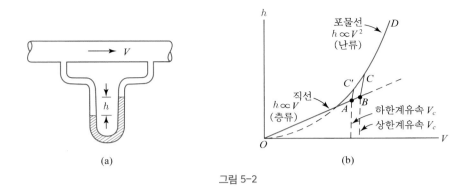

그림 5-2

그림 5-2와 같은 실험에 의해서도 흐름을 층류와 난류로 구분할 수 있다. 그림 5-2 (a)에 표시한 관내의 평균유속 V와 두 단면 간의 압력차 h 간의 관계를 표시해 보면 그림 5-2 (b)와 같아진다. 즉, 유속 V가 작을 경우에 $h \sim V$관계는 거의 직선($h \propto V$)에 가까우나 유속 V가 커지면 포물선($h \propto V^2$)에 가까워짐이 알려져 있다. 전자의 경우가 바로 층류이며 후자의 경우가 난류이다. 엄밀히 말하면 층류에서 난류로의 변이는 순식간에 일어나는 것이 아니라 층류와 난류가 공존하는 흐름의 상태가 존재하며 이 영역을 천이영역(transition region)이라 부른다. Reynolds 실험에서는 유리관 내 흐름이 부분적으로 층류와 난류가 섞여 흐를 경우가 천이영역에 속하는 흐름이 된다. 그림 5-2 (b)는 유속의 증가에 따른 압력강하량 h의 변화를 보이고 있다. 관내의 유속이 증가함에 따라 $h \sim V$관계는 $OABCD$를 따르게 되며, 반대로 유속이 감소하게 되면 $DC'AO$를 따라 변화하게 된다. Reynolds 실험과 연관시켜 생각하면 점 A와 B는 각각 하한계유속 및 상한계유속에 해당하는 점임을 알 수 있다.

Reynolds는 Reynolds 수(Reynolds Number)라는 무차원량(dimensionless parameter)을 다음과 같이 정의함으로써 그의 실험결과를 종합하였다. 즉

$$R_e = \frac{\rho V d}{\mu} \ \text{혹은} \ \frac{Vd}{\nu} \tag{5.1}$$

여기서 V는 관내의 평균유속이며 d는 관경, ρ는 유체밀도, μ는 점성계수이고 ν는 동점성계수이다. Reynolds는 전술한 바 있는 상·하한계유속에 해당하는 Reynolds 수 R_{ec}를 여러 가지 크기의 관로에 흐르는 각종 유체에 대하여 정의할 수 있음을 발견하였으며 이 수에 의하여 층류와 난류를 구분할 수 있었다. Reynolds에 의하면 층류의 상한은 $12,000 < R_{ec} < 14,000$으로 알려져 있으나 이 한계 Reynolds 수는 유체의 초기 정체정도와 관입구의 모양 및 관의 조도 등에 따라 크게 달라질 수 있으며, 실질적인 상한계 Reynolds 수는 2,700~4,000으로 보고 있다.

하한계 Reynolds 수로 정의되는 난류의 하한은 공학적 문제해결의 입장에서 볼 때 상한치보다 중요하며 하한계 Reynolds 수보다 낮은 흐름의 경우에는 난류성분은 유체의 점성에 의해서 모두 소멸되게 된다. 지금까지의 여러 실험결과에 의하면 관수로에서의 하한계 Reynolds 수는 약 2,100으로 알려져 있다. 즉, 흐름의 Reynolds 수가 2,100보다 작으면 그 흐름은 층류임을

의미한다. Reynolds 수가 2,100에서 4,000 사이일 때에는 층류와 난류는 공존하게 되며 전술한 바와 같이 흐름은 천이영역에 있다고 말하며 흐름의 상태가 안정되어 있지 않으므로 불안정 층류라고도 부른다. Reynolds 수가 4,000이상일 때의 흐름은 난류이며 자연계의 흐름은 대부분 이 부류에 속한다. 여기서 한 가지 주의를 환기시킬 것은 한계 Reynolds 수의 크기는 유동장의 기하학적 모양에 따라 달라진다는 것이다. 즉, 두 평행평판 사이의 흐름에 대한 $R_{ec} \cong 1,000$(평균유속 V, 평판간 간격 d)이며 광폭개수로(wide open channel) 내 흐름의 경우는 $R_{ec} \cong 500$(평균유속 V, 수심 d), 구 주위의 흐름인 경우에는 $R_{ec} \cong 1$(접근유속 V, 구의 직경 d)이다.

문제 5-01

직경 10 cm인 원관에 0℃의 물이 흐르고 있다. 평균유속이 1.2 m/sec라면 흐름의 Reynolds 수는 얼마인가? 이 흐름의 상태는? 단, 0℃에서의 물의 동점성계수는 $\nu = 1.788 \times 10^{-6}$ m²/sec이다.

풀이 $R_e = \dfrac{Vd}{\nu} = \dfrac{1.2 \times 0.1}{1.788 \times 10^{-6}} = 67,114 < 4,000$

따라서 흐름은 난류이다.

문제 5-02

20℃의 물이 직경 1 cm인 원관 속을 흐르고 있다. 층류상태로 흐를 수 있는 최대 평균유속과 이때의 유량을 계산하라. 단, $\nu = 1.006 \times 10^{-6}$ m²/sec이다.

풀이 층류의 하한계 Reynolds 수 $R_{ec} = 2,100$이므로

$$R_{ec} = 2,100 = \frac{V \times 0.01}{1.006 \times 10^{-6}}$$

$$\therefore V = 0.2112 \, \text{m/sec}$$

$$Q = 0.2112 \times \frac{\pi \times (0.01)^2}{4} = 1.659 \times 10^{-5} \, \text{m}^3/\text{sec}$$

5.3 층류와 난류의 특성**

유체의 흐름이 층류일 경우에는 발생되는 유체저항은 주로 유체가 가지는 점성에 관계되며 이로 인한 마찰응력(혹은 전단응력)은 1장에서 언급한 바와 같이 Newton의 마찰법칙으로 표시된다. 즉,

$$\tau = \mu \frac{du}{dy} \tag{5.2}$$

그러나 난류에 있어서는 유체입자가 아주 무질서하게 서로 뒤섞이면서 흐르므로 마찰응력은 단순히 Newton의 마찰법칙으로는 표시할 수 없다.

그림 5–3에서 보는 바와 같이 어떤 유체가 유선 s 를 따라 운동하고 있을 때 작은 면적요소 dA 에 대하여 운동량방정식을 적용시키면 난류에서 발생하는 마찰응력을 계산할 수 있게 된다. 그림 5–3에서 v' 을 면적요소 dA 에 수직한 방향의 변동속도성분(fluctuating velocity component)이라 하고 u' 를 유선방향의 변동속도성분이라 할 때 dA 에 대한 운동량방정식은

$$dF = (\rho v' dA) u' \tag{5.3}$$

여기서 $(\rho v' dA)$ 는 단위시간당 흐르는 유체질량이며 u' 은 유선 s 방향의 속도변화량을 표시한다. 식 (5.3)의 양변을 dA 를 나누면

$$\frac{dF}{dA} = \tau = \rho u' v' \tag{5.4}$$

여기서 u' 과 v' 은 유동장 내의 임의의 점에서 관측한 어떤 순간의 점유속의 x, y 방향 파동성분을 표시하는 것으로서 그림 5–4에 보인 바와 같이 한 점에서의 순간유속(instantaneous velocity) u 혹은 v 와 평균유속 $\overline{u}$ 혹은 $\overline{v}$ 의 벡터차를 뜻한다. 그러나 시간에 따른 u' 와 v' 의 변화를 결정한다는 것은 실질적으로 불가능하며 열선장치(hot–wire 혹은 hot-film anemometer)에 의하여 u' 혹은 v' 의 평균자승근(root–mean–square)을 실험적으로 흔히 측정하기도 한다. 따라서 식 (5.4)에 의해 난류의 전단응력(turbulent shear stress)을 계산한다는 것은 매우 어려운 일이므로 몇몇 학자들은 여러가지의 관계식을 제안한 바 있다.

Boussinesq는 난류의 전단응력 τ 를 층류에 대한 전단응력과 비슷한 형으로 표시하였다. 즉,

$$\tau = \varepsilon \frac{du}{dy} \tag{5.5}$$

여기서 ε 은 와점성계수(渦粘性係數, eddy viscosity)로서 유체의 성질뿐만 아니라 흐름의 성질, 특히 난류의 구조에 따라 변화하는 복잡한 성질을 가지는 계수이다. 즉, 와점성계수는 층류에 있어서의 점성계수 μ 처럼 주어진 온도에서 일정한 값을 가지는 것이 아니라 유동장 내에서 공간적으로 항상 변화하는 성질을 가진다. 따라서 ε 의 결정은 대체로 힘드나 μ 와의 좋은 비교 때문

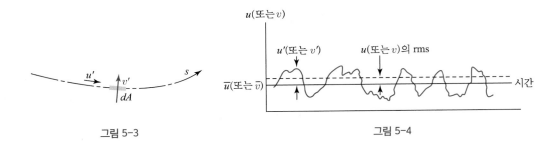

그림 5-3   그림 5-4

에 흔히 사용되고 있으며, 흐름에 있어서 점성효과와 난류효과가 다 같이 중요할 경우에는 다음과 같은 일반식에 의하여 전단응력을 표시하기도 한다.

$$\tau = (\mu + \varepsilon)\frac{du}{dy} \tag{5.6}$$

흐름이 완전히 층류이거나 혹은 난류이면 ε과 μ는 각각 영이 되므로 식 (5.6)은 결국 Newton의 마찰법칙 혹은 식 (5.5)를 표시하게 된다.

Prandtl은 식 (5.4)의 난류의 변동속도성분 u'와 v'을 흐름 자체의 특성과 상관시키는 데 성공하였다. 즉, 그림 5-5에서와 같이 미소유체 덩어리는 흐름의 난류에 의하여 어떤 유속을 가진 위치로부터 다른 유속을 가진 지점으로 어떤 거리 l만큼 운반되며 이 과정에서 유체덩어리의 이동속도에 변화가 생기게 된다고 보았다. 이 거리 l을 혼합길이(mixing length)라고 부르며 u', v'과 du/dy간의 비례상수로 사용된다. 즉,

$$u' = l\frac{du}{dy} \tag{5.7}$$

$$v' = l\frac{du}{dy} \tag{5.8}$$

식 (5.7), (5.8)의 u'은 v'과 같으며 이러한 난류는 동질성 난류(homogenous turbulence)로 알려져 있다.

식 (5.7) 및 (5.8)을 식 (5.4)에 대입하면

$$\tau = \rho l^2 \left(\frac{du}{dy}\right)^2 \tag{5.9}$$

(a)   (b)

그림 5-5

식 (5.9)를 식 (5.5)와 비교하면 와점성계수 ε은 다음과 같이 표시된다.

$$\varepsilon = \rho l^2 \frac{du}{dy} \tag{5.10}$$

즉, 와점성계수 ε은 유체의 밀도와 혼합길이 및 유속경사의 함수이다. 그런데 l은 경계면으로부터의 거리 y에 비례하므로 경계면에서는 영이 되고 경계면으로부터 멀어질수록 l값도 증가하게 되므로 이의 정확한 결정은 쉽지 않다. 이러한 불편을 없애기 위하여 Von Kármán은 난류의 유속분포곡선과 y에 따른 l의 변화를 비교한 후 다음과 같은 식을 제안하였다.

$$l = \kappa \frac{\dfrac{du}{dy}}{\dfrac{d^2 u}{dy^2}} \tag{5.11}$$

여기서 κ(Kappa라고 읽음)는 유체의 경계면에 대한 특성이나 Reynolds 수에 관계없이 일정한 값을 가지는 Von Kármán의 우주상수(universal constant)로서 약 0.4의 값을 가진다. 식 5.11을 식 (5.9)에 대입하면

$$\tau = \rho \kappa^2 \frac{(du/dy)^4}{(d^2 u / dy^2)^2} \tag{5.12}$$

식 (5.12)는 실제 문제의 해결에 흔히 사용되는 난류의 전단응력을 표시하는 식으로서 Prandtl - Kármán 공식으로 알려져 있다.

문제 5-03

층류에서 유속분포곡선이 포물선이면 전단응력의 분포곡선이 반드시 직선으로 표시됨을 증명하라.

풀이 유속분포가 포물선이면 2차방정식으로 표시할 수 있으므로

$$u = C_1 y^2 + C_2$$

따라서

$$\tau = \mu \frac{du}{dy} = \mu(2 C_1 y) = Cy$$

즉, τ는 경계면으로부터의 거리 y에 직접 비례하므로 직선으로 표시된다.

직경 70 cm의 원관에 물이 난류상태로 흐른다. 유속측정에 의하면 점유속 u(m/sec)와 관의 벽으로부터의 거리 y(m) 사이에는 $u = 2 + \ln y$의 관계가 있다. 관의 벽으로부터 10 cm 떨어진 점에서의 전단응력을 압력강하량의 측정에 의하여 계산한 결과 9 kg/m²이었다. 와점성계수와 혼합길이 및 Kármán의 우주상수를 계산하라.

풀이 $u = 2 + \ln y$ 이므로

$$\frac{du}{dy} = \frac{1}{y}$$

$$\frac{d^2 u}{dy^2} = \frac{d}{dy}\left(\frac{du}{dy}\right) = \frac{d}{dy}\left(\frac{1}{y}\right) = -\frac{1}{y^2}$$

식 (5.5)에서

$$\tau = \varepsilon \frac{du}{dy} \qquad 9 = \varepsilon\left(\frac{1}{0.1}\right) \qquad \therefore \varepsilon = 0.9 \,\text{kg} \cdot \text{sec/m}^2$$

식 (5.9)에서

$$\tau = \rho l^2 \left(\frac{du}{dy}\right)^2, \quad 9 = \frac{1,000}{9.8} l^2 \left(\frac{1}{0.1}\right)^2 \qquad \therefore l = 0.0298 \,\text{m}$$

식 (5.12)에서

$$9 = \frac{1,000}{9.8} \kappa^2 \frac{\left(\dfrac{1}{0.1}\right)^4}{\left(-\dfrac{1}{0.01}\right)^2} \qquad \therefore \kappa = 0.297$$

이 예제의 결과로부터 와점성계수 $\varepsilon = 9 \,\text{kg} \cdot \text{sec/m}^2$는 층류에 적용되는 점성계수 $\mu = 0.000183 \,\text{kg} \cdot \text{sec/m}^2 (0℃)$보다 훨씬 크다. 이는 층류에 비해서 난류에서의 에너지 손실이 훨씬 크다는 것을 의미한다. 혼합길이 l은 관의 직경의 약 4 %에 해당함을 알 수 있다.

5.4 고정 경계면상의 유체 흐름

고정 경계면(solid boundary) 부근의 유체 흐름이 가지는 특성에 관한 지식은 각종 수리학적 문제의 폭넓은 해석에 매우 중요한 역할을 한다. 주로 토목에서 취급하는 관수로나 개수로의 경우 공히 흐름은 수로의 경계면과 항상 접촉한 상태에서 흐르게 된다.

이상유체의 경우에는 점성을 무시할 수 있어서 유체입자와 경계면 사이에 마찰력이 존재하지 않으므로 유체입자는 경계면 위로 미끄러진다고 본다. 따라서 경계면에서도 영이 아닌 유속을 가지는 것으로 간주할 수 있다. 그러나 실제유체에 있어서는 경계면 부근에 마찰로 인한 감속현상이 일어나 경계면에서는 유속이 영이 되고 경계면에서 멀어질수록 유속은 증가하게 되어 그림 5-6 및 5-7에서와 같이 경계면 부근에서의 유속경사(du/dy)는 급경사를 이루게 된다. 경계면이 매끈한 경우에는 유속경사는 흐름의 전단응력에만 관계되나 거칠은 경계면에 있어서는 경계면 주위에 작은 와류가 발생하므로 흐름의 현상이 더 복잡해진다.

그림 5-6에서와 같이 경계면 위로 층류가 흐를 때에는 매끈한 경계면이건 거칠은 경계면이건 간에 흐름의 특성은 비슷하다. 즉 경계면에서의 유속은 영이 되며 전단응력은 Newton의 마찰법칙으로 표시되고 경계면의 조도 자체는 흐름에 아무런 영향을 미치지 않는다.

반면에 난류에서의 경계면 조도는 흐름의 물리적 특성에 큰 영향을 미친다. 그림 5-7 (a)에서와 같이 난류가 매끈한 경계면 위로 흐를 때에는 흐름의 주류는 층류저층(層流低層, laminar sublayer)에 의하여 경계면으로부터 분리되어 흐르게 된다. 이는 난류가 경계면 위로 흐를 때 경계면이 난류의 자유로운 혼합을 억제하는 효과를 주기 때문에 난류가 제거되고 층류가 필름(film)을 형성하는 것으로 풀이되고 있다.

층류저층 내에서의 전단응력 τ는 Newton의 마찰법칙으로 표시되지만 난류가 완전히 형성된 영역에서의 전단응력은 Prandtl 식 (5.9) 혹은 Kármán 식 (5.12)를 사용하여 구하게 된다. 실제에 있어서는 층류저층과 난류영역 사이에 천이영역(transition zone)이 있는 것으로 알려져 있으며 이 영역 내의 흐름은 층류와 난류가 뒤섞인 상태로 흐르게 된다. 따라서 그림 5-7 (a)의 δ는 층류저층의 존재를 표시하기 위한 두께이지 확정적인 크기를 나타내는 것은 아니다.

거친 경계면 위로 난류가 흐를 경우에도 층류저층은 형성되며 이때 흐름의 특성은 경계면 조도와 층류저층 두께의 상대적 크기에 의하여 영향을 받게 된다. 그림 5-7 (a)에서처럼 경계면의 돌기가 완전히 층류저층 내부에 있으면 경계면은 매끈하다(smooth)라고 말하며 조도는 난류의 구조에 아무런 영향을 미치지 않는 것으로 생각한다. 그러나 실험에 의하면 돌기의 크기가 층류

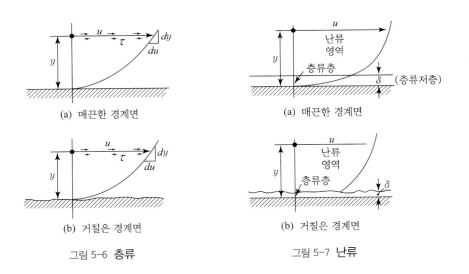

(a) 매끈한 경계면   (a) 매끈한 경계면

(b) 거칠은 경계면   (b) 거칠은 경계면

그림 5-6 층류   그림 5-7 난류

저층 두께의 $\dfrac{1}{4}$ 인 경우 돌기는 난류도를 증가시킨다는 사실이 확인되었다. 따라서 필름의 두께는 유효조도의 기준이 되며 필름의 두께는 흐름의 특성에 의하여 좌우되므로 동일한 경계면이 흐름의 Reynolds 수나 필름의 두께에 따라 매끈한 경계면이 될 수도 있고, 반대로 거칠은 경계면이 될 수도 있는 것이다.

5.5 실제유체 흐름의 유속분포와 그 의의

전술한 바와 같이 층류와 난류에서 실제로 발생하는 전단응력 때문에 실제 흐름의 유속분포는 이상유체의 흐름에서 가정한 것처럼 균일분포(uniform distribution)를 이루는 것이 아니라, 그림 5-8에서 볼 수 있는 바와 같이 경계면 부근에서는 유속이 작아지고 경계면에서 멀어질수록 유속이 커지는 곡선형을 이룬다. 4장에서의 Bernoulli 방정식이나 운동량방정식의 유도에서는 균일 유속분포를 가정하였으므로 실제유체 흐름에 적용하기 위해서는 유속 V가 변수가 되는 속도수두항과 운동량의 항을 보정해 주지 않으면 안 된다.

그림 5-8의 미소유관을 통해 흐르는 유체가 가지는 운동에너지 플럭스(kinetic energy flux)는 속도수두 $u^2/2g$에 γdQ를 곱한 것이므로

$$(\gamma dQ)\frac{u^2}{2g} = \frac{\rho u^3 dA}{2} \tag{5.13}$$

한편, 운동량 플럭스(momentum flux)는 $(\rho dQ)u$ 이므로

$$(\rho dQ)u = \rho u^2 dA \tag{5.14}$$

따라서 그림 5-8의 단면 전체에 걸친 운동에너지 플럭스(kg·m/sec)와 운동량 플럭스(kg)는 식 (5.13)과 식 (5.14)를 단면 전체에 걸쳐 적분한 것일 것이므로

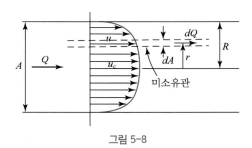

그림 5-8

$$\text{총 운동에너지} = \frac{\rho}{2} \int_A u^3 \, dA \qquad (5.15)$$

$$\text{총 운동량 플럭스} = \rho \int_A u^2 \, dA \qquad (5.16)$$

식 (5.15)와 식 (5.16)의 값을 평균유속 V와 총유량 Q의 항으로 표시하기 위하여 상수 α와 β를 도입하면

$$\text{총 운동에너지} = \alpha \left(\gamma Q \frac{V^2}{2g} \right) = \gamma Q \left(\alpha \frac{V^2}{2g} \right) \qquad (5.17)$$

$$\text{총 운동량 플럭스} = \beta \rho Q V \qquad (5.18)$$

여기서 α는 이상유체에서의 속도수두 $V^2/2g$를 보정하기 위한 무차원상수로서 에너지 보정계수(energy correction factor)라 부르며, β는 운동량 플럭스 $\rho Q V$를 보정하기 위한 무차원상수로서 운동량보정계수(momentum correction factor)라고 부른다. 이상유체의 흐름에서처럼 균일유속분포를 가질 경우에는 $\alpha = \beta = 1$ 이지만 실제유체의 경우에는 불균일 유속분포(nonuniform velocity distribution)를 가지므로 α, β는 1보다 큰 값을 가지며 $\alpha > \beta > 1$ 이 된다. 실제유체의 흐름에 대한 α와 β의 값은 식 (5.15)와 식 (5.17), 그리고 식 (5.16)과 식 (5.18)을 같게 놓고 $Q = AV$의 관계를 사용하면 구할 수 있다. 즉

$$\alpha = \frac{1}{V^2} \frac{\int_A u^3 \, dA}{Q} = \frac{1}{V^2} \frac{\int_A u^3 \, dA}{AV} = \frac{1}{A} \int_A \left(\frac{u}{V} \right)^3 dA \qquad (5.19)$$

$$\beta = \frac{1}{V} \frac{\int_A u^2 \, dA}{Q} = \frac{1}{V} \frac{\int_A u^2 \, dA}{AV} = \frac{1}{A} \int_A \left(\frac{u}{V} \right)^2 dA \qquad (5.20)$$

식 (5.19)와 (5.20)으로부터 유속분포가 그림 5–6의 층류에서처럼 날카롭게 변할 경우가 그림 5–7의 난류에서와 같이 완만하게 변할 경우보다 큰 α 및 β의 값을 가질 것임을 알 수 있다.

4.2절에서 살펴본 바와 같이 유관의 한 단면에서 모든 점에 있어서의 압력수두와 위치수두의 합$(p/\gamma + z)$는 항상 일정하다. 그러나 한 단면의 각 점에 있어서의 점유속은 실제유체 흐름의 경우 서로 상이하므로 속도수두 $u^2/2g$ 의 값이 각각 달라지며, 따라서 전수두$(p/\gamma + u^2/2g + z)$의 값이 각각 달라지므로 여러 개의 에너지선이 존재하게 된다. 예를 들어 그림 5–9에 표시한 유관의 한 단면상에 위치한 점 A와 C를 통과하는 두 개의 유선을 생각하면 동수경사선은 동일하나 속도수두가 상이하므로 두 개의 에너지선을 그을 수 있다. 더 나아가서 단면상의 수많은 유선을 고려하면 에너지선은 무수히 많을 것이며 한 개체를 형성할 것이다. 그러나 실질적인 공학적 문제에 있어서의 관심사는 개개 유선에 있는 것이 아니라 흐름 전체에 있으므로 동수경사선 위로 $\alpha V^2/2g$ 만큼 떨어진 단일유효 에너지선을 사용하게 된다. 즉, 에너지 보정계수 α 에 의해서 실제유체 흐름이 가지는 불균일 유속분포에 대한 보정을 함으로써 Bernoulli 방정식에 수정을 가하

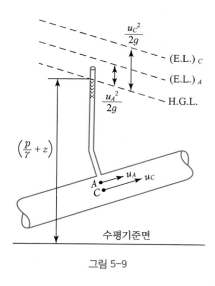

그림 5-9

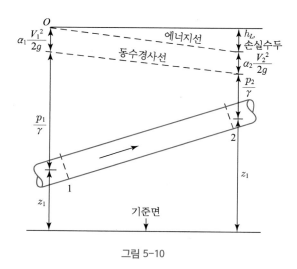

그림 5-10

게 되는 것이다. 뿐만 아니라 그림 5-10에 표시된 바와 같이 실제유체가 단면 1에서 단면 2로 흐를 때에는 유체의 점성으로 인한 마찰력 때문에 유체가 가지는 에너지의 일부가 손실되게 되는데 이를 손실수두(head loss)라 부른다. 따라서 실제유체의 흐름에 대한 완전한 Bernoulli 방정식은 다음과 같다(그림 5-10 참조).

$$\frac{p_1}{\gamma} + \alpha_1 \frac{V_1^2}{2g} + z_1 = \frac{p_2}{\gamma} + \alpha_2 \frac{V_2^2}{2g} + z_2 + h_L \tag{5.21}$$

여기서 h_L은 손실수두로서 단위무게의 유체가 단면 1로부터 단면 2로 흐르는 동안 마찰로 인해 손실케 되는 에너지로서 단면 1과 2에서의 단위무게의 유체가 가지는 총에너지의 차임을 알 수 있다. 즉

$$h_{L_{1-2}} = \left(\frac{p_1}{\gamma} + \alpha_1 \frac{V_1^2}{2g} + z_1 \right) - \left(\frac{p_2}{\gamma} + \alpha_2 \frac{V_2^2}{2g} + z_2 \right) \tag{5.22}$$

만약 유체흐름의 단면 1과 2 사이에 그림 5-11과 같이 펌프 혹은 터빈과 같은 동력장치나 열교환장치(heat exchanger)가 시스템에 에너지를 공급하거나 빼앗을 경우에는 에너지 방정식(혹은 Bernoulli 방정식)은 다음과 같이 표시된다.

$$\frac{p_1}{\gamma} + \alpha_1 \frac{V_1^2}{2g} + z_1 + E_{Hi} + E_P \tag{5.23}$$

$$= \frac{p_2}{\gamma} + \alpha_2 \frac{V_2^2}{2g} + z_2 + E_{H_O} + E_T + h_{L_{1-2}}$$

여기서 E_{Hi}와 E_{H_O}는 각각 열교환장치에 의하여 공급되거나 혹은 빼앗기는 에너지를 표시하는 수두이다. 물론 시스템 내에 열교환장치나 동력장치가 없으면 식 (5.23)은 식 (5.21)과 같아진다.

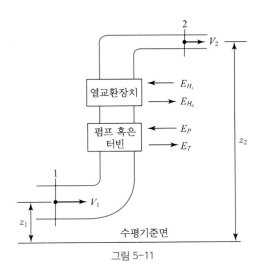

그림 5-11

한편, 실제유체의 흐름에 적용되는 운동량방정식은 불균일 유속분포의 영향만을 고려해 주면 되므로 식 (4.56)의 우변에 있는 운동량에 운동량 보정계수 β 만 곱해주어 보정하면 된다. 즉,

$$\sum F = \beta_2 \rho Q V_2 - \beta_1 \rho Q V_1 \qquad (5.24)$$
$$= \rho Q (\beta_2 V_2 - \beta_1 V_1)$$

여기서 힘 F 와 유속 V 는 벡터량이므로 수평 및 수직방향으로 나누어 해석할 수 있다.

이상과 같이 이론적으로는 유속분포를 고려한 보정을 실시해 주어야 하나 α 와 β 값의 크기는 실제에 있어서 각각 1.03~1.36 및 1.01~1.12의 범위 내에 있으므로 $\alpha = \beta = 1$ 의 가정하에 실질적인 문제를 풀이하는 것이 통례임을 부언해 둔다.

문제 5-05

그림 5-8에 표시한 2개의 무한대 평판 사이의 흐름이 포물선형 유속분포를 가진다고 가정할 때 단위폭당 유량 q 와 α, β 를 구하라. 단, 평판간 간격을 $2R$, 중립축에서의 최대유속을 u_c 로 표시하여 사용하라.

풀이 그림 5-8의 유로의 중심선으로부터 r 의 거리에 있는 점에서의 유속을 u 라 하면 포물선형 유속분포식은

$$u = u_c \left(1 - \frac{r^2}{R^2} \right)$$

따라서

$$q = \int_A u \, dA = 2 \int_0^R u_c \left(1 - \frac{r^2}{R^2} \right) dr = \frac{2}{3} (2 R u_c) = \frac{4}{3} R u_c$$

$q = 2 R V$ 이므로 $V = \frac{2}{3} u_c$

따라서, 식 (5.19)와 (5.20)을 사용하면

$$\alpha = \frac{1}{2R} \int_{-R}^{R} \left[\frac{u_c\left(1 - \dfrac{r^2}{R^2}\right)}{\dfrac{2}{3}u_c} \right]^3 dr = \frac{54}{35} = 1.543$$

$$\beta = \frac{1}{2R} \int_{-R}^{R} \left[\frac{u_c\left(1 - \dfrac{r^2}{R^2}\right)}{\dfrac{2}{3}u_c} \right]^2 dr = \frac{6}{5} = 1.200$$

문제 5-06

관 속에 유체가 흐르고 있을 때 관의 한 단면에 있어서 난류의 유속분포는 보통 Prandtl의 1/7 승법칙 (Prandtl's seventh power law)으로 다음과 같이 주어진다.

$$\frac{u}{u_{max}} = \left(\frac{y}{r_0}\right)^{1/7}$$

여기서 u 는 관의 벽면으로부터 수직거리 y 만큼 떨어진 점에서의 유속이며 r_0 는 관의 반경, u_{max} 는 관의 중심선에서의 최대유속이다. 이 단면에 대한 α 를 구하라.

풀이 $dA = 2\pi r\, dr,\ r = r_0 - y$ 이므로 평균유속은

$$V = \frac{1}{A}\int_A u\,dA = \frac{1}{\pi r_0^2}\int_0^{r_0} u_{max}\left(\frac{y}{r_0}\right)^{1/7} 2\pi r\,dr$$

$$= \frac{2\pi u_{max}}{\pi r_0^2}\int_0^{r_0}(r_0 - y)\left(\frac{y}{r_0}\right)^{1/7} dy = \frac{98}{120}u_{max}$$

$$\therefore u = \frac{120}{98}V\left(\frac{y}{r_0}\right)^{1/7}$$

식 (5.19)를 사용하면

$$\alpha = \frac{1}{\pi r_0^2}\int_0^{r_0}\left[\frac{120}{98}\left(\frac{y}{r_0}\right)^{1/7}\right]^3 2\pi r\,dr = 1.06$$

문제 5-07

그림 5-11에서 단면 1, 2 사이에 펌프만이 존재할 때 시스템을 통해 $1.6\,\text{m}^3/\text{sec}$의 물이 흐르며 펌프는 400마력의 동력을 시스템에 공급하고 있다. 단면 1, 2에서의 면적 $A_1 = 0.4\,\text{m}^2$, $A_2 = 0.2\,\text{m}^2$이며 압력은 $p_1 = 1.5\,\text{kg/cm}^2$, $p_2 = 0.8\,\text{kg/cm}^2$, 기준면으로부터의 위치수두는 $z_1 = 10\,\text{m}$, $z_2 = 25\,\text{m}$이다. 단면 1과 2 사이의 손실수두를 구하라.

풀이 $1.6 = 0.4\,V_1 = 0.2\,V_2 \qquad \therefore\ V_1 = 4\,\text{m/sec},\ V_2 = 8\,\text{m/sec}$

$$E_P = \frac{75 \times 400}{1{,}000 \times 1.6} = 18.75\,\text{m}$$

$\alpha_1 = \alpha_2 = 1$로 가정하고 Bernoulli 방정식(5. 23)을 적용하면

$$\frac{p_1}{\gamma} + \frac{V_1^2}{2g} + z_1 + E_P = \frac{p_2}{\gamma} + \frac{V_2^2}{2g} + z_2 + h_{L_{1-2}}$$

$$\therefore\ h_{L_{1-2}} = \frac{p_1 - p_2}{\gamma} + \frac{V_1^2 - V_2^2}{2g} + (z_1 - z_2) + E_P$$

$$= \frac{(1.5 - 0.8) \times 10^4}{1{,}000} + \frac{4^2 - 8^2}{2 \times 9.8} + (10 - 25) + 18.75 = 8.3\,\text{m}$$

5.6 유체의 점성으로 인한 마찰력과 에너지 손실

식 (5.23)은 에너지 방정식의 일반형으로서 각종의 흐름 문제를 해결하는 데 사용되나 실제유체가 가지는 점성 때문에 생기는 마찰력과 그로 인한 에너지의 손실에 대해서는 전혀 알 수가 없다. 따라서 그림 5-12와 같은 미소유체의 단면 1, 2 사이에 포함되는 통제용적에 역적-운동량의 원리를 1차원적으로 적용하여 에너지 방정식과 상관시킴으로써 마찰력이 어떻게 표시되는

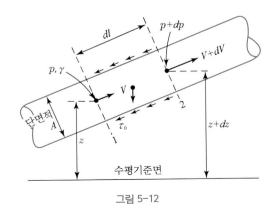

그림 5-12

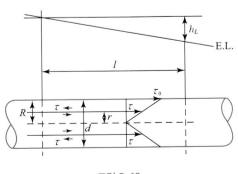

그림 5-13

가를 살펴보기로 하자. 그림 5-12의 τ_0 는 유체 흐름에 관벽이 미치는 마찰응력으로서 분명히 식 (5.23)의 손실수두 $h_{L_{1-2}}$ 와 모종의 관계가 있을 것임을 짐작할 수 있다. 단면 1, 2 사이의 통제용적에 유관의 흐름 방향으로(1차원해석) 역적-운동량의 원리를 적용하면

$$\Sigma F = pA - (p+dp)A - \tau_0 Pdl - \gamma A \, dl \left(\frac{dz}{dl} \right) \qquad (5.25)$$
$$= \rho A \, V [\beta_2 (V + dV) - \beta_1 V]$$

여기서 P 는 유관의 윤변(wetted perimeter)이다. $\beta_1 = \beta_2 = 1$ 로 놓고 식 (5.25)를 γA 로 나누면 식 (5.25)는 다음과 같이 표시될 수 있다.

$$\frac{dp}{\gamma} + d \left(\frac{V^2}{2g} \right) + dz = \frac{-\tau_0 dl}{\gamma R_h} \qquad (5.26)$$

여기서 R_h 는 동수반경(hydraulic radius)이라 부르며 유수단면적 A 를 윤변 P 로 나눈 것으로 정의된다. 식 (5.26)의 좌변을 단면 1과 2에서의 에너지항으로 각각 표시하여 고쳐 쓰면 식 (5.26)은 다음과 같아진다.

$$\left(\frac{p_1}{\gamma} + \frac{V_1^2}{2g} + z_1 \right) - \left(\frac{p_2}{\gamma} + \frac{V_2^2}{2g} + z_2 \right) = -\frac{\tau_0 dl}{\gamma R_h} \qquad (5.27)$$

식 (5.27)을 에너지 방정식 (5.22)와 같이 외적 에너지가 없을 경우와 비교하면

$$h_{L_{1-2}} = -\frac{\tau_0 (l_1 - l_2)}{\gamma R_h} = \frac{\tau_0 (l_2 - l_1)}{\gamma R_h} \qquad (5.28)$$

식 (5.28)은 유체가 흐를 때 점성에 의한 마찰효과 때문에 생기는 손실수두와 마찰응력 사이의 관계를 이론적으로 표시하는 것이다.

 이상의 해석적 방법은 어떠한 유관에 대해서든지 적용할 수 있다. 그림 5-13에 표시한 바와 같이 반경이 r 이며 유관의 중립축에 대하여 동심원적인 유관의 한 단면에서 마찰응력 τ 가 어떻게 변화하는지를 살펴보기로 하자. 반경 r 인 원주(periphery)에는 유속이 다른 두 유체층 때문에 마찰응력 τ 가 발생되며 식 (5.28)의 도출에서와 똑같은 방법으로 τ 와 손실수두 h_L 간의 관계를 유도할 수 있으므로 상세한 유도과정은 반복하지 않고 식 (5.28)의 τ_0 대신 τ 를 $(l_2 - l_1)$ 대신 l 을, 그리고 동수반경 $R_h = A/P = \pi r^2 / 2\pi r = r/2$ 을 대입하면

$$h_{L_{1-2}} = \frac{\tau l}{\gamma \frac{r}{2}} \qquad \therefore \tau = \left(\frac{\gamma h_{L_{1-2}}}{2l} \right) r \qquad (5.29)$$

식 (5.29)에서 두 단면 사이의 $h_{L_{1-2}}$ 는 일정하므로 마찰응력 τ 는 유관의 중립축으로부터의 거리 r 에 직접 비례하는 직선형 분포를 보인다. 식 (5.29)는 흐름의 상태가 층류 혹은 난류라는 전제

없이 해석적으로 구한 것이므로 관로 내의 흐름이 층류이건 난류이건 관계없이 전단응력의 분포를 표시하는 데 사용될 수 있다.

문제 5-08

$1\,\text{m} \times 0.7\,\text{m}$ 되는 구형(矩形)관로에 물이 흐른다. 이 관로상의 $70\,\text{m}$ 연장을 흐르는 동안에 생긴 손실수두를 측정하였더니 $10\,\text{m}$이었다. 물과 관로의 벽 사이에 가해진 마찰응력을 구하라.

풀이 이 관의 동수반경은

$$R_h = \frac{A}{P} = \frac{1 \times 0.7}{2 + 1.4} = 0.206\,\text{m}$$

식 (5.28)로부터

$$\tau_0 = \frac{\gamma R_h h_{L_{1-2}}}{l} = \frac{1000 \times 0.206 \times 10}{70} = 29.4\,\text{kg/m}^2 = 0.00294\,\text{kg/cm}^2$$

이 관은 원형관이 아니므로 계산된 마찰응력은 관벽에 작용하는 평균마찰응력이다.

문제 5-09

문제 08의 흐름이 직경 $60\,\text{cm}$인 원형관에서 발생했다고 가정하고 관벽에서의 마찰응력과 관벽으로부터 $10\,\text{cm}$ 떨어진 위치에서의 마찰응력을 각각 구하라.

풀이 원형관이므로 식 (5.29)를 사용하면 관벽에서의 마찰응력은

$$\tau_0 = \left(\frac{\gamma h_L}{2l}\right) R = \frac{1{,}000 \times 10 \times 0.3}{2 \times 70} = 21.4\,\text{kg/m}^2 = 0.00214\,\text{kg/cm}^2$$

관벽에서 $10\,\text{cm}$ 떨어진 위치에서는 $r = 30 - 10 = 20\,\text{cm}$ 이므로

$$\tau = \frac{1{,}000 \times 10 \times 0.2}{2 \times 70} = 14.3\,\text{kg/m}^2 = 0.00143\,\text{kg/cm}^2$$

5.7 유체경계층 이론**

전술한 바와 같이 실제유체의 흐름에 있어서는 유체의 점성효과 때문에 항상 마찰전단응력이 생기게 되며, 따라서 경계면에서는 유체입자의 속도는 영이 되고 경계면으로부터 거리가 떨어질수록 유속은 증가하게 된다. 그러나 경계면으로부터의 거리가 일정한 거리만큼 떨어진 다음부터는 유속이 일정한 값에 도달하여 그 이상 변화하지 않게 된다. 이러한 현상은 실제유체의 점성효

과로 인한 마찰의 영향이 경계면 주위에 국한됨을 의미하며 이러한 영역을 유체의 경계층 (boundary layer)이라 정의한다. 경계층개념(boundary layer concept)은 Prandtl이 1940년에 제안한 것으로서 수중에 잠겨진 유선형 물체라든지 무한대 흐름(flow of infinite extent) 속의 평판(flat plate), 관수로 내의 흐름 생성영역(zone of flow establishment)에서의 마찰력과 흐름특성 간의 관계를 해석하는 데 기본이 되며, 여러 가지 흐름 해석에 있어서 현대유체역학의 발달에 지대한 공헌을 한 개념이라고 할 수 있다.

　유체경계층의 발달과정은 흔히 수조나 저수지로부터 관로로 유체가 흘러들어갈 때 입구부분에서의 흐름의 발달과정과 무한대 흐름 속에 평행하게 놓인 평판을 지나는 흐름의 발달과정을 살펴봄으로써 쉽게 이해한다. 그림 5 – 14에서와 같이 관로로 물이 흘러들어갈 경우를 생각하면 흐름이 성숙되지 않은 흐름생성영역(zone of unestablished flow, or zone of flow establishment)에서는 유속분포 등의 흐름 특성이 단면마다 변하게 되며 경계층이 점차로 발달하게 되고 점성으로 인한 마찰효과는 경계층 내에 국한되므로, 경계층 내의 유속은 그림에서와 같이 감속되나 경계층의 외부에 있는 흐름의 핵심(core) 영역에서는 감속현상이 일어나지 않는다. 그러나 경계층이 점차로 발달함에 따라 관로의 양쪽 벽으로부터 발달한 경계층이 서로 만나게 되며 여기서부터 이른바 발달된 흐름(established flow)이 관로를 통해 흐르게 되고 유속분포는 정상상태 하에서는 변하지 않게 된다. 실험결과에 따르면 관입구에서부터 발달된 흐름이 생성되는 점까지의 거리는 관입구의 상태에 관계가 있는 것으로 알려져 있다. 관의 입구부가 매끈한 유선형으로 되어 있을 경우의 발달거리(length of establishment)는 관경의 약 20배 정도이며 유선형 입구가 아닐 경우에는 약 50배 정도의 거리가 소요되는 것으로 보고 있다. 즉, 흐름이 일단 성숙되면 관벽에 의한 마찰효과는 관로 내의 흐름 전체에 미치게 되며 흐름은 전적으로 회전성(rotationality)을 가지게 되는 것이다.

　무한대 흐름 속에 위치한 평행평판을 스치는 흐름에 의한 경계층의 발달과정은 그림 5 – 15에서 보는 바와 같다. 즉, 무한대 흐름이 평판의 선단을 지남에 따라 평판면 주위에 경계층이 형성되며 이는 흐름 방향으로 점점 두꺼워진다. 경계층 내의 흐름은 층류일 수도 있고 난류일 수도 있는데 평판의 선단에 가까운 부분의 경계층 두께는 얇고 그 속의 흐름은 통상 층류이므로 층류경계층(laminar boundary layer)이라고 부르는 반면에 선단으로부터의 거리가 떨어지면 경계층의 두께는 점차로 커지며 이 부분을 난류경계층(turbulent boundary layer)이라 부른다.

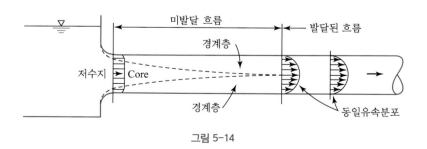

그림 5-14

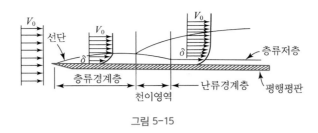

그림 5-15

층류 및 난류경계층을 구분하는 일반적인 기준은 다음과 같이 표시되는 특성 Reynolds 수 (characteristic Reynolds number)이다.

$$R_{ex} = \frac{V_0 x}{\nu} \quad \text{혹은} \quad R_{e\delta} = \frac{V_0 \delta}{\nu} \tag{5.30}$$

여기서 x 는 평판선단으로부터의 거리이며, V_0 는 자유흐름속도(free stream velocity)이고, δ 는 경계층의 두께이다. 평판을 연한 흐름에 관한 실험에 의하면 식 (5.30)의 한계 Reynolds 수는 약 500,000 및 4,000으로 각각 알려져 있으며 층류경계층과 난류경계층의 영역 사이에는 천이영역이 존재한다. 뿐만 아니라 난류경계층 내의 평판 주위에는 그림 5-15에 표시한 바와 같은 층류저층이 형성되며, 이 영역은 일반적으로 매우 얇고 주로 점성효과가 지배하므로 난류성분이 소멸되고 흐름은 층류상태에 있게 된다.

5.7.1 층류경계층의 특성

그림 5-16에 표시한 평판의 단면 A 와 B 사이의 아주 얇은 층류경계층은 평판선단으로부터 차츰 두꺼워지며, 그 크기는 특성 Reynolds 수의 함수로 표시될 수 있음이 해석적 및 실험적으로 증명되어 있으며 이 경계층 내의 유속분포는 통상 포물선이 된다. 즉,

$$\frac{\delta_t}{x} = \frac{5}{(V_0 x / \nu)^{1/2}} = \frac{5}{\sqrt{R_{ex}}} \tag{5.31}$$

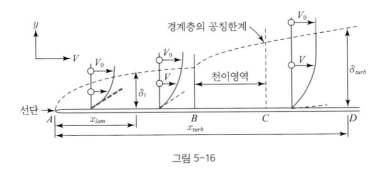

그림 5-16

여기서 δ_t 은 평판의 선단으로부터 거리 x 만큼 떨어진 단면에 있어서의 층류경계층의 두께이다. 식 (5.31)로부터 알 수 있듯이 x 가 일정할 경우 유속 V_0 가 증가하면 δ_t 는 얇아지고 ν 가 증가할수록 δ_t 가 두꺼워진다. 또한 주어진 유체의 유속이 일정할 경우에는 거리 x 가 길어질수록 경계층의 두께는 두꺼워지게 된다.

만약 층류경계층의 두께가 두꺼워지는 동안 경계층 내에서의 유속분포가 개략적으로 포물선형을 유지한다면 그림 5-16 좌반부의 두 유속분포곡선이 표시하듯이 선단으로부터의 거리 x 의 증가에 따라 유속경사 dV/dy 는 작아질 것이며 따라서 경계면에서의 마찰응력 τ_0 의 값도 작아질 것이다. 즉

$$\tau_0 = \mu \left(\frac{dV}{dy} \right)_{y=0} = \mu \left(C \frac{V_0}{\delta_t} \right) \tag{5.32}$$

여기서 C 는 경계면에서의 유속경사와 경계층의 한계점에 있어서의 유속경사와의 관계를 표시하는 상수이다.

식 (5.31)을 식 (5.32)에 대입하면

$$\tau_0 = \mu \, C \, V_0 \frac{\sqrt{V_0 x / \nu}}{5x} = \frac{2C}{5\sqrt{R_{ex}}} \frac{\rho \, V_0^2}{2} = c_f \frac{\rho \, V_0^2}{2} \tag{5.33}$$

여기서 $\rho \, V_0^2 / 2$ 는 Bernoulli 방정식의 변형에서 언급한 바와 같이 동수압을 표시하며, c_f 는 국지항력계수(local drag coefficient)로서 해석적 및 실험적으로 결정되는 값으로 대략 다음과 같다.

$$c_f = \frac{0.664}{R_{ex}} \tag{5.34}$$

폭 B 이고 길이가 L 인 평판의 한 면에 작용하는 총 항력은 국지항력을 면적전체에 걸쳐 적분하여 얻을 수 있다. 즉,

$$F = B \int_0^L \tau_0 \, dx \tag{5.35}$$

$$= \frac{0.664 B}{\sqrt{V_0 / \nu}} \frac{\rho \, V_0^2}{2} \int_0^L x^{-1/2} \, dx = C_f B L \frac{\rho \, V_0^2}{2}$$

여기서 C_f 는 평균항력계수(mean drag coefficient)로서 다음과 같은 관계식으로 표시되며 그림 5-17에 표시한 바와 같다.

$$C_f = \frac{1.328}{\sqrt{R_{eL}}} \tag{5.36}$$

여기서 $R_{eL} = V_0 L / \nu$ 이다.

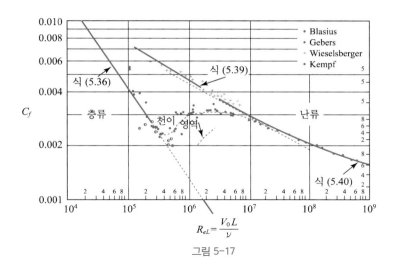

그림 5-17

5.7.2 난류경계층의 특성

원관 내의 흐름에서처럼 층류경계층 내의 흐름은 특성 Reynolds 수가 커짐에 따라 불안정하게 한다. 특성 Reynolds 수가 커진다는 사실은 점성이 작아지거나 유속이 빨라지거나 혹은 평판 선단으로부터의 거리가 길어짐을 의미하며 평판이 충분히 길면 결국 선단으로부터 상당한 거리 떨어진 단면에서는 와류를 동반하는 난류상태가 생성된다. 이와 같은 경계층 내의 난류는 전술한 바와 같이 대략 $R_{ex} = 500,000$ 정도 이상에서 일어나게 되나 평판선단의 상태 및 흐름의 성질에 크게 좌우된다. 만약 경계면의 길이가 별로 길지 않으면 경계층 내에 층류와 난류가 공존하게 되며 경계층 내의 항력은 그림 5-17의 경험적 곡선을 사용하여 계산하게 된다. 반면에 경계면이 매우 길면 층류경계층의 길이를 무시하고 경계층 전체를 난류경계층으로 취급하여 항력을 구해도 무방하다.

경계층 내에 난류가 생성되면 난류영역은 급속도로 확장되며 유속분포와 항력에 큰 영향을 미치게 된다. 즉, 유속분포는 층류경계층 내 흐름의 경우보다 더 균일한 분포를 가지게 되나 경

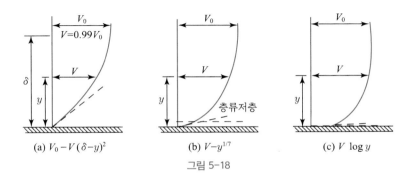

(a) $V_0 - V(\delta - y)^2$ (b) $V - y^{1/7}$ (c) $V \log y$

그림 5-18

계층 부근에서의 유속경사는 매우 커진다. 이때 경계면이 매우 매끈하면(smooth boundary) 경계면에 인접한 아주 얇은 층내에는 그림 5-18 (b)에서와 같이 층류가 존재하게 되는데 이를 층류저층(層流低層, 그림 5-16에도 표시한 바 있음)이라 한다. 난류경계층 내의 유속분포가 그림 5-18 (b)와 같이 $\frac{1}{7}$ 승근의 분포를 가진다고 가정할 경우의 경계층 두께와 항력계수의 값은 $R_{ex} = 2 \times 10^7$ 이하에서는 다음과 같은 경험식에 의하여 구할 수 있다.

$$\frac{\delta}{x} = \frac{0.377}{R_{ex}^{1/5}} \tag{5.37}$$

$$C_f = \frac{0.059}{R_{ex}^{1/5}} \tag{5.38}$$

$$C_f = \frac{0.074}{R_{ex}^{1/5}} \tag{5.39}$$

특성 Reynolds 수가 2×10^7보다 크면 그림 5-18 (c)의 대수형 유속분포를 기준으로 하여 보다 더 정밀한 해석방법을 사용하게 되며, Kármán-Schoenherr의 평균 항력계수에 관한 경험식은 다음과 같다.

$$\frac{1}{\sqrt{C_f}} = 4.13 \log_{10}(R_{ex} \, C_f) \tag{5.40}$$

이 관계는 식 (5.39)의 관계와 함께 그림 5-17에 표시되어 있다.

유체경계층의 문제는 상술한 평판 위의 흐름뿐만 아니라 여러 가지 형태의 경계면에 있어서 매우 중요한 역할을 한다. 그림 5-19의 관로로 물이 유입할 경우를 생각해 보자. 그림 5-19 (a)에서와 같이 관로의 입구에서 발달하기 시작하는 층류경계층은 점점 두꺼워져서 하류의 어떤 단면에 가서는 양쪽 벽에 연한 경계층이 서로 만나게 되며 그 이후의 영역에서는 동일한 포물선

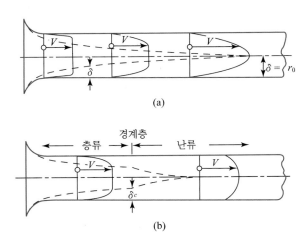

그림 5-19

형 유속분포를 가지게 된다. 이와 같이 두 경계층이 서로 만나는 개략적인 위치 x 는 다음과 같은 실험식으로 표시된다.

$$\frac{x}{D} = 0.07 \frac{VD}{\nu} \tag{5.41}$$

식 (5.41)에서 D 는 관의 직경이며 V 는 경계층 외곽에 있어서의 유속을 표시한다. 만약 특성 Reynolds 수가 충분히 크면 경계층 내의 층류는 그림 5 – 19 (b)에서처럼 불안정한 상태가 되어 난류경계층으로 발달하게 되며, 흐름이 성숙된 영역에서는 난류의 유속분포를 가지게 된다.

문제 5-10

폭 1 m, 길이 2 m인 얇은 평판을 2 m/sec로 흐르는 물($\nu = 1.6 \times 10^{-6}$ m²/sec)속에 위치시켰다. 다음의 각 경우 평판양면에 생기는 항력을 구하라.
(a) 평판상의 경계층이 층류일 때
(b) $R_{ex} = 500,000$에서 경계층이 불안정할 때
(c) 평판선단에서부터 난류경계층이 발달할 때
또한 (a), (c)의 경우 평판말단에서의 경계층 두께는 얼마나 되겠는가?

풀이 평판의 말단에서의 특성 Reynolds 수

$$R_{eL} = \frac{V_0 L}{\nu} = \frac{2 \times 2}{1.6 \times 10^{-6}} = 2.5 \times 10^6$$

식 (5.35)로부터 항력은

$$F = 2 \left(C_f \, BL \, \frac{\rho \, V_0^2}{2} \right) = 2 \times C_f \times 1 \times 2 \times \frac{1,000 \times 2^2}{2 \times 9.8} = 816 \, C_f \, (\mathrm{kg})$$

그림 5 – 17로부터 $R_{eL} = 2.5 \times 10^6$에 해당하는 (a), (b), (c)의 경우에 대한 C_f 값을 읽으면

$$\text{층류영역} : C_f = 0.00085$$
$$\text{천이영역} : C_f = 0.0031$$
$$\text{난류영역} : C_f = 0.004$$

이들 C_f 값을 대입하면

(a) $F = 816 \times 0.00085 = 0.694 \, \mathrm{kg}$

(b) $F = 816 \times 0.0031 = 2.530 \, \mathrm{kg}$

(c) $F = 816 \times 0.004 = 3.264 \, \mathrm{kg}$

식 (5.31)과 식 (5.37)에 의하여 평판말단에서의 경계층 두께를 계산하면

(a) $\delta_{\max} = \dfrac{5 \, L}{\sqrt{R_{eL}}} = \dfrac{5 \times 2}{\sqrt{2.5 \times 10^6}} = 0.00633 \, \mathrm{m} = 0.633 \, \mathrm{cm}$

(c) $\delta_{\max} = \dfrac{0.377 \, L}{\sqrt{(R_{eL})^{1/5}}} = \dfrac{0.377 \times 2}{\sqrt{(2.5 \times 10^6)^{1/5}}} = 0.0396 \, \mathrm{m} = 3.96 \, \mathrm{cm}$

5.8 박리현상**

흐르는 유체가 경계면으로부터 이탈하는 박리현상(剝離現象, flow seperation)은 실제유체가 이상유체와는 상이한 또 한가지 중요한 점이라 할 수 있다. 그림 5-20은 경계면으로부터 흐름이 박리되지 않는 이상유체와 박리되는 실제유체의 경우를 비교하고 있다. 그림 5-20 (a)와 같이 흐름을 이상유체로 가정하면 돌기부나 수직평판 혹은 오리피스와 같은 장애물의 상하류의 흐름은 대칭을 이룰 것이나 실제유체에 있어서는 흐르는 유체의 관성력 때문에 날카로운 돌기부에서 유선이 급선회할 수 없어 박리현상이 일어나게 되며, 이때 돌기부의 배면에는 와류(eddies)가 발생하게 된다. 이 와류는 흐름이 가지는 에너지의 일부가 소모되어 생성되는 것으로서 하류부로 운반되면서 감쇄되어 소멸되는 과정에서 열에너지로 변환되므로 흐름 에너지의 순손실을 야기시킨다.

그림 5-20 (b)는 실제유체가 흐를 때의 박리현상을 표시하고 있다. 이 그림에서 불연속면 A는 흐름을 두 개의 판이한 흐름으로 구분하며 이 면에 있어서의 유속경사는 매우 커진다. 즉 불연속면 A를 경계로 하는 양쪽의 유속분포는 그림 5-20 (a)와 같아질 것이며 관측자가 속도 V로 이동하면서 관찰한다면 상대적인 유속분포는 그림 5-21 (b)와 같아지고 따라서 그림에 표시한 바와 같은 와류가 생성되게 된다.

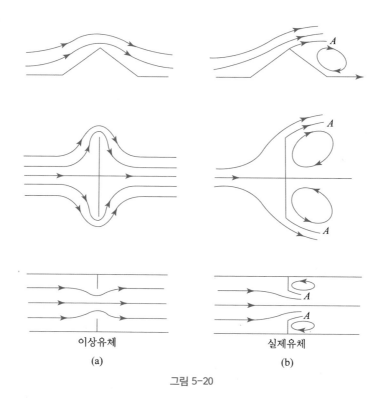

이상유체	실제유체
(a)	(b)

그림 5-20

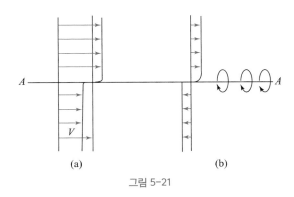

(a)   (b)

그림 5-21

  박리현상의 예측은 날카로운 돌기부에 대해서는 매우 간단하나 유선형 물체에 있어서는 훨씬 더 복잡하다. 그림 5-22의 유선형 물체를 스치는 흐름에 대하여 생각해 보자. 정체점 A에서 B로 진행함에 따라 압력은 떨어져서 비교적 큰 압력경사가 생기게 되어 경계층은 약화되므로 경계면으로부터 이탈되려는 박리현상이 생기게 된다. 이러한 박리현상의 발생가능성은 물체의 길이에 대한 두께의 비에 크게 좌우되는 데 이 비가 크면 박리현상의 발생가능성은 일반적으로 높다.

  박리현상은 지금까지 논한 외적 흐름(external flow)뿐만 아니라 그림 5-23의 확대관 (diffuser)과 같은 관로를 통한 내적 흐름 문제(internal flow problem)에 있어서도 매우 중요하다. 그림 5-23의 확대관과 관련된 공학적 관심사는 최소의 수두손실로서 고유속 V_1으로부터 저유속 V_2로 감속시킬 수 있는 관로의 모양과 최소길이를 설계하는 문제이다. 급확대되는 짧은 관을 사용하면 박리현상의 발생과 함께 큰 에너지의 손실이 수반될 것이므로 효과적이지 못할 것이며 점확대되는 긴 관을 사용하면 관벽의 마찰로 인한 에너지 손실이 막대할 것이다. 따라서 최적의 해결은 이들 두 극단적인 경우를 고려하여 최소의 에너지 손실로서 소기의 목적을 달성할 수 있도록 설계되어야 한다.

  상술한 몇 가지 예로부터 실제유체의 가속(acceleration)은 바람직한 현상이나 감속(deceleration)은 효과적인 현상이 못된다는 결론을 내릴 수 있다. 가속되는 흐름은 경계면 주위에 존재하는 경계층을 안정시키며 에너지 손실을 최소로 하는 데 반하여 감속되는 흐름은 경계층을 불안정하게 하여 박리현상을 유발시키고 아울러 큰 에너지 손실을 초래한다.

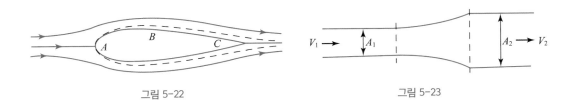

그림 5-22   그림 5-23

연습문제

01 직경 8 cm인 원관 속에 2×10^{-6} m³/sec의 물이 흐른다. 온도가 20℃일 때 관 속의 흐름은 층류인가 난류인가?

02 2.5 cm의 관 속에 글리세린(glycerin)이 0.3 m/sec의 속도로 흐르고 있다. 글리세린의 온도가 25℃라면 이 흐름은 층류인가 난류인가?

03 직경 7 cm인 관이 14 cm로 확대되어 있다. 7 cm관의 흐름의 Reynolds 수가 20,000이었다면 14 cm관에서의 흐름의 Reynolds 수는 얼마이겠는가?

04 광폭 구형단면을 가진 개수로에 물이 흐를 때 흐름이 층류이기 위해서는 단위폭당 유량은 얼마 이상이어야 하나? 수로 내 수심은 일정하며 수온은 20℃라고 가정하라.

05 관로 내 흐름의 Reynolds 수를 유량 Q, 직경 D 및 평균유속 V의 항으로 표시하라.

06 직경 70 cm인 관로 내에 흐르는 유체(비중 0.90)의 난류유속분포가 $u = 8 y^{1/7}$ (u 는 m/sec, y 는 m)이고 관벽으로부터 15 cm 떨어진 점에 있어서의 마찰전단응력이 0.65 kg/m²일 때 와점성계수, 혼합거리 및 Kármán의 상수를 계산하라.

07 그림 5-24와 같은 유속분포를 가진 수류에 있어서 에너지 보정계수 및 운동량 보정계수를 구하라. 단, 유로는 높이가 1 m이고 폭이 0.5 m라고 가정하라.

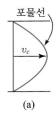 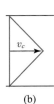 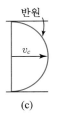 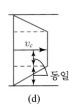 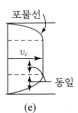

그림 5-24

08 그림 5-24의 유로가 직경 8 cm인 원관이라 가정하고 각 유속분포에 대한 보정계수 α 및 β를 계산하라.

09 폭이 $2R$인 수로 내의 2차원 흐름의 유속분포가 $u/u_C = (y/R)^{1/n}$ 로 표시될 때 α와 β의 값을 계산하라. 만약 수로가 직경 $2R$인 원관이라면 α, β의 값은?

10 어떤 노즐 하류의 유속이 그림 5-25와 같을 때 단면 1에서의 유량과 α, β 및 운동량 플럭스를 구하라. 흐르는 유체는 물이다.

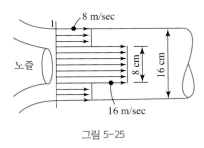

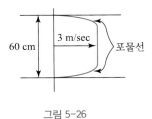

그림 5-25

그림 5-26

11 그림 5-26과 같은 수로에 단위폭당 $1.6 \text{ m}^3/\text{sec/m}$의 유량으로 물이 흐를 때 α, β를 구하라. 단 흐름은 2차원으로 가정하라.

12 동점성계수가 $0.001 \text{ m}^2/\text{sec}$이고 비중이 0.92인 기름이 직경 5 cm인 관을 통해 1.5 m/sec의 속도로 흐른다. 35 m 길이의 관로를 흐르는 동안 6 m의 수두손실을 보았다. 관내의 유속이 3 m/sec로 증가했다면 수두손실은 얼마로 늘어날 것인가?

13 동점성계수가 $0.84 \times 10^{-4} \text{ m}^2/\text{sec}$인 기름(밀도 $\rho = 130 \text{ kg} \cdot \text{sec}^2/\text{m}^4$)이 직경 30 cm 관 속에서 층류상태로 흐르고 있다. 관의 중심선상의 유속은 4.5 m/sec이며 유속분포는 포물선형이다. 관의 벽면으로부터 4 cm인 곳에서의 전단응력을 구하라.

14 반경 r_0인 관에 층류가 흐르고 있다. 층류의 유속분포식으로부터 평균유속과 동등한 값을 가지는 점의 r 값(관의 중립축으로부터의 거리)을 계산하라.

15 직경 5 cm의 분출구를 가진 수평노즐이 직경 15 cm인 관에 붙어 있으며 이 관을 통해 흐르는 유량은 0.06 m^3/sec이다. 노즐 바로 상류의 관단면에서의 압력은 7 kg/cm^2, α는 1.05이고 분출되는 분류의 α는 1.01이다. 이상유체 및 실제유체라 가정하고 노즐에서의 손실수두를 각각 계산하라.

16 직경 30 cm인 관에 평균유속 3 m/sec의 속도로 물이 흐른다. 만약 관벽이 절연되어 벽을 통한 열손실이 전혀 없다고 가정하면 물의 온도는 얼마나 상승할 것인가?

17 단위중량이 800 kg/m^3인 유체가 30 cm 원관 내에 흐르고 있다. 관벽과 유체 사이의 마찰응력이 2.5 kg/m^2일 때 관의 단위길이당 손실수두를 계산하라. 만약 관을 통해 흐르는 유량이 $0.07 \text{ m}^3/\text{sec}$라면 손실된 단위길이당의 동력은 얼마나 되겠는가?

18 길이가 40 m이고 직경이 8 cm인 관 속에 물이 흘러서 8 m의 수두손실이 생겼다. 물이 관에 미친 총 항력을 계산하라.

19 평판상에 15℃의 물이 흐르고 있다. 경계층 밖에서의 유속이 3 m/sec일 때 평판선단으로부터 5 cm 되는 점에서의 질량유량과 경계층의 두께를 구하라.

20 $1 \text{ m} \times 1 \text{ m}$의 평판을 평균풍속 150 m/sec 되는 바람 방향에 평행하게 놓았다. 평판 양면의 마찰항력을 구하라. 단, 공기의 동점성계수는 $14 \times 10^{-6} \text{ m}^2/\text{sec}$이며 단위중량은 1.22 kg/m^3이다.

21 문제 5-10의 평판을 따른 전단응력 τ_0와 경계층 두께 δ의 변화양상을 축척에 맞추어 그려라. 단, 층류와 난류경계층에 국한하라.

22 유속이 1 m/sec인 무한대 흐름 속에 2 m×2 m의 얇은 평판을 흐름에 직각인 방향으로 위치시켰더니 150 kg의 최대항력이 발생하였다. 흐름에 평행한 방향으로 평판을 위치시킨다면 항력은 얼마나 될 것인가? 수온은 20℃로 가정하라.

23 무한대 흐름 속의 평판에 연한 층류경계층 내의 유속분포가 다음과 같이 표시된다고 가정하자.

$$\frac{u}{V_0} = \sin\left(\frac{\pi y}{2\delta}\right)$$

층류경계층의 두께와 평균항력계수 C_f 를 표시하는 식을 유도하라.

24 매끈한 평판 위로 평행류가 흐른다. 평판의 전 연장에 걸쳐 층류경계층 혹은 난류경계층이 형성된다고 가정할 때 평판의 전반부와 후반부에 발생하는 항력의 비는 얼마나 될 것인가?

25 유속 1.5 m/sec인 무한대 흐름 속에 3 m×1.5 m인 매끈한 얇은 평판이 흐름과 평행한 방향으로 고정되어 있다. 평판선단에서는 층류가 존재하며 수온이 18℃라 가정할 때 다음을 결정하라.
(a) 경계층 내의 흐름이 층류에서 난류로 바뀌는 지점의 위치
(b) 이 위치에 있어서의 경계층 두께
(c) 평판이 받는 항력의 크기

Chapter **6**

관수로 내 정상류 해석의 기본

6.1 서 론

관수로 내의 정상류 문제는 상수도관이나 송유관, 수압터널 등 각종 공학적 문제의 해결에 매우 중요하며 지금까지 전개해 온 유체 흐름의 여러 가지 원리를 실제 문제에 적용하여 풀이하게 된다. 관수로흐름(pipe flow)은 유로에 유체가 가득 차서 압력차 때문에 흐르는 흐름으로서 하수관이나 암거(culvert)와 같이 유로의 단면 자체는 폐단면이지만 자유표면을 가지고도 흐를 수 있는 유로와는 구별된다.

실질적인 관수로 내의 정상류 문제는 연속방정식과 에너지 방정식, 운동량방정식 및 유체마찰에 관한 방정식 등을 적용함으로써 해석될 수 있으며, 실질적인 문제에서는 실제유체만이 관심사이므로 점성으로 인한 마찰효과를 방정식에서 고려해야 함은 말할 것도 없다. 또한 관수로 내 흐름에 대한 마찰은 긴 연장의 관로 벽면에서만 일어나는 것이 아니라 흐름 단면의 변화나 만곡부 및 밸브, 엘보우(elbow) 등의 부속물에 의해서도 와류의 생성과 함께 흐름이 가지는 에너지의 일부가 소모된다.

관수로의 단면에는 여러 가지 형태가 있을 수 있으나 그중에서 가장 많이 사용되는 형태는 원형관(cylindrical pipe)이므로 본 장에서는 주로 원형관에서의 정상류의 에너지 관계, 유속분포, 유량, 마찰손실 및 기타 손실수두 등의 제반문제를 살펴봄으로써 실무에서 접하게 되는 단순 및 복합관수로 시스템과 관망의 수리학적 해석 및 설계를 위한 기초를 제공하고자 한다.

6.2 관수로 내 실제유체 흐름의 기본방정식

관수로 내의 비압축성 실제유체의 흐름이 가지는 에너지 관계는 5장에서 살펴본 바와 같이 다음 식으로 표시된다.

$$\frac{p_1}{\gamma} + \alpha_1 \frac{V_1^2}{2g} + z_1 = \frac{p_2}{\gamma} + \alpha_2 \frac{V_2^2}{2g} + z_2 + h_{L_{1-2}} \tag{6.1}$$

여기서 첨자 1, 2는 어떤 거리에 떨어진 두 단면을 표시한다. 대부분의 관수로 내 흐름 문제에 있어서 식 (6.1)의 에너지 보정계수 α 는 다음의 몇 가지 이유 때문에 생략하는 것이 보통이다. 첫째로 대부분의 관수로 내 실제 흐름은 난류이므로 α 값은 거의 1에 가까우며, 둘째로 α 의 값이 비교적 큰 층류의 경우에는 유속이 작으므로 속도수두도 작아져서 Bernoulli 방정식의 다른 항에 비해 거의 무시할 수 있으며, 셋째로 긴 관로의 실제 흐름 문제에 있어서 속도수두는 다른 항에 비해 작으므로 α 의 영향은 거의 무시할 수 있고, 넷째로 α 는 Bernoulli 방정식의 양변에 있으므로 그 효과가 서로 상쇄되는 경향이 있으며, 마지막으로 실질적인 문제의 해결에 있어서 α 를 방정식 내에 포함시켜서 흐름을 해석해야 할 만큼 정도가 요구되는 것은 아니라는 점 등이다. 따라서 식 (6.1)을 실제 문제에 적용하기 위해서는 손실수두 h_L 에 대한 깊은 이해와 이의 적절한 결정이 가장 큰 문제가 된다.

그림 6-1과 같은 곧고 긴 원관 내의 물의 흐름에 대한 여러 실험결과에 의하면 관로상의 두 단면 간에 생기는 손실수두(h_L)는 속도수두($V^2/2g$)와 관의 길이(l)에 비례하고 관경(d)에 반비례하는 것으로서 알려져 있으며 다음과 같은 Darcy-Weisbach 공식으로 표시된다.

$$h_L = f \frac{l}{d} \frac{V^2}{2g} \tag{6.2}$$

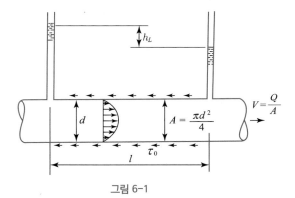

그림 6-1

여기서 f 는 마찰손실계수(friction factor)로서 손실수두와 속도수두, 관의 길이 및 관경 간의 관계를 표시하는 비례상수이며 주로 관의 조도에 관계되나 흐름의 유속, 점성계수 및 관의 직경 등에도 관계가 있으며 상세한 것은 다음 절에서 다루기로 한다.

마찰손실계수는 흐름과 경계면 사이에 일어나는 마찰전단응력의 크기를 간접적으로 표시하는 계수이므로 5장의 식 (5.29)에서 $r = R$일 때 $\tau = \tau_0$로 놓고 식 (6.2)의 관계를 이에 대입하면

$$\tau_0 = \frac{\gamma R}{2l} \left(f \frac{l}{d} \frac{V^2}{2g} \right) \tag{6.3}$$

여기서 관경 $d = 2R$, $\gamma = \rho g$이므로 식 (6.3)을 간단히 하면

$$\tau_0 = \frac{f \rho V^2}{8} \tag{6.4}$$

식 (6.4)의 관계에서 f 는 무차원계수이며 마찰속도 u_* 는 다음과 같이 정의된다.

$$u_* = \sqrt{\tau_0 / \rho} = V \sqrt{\frac{f}{8}} \tag{6.5}$$

식 (6.5)의 마찰속도는 흐름의 상태(층류 혹은 난류)나 경계면의 상태(매끈하거나 혹은 거칠른)에 무관하게 정의되므로 매우 편리하게 사용되는 개념적 유속이다.

문제 6-01

직경 15 cm인 관에 5 m/sec의 평균유속으로 물이 흐른다. 이 관로의 40 m 구간에서 생긴 손실수두를 실험적으로 측정한 결과 6 m이었다. 마찰손실계수 f 를 구한 후 마찰속도를 구하라.

풀이 Darcy – Weisbach 식을 사용하면

$$6 = f \frac{40}{0.15} \frac{5^2}{2 \times 9.8} \qquad \therefore f = 0.0176$$

$$마찰속도 : u_* = 5 \sqrt{\frac{0.0176}{8}} = 0.235 \, \text{m/sec}$$

6.3 관마찰 문제에 대한 차원해석

관수로 내 흐름의 마찰은 흐름 에너지의 손실을 초래하게 되며 이는 물의 점성으로 인해 발생하는 마찰응력 때문에 생긴다. 각종 수리현상의 경험적 해석을 위해서 현상의 발생에 중요한 인자가 되는 물리변수 간 관계를 차원을 해석함으로써 수립하는 방법을 차원해석(次元解析, dimensional analysis)이라 하며, 관수로 내 흐름의 마찰문제를 규명하기 위해 이 방법이 사용되

어 왔고 물리변수 간의 양적인 관계는 실험을 통해 수립되어 왔다. 따라서 여기서는 우선 차원해석에 관한 일반론을 간단하게 소개한 후 관마찰에 대한 차원해석 결과로 얻어지는 변수 간 관계를 수립해 보기로 한다.

6.3.1 Buckingum의 π 정리

어떤 물리현상에 n 개의 물리변수가 관계되어 있다면 변수 간의 함수관계는 다음과 같이 표시할 수 있다.

$$f\left(A_1,\ A_2,\ A_3,\ \cdots,\ A_n\right) = 0 \tag{6.6}$$

또는

$$A_1 = f'\left(A_2,\ A_3,\ A_4,\ \cdots,\ A_n\right) \tag{6.7}$$

물리량을 표시하는 물리변수는 1장에서 소개한 바와 같이 MLT 혹은 FLT계 등의 차원으로 표시할 수 있으므로 여기서는 n 개의 물리변수 각각이 m 개의 차원으로 표시될 수 있다고 하면 변수 간의 함수관계인 식 (6.6)은 $(n-m)$개의 무차원변량(dimensionless parameter)으로 표시할 수도 있다. 즉,

$$F\left(\pi_1,\ \pi_2,\ \pi_3,\ \cdots,\ \pi_{n-m}\right) = 0 \tag{6.8}$$

또는

$$\pi_1 = F'\left(\pi_2,\ \pi_3,\ \pi_4,\ \cdots,\ \pi_{n-m}\right) \tag{6.9}$$

식 (6.6)과 (6.8)로 표시하는 것을 차원해석의 기본이 되는 Buckingum의 π정리라 한다.

π 정리에 의해 무차원변량인 π 항을 구하기 위해서는 우선 n 개의 물리변수 중에서 기본차원의 수와 동일한 수의 반복변수를 선택해야 한다. 예를 들면 기본차원을 MLT로 할 때에는 $m=3$ 이므로 식 (6.6)의 $A_1, A_2, \cdots, A_n$ 중에서 3개만을 반복변수로 사용하기 위해 선택하되 선택된 3개의 변수는 M, L, T의 3개 차원을 모두 포함해야 하며 가능하면 길이, 운동조건 및 질량을 대표하는 변수(길이, 속도, 밀도 등)가 좋다. 다음에는 선택된 반복변수(예를 들어 $A_1,\ A_2,\ A_3$ 가 선택되었다고 가정하자)의 지수승에다 3개의 반복변수를 제외한 나머지 변수 1개씩을 곱하여 $\pi_1,\ \pi_2,\ \cdots,\ \pi_{n-m}$ 을 표시한다. 즉,

$$\pi_1 = A_1^{x_1} A_2^{y_1} A_3^{z_1} A_4 \tag{6.10}$$

$$\pi_2 = A_1^{x_2} A_2^{y_2} A_3^{z_2} A_5$$

$$\vdots$$

$$\pi_{n-m} = A_1^{x_{n-m}} A_2^{y_{n-m}} A_3^{z_{n-m}} A_n$$

식 (6.10)의 $(n-m)$개 방정식에서 π항은 무차원변량이므로 $[M^0 L^0 T^0]$의 차원이며, 우변의 차원은 M, L, T가 각각 $x_i, y_i, z_i (i = 1, 2, 3, \cdots, n-m)$와 상수의 곱으로 표시되는 멱승으로 표시될 것이다. 따라서 식 (6.10)의 각 방정식에 대해 3개의 연립방정식을 세울 수 있으며 이를 풀어 지수를 결정하면 π항이 결정된다.

　여기서 한 가지 주의해야 할 사항은 기본차원의 수가 항상 3개가 되는 것은 아니고 물리현상에 따라서는 변수들이 2개의 차원만을 가질 경우도 있다는 점이다. 이런 경우에는 $m = 2$가 되고 반복변수도 2개만을 선택하게 된다. 그리고 차원해석에서 무엇보다도 중요한 것은 해석하고자 하는 물리현상에 관련되는 물리변수들을 정확하게 빠짐없이 포함시키는 것이며 이는 충분한 공학적 지식과 경험을 필요로 한다.

　표 6-1은 차원해석 시 필요한 각종 물리변수들의 MLT계 차원을 표시하고 있다.

문제 6-02

수중에 잠겨 있는 구형(球形)물체에 작용하는 항력(F_D)은 흐름의 유속(V), 구의 직경(D), 물의 밀도(ρ) 및 점성계수(μ)에 의해 결정된다. 차원해석에 의해 항력을 관련변수의 함수로 표시하라.

$$f(F_D, V, D, \rho, \mu) = 0$$

풀이 변수가 5개이므로 $n = 5$이고, 반복변수로서 V, D, ρ를 취하면 $m = 3$이 되어 $n-m = 2$개의 방정식을 얻게 된다. Buckingum의 π정리를 적용하면

$$\pi_1 = V^{x_1} D^{y_1} \rho^{z_1} F_D$$

차원방정식은

$$[M^0 L^0 T^0] = [LT^{-1}]^{x_1} [L]^{y_1} [ML^{-3}]^{z_1} [MLT^{-2}]$$

$M : z_1 + 1 = 0$

$L : x_1 + y_1 - 3z_1 + 1 = 0$

$T : -x_1 - 2 = 0$

연립해서 풀면

$$x_1 = -2, \quad y_1 = -2, \quad z_1 = -1$$

표 6-1 각종 물리변수의 차원(MLT계)

물리변수	기호	차원
길이	l	L
시간	t	T
질량	M	M
힘	F	MLT^{-2}
속도	V	LT^{-1}
가속도	a	LT^{-2}
면적	A	L^2
유량	Q	$L^3 T^{-1}$
압력	p	$ML^{-1}T^{-2}$
중력가속도	g	LT^{-2}
밀도	ρ	ML^{-3}
단위중량	γ	$ML^{-2}T^{-2}$
점성계수	μ	$ML^{-1}T^{-1}$
동점성계수	ν	$L^2 T^{-1}$
표면장력	σ	MT^{-2}
체적탄성계수	E	$ML^{-1}T^{-2}$
동력	P	$ML^2 T^{-3}$
토크(Torque)	T	$ML^2 T^{-2}$
전단응력	τ	$ML^{-1}T^{-2}$
무게	W	MLT^{-2}
각속도	ω	T^{-1}

따라서

$$\pi_1 = V^{-2} D^{-2} \rho^{-1} F_D = \frac{F_D}{\rho V^2 D^2}$$

한편

$$\pi_2 = V^{x_2} D^{y_2} \rho^{z_2} \mu$$

차원방정식은

$$[M^0 L^0 T^0] = [LT^{-1}]^{x_2} [L]^{y_2} [ML^{-3}]^{z_2} [ML^{-1} T^{-1}]$$

$$M : z_2 + 1 = 0$$

$$L : x_2 + y_2 - 3z_2 - 1 = 0$$

$$T : -x_2 - 1 = 0$$

연립해서 풀면

$$x_2 = -1, \ y_2 = -1, \ z_2 = -1$$

따라서

$$\pi_2 = V^{-1} D^{-1} \rho^{-1} \mu = \frac{\mu}{\rho V D}$$

따라서 무차원변수 간의 함수관계는

$$F(\pi_1, \pi_2) = F\left(\frac{F_D}{\rho V^2 D^2}, \frac{\mu}{\rho V D}\right) = 0$$

$$\therefore \frac{F_D}{\rho V^2 D^2} = F'\left(\frac{\rho V D}{\mu}\right) = F'(R_e)$$

여기서, $R_e = \rho V D / \mu$ 는 흐름의 Reynolds 수이다. 위 식을 항력에 관해 표시해 보면

$$F_D = F'(R_e) \rho V^2 D^2 = C_D A \frac{\rho V^2}{2}$$

여기서, $C_D = \dfrac{8}{\pi} F'(R_e)$ 는 항력계수라 부르고 A 는 구(球)를 연직으로 투영한 면적이며 식 (5.35)의 C_f 와 유사한 것이다. 따라서 항력계수 C_D 는 흐름의 Reynolds 수에 의해 결정될 것임을 알 수 있다.

6.3.2 관마찰에의 차원해석법 응용

그림 6-2와 같은 원관의 직경이 d 이고 흐르는 유체의 밀도를 ρ, 점성계수를 μ, 관내의 평균 유속을 V 라 하고 관벽의 거친 정도를 표시하는 조도(粗度)를 돌기의 평균크기 ε 으로 표시하자. 이때, 관벽에서의 마찰응력 τ_0 는 다음과 같은 물리변수들과 모종의 함수관계를 가진다. 즉

$$F(\tau_0, V, d, \rho, \mu, \varepsilon) = 0 \tag{6.11}$$

반복변수로서 V, d, ρ 를 택하면 $m = 3$ 이고 또 물리변수의 수 $n = 6$ 이므로 $n - m = 3$ 개의 π 항을 얻을 수 있다. 즉

$$\pi_1 = V^{x_1} d^{y_1} \rho^{z_1} \tau_0 \tag{6.12}$$

$$\pi_2 = V^{x_2} d^{y_2} \rho^{z_2} \mu \tag{6.13}$$

$$\pi_3 = V^{x_3} d^{y_3} \rho^{z_3} \varepsilon \tag{6.14}$$

식 (6.12)에 대한 차원방정식은

$$[M^0 L^0 T^0] = [L T^{-1}]^{x_1} [L]^{y_1} [ML^{-3}]^{z_1} [ML^{-1} T^{-2}]$$

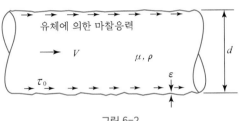

그림 6-2

따라서

$$M : z_1 + 1 = 0$$
$$L : x_1 + y_1 - 3z_1 - 1 = 0$$
$$T : -x_1 - 2 = 0$$

연립해서 풀면

$$x_1 = -2, \quad y_1 = 0, \quad z_1 = -1$$

식 (6.12)에 대입하면

$$\pi_1 = V^{-2} d^0 \rho^{-1} \tau_0 = \frac{\tau_0}{\rho V^2} \tag{6.15}$$

식 (6.13)에 대한 차원방정식은

$$[M^0 L^0 T^0] = [LT^{-1}]^{x_2} [L]^{y_2} [ML^{-3}]^{z_2} \times [ML^{-1} T^{-1}]$$

따라서

$$M : z_2 + 1 = 0$$
$$L : x_2 + y_2 - 3z_2 - 1 = 0$$
$$T : -x_2 - 1 = 0$$

연립하여 풀면

$$x_2 = -1, \quad y_2 = -1, \quad z_2 = -1$$

식 (6.13)에 대입하면

$$\pi_2 = V^{-1} d^{-1} \rho^{-1} \mu = \frac{\mu}{\rho V d} \tag{6.16}$$

식 (6.14)에 대한 차원방정식은

$$[M^0 L^0 T^0] = [LT^{-1}]^{x_3} [L]^{y_3} [ML^{-3}]^{z_3} [L]$$

따라서

$$M : z_3 = 0$$
$$L : x_3 + y_3 - 3z_3 + 1 = 0$$
$$T : -x_3 = 0$$

연립해서 풀면

$$x_3 = 0, \quad y_3 = -1, \quad z_3 = 0$$

식 (6.14)에 대입하면

$$\pi_3 = V^0 d^{-1} \rho^0 \varepsilon = \frac{\varepsilon}{d} \tag{6.17}$$

식 (6.15), 식 (6.16) 및 (6.17)를 사용하여 식 (6.8)의 형태로 표시하면

$$F\left(\frac{\tau_0}{\rho V^2}, \frac{\mu}{\rho Vd}, \frac{\varepsilon}{d}\right) = 0$$

식 (6.9)의 형태로 마찰응력항에 관해 표시하면

$$\frac{\tau_0}{\rho V^2} = F'\left(\frac{\mu}{\rho Vd}, \frac{\varepsilon}{d}\right) \tag{6.18}$$

여기서 $\mu/\rho Vd$는 관내 흐름의 Reynolds 수의 역수이고 ε/d는 상대조도(relative roughness)라고 정의한다. 식 (6.18)을 다시 쓰면

$$\frac{\tau_0}{\rho V^2} = F''\left(\frac{\rho Vd}{\mu}, \frac{\varepsilon}{d}\right) = F''\left(R_e, \frac{\varepsilon}{d}\right) \tag{6.19}$$

$$\therefore \tau_0 = F''\left(R_e, \frac{\varepsilon}{d}\right) \rho V^2$$

식 (6.19)를 식 (6.4)와 비교하면

$$f = 8 F''\left(R_e, \frac{\varepsilon}{d}\right) = F'''\left(R_e, \frac{\varepsilon}{d}\right) \tag{6.20}$$

즉, 관의 마찰손실계수 f는 Reynolds수와 상대조도의 함수로 표시할 수 있다. 이 결론은 실험과는 관계없이 단순히 차원해석에 의하여 얻어졌지만 여러 실험에 의해 이 관계가 증명되어 있다. 식 (6.20)이 가지는 물리적인 의미는 흐름의 Reynolds 수와 관벽의 조도형태 및 상대조도가 동일한 한 마찰손실계수 f의 값은 항상 동일하다는 것이다.

6.4 관마찰 실험결과

식 (6.20)의 관계는 마찰손실계수 f를 흐름의 특성 및 관로의 특성과 실험적으로 상관시키기에 매우 편리한 관계이다. Stanton은 Nikuradse의 실험자료를 그림 6-3에서와 같이 전대수지에 표시하여 마찰손실계수와 Reynolds 수, 상대조도 간의 관계를 질서정연하게 얻었다. 그림 6-3과 같은 관계는 매끈한 관이든 거치른 관이든 간에 어떤 유체가 관 속을 층류 혹은 난류상태로 흐를 때 생기는 관마찰응력을 마찰손실계수로 대표할 수 있으나 유일한 문제점은 관벽의 조도를 어떻게 적당하게 결정하느냐는 것이다. 이 문제점을 없애기 위하여 Nikuradse는 크기가 동일한

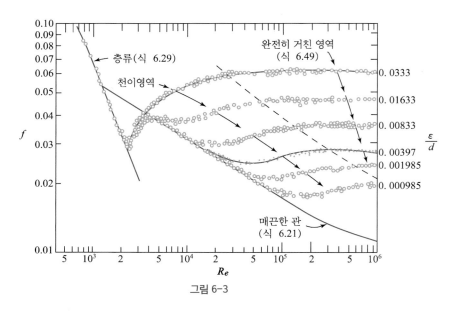

그림 6-3

모래입자를 관벽에 피복하여 일정한 조도 ε(모래입자의 직경)를 얻은 후에 실험을 실시하였다. Nikuradse가 사용한 모래입자의 조도는 상업용 관의 조도와는 판이하나 모래입자의 조도는 입자의 직경을 정확하게 측정하여 표시할 수 있으므로 마찰손실계수에 미치는 조도의 영향을 정확하게 평가할 수 있다. 그림 6-3의 관계로부터 흐름의 특성 및 관의 물리적 특성에 따른 마찰손실계수의 변화양상을 다음과 같이 요약할 수 있겠다.

- 층류와 난류의 물리적 상이점은 $f - R_e$ 관계가 한계 Reynolds 수($R_e = 2,100$) 부근에서 갑자기 변한다.
- 층류영역에서는 $f = 64/R_e$인 단일직선(전대수지상에서)이 관의 조도에 관계없이 적용된다. 따라서 층류에서의 수두손실은 관의 조도와 무관하다.
- 난류영역에서는 $f - R_e$ 곡선은 상대조도 ε/d에 따라 변하며 Reynolds 수보다도 관의 조도가 더 중요한 변수가 된다.
- Reynolds 수가 매우 커지면 거치른 관의 마찰손실계수는 일정치에 도달하며 오직 관의 조도에만 관계가 있으며 이 영역을 완전히 거치른 영역(wholly rough zone)이라 부른다. Darcy-Weisbach 공식으로부터 이 영역 내에서의 손실수두(h_L)는 유속의 제곱(V^2)에 직접 비례한다는 것을 알 수 있다.
- 난류영역의 맨 아래에 있는 곡선은 수리학적으로 매끈한 관(hydraulically smooth pipe)의 실험으로부터 얻어졌지만 Nikuradse의 거치른 관 실험으로부터 얻은 결과와 $5,000 < R_e < 50,000$ 영역에서 잘 일치하고 있다. 이 경우에 있어서 조도성분은 층류저층 내에 완전히 잠겨 있어서 마찰손실계수에 아무런 영향도 미치지 못하며 점성효과에 의해서만 마찰손실이 일어나게 되는 것이다. Blasius는 이와 같은 매끈한 관내의 난류($3,000 < R_e < 100,000$)에 대하여 다음과 같은 식을 사용하였다.

$$f = \frac{0.316}{R_e^{1/4}} \tag{6.21}$$

식 (6.21)을 Darcy-Weisbach 공식(식 (6.2))에 대입하면 매끈한 관의 난류($R_e < 10^5$)에 있어서는 $h_L \propto V^{1.75}$임을 알 수 있다.

- Reynolds 수가 증가함에 따라서 거치른 관에 대한 $f - R_e$ 곡선은 매끈한 관에 대한 Blasius 곡선으로부터 발산한다. 즉 작은 Reynolds 수에서는 매끈한 관의 역할을 하는 관이 Reynolds 수가 커지면 거치른 관의 역할을 하게 된다. 이는 Reynolds 수가 증가함에 따라 층류저층(層流底層)의 두께가 얇아져서 조도입자가 층류저층 밖으로 튀어나와 거치른 관의 특성을 나타내는 효과를 주기 때문인 것으로 풀이된다.

문제 6-03

직경 8 cm인 원관에 20℃인 물이 $R_e = 80,000$ 으로 흐른다. 이 관의 벽이 0.015 cm의 모래알로 피복되어 있다면 300 m 관로를 흐르는 동안에 생긴 수두손실은 얼마나 되겠는가? 매끈한 관으로 가정했을 때의 손실수두는 얼마인가?

풀이 20℃에서의 물의 $\nu = 0.01007\,\mathrm{cm^2/sec} = 1.007 \times 10^{-6}\,\mathrm{m^2/sec}$

$$80,000 = \frac{V \times 0.08}{1.007 \times 10^{-6}} \qquad \therefore V = 1.01\,\mathrm{m/sec}$$

그림 6-3으로부터 $R_e = 80,000$, $\varepsilon/d = 0.015/8 = 0.001875$ 일 때의 $f = 0.021$

따라서, Darcy-Weisbach 공식을 사용하면

$$h_L = 0.021 \times \frac{300}{0.08} \times \frac{1.01^2}{2 \times 9.8} = 4.10\,\mathrm{m}$$

매끈한 관으로 가정한다면 Blasius 공식에서

$$f = \frac{0.316}{(80,000)^{1/4}} = 0.0188$$

즉, $R_e = 80,000$, $f = 0.0188$ 인 점은 그림 6-3의 Blasius 곡선상에 있음을 알 수 있다. 이때의 손실수두는

$$h_L = 0.0188 \times \frac{300}{0.08} \times \frac{1.01^2}{2 \times 9.8} = 3.67\,\mathrm{m}$$

유체 흐름의 특성은 통상 실험에 의하여 잘 파악될 수 있으나 해석적인 방법을 적용하면 유체 흐름의 역학에 대한 물리적인 이해에 큰 도움이 될 수 있다.

그림 6-4와 같은 관로에 층류가 흐를 경우 그의 유속분포는 지금까지 살펴본 몇 가지 물리적인 법칙을 이용함으로써 쉽게 구할 수 있다. 즉, 관로 내의 마찰응력 및 유속분포는 관 중립축에 대하여 대칭이며 관벽에서의 유속은 0이고, 중립축에서는 최대이며 유체의 마찰응력은 Newton의 마찰법칙으로 표시될 수 있고 그 분포는 직선형이다. 따라서, 식 (5.29)와 Newton의 마찰법칙 $\left(\tau = \mu \dfrac{d u}{d y} \right)$ 을 같게 놓으면

$$\tau = \left(\frac{\gamma h_L}{2 l} \right) r = \mu \frac{d u}{d y} \tag{6.22}$$

그림 6-4에서 관벽으로부터 중립축 방향으로 측정되는 거리 $y = R - r$ 이므로 $dy = -dr$ 이다. 따라서 식 (6.22)는

$$\left(\frac{\gamma h_L}{2 l} \right) r = -\mu \frac{d u}{d r} \tag{6.23}$$

식 (6.23)을 u 에 관하여 적분하면

$$u = -\left(\frac{\gamma h_L}{4 \mu l} \right) r^2 + C \tag{6.24}$$

경계조건 $r = 0$ 일 때 $u = u_c$ 를 사용하면 $C = u_c$ 이다. 따라서

$$u = u_c - \left(\frac{\gamma h_L}{4 \mu l} \right) r^2 = u_c - K r^2 \tag{6.25}$$

식 (6.25)는 관수로 내 층류의 유속분포가 포물선형임을 의미한다. 그런데 관의 벽, 즉 $r = R$ 에서의 유속 $u = 0$ 이므로 식 (6.25)로부터

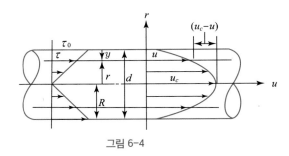

그림 6-4

$$K = \frac{u_c}{R^2} \tag{6.26}$$

식 (6.26)을 식 (6.25)에 대입하여 정리하면

$$u = u_c \left(1 - \frac{r^2}{R^2}\right) \tag{6.27}$$

원관 내 흐름이 포물선형 유속분포를 가질 경우에 평균유속 V는 관 중심선 유속 u_C의 $\frac{1}{2}$ 임은 제3장의 예제 06에서 이미 증명한 바 있으므로 이 관계($u_c = 2V$)와 경계조건 $r = d/2$ 일 때 $u = 0$ 을 식 (6.25)에 대입하면 손실수두를 평균유속과 관의 특성변수의 항으로 표시할 수 있다. 즉

$$h_L = \frac{32\mu l V}{\gamma d^2} \tag{6.28}$$

식 (6.28)로부터 층류의 경우 손실수두는 평균유속에 직접 비례함을 알 수 있다. 식 (6.28)을 식 (6.2)와 같게 놓고 정리하면

$$f = \frac{64\mu}{\rho V d} = \frac{64}{\pmb{R}_e} \tag{6.29}$$

식 (6.29)의 관계는 그림 6-3의 관마찰실험 결과와 매우 잘 일치하고 있음을 알 수 있다. 식 (6.28)의 V 대신 $Q/A = 4Q/\pi d^2$ 을 대입하고 Q에 관하여 풀면

$$Q = \frac{\pi d^4 \gamma h_L}{128\mu l} \tag{6.30}$$

식 (6.30)의 관계는 Hagen과 Poiseuille이 각각 독립적으로 실험에 의하여 입증한 바 있으며 오늘날 Hagen-Poiseuille 법칙으로 알려져 있다.

문제 6-04

비중이 0.900이고 점성계수 $\mu = 0.008\,\mathrm{kg \cdot sec/m^2}$인 기름이 직경 8 cm인 원관에 0.0075 m³/sec의 유량으로 흐른다. 이 관로의 300 m 구간에 걸친 손실수두와 관중심선에서의 유속 및 중심선으로부터 3 cm 떨어진 점에 있어서의 유속 및 마찰응력을 구하라.

풀이

$$V = \frac{Q}{A} = \frac{0.0075}{\dfrac{\pi(0.08)^2}{4}} = 1.49\,\mathrm{m/sec}$$

$$\pmb{R}_e = \frac{\rho V d}{\mu} = \frac{\dfrac{900}{9.8} \times 1.49 \times 0.08}{0.008} = 1,368$$

$\pmb{R}_e = 1,368 < 2,100$ 이므로 층류이며, $f = \dfrac{64}{\pmb{R}_e} = \dfrac{64}{1,368} = 0.047$

$$h_L = 0.047 \times \frac{300}{0.08} \times \frac{1.49^2}{2 \times 9.8} = 19.96\,\text{m}$$

$$u_c = 2\,V = 2 \times 1.49 = 2.98\,\text{m/sec}$$

중심선으로부터 3 cm 떨어진 점에서의 유속은 식 (6.27)로부터

$$u = 2.98\left[1 - \left(\frac{0.03}{0.04}\right)^2\right] = 1.302\,\text{m/sec}$$

마찰응력은 식 (5.29)를 사용하면

$$\tau = \left(\frac{0.9 \times 1,000 \times 19.96}{2 \times 300}\right) \times 0.03 = 0.898\,\text{kg/m}^2$$

문제 6-05

직경 2 cm인 원관 속에 15℃의 물이 흐른다. 관로의 2 m 구간에 있어서의 압력강하가 0.5 g/cm²이었다면 유량, 최대속도 및 관벽에서의 마찰응력은 얼마나 되겠는가? 단, 15℃에서의 물의 $\mu = 1.161 \times 10^{-5}$ g·sec/cm²이다.

풀이 두 단면 간의 압력강하 $\Delta p = \gamma h_L$이므로 식 (6.30)을 사용하면

$$Q = \frac{\pi d^4 \Delta p}{128 \mu l} = \frac{3.14 \times 2^4 \times 0.5}{128 \times 1.161 \times 10^{-5} \times 200} = 84.52\,\text{cm}^3/\text{sec}$$

$$u_c = 2\,V = \frac{2\,Q}{\frac{\pi d^2}{4}} = \frac{2 \times 84.52 \times 4}{3.14 \times 2^2} = 53.83\,\text{cm/sec}$$

$$\tau_0 = \frac{\Delta p}{2l}\,R = \frac{0.5 \times 1}{2 \times 200} = 0.00125\,\text{g/cm}^2$$

6.6 관수로 내 난류의 유속분포와 마찰손실계수

관수로 내 층류의 경우에는 마찰전단응력을 Newton의 마찰법칙으로 완전히 표시할 수 있었으므로 유속분포와 마찰손실계수를 이로부터 유도할 수 있었으나, 난류의 경우에는 마찰전단응력을 완전히 표시할 수 있는 방법이 없으므로 주로 Prandtl–Kármán 방정식에 의존하고 있는 실정이다.

그림 6–5에 표시한 바와 같이 전단응력은 관의 중심선으로부터의 거리 r에 직접 비례하며 난류에 의하여 발생하는 전단응력은 Kármán식으로 표시될 수 있으므로

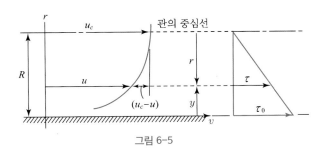

그림 6-5

$$\tau = \tau_0 \left(1 - \frac{y}{R}\right) = \rho \kappa^2 \frac{(du/dy)^4}{(d^2u/dy^2)^2} \tag{6.31}$$

식 (6.31)을 두 번 적분하면 다음과 같은 난류의 유속분포를 표시하는 식을 얻을 수 있다.

$$\frac{u_c - u}{u_*} = -\frac{1}{\kappa}\left[\sqrt{1 - \frac{y}{R}} + \ln\left(1 - \sqrt{1 - \frac{y}{R}}\right)\right] \tag{6.32}$$

식 (6.32)의 κ 이외의 값은 실험적으로 측정할 수 있다. 즉, 피토관에 의하여 유속분포를 얻을 수 있으므로 u_c 및 각 y에 해당하는 u를 측정할 수 있으며 손실수두 h_L을 측정하면 $\tau_0 = \gamma h_L R / 2l$ 로부터 관벽에서의 전단응력을 계산할 수 있으며, 마찰속도는 $u_* = \sqrt{\tau_0/\rho}$ 로부터 계산할 수 있다. 따라서 κ의 값을 실험적으로 결정할 수 있다.

Nikuradse가 $5 \times 10^3 < R_e < 3 \times 10^6$의 영역에 걸쳐 매끈한 관에서 측정한 유속분포 결과와 균등한 모래알을 관벽에 피복하여 완전히 거치른 영역에서 유속분포를 측정한 결과를 종합한 결과 모든 흐름의 유속분포는 다음과 같은 단일식으로 표시할 수 있었다.

$$\frac{u_c - u}{u_*} = -2.5 \ln \frac{y}{R} \tag{6.33}$$

식 (6.32)와 식 (6.33)을 비교해 보면 κ 값은 y/R에 따라 표 6-2와 같이 변화하며 관의 중심선에 가까워질수록 작아짐을 알 수 있다. 이와 같은 κ 값의 변화는 $y \to 0$ 일 때 $du/dy \to \infty$라는 가정(no-slip condition) 때문이며 $y \to 0$ 일 때 $du/dy \to \infty$ 라면 κ의 값은 더 커지는 동시에 일정하게 된다. 흔히 사용되는 상수 κ의 값은 5장에서 소개한 바와 같이 0.4이다.

표 6-2 kármán 우주상수의 변화

y/R	0.1	0.2	0.3	0.4	0.5	0.6	0.7	0.8	0.9
κ	0.352	0.336	0.325	0.313	0.301	0.288	0.276	0.261	0.242

관수로 내 난류에 있어서의 평균유속과 중심선유속의 비 V/u_c는 유속 과부족(velocity defect) $(u_c - V)$ 및 $(u_c - u)$를 사용하면 층류의 경우와 동일한 방법으로 유도할 수 있다. 즉,

$$(u_c - V)\pi R^2 = \int_0^R (u_c - u)\, 2\pi r\, dr \tag{6.34}$$

식 (6.34)의 $(u_c - u)$ 대신 식 (6.33)의 관계 $(u_c - u) = -2.5\, u_* \ln(y/R)$을, r 대신에 $(R - y)$를, 그리고 dr 대신에 $-dy$를 대입하면

$$(u_c - V)R^2 = 5\,u^* \int_R^0 (R - y)\ln\frac{y}{R}\, dy \tag{6.35}$$

식 (6.35)의 우변을 적분하면

$$(u_c - V)R^2 = 5\,u_* \left[Ry\ln\frac{y}{R} - Ry - \frac{y^2}{4}\left(2\ln\frac{y}{R} - 1\right) \right]_R^0 \tag{6.36}$$

식 (6.36)의 [ ] 안에 적분상한 0을 대입하면 [ ]는 부정(indeterminate)이 되며 0이 아닌 미소값 δ를 넣으면 $\delta \to 0$에 따라 [ ] $\to 0$이 되고, [ ] 안에 적분하한 R을 대입하면 [ ] $= -3R^2/4$가 된다. 따라서 식 (6.36)은 다음과 같아진다.

$$u_c - V = \frac{15}{4}\,u_* = 3.75\,u_* \tag{6.37}$$

식 (6.37)에 식 (6.5)를 대입하고 정리하면

$$\frac{V}{u_c} = \frac{1}{1 + 3.75\,\sqrt{f/8}} \tag{6.38}$$

식 (6.38)은 이론적으로 유도된 관계이나 실제에 있어서는 우변분모의 3.75 대신 4.07이 실험치에 보다 더 가까운 결과를 준다. 즉

$$\frac{V}{u_c} = \frac{1}{1 + 4.07\,\sqrt{f/8}} \tag{6.39}$$

식 (6.32)와 식 (6.33)은 원관 내의 난류의 유속분포를 표시하는 식으로서 관벽의 상태나 성질에 관계하지 않고 순전히 난류구조의 성질을 표시하는 Kármán식으로부터 유도되었으므로 매끈한 관이나 거치른 관에 관계없이 적용될 수 있다. 그림 6-6은 전형적인 난류 유속분포를 층류의 유속분포와 비교하여 표시하고 있다.

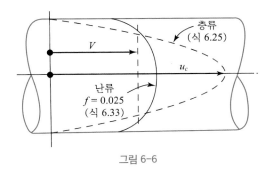

그림 6-6

6.6.1 매끈한 관내의 난류

관수로 내의 흐름에 의한 마찰은 유체의 점성 때문이며 이는 통상 Reynolds 수로서 특성지어 진다. 따라서 식 (6.33)의 난류의 유속분포를 표시하는 일반식은 Reynolds수의 함수로 표시될 수 있을 것이다. 식 (6.33)의 자연대수를 상용대수로 바꾸고 정리하면

$$\frac{u}{u_*} = \frac{u_c}{u_*} + 5.75 \log_{10} \frac{y}{R} \tag{6.40}$$

$$= \frac{u_c}{u_*} + 5.75 \log_{10} \frac{\nu}{u_* R} + 5.75 \log_{10} \frac{u_* y}{\nu}$$

Nikuradse가 매끈한 관을 사용하여 실험한 결과에 의하면 식 (6.40)의 우변에 있는 처음 두 항의 합은 5.50으로 일정하였으므로

$$\frac{u}{u_*} = 5.50 + 5.75 \log_{10} \frac{u_* y}{\nu} \tag{6.41}$$

여기서 $(u_* y)/\nu$는 Reynolds 수와 동일한 형임을 알 수 있으며, 식 (6.41)은 매끈한 관내의 난류 유속분포를 표시하는 일반식으로서 중심선에서의 유속에 관계없이 관벽에서의 마찰전단응력의 항으로 유속분포를 표시하고 있음을 알 수 있다.

식 (6.41)을 사용하면 매끈한 관내의 난류에 대한 $f - \boldsymbol{R}_e$ 관계를 유도할 수 있다. 즉, 식 (6.41)의 y를 $d/2$로, u를 u_c로 표시한 후 $u_* = V\sqrt{f/8}$, 및 $u_c = V(1 + 4.07\sqrt{f/8})$을 대입하면 이론적인 $f - \boldsymbol{R}_e$ 관계를 얻을 수 있으나 실험결과를 사용하여 수정한 관계식은 다음과 같다.

$$\frac{1}{\sqrt{f}} = 2.0 \log_{10} (\boldsymbol{R}_e \sqrt{f}) - 0.80 \tag{6.42}$$

식 (6.42)의 관계는 Nikuradse의 $5,000 < \boldsymbol{R}_e < 3 \times 10^6$ 영역에서 실시한 실험결과와 잘 일

치하며 Reynolds 수가 5,000보다 큰 매끈한 관내의 난류에 대해서는 언제든지 적용할 수 있는 것으로 알려져 있다.

난류가 흐를 때 매끈한 경계면을 덮게 되는 층류저층 내의 유속분포는 그림 5-7 (a)에서와 같이 층류저층 내에서는 선형유속분포를 가진다고 가정하여 층류의 전단응력에 대한 Newton의 마찰법칙을 사용하여 쉽게 구할 수 있다. 즉,

$$\tau_0 = \tau = \mu \frac{du}{dy} = \mu \frac{u}{y} = \rho \nu \frac{u}{y} \qquad (6.43)$$

따라서

$$\frac{\tau_0}{\rho} = u_*^2 = \frac{\nu u}{y} \qquad \therefore \frac{u}{u_*} = \frac{u_* y}{\nu} \qquad (6.44)$$

식 (6.44)와 난류의 유속분포식(식 (6.41))을 연립해서 풀면 두 유속분포곡선이 만나는 점의 위치를 결정할 수 있으며 이는 층류저층의 두께 δ를 결정하는 기준이 된다. 즉,

$$\frac{u_* \delta}{\nu} = 11.6 \qquad (6.45)$$

식 (6.45)의 양변을 관경 d로 나누고 $u_* = V\sqrt{f/8}$ 을 대입한 후 정리해 보면

$$\frac{\delta}{d} = \frac{11.6\,\nu}{u_* d} = \frac{11.6\,\nu}{Vd\sqrt{f/8}} = \frac{11.6\sqrt{8}}{\dfrac{Vd}{\nu}\sqrt{f}} = \frac{32.8}{\boldsymbol{R}_e \sqrt{f}} \qquad (6.46)$$

식 (6.46)으로부터 층류저층의 두께는 Reynolds 수에 비례하여 작아짐을 알 수 있다. 따라서 동일한 조도를 가진 경계면일지라도 저유속에서는 매끈한 관의 역할을 하나 유속이 커지면 거치른 관과 같은 역할을 할 경우가 생긴다.

6.6.2 거치른 관내의 난류

거치른 관의 경우 흐름의 Reynolds 수가 상당히 큰 난류에서는 층류저층이 매우 얇고 점성효과가 무시할 수 있을 정도로 작으므로 조도의 크기와 모양이 유속분포에 가장 큰 영향을 미치게 된다. 따라서 유속분포나 마찰손실계수는 Reynolds 수보다는 주로 조도의 크기 ε를 포함하는 변량에 좌우된다. 이 점을 고려하여 식 (6.33)을 고쳐 쓰면

$$\frac{u}{u_*} = \frac{u_C}{u_*} + 5.75 \log_{10} \frac{y}{R} = \frac{u_C}{u_*} + 5.75 \log_{10} \frac{\varepsilon}{R} + 5.75 \log_{10} \frac{y}{\varepsilon} \qquad (6.47)$$

Nikuradse의 실험결과에 따르면 식 (6.47)의 우변의 처음 두 항의 합은 8.48로 일정하므로

$$\frac{u}{u_*} = 8.48 + 5.75 \log_{10} \frac{y}{\varepsilon} \qquad (6.48)$$

식 (6.48)은 관내의 난류가 완전히 거치른 영역(wholly rough region)에 있을 때의 유속분포를 표시하는 일반식이다.

매끈한 관에서의 경우와 마찬가지 요령으로 식 (6.48)을 사용하면 완전히 거치른 관에 대한 마찰손실계수와 상대조도 간의 관계를 얻을 수 있으며 실험치에 의하여 조정된 관계식은 다음과 같다.

$$\frac{1}{\sqrt{f}} = 2.0 \log_{10} \left(\frac{d}{\varepsilon} \right) + 1.14 \qquad (6.49)$$

식 (6.49)는 그림 6–3의 난류영역에 상대조도별로 표시된 수평직선에 해당하는 것으로서 f 는 Reynolds 수와는 무관하고 오직 상대조도에 따라서만 변화한다.

6.6.3 상업용관 내 난류의 마찰손실계수

상업용관(commercial pipe)의 조도상태는 Nikuradse가 그의 실험에서 사용한 인공적인 모래알 조도와는 완전히 달라서 조도입자의 크기변화가 심하고 평균조도를 정의하기가 힘들므로 그림 6–3의 Stanton 도표(Stanton diagram)을 사용하여 상업용관의 마찰손실계수를 결정할 수가 없다. 그러나 Colebrook은 Nikuradse의 실험결과를 사용하여 상업용관의 조도를 양적으로 표시하는 방법을 고안하여 실험으로 증명하였으며 오늘날 상업용관의 마찰손실계수 결정에 사용되고 있다. 매끈한 관과 완전히 거치른 관내의 마찰손실계수에 대한 Nikuradse의 공식 (6.42)와 (6.49)로부터 $2 \log_{10}(d/\varepsilon)$를 각각 빼면

매끈한 관 : $$\frac{1}{\sqrt{f}} - 2 \log_{10} \left(\frac{d}{\varepsilon} \right) = 2 \log_{10} \boldsymbol{R}_e \left(\frac{\varepsilon}{d} \right) \sqrt{f} - 0.80 \qquad (6.50)$$

거치른 관 : $$\frac{1}{\sqrt{f}} - 2 \log_{10} \left(\frac{d}{\varepsilon} \right) = 1.14 \qquad (6.51)$$

식 (6.50)과 식 (6.51)은 그림 6–7에서 두 개의 단일직선으로 표시되며 이 두 직선은 천이영역에 해당하는 Nikuradse의 곡선으로 연결된다. 따라서 그림 6–3의 난류영역에 해당하는 일련의 곡선은 그림 6–7의 단일곡선 ABCD로 표시될 수 있음을 알 수 있다.

Colebrook은 Reynolds 수가 매우 큰 흐름에 있어서 상업용관의 마찰손실계수는 Reynolds수의 변화에 무관하다는 것을 실험적으로 관찰하였으며, 실험에 의하여 결정한 f 값을 사용하여 식 (6.49)로부터 상업용관의 절대조도 ε를 계산하였다. 이와 같이 계산된 상업용관의 조도를 Nikuradse의 모래알 조도와 구별하기 위하여 상당조도(相當粗度, equivalent roughness)라고 부르

표 6-3 관의 재료에 따른 상당조도

관의 재료	상당조도 ε (mm)	관의 재료	상당조도 ε (mm)
주철(cast iron) – uncoated	0.183	리벳 강철(riveted steel) – many rivets	9.150
asphalt dipped	0.122	콘크리트(concrete) – finished surfaces	0.305
cement lined	0.00244	rough surface	3.05
bituminous lined	0.0244	상업용 강철(commercial steel)	0.0457
아연철(galvanized iron)	0.152	나무(wood-stave) – smooth surface	0.183
단철(wrough iron)	0.0457	rough surface	0.915
리벳 강철(riveted steel) – few rivets	0.915	유리(glass), 청동(brass), 구리(copper)	0.000152

며 Colebrook의 실험에 의한 ε값은 표 6-3과 같다.

Colebrook과 White의 실험에 의하면 대부분의 상업용관 내 난류의 마찰손실계수는 식 (6.50) 및 식 (6.51)로 표시되는 매끈한 관과 거치른 관에 대한 관계를 따르지 않고 이들 두 직선에 접근하는 한 개의 곡선적인 관계로 표시될 수 있음이 증명되어 있다. 이 곡선은 그림 6-7에 표시된 바와 같으며 다음의 관계식을 갖는다.

$$\frac{1}{\sqrt{f}} - 2\log_{10}\frac{d}{\varepsilon} = 1.14 - 2\log_{10}\left[1 + \frac{9.28}{R_e\left(\dfrac{\varepsilon}{d}\right)\sqrt{f}}\right] \tag{6.52}$$

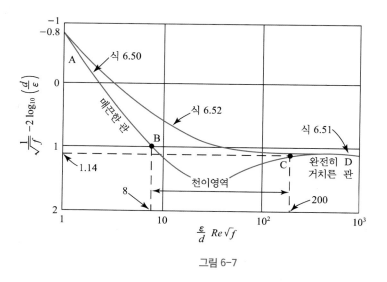

그림 6-7

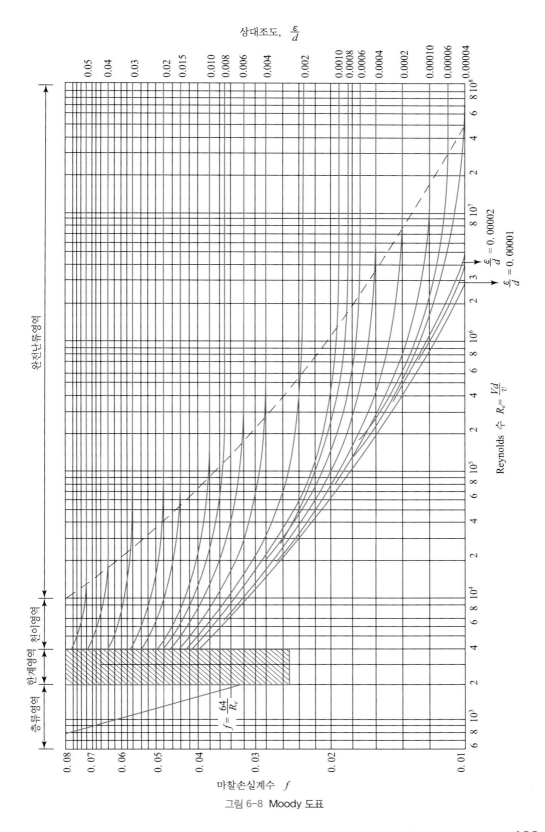

그림 6-8 Moody 도표

식 (6.52)는 Colebrook-White 공식으로 알려져 있으며 상업용관 내 난류의 마찰손실계수를 표시하는 단일식이나 실제 문제에 적용하기가 매우 불편하다. 이러한 약점을 제거하기 위하여 Moody는 그림 6-8과 같이 Stanton 도표와 비슷한 형의 도표를 만들었으며 이를 Moody 도표 (Moody diagram)라 한다. Moody 도표는 상업용관 내의 흐름 해석을 위한 f 의 결정에 널리 사용되고 있다. 그러나 관이 신관이 아니고 상당한 기간 동안 사용되었을 때에는 관의 내벽에 녹이 슬고 찌꺼기가 축적되어 관의 조도를 증가시킬 뿐만 아니라 관의 유효단면도 감소되므로 f 의 상당한 증가를 초래하게 된다. 따라서 관로를 설계할 때에는 이와 같은 관의 통수연령을 적절히 고려하여 마찰손실계수의 값을 보정해 줄 필요가 있다.

6.6.4 매끈한 관과 거치른 관의 판별

식 (6.46)과 그림 6-7의 관계를 사용하면 매끈한 관과 거치른 관을 판별할 수 있는 기준을 얻을 수 있다. 식 (6.46)을 바꾸어 쓰면

$$\frac{\delta}{d} \, \boldsymbol{R}_e \, \sqrt{f} = 32.8 \qquad\qquad (6.53)$$

한편, 그림 6-7에서 Nikuradse의 매끈한 관에 해당하는 직선의 종점 B에서 횡축의 값은

$$\frac{\varepsilon}{d} \, \boldsymbol{R}_e \, \sqrt{f} \cong 8 \qquad\qquad (6.54)$$

식 (6.54)를 식 (6.53)으로 나누면

$$\frac{\varepsilon}{\delta} \cong \frac{1}{4} \qquad\qquad (6.55)$$

식 (6.55)가 의미하는 바는 균등조도를 갖는 관의 경우 조도입자의 크기가 층류저층 두께의 1/4 보다 작을 경우에는 조도입자가 완전히 층류저층 내에 잠기게 되어 마치 매끈한 관과 같은 역할 을 한다는 것이다.

조도입자의 크기분포가 다양한 상업용관에 있어서는 식 (6.55)의 기준이 그대로 적용될 수는 없으나 그림 6-7의 완전히 거치른 영역에서는 상업용관과 균등조도관에 대한 곡선이 C점에서 부터 거의 같아지므로 C점에서의 횡축의 값 $(\varepsilon/d) \, \boldsymbol{R}_e \, \sqrt{f} \cong 200$ 과 식 (6.53)의 관계로부터 완전히 거치른 영역의 하한기준을 다음과 같이 얻을 수 있다.

$$\frac{\varepsilon}{\delta} > 6 \qquad\qquad (6.56)$$

즉, 상업용관의 상당조도가 층류저층 두께의 약 6배보다 크면 흐름은 완전난류영역에 있으며 관 은 완전히 거치른 관의 역할을 한다고 볼 수 있다.

요약하면, 어떤 관이 매끈한지 혹은 거치른지는 관의 조도입자 크기만으로 정의되는 것이 아니라 층류저층의 두께에 대한 상대적인 크기에 의하여 판별되는 것이다.

문제 6-06

직경 30 cm인 긴 원관에 20℃의 물($\nu = 1.01 \times 10^{-6}$ m²/sec)이 흐른다. 이 관은 입경이 동일한 모래알($\varepsilon = 3$ mm)로 피복되었으며 관 중심선에서의 유속은 4 m/sec이었다. 관을 통해 흐르는 유량을 구하라.

풀이 식 (6.39)에서처럼 V/u_c는 f에 따라 변하며 f는 Reynolds수(평균유속의 함수)와 관계가 있으므로 시행착오법에 의하여 V를 계산한 후 ($Q = AV$)를 구해야 한다.

$\dfrac{V}{u_c} = 0.80$ 이라고 가정하면, $V = 0.80 \times 4 = 3.2\,\text{m/sec}$, $\boldsymbol{R}_e = \dfrac{3.2 \times 0.3}{1.01 \times 10^{-6}} = 9.5 \times 10^5$

그림 6-3에서 $\boldsymbol{R}_e = 9.5 \times 10^5$, $\dfrac{\varepsilon}{d} = \dfrac{0.3}{30} = 0.01$ 일 때의 $f = 0.039$ 이므로 이 값을 식 (6.39)에 대입하면

$$\frac{V}{u_c} = \frac{1}{1 + 4.07\sqrt{0.039/8}} = 0.78$$

V/u_c의 가정치와 계수치가 거의 일치하므로 $V = 3.2\,\text{m/sec}$로 결정한다. 따라서, 유량은

$$Q = 3.2 \times \frac{\pi(0.3)^2}{4} = 0.226\,\text{m}^3/\text{sec}$$

문제 6-07

직경 8 cm인 놋쇠(brass)관에 20℃의 물이 0.0065 m³/sec의 유량으로 흐른다. 이 관로의 1 km의 구간에서 생긴 손실수두를 계산하라. 관벽에서의 전단응력(τ_0), 중심선 유속(u_c), 층류저층의 두께(δ)와 관 중심선에서 3 cm 떨어진 점에서의 유속과 전단응력을 구하라. 물의 $\nu = 1.01 \times 10^{-6}$ m²/sec이다.

풀이

$$V = \frac{Q}{A} = \frac{0.0065}{\dfrac{\pi}{4}(0.08)^2} = 1.29\,\text{m/sec}$$

$$\boldsymbol{R}_e = \frac{1.29 \times 0.08}{1.01 \times 10^{-6}} = 1.02 \times 10^5$$

놋쇠관의 $\dfrac{\varepsilon}{d} = \dfrac{0.000152}{80} = 0.0000019$ 이므로 그림 6-8로부터 $f = 0.018$ 이다. Darcy-Weisbach 공식을 사용하면

$$h_L = 0.018 \times \frac{1,000}{0.08} \times \frac{1.29^2}{2 \times 9.8} = 19.1\,\text{m}$$

식 (6.4)를 사용하면

$$\tau_0 = \frac{0.018 \times \dfrac{1,000}{9.8} \times 1.29^2}{8} = 0.382\,\text{kg/m}^2$$

식 (6.39)를 사용하면

$$u_c = 1.29\,(1 + 4.07\,\sqrt{0.018/8}\,) = 1.54\,\mathrm{m/sec}$$

식 (6.46)을 사용하면

$$\delta = 8 \times \frac{32.8}{1.02 \times 10^5 \,\sqrt{0.018}} = 0.0192\,\mathrm{cm} = 0.192\,\mathrm{mm}$$

$\dfrac{\varepsilon}{\delta} = \dfrac{0.000152}{0.192} < \dfrac{1}{4}$ 이므로 이 관은 매끈한 관으로 간주할 수 있다. 따라서, 관의 중심선으로부터 3 cm 떨어진 점$(y = R - r = 4 - 3 = 1\,\mathrm{cm})$에 있어서의 유속은 식 (6.41)로부터

$$u = \sqrt{\frac{\tau_0}{\rho}}\left(5.50 + 5.75\log_{10}\frac{\sqrt{\dfrac{\tau_0}{\rho}}\,y}{\nu}\right)$$

$$= \sqrt{\frac{0.382 \times 9.8}{1,000}}\left[5.50 + 5.75\log_{10}\left(\frac{\sqrt{\dfrac{0.382 \times 9.8}{1,000} \times 0.01}}{1.01 \times 10^{-6}}\right)\right] = 1.316\,\mathrm{m/sec}$$

이 점에 있어서의 전단응력은

$$\tau = \frac{3}{4} \times (0.382) = 0.2865\,\mathrm{kg/m^2}$$

문제 6-08

직경 30 cm인 원관에 평균유속 10 m/sec로 물이 흐른다. 관의 상대조도는 0.002이며 물의 $\nu = 10^{-6}\,\mathrm{m^2/sec}$이다. 마찰손실계수$(f)$와 중심선 유속$(u_c)$, 300 m 연장에 걸친 손실수두 및 관벽으로부터 5 cm 떨어진 점에서의 유속을 구하라.

풀이

$$R_e = \frac{10 \times 0.3}{10^{-6}} = 3 \times 10^6$$

그림 6-8로부터 $R_e = 3 \times 10^6$, $\varepsilon/d = 0.002$에 해당하는 f 값을 찾으면

$$f = 0.0235$$

혹은, 흐름이 완전난류라는 점을 감안하여 식 (6.49)를 사용하면

$$\frac{1}{\sqrt{f}} = 2.0\log_{10}\left(\frac{1}{0.002}\right) + 1.14 \quad \therefore f = 0.0234$$

$$u_c = V(1 + 4.07\,\sqrt{f/8}\,) = 10\,(1 + 4.07\,\sqrt{0.0235/8}\,) = 12.21\,\mathrm{m/sec}$$

$$h_L = 0.0235 \times \frac{300}{0.3} \times \frac{10^2}{2 \times 9.8} = 120\,\mathrm{m}$$

관벽으로부터 5 cm 떨어진 점$(y = 5\,\mathrm{cm})$에서의 유속은 식 (6.48)을 사용하면 된다. 우선

$$u_* = \sqrt{\frac{\tau_0}{\rho}} = V\sqrt{f/8} = 10\,\sqrt{\frac{0.0235}{8}} = 0.541\,\mathrm{m/sec}$$

따라서

$$\varepsilon = 0.002 \times 30 = 0.06 \, \text{cm}$$

$$u = 0.541 \left[8.48 + 5.75 \log_{10} \left(\frac{5}{0.06} \right) \right] = 10.6 \, \text{m/sec}$$

문제 6-09

직경 6 cm의 유리관에 $\nu = 10^{-6}$ m²/sec의 물이 0.8 m/sec의 평균유속으로 흐르고 있다. 관의 길이가 1 m에 걸친 마찰손실수두를 구하라.

풀이

$$R_e = \frac{0.8 \times 0.06}{10^{-6}} = 4.8 \times 10^4$$

유리관은 매끈한 관으로 생각할 수 있으므로 Blasius 공식을 사용하면

$$f = \frac{0.316}{(48,000)^{1/4}} = \frac{0.316}{14.8} = 0.0214$$

$$h_L = 0.0214 \times \frac{1}{0.06} \times \frac{0.8^2}{2 \times 9.8} = 0.0116 \, \text{m}$$

6.7 관수로 내 난류의 유속분포에 대한 7승근 법칙**

6.6절에서 살펴본 바와 같이 Prandtl, Kármán의 이론과 Nikuradse의 실험결과에 의하여 관수로 내 난류의 유속분포에 대한 지식이 일반화되기 이전에 Blasius는 매끈한 관내의 난류의 유속분포와 경계면 전단응력 및 마찰손실계수 간의 관계를 수립하고자 노력하였다.

식 (6.21)로 표시되는 Blasius의 매끈한 관내의 난류($3 \times 10^3 < R_e < 10^5$)에 관한 공식을 식 (6.4)에 대입하면

$$\tau_0 = \frac{0.316}{(2 R \rho V / \mu)^{1/4}} \frac{\rho V^2}{8} = 0.0332 \, \rho^{3/4} \mu^{1/4} R^{-1/4} V^{7/4} \tag{6.57}$$

여기서 R은 그림 6-9에 표시한 바와 같이 관의 반경이다. Blasius는 난류의 유속분포를 다음과 같은 멱함수(power function) 관계로 가정하였다(그림 6-9 참조).

$$\frac{u}{u_c} = \left(\frac{y}{R} \right)^m \tag{6.58}$$

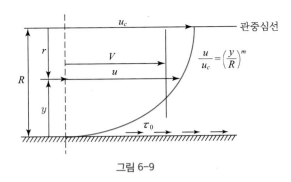

그림 6-9

여기서 m은 흐름의 성질에 관계되는 상수이며 평균유속 V와 중심선유속 u_c 간의 관계를 얻기 위해서는 다음과 같이 식 (6.58)의 유속분포함수를 사용해야 한다.

$$Q = V(\pi R^2) = \int_R^0 u_c \left(\frac{y}{R}\right)^m 2\pi(R-y)(-dy) \tag{6.59}$$

식 (6.59)의 우변 적분치를 구한 후 정리하면

$$\frac{V}{u_c} = \frac{2}{(m+1)(m+2)} \tag{6.60}$$

식 (6.60)에 식 (6.58)을 대입하여 정리하면

$$V = \frac{2}{(m+1)(m+2)} u \left(\frac{R}{y}\right)^m \tag{6.61}$$

식 (6.61)을 식 (6.57)의 V에 대입하면

$$\tau_0 = 0.0332 \left[\frac{2}{(m+1)(m+2)}\right]^{7/4} \rho^{3/4} \mu^{1/4} R^{\left(-\frac{1}{4}+\frac{7m}{4}\right)} u^{7/4} y^{-7m/4} \tag{6.62}$$

그러나 물리적인 면을 고찰해 보면 관벽에서의 마찰전단응력(τ_0)은 유체의 특성(ρ, μ)과 흐름의 특성(u, y)과는 깊은 관계를 가질 것이나 관의 반경 R의 영향은 받지 않을 것이다. 따라서 식 (6.62)의 R의 지수는 영이 되어야 한다. 즉

$$-\frac{1}{4} + \frac{7}{4}m = 0 \qquad \therefore m = \frac{1}{7} \tag{6.63}$$

따라서, 식 (6.58)의 관계는

$$\frac{u}{u_c} = \left(\frac{y}{R}\right)^{1/7} \tag{6.64}$$

식 (6.64)는 관수로 내의 난류의 유속분포를 표시하는 다른 한 가지 방법이며, 이는 실험결과와 비슷하게 일치함이 알려져 있고 매끈한 관내의 난류의 유속분포에 대한 7승근법칙(seventh-root law)으로 알려져 있다.

문제 07을 7승근법칙을 사용하여 마찰손실계수, 중심선유속, 중심선으로부터 3 cm 떨어진 점에서의 유속 및 관벽에서의 마찰응력을 구하라.

풀이 문제 07의 해로부터 $V = 1.29\,\mathrm{m/sec}$, $R_e = 1.02 \times 10^5$ 이므로

$$f = \frac{0.316}{(1.02 \times 10^5)^{1/4}} = 0.0177$$

식 (6.60)을 사용하면

$$\frac{1.29}{u_c} = \frac{2}{\left(\frac{1}{7} + 1\right)\left(\frac{1}{7} + 2\right)} = 0.816 \qquad \therefore u_c = 1.58\,\mathrm{m/sec}$$

식 (6.64)로부터

$$\frac{u}{1.58} = \left(\frac{1}{4}\right)^{1/7} \qquad\qquad \therefore u = 1.296\,\mathrm{m/sec}$$

$$\tau_0 = \frac{0.0177 \times \dfrac{1,000}{9.8} \times 1.29^2}{8} = 0.376\,\mathrm{kg/m^2}$$

앞의 풀이로부터 매끈한 관에 대한 7승근법칙은 문제 07의 Prandtl-Kármàn-Nikuradse방법에 의한 결과와 비슷한 결과를 줌을 알 수 있다.

6.8 비원형단면을 가진 관수로에서의 마찰손실

실무에 사용되는 관수로는 통상 원형관이 대부분을 차지하나 경우에 따라서는 구형, 타원형 등의 비원형단면을 가진 관로(non-circular pipe)가 사용될 때도 있다.

전 절까지 살펴본 관마찰손실은 원형관에 대한 것이므로 비원형관에 대해서는 약간의 수정을 가하지 않으면 안 된다. 그림 6 – 10과 같은 구형단면을 가진 관을 예로 들면 단면 내에서의 유속 분포는 원형관의 경우와는 달리 관의 중심을 지나는 축에 대하여 비대칭이며, 따라서 관벽에서의 전단응력도 모든 점에서 상이할 것이다. 그러나 관벽에서의 평균전단응력$(\tau_0)_m$ 은 식 (6.4)와 동일한 형으로 표시할 수 있을 것이다. 즉,

$$(\tau_0)_m = \frac{f\,\rho\,V^2}{8} \tag{6.65}$$

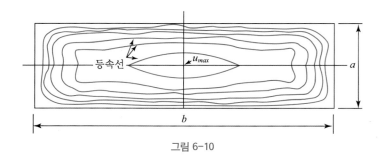

그림 6-10

여기서, f 는 원형관에 대한 값과는 다를 것이며 단면형의 영향을 내포하게 된다. 한편, 단면적 A, 윤변 P, 길이 l 인 관벽에 생기는 총 마찰력은 압력강하량에 단면적을 곱한 것과 같아야 하므로

$$(\tau_0)_m \, Pl = - \frac{dp}{dx} \, lA = \gamma h_L A \tag{6.66}$$

식 (6.65)와 식 (6.66)으로부터

$$h_L = f \, \frac{l}{4 R_h} \, \frac{V^2}{2g} \tag{6.67}$$

여기서 R_h 는 동수반경(hydraulic radius)이라 부르며 통수단면적을 윤변으로 나눈 값(A/P)으로 정의되며 f 는 $d = 4 R_h$ 인 상당원관(equivalent circular pipe)에 해당하는 마찰손실계수로서 Moody 도표로부터 구할 수 있다.

식 (6.67)의 관계는 원형관의 직경 d 와 동수반경 R_h 간의 관계를 Darcy-Weisbach 공식에 대입하여 쉽게 구할 수 있다. 즉, 원형관에 있어서는

$$R_h = \frac{A}{P} = \frac{\frac{\pi d^2}{4}}{\pi d} = \frac{d}{4} \qquad \therefore \; d = 4 R_h \tag{6.68}$$

식 (6.68)의 관계를 Darcy-Weisbach식에 대입한 것이 바로 식 (6.67)이다.

식 (6.67)의 관계는 관수로 내의 흐름이 난류일 경우에는 비교적 정확한 결과를 주나 층류에서는 큰 오차를 발생시키는 것으로 알려져 있다. 이는 층류에서의 마찰현상이 난류의 경우처럼 주로 관벽에 가까운 곳에서 일어나는 것이 아니라 흐름의 전 영역에서 유체의 점성효과 때문에 일어나기 때문인 것으로 풀이된다. 따라서 관벽의 주변장의 항으로 표시되는 동수반경의 개념은 층류에는 적절하지 못하다는 것이 결론이다.

문제 6-11

40 cm×40 cm 되는 구형관에 20℃의 물이 흐른다. 관내의 평균유속은 3 m/sec이며 관은 매끈한 관으로 취급할 수 있다. 이 관로의 300 m 구간에 생기는 손실수두와 압력강하량을 구하라. $\nu = 1.01 \times 10^{-6}\,\mathrm{m}^2/\mathrm{sec}$

풀이

$$R_h = \frac{0.4 \times 0.4}{(0.4 \times 2) + (0.4 \times 2)} = 0.1\,\mathrm{m}$$

$$\boldsymbol{R_e} = \frac{3 \times (4 \times 0.1)}{1.01 \times 10^{-6}} = 1.2 \times 10^6$$

Moody 도표로부터

$$f = 0.0112$$

$$h_L = 0.0112 \times \frac{300}{(4 \times 0.1)} \times \frac{3^2}{2 \times 9.8} = 3.86\,\mathrm{m}$$

따라서, 압력강하량은

$$\Delta p = \gamma h_L = 1{,}000 \times 3.86 = 3{,}860\,\mathrm{kg/m}^2 = 0.386\,\mathrm{kg/cm}^2$$

6.9 관수로 내 흐름 계산을 위한 경험공식

관수로 내 흐름을 계산하기 위한 경험공식은 흐름의 평균유속을 계산하기 위해 특정조건 하에서 개발된 경험공식들로서 흐름의 마찰손실을 표시하는 여러 종류의 계수를 포함하고 있다. 이들 공식 중 대표적인 것은 Chezy 공식과 Hazen – Williams 공식 및 Manning 공식 등이다.

6.9.1 Chezy의 평균유속 공식

Chezy의 평균유속 공식은 Darcy – Weisbach 공식(식 (6.67))으로부터 유도될 수 있다. 식 (6.67)을 평균유속 V에 관해 풀면

$$V = \sqrt{\frac{8g}{f}}\,\sqrt{R_h\frac{h_L}{l}} \tag{6.69}$$

식 (6.69)에서 $\sqrt{8g/f}$ 는 흐름의 상태가 일정하면 상수로 볼 수 있으며, h_L/l은 단위길이당 관내의 손실수두로서 에너지선의 경사 S와 같다. 따라서

$$V = C\sqrt{R_h S} \tag{6.70}$$

식 (6.70)은 Chezy의 평균유속 공식이며 C는 Chezy의 마찰손실계수로서 식 (6.69)와 (6.70)으

로부터 Darcy – Weisbach의 f 와 다음과 같은 관계가 있음을 알 수 있다.

$$C = \sqrt{\frac{8g}{f}} \quad \text{혹은} \quad f = \frac{8g}{C^2} \tag{6.71}$$

식 (6.71)의 C값은 관의 조도뿐만 아니라 흐름의 특성인 S와 관의 단면특성인 R_h 와도 관계가 있으며 특히 관의 조도에 비례하여 작아지는 특성을 가진다.

6.9.2 Hazen-Williams의 평균유속 공식

Hazen-Williams 공식은 비교적 큰 관($d > 5\,\mathrm{cm}$)에서 유속 $V \leqq 3\,\mathrm{m/sec}$ 인 경우에 대하여 경험적으로 개발하여 미국에서 상수도 시스템의 설계에 많이 사용되어 온 공식으로서 다음과 같이 표시된다.

$$V = 0.849\, C_{HW} R_h^{0.63}\, S^{0.54} \tag{6.72}$$

여기서 V는 평균유속(m/sec), R_h 는 동수반경(m)이며 S는 에너지선의 경사(m/m)이고 C_{HW}는 Hazen-Williams 계수로서 가장 매끈한 관에서는 150, 매우 거치른 관에서는 80 정도의 값을 가지며 설계를 위한 평균치로서 $C_{HW} = 100$ 을 많이 사용하며 관의 재료에 따른 C_{HW}값은 표 6 – 4에 수록되어 있다.

표 6 – 4로부터 Hazen – Williams의 조도계수도 Chezy의 C값과 같이 조도가 커지면 작은 값을 가지며 조도가 작아지면 커짐을 알 수 있다.

C_{HW}와 Darcy의 f 간의 관계를 유도하기 위하여 식 (6.72)에 R_h 대신 $d/4, S$ 대신에 h_L/l 을 대입한 후 h_L에 관하여 풀면

$$h_L = \frac{133.5}{C_{HW}^{1.85}\, d^{0.167}\, V^{0.15}} \frac{l}{d} \frac{V^2}{2g} \fallingdotseq \frac{133.5}{\nu^{0.15}\, C_{HW}^{1.85}\, R_e^{0.15}} \frac{l}{d} \frac{V^2}{2g} \tag{6.73}$$

표 6-4 Hazen-Williams 계수

관의 재료	C_{HW}	관의 재료	C_{HW}
석면시멘트 (Asbestos Cement)	140	아연철 (Galvanized iron)	120
청동 (Brass)	130~140	유리 (Glass)	140
벽돌 (Brick sewer)	100	납 (Lead)	130~140
주철, 신품	130	플라스틱 (Plastic)	140~150
(Cast iron) 10년	107~113	강철 (Steel), 신품	140~150
20년	89~100	리벳 강철	110
30년	75~90	주석 (Tin)	130
40년	64~83	나무관 (Wood-stave)	120
콘크리트, 강철 거푸집	140	구리 (Copper)	120
합판 거푸집	130	토관	110
		소방호스	110~140

물의 ν를 $10^{-6}\,\mathrm{m^2/sec}(20℃)$라 가정하고 식 (6.73)을 Darcy – Weisbach 공식과 비교하면

$$f \fallingdotseq \frac{1060}{C_{HW}^{1.85}\,\boldsymbol{R}_e^{\,0.15}} \tag{6.74}$$

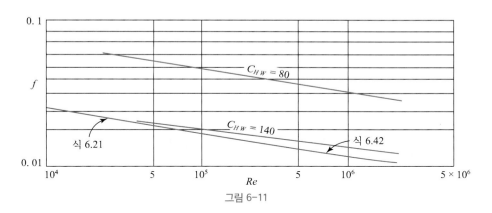

그림 6-11

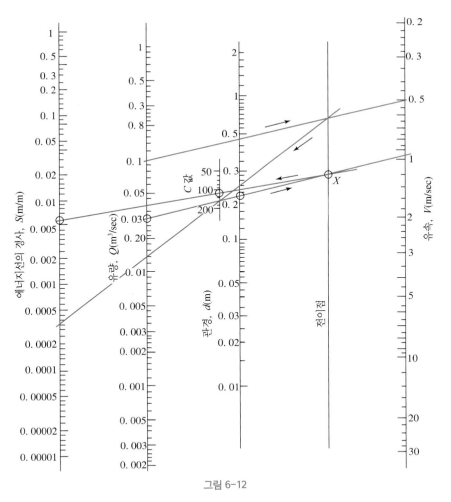

그림 6-12

식 (6.74)의 관계를 $C_{HW}= 80$ 및 $C_{HW}= 140$ 으로 놓고 Moody 도표형식으로 표시하면 그림 6-11과 같다.

그림 6-11로부터 관찰할 수 있는 바와 같이 식 (6.74)의 $f - \boldsymbol{R}_e$ 관계는 Moody 도표의 거치른 관에 대한 결과와 거의 유사하며 C_{HW}는 관의 절대조도를 표시하는 것이 아니라 상대조도의 한 지표임을 알 수 있다.

식 (6.72)로 표시되는 Hazen-Williams 공식에 의한 관수로 내 흐름의 계산은 식 (6.72)와 연속방정식을 사용하거나 혹은 그림 6-12의 차트를 사용하여 직접 할 수 있다.

문제 6-12

직경 $d= 20\,\mathrm{cm}$ 이고 길이 $100\,\mathrm{m}$, $C_{HW}= 110$ 인 관에 $30\,\ell/\mathrm{sec}$의 물이 흐르고 있다. 마찰손실수두를 구하라.

풀이 식 (6.72)를 사용하면

$$V= \frac{Q}{A} = \frac{0.03}{\frac{\pi \times 0.2^2}{4}} = 0.849 \times 110 \times \left(\frac{0.2}{4}\right)^{0.63} S^{0.54}$$

$$\therefore S= \frac{h_L}{l} = 0.0068$$

$$h_L = 0.0068 \times 100 = 0.68\,\mathrm{m}$$

[도식해] 그림 6-12에서 $Q= 0.03\,\mathrm{m}^3/\mathrm{sec}$, $d= 0.2\,\mathrm{m}$ 를 연결하여 전이점 X를 구하고 X점과 $C_{HW}= 110$ 을 연결하여 에너지선의 경사를 읽으면

$$S= 0.0061\,\mathrm{m}/\mathrm{m}$$

따라서

$$h_L = Sl = 0.0061 \times 100 = 0.61\,\mathrm{m}$$

6.9.3 Manning의 평균유속 공식

Manning 공식은 개수로의 설계를 위해 개발되어 널리 사용되어 온 경험공식이나 관수로 내 흐름의 해석에도 많이 사용되며 다음과 같이 표시된다.

$$V= \frac{1}{n} R_h^{2/3} S^{1/2} \tag{6.75}$$

여기서 n 는 Manning의 조도계수로서 관수로로 많이 사용되는 재료의 n 값은 표 6-5와 같다.

식 (6.75)를 식 (6.70)과 비교하면 Chezy의 C와 Manning의 n 사이에는 다음의 관계가 성립한다.

$$C= \frac{R_h^{1/6}}{n} \tag{6.76}$$

표 6-5 관의 재료에 따른 Manning의 조도계수

관재료	n	관재료	n
유리, 청동(Brass), 구리	0.009~0.013	시멘트 몰탈면	0.011~0.015
매끈한 시멘트면	0.010~0.013	타일(Tile)	0.011~0.017
나무(Wood-stave)	0.010~0.013	단철(Wrought iron)	0.012~0.017
매끈한 하수관	0.010~0.017	벽돌(몰탈 접착)	0.012~0.017
주철(Cast iron)	0.011~0.015	리벳 강관	0.014~0.017
콘크리트(Precast)	0.011~0.015	주름진 금속배수관	0.020~0.024
에나멜수지 코팅관(Enameled steel)	0.009~0.010	용접강관(Lockbar and Welded Pipe)	0.010~0.013

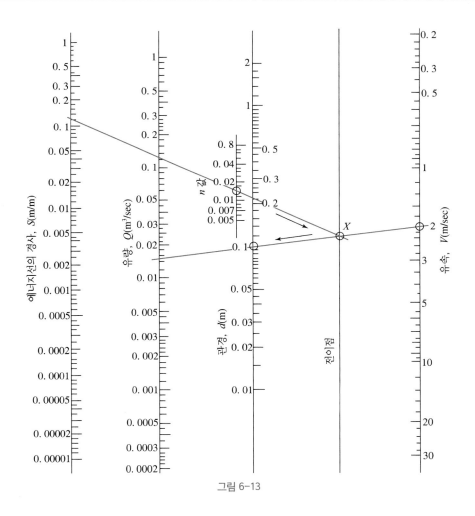

그림 6-13

따라서 식 (6.71)을 식 (6.76)에 대입한 후 f 에 관하여 풀면

$$f = \frac{8\,g\,n^2}{R_h^{1/3}} = \frac{124.5\,n^2}{d^{1/3}} \qquad (6.77)$$

식 (6.77)은 Darcy의 f 와 Manning의 n 사이의 관계를 표시하는 식이며 f 가 Reynolds 수에 무관한 완전난류 영역에서만 적용이 가능한 식이라고 볼 수 있다. 실제의 관수로 내 흐름 문제에서는 대부분의 경우 완전난류 가정이 통용되므로 식 (6.77)의 관계에 의해 f 값을 계산하여 사용할 경우가 있으나 정해가 되지는 못한다. 식 (6.77)의 $f \sim n \sim d$ 관계는 부록 IV의 표에 수록되어 있다.

식 (6.75)로 표시되는 Manning 공식에 의한 관수로 내 흐름 문제의 해석은 식 (6.75)를 연속 방정식과 함께 풀거나 혹은 그림 6-13의 챠트를 사용하여 도식적으로 할 수도 있다.

문제 6-13

직경이 10 cm이고 길이가 200 m인 관수로에서 측정된 손실수두가 24.6 m이었다. 이 관내의 유량을 계산하라. Manning의 $n = 0.015$ 이다.

풀이

$$S = \frac{h_L}{l} = \frac{24.6}{200} = 0.123, \quad R_h = \frac{\frac{\pi d^2}{4}}{\pi d} = \frac{d}{4} = 0.025 \, \text{m}$$

식 (6.75)를 사용하면

$$V = \frac{1}{0.015} \times (0.025)^{2/3} \times (0.123)^{1/2} = 1.999 \, \text{m/sec}$$

$$\therefore Q = A \, V = \frac{\pi \times (0.10)^2}{4} \times 1.999 = 0.0157 \, \text{m}^3/\text{sec}$$

[도식해] 그림 6-13에서 $S = 0.123$, $n = 0.015$ 를 연결하여 전이점 X를 구하고 X점과 $d = 0.10 \, \text{m}$ 를 연결하여 유량과 유속을 읽으면

$$Q = 0.0158 \, \text{m}^3/\text{sec}, \quad V = 2 \, \text{m/sec}$$

문제 6-14

수면표고차가 3 m인 2개의 저수지를 연결하는 길이 1,500 m의 콘크리트관에 의하여 1.1 m^3/sec의 물을 송수하려면 관경은 얼마로 해야 하겠는가? Hazen-Williams 및 Manning 공식에 의하여 각각 계산하라.

풀이 (a) Hazen-Williams 공식

콘크리트관의 $C_{HW} = 130$

$Q = A \, V$ 이므로

$$1.1 = \left(\frac{\pi}{4} d^2 \right) \times 0.849 \times 130 \left(\frac{d}{4} \right)^{0.63} \left(\frac{3}{1,500} \right)^{0.54} \qquad \therefore d = 0.950 \, \text{m}$$

(b) Manning 공식

콘크리트관의 $n = 0.014$

$$1.1 = \left(\frac{\pi}{4} d^2 \right) \times \frac{1}{0.014} \left(\frac{d}{4} \right)^{2/3} \left(\frac{3}{1,500} \right)^{1/2} \qquad \therefore d = 1.038 \, \text{m}$$

6.10 미소 수두손실

관수로 내 흐름의 수두손실에는 지금까지 살펴본 유체와 관벽의 마찰로 인한 관마찰손실 이외에 흐름의 단면에 갑작스러운 변화가 생기므로 인해서 발생하는 미소손실(minor losses)이 있다. 이 미소손실은 단면의 확대 혹은 축소, 만곡부(bend), 엘보우(elbow), 밸브(valve) 및 기타 관의 각종 부속물(fittings)에 의하여 흐름이 가속되거나 감속될 때 발생하는 와류(eddy)현상 때문에 생기는 것으로, 흐름이 감속될 경우에는 가속될 경우보다 더 큰 에너지의 손실이 생기게 된다.

관로가 비교적 길 경우에는 미소손실은 마찰손실에 비하여 상대적으로 작으므로 거의 무시할 수 있으나, 짧은 관로에 있어서는 마찰손실에 못지 않게 총 손실의 중요한 부분을 차지하므로 이의 성질 및 산정방법에 대한 깊은 이해가 필요하다.

지금까지의 실험결과에 의하면 미소손실은 속도수두에 대략적으로 비례하는 것으로 알려져 있다. 즉,

$$h_m = K_L \frac{V^2}{2g} \tag{6.78}$$

여기서 K_L은 미소손실계수(minor loss coefficient)로서 관 조도의 증가나 Reynolds 수의 감소에 따라 커지는 경향이 있으나, 큰 Reynolds 수를 가지는 흐름에서는 실질적으로 상수로 취급하며 그 크기는 주로 흐름의 단면변화 양상에 따라 결정된다. 여러 가지 실험으로부터 얻어진 각종 단면변화 및 부속물로 인한 미소손실의 성질과 크기에 대한 결과를 종합하여 보기로 한다.

6.10.1 단면 급확대손실

흐름의 단면이 급확대(abrupt enlargement)되면 그림 6-14에서와 같이 급확대 부분에서 와류로 인한 큰 에너지 손실이 생기게 된다. 이때의 손실은 연속방정식, Bernoulli 방정식 및 운동량방정식을 동시에 적용함으로써 계산될 수 있다. 그림 6-14와 같은 급확대 관로에 정상류가 흐를 때 단면 1, 2 내에 포함되는 통제용적에 역적(力積)-운동량방정식을 적용하면

$$p_1 A_2 - p_2 A_2 = \rho Q (V_2 - V_1) \tag{6.79}$$

단면 1과 2 사이의 Bernoulli 방정식은

$$\frac{p_1}{\gamma} + \frac{V_1^2}{2g} = \frac{p_2}{\gamma} + \frac{V_2^2}{2g} + h_{L_e} \tag{6.80}$$

여기서 h_{L_e}는 단면 급확대로 인한 손실수두이다. 식 (6.79)와 (6.80)을 $(p_2 - p_1)/\gamma$에 대해 풀고 서로 같게 놓으면

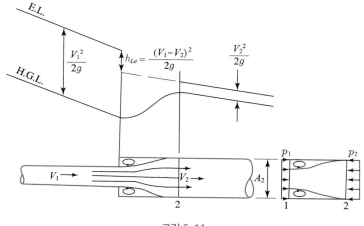

그림 6-14

$$\frac{Q}{g A_2}\left(V_2 - V_1\right) = \frac{V_2^2 - V_1^2}{2 g} + h_{L_e} \tag{6.81}$$

식 (6.81)에 $V_2 = Q/A_2,\ A_1/A_2 = (d_1/d_2)^2$ 을 대입하여 정리하면

$$h_{Le} = \frac{(V_1 - V_2)^2}{2 g} = \left[1 - \left(\frac{d_1}{d_2}\right)^2\right]^2 \frac{V_1^2}{2 g} \tag{6.82}$$

식 (6.78)과 (6.82)를 비교하면 단면 급확대손실계수는

$$K_e = \left[1 - \left(\frac{d_1}{d_2}\right)^2\right]^2 \tag{6.83}$$

식 (6.83)으로부터 d_1 에 비해 d_2 가 매우 크면 $d_1/d_2 \cong 0$ 이므로 $K_e \cong 1$ 이 되며 식 (6.82)는 $h_{L_e} = V_1^2/2 g$ 가 되어 흐름이 가지는 운동에너지가 완전히 손실되어 열에너지로 변하게 됨을 알 수 있다. 그림 6-15는 큰 수조나 저수지에 관이 연결되었을 때 관의 출구에서 생기는 출구손실(exit loss)을 표시하는 것으로서 이 경우가 바로 $K_e \cong 1$ 인 경우이다.

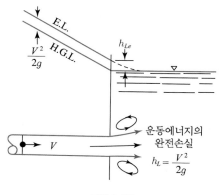

그림 6-15

그림 6-14의 두 관경은 각각 10 cm 및 30 cm이며 유량은 0.15 m³/sec이다. 마찰손실을 무시할 때 단면 급확대로 인한 손실수두를 구하라.

풀이

$$V_1 = \frac{0.15}{\frac{\pi}{4}(0.1)^2} = 19.10 \, \text{m/sec}$$

$$K_e = \left[1 - \left(\frac{0.1}{0.3}\right)^2\right]^2 = 0.79$$

$$h_{Le} = 0.79 \times \frac{(19.10)^2}{2 \times 9.8} = 14.7 \, \text{m}$$

6.10.2 단면 점확대손실

단면이 점차적으로 확대(gradual enlargement)할 경우의 손실수두는 확대되는 모양에 크게 좌우된다. Gibson이 원추형 확대부를 사용하여 실험한 결과에 의하면 손실수두는 단면 급확대의 경우와 비슷하게 표시된다.

$$h_{Lg_e} = K_{g_e} \frac{(V_1 - V_2)^2}{2g} \tag{6.84}$$

여기서 K_{g_e} 는 단면 점확대손실계수로서 그림 6-16에 표시한 바와 같이 단면의 확대각과 단면적비의 함수이다. 통상 확대부는 상당한 벽면 면적을 가지므로 미소손실계수 K_{g_e} 는 확대부에서의 마찰손실도 포함하는 것이다. 그림 6-16으로부터 미소손실을 최소로 하는 확대각은 약 7° 부근이며 확대각이 60° 부근이 되면 손실계수의 값이 단면 급확대의 경우보다 커진다는 사실을 알 수 있다.

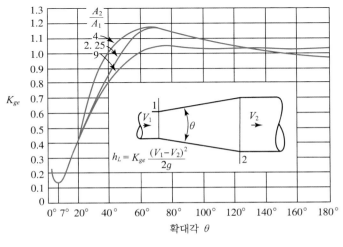

그림 6-16

따라서, 유체 흐름의 유속을 감소시키고 압력을 증가시켜 줄 목적으로 많이 사용되는 확대관 (diffuser)을 설계할 때에는 단면변화로 인한 손실을 최소로 줄이기 위하여 확대원추각을 7° 근방 으로 하는 것이 보통이다.

문제 6-16

직경 30 cm인 수평관이 확대각 20°인 원추형단면에 의해 직경 60 cm 관으로 확대되었으며 유량이 0.3 m³/sec일 때 30 cm 관의 말단에서의 압력은 1.5 kg/cm²이었다. 관마찰손실을 무시하고 60 cm 관에서의 압력을 구하라.

풀이

$$V_{30} = \frac{0.3}{\frac{\pi}{4}(0.3)^2} = 4.24\,\mathrm{m/sec}$$

$$V_{60} = \frac{0.3}{\frac{\pi}{4}(0.6)^2} = 1.06\,\mathrm{m/sec}$$

그림 6-16으로부터 $\theta = 20°$, $A_2/A_1 = 4$ 일 때의 $K_{ge} = 0.43$

Bernoulli 방정식을 적용하면

$$\frac{1.5 \times 10^4}{1,000} + \frac{4.24^2}{2 \times 9.8} = \frac{p_{60}}{1,000} + \frac{1.06^2}{2 \times 9.8} + 0.43 \times \frac{(4.24 - 1.06)^2}{2 \times 9.8}$$

$$\therefore\ p_{60} = (15 + 0.86 - 0.222) \times 1,000 = 15.638 \times 10^3\,\mathrm{kg/m^2} = 1.564\,\mathrm{kg/cm^2}$$

6.10.3 단면 급축소손실

단면이 급축소될 때의 수두손실은 그림 6-17에서와 같이 수축단면(vena contracta) 전방의 가속과 후방의 감속현상의 복합적인 원인 때문에 생기게 된다. 이 손실은 주로 수축단면의 크기 A_c에 의해 좌우되며, Weisbach는 실험에 의해 단면수축계수 C_c(A_2에 대한 A_c의 비)는 표 6-6에서와 같이 단면축소비 A_2/A_1에 따라 결정됨을 증명하였다.

단면 급축소로 인한 손실은 그림 6-17의 가속부분과 감속부분에서 생기는 손실의 합이므로

$$h_{Lc} = \frac{(V_c - V_2)^2}{2g} + K_a \frac{V_c^2}{2g} \tag{6.85}$$

연속방정식에 의하여 $V_c = V_2/C_c$를 식 (6.85)에 대입하면

$$h_{Lc} = \left(\frac{1}{C_c} - 1\right)^2 \frac{V_2^2}{2g} + \frac{K_a}{C_c^2} \frac{V_2^2}{2g} \tag{6.86}$$

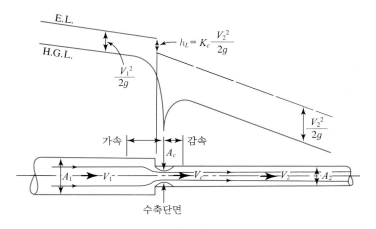

그림 6-17

표 6-6 단면 급축소손실계수

A_2 / A_1	0	0.1	0.2	0.3	0.4	0.5	0.6	0.7	0.8	0.9	1.0
C_c	0.617	0.624	0.632	0.643	0.659	0.691	0.712	0.755	0.813	0.892	1.00
K_c	0.50	0.46	0.41	0.36	0.30	0.24	0.18	0.12	0.06	0.02	0.0

따라서 단면 급축소손실계수는

$$K_c = \left(\frac{1}{C_c} - 1 \right)^2 + \frac{K_a}{C_c^2} \tag{6.87}$$

식 (6.87)로 표시되는 K_c 값은 A_2 / A_1 에 따른 C_c 값과 K_a / C_c^2 값에 의해 표 6-6에 계산 수록 되어 있다.

수조 또는 저수지로부터 관수로에 물이 유입할 경우는 단면 급축소로서 표 6-6의 $A_2 / A_1 \fallingdotseq 0$이 되는 경우로서 그림 6-18 (a)와 같은 유입구의 손실계수는 0.5이며 일반적으로 유입구의 기하학적 형상에 따라 상이한 값을 가진다. 이들 계수의 값은 통상 실험에 의해 결정되는데 그림 6-18 (b), (c)에 대한 손실계수는 실험으로부터 얻은 값이다.

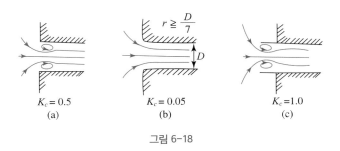

그림 6-18

직경 15 cm인 관로가 직경 10 cm로 급축소되었을 때 15 cm 관에서 측정된 유속은 2.3 m/sec이고 압력이 0.35 kg/cm²였다면 축소 후 10 cm 관에서의 압력은 얼마이겠는가? 단, 마찰손실은 무시하라.

풀이 축소 전후의 단면을 각각 1, 2라 하고 단면적비를 구하면

$$\frac{A_2}{A_1} = \left(\frac{0.1}{0.15}\right)^2 = 0.444$$

따라서, 표 6–6으로부터 내삽법으로 미소손실계수를 구하면 $K_c = 0.27$ 이고 연속방정식을 사용하면 10 cm 관에서의 평균유속은

$$V_2 = \frac{A_1}{A_2} V_1 = \frac{1}{0.444} \times 2.3 = 5.18\,\text{m/sec}$$

단면 1, 2 간에 Bernoulli 방정식을 적용하면

$$\frac{0.35 \times 10^4}{1,000} + \frac{(2.3)^2}{2 \times 9.8} = \frac{p_2}{1,000} + \frac{(5.18)^2}{2 \times 9.8} + 0.27 \times \frac{(5.18)^2}{2 \times 9.8}$$

$$p_2 = 2,031\,\text{kg/m}^2 = 0.2031\,\text{kg/cm}^2$$

6.10.4 단면 점축소손실

그림 6–19에서와 같이 단면이 점차적으로 축소되는 경우의 손실수두도 축소 후의 평균속도 수두의 항으로 표시된다. 즉,

$$h_{Lg_c} = K_{g_c} \frac{V_2^2}{2g} \tag{6.88}$$

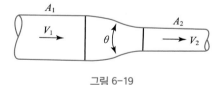

그림 6-19

여기서 K_{gc} 는 단면 점축소손실계수로서 실험에 의해 결정되며 Weisbach는 그의 실험결과를 종합하여 단면축소비(A_2/A_1)와 축소각 θ 의 함수로 표시되는 다음과 같은 식을 제안하였다.

$$K_{gc} = \frac{0.025}{8\left(\sin\dfrac{\theta}{2}\right)} \left[1 - \left(\frac{A_2}{A_1}\right)\right]^2 \tag{6.89}$$

그러나 식 (6.89)로부터 알 수 있듯이 단면 점축소손실은 통상 타 미소손실에 비해 매우 작으므로 실제 문제에서는 무시하는 것이 보통이다.

6.10.5 만곡손실

완만한 만곡관에서의 수두손실은 만곡부에서 일어나는 박리현상(seperation)과 관벽마찰 및 부차류(secondary flow)의 복합적인 현상에 기인하는 것으로, 곡률반경이 비교적 큰 만곡부에서는 관벽마찰과 부차류가 손실의 주원인이 되나 곡률반경이 작은 경우에는 박리현상과 부차류가 주원인이 되며 식 (6.78)의 형태로 표시됨이 보통이다.

Ito의 실험에 의하면 만곡손실계수는 만곡부의 기하학적 형상과 흐름의 Reynolds 수와 관계되나 그림 6-20에 표시된 바와 같이 주로 관로의 기하학적 변수인 만곡각 θ와 R/d의 함수로 표시될 수 있다. 만곡부의 공학적인 설계입장에서 볼 때 그림 6-20에서의 손실계수 K_b가 최소가 되도록 θ와 R/d을 선택 설계해야 한다는 점이 주된 관심사인 것이다.

그림 6-20에 표시된 만곡부의 특수한 두 경우가 그림 6-21에 표시되어 있으며 이를 마이터 곡관(miter bend)이라 부르고 손실계수는 그림에 표시된 바와 같다. 이들 마이터 곡관은 큰 곡률반경의 만곡부를 관로에 설치할 공간이 없을 때 풍동이나 수동과 같은 큰 관로의 부분으로 널리 사용되고 있다.

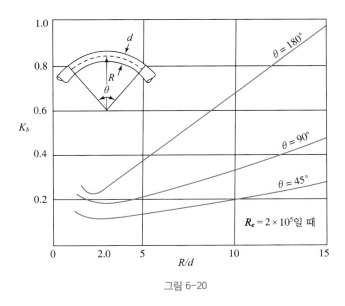

그림 6-20

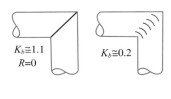

그림 6-21

6.10.6 밸브에 의한 손실

밸브(valve)는 관수로 내의 유량의 크기를 조절하기 위해 설치되며 밸브의 설계가 어떻게 되어 있는가에 따라 흐름의 에너지 손실정도가 좌우된다. 밸브를 부분개방하면 밸브 하류부에 심한 와류가 생겨 손실이 매우 커지며 밸브를 완전개방하드라도 상당한 에너지의 손실이 수반된다. 밸브로 인한 에너지 손실수두도 타 미소손실의 경우처럼 관내 흐름의 속도 수두항으로 표시된다. 즉,

$$h_{L_v} = K_v \frac{V^2}{2g} \tag{6.90}$$

여기서 K_v는 밸브손실계수이며 표 6 - 7에는 각종 밸브의 손실계수가 수록되어 있고, 그림 6 - 22 에는 흔히 사용되는 상용밸브의 구조도가 표시되어 있다.

표 6-7 상용밸브의 손실계수

밸브의 종류	개방정도	손실계수, K_v
Gate valve	완전개방	0.19
	3/4	1.15
	1/2	5.60
	1/4	24.00
Globe valve	완전개방	10
Check valve		
(Swing type)	완전개방	2.5
(Lift type)	완전개방	12
(Ball type)	완전개방	70
Rotary valve	완전개방	10
Foot valve	완전개방	15
Angle valve	완전개방	3.1
Blowoff valve	완전개방	2.9

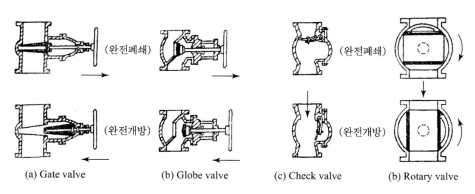

(a) Gate valve   (b) Globe valve   (c) Check valve   (b) Rotary valve

그림 6-22 밸브의 구조도

연 습 문 제

01 1차원 층류에서 마찰응력 τ는 점성계수 μ와 속도구배 du/dy에 의해 결정된다. 차원해석에 의해 Newton의 점성법칙을 유도하라.

02 정수 중의 연직방향 압력변화가 물의 단위중량 γ와 수심 h의 함수임을 차원해석으로 증명하라.

03 물체의 부력 F_B가 물속에 잠긴 체적 V와 물의 밀도 ρ, 중력가속도 g의 함수일 때 차원해석법으로 부력 공식을 유도하라.

04 펌프에 의해 유체에 전달되는 동력 P는 물의 단위중량 γ, 유량 Q 및 수두 H의 함수이다. 차원해석에 의해 P를 이들 항으로 표시하라.

05 선박이 항진할 때 표면항력 F_S는 배의 항해속도 V, 길이 L, 표면조도 k, 중력가속도 g 및 물의 밀도 ρ와 점성계수 μ에 관계된다. 차원해석으로 F_S에 대한 기본식을 유도하라.

06 벤츄리미터로 측정되는 유량 Q는 관수로상의 두 단면 사이에서 발생하는 압력차 Δp, 단면적 A 및 물의 단위중량 γ의 항으로 표시할 수 있다. 차원해석으로 유량공식을 유도하라.

07 직경 30 cm인 수평관로가 직경 15 cm로 축소되었다가 다시 확대된다. 이 관로를 통한 유량은 0.3 m³/sec이고 관로상의 한 단면에서의 압력이 3.5 kg/cm²이었으며 이 단면과 수축단면 사이를 물이 흐름에 따라 잃은 손실수두는 3 m이었다. 축소단면에서의 압력을 구하라.

08 물이 흐르고 있는 직경 15 cm인 수직관의 하단에 직경 5 cm인 노즐이 부착되어 있다. 이 관의 어느 한 단면에 부착된 압력계의 읽음이 3 kg/cm²이었으며 압력계는 노즐 출구보다 3.6 m 높은 곳에 위치하였다. 이 두 점 간의 수두손실이 1.8 m이었다면 관을 통해 흐르는 유량은 얼마이겠는가?

09 직경 30 cm인 관이 수면표고 EL.100 m인 저수지의 EL.85 m인 점으로부터 EL.55 m인 점까지 연결되어 있으며 관의 말단은 7 cm의 노즐로 되어 있다. 이 관로에 걸친 손실수두가 9 m라면 유량은 얼마이겠는가?

10 수면표고 EL.55 m인 저수지로부터 수면표고 EL.100 m인 지점까지 0.6 m³/sec의 물을 양수하는 데 소요되는 펌프의 동력을 계산하라. 전 수두손실은 12 m이다.

11 수력 터빈에 2.8 m³/sec의 물이 송수되고 있다. 입구직경 1 m인 점의 표고는 EL.42 m이며 압력계는 3.5 kg/cm²을 가르키고 있다. 터빈의 출구직경 1.5 m인 지점의 표고가 EL.39 m이고 압력계는 15 cmHg의 부압을 나타내었다면 터빈이 얻을 수 있는 동력은 얼마이겠는가? 전 수두손실은 9 m이며 터빈의 효율은 85 %로 가정하라.

12 직경 25 cm인 관의 마찰손실계수가 0.03이고 이 관의 중립축으로부터 5 cm 떨어진 점에 있어서의 마찰응력이 1.4×10^{-4} kg/cm²라면 이 관을 통해 흐르는 유량은 얼마인가?

13 20℃의 물이 3 m/sec의 평균유속으로 직경 7 cm, 길이 300 m인 강관 내로 흐르고 있다. 손실수두를 구하라.

14 직경이 5 cm이고 길이가 10 m인 관을 통해 20℃의 물이 220 kg/min의 율로 흐른다. 이 관로의 양단에 연결된 시차액주계의 눈금차가 48 cm이며 액주계 내 유체의 비중이 3.2라면 마찰손실계수와 Reynolds 수는 얼마이겠는가?

15 길이가 6 m이고 직경이 5 cm인 주철관 내로 22℃의 물이 흐를 때 수두손실이 0.3 m로 측정되었다. 이 관을 통해 흐르는 유량은 얼마이겠는가?

16 어떤 매끈한 관내로 0.15 m³/sec의 유체가 흐를 때 마찰손실계수가 0.06이었다. 이 관내로 동일유체가 0.30 m³/sec의 유량으로 흐른다면 마찰손실계수는 얼마이겠는가?

17 직경이 15 cm인 매끈한 관에 20℃의 물이 0.15 m³/sec로 흐를 때 어떤 길이에 걸친 손실수두는 4.5 m이었다. 같은 길이에서 유량이 0.45 m³/sec로 흐른다면 손실수두는 얼마이겠는가?

18 비중이 0.92인 기름이 직경 5 cm인 매끈한 관내로 2.4 m/sec의 유속으로 흐르며 이때의 Reynolds 수는 7,500이었다. 관벽에서의 마찰응력을 구하라.

19 직경이 8 cm, 길이가 300 m인 관로와 직경 10 cm, 길이 300 m인 관로에 동일한 유체가 흐르고 있다. 이 두 관로 내 흐름의 Reynolds 수가 동일하도록 유량을 조절했다면 두 관로에서 발생하는 손실수두의 비는 얼마이겠는가?

20 직경이 30 cm이고 길이가 150 m인 관의 벽면 내에 모래알 조도가 0.25 cm 되도록 하였다. 이 관로에 0.3 m³/sec의 물을 흘렸을 때 수두손실이 12 m였다. 만약 유량을 0.6 m³/sec로 증가시켰다면 손실수두의 크기는 얼마나 되겠는가?

21 비중이 0.85인 유체가 직경 10 cm인 매끈한 수평관에 0.004 m³/sec의 유량으로 흐른다. 이 관로의 60 m 연장에 걸친 압력강하량이 0.018 kg/cm²이었다면 이 유체의 동점성계수는 얼마이겠는가?

22 20℃의 글리세린이 직경 5 cm인 관에 흐르고 있다. 관의 중립축에서의 유속이 2.4 m/sec일 때 유량을 계산하라. 또한 이 관의 3 m 길이에 걸친 손실수두를 구하라.

23 직경이 30 cm이고 길이가 300 m인 관로를 통해 물이 표고 EL.115 m인 지점으로부터 EL.100 m인 지점으로 흐른다. 표고 115 m인 지점에서의 압력계 읽음이 2.8 kg/cm²이었고 100 m인 지점에서는 3.5 kg/cm²이었다. 손실수두의 크기와 관벽에서의 마찰응력 및 관벽으로부터 7 cm 떨어진 점에 있어서의 마찰응력을 구하라. 만약 0.14 m³/sec의 유량으로 물이 흐른다면 마찰손실계수와 마찰속도는 각각 얼마이겠는가?

24 비중이 0.90이고 동점성계수가 0.9×10⁻³ m²/sec인 기름이 직경 30 cm인 관 내를 1.5 m/sec의 평균유속으로 흐르고 있다. 관의 중립축으로부터 7.5 cm 떨어진 점에 있어서의 마찰응력과 유속을 구하라.

25 그림 6-23과 같은 관에 비중 0.92인 기름이 0.0036 m³/min의 유량으로 흐르고 있다. 이 흐름은 층류인가? 난류인가? 이 기름의 동점성계수는 얼마이며 만약 기름이 그림에 표시된 방향과 반대되는 방향으로 동일한 유량으로 흐른다면 시차액주계의 눈금차는 얼마가 될까?

26 연습문제 24에서 유체의 동점성계수가 0.9×10⁻⁵ m²/sec이며 매끈한 관이라 가정하고 문제를 풀어라.

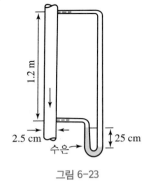

그림 6-23

27 직경 30 cm인 관 속에 난류가 흐르고 있다. 관의 중립축과 관벽으로부터 5 cm 떨어진 점에 있어서의 유속이 각각 6 m/sec 및 5.1 m/sec라면 관 마찰손실계수와 유량은 각각 얼마이겠는가?

28 직경 15 cm인 매끈한 관에 $R_e = 25,000$으로 유체가 흐른다. 식 (6.39)에 의해 계산한 (V/u_c)값과 7승근 법칙으로부터 계산한 값을 비교해 보라.

29 단면적이 0.8 m²이고 윤변이 3.6 m인 구형 콘크리트관에 18℃의 물이 2.4 m/sec의 평균유속으로 흐르고 있다. 이 관로의 연장 60 m에 걸친 최소손실수두를 구하라.

30 Reynolds 수 $10^5 < R_e < 10^6$인 흐름에 대한 Hazen-Williams의 평균유속계수 $C_{HW} = 140$일 때 이에 상응하는 상대조도를 구하라.

31 직경 30 cm인 관내의 흐름이 완전난류일 때 이 관의 Manning 조도계수가 0.025라면 마찰손실계수는 얼마이겠는가? 또한 이에 상응하는 Chezy의 평균유속계수를 구하라.

32 직경이 30 cm이고 길이 6 km인 주철관이 30℃의 물을 0.32 m³/sec로 운반하고 있다. Hazen-Williams 공식, Manning 공식 및 Darcy-Weisbach 공식으로 각각 손실수두를 계산하여 비교하라. 미소손실은 무시하라.

33 직경 80 cm이고 길이 3.2 km인 리벳된 강관이 표고차 102 m인 두 저수지를 연결하고 있으며 수온은 10℃이다. Hazen-Williams, Manning 및 Darcy-Weisbach 공식을 사용하여 유량을 각각 계산하라. 미소손실은 무시하라.

34 수면표고차가 5 m인 두 저수지가 1,200 m 간격으로 서로 떨어져 있다. 이 두 저수지를 직경 50 cm인 매끈한 콘크리트 관으로 연결시킨다면 유량은 얼마나 되겠는가? Hazen-Williams, Manning 및 Darcy-Weisbach 공식으로 각각 계산하라. 미소손실은 무시하라.

35 직경 15 cm인 수평관이 직경 30 cm로 급확대되는 관수로에 0.14 m³/sec로 물이 흐르고 있다. 15 cm 관에서의 압력이 1.4 kg/cm²였다면 직경 30 cm인 관에서의 압력은 얼마이겠는가? 단, 마찰손실은 무시하라.

36 그림 6–24와 같은 관로에 비중이 0.9인 유체가 흐르고 있다. 직경 7.5 cm인 관에서의 평균유속은 6 m/sec이며 흐름의 Reynolds 수는 10^5이다. 15 cm 관에서의 압력을 구하라.

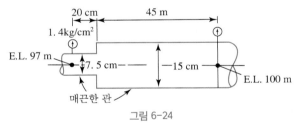

그림 6–24

37 그림 6–25와 같은 관로에 물이 흐르고 있다. 시차액주계 내 수은의 눈금차와 방향을 구하라.

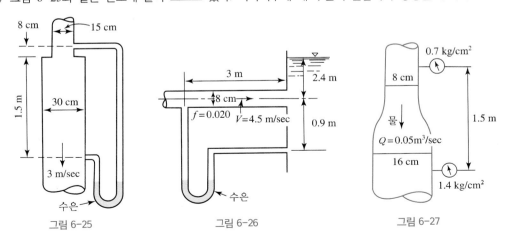

그림 6–25   그림 6–26   그림 6–27

38 그림 6-26과 같이 물이 수조로 흘러들어가고 있다. 시차액주계의 눈금차와 그 방향을 결정하라.

39 그림 6-27과 같은 단면 점확대부에 대한 손실계수를 개략적으로 결정하라.

40 직경 15 cm인 수평관 내 흐름의 평균유속은 0.9 m/sec이다. 이 관이 직경 5 cm로 급축소할 때 손실수두를 계산하라. 15 cm 관에서의 압력이 $3.5 \, kg/cm^2$이라면 5 cm 관에서의 압력은 얼마이겠는가? 마찰손실은 무시하라.

41 그림 6-28과 같이 물이 흐르고 있다. 30 cm 관에서의 평균유속이 2.4 m/sec일 때 압력계의 읽음을 구하라.

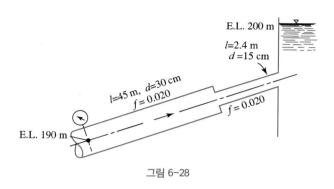

그림 6-28

42 그림 6-29와 같은 관로를 통해 흐르는 유량을 계산하라. 만약 이 관내의 유량이 $0.05 \, m^3/sec$라면 H는 얼마일까?

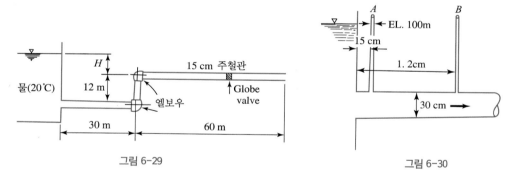

그림 6-29

그림 6-30

43 그림 6-30과 같은 관로 내의 유량이 $0.3 \, m^3/sec$일 때 세관 A와 B 내의 수면표고를 결정하라. A 관은 수축단면에 세운 관이다.

44 직경 15 cm인 관로가 90°로 만곡되며 만곡의 곡률반경은 1.5 cm이다. 이 만곡부를 통한 흐름의 평균유속은 3 m/sec, Reynolds 수는 2×10^5이다. 만곡으로 인한 손실수두를 계산하라.

45 직경이 5 cm이고 길이가 1.5 m인 관이 수조에 연결되어 있다. 이 관은 말단에서 대기 중으로 물을 방출하게 되어 있으며 수조 내 수면과는 3.6 m의 표고차를 가지고 있다. 수조에 아주 가까운 관로상에 Gate valve가 장치되어 있을 때 $\frac{1}{2}$ 및 $\frac{1}{4}$ 개방 시의 유량을 각각 구하라. 단, 이 관의 마찰손실계수는 0.02로 가정하라.

02

Part

Hydraulics

Chapter 7

관로시스템 및 관망 내 흐름의 해석

7.1 서 론

관수로 내의 정상류에 관련되는 여러 가지 공학적 문제는 6장의 기본이론 및 경험적 방법에 의해 해석될 수 있다. 따라서 본 장에서는 우선 지금까지 전개해 온 관수로 내 정상류의 해석원리를 이용하여 실무에서 자주 접하게 되는 관로시스템(pipeline system)과 관망(pipe network) 내 흐름을 해석하는 방법을 알아보기로 한다. 관로시스템에는 단일등단면 및 부등단면 관수로라든지 병렬관수로, 다지관수로 등의 복합관수로와 가장 복잡한 시스템인 관망 등이 있으며 이들의 수리학적 해석은 관수로 내 정상류 해석방법에 기초를 두고 있는 것이다.

관로시스템에서의 대부분의 흐름 문제는 시간에 따라 흐름의 특성이 변화하지 않는 정상류 문제이며 또한 물의 압축성을 무시할 수 있는 문제이나 몇몇 수리현상에서는 물을 압축성유체로 생각해야 할 뿐 아니라 관로시스템 내의 흐름을 시간에 따라 특성이 변하는 부정류로 취급하지 않으면 안 될 경우가 있다. 즉, 갑작스런 관의 밸브 조정이나 펌프의 시동 및 정지에 의한 과도수리현상(hydraulic transient)이 이에 속하며 가장 대표적인 수격작용과 이의 감소를 위해 설계되는 조압수조에 대해서도 본 장에서 살펴보기로 한다.

7.2 관수로 내 정상류 문제의 유형

일반적으로 관수로내 정상류의 문제는 공학적인 해석절차에 따라 대략 다음 세 가지 유형으로 분류할 수 있다.

(1) 관로를 통한 유량(Q)이 주어지고 관의 특성제원(l, d, ε)이 주어졌을 때 관로의 임의길이 (l)에 걸친 손실수두(h_L) 혹은 압력강하량(Δp)를 구하는 문제

(2) 관로의 특성제원과 흐름을 가능하게 하는 전 수두차(H)가 주어졌을 때 관로를 통해 흐를 수 있는 유량을 구하는 문제

(3) 관로의 두 단면 간의 압력강하량(혹은 손실수두)이 주어졌을 때 소정의 유량을 소통시키는 데 필요한 관의 직경을 구하는 문제

상기한 세 가지 유형의 문제 중에서 (1)의 경우는 가장 간단한 경우로서 Darcy-Weisbach 공식과 연속방정식 및 Moody 도표(그림 6–8)를 사용하면 해결되나 (2), (3)의 경우는 시행착오법 (trial and error method)에 의해서만 정확한 해석이 가능하다. 즉, (2)의 경우 유량을 구하기 위해서는 Darcy-Weisbach 공식으로부터 평균유속(V)를 구하여 단면적(A)을 곱해야 하나 마찰손실계수(f)는 미지수인 V를 변수로 가지는 Reynolds 수의 함수이므로 직접 평균유속(V)를 계산할 수는 없다. (3)의 경우에 있어서도 Darcy-Weisbach 공식으로부터 평균유속을 구하여 유량을 평균유속으로 나눔으로써 관의 소요단면적을 계산하여 관경을 결정할 수 있으나 Darcy-Weisbach 공식의 f는 미지수인 평균유속(V) 및 상대조도(ϵ / d)의 함수이므로 V를 바로 계산할 수가 없다.

관수로 내 흐름의 마찰손실계수 f가 Reynolds 수에 따라 변화하는지, 변화하지 않는지를 모르는 상태에서는 상술한 (2) 및 (3)의 경우의 문제는 Moody 도표를 사용하여 시행착오법으로 풀이하는 것이 올바른 해법이나, 전술한 바 있는 $f \sim n$관계식(식 (6.77))을 사용하여 관의 조도계수 n으로부터 f를 직접 계산한 후 Darcy-Weisbach 공식에 의해 시행착오법에 의하지 않고 바로 문제를 풀이할 수도 있다. 그러나 엄밀한 의미에서 식 (6.77)은 f가 관로 내의 흐름 상태를 표시하는 Reynolds 수에는 무관하고 관벽의 조도 n에 따라 일정한 값을 가진다는 가정 하에서만 적용할 수 있으므로 관로 내의 흐름이 완전난류가 아닐 경우에는 계산에 오차가 생기게 된다. 뿐만 아니라 관벽의 조도계수 n는 실제로 측정할 수 있는 물리량이 아니라 경험적으로 결정된 계수이므로 그 값의 정도에도 문제점이 없지 않다. 따라서 식 (6.77)에 의한 관로문제의 해석은 근사해이며 정확한 해법은 역시 Moody 도표를 사용하는 방법이라 할 수 있다. 그러나 식 (6.77)에 의한 해법은 상술한 (1), (2), (3)의 경우에 속하는 문제를 시행착오에 의하지 않고 직접 계산할 수 있어 계산절차가 아주 간단하고 또한 실제 관로 내 흐름이 대부분 완전난류상태로 흐르므로 이 근사해를 실제 문제의 해석에 많이 사용하고 있는 것이 사실이다.

위에서 언급한 세 가지 경우에 대한 해석방법의 이해를 돕기 위해 각 경우에 대한 예제 풀이를 아래에 수록하였다. 정해법과 근사해법에 의한 결과를 비교하기 위해 별해에서는 식 (6.77)을 사용한 근사해법을 예시하였다. 또한 7.3절 이하의 흐름 문제 해석에서는 정해법만을 사용하였음을 부언해 둔다.

문제 7-01

(1)의 경우
직경이 10 cm인 에나멜 코팅관을 통하여 30℃의 물이 흐르고 있다. 이 관에 흐르는 유량이 0.02 m³/sec일 때 400 m 길이에 걸쳐 생기는 손실수두를 구하라.

풀이 부록 II-2로부터 30℃의 물의 동점성계수는 $\nu = 0.804 \times 10^{-6}\,\mathrm{m^2/sec}$

$$V = \frac{Q}{A} = \frac{0.02}{\frac{\pi}{4}(0.1)^2} = 2.548\,\mathrm{m/sec}$$

$$R_e = \frac{Vd}{\nu} = \frac{2.548 \times 0.1}{0.804 \times 10^{-6}} = 317,000$$

$R_e > 4,000$ 이므로 흐름은 난류이다. Moody 도표(그림 6-8)로부터 $R_e = 317,000$ 일 때 매끈한 관에 대한 마찰손실계수는

$$f = 0.0146$$

따라서

$$h_L = 0.0146 \times \frac{400}{0.1} \times \frac{(2.548)^2}{2 \times 9.8} = 19.34\,\mathrm{m}$$

별해 에나멜 코팅관의 조도계수는 표 6-5에서 $n = 0.009$를 취하고 식 (6.77)을 사용하면

$$f = \frac{124.5 \times (0.009)^2}{(0.1)^{1/3}} = 0.0217$$

$$V = \frac{Q}{A} = 2.548\,\mathrm{m/sec}$$

$$h_L = 0.0217 \times \frac{400}{0.1} \times \frac{(2.548)^2}{2 \times 9.8} = 28.75\,\mathrm{m}$$

근사해법이므로 Manning의 조도계수에 따라 약간 차이가 날 수 있다.

문제 7-02

(2)의 경우
20.3℃의 물이 직경 25 cm인 리벳강관(riveted-pipe) 속에 흐르고 있다. 관벽의 상당조도 $\varepsilon = 4\,\mathrm{mm}$ 이고 손실수두가 400 m 길이에서 6 m이었다면 이 관 속에 흐르는 유량은 얼마이겠는가?

풀이 상대조도는

$$\frac{\varepsilon}{d} = \frac{0.004}{0.25} = 0.016$$

Darcy-Weisbach 공식의 유속 V와 마찰손실계수 f가 모두 미지수이므로 시행착오법을 써야 한다.
우선 $f = 0.04$라 가정하면 Darcy-Weisbach 공식은

$$6 = 0.04 \times \frac{400}{0.25} \times \frac{V^2}{2 \times 9.8} \qquad \therefore V = 1.36 \, \text{m/sec}$$

부록 II-2로부터 20.3℃의 물의 $\nu = 1.0 \times 10^{-6} \, \text{m}^2/\text{sec}$

$$R_e = \frac{1.36 \times 0.25}{1.0 \times 10^{-6}} = 3.4 \times 10^5$$

$R_e = 3.4 \times 10^5$와 $\varepsilon/d = 0.016$에 대한 f 값을 Moody 도표로부터 읽으면 $f = 0.0422$이며 이는 가정치인 $f = 0.04$와 약간 상이하다. 따라서 $f = 0.0422$로 재가정하고 계산을 반복하면, Darcy-Weisbach 공식으로부터

$$6 = 0.0422 \times \frac{400}{0.25} \times \frac{V^2}{2 \times 9.8} \qquad \therefore V = 1.32 \, \text{m/sec}$$

$$R_e = \frac{1.32 \times 0.25}{1.0 \times 10^{-6}} = 3.3 \times 10^5$$

Moody 도표로부터 $R_e = 3.3 \times 10^5$, $\varepsilon/d = 0.016$에 대한 $f = 0.0422$이다.

따라서 $f = 0.0422$가 옳은 값이며 이에 해당하는 $V = 1.32 \, \text{m/sec}$가 이 관 속에 흐르는 흐름의 평균유속이다. 따라서 구하고자 하는 유량은

$$Q = A V = \frac{\pi}{4} \times (0.25)^2 \times 1.32 = 0.0647 \, \text{m}^3/\text{sec}$$

별해 리벳강관의 조도계수는 표 6-5에서 $n = 0.015$를 취하고
식 (6.77)을 사용하면

$$f = \frac{124.5 \times (0.015)^2}{(0.25)^{1/3}} = 0.0445$$

$$6 = 0.0445 \times \frac{400}{0.25} \times \frac{V^2}{2 \times 9.8} \qquad \therefore V = 1.29 \, \text{m/sec}$$

$$Q = \frac{\pi (0.25)^2}{4} \times 1.29 = 0.0633 \, \text{m}^3/\text{sec}$$

문제 7-03

(3)의 경우
깨끗한 단철관(wrought-iron pipe)을 통하여 0.2 m³/sec의 기름을 운반하고자 한다. 이 관의 1,000 m 길이에서의 손실수두를 8 m로 하고자 할 때 소요되는 관경을 계산하라. 단 관벽의 절대조도 $\varepsilon = 0.0457$ mm이며 기름의 $\nu = 0.7 \times 10^{-5}$ m²/sec이다.

풀이 연속방정식에 의하면 $V = \dfrac{Q}{A} = \dfrac{Q}{\dfrac{\pi}{4} d^2}$

Darcy-Weisbach 공식에 이를 대입하면

$$h_L = f \frac{l}{d} \frac{Q^2}{2g(\pi d^2/4)^2}$$

이 식을 변형시키면

$$d^5 = \frac{8l\,Q^2}{g\,\pi^2 h_L} f = C_1 f \tag{a}$$

여기서 $C_1 = 8l\,Q^2/g\,\pi^2 h_L$ 로서 문제에서 모든 변수값이 주어졌으므로 상수이다. 즉, 주어진 값을 대입하면

$$d^5 = \frac{8 \times 1{,}000 \times (0.2)^2}{9.8 \times (3.14)^2 \times 8} f = 0.414 f \tag{b}$$

그런데, $V = \dfrac{4Q}{\pi d^2}$ 이므로 Reynolds 수는

$$R_e = \frac{Vd}{\nu} = \frac{4Q}{\pi \nu} \frac{1}{d} = \frac{C_2}{d} \tag{c}$$

여기서도 $C_2 = 4Q/\pi\nu$ 는 상수이다. 즉, 주어진 값을 식 (c)에 대입하면

$$R_e = \frac{4 \times 0.2}{3.14 \times 0.7 \times 10^{-5}} \frac{1}{d} = \frac{3.64 \times 10^4}{d} \tag{d}$$

이 문제에서 구하고자 하는 관경은 식 (b)에서와 같이 f 의 함수이고 f 는 다시 식 (d)로 표시되는 Reynolds 수와 상대조도 ε/d 의 함수이므로 f 를 가정하는 시행착오법을 써야 한다. 즉, $f = 0.02$라 가정하면 식 (b)로부터

$$d = (0.414 \times 0.02)^{1/5} = 0.383\,\mathrm{m}$$

식 (d)에 대입하면

$$R_e = \frac{3.64 \times 10^4}{0.383} = 95{,}039$$

$$\frac{\varepsilon}{d} = \frac{4.57 \times 10^{-5}}{0.383} = 0.00012$$

Moody 도표에서 $R_e = 95{,}039$, $\varepsilon/d = 0.00012$ 에 대한 $f = 0.019$ 이다.
가정한 f 값보다 약간 작으므로 $f = 0.019$ 라 재가정하고 앞의 절차를 반복하면

$$d = 0.380\,\mathrm{m}, \quad R_e = 95{,}790, \quad \frac{\varepsilon}{d} = 0.00012$$

Moody 도표로부터 $f = 0.019$
따라서 $d = 0.38\,\mathrm{m}$ 가 만족되는 관경이므로 상업용 400 mm 단철관을 사용하면 된다.

별해 깨끗한 단철관은 주철관보다 매끈하므로 조도계수는 표 5–6에서 $n = 0.012$ 를 취한다.
Darcy-Weisbach 공식에 식 (6.77)과 $V = Q/A$ 를 대입하면

$$h_L = \frac{124.5\,n^2}{d^{1/3}} \frac{l}{d} \frac{8Q^2}{g\,\pi^2 d^4}$$

$$d^{16/3} = \frac{996\,n^2 l\,Q^2}{g\,\pi^2 h_L} = \frac{996 \times (0.012)^2 \times 1{,}000 \times (0.2)^2}{9.8 \times (3.14)^2 \times 8} = 0.00742$$

$$\therefore\ d = (0.00742)^{3/16} = 0.399\,\text{m}$$

위의 세 가지 예제에서 살펴본 바와 같이 관수로 내 정상류 문제를 해결하고자 할 경우에는 우선 당면한 문제가 어떤 유형에 속하는지를 파악한 후 직접 계산이 가능한지 혹은 시행착오법에 의해야 하는지를 판단하는 것은 문제의 정확한 해석을 위해 매우 중요하다.

그러나 전술한 바와 같이 관수로의 실질적인 설계문제에 있어서는 대부분의 경우 흐름의 Reynolds 수가 매우 크고 흐름이 수리학적으로 거치른 영역(hydraulically rough region)에 있으므로 Moody 도표의 마찰계수는 Reynolds 수에는 무관하고 상대조도에만 관계가 있으므로 (2), (3)의 경우에 해당하는 문제를 시행착오법에 의하지 않고 직접 해석하여 근사해를 구하는 것이 보통이다.

7.3 단일 관수로 내의 흐름 해석

단일관수로(single pipe line)란 관로가 분기 혹은 합류하지 않을 뿐 아니라 관망을 형성하지 않는 한 가닥의 관수로를 뜻하며, 흐름 해석의 입장에서 볼 때 7.2절에서 언급한 세 가지 유형의 문제가 있을 수 있으나 연속방정식과 Bernoulli 방정식 및 Moody 도표를 이용하여 문제를 해결할 수 있다. 단일관수로의 형상은 등단면, 부등단면, 사이폰(siphon) 등 여러 가지가 있을 수 있다.

7.3.1 두 수조를 연결하는 등단면 관수로

그림 7 - 1과 같이 수위차가 H인 두 수조가 직경 d, 길이 l인 관으로 연결되어 있을 때 이 관로를 통해 흐르는 유량을 구해 보기로 하자. 두 수조 내의 수위가 일정하다고 가정하고 두 수조의 수면 사이에 Bernoulli 방정식을 쓰면

$$\frac{p_1}{\gamma} + \frac{V_1^2}{2g} + z_1 = \frac{p_2}{\gamma} + \frac{V_2^2}{2g} + z_2 + h_L + \sum h_m \tag{7.1}$$

두 수조의 수면에서의 압력과 유속은 영이므로 $p_1 = p_2 = 0$, $V_1 = V_2 = 0$이며 h_L은 관을 통한 마찰손실수두이고 $\sum h_m$은 미소손실의 합이다. 따라서 식 (7.1)을 다시 쓰면

$$z_1 - z_2 = H = h_L + \sum h_m = h_L + h_{sc} + h_{se} \tag{7.2}$$

즉,

$$H = \left(f\, \frac{l}{d} + 0.5 + 1 \right) \frac{V^2}{2\,g} \tag{7.3}$$

식 (7.2)가 가지는 물리적 의미는 단위무게의 물이 수면 1로부터 수면 2로 이동함에 따라 H만한 수두를 잃게 되는데, 이는 관마찰손실과 미소손실인 단면 급축소 및 급확대 손실로 인한 것이라는 뜻이며 이와 같은 에너지 관계는 그림 7-1의 에너지선이 도식적으로 설명해 주고 있다.

관 속의 흐름이 완전난류라 가정하고 마찰손실계수 $f = 0.03$을 임의로 선택하고 $l/d =$ 100, 1,000, 10,000에 대한 식 (7.3)의 괄호 속의 값(마찰 및 미소손실계수의 합)을 계산하면 각각 4.5, 31.5 및 301.5가 된다. 미소손실계수인 0.5와 1.0이 식 (7.3)에 미치는 영향은 l/d이 커질수록 상대적으로 작아짐을 알 수 있다. 즉, 식 (7.3)에서 미소손실을 완전히 무시하면 평균유속과 유량에는 각각 18, 2 및 0.3%의 오차가 생기게 된다. 그러므로 관로가 비교적 긴 흐름 문제에 있어서는 마찰손실이 전체 수두손실의 대부분을 차지하는 것이 보통이므로 미소손실을 완전히 무시하여 계산을 단순화하는 것이 통례이다.

뿐만 아니라 식 (7.3)에서 긴 관로에서는 l/d이 크므로 마찰손실계수는 커지나 $V^2/2\,g$은 상대적으로 작아진다. 따라서 정수장으로부터 송수에 사용되는 긴 관로의 해석에서는 흔히 속도수두를 미소손실의 경우처럼 무시하고 그림 7-2와 같이 동수경사선과 에너지선이 일치하는 것으로 보아 해석하기도 한다.

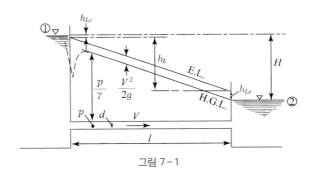

그림 7-1

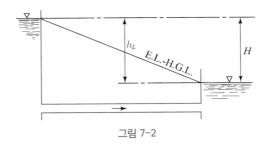

그림 7-2

그림 7-2와 같이 두 수조가 한 개의 관으로 연결되어 있다. 두 수면의 표고차가 15 m이고 연결관이 직경 30 cm, 길이 300 m인 주철관($\varepsilon = 0.26$ mm)이라면 이 관을 통해 흐를 수 있는 유량은 얼마이겠는가? 단, 물의 온도는 20℃이다.

풀이 20℃ 물의 $\nu = 1.006 \times 10^{-6} \mathrm{m}^2/\sec$ (부록 Ⅱ 참조)

$$R_e = \frac{Vd}{\nu} = \frac{V \times 0.3}{1.006 \times 10^{-6}} = 298,200\ V$$

Darcy-Weisbach 공식은

$$15 = \left(0.5 + f\,\frac{300}{0.3} + 1\right)\frac{V^2}{2 \times 9.8}$$

이 문제는 두 번째 경우의 문제에 속한다. 우선 $f = 0.03$으로 가정하면

$$V = 3.055\,\mathrm{m/sec}$$
$$R_e = 298,200 \times 3.055 = 911,000$$
$$\frac{\varepsilon}{d} = \frac{0.00026}{0.3} = 0.00086$$

따라서, Moody 도표로부터 $f = 0.02$를 얻으며 이는 가정치와 약간 차이가 있다.
$f = 0.02$로 다시 가정하고 동일한 계산을 반복하면

$$V = 3.7\,\mathrm{m/sec}$$
$$R_e = 298,200 \times 3.7 = 1,100,000$$
$$\frac{\varepsilon}{d} = 0.00086$$

Moody 도표로부터 $f = 0.02$를 얻게 되며 이는 가정치와 일치한다. 따라서

$$V = 3.7\,\mathrm{m/sec} \qquad \therefore Q = \frac{\pi (0.3)^2}{4} \times 3.7 = 0.261\,\mathrm{m}^3/\sec$$

7.3.2 수조에 연결된 노즐이 붙은 관

수조에 연결된 관의 끝에 노즐(nozzle)이 붙어 있을 경우(그림 7-3) 수조 내 수면과 노즐 중심축 간의 표고차 H는 단면 급축소손실, 마찰손실, 단면 점축소손실수두 및 노즐출구에서의 속도수두의 합과 같다. 즉,

$$H = K_{sc}\,\frac{V_1^2}{2g} + f_1\,\frac{l_1}{d_1}\,\frac{V_1^2}{2g} + K_{gc}\,\frac{V_2^2}{2g} + f_2\,\frac{l_2}{d_2}\,\frac{V_2^2}{2g} + \frac{V_2^2}{2g} \tag{7.4}$$

만약 l_1 / d_1 이 비교적 크고 l_2 / d_2 가 작으면 전술한 바와 같이 식 (7.4)의 첫 번째 항과 세 번째 항(미소손실수두)을 무시할 수 있고 일반적으로 노즐부의 길이 l_2 는 l_1 에 비해 매우 작으므로 네 번째 항도 거의 무시할 수 있다. 따라서 식 (7.4)는

$$H = f_1 \frac{l_1}{d_1} \frac{V_1^2}{2g} + \frac{V_2^2}{2g} \qquad (7.5)$$

그런데 노즐을 통한 유량을 구하기 위해서는 V_2 를 구해야 하므로 연속방정식 $Q = A_1 V_1 = A_2 V_2$ 를 식 (7.5)와 연립해서 풀어야 한다.

그림 7-3 (a)는 모든 미소손실을 고려한 에너지선과 관내의 속도수두를 고려한 동수경사선을 표시하고 있으나 그림 7-3 (b)는 이들 미소손실과 관내의 속도수두를 무시한 에너지 및 동수경사선을 표시하고 있다.

그림 7-3과 같은 노즐은 수력발전소에서 수압관의 말단에 부착하여 터빈을 돌려 발전하는 데 사용되는 좋은 예라 하겠다. 이때의 주관심사는 노즐을 통해 분사되는 수량이 아니라 분류에 의해 발생되는 동력인 것이다. 노즐로부터 분사되는 수맥의 단위무게당 에너지는 바로 속도수두 이므로 이로 인한 동력은 다음 식으로 표시할 수 있다.

$$P = \gamma Q \frac{V_2^2}{2g} \qquad (7.6)$$

식 (7.5)에 $V_1 = Q / A_1$ 을 대입하고 변형하면

$$\frac{V_2^2}{2g} = H - \frac{f_1 l_1 Q^2}{2g d_1 A_1^2} \qquad (7.7)$$

식 (7.7)을 식 (7.6)에 대입하면

$$P = \gamma Q \left[H - \frac{f_1 l_1 Q^2}{2g d_1 A_1^2} \right] \qquad (7.8)$$

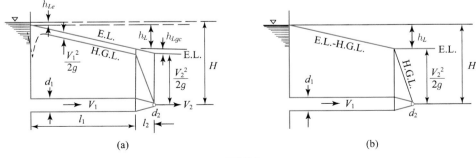

그림 7-3

따라서 동력이 최대가 될 조건은 $dP/dQ = 0$ 일 경우이므로

$$\frac{f_1 l_1 Q^2}{2g d_1 A_1^2} = \frac{H}{3} \qquad (7.9)$$

식 (7.9)의 조건을 식 (7.7)에 대입하면

$$\frac{V_2^2}{2g} = \frac{2}{3} H \qquad (7.10)$$

식 (7.10)이 최대동력을 발생시키기 위한 조건이며, 이 조건을 만족시킬 수 있도록 관로와 노즐을 설계하게 된다.

문제 7-05

그림 7-3에서 $H = 46.6$ m이고 $d_2 = 10$ cm, $l_2 = 1$ m이며 $d_1 = 30$ cm, $l_1 = 200$ m일 때 노즐을 통해 분사되는 유량과 발생가능한 동력을 계산하라. 단, 사용된 관은 주철관($\varepsilon = 0.26$ mm)이며 $\nu = 1.006 \times 10^{-6}$ m²/sec이고, 미소손실은 무시하라.

풀이 단면축소부(l_2)에서의 마찰손실 및 긴 관로(l_1)의 미소손실을 무시하고 식 (7.5)에

$V_2 = \left(\dfrac{d_1}{d_2}\right)^2 V_1$ 을 대입하면

$$H = \left[f_1 \frac{l_1}{d_1} + \left(\frac{d_1}{d_2}\right)^4 \right] \frac{V_1^2}{2g}$$

$$46.6 = \left[f_1 \frac{200}{0.3} + \left(\frac{0.3}{0.1}\right)^4 \right] \frac{V_1^2}{2g} = (670 f_1 + 81) \frac{V_1^2}{2g}$$

$f_1 = 0.02$ 라 가정하면

$$V_1 = 3.11 \, \text{m/sec}$$

$$R_e = \frac{3.11 \times 0.3}{1.006 \times 10^{-6}} = 9.287 \times 10^5$$

$$\frac{\varepsilon}{d} = \frac{0.00026}{0.3} = 0.000867$$

Moody 도표로부터 $f = 0.0197$, 이 값은 가정치에 거의 가까우므로 $f = 0.0197$ 로 선택한다.
따라서 $V_1 = 3.11 \, \text{m/sec}$

$$V_2 = \left(\frac{0.3}{0.1}\right)^2 \times 3.11 = 28.0 \, \text{m/sec}$$

$$Q = \frac{\pi (0.1)^2}{4} \times 28.0 = 0.22 \, \text{m}^3/\text{sec}$$

발생가능한 동력은

$$P = \gamma Q \frac{V_2^2}{2g} = 1,000 \times 0.22 \times \frac{(28)^2}{2 \times 9.8} = 8.8 \times 10^3 \text{kg} \cdot \text{m/sec} = 86.24 \, \text{KW}$$

7.3.3 직렬 부등단면 관수로

직경과 관벽의 조도가 다른 두 관이 그림 7-4와 같이 연결되어 압력차에 의해 물이 흐르는 관을 직렬 부등단면 관수로라 하며, 전형적인 흐름 문제는 주어진 유량을 흘리는 데 소요되는 수두차 H를 구하거나 수두차 H가 일정하게 주어졌을 때 관로를 통하여 흐를 수 있는 유량을 결정하는 문제이다.

그림 7-4의 A점과 B점 사이에 Bernoulli 정리를 적용하면 수두차 H는 유입구손실, 관 1에서의 마찰손실, 단면 급확대손실, 관 2에서의 마찰손실 및 유출구손실의 합으로 표시될 수 있다. 즉

$$H = K_c \frac{V_1^2}{2g} + f_1 \frac{l_1}{d_1} \frac{V_1^2}{2g} + \frac{(V_1 - V_2)^2}{2g} + f_2 \frac{l_2}{d_2} \frac{V_2^2}{2g} + K_e \frac{V_2^2}{2g} \qquad (7.11)$$

연속방정식을 사용하면

$$V_2 = \left(\frac{d_1}{d_2}\right)^2 V_1$$

이를 식 (7.11)에 대입하여 V_2를 소거하면

$$H = \frac{V_1^2}{2g} \left[K_c + f_1 \frac{l_1}{d_2} + \left\{ 1 - \left(\frac{d_1}{d_2}\right)^2 \right\}^2 + f_2 \frac{l_2}{d_2} \left(\frac{d_1}{d_2}\right)^4 + K_e \left(\frac{d_1}{d_2}\right)^4 \right] \qquad (7.12)$$

여기서 $K_c = 0.5$, $K_e = 1.0$ 이므로 관의 특성제원(d, l)만 알면 식 (7.12)는 다음과 같아진다.

$$H = \frac{V_1^2}{2g} [C_0 + C_1 f_1 + C_2 f_2] \qquad (7.13)$$

여기서 C_0, C_1, C_2는 계산될 수 있는 상수이다.

만약 관로를 통해 흐르는 유량을 알고 수두차 H를 구하는 것이 문제라면 두 관의 Reynolds 수와 상대조도를 각각 구하여 Moody 도표로부터 f_1, f_2값을 읽어 식 (7.13)에 직접 대입함으로써 H를 구할 수 있다.

반대로, 수두차 H가 주어졌을 때 관로를 통한 유량을 알고자 할 때에는 7.2절의 두 번째 경우의 문제를 풀이할 경우와 같이 시행착오법을 사용한다. 즉, 식 (7.13)의 f_1, f_2를 우선 가정하여 V_1을 구한 후 계산된 Reynolds 수와 상대조도에 해당하는 f_1, f_2값을 계산하여 이를 가정치와

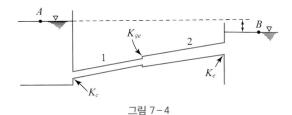

그림 7-4

비교하여 두 값이 거의 비슷해질 때까지 시산을 반복함으로써 정확한 V_1을 결정하며 따라서 유량을 계산할 수 있다. f_1, f_2의 값을 가정하여 유량을 결정하는 시행착오법 대신에 도식적 해법을 사용할 수도 있다. 즉, 여러 개의 상이한 유량치를 가정하여 그에 대한 f_1, f_2 값을 Moody 도표로부터 읽어 식 (7.13)에 의해 각 유량에 대한 H값을 계산하면 그림 7−5와 같은 곡선을 얻게 된다. 따라서 주어진 H에 대한 유량 Q는 그림 7−5로부터 읽을 수 있다. 이 방법은 여러 개의 부등단면관이 직렬로 연결되어 있을 때 사용하면 매우 편리하다.

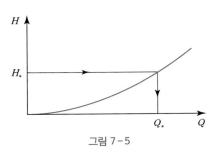

그림 7−5

문제 7-06

그림 7−4에서 $d_1 = 60$ cm, $l_1 = 400$ m, $\varepsilon_1 = 0.0015$ m이고 $d_2 = 100$ cm, $l_2 = 300$ m, $\varepsilon_2 = 0.0004$ m이며 $H = 8$ m일 때에 관로를 통해 흐르는 유량을 계산하라. 단, 물의 $\nu = 1.00 \times 10^{-6}$ m²/sec이다.

풀이 식 (7.12)에 기지치를 대입하면

$$8 = \frac{V_1^2}{2g}\left[0.5 + f_1\frac{400}{0.6} + \left\{1 - \left(\frac{0.6}{1}\right)^2\right\}^2 + f_2\frac{300}{1}\left(\frac{0.6}{1}\right)^4 + \left(\frac{0.6}{1}\right)^4\right]$$

$$= \frac{V_1^2}{2g}\left(1.04 + 666.7f_1 + 38.9f_2\right)$$

$\varepsilon_1/d_1 = 0.0025$, $\varepsilon_2/d_2 = 0.0004$ 이므로 Moody 도표(그림 6−8)의 완전난류영역에 있어서의 f 값을 우선 가정하면

$$f_1 = 0.025, \quad f_2 = 0.016$$

이 값들을 대입하여 V_1, V_2에 관해 풀면

$$V_1 = 2.925 \, \text{m/sec}, \quad V_2 = \left(\frac{0.6}{1}\right)^2 \times 2.925 = 1.053 \, \text{m/sec}$$

$$\boldsymbol{R}_{e_1} = \frac{2.925 \times 0.6}{1.0 \times 10^{-6}} = 1.755 \times 10^6, \quad \boldsymbol{R}_{e_2} = \frac{1.053 \times 1}{1.0 \times 10^{-6}} = 1.053 \times 10^6$$

Moody 도표로부터 f 값을 읽으면

$$f_1 = 0.025, \quad f_2 = 0.0163$$

이 값은 가정치와 거의 같으므로 계산을 끝낸다.

따라서

$$V_1 = 2.925 \, \mathrm{m/sec}, \quad Q = \frac{\pi}{4}(0.6)^2 \times 2.925 = 0.827 \, \mathrm{m^3/sec}$$

지금까지 살펴본 직렬 부등단면 관수로 내 흐름 문제는 등가길이관(equivalent-length pipe)의 개념을 사용하면 더욱 쉽게 풀이될 수 있다. 등가길이관이란 동일한 수두손실 하에 같은 크기의 유량이 흐르는 두 관계통(pipe system)을 의미한다. 즉, 두 관계통이 등가길이관이 되기 위한 조건은

$$h_{L_1} = h_{L_2}, \quad Q_1 = Q_2 \tag{7.14}$$

Darcy-Weisbach 공식에 의하면 직경 d_1, 길이 l_1 인 관(1관이라 칭함)의 손실수두는

$$h_{L_1} = f_1 \frac{l_1}{d_1} \frac{Q_1^2}{2g(\pi d_1^2/4)^2} = \frac{f_1 l_1}{d_1^5} \frac{8 Q_1^2}{g \pi^2} \tag{7.15}$$

관 1에 해당하는 등가길이관(관 2라 칭함)의 손실수두는

$$h_{L_2} = \frac{f_2 l_2}{d_2^5} \frac{8 Q_2^2}{g \pi^2} \tag{7.16}$$

식 (7.14)의 조건에 의해 식 (7.15)와 식 (7.16)을 같게 놓으면

$$\frac{f_1 l_1}{d_1^5} = \frac{f_2 l_2}{d_2^5} \tag{7.17}$$

따라서, 등가관(관 2)의 길이는

$$l_2 = \frac{f_1}{f_2} \left(\frac{d_2}{d_1} \right)^5 l_1 \tag{7.18}$$

식 (7.18)은 직경이 다른 관이 직렬로 연결되어 있을 때 등단면 단일관로로 대치하기 위해 타관의 등가길이를 계산하는 데 사용할 수 있으며 이는 흐름을 단순화해 준다.

등가길이관의 개념은 미소손실을 관마찰손실로 대치하는 데 사용될 수도 있다. 즉, 어떤 관계통에 있어서의 미소손실계수를 K라 하고 관의 직경을 d, 등가길이를 l_e, 마찰손실계수를 f, 평균유속을 V라 하면 등가길이관의 개념은

$$K \frac{V^2}{2g} = f \frac{l_e}{d} \frac{V^2}{2g} \tag{7.19}$$

따라서, 미소손실을 대표하는 등가길이는

$$l_e = \frac{Kd}{f} \tag{7.20}$$

식 (7.20)을 사용하면 미소손실을 마찰손실로 대치하기 위해 추가해 주어야 할 관의 길이를 결정할 수 있다.

문제 7-07

문제 7-06을 등가길이관의 개념에 의해 풀어라.

풀이 관 1에서 생기는 미소손실을 등가길이의 항으로 표시하면

$$K_1 = 0.5 + \left[1 - \left(\frac{0.6}{1} \right)^2 \right]^2 = 0.91$$

$$l_{e_1} = \frac{K_1 d_1}{f_1} = \frac{0.91 \times 0.6}{0.025} = 21.84 \, \text{m}$$

관 2의 미소손실은

$$K_2 = 1$$

$$l_{e_2} = \frac{K_2 d_2}{f_2} = \frac{1 \times 1}{0.016} = 62.50 \, \text{m}$$

사용된 f_1, f_2값은 예제 7-06에서처럼 흐름을 완전난류라 가정하고 ε / d에 의해 Moody 도표로부터 읽은 값을 그대로 사용하였다.

따라서, 이 문제는 421.84 m의 60 cm 관과 362.50 m의 100 cm 관이 연결된 문제로 생각하면 된다. 이제 100 cm 관을 식 (7.18)에 의거 60 cm 관의 등가길이 항으로 표시하면

$$l_e = \frac{0.016}{0.025} \left(\frac{0.6}{1} \right)^5 \times 362.5 = 18.04 \, \text{m}$$

따라서, 문제는 $l = 421.84 + 18.04 = 439.88 \, \text{m}$ 인 직경 60 cm의 등단면 관수로 내 흐름 문제가 된다. Darcy-Weisbach 공식을 사용하면

$$8 = f \frac{439.88}{0.6} \frac{V^2}{2g}$$

$\varepsilon / d = 0.0025$ 이므로 Moody 도표로부터 $f = 0.025$ 라 가정하면

$$V = 2.925 \, \text{m/sec}$$

$$R_e = \frac{2.925 \times 0.6}{1.0 \times 10^{-6}} = 1.755 \times 10^6$$

$$\frac{\varepsilon}{d} = 0.0025$$

Moody 도표로부터 $R_e = 1.755 \times 10^6$, $\varepsilon / d = 0.0025$ 에 대해 f 를 찾으면 $f = 0.025$ 이다. 따라서 가정치와 동일하므로

$$V = 2.925 \, \text{m/sec}, \quad Q = \frac{\pi}{4} (0.6)^2 \times 2.925 = 0.827 \, \text{m}^3 / \text{sec}$$

7.3.4 펌프 혹은 터빈이 포함된 관수로

관로의 도중에 펌프 혹은 터빈이 포함되어 있을 경우 펌프는 흐름에 에너지를 가해 주며 터빈은 흐름이 가지는 에너지의 일부를 빼앗게 된다. 펌프가 단위무게당의 물에 가해 주는 에너지즉, 수두를 E_P라 하고 터빈이 단위무게의 물로부터 얻는 에너지를 E_T라 하면 Bernoulli 방정식은 다음과 같아진다.

$$\frac{p_1}{\gamma} + \frac{V_1^2}{2g} + z_1 + E_P = \frac{p_2}{\gamma} + \frac{V_2^2}{2g} + z_2 + h_L + \sum h_m + E_T \qquad (7.21)$$

여기서 첨자 1, 2는 관로계의 임의 두 단면을 뜻하며 h_L과 $\sum h_m$은 단면 1, 2 사이의 마찰손실수두와 미소손실을 각각 표시한다.

문제 7-08

그림 7-6에서와 같이 펌프 AB가 직경 40 cm, 길이 2,000 m되는 리벳강관($\varepsilon = 4$ mm)을 통해 20℃의 물 ($\nu = 1.006 \times 10^{-6}$ m²/sec)을 C 수조로 양수하고자 한다. 양수율은 0.25 m³/sec이며 A 점에서의 압력은 0.14 kg/cm²였다. 펌프의 소요동력과 B점에 유지되어야 할 압력을 구하라.

풀이 A 점에 있어서의 평균유속은

$$V_1 = \frac{0.25}{\frac{\pi}{4}(0.3)^2} = 3.54 \, \mathrm{m/sec}$$

$$R_{e_1} = \frac{3.54 \times 0.3}{1.006 \times 10^{-6}} = 1.056 \times 10^6$$

$$\frac{\varepsilon}{d_1} = \frac{0.004}{0.3} = 0.0133 \quad \therefore f_1 = 0.04$$

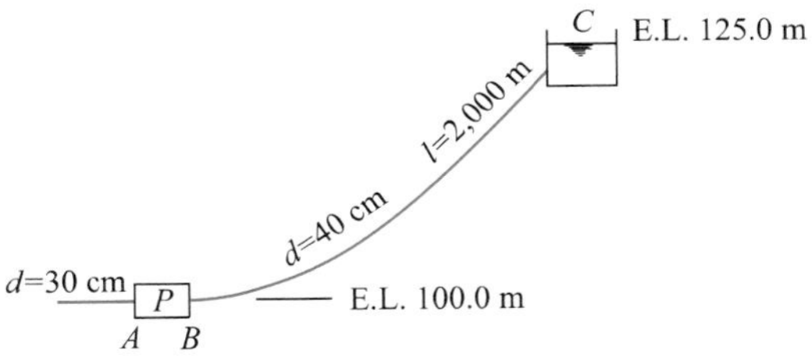

그림 7-6

BC관에 있어서의 평균유속은

$$V_2 = \frac{0.25}{\frac{\pi}{4}(0.4)^2} = 1.99 \, \mathrm{m/sec}$$

$$R_{e_2} = \frac{1.99 \times 0.4}{1.006 \times 10^{-6}} = 0.790 \times 10^6$$

$$\frac{\varepsilon}{d_2} = \frac{0.004}{0.4} = 0.01 \quad \therefore f_2 = 0.038$$

A점과 수조의 수면 C 사이에 Bernoulli 방정식을 쓰면

$$\frac{0.14 \times 10^4}{1,000} + \frac{(3.54)^2}{2 \times 9.8} + 0 + E_P = 0 + 0 + 25 + 0.038 \times \frac{2,000}{0.4} \times \frac{(1.99)^2}{2 \times 9.8} + \frac{(1.99)^2}{2 \times 9.8}$$

$$\therefore E_P = 61.55 \, \mathrm{m}$$

$$P = \gamma Q E_P = 1,000 \times 0.25 \times 61.55 = 15.39 \times 10^3 \, \mathrm{kg \cdot m/sec} = 150.8 \, \mathrm{kW}$$

B점에 유지되어야 할 압력을 구하기 위하여 A, B 사이에 Bernoulli 방정식을 쓰면

$$\frac{0.14 \times 10^4}{1,000} + \frac{(3.54)^2}{2 \times 9.8} + 61.55 = \frac{p_B \times 10^4}{1,000} + \frac{(1.99)^2}{2 \times 9.8}$$

$$\therefore p_B = 6.34 \,\text{kg/cm}^2$$

문제 7-09

그림 7-7과 같이 수력발전소에서 $6\,\text{m}^3/\text{sec}$의 물이 수차를 돌려 발전하고 있다. 수차와 발전기의 합성효율이 $82\,\%$라면 발전되는 출력은 얼마나 될까?

풀이 수압관을 통한 평균유속은

$$V = \frac{6}{\frac{\pi}{4}(1.5)^2} = 3.40 \,\text{m/sec}$$

수면 A, B 사이에 Bernoulli 방정식을 쓰면,
$f = 0.0244$ 이므로

$$0 + 0 + 82 = \left(0.5 + 0.0244 \times \frac{100}{1.5}\right.$$
$$\left. + 0.0244 \times \frac{10}{1.5} + 1\right)\frac{(3.40)^2}{2 \times 9.8} + 2 + E_T$$

$$\therefore E_T = 78.06 \,\text{m}$$

$$P = 0.82 \times 1,000 \times 6 \times 78.06$$
$$= 384,055.2 \,\text{kg} \cdot \text{m/sec} = 3,764 \,\text{kW}$$

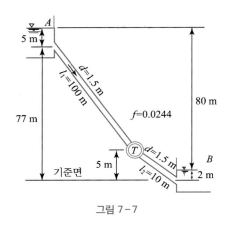

그림 7-7

7.3.5 사이폰

그림 7-8에서와 같이 유체를 동수경사선보다 높은 곳으로 끌어올린 후 낮은 곳으로 방출하는 관수로를 사이폰(siphon)이라 한다. 유체는 관수로 양단의 압력차에 의해 흐르는 것이므로 관로 도중에 높은 곳이 있다 하더라도 유체는 흐를 수 있으며 다만 동수경사선보다 위에 있는 부분의 관내압력은 부압(負壓)이라는 점이 일반관수로와 다르며 사이폰의 기능은 정점부의 부압의 크기에 제약을 받게 된다.

사이폰관의 직경을 d, 관 BC 및 CD의 길이를 각각 l_1, l_2라 하고 유입손실수두를 h_{Lc}, C점의 만곡부 손실수두를 h_b, D점의 유출구손실수두를 h_{Le}, 관마찰손실을 h_L이라 하고 두 수조의 수면 간에 Bernoulli 정리를 적용하면

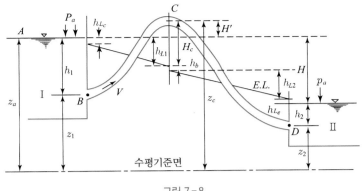

그림 7-8

$$H = h_{Lc} + h_{L_1} + h_b + h_{L_2} + h_{Le} \tag{7.22}$$

따라서

$$H = \frac{V^2}{2g}\left(K_c + f\,\frac{l_1}{d} + K_b + f\,\frac{l_2}{d} + K_e\right) \tag{7.23}$$

식 (7.23)은 단일관수로 흐름 문제 중 첫 번째 혹은 두 번째 유형에 속하는 문제이므로 유량을 알면 수위차 H를 구할 수 있고 수위차를 알면 유속 V를 계산하여 사이폰을 통해 흐르는 유량을 구할 수 있다.

다음으로 사이폰의 정점부 C에서의 압력을 구하기 위하여 수면 A와 C 단면 사이에 Bernoulli 방정식을 쓰면

$$z_a = \frac{p_c}{\gamma} + \frac{V^2}{2g} + z_c + \left(K_c + f\,\frac{l_1}{d} + K_b\right)\frac{V^2}{2g} \tag{7.24}$$

$$\frac{p_c}{\gamma} = (z_a - z_c) - \left(1 + K_c + f\,\frac{l_1}{d} + K_b\right)\frac{V^2}{2g} \tag{7.25}$$

식 (7.23)을 $V^2/2g$에 관해 푼 후 식 (7.25)에 대입하면

$$\frac{p_c}{\gamma} = H' - \frac{1 + K_c + f\,\dfrac{l_1}{d} + K_b}{K_c + f\,\dfrac{l_1}{d} + K_b + f\,\dfrac{l_2}{d} + K_e}\,H \tag{7.26}$$

사이폰의 특성제원이 완전히 주어지면 식 (7.26)은 다음과 같이 표시할 수 있다.

$$\frac{p_c}{\gamma} = H' - \frac{C_2}{C_1}\,H \tag{7.27}$$

여기서 H'은 상부수조의 수면과 사이폰 정점 간의 표고차로서 $(+)$ 혹은 $(-)$값을 가질 수 있고 C_1, C_2는 각종 손실계수와 사이폰의 특성제원으로부터 계산되는 상수이다.

식 (7.27)의 우변이 0보다 작으면 사이폰 정점 C에서의 압력은 부압이 된다. 이 경우, C점의 압력은 절대영압(絕對零壓, absolute zero pressure) 이하가 될 수는 없으므로 사이폰 작용이 지속되는 동안 C점에 가능한 최대 부압수두는 대기압(p_a)에 해당하는 수두이다. 즉,

$$\frac{p_c}{\gamma} = -\frac{p_a}{\gamma} = -\frac{1.013 \times 10^5}{9.8 \times 1,000} = -10.337\,\text{m} \tag{7.28}$$

이론적으로는 식 (7.28)의 값이 사이폰 작용이 계속될 수 있는 한계압력수두이나 실제에 있어서 이 수두에 해당하는 압력이 사이폰을 통해 흐르는 유량의 증기압과 같거나 작아지면 유체 중에 포함되어 있던 공기나 기타의 기체가 분리되어 정점부에 모이게 되므로 사이폰의 기능이 저하될 뿐 아니라 흐름의 비압축성 가정을 전제로 한 식 (7.23)이 성립되지 않는다. 따라서 식 (7.28)의 이론치보다 약간 작은 $p_a/\gamma = 8 \sim 9\,\text{m}$ 를 한계치로 하여 사이폰을 설계하는 것이 보통이다.

식 (7.27)과 (7.28)로부터 사이폰의 특성제원이 주어졌을 때 사이폰의 기능을 제대로 유지하기 위한 H의 한계치 $H_{\max}$ 를 구할 수 있다. 즉,

$$H_{\max} = \frac{C_1}{C_2}\left(H' + \frac{p_a}{\gamma}\right) \tag{7.29}$$

여기서 사이폰의 정점부가 상류수조의 수면보다 위에 있을 경우 H'의 부호는 $(-)$이며 p_a/γ 자체의 부호는 $(+)$임에 유의해야 한다.

문제 7-10

그림 7-8의 사이폰에서 수조 I의 수면표고는 100 m, C점의 표고는 102 m, $l_1 = 1,000$ m, $l_2 = 2,000$ m, $d = 0.4$ m, $f = 0.02$, $K_c = 0.5$, $K_b = 1.0$, $K_e = 1.0$이라 하고 사이폰 작용이 가능한 수조 II의 최저 수면표고를 구하라. 또한 이때의 유량을 계산하라.

풀이 식 (7.29)의 $H' = 100 - 102 = -2\,\text{m}$ 이고 $p_a/\gamma = 8\,\text{m}$ 로 취한다.

$$C_1 = K_c + f\frac{l_1}{d} + K_b + f\frac{l_2}{d} + K_e$$

$$= 0.5 + 0.02 \times \frac{1,000}{0.4} + 1 + 0.02 \times \frac{2,000}{0.4} + 1 = 152.5$$

$$C_2 = 1 + K_c + f\frac{l_1}{d} + K_b$$

$$= 1 + 0.5 + 0.02 \times \frac{1,000}{0.4} + 1 = 52.5$$

식 (7.29)에 대입하면

$$H_{\max} = \frac{152.5}{52.5}(-2 + 8) = 17.43\,\text{m}$$

즉, 수조 II의 수면표고가 $100 - 17.43 = 82.57\,\mathrm{m}$ 이하로 내려가면 사이폰 작용이 중지된다.

$H = 17.43\,\mathrm{m}$ 일 때의 사이폰을 통한 유량을 구하기 위해 식 (7.23)으로부터 V를 구하면

$$V = \frac{\sqrt{2gH}}{C_1} = \sqrt{\frac{2 \times 9.8 \times 17.43}{152.5}} = 1.497\,\mathrm{m/sec}$$

$$\therefore Q = \frac{\pi}{4}(0.4)^2 \times 1.497 = 0.188\,\mathrm{m^3/sec}$$

7.4 복합 관수로 내의 흐름 해석

관로의 설계에 있어서 여러 개의 관로가 서로 교차할 경우에는 단일 관수로의 경우보다는 흐름 해석이 비교적 복잡하며 이러한 관수로를 복합 관수로(multiple pipe line)라 한다. 이런 유형의 관로설계를 위한 원리는 병렬관이라든지 분기 혹은 합류하는 다지(多枝) 관수로 및 관망에서의 흐름을 해석함으로써 터득될 수 있으며 관망의 해석에 대해서는 7.5절에서 별도로 취급하기로 한다. 일반적으로 복합 관수로 내의 흐름을 해석할 때에는 속도수두라든지 미소손실 및 Reynolds 수에 따른 마찰손실계수의 변화 등을 무시하며 에너지선과 동수경사선이 일치하다고 가정하고 계산하는 것이 보통이다.

7.4.1 병렬 관수로

하나의 관수로가 도중에서 수개의 관으로 분기되었다가 하류에서 다시 합류하는 관로를 병렬 관수로(paralled pipe line)라 한다.

직렬 관수로에서는 관로를 통한 유량은 일정하나 수두손실은 관의 연장에 걸쳐 누증된다. 병렬 관수로에서는 이와 반대로 수두손실은 병렬부의 각 관로에서 일정하나 총 유량은 각 관로의 유량을 누가한 것과 같다. 이는 전

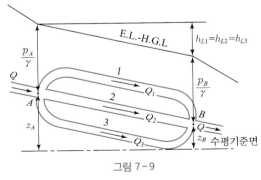

그림 7-9

기회로가 병렬로 연결되었을 때 전압강하는 일정하나 전류는 각 회로로 흐르는 값을 더한 것과 같음을 생각하면 관로를 통한 물의 흐름은 전기회로를 통한 전류의 흐름과 유사함을 알 수 있다.

병렬 관수로 내의 흐름 문제를 해석할 경우 미소손실이나 속도수두는 무시하는 것이 보통이며 그림 7-9와 같은 병렬 관수로 내 흐름에 대한 연속방정식과 에너지 방정식은 다음과 같이 표시된다.

$$Q = Q_1 + Q_2 + Q_3 \tag{7.30}$$

$$h_{L_1} = h_{L_2} = h_{L_3} = \left(\frac{p_A}{\gamma} + z_A\right) - \left(\frac{p_B}{\gamma} + z_B\right) \tag{7.31}$$

병렬 관수로 내의 흐름 문제는 두 가지 경우로 나누어 생각할 수 있다. 첫째는 그림 7-9의 A점과 B점 간의 손실수두를 알고(즉, 동수경사선의 위치를 알고) 각 관의 유량을 결정하는 문제이고, 둘째는 총 유량 Q가 주어졌을 때 각 관으로의 유량배분과 손실수두를 결정하는 문제이다.

첫째 유형의 문제는 단일 관수로의 경우처럼 Darcy-Weisbach 공식으로부터 각 관의 평균유속을 계산하여 유량을 구하고 이를 더하여 총 유량을 얻을 수 있는 간단한 문제이나, 둘째 유형의 문제는 병렬된 각 관의 유량 또는 손실수두를 전부 알지 못하므로 문제는 비교적 복잡하다. 이러한 문제를 풀기 위한 일반적인 절차를 요약하면 다음과 같다.

① 관 1을 통해 흐를 유량 Q_1'을 가정한다.

② Q_1'이 흐를 때의 손실수두 h_{L_1}'을 Darcy-Weisbach 공식으로 계산한다.

③ $h_{L_1}' = h_{L_2}' = h_{L_3}'$로 놓고 Q_2'과 Q_3'을 계산한다.

④ 총 유량 Q를 $\sum Q' = Q_1' + Q_2' + Q_3'$에 대한 Q_1', Q_2', Q_3' 각각의 백분율비로 배분한다. 즉

$$Q_1 = \frac{Q_1'}{\sum Q'} Q, \quad Q_2 = \frac{Q_2'}{\sum Q'} Q, \quad Q_3 = \frac{Q_3'}{\sum Q'} Q \tag{7.32}$$

⑤ 이와 같이 계산된 Q_1, Q_2, Q_3에 대한 $h_{L_1}, h_{L_2}, h_{L_3}$를 계산하여 서로 비슷한 값을 가지는지를 검사한다.

상기한 절차는 병렬 관로의 수에 관계없이 적용이 가능하며 관 1의 직경, 길이, 조도계수 등을 타 병렬관의 제원과 비교하여 Q_1'의 값을 적절하게 가정하는 것이 중요하다.

문제 7-11

그림 7-9와 같은 병렬 관로에 0.45 m³/sec의 물($\nu = 1.006 \times 10^{-6}$ m²/sec)이 흐르고 있다. $p_A = 5.8$ kg/cm², $z_A = 50$ m, $z_B = 43$ m이며 관 1, 2, 3의 특성제원은 다음과 같다.

$$\begin{array}{lll} d_1 = 30\,\text{cm} & d_2 = 20\,\text{cm} & d_3 = 40\,\text{cm} \\ l_1 = 1{,}000\,\text{m} & l_2 = 700\,\text{m} & l_3 = 1{,}300\,\text{m} \\ \varepsilon_1 = 0.0003\,\text{m} & \varepsilon_2 = 0.00003\,\text{m} & \varepsilon_3 = 0.00025\,\text{m} \end{array}$$

각 관을 통한 유량과 B점에서의 압력을 계산하라. 관 1, 2, 3은 동일 경사평면상에 있다.

풀이 $Q_1' = 0.17\,\text{m}^3/\text{sec}$ 라 가정하면

$$V_1' = 2.41\,\text{m/sec}, \quad \boldsymbol{R}_{e_1}' = 7.19 \times 10^5, \quad \varepsilon_1/d_1 = 0.001$$

$$\therefore f_1' = 0.02$$

$$h_{L_1}{}' = 0.02 \times \frac{1,000}{0.3} \times \frac{(2.41)^2}{2 \times 9.8} = 19.76\,\text{m}$$

관 2에 대하여

$$h_{L_2}{}' = h_{L_1}{}' = 19.76 = f_2{}' \frac{700}{0.2} \times \frac{V_2'^2}{2 \times 9.8}$$

$\varepsilon_2/d_2 = 0.00015$ 이므로 $f_2{}' = 0.0156$ 이라 가정하면

$$V_2{}' = 2.66\,\text{m/sec}, \quad \boldsymbol{R}_{e_2}{}' = 5.29 \times 10^5$$

$$\therefore f_2{}' = 0.0156$$

$$Q_2{}' = \frac{\pi}{4}(0.2)^2 \times 2.66 = 0.084\,\text{m}^3/\text{sec}$$

관 3에 대하여

$$h_{L_3}{}' = h_{L_1}{}' = 19.76 = f_3{}' \frac{1,300}{0.4} \times \frac{V_3'^2}{2 \times 9.8}$$

$\epsilon_3/d_3 = 0.0006125$ 이므로 $f_a{}' = 0.0178$ 이라 가정하면

$$V_3{}' = 2.59\,\text{m/sec}, \quad \boldsymbol{R}_{e_3}{}' = 1.03 \times 10^6$$

$$\therefore f_3{}' = 0.0178$$

$$Q_3{}' = \frac{\pi}{4}(0.4)^2 \times 2.59 = 0.325\,\text{m}^3/\text{sec}$$

따라서

$$\sum Q' = 0.170 + 0.084 + 0.325 = 0.579\,\text{m}^3/\text{sec}$$

$$Q_1 = \frac{0.170}{0.579} \times 0.45 = 0.132\,\text{m}^3/\text{sec}$$

$$Q_2 = \frac{0.092}{0.579} \times 0.45 = 0.065\,\text{m}^3/\text{sec}$$

$$Q_3 = \frac{0.325}{0.579} \times 0.45 = 0.253\,\text{m}^3/\text{sec}$$

계산된 Q_1, Q_2, Q_3 값의 정확성을 검사하기 위해

$$V_1 = \frac{0.132}{\frac{\pi}{4}(0.3)^2} = 1.87\,\text{m/sec}, \quad \boldsymbol{R}_{e_1} = 5.58 \times 10^5, \quad f_1 = 0.02, \quad h_{L_1} = 11.89\,\text{m}$$

$$V_2 = \frac{0.065}{\frac{\pi}{4}(0.2)^2} = 2.07\,\text{m/sec}, \quad \boldsymbol{R}_{e_2} = 4.12 \times 10^5, \quad f_2 = 0.016, \quad h_{L_2} = 12.24\,\text{m}$$

$$V_3 = \frac{0.253}{\frac{\pi}{4}(0.4)^2} = 2.01\,\text{m/sec}, \quad \boldsymbol{R}_{e_3} = 8.00 \times 10^5, \quad f_3 = 0.018, \quad h_{L_3} = 12.06\,\text{m}$$

즉 $h_{L_1} \fallingdotseq h_{L_2} \fallingdotseq h_{L_3}$ 이다.

따라서, $Q_1 = 0.132\,\mathrm{m^3/sec}$, $\quad Q_2 = 0.065\,\mathrm{m^3/sec}$, $\quad Q_3 = 0.253\,\mathrm{m^3/sec}$

B점에서의 압력을 구하기 위해 A, B 간의 Bernoulli 식을 쓰면

$$\frac{p_A}{\gamma} + z_A = \frac{p_B}{\gamma} + z_B + h_L$$

$$h_L = \frac{1}{3}\left(h_{L_1} + h_{L_2} + h_{L_3}\right) = \frac{1}{3}\left(11.89 + 12.24 + 12.06\right) = 12.06\,\mathrm{m}\; \text{로 취하면}$$

$$\frac{p_B}{\gamma} = \frac{5.8 \times 10^4}{1,000} + (50 - 43) - 12.06 = 52.94\,\mathrm{m}$$

$$\therefore\; p_B = 52.94 \times 1,000 = 5.294 \times 10^4\,\mathrm{kg/m^2} = 5.294\,\mathrm{kg/cm^2}$$

별해 f_1, f_2, f_3가 Reynolds 수에는 관계가 없고 상대조도에만 관계가 있는 것으로 보면(완전 난류 상태로 가정)

$$\varepsilon_1/d_1 = 0.001 \qquad \varepsilon_2/d_2 = 0.00015 \qquad \varepsilon_3/d_3 = 0.0006125$$
$$f_1 = 0.019 \qquad\quad f_2 = 0.0132 \qquad\quad f_3 = 0.0178$$

$Q = Q_1 + Q_2 + Q_3$ 이므로

$$0.45 = \frac{\pi}{4}(0.3)^2\,V_1 + \frac{\pi}{4}(0.2)^2\,V_2 + \frac{\pi}{4}(0.4)^2\,V_3$$

$$\therefore\; 0.0707\,V_1 + 0.0314\,V_2 + 0.1256\,V_3 = 0.45$$

$h_{L_1} = h_{L_2} = h_{L_3}$ 이므로 $\hspace{6cm}$ (a)

$$f_1\,\frac{l_1}{d_1}\,\frac{V_1^2}{2g} = f_2\,\frac{l_2}{d_2}\,\frac{V_2^2}{2g} \hspace{5cm} \text{(b)}$$

$$V_2 = \sqrt{\frac{f_1}{f_2}\,\frac{l_1}{l_2}\,\frac{d_2}{d_1}}\;\; V_1 = \sqrt{\frac{0.019 \times 1,000 \times 0.2}{0.0132 \times 700 \times 0.3}}\;\; V_1 = 1.171\,V_1$$

또한

$$f_1\,\frac{l_1}{d_1}\,\frac{V_1^2}{2g} = f_3\,\frac{l_3}{d_3}\,\frac{V_3^2}{2g} \hspace{5cm} \text{(c)}$$

$$V_3 = \sqrt{\frac{f_1}{f_3}\,\frac{l_1}{l_3}\,\frac{d_3}{d_1}}\;\; V_1 = \sqrt{\frac{0.019 \times 1,000 \times 0.4}{0.0178 \times 1,300 \times 0.3}}\;\; V_1 = 1.046\,V_1$$

식 (b), (c)를 (a)에 대입하면

$$0.0707\,V_1 + 0.0368\,V_1 + 0.1314\,V_1 = 0.2389\,V_1 = 0.45$$

$$\therefore\; V_1 = 1.884\,\mathrm{m/sec} \hspace{2cm} Q_1 = \frac{\pi}{4}(0.3)^2 \times 1.884 = 0.133\,\mathrm{m^3/sec}$$

$$V_2 = 1.171 \times 1.884 = 2.206\,\mathrm{m/sec} \hspace{1cm} Q_2 = \frac{\pi}{4}(0.2)^2 \times 2.206 = 0.069\,\mathrm{m^3/sec}$$

$$V_3 = 1.046 \times 1.884 = 1.971\,\mathrm{m/sec} \hspace{1cm} Q_3 = \frac{\pi}{4}(0.4)^2 \times 1.971 = 0.248\,\mathrm{m^3/sec}$$

앞의 경우와 차이가 거의 없음을 알 수 있다.

그림 7-9와 같은 병렬 관수로의 A점과 B점 사이의 손실수두가 48 m였다. 직경 30 cm인 주관에서의 유량을 구하라. $d_1 = d_2 = 15$ cm, $d_3 = 20$ cm이며 $l_1 = l_2 = 300$ m, $l_3 = 600$ m이다. 이들 관의 $f = 0.022$로 가정하라.

풀이 직경 20 cm 관에 대하여

$$48 = 0.022 \times \frac{600}{0.2} \times \frac{V_{20}^2}{2 \times 9.8}$$

$$\therefore V_{20} = 3.776 \, \text{m/sec}$$

$$Q_{20} = \frac{\pi}{4}(0.2)^2 \times 3.776 = 0.119 \, \text{m}^3/\text{sec}$$

직경 15 cm 관에 대하여

$$48 = 0.022 \times \frac{300}{0.15} \times \frac{V_{15}^2}{2 \times 9.8}$$

$$\therefore V_{15} = 4.624 \, \text{m/sec}$$

$$Q_{15} = \frac{\pi}{4}(0.15)^2 \times 4.624 = 0.082 \, \text{m}^2/\text{sec}$$

따라서, 총 유량 Q_{30}은

$$Q_{30} = Q_{20} + Q_{15} = 0.119 + 0.082 \times 2 = 0.283 \, \text{m}^3/\text{sec}$$

7.4.2 다지관수로(多枝管水路)

그림 7-10과 같이 한 개의 교차점(junction)을 가지는 여러 개의 관이 각각 서로 다른 수조 혹은 저수지에 연결되어 있는 관로를 다지관수로(branching pipe line)라 부른다. 다지관수로에서의 통상적인 관심사는 각 관로의 특성제원과 수조의 수면표고가 주어졌을 때 각 관을 통해 흐르는 유량을 결정하는 것으로서 그림 7-10의 A수조로부터 B 및 C 수조로 물이 흐를 경우를 분기관수로라 부르고 A 및 B수조로부터 C 수조로 물이 흐를 경우를 합류관수로라 부르며 이는 교차점 O에서의 동수경사선의 위치에 따라 결정된다.

이와 같은 다지관수로 내 흐름 문제의 해석은 에너지선(즉, 동수경사선)을 사용하면 쉽게 풀 수 있으며 미소손실은 무시하거나 전술한 바와 같이 등가길이 관으로 환산하여 고려할 수도 있으며, 마찰손실계수 f는 상대조도(ε/d)만의 함수로 가정하는 것이 보통이다.

그림 7-10과 같이 수조 A, B, C가 다지관으로 연결되어 있을 경우 물이 흐를 수 있는 방향은 다음의 세 가지이다.

(1) 물이 A수조로부터 B, C 수조로 흐를 경우

(2) 물이 A수조로부터 C 수조로만 흐르고 B수조의 유출입량이 없을 경우

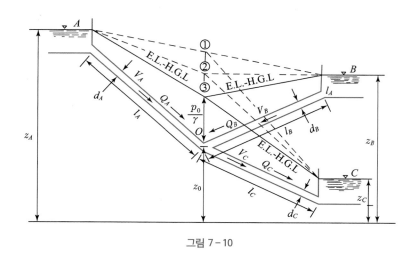

그림 7 – 10

(3) 물이 A 와 B 수조로부터 C 수조로 흐를 경우

이상의 세 가지 경우가 그림 7 – 10에 에너지선 ①, ②, ③으로 표시되어 있으며 세 가지 경우에 대한 연속방정식과 에너지 방정식을 쓰면 다음과 같다.

(1)의 경우

$$Q_A = Q_B + Q_C$$

$$z_A - \left(z_0 + \frac{p_0}{\gamma} \right) = f_A \frac{l_A}{d_A} \frac{V_A^2}{2g}$$

$$\left(z_0 + \frac{p_0}{\gamma} \right) - z_B = f_B \frac{l_B}{d_B} \frac{V_B^2}{2g}$$

$$\left(z_0 + \frac{p_0}{\gamma} \right) - z_C = f_C \frac{l_C}{d_C} \frac{V_C^2}{2g}$$

(2)의 경우

$$Q_A = Q_C, \ Q_B = 0$$

$$z_A - \left(z_0 + \frac{p_0}{\gamma} \right) = f_A \frac{l_A}{d_A} \frac{V_A^2}{2g}$$

$$\left(z_0 + \frac{p_0}{\gamma} \right) - z_C = f_C \frac{l_C}{d_C} \frac{V_C^2}{2g}$$

(3)의 경우

$$Q_A + Q_B = Q_C$$

$$z_A - \left(z_0 + \frac{p_0}{\gamma} \right) = f_A \frac{l_A}{d_A} \frac{V_A^2}{2g}$$

$$z_B - \left(z_0 + \frac{p_0}{\gamma}\right) = f_B \frac{l_B}{d_B} \frac{V_B^2}{2g}$$

$$\left(z_0 + \frac{p_0}{\gamma}\right) - z_C = f_C \frac{l_C}{d_C} \frac{V_C^2}{2g}$$

주어진 문제가 앞의 세 가지 경우 중 어느 것에 속할 것인가를 판단한 후 관의 교차점 (junction) O에서의 동수경사선(즉, 에너지선)의 높이$(z_0 + p_0/\gamma)$를 가정함으로써 각 경우에 해당하는 Darcy – Weisbach 공식으로부터 유속을 구하여 유량 Q를 계산하고 이 값을 해당 연속방정식에 대입시켜서 식이 만족되는지를 검사한다. 만약, 연속방정식을 만족시키지 못하면 동수경사선의 높이를 재차 가정하여 그로부터 얻어지는 유량으로 연속방정식을 만족시킬 때까지 반복 계산하게 된다.

문제 7-13

그림 7 – 10에서 저수지 A, B, C의 수면표고는 각각 $z_A = 30\,\mathrm{m}$, $z_B = 18\,\mathrm{m}$, $z_C = 9\,\mathrm{m}$이며 관 A, B, C 의 특성제원은 각각 다음과 같다.

$l_A = 3,000\,\mathrm{m}$	$l_B = 600\,\mathrm{m}$	$l_C = 1,200\,\mathrm{m}$
$d_A = 0.9\,\mathrm{m}$	$d_B = 0.45\,\mathrm{m}$	$d_C = 0.6\,\mathrm{m}$
$\varepsilon_A/d_A = 0.0002$	$\varepsilon_B/d_B = 0.002$	$\varepsilon_C/d_C = 0.001$

관 A, B, C 를 통하여 흐를 수 있는 유량을 각각 계산하라.

풀이 관내의 흐름이 완전난류상태라 가정하고 f 가 Reynolds 수에 관계없이 ε/d 에 의해서만 결정된다면 Moody 도표로부터

$$f_A = 0.014, \qquad f_B = 0.024, \qquad f_C = 0.02$$

우선 교차점에서의 동수경사선 높이 $z_0 + p_0/\gamma = 20\,\mathrm{m}$ 라 가정하면 $z_C < z_B < (z_0 + p_0/\gamma) < z_A$ 이므로 흐름은 (1)의 경우에 속한다.

따라서

$$30 - 20 = 0.014 \frac{3,000}{0.9} \frac{V_A^2}{2g} \qquad \therefore V_A = 2.05\,\mathrm{m/sec}, \; Q_A = 1.30\,\mathrm{m^3/sec}$$

$$20 - 18 = 0.024 \frac{600}{0.45} \frac{V_B^2}{2g} \qquad \therefore V_B = 1.11\,\mathrm{m/sec}, \; Q_B = 0.18\,\mathrm{m^3/sec}$$

$$20 - 9 = 0.02 \frac{1,200}{0.6} \frac{V_C^2}{2g} \qquad \therefore V_C = 2.32\,\mathrm{m/sec}, \; Q_C = 0.66\,\mathrm{m^3/sec}$$

연속방정식에 대입하면

$$Q_A - (Q_B + Q_C) = 1.30 - (0.18 + 0.66) = 0.46\,\mathrm{m^3/sec} > 0$$

즉, $Q_A > Q_B + Q_C$ 이므로 $(z_0 + p_0/\gamma) = 20\,\mathrm{m}$ 의 가정은 적합하지 못하다.

따라서 $(z_0 + p_0/\gamma) = 26\,\mathrm{m}$ 로 재가정하면

$$30 - 26 = 0.014 \frac{3,000}{0.9} \frac{V_A^2}{2g} \qquad \therefore V_A = 1.30 \, \text{m}/\text{sec}, \; Q_A = 0.83 \, \text{m}^3/\text{sec}$$

$$26 - 18 = 0.024 \frac{600}{0.45} \frac{V_B^2}{2g} \qquad \therefore V_B = 2.21 \, \text{m}/\text{sec}, \; Q_B = 0.35 \, \text{m}^3/\text{sec}$$

$$26 - 9 = 0.02 \frac{1,200}{0.6} \frac{V_C^2}{2g} \qquad \therefore V_C = 2.89 \, \text{m}/\text{sec}, \; Q_C = 0.82 \, \text{m}^3/\text{sec}$$

연속방정식에 대입하면

$$Q_A - (Q_B + Q_C) = 0.83 - (0.35 + 0.82) = -0.36 \, \text{m}^3/\text{sec} < 0$$

즉, $Q_A < Q_B + Q_C$가 되므로 이 가정치도 적합하지 못하며 $(z_0 + p_0/\gamma)$의 참값은 20 m와 26 m 사이에 있음을 알 수 있다.

직선적인 보간법을 써서 $(z_0 + p_0/\gamma) = 20 + (26 - 20) \times 0.46/0.82 = 23.37$ m 로 가정하면

$$30 - 23.37 = 0.014 \frac{3,000}{0.9} \frac{V_A^2}{2g} \qquad \therefore V_A = 1.67 \, \text{m}/\text{sec}, \; Q_A = 1.062 \, \text{m}^3/\text{sec}$$

$$23.37 - 18 = 0.024 \frac{600}{0.45} \frac{V_B^2}{2g} \qquad \therefore V_B = 1.81 \, \text{m}/\text{sec}, \; Q_B = 0.288 \, \text{m}^3/\text{sec}$$

$$23.37 - 9 = 0.02 \frac{1,200}{0.6} \frac{V_C^2}{2g} \qquad \therefore V_C = 2.65 \, \text{m}/\text{sec}, \; Q_C = 0.749 \, \text{m}^3/\text{sec}$$

$$Q_A - (Q_B + Q_C) = 1.062 - (0.288 + 0.749) = 0.025 \, \text{m}^3/\text{sec}$$

위의 Q_A, Q_B, Q_C는 연속방정식을 정확하게 만족시키지는 못하나 개략적인 답이 되며 보간법을 써서 $(z_0 + p_0/\gamma)$를 다시 조정하면 정답을 구할 수 있다.

다지관수로 내의 흐름 문제는 상술한 바와 같이 교차점에서의 동수경사선의 위치를 가정하여 시행착오법으로 풀이하지 않고 연속방정식과 Bernoulli 방정식을 사용하여 해석적으로 풀 수도 있다. 즉,

A 수조로부터 B 및 C 수조로 물이 흐를 경우 : (1)의 경우

$$Q_A = Q_B + Q_C \quad \therefore d_A^2 \, V_A = d_B^2 \, V_B + d_C^2 \, V_C \tag{7.33}$$

$$z_A - z_B = f_A \frac{l_A}{d_A} \frac{V_A^2}{2g} + f_B \frac{l_B}{d_B} \frac{V_B^2}{2g} \tag{7.34}$$

$$z_A - z_C = f_A \frac{l_A}{d_A} \frac{V_A^2}{2g} + f_C \frac{l_C}{d_C} \frac{V_C^2}{2g} \tag{7.35}$$

만약 각 관의 특성제원과 수조의 수면표고가 주어지면 식 (7.33, 7.34, 7.35)는 3개의 방정식에 3개의 미지수(V_A, V_B, V_C)가 포함되어 있으므로 해석적으로 풀 수 있고 따라서 Q_1, Q_2, Q_3를 구할 수 있다.

A 수조로부터 C 수조로만 물이 흐를 경우 : (2)의 경우

$$Q_A = Q_C \quad \therefore d_A^2\, V_A = d_C^2\, V_C \tag{7.36}$$

$$z_A - z_C = f_A\, \frac{l_A}{d_A}\, \frac{V_A^2}{2\,g} + f_C\, \frac{l_C}{d_C}\, \frac{V_C^2}{2\,g} \tag{7.37}$$

이 경우에는 $V_B = 0 \,(\therefore Q_B = 0)$ 이므로 두 개의 방정식에 두 개의 미지수(V_A, V_C)가 존재하는 경우이다.

마지막으로 A 및 B 수조로부터 C 수조로 물이 흐를 경우 : (3)의 경우

$$Q_A + Q_B = Q_C \quad \therefore d_A^2\, V_A + d_B^2\, V_B = d_C^2\, V_C \tag{7.38}$$

$$z_A - z_C = f_A\, \frac{l_A}{d_A}\, \frac{V_A^2}{2\,g} + f_C\, \frac{l_C}{d_C}\, \frac{V_C^2}{2\,g} \tag{7.39}$$

$$z_B - z_C = f_B\, \frac{l_B}{d_B}\, \frac{V_B^2}{2\,g} + f_C\, \frac{l_C}{d_C}\, \frac{V_C^2}{2\,g} \tag{7.40}$$

이 경우에도 3개의 방정식에 3개의 미지수(V_A, V_B, V_C)가 포함되므로 해석이 가능하다.

상기한 해석적 방법에 의해 다지관수로 내 흐름 문제를 해석하고자 할 경우에는 경우 (1), (2), (3) 중 어느 것에 해당하는 문제인지를 사전에 알기란 힘들므로 (1) 혹은 (3)의 경우로 가정하여 유량치 Q_A, Q_B, Q_C가 모두 양(+)으로 계산되면 가정이 옳고 어느 하나가 부(−)값이 되면 가정이 틀린 것이므로 흐름 방향을 수정하여 재계산해야 하며, $Q_B = 0$ 으로 계산되면 (2)의 경우에 속하는 문제임을 알 수 있다.

문제 7-14

문제 7-13을 해석적인 방법으로 풀어라.

풀이 A 수조로부터 B, C 수조로 분류된다고 가정하면 (1)의 경우이므로 식 (7.33, 7.34, 7.35)에 의해

$$(0.9)^2\, V_A = (0.45)^2\, V_B + (0.6)^2\, V_C \tag{a}$$

$$0.810\, V_A = 0.203\, V_B + 0.360\, V_C$$

$$30 - 18 = 0.014\, \frac{3{,}000}{0.9}\, \frac{V_A^2}{2\,g} + 0.024\, \frac{600}{0.45}\, \frac{V_B^2}{2\,g}$$

$$12 = 2.381\, V_A^2 + 1.633\, V_B^2 \tag{b}$$

$$30 - 9 = 0.014\, \frac{3{,}000}{0.9}\, \frac{V_A^2}{2\,g} + 0.02\, \frac{1{,}200}{0.6}\, \frac{V_C^2}{2\,g}$$

$$21 = 2.381\, V_A^2 + 2.041\, V_C^2 \tag{c}$$

식 (a)로부터

$$V_A = 0.251\, V_B + 0.444\, V_C \tag{d}$$

이를 식 (b), (c)에 각각 대입하면

$$1.783\,V_B^2 + 0.531\,V_B\,V_C + 0.469\,V_C^2 = 12 \qquad \text{(e)}$$

$$0.150\,V_B^2 + 0.531\,V_B\,V_C + 2.510\,V_C^2 = 21 \qquad \text{(f)}$$

식 (f)에 4를 곱한 후 식 (e)에 7을 곱한 값에서 빼어 상수항을 없애면

$$11.881\,V_B^2 + 1.593\,V_B\,V_C - 6.757\,V_C^2 = 0$$

위 식을 V_C^2 으로 나누면

$$11.881\left(\frac{V_B}{V_C}\right)^2 + 1.593\,\frac{V_B}{V_C} - 6.757 = 0$$

$$\frac{V_B}{V_C} = \frac{-1.593 \pm \sqrt{(1.593)^2 + 321.12}}{2 \times 11.881} = 0.690\,또는 -0.824$$

위의 계산에서 양의 실근이 존재한다는 것은 교차점에서 B, C 수조로 분류한다는 가정이 옳음을 뜻한다.

$$\therefore\ V_B = 0.690\,V_C$$

식 (e)에 이를 대입하면

$$1.783\,(0.690\,V_C)^2 + (0.531 \times 0.690)\,V_C^2 + 0.469\,V_C^2 = 12$$

$$1.684\,V_C^2 = 12 \qquad \therefore\ V_C = 2.67\,\mathrm{m/sec}$$

$$V_B = 0.690 \times 2.67 = 1.84\,\mathrm{m/sec}$$

식 (d)를 사용하면

$$V_A = 0.251 \times 1.84 + 0.444 \times 2.67 = 1.65\,\mathrm{m/sec}$$

$$Q_A = \frac{\pi}{4}\,(0.9)^2 \times 1.65 = 1.049\,\mathrm{m^3/sec}$$

$$Q_B = \frac{\pi}{4}\,(0.45)^2 \times 1.84 = 0.293\,\mathrm{m^2/sec}$$

$$Q_C = \frac{\pi}{4}\,(0.6)^2 \times 2.67 = 0.755\,\mathrm{m^3/sec}$$

$$\therefore\ Q_A \fallingdotseq Q_B + Q_C$$

문제 7-14의 해는 해석적 방법에 의한 것이므로 정답을 바로 얻을 수 있으나 연립방정식을 풀어야 하므로 여러 개의 수조가 연결되어 있을 때는 계산이 매우 복잡해지는 등 단점이 있다. 반면에 문제 7-13에서 사용한 시행착오법은 계산자체는 간단하나 올바른 $(z_0 + p_0 / \gamma)$값을 가정하기 위해서는 여러 번 계산을 반복해야 하는 약점이 있다. 따라서 다지관의 복잡한 정도에 따라서 어느 방법을 사용할 것인가를 결정해야 할 것이다. 두 방법의 합리성은 문제 7-13과 7-14의 해석결과를 비교하면 알 수 있듯이 서로 근사한 결과를 준다는 것으로 입증될 수 있겠다.

7.5 관망의 해석

복합 관수로 중에서 가장 복잡한 경우는 도시지역의 생활용수나 공업용수 급수관이나 가스관에서처럼 여러 개의 관이 서로 복잡하게 연결되어 폐합회로 혹은 망(網)을 형성하는 경우로서 이를 관망(pipe network)이라 한다. 관망 내 흐름 문제의 해석은 관망이 여러 개의 관으로 복잡하게 연결되므로 간단하지 않으나 해석의 기본원리는 단일관로나 다지관 등의 해석에서 이미 살펴본 바와 같이 연속방정식과 Bernoulli 방정식을 적용하는 것이다. 즉, 관망을 형성하는 개개 폐합회로(loop)에 대한 일련의 연립방정식을 세워 풀이함으로써 각 관에 배분되는 유량과 관의 교차점에서의 수압을 계산하게 된다.

관망의 해석을 위해 만족시켜야 할 두 가지 조건식은 다음과 같다.

(1) 관망을 형성하는 개개 교차점(junction)에서는 유입되는 유량의 합과 유출되는 유량의 합이 동일해야 한다. 즉, $\sum Q = 0$의 조건을 말하며 이를 교차점 방정식(junction equation)이라 한다.

(2) 관망상의 임의의 두 교차점 사이에서 발생되는 손실수두의 크기는 두 교차점을 연결하는 경로에 관계없이 일정하다. 따라서 어떤 폐합회로에서 발생하는 손실수두의 합은 영이 되어야 한다. 즉, $\sum h_L = 0$의 조건을 말하며 이를 폐합회로 방정식(loop equation)이라 한다.

위에서 소개한 두 가지 조건식을 그림 7-11을 사용하여 다시 설명해 보자. 그림 7-11의 폐합회로 A에서 화살표 방향은 일단 가정한 흐름 방향이며 첫째로, 교차점 b, c, d, e 각각에서는 교차점으로 흘러들어오는 유량과 흘러나가는 유량이 같아야 하며(조건식 1), 둘째로, 회로 내의 반시계방향의 흐름으로 인해 관로 bc와 cd에서 생기는 마찰손실은 시계방향의 흐름으로 인해 관로 be와 ed에서 생기는 마찰손실의 크기와 같아야 한다는 것이다.

그림 7-11과 같은 관망에서 급수량 Q_1, Q_2와 사용량 Q_3, Q_4를 알면 9개의 교차점과 4개의 폐합회로에 대해 8개의 교차점 방정식과 4개의 폐합회로 방정식을 세울 수 있으므로 도합 12개의 연립방정식을 가지게 되며 이를 풀므로써 관망을 해석하게 된다. 만약 m개 회로와 n개 교차점을 가지는 관망이라면 $m + (n-1)$개의 연립방정식을 세울 수 있게 된다.

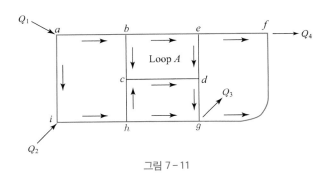

그림 7-11

7.5.1 손실수두와 유량 간의 관계

관망해석을 위한 두 번째 조건식을 세우기 위해서는 개개 관로의 손실수두를 계산해야 하며 Darcy – Weisbach 공식에 의하면 관내 유량의 함수로 표시할 수 있다. 즉,

$$h_L = f \frac{l}{d} \frac{V^2}{2g} = f \frac{l}{d} \frac{16}{2g(\pi d^2)^2} Q^2 = \frac{0.0828 fl}{d^5} Q^2 = k_1 Q^2 \qquad (7.41)$$

여기서, k_1 은 각 관의 특성제원에 따라 결정되는 상수이다. 식 (7.41)이 표시하듯이 Darcy – Weisbach 공식에서의 f 를 사용할 경우 손실수두는 Q^2 에 비례한다. 한편, 상수도관망 설계에 많이 사용되는 Hazen – Williams 공식을 변형하여 손실수두 h_L 을 표시하는 식 (6.73)을 쓰면

$$h_L = \frac{133.5}{C_{HW}^{1.85} d^{0.167} V^{0.15}} \frac{l}{d} \frac{V^2}{2g} = \frac{6.811 l}{C_{HW}^{1.85} d^{1.167}} \left(\frac{4Q}{\pi d^2} \right)^{1.85} \qquad (7.42)$$

$$= \frac{10.66 l}{C_{HW}^{1.85} d^{4.867}} Q^{1.85} = k_2 Q^{1.85}$$

여기서, k_2 는 각각 관의 특성제원만 알면 결정될 수 있는 상수이다.

따라서, 관망 내 흐름 해석에 사용되는 $h_L \sim Q$ 관계는 평균유속공식(Chezy, Manning, Hazen – Williams 공식 등) 중 어느 것을 사용하느냐에 따라 Q 의 멱승이 약간씩 달라지긴 하지만 일반적으로 다음과 같이 표시할 수 있다.

$$h_L = k Q^n \qquad (7.43)$$

뿐만 아니라 $f \sim Q$ 의 관계도 다음과 같이 표시될 수 있다.

$$f = a Q^b \qquad (7.44)$$

문제 7-15

직경이 10 cm이고 길이가 100 m인 주철관($\varepsilon = 0.255$ mm)에 20℃의 물이 평균유속 2 m/sec로 흐른다. f 와 C_{HW}를 구한 후 이 관로의 손실수두와 유량 간의 관계를 구하라. 단, 20℃의 물의 $\nu = 1.006 \times 10^{-6}$ m²/sec 이다.

풀이 $R_e \dfrac{2 \times 0.1}{1.006 \times 10^{-6}} = 1.99 \times 10^5$

$\dfrac{\varepsilon}{d} = \dfrac{0.000255}{0.1} = 0.00255 \qquad \therefore f = 0.025$ (Moody 도표)

식 (7.41)을 사용하면

$k_1 = \dfrac{0.0828 \times 0.025 \times 100}{(0.1)^5} = 20,700 \qquad \therefore h_L = 20,700 \, Q^2$

식 (6.74)를 사용하여 C_{HW}를 f, R_e로부터 계산하면

$$C_{HW}^{1.85} = \frac{1,060}{0.025 \times (1.99 \times 10^5)^{0.15}} = 6,800.45 \qquad \therefore C_{HW} \fallingdotseq 118$$

식 (7.42)를 사용하면

$$k_2 = \frac{10.66 \times 100}{(118)^{1.85}(0.1)^{4.867}} = 11,529 \qquad \therefore h_L = 11,529 \, Q^{1.85}$$

위에서 계산한 $h_L \sim Q$ 관계에 대한 두 결과에 상당한 차이가 생긴 것은 식 (6.74)가 개략식이기 때문인 것으로 생각되며 통상의 경우 각 관의 C_{HW}값은 관의 재료에 따라 바로 알 수 있으므로 식 (6.74)에 의해 계산할 필요가 없다.

문제 7-16

20℃의 물이 직경 15 cm, 길이 200 m인 관에서 평균유속 0.6~1.8 m/sec의 범위에 걸쳐 흐르고 있다. 이 관에 적용할 수 있는 $h_L \sim Q$ 관계를 수립하라. 관은 깨끗한 주철관($\varepsilon = 0.255$ mm)이다.

풀이

$$R_{e_1} = \frac{0.6 \times 0.15}{1.006 \times 10^{-6}} = 89,463$$

$$R_{e_2} = \frac{1.8 \times 0.15}{1.006 \times 10^{-6}} = 268,390$$

$$\frac{\varepsilon}{d} = \frac{0.000255}{0.15} = 0.0017$$

Moody 도표로부터 $f_1 = 0.025, \quad f_2 = 0.023$

따라서

$$f_1 = 0.025 \text{ 일 때 } Q = \frac{\pi(0.15)^2}{4} \times 0.6 = 0.0106 \, \mathrm{m^3/sec}$$

$$f_2 = 0.023 \text{ 일 때 } Q = \frac{\pi(0.15)^2}{4} \times 1.8 = 0.0318 \, \mathrm{m^3/sec}$$

이를 식 (7.44)에 대입하면

$$0.025 = a(0.0106)^b, \quad 0.023 = a(0.0318)^b$$

두 식으로부터 상수 a, b를 구하면

$$a = 0.018, \quad b = -0.076 \qquad \therefore f = 0.018 \, Q^{-0.076}$$

식 (7.41)에 이를 대입하면

$$h_L = \frac{0.0828 \times 0.018 \, Q^{-0.076} \times 200}{(0.15)^5} Q^2 = 3,925.3 \, Q^{1.924}$$

7.5.2 Hardy-Cross 방법

관망 내의 흐름 문제를 해석적으로 풀이한다는 것은 실질적으로 불가능하므로 시행착오법인 Hardy-Cross 방법을 사용하는 것이 보통이다. 이 방법은 각 관의 교차점에서 연속방정식을 만족시키도록 유량을 가정한 다음 위에서 설명한 $h_L \sim Q$ 관계식을 이용하여 가정된 유량을 점차적으로 보정해 나감으로써 각 폐합관로 내의 유량을 평형시키는 방법이다. 이때 관의 각 부분에서 발생되는 미소손실은 무시하거나 등가길이로 환산하여 관의 길이에 미리 보태어 계산한다.

Hardy-Cross 방법에 의한 관망의 해석절차를 요약하면 다음과 같다.

(1) 관망을 형성하고 있는 개개 관에 대한 $h_L \sim Q$ 관계를 수립한다.

(2) 관로의 각 교차점에서 연속방정식을 만족시킬 수 있도록 각 관에 흐르는 유량 Q_0 를 적절히 가정한다.

(3) 가정유량 Q_0 가 각 관에 흐를 경우의 손실수두 $h_L = k Q_0^n$ 을 계산하고 폐합회로에 대한 전 손실수두 $\sum h_L = \sum (k Q_0^n)$ 을 계산한다. 이때, 만일 가정유량이 옳았으면 $\sum h_L = 0$ 이 되나 그렇지 않을 경우에는 각 관의 유량을 보정하여 다시 가정하고 계산을 반복한다.

(4) 가정유량의 보정치 ΔQ 를 계산하기 위하여 각 폐합회로에 대하여 $\sum | k n Q_0^{n-1} |$ 을 계산한다.

(5) 유량의 보정치를 다음 식에 의해 계산한다.

$$\Delta Q = \frac{\sum (k Q_0^n)}{\sum | k n Q_0^{n-1} |} \tag{7.45}$$

(6) 보정유량 ΔQ 를 이용하여 각 관에서의 유량을 보정한다.

(7) ΔQ 의 값이 거의 영이 될 때까지 (2)~(6)의 절차를 반복한다.

보정유량 ΔQ 가 식 (7.45)에 의해 결정되는 이유를 설명하기 위해 임의 관에 대한 진(眞)유량을 Q, 가정유량을 Q_0 라고 하면

$$Q = Q_0 + \Delta Q$$

따라서, 각 관에 대한 손실수두는

$$h_L = k Q^n = k (Q_0 + \Delta Q)^n \tag{7.46}$$

식 (7.46)을 이항정리에 의해 전개하면

$$h_L = k \left[Q_0^n + n Q_0^{n-1} (\Delta Q) + \frac{1}{2} n (n-1) Q_0^{n-2} (\Delta Q)^2 + \cdots \right]$$

여기서, ΔQ 는 Q_0 에 비해서 매우 작으므로 전개식의 두 번째 항 이후부터의 항은 무시할 수 있다. 따라서, 각 폐합회로에 있어서 다음 조건이 만족되어야 한다.

$$\sum h_L = \sum k Q^n = \sum k Q_0^n + \Delta Q (\sum k n Q_0^{n-1}) = 0$$

보정유량 ΔQ에 관하여 풀면

$$\Delta Q = \frac{\sum k Q_0^n}{\sum \mid k n Q_0^{n-1} \mid} = \frac{\sum h_{L_0}}{\sum \mid k n Q_0^{n-1} \mid} \qquad (7.47)$$

여기서, ΔQ는 부호변화를 내포하고 있으므로 분모는 절대치의 합으로 표시된다.

식 (7.47)의 $\sum h_{L_0}$는 각 관로에 가정된 유량 Q_0에 대한 각 관로에서의 손실수두를 전부 합한 것으로서 각 관로에 가정된 유량의 방향이 시계방향이면 h_{L_0}는 (+)값으로 하고, 반시계방향이면 (−)값으로 취한다. 또한 ΔQ는 (+) 혹은 (−)값으로 계산되는데, 부호를 그대로 유지한 ΔQ값을 해당 폐합회로를 구성하는 각 관로의 가정유량에 대해 더해 주거나 또는 빼어줌으로써 진(眞)유량에 가까운 값으로 보정해 나간다. 방향이 동일하면 빼어주고 방향이 바르면 더해준다. 식 (7.45)의 부호를 (−)를 붙여서 고친 경우에는 방향이 동일하면 더해주고 방향이 다르면 빼어준다(절대치만 변화).

식 (7.45)의 보정유량치는 h_L이 Q의 n승에 비례하는 일반적인 경우에 대한 것이나 식 (7.41)과 같이 Darcy – Weisbach 공식에 의해 $h_L \sim Q$ 관계를 표시할 경우에는 $n = 2$이므로 보정유량 ΔQ는 다음과 같아진다.

$$\Delta Q = \frac{-\sum k Q_0^2}{2 \sum \mid k Q_0 \mid} = \frac{-\sum h_{L_0}}{2 \sum \mid k Q_0 \mid} \qquad (7.48)$$

만약 $h_L \sim Q$ 관계를 식 (7.42)와 같은 Hazen-Williams 공식으로 표시한다면 $n = 1.85$이므로 보정유량 계산을 위한 식은

$$\Delta Q = \frac{-\sum k Q_0^{1.85}}{1.85 \sum \mid k Q_0^{0.85} \mid} = \frac{-\sum h_{L_0}}{1.85 \sum \mid k Q_0^{0.85} \mid} \qquad (7.49)$$

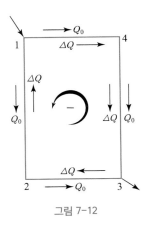

그림 7-12

그림 7-13과 같은 공업용 수도관망에서 각 관에 흐르는 유량을 Hardy-Cross 방법으로 계산하라. 화살표에 표시된 숫자는 초기 가정유량(m^3/sec)을 표시하며 화살표 방향은 가정한 흐름의 방향을 표시한다. 폐합회로망 $ABCD$에 공급되는 유량은 $Q_D=100\ m^3$/sec이며 회로로부터의 사용수량은 $Q_A=20\ m^3$/sec, $Q_B=50\ m^3$/sec, $Q_C=30\ m^3$/sec임을 명심하라. $h_L\sim Q$ 관계를 위해서는 Darcy-Weisbach 공식($n=2$)을 사용하고 각 관의 k값은 이미 계산되어 그림에 표시되어 있다.

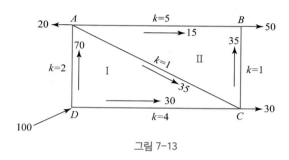

그림 7-13

풀이 축차적인 시산에 의해 폐합회로 I과 II에 Hardy-Cross 방법을 적용하여 각 관로의 초기 가정유량 Q_0를 보정해 나가는 계산과정이 표 7-1에 상세히 수록되어 있다. 제1시산에서 가정된 각 관로의 유량과 방향은 그림에 표시된 바와 같고 흐름 방향이 시계방향이면 (+), 반시계방향이면 (-)로 표시하였다.

표 7-1의 제3시산결과로 얻은 회로 I의 $\Delta Q=0.2\ m^3$/sec이고 회로 II의 $\Delta Q=0.31 m^3$/sec이다. 따라서 제4시산을 위한 5개 관로의 유량은 다음과 같이 결정된다(단위 : m^3/sec).

$$Q_{AC}=21-0.19-0.31=20.5$$

$$Q_{CD}=42+0.19=42.19$$

$$Q_{DA}=58-0.19=57.81$$

$$Q_{AB}=17+0.31=17.31$$

$$Q_{BC}=33-0.31=32.69$$

$$Q_{CA}=21-0.31-0.19=20.5$$

표 7-1 Hardy-Cross 방법에 의한 관망해석

시산	회로	관로	가정된 유량 Q_0	$h_{L_0}=kQ_0^2$	$|2kQ_0|$	ΔQ	회로망도
1	I	AC	35	$1\times(35)^2=1,225$	$2\times35\times1=70$		
		CD	-30	$-4\times(30)^2=-3,600$	$2\times30\times4=240$	$-\dfrac{7,425}{590}$	
		DA	70	$2\times(70)^2=9,800$	$2\times70\times2=280$		
				$\sum h_{L_0}=7,425$	$2\,|\sum kQ_0|=590$	-13	
	II	AB	15	$5\times(15)^2=1,125$	$2\times15\times5=150$		
		BC	-35	$-1\times(35)^2=-1,225$	$2\times35\times1=70$	$-\dfrac{-1,325}{290}$	
		CA	-35	$-1\times(35)^2=-1,225$	$2\times35\times1=70$		
				$\sum h_{L_0}=-1,325$	$2\,|\sum kQ_0|=290$	5	
2	I	AC	17	$1\times(17)^2=289$	$2\times17\times1=34$		
		CD	-43	$-4\times(43)^2=-7,396$	$2\times43\times4=344$	$-\dfrac{-609}{606}$	
		DA	57	$2\times(57)^2=6,498$	$2\times57\times2=228$		
				$\sum h_{L_0}=-609$	$2\,|\sum kQ_0|=606$	1	
	II	AB	20	$5\times(20)^2=2,000$	$2\times20\times5=200$		
		BC	-30	$-1\times(30)^2=-900$	$2\times30\times1=60$	$-\dfrac{811}{294}$	
		CA	-17	$-1\times(17)^2=-289$	$2\times17\times1=34$		
				$\sum h_{L_0}=811$	$2\,|\sum kQ_0|=294$	-3	
3	I	AC	21	$1\times(21)^2=441$	$2\times21\times1=42$		
		CD	-42	$-4\times(42)^2=-7,056$	$2\times42\times4=336$	$-\dfrac{113}{610}$	
		DA	58	$2\times(58)^2=6,728$	$2\times58\times2=232$		
				$\sum h_{L_0}=113$	$2\,|\sum kQ_0|=610$	-0.19	
	II	AB	17	$5\times(17)^2=1,445$	$2\times17\times5=170$		
		BC	-33	$-1\times(33)^2=-1,089$	$2\times33\times1=66$	$-\dfrac{-85}{278}$	
		CA	-21	$-1\times(21)^2=-441$	$2\times21\times1=42$		
				$\sum h_{L_0}=-85$	$2\,|\sum kQ_0|=278$	0.31	

7.5.3 컴퓨터 프로그램에 의한 관망해석**

앞에서도 언급한 바와 같이 관망을 형성하는 관의 수가 많아지면 교차점과 폐합회로가 많아지므로 관망해석을 위한 연립방정식의 차수가 매우 커질 뿐 아니라, Hardy-Cross 방법 자체가 가정유량의 축차적인 보정에 의해 진유량(眞流量)을 구하는 시산법이므로 컴퓨터 프로그램(computer program)에 의해 해를 구하는 것이 매우 편리하다. 프로그램을 작성하는 골자는 전절의 알고리즘(algorithm)을 그대로 따르면 되므로 여기서는 Hardy-Cross 방법을 사용하여 관망을 해석하는 전형적인 프로그램과 문제풀이에의 적용결과를 소개하고자 한다.

문제 7-18

그림 7-14에 표시된 관망에서 교차점(1)에서의 압력수두를 측정하였더니 100 m이었다. 각 관에서의 유량과 개개 교차점에서의 압력수두를 Hardy-Cross 방법의 컴퓨터 프로그램에 의해 계산하라. 사용된 관은 주철관으로 가정하라($C_{HW}=130$). 관경 D와 관의 길이 L의 단위는 m이다.

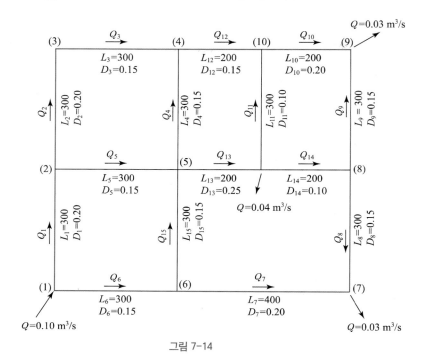

그림 7-14

풀이 표 7-2는 Hardy-Cross 방법을 컴퓨터 프로그램화한 것으로 $h_L \sim Q$ 관계를 위해서는 Hazen-Williams 공식(식 (7.42))을 사용하였다. 프로그램은 관망자료의 입력 및 k값의 결정, 보정유량 ΔQ의 계산, 개개 관의 유량보정, 보정된 유량의 만족여부검사, 교차점에서의 압력수두계산 등으로 구성되어 있고 5회 반복 시산하도록 되어 있다. 입력자료 중 초기 가정 유량은 각 교차점에서 $\Sigma Q = 0$이 되도록 다음과 같이 가정하였다.

$$Q_1 = 0.05 \quad Q_2 = 0.03 \quad Q_3 = 0.03 \quad Q_4 = 0.00$$
$$Q_5 = 0.02 \quad Q_6 = 0.05 \quad Q_7 = 0.02 \quad Q_8 = 0.01$$
$$Q_9 = 0.01 \quad Q_{10} = 0.02 \quad Q_{11} = 0.01 \quad Q_{12} = 0.03$$
$$Q_{13} = 0.05 \quad Q_{14} = 0.02 \quad Q_{15} = 0.03$$

표 7-2

```
1   C       THIS PROGRAM READS AN ARBITRARY PIPE NETWORK WITH ESTIMATED FLOWS.
2   C       THE HAZEN WILLIAMS FORMULA IS USED TO COMPUTE THE HEAD LOSSES FOR
3   C       EACH PIPE. EACH LOOP IS BALANCED BY THE HARDY CROSS METHOD.
4   C       PRESSURES AT EACH JUNCTION ARE CALCULATED BASED ON THE PRESSURE AT
5   C       A GIVEN JUNCTION AND THE ELEVATION OF EACH JUNCTION.
6   C
7           DIMENSION LOOP(15,10),NR(15),P(100),Q(100),JI(100),JF(100),IR(100)
8          1,FRIC(100),TE(100),HLOSS(100)
9           REAL LGTH
10          DO 10 I=1,100
11      10  P(I)=999.
12  C
13  C         ··READ NETWORK DATA. NUMBER OF REACHES AND JUNCTIONS, TOLERANCES ETC.
14  C
15          READ(5,12)NRS,NODES,LOOPS,ITER,TOLO,TOLH,NODE,PKNOW
16      12  FORMAT(4I5,3F10.0,I5)
17          WRITE(6,13)NRS,NODES,LOOPS,ITER,TOLQ,TOLH,NODE,PKNOW
18      13  FORMAT(2X,'SOLUTION OF A PIPE NETWORK BY THE HARDY CROSS METHOD'//
19         1/2X,'DATA INPUT'//5X,'NUMBER OF REACHES  =',I3/5X,'NUMBER OF NODES
20         2  =',I3/5X,'NUMBER OF LOOPS  =',I3/5X,'ITERATION LIMIT  =',I
21         33/5X,'DISCHARGE TOLERANCE=',F7.3/5X,'HEAD LOSS TOLERANCE=',F7.3/5X
22         4',PRESSURE AT JUNC',I2,'=',F6.2/)
23  C
24  C         ··READ LOOPS AND CORRESPONDENT REACHES
25  C
26          DO 16 NL=1,LOOPS
27          READ(5,14)JZ,(LOOP(NL,I),I=1,JZ)
28      14  FORMAT(11I5)
29          WRITE(6,15)JZ,NL,(LOOP(NL,I),I=1,JZ)
30      15  FORMAT(5X12,' REACHES IN LOOP',I3,' ——— ',10I5)
31      16  NR(NL)=JZ
32          P(NODE)=PKNOW
33          DO 17 IP=1,NRS
34      17  Q(IP)=0.
35  C
36  C         ··READ THE DESCRIPTION OF THE REACHES,NUMBER,INITIAL AND FINAL JUNCTION...
37  C
38          WRITE(6,18)
39      18  FORMAT(/5X,'REACHES INFORMATION'/7X,'REACH   IJUNC FJUNC L(M)
40         1   D(M)    Q(CMS)     C'
```

```
41          DO 20 I=1,NRS
42          READ(5,58)L,JI(L),JF(L),C,LGTH,D,Q(L)
43       58 FORMAT(3I5,F5.0,3F10.0,I5)
44          WRITE(6,19)L,JI(L),JF(L),LGTH,D,Q(L),C
45       19 FORMAT(3X,3I8,F10.2,F9.2,F11.3,F8.0)
46          IR(I)=L
47       20 FRIC(L)=10.63'LGTH/((C"1.85)'(D"4.87))
48  C
49  C       ••BEGIN BALANCING PROCEDURE
50  C
51          DO 32 IT=1,ITER
52          LOK=0
53          DO 31 K=1,LOOPS
54          SUMH=0.
55          SUMZ=0.
56          IWX=NR(K)
57  C
58  C       ••CALCULATE THE CORRECTION FACTOR FOR EACH LOOP
59  C
60          DO 25 IRL=1,IWX
61          S1=1
62          S2=1
63          L=LOOP(K,IRL)
64          IF(L)21,25,22
65       21 S1=-1
66          L=-L
67       22 FLOWR=Q(L)
68          IF(FLOWR)23,24,24
69       23 S2=-1
70          FLOWR=-FLOWR
71       24 H=S1'S2'FRIC(L)'FLOWR"1.85
72          Z=1.85'FRIC(L)"FLOWR"0.85
73          SUMH=SUMH+H
74          SUMZ=SUMZ+Z
75       25 CONTINUE
76          FCORR=SUMH/SUMZ
77  C
78  C       ••CORRECT DISCHARGES FOR THIS LOOP
79  C
80          DO 28 TRL=1,TWX
81          L=LOOP(K,IRL)
82          IF(L)26,28,27
83       26 L=-L
84          Q(L)=Q(L)+FCORR
85          GO TO 28
86       27 Q(L)=Q(L)-FCORR
87       28 CONTINUE
88  C
89  C       ••TEST CORRECTION FACTORS AGAINST TOLERANCES
90  C
```

```
91        TEST=ABS(FCORR)-TOLQ
92        IF(TEST)30,30,29
93     29 TEST=ABS(SUMH)-TOLH
94        IF(TEST)30,30,31
95     30 LOK=LOK+1
96     31 CONTINUE
97        IF(LOOPS.LE. LOK)GO TO 33
98     32 CONTINUE
99  C
100 C     ••READ THE TOPOGRAPHY AND CALCULATE THE PRESSURES
101    33 WRITE(6,34)
102    34 FORMAT(/5X,'JUNCTIONS INFORMATION'/7X,'JUNC. ELEVATION')
103       DO 36 L=1,NODES
104       READ(5,35)N,TE(N)
105    35 FORMAT(I5,F10.0)
106    36 WRITE(6,37)N.TE(N)
107    37 FORMAT(7X,I3,4X,F8.4)
108       DO 38 I=1,NRS
109       L=IR(I)
110       S=1
111       IF(Q(L) .LT. 0.0)S=-1
112    38 HLOSS(L)=S*FRIC(L)*(ABS(Q(L)))**1.85
113    39 IFLAG=0
114       DO 50 K=1,NRS
115       I=IR(K)
116       JUPS=JI(I)
117       JDOWN=JF(I)
118       IF(P(JUPS)-999.)40,42,42
119    40 IF(P(JDOWN)-999.)50,41,41
120       41.P(JDOWN)=P(JUPS)-HLOSS(I)+TE(JUPS)-JE(JDOWN)
121       GO TO 50
122    42 IF(P(JDOWN)-999.)44,43,43
123    43 IFLAG=1
124       GO TO 50
125    44 P(JPUS)=P(JDOWN)+HLOSS(I)-TE(JUPS)+TE(JDOWN)
126    50 CONTINUE
127       IF(IFLAG .EQ. 1)GO TO 39
128       WRITE(6,51)IT
129    51 FORMAT(//5X,:FLOWS AFTER',I3,' ITERATIONS ARE'/7X,'REACH  Q(CMS)'
130       1)
131       DQ 52 I=1,NRS
132    52 WRITE(6,53)I,Q(I)
133    53 FORMAT(8X,I3,4X,F6.3)
134       WRITE(6,54)
135    54 FORMAT(/5X,'PRESSURE AT EACH JUNCTION IN COLUMN OF WATER'/8X,'JUNC
136       1,    P(M)')
137       DO 55 I=1,NODES
138    55 WRITE(6,56)I,P(I)
139       56FORMAT(8X,I3,3X,F7.3)
140    99 STOP
141       END
```

표 7-3

DATA INPUT

NUMBER OF REACHES = 15

NUMBER OF NODES = 11

NUMBER OF LOOPS = 5

ITERATION LIMIT   =50

DISCHARGE TOLERANCE =0.001

HEAD LOSS TOLERANCE = 0.005

PRESSURE AT JUNC. 1 = 100.00

4 REACHES IN LOOP 1 —— 1   5   -15   -6

4 REACHES IN LOOP 2 —— 2   3   -4   -5

4 REACHES IN LOOP 3 —— 4   12   11   -13

4 REACHES IN LOOP 4 —— -11   10   -9   -14

5 REACHES IN LOOP 5 —— 15   13   14   8   -7

REACHES INFORMATION

REACH	IJUNC	FJUNC	L(M)	D(M)	Q(CMS)	C
1	1	2	300.00	0.20	0.050	130.
2	2	3	300.00	0.20	0.030	130.
3	3	4	300.00	0.15	0.030	130.
4	5	4	300.00	0.15	0.	130.
5	2	5	300.00	0.15	0.020	130.
6	1	6	300.00	0.15	0.050	130.
7	6	7	400.00	0.20	0.020	130.
8	8	7	300.00	0.15	0.010	130.
9	8	9	300.00	0.15	0.010	130.
10	10	9	200.00	0.20	0.020	130.
11	10	11	300.00	0.10	0.010	130.
12	4	10	200.00	0.15	0.030	130.
13	5	11	200.00	0.25	0.050	130.
14	11	8	200.00	0.10	0.020	130.
15	6	5	300.00	0.15	0.030	130.

JUNCTIONS INFORMATION

JUNC	ELEVATION
1	0.
2	0.
3	0.
4	0.
5	0.
6	0.
7	0.
8	0.
9	0.
10	0.
11	0.

FLOWS AFTER 5 ITERATIONS ARE

REACH	Q(CMS)
1	0.059
2	0.027
3	0.027
4	-0.007
5	0.031
6	0.041
7	0.032
8	-0.002
9	0.006
10	0.024
11	-0.003
12	0.021
13	0.047
14	0.004
15	0.009

PRESSURE AT EACH JUNCTION IN COLUMN OF WATER

JUNC.	P(M)
1	100.000
2	94.770
3	93.506
4	88.378
5	88.007
6	88.902
7	86.632
8	86.592
9	86.250
10	86.902
11	87.549

컴퓨터 계산결과로 얻어지는 출력은 표 7-3에서와 같이 입력자료명세, 개개 관로의 제원 및 초기유량, 교차점 표고, 5차 시산 후의 각 관의 유량 및 각 교차점에서의 압력수두 등을 찍어내 도록 되어 있다.

7.6 관로시스템에서의 과도수리현상**

관로시스템에서의 과도수리현상(過渡水理現象, hydraulic transient)은 관내의 흐름이 하나의 정상류상태에서 다른 정상류상태로 아주 짧은 시간 동안에 변화하는 현상을 말하며 이 시간 동안에는 관내 흐름은 그 특성이 공간적으로 뿐만 아니라 시간적으로도 변화하는 부정류상태 (unsteady flow condition)에 있게 된다. 이와 같은 현상은 밸브에 의한 관수로 내 흐름의 갑작스런 차단이라든지, 펌프의 시동 혹은 정지 시의 관로 내 흐름의 갑작스런 변화로 인해 생기게 되며 통상 관로에 위험한 압력뿐만 아니라 소음, 피로, 공동현상 또는 공명현상 등을 동반하게 되며, 심하면 관로에 큰 피해를 주게 된다. 따라서, 과도수리현상으로 인한 관내의 시간에 따른 압력 및 유속의 변화를 포함하는 각종 해석은 관로의 설계에 매우 중요하다 하겠다.

과도수리현상은 부정류이므로 지금까지 살펴본 정상류보다는 흐름의 연속 및 에너지 방정식이 훨씬 복잡하므로 해석 또한 복잡하다. 즉, 시간이 또 다른 변수로 추가되므로 완전한 방정식은 연립편미분방정식이 되므로 특수한 수학적 방법을 동원하여 수치해석적으로 컴퓨터 계산을 해야 하는 경우가 대부분이다. 이와 같은 완벽한 부정류의 해석은 본 서의 정도를 넘으므로 여기서는 취급하지 않기로 하고 다만 과도수리현상 중 가장 대표적인 수격작용(水擊作用, water hammer)의 발생과정과 압력변화 등에 관한 물리적 성질 및 해석방법을 살펴본 후, 수격작용으로 인해 발생하는 수격파의 영향을 감소시키기 위해 사용되는 조압수조(調壓水槽, surge tank)의 원리와 종류 및 작동방법 등에 대해서만 살펴보기로 한다.

7.6.1 수격작용의 발생과정

기다란 관로상의 유량조절 밸브를 갑자기 폐쇄하거나 펌프를 정지시키면 관로 내의 유량은 갑자기 크게 변화하게 되며 관내의 물의 질량과 운동량 때문에 관벽에 큰 힘을 가하게 되어 정상적인 동수압보다 몇 배나 큰 압력으로의 상승이 일어난다. 이와 같은 현상은 수격작용(water hammer phenomenon)으로 알려져 있으며, 이때 생기는 과대한 관내압력 때문에 관로시스템에 큰 손상을 주는 경우가 생기므로 관로의 안전설계를 위해서는 수격작용으로 인해 예상되는 압력의 크기와 전파 등에 관해 면밀히 검토하지 않으면 안 된다.

밸브의 폐쇄로 인한 압력의 급격한 상승은 관내에 흐르는 물을 정지시키는 데 필요한 힘으로 인한 것이라고 볼 수 있다. 관로 내에 질량 m 인 물줄기가 가속도 $a = dV/dt$ 로 속도변화를 받고 있다고 가정하면 Newton의 제2법칙은

$$F = m \frac{dV}{dt} \tag{7.50}$$

만약, 밸브의 폐쇄로 인해 물의 흐름속도를 순간적으로($\Delta t = 0$) 완전히 영으로 만들 수 있다면

$$F = \frac{m(V_0 - 0)}{0} = \infty$$

여기서 V_0는 밸브폐쇄 이전의 관내의 물의 평균유속이며 F는 발생되는 힘으로서 이론적으로는 무한대가 될 것이다. 그러나 실제에 있어서는 밸브의 순간적인 폐쇄는 가능하지 않아 폐쇄시작 시부터 완전폐쇄 시까지는 어느 정도의 시간이 필요하다. 뿐만 아니라 관내압력이 매우 커지면 관벽과 물 자체가 완전강체나 비압축성유체가 아닌 탄성체의 역할을 하게 되어 발생되는 높은 압력을 어느 정도 흡수하게 되므로 관의 파괴가 방지된다.

그림 7 - 15 (a)와 같이 길이 l이고 직경이 d, 관벽의 두께가 t, 관재료의 탄성계수가 E_p인 관로가 저수지에 연결되어 있으며 관의 말단부에 밸브가 설치되어 있다고 가정하자. 관로에 작용하는 저수지의 정압수두 때문에 관로 속으로 물이 흘러나오는 상태에서 관로 말단부에 설치된 밸브를 폐쇄할 경우 수격작용이 일어나는 과정에 대해 단계적으로 살펴보기로 한다. 밸브를 폐쇄하면 밸브가 위치한 단면에서 물은 정지상태에 이르게 되며 흐르던 물의 속도수두 $V_0^2 / 2g$은 압력수두 p / γ로 바뀌게 되어 국부적인 압력상승이 일어나 압력파(wave pressure)가 밸브로부터 저수지 쪽으로 전파된다. 이때 관내에서의 압력파의 전파속도 C는 물의 체적탄성계수 E_b와 관 재료의 탄성계수 E_p에 따라 결정되며 다음과 같이 표시된다.

$$C = \sqrt{\frac{E_c}{\rho}} \tag{7.51}$$

여기서, E_c는 관벽과 물의 복합탄성계수로서 다음의 관계가 있는 것으로 알려져 있다.

$$\frac{1}{E_c} = \frac{1}{E_b} + \frac{dk}{E_p t} \tag{7.52}$$

여기서 물의 체적탄성계수 E_b는 표 1 - 6에 이미 수록한 바 있고 흔히 관의 재료로 사용되는 금속의 탄성계수는 표 7 - 4와 같으며 k는 관로의 연결형식에 따라 결정되는 상수이나 관의 양단이 고정되어 축방향으로 발생하는 응력을 무시할 경우에는 $k = 1.0$의 값을 사용하며, 관이 팽창접합부(expansion joints)를 가지면 $k = 0.875$를 사용한다.

그림 7 - 15의 밸브폐쇄로부터 측정한 시간 t에 따른 관내의 압력과 흐름 방향의 변화 등을 살펴보면 다음과 같다. 실제의 관로에서는 흐름으로 인한 마찰손실이 발생하나 편의상 마찰손실은 무시하고 관도 수평으로 연결되어 있다고 가정한다.

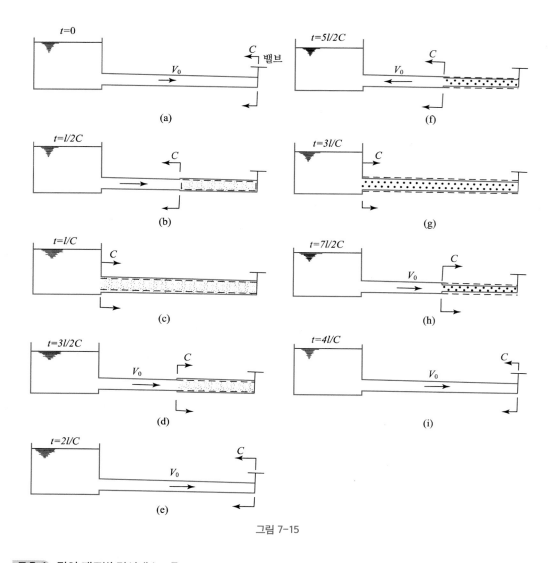

그림 7-15

표 7-4 관의 재료별 탄성계수, E_p

관의 재료	$E_p\,(10^9\,\mathrm{kg/m^2})$	관의 재료	$E_p\,(10^9\,\mathrm{kg/m^2})$
알루미늄 (aluminum)	7.136	유리	7.136
청동 (bronze), 황동 (brass)	9.174	납	0.0316
주철 (cast-iron)	11.213	루사이트 (lucite)	0.0285
동 (copper)	9.888	고무	1.427
강철 (steel)	19.368	철근콘크리트	16.310

(1) $t = 0 \sim t = l\,/\,C$일 때

밸브폐쇄로 인한 압력파는 저수지쪽으로 전파되며(그림 7 – 16 (b)) 압력상승으로 인해 물의 체적은 어느 정도 수축되고 관벽은 약간 팽창되므로 관내에 약간의 추가용량이 생겨 물은 밸브 쪽으로 흐르게 된다. $t = l\,/\,C$이 되면 압력파는 저수지와 관의 연결부에 도달하게 되고 관내의 물은 순간적이나마 완전정지상태(그림 7 – 15 (c))가 된다. 이때 관내에서의 압력은 저수지 입구에서의 정수압보다는 크므로 물은 밸브 쪽에서 저수지 쪽으로 흐르기 시작한다.

(2) $t = l / C \sim t = 2l / C$일 때

$t = l / C$에 저수지입구에 도달한 압력파는 약화되어 당시 밸브쪽으로 전파되기 시작하며(그림 7 – 15 (d)) 압력파의 전파에 따라 관내압력은 정상을 되찾게 되어 $t = 2l / C$에 압력파가 밸브에 도달하면 관내압력은 순간적이나마 정상압력(그림 7 – 15 (e))이 된다. 그러나 이때 관내의 물은 V_0의 속도로 저수지 쪽으로 역류하고 밸브단면에서는 이 역류에 공급될 물이 없으므로 정상압력보다 낮은 부압이 발생하고 이 부압은 저수지 쪽으로 전파된다(그림 7 – 15 (f)).

(3) $t = 2l / C \sim 3l / C$일 때

$t = 2l / C$에 밸브단면에서 생기기 시작한 부압은 전파되어 $t = 3l / C$에는 저수지에 도달하게 되며 이때 관내의 물은 다시 한 번 순간적으로 완전정지상태에 이른다(그림 7 – 15 (g)). 이때 관내압력은 정상압력, 즉 저수지 입구부의 정수압보다 낮고 관벽은 수축되므로 물은 다시 저수지에서 밸브 쪽으로 흐르기 시작한다(그림 7 – 15 (h)).

(4) $t = 3l / C \sim 4l / C$일 때

$t = 3l / C$에 밸브 쪽으로 향해 전파되기 시작한 부압파는 $t = 4l / C$에 밸브에 다시 도달하게 되어 관내압력은 정상압력으로 되돌아가고 물은 밸브 쪽을 향해 V_0의 속도로 흐르게 된다(그림 7 – 15 (i)). 이 상태가 바로 밸브 폐쇄직전의 상태이다.

이상과 같은 관내압력파의 전파와 물의 흐름 방향의 변화는 물의 점성으로 인한 마찰손실을 무시하면 끝없이 반복되는 과정이라 할 수 있다. 그러나 실제에 있어서는 관내 흐름과 관벽 사이의 마찰에 의한 에너지 손실 때문에 수격작용은 급속히 약화되는 것이 보통이다.

마찰손실을 무시할 경우 밸브의 순간적 폐쇄로 인한 밸브단면 부근과 관로 중앙부에서의 시간에 따른 이론적인 압력변화를 표시해 보면 그림 7 – 16과 같아진다. 만약 밸브폐쇄와 동시에 발생된 압력파가 저수지로 갔다가 되돌아오는 시간 $2l / C$보다 짧은 시간($t_c \leq 2l / C$) 동안에 밸브폐쇄가 완료된다면 관내의 최대상승압력 Δp는 밸브를 순간적으로 폐쇄했을 경우와 동일할 것이며, 이는 압력상승이 그림 7 – 17에서와 같이 n 개의 시간간격에 걸쳐 축차적으로 일어난다고 생각하면 이해하기 쉽다. 즉, 밸브폐쇄 시점에서부터 각 시간간격 동안에 ΔV만큼 유속이 감속되고 압력은 $\Delta p / n$만큼씩 상승하게 된다. 따라서 $0 \leq t \leq 2l / C$에서의 상승압력은 $\Delta p / n$를 전 시간간격에 걸쳐 합한 것으로서 그림 7 – 17에 표시한 바와 같이 $t = t_c$에서 Δp에 이르게 되며 $t_c \leq 2l / C$이므로 밸브의 순간적 폐쇄 시의 관내 최대압력상승과 같아진다. 이와 같이 밸브폐쇄에 소용되는 시간(valve closure time) t_c가 $2l / C$보다 작을 경우를 밸브 급폐쇄(rapid closure)라 하며 $t_c > 2l / C$일 경우를 밸브 완폐쇄(slow closure)라 한다. 밸브의 완폐쇄 시에는 밸브에서 발생된 첫 압력파가 저수지 입구를 거쳐 밸브로 되돌아올 때까지 밸브폐쇄

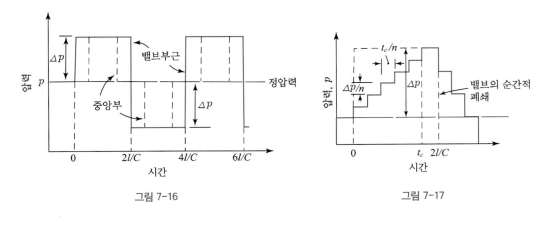

그림 7-16   그림 7-17

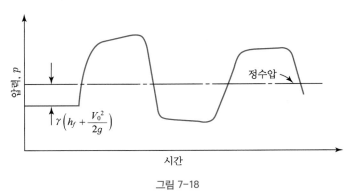

그림 7-18

가 종료되지 않으므로 밸브를 통해 물이 흘러나가게 되어 압력상승은 저하되고 압력분포 또한 그림 7 – 17과는 달라진다.

전술한 바와 같이 실제에 있어서는 관내의 마찰손실을 무시할 수 없으므로 시간에 따른 압력변화는 그림 7 – 16과는 달라진다. 밸브의 순간적인 폐쇄 시 밸브단면에서의 실제 압력이 시간에 따라서 어떻게 변화하는가를 그림 7 – 18에 도시하였다.

7.6.2 수격작용에 대한 최대압력

밸브 급폐쇄 시$(t_c \leq 2l/C)$를 생각하면 그림 7 – 15 (c)에서와 같이 $0 \leq t \leq l/C(t = 0 \sim l/C$까지)에 추가로 관 속에 흘러들어간 물의 체적은

$$\Delta V = - V_0 A \left(\frac{l}{C} \right) \tag{7.53}$$

여기서 V_0 는 관내의 초기유속이며 A 는 관의 단면적이다.

식 (7.53)의 추가체적에 관계되는 압력상승량 Δp 는 식 (1.9)의 관계를 생각하면

$$\Delta p = - E_c \frac{\Delta V}{V} = - \frac{E_c \Delta V}{Al} \tag{7.54}$$

여기서 E_c 는 복합탄성계수(식 (7.52))이며 V 는 밸브폐쇄 이전의 관내 물의 체적이다.

식 (7.53)을 식 (7.54)에 대입하면

$$\Delta p = \frac{E_c V_0}{C} \tag{7.55}$$

밸브단면에서 저수지 쪽으로 속도 C 로 압력파가 전파됨에 따라 압력파 후면의 물은 유속 V_0 에서 영으로 변하게 되며 시간 Δt 동안에 이러한 유속의 변화를 겪는 물의 질량 $m = \rho A C \Delta t$ 이므로 Newton의 제2법칙을 적용하면

$$F = \Delta p A = m \frac{\Delta V}{\Delta t} = \rho A C \Delta t \frac{(V_0 - 0)}{\Delta t} \tag{7.56}$$

$$\therefore C = \frac{\Delta p}{\rho V_0}$$

여기서 C 와 V_0 의 방향은 서로 반대임을 명심해야 한다. 식 (7.56)을 식 (7.55)에 대입하면

$$\Delta p = E_c V_0 \frac{\rho V_0}{\Delta p} \tag{7.57}$$

$$\therefore \Delta p = \sqrt{\rho E_c} \, V_0$$

혹은

$$H = \frac{\Delta p}{\gamma} = \frac{V_0}{g} \sqrt{\frac{E_c}{\rho}} = \frac{V_0}{g} C \tag{7.58}$$

식 (7.57)과 (7.58)은 각각 밸브 급폐쇄 시 수격작용으로 인한 밸브부근에서의 최대압력상승 및 압력수두의 크기를 표시한다.

밸브 완(緩)폐쇄 시$(t_c > 2l/C)$를 생각하면 상승압력 Δp 는 급폐쇄 시보다 떨어지며 최대압력은 다음과 같은 Allievi 공식으로 구할 수 있다.

$$\Delta p = p_0 \left(\frac{N}{2} + \sqrt{\frac{N^2}{4} + N} \right) \tag{7.59}$$

여기서 p_0 는 관내에서의 정수압이며

$$N = \left(\frac{\rho l V_0}{p_0 t} \right)^2 \tag{7.60}$$

여기서 t 는 밸브 폐쇄시점으로부터의 시간이다.

따라서, 관내의 총 압력은 정압력과 수격작용에 의한 추가압력의 합이므로(속도압력은 작으므로 무시하면)

$$p = p_0 + \Delta p \qquad (7.61)$$

그림 7-19는 저수지에 연결된 관의 말단부에 설치된 밸브를 폐쇄하기 이전과 이후의 관내 흐름의 동수경사선과 에너지선을 표시하고 있다. 밸브가 완전히 개방된 상태에서는 관내 흐름은 정상류이므로 관의 임의 단면 X에서의 압력수두는 p_0/γ, 속도수두는 $V_0^2/2g$ 이다. 이 상태에서 밸브를 급폐쇄하면 밸브단면에서의 총 수두는 정압수두 H_0와 수격파압수두 $\Delta p/\gamma$의 합이 되며 단면 X에 압력파가 도달하면 $V_0 = 0$이 되므로 속도수두는 정압수두 p_0/γ를 증가시키는 압력으로 변환되고 수격파압수두 $\Delta p_X/\gamma$가 발생하게 되어 단면 X에서의 총 압력수두는 수주 XY와 같아지며 마찰을 무시하면 밸브단면에서의 총 압력수두와 동일하다.

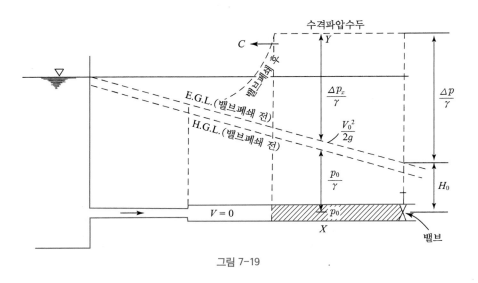

그림 7-19

문제 7-19

직경 0.5 m, 길이 1,500 m인 강철관의 두께는 5 cm이며 저수지에 연결되어 있고 말단부에는 밸브가 설치되어 있다. 밸브의 어떤 개구상태에서 0.8 m³/sec의 일정한 유량으로 대기 중으로 물이 분출되고 있을 때 밸브를 완전폐쇄시키면 밸브에서의 최대수격파압은 얼마나 되겠는가? 밸브의 완전폐쇄에 소용되는 시간은 $t_c = 1.4$초이며 관의 축방향 응력은 무시하라.

풀이 표 1-3과 표 1-6으로부터 1기압 20℃에서의 물의 $\rho = 101.79 \text{ kg} \cdot \text{sec}^2/\text{m}^4$, $E_b = 2.110 \times 10^8$ kg/m²이고 표 7-4로부터 강철의 $E_p = 19.368 \times 10^8$ kg/m²이므로 식 (7.52)를 사용하면($k = 1.0$으로 놓음)

$$\frac{1}{E_c} = \frac{1}{2.110 \times 10^8} + \frac{0.5}{19.368 \times 10^9 \times 0.05}$$

$$\therefore E_c = 1.903 \times 10^8 \text{kg}/\text{m}^2$$

식 (7.51)로부터 압력파의 전파속도를 구하면

$$C = \sqrt{\frac{E_c}{\rho}} = \sqrt{\frac{1.903 \times 10^8}{101.79}} = 1,367 \, \text{m/sec}$$

이 압력파가 밸브로 되돌아오는 데 소요되는 시간은

$$t = \frac{2l}{C} = \frac{2 \times 1,500}{1,367} = 2.19 \, \text{sec}$$

따라서, $t_c < 2l / C$이므로 밸브의 급폐쇄로 볼 수 있으므로 식 (7.56) 혹은 (7.57)을 사용하여 Δp를 계산할 수 있다. 한편, 밸브폐쇄 이전의 관내유속은

$$V_0 = \frac{Q}{A} = \frac{0.80}{\frac{\pi}{4} \times (0.5)^2} = 4.07 \, \text{m/sec}$$

식 (7.56)으로부터

$$\Delta p = \rho C V_0 = 101.79 \times 1,367 \times 4.07$$
$$= 5.663 \times 10^5 \, \text{kg/m}^2 = 56.63 \, \text{kg/cm}^2$$

압력수두로 표시하면

$$\Delta H = \frac{\Delta p}{\gamma} = \frac{5.663 \times 10^5}{1,000} = 566.3 \, \text{m}$$

문제 7-20

직경이 20 cm, 두께가 15 mm인 주철관에 40 ℓ/sec의 물이 흐를 때 밸브 급폐쇄에 의해 수격작용이 일어난다. 다음과 같은 조건에 대하여 수격작용으로 인한 상승압력을 계산하라. 수온은 20℃이다.
(a) 관벽의 탄성을 전혀 무시할 경우
(b) 관의 축방향 응력을 무시할 경우

풀이 밸브폐쇄 이전의 관내유속은

$$V_o = \frac{Q}{A} = \frac{0.04}{\frac{\pi}{4} \times (0.2)^2} = 1.274 \, \text{m/sec}$$

(a) 관벽의 탄성을 전혀 무시할 경우에는 식 (7.52)의 $dk/E_p t = 0$이므로

$$\frac{1}{E_c} = \frac{1}{E_b} \qquad \therefore E_c = E_b = 2.110 \times 10^8 \, \text{kg/m}^2 \quad (표\ 1-6)$$

식 (7.51)을 사용하여 압력파의 전파속도를 구하면

$$C = \sqrt{\frac{E_c}{\rho}} = \sqrt{\frac{2.110 \times 10^8}{101.79}} = 1,439.8 \, \text{m/sec}$$

식 (7.56)을 사용하면

$$\Delta p = \rho\, C\, V_0 = 101.79 \times 1,439.8 \times 1.274$$

$$= 1.867 \times 10^5\,\mathrm{kg/m^2} = 18.67\,\mathrm{kg/cm^2}$$

(b) 관의 축방향 응력을 무시할 경우는 $k = 1.0$ 이므로

$$E_c = \cfrac{1}{\left(\cfrac{1}{E_b} + \cfrac{d}{E_p t} \right)}$$

$$= \cfrac{1}{\left(\cfrac{1}{2.110 \times 10^8} + \cfrac{0.2}{11.213 \times 10^9 \times 0.015} \right)} = 1.687 \times 10^8\,\mathrm{kg/m^2}$$

$$C = \sqrt{\frac{1.687 \times 10^8}{101.79}} = 1,287\,\mathrm{m/sec}$$

$$\Delta p = 101.79 \times 1,287 \times 1.274 = 1.669 \times 10^5\,\mathrm{kg/m^2} = 16.69\,\mathrm{kg/cm^2}$$

7.6.3 조압수조

저수지로부터 수력발전소의 터빈으로 물을 공급하는 수압관(steel penstock)은 대체로 상당히 길며 고낙차 때문에 수압관 내의 유속은 상당히 빠른 것(3~6 m/sec)이 보통이다. 터빈 입구 가까이에는 소요 전기부하에 맞추어 터빈이 출력을 낼 수 있도록 하기 위해 터빈 수문(turbine gate)이 설치되는데 이 수문이 갑자기 폐쇄되면 긴 수압관 내의 많은 수량의 수격작용(水擊作用) 때문에 수압관에 대단한 압력이 걸리게 되므로 관의 안전이 위협을 받게 된다. 이와 같은 수문의 급폐쇄는 송전시스템의 일시고장 등으로 발전기의 부하가 완전히 끊어질 때 수압철관을 통해 물이 터빈에 들어오는 것을 방지하기 위해 자동조작되도록 되어 있다. 이와 같이 수문의 급폐쇄로 인한 관내의 과대한 압력과 수격작용을 감쇄 내지 제거하기 위해서 압축된 흐름을 그림 7-20과 같은 큰 수조 내로 유입시켜 수조 내에서 물이 진동(surging)함으로써 압력에너지가 마찰에 의해 차차 감쇄되도록 하는 방법이 사용된다. 이와 같은 저수지와 터빈설비 사이에 조압수조(調壓水槽)를 설치하면 밸브폐쇄 시 저수지로부터의 물이 조압수조로 흘러들어가므로 저수지와 조압수조 사이의 고압의 형성을 방지할 수 있다. 또한 조압수조는 가능하면 터빈 가까이에 설치함이 좋고 조압수조와 터빈수문 사이의 수압철관은 수격작용에 견딜 수 있는 관으로 설계해야 한다. 조압수조는 밸브폐쇄로 인한 수압관 내의 수격파압을 흡수해 줄 뿐 아니라 밸브를 갑자기 열었을 때 유량의 급증 때문에 생기는 부압을 감소시키기 위해 물을 공급해 주는 수조의 역할을 하기도 한다.

조압수조의 종류에는 단순조압수조와 오리피스, 제수공, 차동 및 공기실 조압수조 등이 있다. 단순조압수조는 그림 7-20과 같이 상부가 개방된 연직원통의 유입구가 제한되지 않은 수조로서 비교적 저수두에 적합하나 고수두일 때는 구조물이 커져서 공사비가 많이 든다. 그림 7-21 (a),

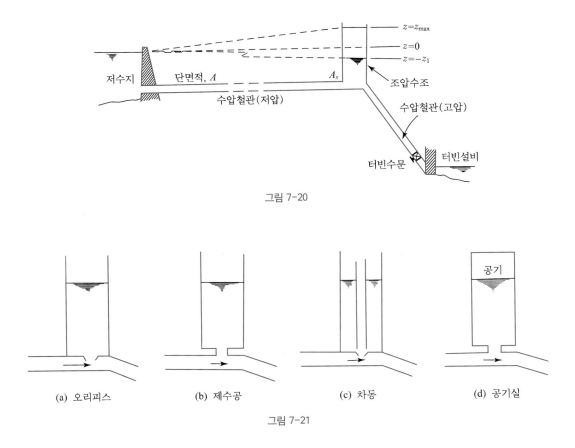

그림 7-20

(a) 오리피스　　　　(b) 제수공　　　　(c) 차동　　　　(d) 공기실

그림 7-21

(b)의 오리피스 및 제수공(制水孔) 조압수조는 수격파의 감쇄작용을 증가시키고 초기 수면상승고를 감소시키며, 차동(差動) 조압수조는 수조 내에 관경과 동일한 연직원통을 세운 것으로서 수조 내로의 유입량은 연직원통 유입부의 용량 또는 원통 하부 주위의 개방정도에 따라 제한되며 원통 내의 수면진동은 수조에서보다 심해지나 수조에서의 진동과는 그 운동이 서로 엇갈리므로 단순 조압수조보다는 진동이 빨리 감쇄된다(그림 7-21 (c)). 그림 7-21 (d)의 공기실 조압수조는 수조의 상부를 폐쇄하여 수조 내의 상부에 공기가 들어 있어서 수격파압에 의한 진동을 공기의 쿠션에 의해 흡수함으로써 수조의 높이를 감소시키기 위한 구조이다.

전술한 바와 같이 터빈수문의 급개폐에 따른 수격작용과 부압의 발생을 감쇄시키기 위한 조압수조의 설계는 수조내 최고진동수위와 수조의 소요단면을 결정하는 문제이며, 수문개폐후의 흐름이 부정류이므로 부정류의 연속방정식과 에너지방정식을 풀므로써 완전한 해를 구할 수 있게 된다. 흐름 상태가 시간에 따라 변하므로 완전한 해는 시간에 따라 변하는 관내 유속과 조압수조 내의 수면위치를 구하는 것으로서 2개 미분방정식의 수치적분 또는 도식적분에 의하는 것이 보통이며 매우 복잡하다. 따라서 여기서는 수문폐쇄 시의 조압수조 내 최대수면상승고의 결정방법에 대한 원리만을 살펴보기로 한다.

그림 7-20에서와 같이 수문이 폐쇄되는 순간까지는 관내 흐름이 정상류 상태로 흐르므로 저

수지에서 조압수조 사이에서는 마찰손실로 인해 수조 내 수면 z_1은 저수지 수면보다 낮은 위치에 있게 된다. 이때 수문이 급폐쇄($t=0$)되면 조압수조 내 수면은 급상승하게 되고 정수면 $z=0$을 기준으로 하여 상하로 진동하게 되며, 이 진동은 마찰에 의해 완전감쇄될 때까지 계속된다. 이와 같은 상태에서의 관과 조압수조 내 부정류의 에너지 방정식은 다음과 같다.

$$z + f\,\frac{l}{d}\,\frac{V^2}{2g} + \frac{l}{g}\,\frac{\partial V}{\partial t} = 0 \tag{7.62}$$

혹은

$$-\frac{l}{g}\,\frac{dV}{dz}\,\frac{dz}{dt} = z + f\,\frac{l}{d}\,\frac{V^2}{2g} \tag{7.63}$$

여기서 z는 정수면($z=0$)을 기준으로 하여 상방향을 $(+)$로 하는 조압수조 내 수위이며 f, l, d는 각각 관의 마찰손실계수, 길이 및 직경이고 V는 수압철관 내의 평균유속이다.

수압관과 조압수조의 단면적을 각각 A, A_s라 하고 수문폐쇄 순간의 관로와 조압수조 사이의 연속방정식을 세우면

$$Q = A\,V = A_s\,\frac{dz}{dt} \tag{7.64}$$

식 (7.64)로부터 $dz/dt = A\,V/A_s$로 식 (7.63)에 대입하면

$$-\frac{l}{g}\,\frac{A}{A_s}\,\frac{V dV}{dz} = z + f\,\frac{l}{d}\,\frac{V^2}{2g} \tag{7.65}$$

식 (7.65)를 적분하여 V에 관한 일반해를 구하면

$$V^2 = \frac{2g\,A\,d^2}{f^2\,A_s\,l}\left(1 - \frac{f\,A_s\,z}{A\,d}\right) - Ce^{-\left(\frac{f\,A_s}{A\,d}\right)z} \tag{7.66}$$

식 (7.66)은 수문폐쇄 순간의 관내유속(V)과 조압수조 내 수면(z)간의 관계를 표시한다. 식 (7.66)의 적분상수 C는 수문폐쇄 순간의 $z=z_1$에서의 정상류 조건을 사용하면 결정할 수 있고 조압수조 내 최대수면상승고 $z_{\max}$는 관내유속 $V=0$일 때이므로 식 (7.66)을 풀어서 구할 수 있게 된다.

식 (7.66)은 흐름에 수반되는 각종 손실과 수문폐쇄로 인한 수격파압의 영향이 전부 조압수조에 의해 흡수되는 것으로 가정하여 얻은 해이므로 식 (7.66)으로부터 계산되는 $z_{\max}$은 실제보다는 큰 값이 되나 조압수조의 예비설계를 위해서는 안전측의 값을 제공한다.

직경 3 m, 길이 3 km인 수압철관 내의 유량이 20 m³/sec인 관로상에 직경 5.5 m인 원통형 조압수조가 설치되어 있다. 터빈수문이 급폐쇄될 순간의 조압수조 내 최대수면을 계산하라. 관의 Manning의 $n = 0.020$이다.

풀이 수문폐쇄 이후의 조압수조 내 수면의 위치 z_1은 $-z_1 = f \dfrac{l}{d} \dfrac{V_1^2}{2g}$ 이므로

$$f = \frac{124.5\,n^2}{d^{1/3}} = \frac{124.5 \times (0.02)^2}{(3)^{1/3}} = 0.0345$$

$$V_1 = \frac{Q}{A} = \frac{20}{\dfrac{\pi}{4} \times (3)^2} = 2.83\,\mathrm{m/sec}$$

$$\therefore z_1 = -0.0345 \times \frac{3,000}{3} \times \frac{(2.83)^2}{2 \times 9.8} = -14.10\,\mathrm{m}$$

식 (7.66)의 $A = \dfrac{\pi(3)^2}{4} = 7.065\,\mathrm{m}^2$, $A_s = \dfrac{\pi(5.5)^2}{4} = 23.746\,\mathrm{m}^2$

$$(2.83)^2 = \frac{2 \times 9.8 \times 7.065 \times 3^2}{(0.0345)^2 \times 23.746 \times 3,000} \left[1 - \frac{0.0345 \times 23.746 \times (-14.10)}{7.065 \times 3} \right]$$

$$- Ce^{-\left(\frac{0.0345 \times 23.746}{3 \times 7.065} \right) \times (-14.10)}$$

$$8.009 = (14.698 \times 1.545) - 1.725\,C \quad \therefore\ C = 8.521$$

따라서 식 (7.66)은

$$V^2 = 14.698\,(1 - 0.0386\,z) - 8.521\,e^{-0.0386\,z} \tag{a}$$

그런데, 식 (a)에서 $V = 0$ 일 때 $z = z_{\max}$ 이므로

$$0 = 14.698 - 0.567\,z_{\max} - 8.521\,e^{-0.0386\,z_{\max}} \tag{b}$$

식 (b)를 시행착오법으로 풀면 $z_{\max} = 18.6\,\mathrm{m}$ 즉, 수문폐쇄순간의 조압수조 내의 최대 수면상승고는 저수지수면보다 18.6 m만큼 높아진다.

연습문제

01 직경이 45 cm인 리벳강관(riveted steel pipe)이 표고 85 m인 위치에서 100 m인 위치까지 길이 300 m에 걸쳐 뻗어 있다. 표고 85 m와 100 m 위치에서의 압력이 각각 7 kg/cm²와 5 kg/cm²였다면 이 관로를 통한 유량은 얼마이겠는가?

02 수면표고가 100 m인 저수지로부터 수면표고 50 m인 저수지로 1.35 m³/sec의 물을 공급하고자 한다. 두 저수지가 3 km 떨어져 있으며 콘크리트관을 사용하고자 한다면 관경을 얼마로 해야 하겠는가?

03 어떤 수조에 직경 5 cm, 길이 60 m인 매끈한 수평관이 연결되어 있다. 수조 내 수면과 이 수평관은 1.5 m의 표고차를 가지고 있다. 마찰손실만을 고려하여 관로를 통한 유량을 계산하라. 물의 온도는 16℃이다.

04 수면표고차가 10 m인 두 수조를 길이 100 m인 매끈한 관으로 연결하여 0.25 m³/sec로 물을 보내고자 한다. 소요되는 관의 직경을 구하라. 단, 미소손실은 무시하라.

05 직경 30 cm, 길이 300 m인 관이 수면표고 60 m인 저수지의 수면으로부터 6 m 낮은 지점으로부터 나와서 직경 15 cm, 길이 300 m인 관에 연결되어 있으며 15 cm 관은 표고 30 m 지점에서 수면표고 39 m인 다른 한 저수지에 연결되어 있다. 이 관로의 마찰손실계수 $f=0.02$라 가정하고 관로를 통한 유량을 계산하라.

06 두 개의 저수지를 연결하는 긴 30 cm 관로가 0.14 m³/sec를 송수하고 있다. 이 관에 평행하게 다른 한 관로를 병렬시켜 0.28 m³/sec의 물을 송수하려면 이 관의 소요 직경은 얼마나 될까? 두 관의 마찰손실계수는 동일한 것으로 가정하라.

07 직경이 30 cm이고 길이가 300 m인 주철관이 수면표고가 각각 60 m 및 75 m인 두 저수지를 연결하고 있다. 이 관로를 통한 유량을 계산하라. 물의 온도는 18℃이다.

08 수면표고차가 1.5 m인 두 수조 사이에 0.003 m³/sec의 물을 송수하기 위해 60 m 길이의 매끈한 관을 연결하고자 한다. 관의 소요직경을 계산하라. 물의 온도는 19℃이다.

09 직경 15 cm, 길이 450 m인 관을 통해 수면표고 100 m인 저수지로부터 양수하여 표고 130 m인 지점에서 5 cm 노즐을 통해 대기 중으로 방출하고자 한다. 노즐출구에 가까운 관로부에서의 압력을 3.5 kg/cm²로 유지하기 위한 펌프의 동력을 계산하고 관로를 따른 에너지선을 그려라. 관로의 마찰손실계수 $f=0.025$로 가정하라.

10 수면표고가 100 m인 저수지로부터 표고 136 m인 저수지로 물을 양수하고자 한다. 펌프의 흡입관의 직경은 20 cm, 길이는 150 m이며 표고 97 m인 위치에 연결되어 있다. 펌프로부터의 방출관은 직경 15 cm, 길이 600 m이며 상부 저수지의 수면으로부터 9 m만큼 낮은 위치에 연결되어 있다. 마찰손실 계수 $f=0.02$라 가정하고 하부 저수지로부터 0.09 m³/sec의 물을 양수하는 데 소요되는 동력을 구하라. 이 관 계통을 사용하여 양수할 수 있는 최대유량은 얼마인가?

11 그림 7-22에서 만약 펌프가 없을 경우 물은 B 저수지로부터 A 저수지로 0.15 m³/sec의 물이 흐른다. 같은 유량의 물이 반대방향으로 흐르게 하려면 펌프의 동력을 얼마로 해야 할 것인가?

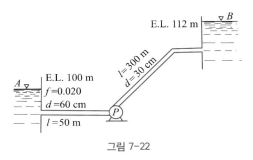

그림 7-22

12 그림 7-23과 같은 관로에서 펌프가 없을 경우 유량은 0.12 m³/sec이다. 관로를 통한 유량을 0.16 m³/sec로 계속 유지하기 위해 소요되는 펌프의 동력을 계산하라. 단, 미소손실은 무시하라.

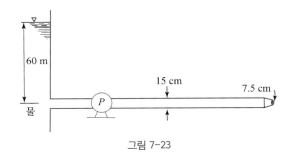

그림 7-23

13 수면표고 100 m인 저수지의 표고 85 m인 위치에 직경 60 cm, 길이 900 m인 관이 연결되어 있고 이 관로 내의 흐름은 표고 15 m 지점에 있는 터빈을 돌리도록 되어 있다. 터빈으로부터의 출류는 직경 90 cm, 길이 6 m인 수직관을 통해 수면표고 10 m인 하부지로 방출된다. 관내의 유량이 0.9 m³/sec라면 터빈의 출력은 얼마나 되겠는가? $f = 0.02$ 로 가정하고 출구손실만 고려하고 나머지 미소손실은 무시하라.

14 그림 7-24와 같이 연결된 터빈이 물로부터 40 kW의 동력을 얻고 있다면 관로를 통한 유량은 얼마가 되어야 하나? 또한 터빈에 의해 얻을 수 있는 최대동력을 구하라.

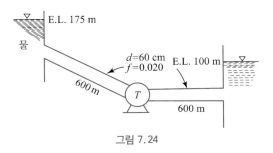

그림 7.24

15 그림 7-25와 같은 관개용 사이폰을 통해 흐를 수 있는 유량을 계산하라. 수두차는 그림에 표시된 바와 같이 0.3 m이며 마찰손실계수는 0.020, 만곡손실계수는 0.20이라 가정하라.

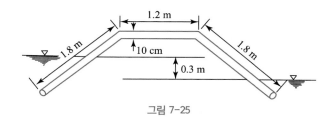

그림 7-25

16 그림 7-26과 같은 사이폰을 통한 유량과 사이폰 정점에서의 압력을 구하라.

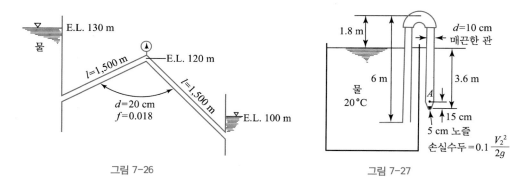

그림 7-26

그림 7-27

17 그림 7-27과 같은 사이폰을 통해 흐르는 유량을 계산하고 A 점에서의 압력과 사이폰 내의 최소압력의 크기와 위치를 구하라.

18 그림 7-28과 같은 부등단면관수로의 말단에 부착된 노즐을 통한 분출량을 구하고 에너지선을 그려라. 관 벽의 조도 $n = 0.013$으로 가정하라.

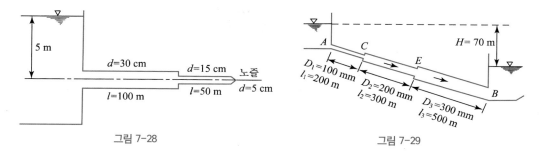

그림 7-28

그림 7-29

19 그림 7-29와 같은 부등단면수로 내의 유량을 계산하라. 두 저수지의 수위차는 70 m이며 관의 조도계수 $n = 0.015$로 가정하고 출구, 입구손실 이외의 미소손실은 모두 무시하라.

20 그림 7-30에서 $H = 12$ m일 때 각 관을 통해 흐르는 유량을 구하라.

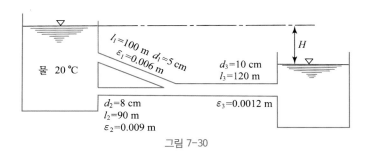

그림 7-30

21 그림 7-31에 표시된 관계통을 등가길이 개념에 의해 30 cm 관으로 전부 대치한 후 $H = 9$ m일 때의 유량을 구하라. 관은 모두 깨끗한 주철관이다.

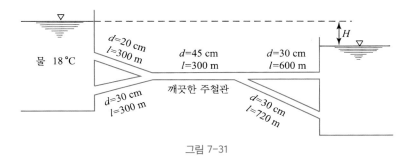

그림 7-31

22 직경 60 cm인 관로가 30 cm 및 45 cm인 두 개의 평행한 관으로 분기되었다가 다시 합류하여 60 cm 관로를 이루고 있으며 두 지관의 길이는 공히 1.6 km이다. 60 cm 관에서의 유량이 0.8 m³/sec일 때 두 지관에서의 유량을 계산하라. 마찰손실계수 $f = 0.018$로서 두 관로에서 동일하다. 3개 관로는 모두 동일 수평면상에 있다고 가정하라.

23 0.8 m³/sec의 물을 송수하는 직경 60 cm인 관이 15 cm, 20 cm 및 30 cm 관로로 분기하여 하류에 있는 저수지로 흘러들어간다. 세 지관의 길이가 같고 $f = 0.02$로서 동일할 때 각 지관으로 분기되는 유량을 구하라. 관은 동일 수평면 내에 있다.

24 그림 7-32와 같은 병렬 관수로에서 총 유량이 0.4 m³/sec일 때 각 관로에서의 유량을 계산하라. 두 관에서의 $f = 0.019$이다.

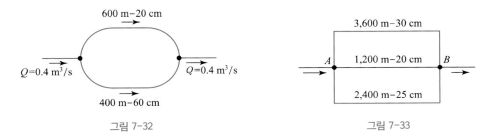

그림 7-32   그림 7-33

25 그림 7-33에서 A점과 B점의 압력이 각각 3.6 kg/cm² 및 2.1 kg/cm²이다. 관이 수평면 내에 있다고 가정하고 물이 흐르고 있을 때의 3개 관에서의 유량을 계산하여 총 유량을 구하라. 마찰손실계수 $f=0.022$로 가정하라.

26 그림 7-34의 관로시스템에 1.3 m³/sec의 물이 흐르고 있을 때 A점과 D점 사이의 압력차를 구하라. 관은 주철관이라 가정하라.

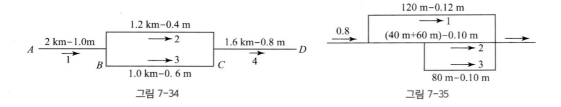

그림 7-34	그림 7-35

27 그림 7-35와 같은 3개의 평행 주철관망에 0.8 m³/sec의 물이 흐르고 있다. 각 관로에 배분되는 유량을 계산하라. 미소손실은 무시하라.

28 그림 7-36과 같은 관로에서 펌프가 물에 220 kW(약 300 HP)의 동력을 공급하고 있다. 두 관의 $f=0.020$일 때 유량을 각각 구하라.

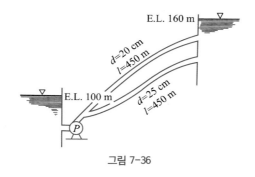

그림 7-36

29 그림 7-37과 같이 4개 저수지가 연결되어 있다. 각 관을 통한 유량을 계산하라.

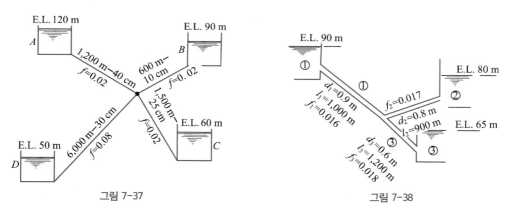

그림 7-37	그림 7-38

30 그림 7·38과 같은 관로에 물이 흐르고 있다. 각 관에 흐르는 유량을 계산하라.

31 3개의 관로가 표고 100 m인 지점에서 만난다. 제1관은 직경이 30 cm, 길이가 600 m로서 수면표고 115 m인 저수지에 연결되어 있고 제2관은 직경 15 cm, 길이 900 m로서 수면표고 145 m인 저수지에 연결되어 있다. 제3관은 직경 15 cm, 길이 300 m로서 표고 70 m인 지점에서 물을 대기 중으로 분출하고 있다. $f = 0.020$일 때 각 관의 유량을 계산하라. 또한 제3관의 말단에 5 cm의 노즐을 붙였을 경우의 각 관내 유량을 계산해 보라.

32 그림 7·39와 같은 관로에 물이 흐르고 있다. 직경 20 cm인 관에서의 유량이 0.1 m³/sec일 때 15 cm 및 30 cm 관에서의 유량을 구하고 펌프의 동력을 구하라.

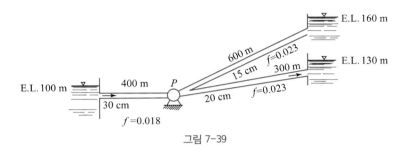

그림 7-39

33 그림 7·40과 같은 관로에서 밸브 F는 부분적으로 폐쇄되어 유량이 37 m³/sec일 때 1.1 m의 수두손실을 유발시킨다. 25 cm 관로의 소요길이는 얼마인가?

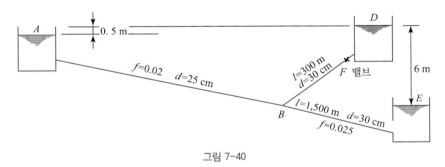

그림 7-40

34 그림 7·41의 직경 90 cm 관을 통해 흐르는 유량이 1,720 m³/sec가 되도록 하기 위해서 펌프가 공급해 주어야 할 유량은 얼마이겠는가? 또한 A에서의 압력수두의 크기는 얼마나 되겠는가?

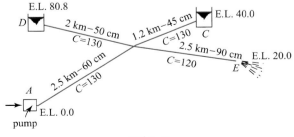

그림 7-41

35 그림 7-42에서 펌프가 없다고 가정할 경우 각 관을 통해 흐르는 유량을 구하라.

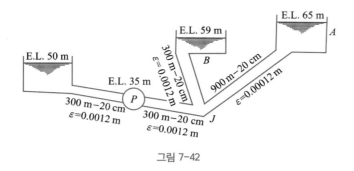

그림 7-42

36 그림 7-42의 펌프가 0.08 m³/sec의 물을 J점 방향으로 양수할 때 A, B 수조로 흘러들어가는 유량과 J점 에서의 동수경사선의 위치를 구하라.

37 그림 7-43과 같은 관망에서 3개 관의 마찰손실계수가 모두 0.020일 때 각 관의 유량을 계산하라.

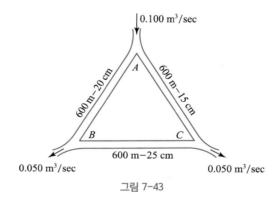

그림 7-43

38 그림 7-44와 같은 관망에서 관로를 통한 유량을 계산하라. 단, $n=2(h_L = kQ^n)$라고 가정하라.

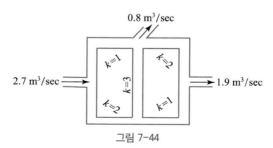

그림 7-44

39 그림 7-45와 같은 관망에서 각 관로의 유량을 계산하라. 40 cm 관의 마찰손실계수는 0.026이며 기타 관의 $f = 0.018$이며 $n = 2$로 가정하라.

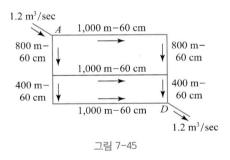

그림 7-45

40 그림 7-46과 같은 복잡한 관망에서 각 관을 통해 흐르는 유량을 계산하라. 관로의 마찰손실계수 $f = 0.020$으로 가정하고 $n = 2$라 가정하라.

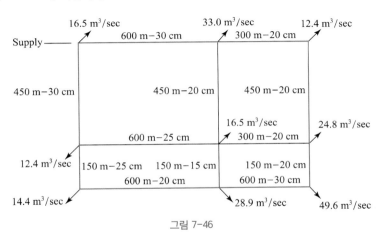

그림 7-46

41 직경이 1.5 m, 두께가 1.2 cm인 강철관 속에 물이 흐를 때 압력파의 전파속도를 구하라. 물의 온도는 15℃이다.

42 수면표고가 E.L. 105 m인 저수지에 직경 40 cm, 두께 2 cm, 길이 500 m인 강철관이 수평으로 연결되어 있다. 관로 말단에는 밸브가 설치되어 있고 밸브단면의 표고는 E.L. 50 m이다. 밸브를 30 sec 내에 완전폐쇄한 경우 최대수격파압을 계산하라. 수온은 15℃이다. 관의 축방향 응력은 무시하라.

43 직경 30 cm, 두께 1 cm, 길이 420 m인 주철관이 저수지에 연결되어 있다. 관의 말단에 연결된 밸브단면의 중심축 표고는 저수지 수면보다 100 m 낮다. 밸브가 완전개방되어 있을 때의 방류량을 구하고 밸브를 0.5 sec 사이에 완전개폐할 경우에 밸브에 발생하는 최대압력을 계산하라. 수온은 20℃이며 관로에는 군데군데에 팽창접합부가 있다고 가정하라.

44 연습문제 43번의 조건에서 다음 경우에 대하여 압력파의 전파속도와 수격파압을 각각 계산하라.
  (a) 관의 탄성을 완전히 무시할 때
  (b) 관의 양단이 완전히 고정되어 있을 때

45 저수지에 연결된 직경 8 cm, 길이 600 m, 두께 5 mm인 수평동관 내에 흐르는 유량이 0.015 m³/sec이다. 저수지와 관의 말단부 밸브지점까지의 손실수두가 60 cm일 때 밸브를 갑자기 폐쇄할 경우 다음을 계산하라. 수온은 15℃이며 관의 축방향 응력은 무시한다.
   (a) 초기의 밸브단면에서의 압력수두
   (b) 압력파가 저수지까지 갔다가 밸브로 되돌아오는 데 소요되는 시간
   (c) 관에서 일어나는 최대압력수두
   (d) 밸브에서의 압력수두가 20 m를 초과하지 않도록 하기 위한 최소 밸브폐쇄시간

46 단순 조압수조에서 $Q=10$ m³/sec, 수압관의 길이가 2 km, 직경이 2 m, 조도계수 $n=0.02$이며 조압수조의 직경이 4 m이다. 터빈수문을 급폐쇄할 경우 조압수조 내의 최대수면은 저수지 수면보다 얼마나 높아지겠는가?

47 연습문제 46번에서 조압수조 내 최대수면이 저수지 수면보다 10 m 이상 높아지지 않도록 하기 위해서는 조압수조의 단면적을 얼마 이상으로 해야 할 것인가?

Chapter 8

개수로 내의 정상등류

8.1 서 론

자연계에서 물의 흐름은 크게 개수로 내 흐름과 관수로 내 흐름의 두 가지로 분류할 수 있다. 이들 두 가지 흐름은 여러 가지 면에서 유사성을 가지나 한 가지의 근본적인 차이점을 가지고 있다. 즉 개수로 내 흐름은 반드시 자유표면을 가지며 중력이 흐름의 원동력이 되나 관수로 내 흐름은 수로면적을 꽉 채우면서 압력차에 의해서 흐른다는 점이다.

그림 8-1은 개수로 및 관수로 내 흐름의 관계를 표시하고 있다. 관수로 내 흐름의 에너지는 어떤 기준면으로부터 관의 중립축까지의 위치수두 z 와 압력수두 p/γ 및 속도수두 $V^2/2g$ 로 구성되며, 개수로의 경우는 위치수두 z, 수심 y 및 속도수두 $V^2/2g$ 로 구성된다. 두 경우 모두 한 단면으로부터 다른 단면으로 흐름에 따라 마찰로 인한 에너지 손실 h_f 가 발생하게 된다.

이와 같은 두 가지 흐름 사이에는 상당한 유사성이 있으나 개수로 내 흐름 분석은 흐름의 자유 표면이 공간적 및 시간적으로 변할 뿐 아니라 흐름의 수심, 유량, 수로경사 및 수면경사 등의 흐름 변수 간의 관련성 때문에 관수로 내 흐름 해석보다는 일반적으로 훨씬 복잡하다.

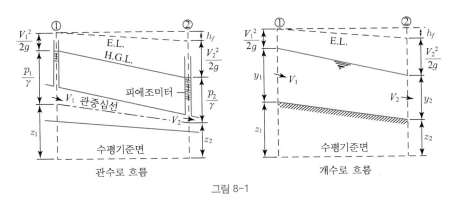

그림 8-1

따라서 개수로 내 흐름의 문제는 관수로의 경우보다 훨씬 더 경험적이고 실험적인 방법을 동원하여 해결하는 경우가 많다.

폐합수로 내의 흐름이라고 해서 반드시 관수로 흐름이라고 말할 수는 없다. 도시하수 혹은 우수관거와 같이 수로의 단면이 폐합단면이라 하더라도 그 속의 흐름이 자유표면을 가질 경우에는 개수로 내 흐름의 원리가 적용되는 것이다.

8.2 흐름의 분류

개수로 내 흐름은 여러 가지 기준에 의해 다양하게 분류할 수 있으나 수심을 포함하는 흐름특성의 시간적 및 공간적 변화양상에 따라 대략 다음과 같이 분류할 수 있다.

8.2.1 정상류와 부정류

개수로 내 흐름의 수심이 시간에 따라 변하지 않고 일정한 흐름을 정상류(steady flow)라 하고 시간에 따라 시시각각으로 변하는 흐름을 부정류 혹은 비정상류(unsteady flow)라 하며 많은 경우 개수로 내 흐름 문제는 정상류 조건 하에서 풀이하게 된다. 그러나 홍수류에서와 같이 흐름의 특성이 시간에 따라 급격하게 변화할 경우에는 부정류의 이론에 의거 해석되어야 하며 개수로에 설치되는 각종 통제구조물(control structure)의 경우는 이에 속한다고 하겠다.

개수로 내 흐름이 정상류일 경우 흐름의 질량보존법칙을 설명해 주는 연속방정식(continuity equation)은 다음과 같이 표시된다.

$$Q = VA \tag{8.1}$$

여기서 Q 는 개수로의 임의 단면에서의 유량이며, V 는 단면에서의 평균유속이고 A 는 흐름 방향에 수직인 흐름단면의 면적이다. 대부분의 정상류 문제에서 유량은 어떤 구간 내에서 일정하다고 가정되며, 따라서 흐름의 연속성이 성립되므로 그림 8-1 구간 내의 여러 단면에 대해 표시해 보면 다음과 같아진다.

$$Q = A_1 V_1 = A_2 V_2 = A_3 V_3 = \cdots \tag{8.2}$$

만약 고려 중인 개수로 구간 내로 추가적인 흐름이 유입하거나 유출될 경우에는 식 (8.2)가 성립되지 않으며 이러한 흐름은 공간적 변화류(spatially varied flow)로서 불연속적 흐름에 속한다.

개수로 내 부정류의 연속방정식은 흐름 자체의 특성이 시간에 따라 변하므로 평균유속과 단면적이 시간의 함수가 된다. 따라서 연속방정식은 시간에 따른 평균유속과 수심의 변화를 나타내는 항으로 구성되는 미분방정식으로 표시되며 여기서는 다루지 않기로 한다.

8.2.2 등류와 부등류

개수로 내 흐름의 수심이 수로구간 내의 모든 단면에서 동일할 경우, 즉 공간적으로 변하지 않을 경우 그 흐름을 등류(等流, uniform flow)라 한다. 개수로 내 등류는 수심이 시간에 따라 변하는지 혹은 변하지 않는지의 여부에 따라 정상류일 수도 있고 부정류일 수도 있겠다. 정상등류(steady uniform flow)는 수심이 공간적으로 뿐만 아니라 시간적으로도 변하지 않는 흐름으로서 개수로 내 흐름 중 가장 간단하면서도 실질적인 흐름이다. 한편 부정등류(unsteady uniform flow)는 흐름의 수심이 공간적으로는 변하지 않으나 시간적으로 변하는 흐름으로서 이론적으로는 가능하나 자연계에서는 존재하지 않는 흐름이다. 따라서 등류라 하면 정상등류를 의미하게 된다.

개수로 내의 부등류(不等流, varied flow 혹은 non-uniform flow)란 흐름의 수심이 공간적으로 변하는 흐름으로서 정상류일 수도 있고 부정류일 수도 있다. 전술한 바와 같이 부정등류는 자연계에 존재할 수 없으므로 부정류라 하면 자연히 부정부등류(unsteady varied, 혹은 unsteady non-uniform flow)를 의미하며 그림 8-2의 홍수파라든지 고조파 등이 이에 속한다.

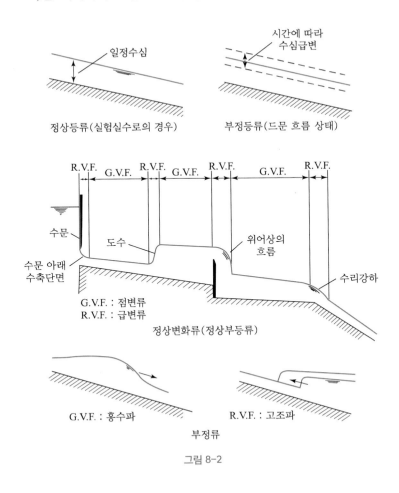

그림 8-2

시간에 따라 한 단면에서의 흐름의 특성이 변화하지 않는 정상부등류(혹은 정상변화류라고도 함)는 다시 수심이 공간적으로 점차적인 변화를 일으키는 점변류(gradually varied flow, G.V.F)와 급격한 변화를 일으키는 급변류(rapidly varied flow, R.V.F.)로 나누어진다. 급변류는 그림 8−2에서 볼 수 있는 바와 같이 국부적인 현상으로서 흐름의 짧은 구간에서 일어나며 도수(跳水, hydraulic jump)라든지 수리강하(hydraulic drop) 등은 이에 속한다.

8.3 흐름의 상태

개수로 내 흐름의 상태는 수류의 관성력에 대한 점성력 및 중력의 상대적인 영향에 따라 지배된다.

수류의 관성력에 대한 점성력의 크기에 따라 개수로 내 흐름은 층류, 난류 및 불안정 층류로 구분된다. 관성력에 비해 점성력의 영향이 상대적으로 크면 흐름은 층류상태에 있게 되고 점성력의 영향이 약하면 난류상태가 되며 층류와 난류가 공존하는 상태를 불안정 층류 혹은 천이상태(遷移狀態)의 흐름(transitional flow)이라 한다.

관성력에 대한 점성력의 상대적인 크기는 관수로에서처럼 레이놀즈수(Reynolds number) R_e 로 표시하며 다음과 같다.

$$R_e = \frac{VR_h}{\nu} \tag{8.3}$$

여기서 V 는 흐름의 한 단면에서의 평균유속(m/sec)이며 R_h 는 흐름단면의 동수반경(m)으로서 단면적(m^2)을 윤변(m)으로 나눈 값이고 ν 는 물의 동점성계수(m^2/sec)이다.

개수로 내 흐름의 상태는 관수로 흐름의 경우처럼 레이놀즈수 R_e 의 크기에 따라 분류할 수 있다. 관수로 내 흐름에 대한 많은 실험결과를 종합하면 $R_e = 2,000 \sim 50,000$ 에서 흐름이 층류에서 난류상태로 변화함이 증명되어 있다. 이들 실험에서의 레이놀즈수는 관의 직경 d 를 사용하였으나 개수로의 경우 동수반경 R_h 는 관경의 1/4이므로 대략 $R_e = 500 \sim 12,500$ 에서 흐름 상태가 천이할 것임을 짐작할 수 있다.

개수로 내 흐름의 상태도 관수로 흐름에 대한 Stanton 혹은 Moody 도표처럼 수로의 마찰손실계수 f 와 레이놀즈수 R_e 및 조도 k 간의 관계를 Darcy-Weisbach 공식을 사용한 실험결과로부터 얻을 수 있다. 즉, 개수로 내 흐름에 대해 관수로의 직경 대신 개수로의 동수반경을 대입하여 Darcy-Weisbach 공식을 쓰면

$$h_L = f\,\frac{L}{4R_h}\frac{V^2}{2g} \tag{8.4}$$

여기서 h_L 은 개수로 길이 L 에 걸친 마찰손실수두이고 V 는 평균유속, f는 마찰손실계수이다. 개수로 내 흐름의 에너지 경사 $S = h_L/L$ 이므로 이를 식 (8.4)에 대입하고 f 에 관하여 풀면

$$f = \frac{8\,g\,R_h\,S}{V^2} \tag{8.5}$$

따라서 식 (8.5)를 사용하면 개수로 실험에 의해 $f \sim \pmb{R_e}$ 관계를 수립할 수 있다. 관수로 내 흐름에 대한 $f \sim \pmb{R_e}$ 관계의 경험식을 개수로 내 흐름에 대해 표시해 보면 매끈한 경계면에 대해서는 $R_e = 750 \sim 25{,}000$ 범위 내에서 다음과 같은 Blasius 공식으로 표시할 수 있다.

$$f = \frac{0.223}{\pmb{R_e}^{1/4}} \tag{8.6}$$

레이놀즈수가 더 커지면 Prandtl-Von Karman 공식이 적용될 수 있는 것으로 알려져 있다. 즉,

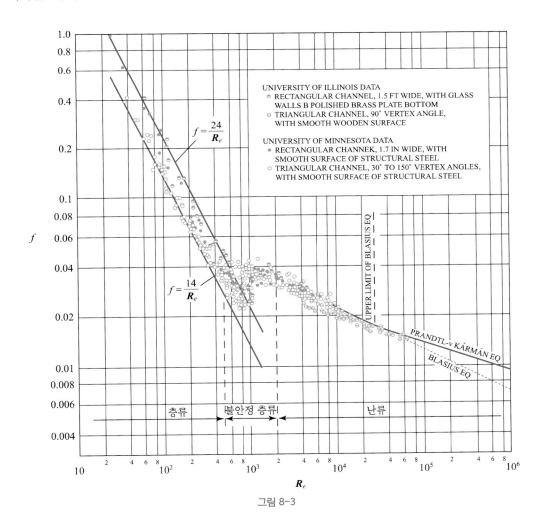

그림 8-3

$$\frac{1}{\sqrt{f}} = 2\log_{10}\left(R_e \sqrt{f}\right) + 0.4 \tag{8.7}$$

그림 8-3과 8-4는 각각 매끈한 수로와 거치른 수로내 흐름의 $f \sim R_e$ 관계를 여러 실험자료를 분석하여 표시한 것이다.

개수로 내 흐름에 대한 중력의 영향은 수류의 관성력에 대한 중력의 상대적인 비로 표시되며 이를 Froude 수라 하고 다음과 같이 정의된다.

$$F = \frac{V}{\sqrt{gD}} \tag{8.8}$$

여기서 D 는 수리평균심(水理平均深, hydraulic mean depth)으로서 통수단면적 A 를 자유표면의 폭 T 로 나눈 값이며 구형단면의 경우에는 수심과 일치한다.

만약 Froude 수 $F=1$ 이면 식 (8.8)은 $V = \sqrt{gD}$ 가 되고 이 상태의 흐름을 한계류

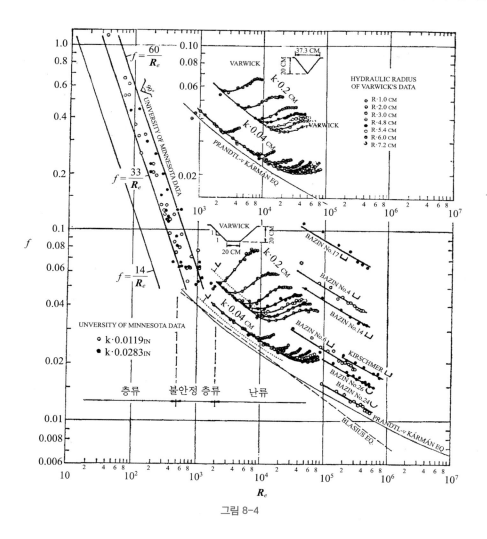

그림 8-4

(限界流, critical flow)라 한다. $F < 1$ 이면 $V < \sqrt{gD}$ 로서 상류(常流, subcritical flow)라 부르며 이 상태의 흐름에서는 중력의 영향이 커서 유속이 비교적 느리고 수심은 커진다. $F > 1$ 이면 $V > \sqrt{gD}$ 가 되며 이 상태를 사류(射流, supercritical flow)라 한다. 사류상태에서는 관성력의 영향이 중력의 영향보다 커서 흐름의 유속이 크고 수심은 작아진다.

표면파 이론에 의하면 한계류에 있어서의 유속 즉, 한계유속 $\sqrt{gD}$ 는 수심이 작은 흐름의 표면에서 발생되는 중력파의 전파속도와 동일한 것으로 알려져 있다. 따라서 흐름의 평균유속이 중력파의 전파속도보다 작은 상류에서는 중력파가 상류로 전파될 수 있으나 평균유속이 중력파의 전파속도보다 큰 사류에서는 중력파는 상류(上流)로의 전파가 불가능하다.

8.4 개수로 단면 내의 유속분포

개수로 단면 내에 있어서의 유속분포는 수로바닥의 형태라든지 표면조도, 유량 등의 여러 인자의 영향을 받는다. 그림 8-5는 여러 가지 형태의 수로단면 내 흐름의 유속분포를 등속선으로 표시하고 있다. 그림에서 볼 수 있는 바와 같이 유속은 하상과 측면부에서 최소가 되며 자유표면에 가까워질수록 점유속은 커진다. 또한 최대 점유속은 자유표면으로부터 약간 아랫부분에서 발생하는데, 이는 수로의 양측벽 때문에 생기는 부차적인 순환류의 영향 때문인 것으로 알려져 있다. 따라서 유속분포에 대한 측벽의 영향이 거의 없는 광폭구형단면에서는 자유표면에서 점유속이 최대가 된다.

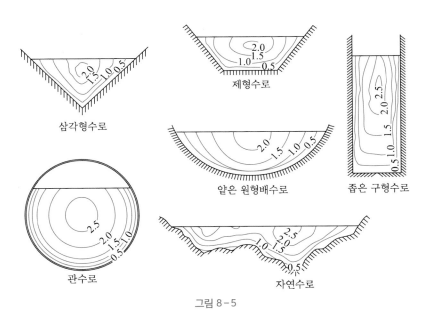

그림 8-5

개수로 단면 내의 연직유속분포는 그림 8–6에서 볼 수 있는 바와 같이 대체로 수로바닥으로부터 자유표면 쪽으로 점유속이 증가하나 조도가 큰 바닥의 경우에는 순환류로 인해 최대 점유속이 자유표면보다 아래에서 발생한다. 이러한 연직유속분포에 대한 지식은 유속계에 의해 점유속을 측정하여 단면의 평균유속을 계산하는 데 유익한 정보를 제공한다. 즉 실무에서는 연직방향의 점유속을 여러 개 측정하지

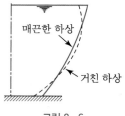

그림 8–6

않고 자유표면으로부터 수심의 20% 및 80% 깊이에서 점유속을 측정하여 이를 평균함으로써 단면의 평균유속으로 취하거나 혹은 자유표면으로부터 수심의 60% 되는 점의 유속을 측정하여 평균유속으로 사용한다. 또한 지금까지의 경험에 의하면 단면의 평균유속은 자유표면에서의 점유속의 80~95% 범위 내에 있으며 통상 85%의 값을 취하는 것이 보통이다.

8.5 등류의 형성

흐름의 분류에서 언급한 바와 같이 개수로 내 등류는 수심이나 통수단면, 평균유속, 유량 등 흐름의 특성이 수로구간의 모든 단면에서 항상 동일한 흐름을 뜻하며 수로경사 및 에너지선의 경사가 동일하다.

경사개수로 내에서 중력에 의해 흐름이 형성되면 물에 작용하는 중력의 흐름방향성분에 저항하는 마찰력이 수로바닥과 측벽에서 발생하게 되며, 이 마찰이 물에 미치는 중력의 흐름 방향 성분과 같아질 때 비로서 등류가 형성된다. 수로의 다른 모든 조건이 일정할 때 흐름에 저항하는 마찰력의 크기는 흐름의 유속에 지배된다. 만약 그림 8–7에서와 같이 수로유입부에서의 흐름의 유속이 느리면 마찰력은 중력보다 작으므로 흐름은 가속되며 결국 마찰력과 중력이 동일하게 되어 등류가 형성되게 된다. 또한 수로의 말단부에 이르면 중력이 마찰력보다 다시 커져서 부등류가 된다.

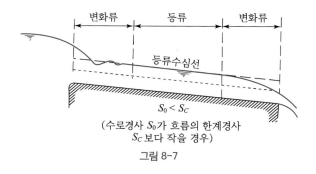

(수로경사 S_0가 흐름의 한계경사 S_C보다 작을 경우)

그림 8-7

8.6 등류의 경험공식

개수로의 설계를 위한 등류공식의 경험적인 개발역사는 매우 오래된 일로서 주로 실무에 적용하기가 간단하면서 상당한 정확도를 가지는 공식이 관심의 대상이 되어 왔다. 19세기 후반에 접어들면서 유량측정방법이 크게 개선됨에 따라 등류계산을 위한 여러 가지 경험공식이 등장하여 사용되어 왔으며 여기서는 이중 가장 많이 사용되어 온 Chezy 공식, Kutter-Ganguillet 공식 및 Manning 공식에 대해서만 살펴보기로 한다.

8.6.1 Chezy 공식

이 공식은 1775년에 Chezy가 제안한 것으로서 그 후에 제안된 여러 등류공식의 근원이 된 공식이며 다음과 같이 개수로 내 등류의 마찰력과 중력의 흐름 방향 성분이 같음을 이용하여 유도할 수 있다.

그림 8-8에서와 같이 일정한 수로경사 $S_0 = \tan\theta$ 와 동일한 단면을 가지는 개수로상의 두 단면 ①-①과 ②-② 사이의 등류에 작용하는 중력의 흐름 방향 성분 F_g 는

$$F_g = \gamma A L \sin\theta$$

여기서 γ 는 물의 단위중량이며 A 는 단면적, L 은 수로구간의 길이이며 θ 는 수로의 경사각으로 이 값이 작을 경우에는 $\sin\theta \fallingdotseq \tan\theta = S_0$ 가 된다. 따라서

$$F_g = \gamma A L S_0 \tag{8.9}$$

한편 F_g 에 저항하는 마찰력 F_r 의 크기는 단면에 작용하는 평균마찰응력을 τ_0 라 할 때

$$F_r = \tau_0 P L \tag{8.10}$$

여기서 P 는 윤변(潤邊, wetted perimeter)으로 물과 접촉하고 흐르는 통수단면의 주변장을 말한다.

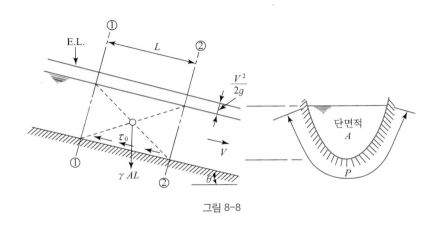

그림 8-8

등류에서는 $F_g = F_r$ 이므로 식 (8.9)와 (8.10)을 같게 놓고 τ_0에 관해 풀면

$$\tau_0 = \gamma \, R_h \, S_0 \tag{8.11}$$

여기서 τ_0는 수로바닥과 양측벽에 작용하는 마찰응력의 평균치로서 평균단위소류력(unit tractive force)이라 하며 R_h는 단면의 동수반경(動水半徑, hydraulic radius)으로서 흐름의 단면적 A를 윤변 P로 나눈 것이다.

그런데 τ_0를 평균유속의 항으로 표시하기 위하여 식 (8.11)의 수로경사(등류에서는 에너지선의 경사와 동일)를 $S_0 = h_L/L$로 놓고 h_L을 Darcy-Weisbach 공식(식 8.4)으로 표시하여 대입하면 식 (8.11)은 다음과 같아진다.

$$\tau_0 = \frac{f \, \rho \, V^2}{8} \tag{8.12}$$

여기서 ρ는 물의 밀도로서 γ/g를 의미한다. 식 (8.11)과 (8.12)의 우변을 같게 놓고 정리하면

$$V = \sqrt{\frac{8g}{f}} \, \sqrt{R_h \, S_0} = C \sqrt{R_h \, S_0} \tag{8.13}$$

식 (8.13)은 등류에 대한 Chezy의 평균유속공식이며 C를 Chezy 계수라 하고 마찰손실계수 f와는 다음과 같은 관계를 가진다.

$$C = \sqrt{\frac{8g}{f}} \tag{8.14}$$

Chezy의 평균유속계수 C는 수로바닥의 조도와 단면의 동수반경 및 흐름의 Reynolds 수의 함수로 알려져 있으며 이 관계에 가장 많이 사용되는 경험식은 Kutter-Ganguillet 공식이다.

8.6.2 Kutter-Ganguillet 공식

Bazin, Darcy 등 여러 기술자들의 유량실측자료를 해석한 결과로 스위스 기술자인 Kutter와 Ganguillet는 1869년 Chezy의 계수결정을 위한 다음 식을 제안하였다.

$$C = 0.552 \left[\frac{41.65 + \dfrac{0.00281}{S_o} + \dfrac{1.811}{n}}{1 + \left(41.65 + \dfrac{0.00281}{S_o}\right) \dfrac{n}{\sqrt{3.28 \, R_h}}} \right] \tag{8.15}$$

여기서 n은 수로바닥의 조도를 표시하는 Kutter의 n치이며 R_h는 동수반경, S_0는 수로바닥의 경사 혹은 에너지선의 경사이다. Kutter의 n치는 수로바닥의 경사가 0.0001보다 크고 동수반경이 0.3~9m 범위 내에서는 후술할 Manning의 n치와 동일한 것으로 알려져 있으므로 실질적으로는 Manning의 n값을 취하면 되며 수로의 종류에 따른 구체적인 값은 후술키로 한다.

Kutter – Ganguillet 공식은 오랫동안 사용되어 왔으나 등류계산을 위한 보다 간편한 공식인 다음의 Manning 공식의 등장과 함께 실무에서는 거의 사용되지 않고 있다.

8.6.3 Manning 공식

아일랜드 기술자인 Manning은 당시의 여러 유량측정자료와 각종 공식들을 조사하여 Chezy의 계수 C와 수로의 조도계수 n 간의 관계를 다음과 같이 수립하였다.

$$C = \frac{R_h^{1/6}}{n} \tag{8.16}$$

여기서 n 은 Manning의 조도계수라 하며 수로의 종류 및 상태에 따른 n 값은 표 8 – 1에 수록되어 있다.

표 8-1 Manning의 조도계수 n 치

수로구간	표면의 상태	n (sec/m$^{1/3}$)
관 로	• 주철관(cast iron) • 리벳강관(riveted steel) • 콘크리트관(concrete)	0.010~0.014 0.014~0.017 0.011~0.015

자연하천수로	• 잡초가 없는 직선형 흙 수로
	  (하상 골재 크기 75 mm 이하)
	• 잡초가 없고 선형이 나쁜 흙 수로
	• 잡초가 우거지고 선형이 나쁜 흙 수로
	• 잡초가 없는 직선형 자갈 수로
	  (하상 골재 크기 75~150 mm)
	• 잡초가 없고 선형이 나쁜 자갈 수로
	• 산간하천수로(하상 골재 크기 150 mm 이상)
		0.02~0.025
		
		0.03~0.05
		0.05~0.15
		0.03~0.04
		
		0.04~0.08
		0.04~0.07

비 피 복 인공수로	• 선형이 좋은 흙 수로 • 하상이 돌로 된 상태가 나쁜 흙 수로 • 암반 수로	0.018~0.025 0.025~0.04 0.025~0.045
피복수로	• 콘크리트 수로 • 목재 수로 • 아스팔트 수로	0.012~0.017 0.011~0.013 0.013~0.016
모형수로	• 시멘트 몰탈 수로 • 매끈한 목재 수로 • 유리 수로	0.011~0.013 0.009~0.011 0.009~0.010

식 (8.16)의 관계를 Chezy 공식(식 8.13)에 대입하면 Manning의 평균유속공식은 다음과 같아진다.

$$V = \frac{1}{n} R_h^{2/3} S_0^{1/2} \tag{8.17}$$

식 (8.17)로 표시되는 Manning 공식은 수로단면의 형상과 조도가 고려된 식이며 그 형태가 아주 간단할 뿐 아니라 현재까지의 적용결과에 의하면 실제 유량에 근접하는 결과를 주어 왔으므로 오늘날 개수로 내 등류계산에 가장 널리 사용되고 있다.

표 8-1에 수록된 Manning의 n 값은 피복수로(lined channel)의 경우는 결정하기가 비교적 쉬우나 자연하천수로의 경우는 하상 및 제방구성재료의 다양성이라든지, 수로의 식생상태, 수로단면의 불규칙성 및 형상, 세굴 및 퇴적, 단면상태의 계절적 변화 등으로 인해 적당한 값을 결정하기가 매우 어려우므로 통상 숙련된 현장기술자의 건전한 판단에 의존하는 수밖에는 별 도리가 없다.

8.7 복합단면수로의 등가조도

단순한 형태의 수로일지라도 윤변 전체에 걸쳐 조도계수 n 이 일정하지는 않으나 경계면의 재료가 동일한 경우에는 표 8-1의 적정한 값을 사용하여 평균유속을 계산할 수 있다. 그러나 통수단면의 윤변이 상이한 재료로 되어 있거나 혹은 윤변 각 부의 조도가 판이하게 다를 경우에는 평균치로서 등가조도를 계산하여 사용하게 된다. 예를 들면 실험수로의 경우 바닥은 나무로 되어 있고 측벽은 유리로 되어 있는 경우라든지 자연하천수로에서 저수로부와 홍수터의 조도가 판이하게 다를 경우 등이다.

등가조도(等價粗度)의 계산은 전제하는 가정에 따라 몇 가지 방법이 있으나 두 가지만 소개하기로 한다.

Horton-Einstein에 의하면 그림 8-9와 같은 통수단면을 윤변의 국부적 조도크기에 따라 N 의 소구간으로 나누고 이들 소구간의 윤변을 P_1, P_2, $\cdots$, P_N 그리고 조도계수를 n_1, n_2, $\cdots$, n_N 이라 할 때 등가조도(equivalent roughness) n_e 는

$$n_e = \left(\frac{\sum_{i=1}^{N} P_i\, n_i^{1.5}}{P} \right)^{2/3} \tag{8.18}$$

여기서 P 는 윤변의 총 길이이다. 식 (8.18)은 N 개 소구간에서의 유속은 각각 전단면의 평균유속 V 와 같다는($V_1 = V_2 = \cdots V_N = V$) 가정으로부터 유도되었다.

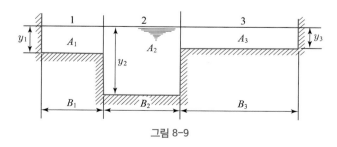

그림 8-9

한편 Pavlovskii는 각 소구간에서의 흐름에 저항하는 마찰력의 합이 전단면에서 생기는 마찰력과 같다는 가정 아래 다음과 같은 식을 유도하였다.

$$n_e = \left(\frac{\sum_{i=1}^{N} P_i\, n_i^2}{P} \right)^{1/2} \tag{8.19}$$

식 (8.18)과 (8.19)는 공히 실제와는 약간 상이한 가정 하에 유도된 식이나 복단면 혹은 복합단면 수로의 등가조도 계산에 적합한 것으로 알려져 있다.

8.8 등류의 계산

등류의 계산은 등류공식과 흐름의 연속방정식을 사용하면 해결된다. 등류공식으로 Manning 공식을 택하여 연속방정식에 대입하면

$$Q = A\,V = \frac{1}{n} A R_h^{\ 2/3} S_0^{1/2} = K S_0^{1/2} \tag{8.20}$$

여기서

$$K = \frac{1}{n} A R_h^{\ 2/3} \tag{8.21}$$

식 (8.21)로 표시되는 K 는 통수단면의 기하학적 형상과 조도계수에만 관계되는 것으로서 개수로의 통수능(通水能, conveyance)이라 부르며 $A R_h^{\ 2/3}$ 은 통수단면의 형태에만 관계되는 변량임을 알 수 있다.

등류의 계산에 포함되는 변수는 식 (8.20)으로부터 알 수 있는 바와 같이 등류유량 Q, 평균유속 V, 등류수심(normal depth) y_n, 조도계수 n, 수로경사 S_0 및 수로단면의 형상에 따른 변수 A, R_h 등이며 이들 6개 변수 중 4개만 알면 나머지 2개의 변수는 식 (8.20)을 이용하여 계산할 수 있다. 이와 같은 등류의 계산 중 등류의 유량, 등류의 수심 및 평균유속, 그리고 수로의 경사 등을 계산하는 것이 실무에서 가장 많이 접하게 되는 문제이므로 이들에 대해 살펴보기로 한다.

8.8.1 등류의 유량계산

개수로의 제원이 전부 주어지고 등류의 수심이 결정되면 이 수심의 유지를 위한 등류의 유량은 식 (8.20)을 사용하여 직접 계산될 수 있다.

그림 8-10과 같은 제형단면수로의 경사 $S_0 = 0.0001$이다. 등류수심이 2 m이었다면 유량은 얼마이겠는가?
수로의 조도계수 $n = 0.011$이라 가정하자.

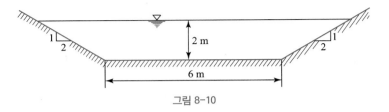

그림 8-10

풀이 $y_n = 2\,\mathrm{m}$ 이므로

$$A = 6 \times 2 + \left(\frac{1}{2} \times 2 \times 4 \right) \times 2 = 20\,\mathrm{m}^2$$

$$P = 6 + 2 \left(\sqrt{2^2 + 4^2} \right) = 14.94\,\mathrm{m}$$

$$R_h = \frac{A}{P} = 1.339\,\mathrm{m}$$

식 (8.20)에 변수치를 대입하면

$$Q = \frac{1}{0.011} \times 20 \times (1.339)^{2/3} \times (0.0001)^{1/2} = 22.09\,\mathrm{m}^3/\sec$$

8.8.2 등류수심과 평균유속의 계산

개수로 내 등류의 수심과 평균유속을 계산하기 위한 방법에는 대수해법과 도식해법의 두 가지
가 있다. 대수해법에는 해석적 방법과 시행착오법이 있으며 이들 방법에 의한 등류의 계산절차를
다음 문제를 통해 살펴보기로 한다.

문제 8-02

그림 8-11과 같은 제형단면수로의 경사 $S_0 = 0.0016$이고 조도계수 $n = 0.0250$이며 12 m³/sec의 물을 송수
하고 있다. 등류수심과 평균유속을 계산하라.

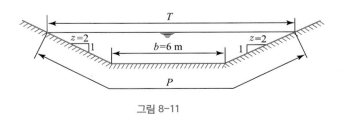

그림 8-11

풀이 (1) 해석적 방법

구하고자 하는 등류수심을 y_n 이라 하면

$$R_h = \frac{A}{P} = \frac{y_n(6+2y_n)}{6+2\sqrt{5}\,y_n}$$

$$V = \frac{Q}{A} = \frac{12}{y_n(6+2y_n)}$$

위의 두 값을 Manning 공식에 대입하면

$$\frac{12}{y_n(6+2y_n)} = \frac{1}{0.025}\left[\frac{y_n(6+2y_n)}{6+2\sqrt{5}\,y_n}\right]^{2/3}(0.0016)^{1/2}$$

시행착오법으로 y_n 에 관하여 풀면 $y_n = 1.07\,\mathrm{m}$, 따라서 등류수심에 해당하는 통수단면적은

$$A_n = 1.07(6+2\times1.07) = 8.71\,\mathrm{m}^2$$

평균등속 $V_n = \dfrac{Q}{A_n} = \dfrac{12}{8.71} = 1.38\,\mathrm{m/sec}$

(2) 시행착오법

등류계산을 위한 $AR_h^{2/3}$ 의 값을 식 (8.20)의 변환으로 표시하여 계산하면

$$AR_h^{2/3} = \frac{nQ}{\sqrt{S_0}} = \frac{0.025\times12}{\sqrt{0.0016}} = 7.5$$

다음으로 수심 y 를 가정하여 단면계수 $AR_h^{2/3}$ 을 다음 표에서와 같이 계산하여 7.5에 가장 가까운 값을 주는 y 값을 택하면 된다.

y	$A = y(6+2y)$	$P = 6+2\sqrt{5}\,y$	$R_h = A/P$	$R_h^{2/3}$	$AR_h^{2/3}$	비 고
0.90	7.02	10.03	0.700	0.789	5.536	
1.00	8.00	10.47	0.764	0.836	6.688	
1.10	9.02	10.92	0.826	0.880	7.938	
1.07	8.71	10.79	0.807	0.867	7.551	O.K

따라서 등류수심 $y_n = 1.07\,\mathrm{m}$

(3) 도식해법

이 방법은 수로단면이 복잡할 경우 등류수심을 계산하는 데 편리한 방법으로 우선 수로 내의 여러 수심 y 에 대한 단면계수 $AR_h^{2/3}$ 을 위의 표에서와 같이 계산하여 $y \sim AR_h^{2/3}$ 간의 관계곡선을 그린다. 다음으로 주어진 조건으로부터 $nQ/\sqrt{S_0}$ 값을 계산하여 이 값과 같은 $AR_h^{2/3}$ 값에 대한 수심 y 를 관계곡선을 읽음으로써 등류수심 y_n 을 얻는다.

8.8.3 등류의 수로경사 계산

단면형이 일정한 개수로의 조도계수와 유량이 주어졌을 때 특정한 수심 y_n 으로 등류가 흐를 수 있는 수로경사를 등류수로경사 S_n(normal slope)이라 하며, 이는 Manning 공식으로 쉽게 계산할 수 있다.

문제 8-03

문제 8-02의 개수로에서 개수로내 등류수심이 1.07 m 되기 위한 수로경사를 구하라.

풀이 $y_n = 1.07\,\text{m}$ 이므로

$$A_n = 8.71\,\text{m}^2, \quad P_n = 10.79\,\text{m}, \quad R_{hn} = A_n / P_n = 0.807\,\text{m}$$

Manning의 유량공식(식 (8.20))에 대입하면

$$12 = \frac{1}{0.025}\,(8.71)\,(0.807)^{2/3}\,S_0^{1/2}$$

$$\therefore\, S_0 = 0.0016$$

8.9 최량수리단면

개수로의 단면형에는 여러 가지가 있으며 수로의 경사와 조도가 일정하게 주어졌을 때 최대유량의 소통을 가능하게 하는 가장 경제적인 단면의 결정은 개수로 설계를 위해 중요하다.

Manning의 유량공식에서 동수반경을 단면적과 윤변으로 표시하면

$$Q = \frac{1}{n}\left(\frac{A^5}{P^2}\right)^{1/3} S_0^{1/2}$$

따라서 n, S_0 가 주어졌을 때 A^5 / P^2 이 최대이면 유량 Q 는 최대가 된다. 그런데 A 와 P 는 각각 수로 내의 수심 y 의 함수이므로 A^5 / P^2 이 최대가 되기 위한 조건은

$$\frac{d}{dy}\left(\frac{A^5}{P^2}\right) = 0$$

따라서

$$5\frac{A^4}{P^2}\frac{dA}{dy} - 2\frac{A^5}{P^3}\frac{dP}{dy} = 0$$

이를 간단히 하면

$$5P\frac{dA}{dy} - 2A\frac{dP}{dy} = 0 \tag{8.22}$$

그런데 수로의 설계단면적 A가 일정하게 주어질 경우 $dA/dy = 0$이므로 식 (8.22)로부터 다음 조건이 만족될 때 유량이 최대가 될 것임을 알 수 있다. 즉,

$$\frac{dP}{dy} = 0 \tag{8.23}$$

식 (8.23)은 주어진 단면적 조건 하에서는 윤변 P가 최소일 때 유량이 최대가 됨을 의미하며 이 조건을 만족시키는 단면을 최량수리단면(最良水理斷面, best hydraulic section)이라 한다. 또한, 유량이 주어졌을 때 최량수리단면은 윤변이 최소인 단면이므로 단면적 또한 최소가 되는 가장 경제적인 단면인 것이다.

최량수리단면의 정의에 따르면 주어진 통수단면적을 가지면서 윤변의 길이가 최소가 되는 절대조건을 만족시키는 단면은 기하학적으로 볼 때 반원(半圓)단면임을 쉽게 알 수 있다. 그러나 반원단면은 실제에 있어서 시공 및 유지관리가 매우 불편하므로 관개용 수로 등의 인공수로 설계 시에는 구형 또는 제형수로를 많이 사용하며, 이러한 단면형을 사용할 경우 최량수리단면이 되기 위한 조건에 대해 살펴보기로 한다.

8.9.1 구형 단면수로

구형(矩形)단면의 경우 그림 8 – 12와 같이 수심을 y, 수로폭을 b라 하면

$$A = by, \quad P = b + 2y$$

A가 일정하게 주어질 때 b를 y의 항으로 표시하면 $b = A/y$이며 따라서

$$P = \frac{A}{y} + 2y$$

그런데 $dP/dy = 0$일 때 윤변은 최소가 되므로

$$\frac{dP}{dy} = -\frac{A}{y^2} + 2 = 0$$

$$\therefore \ y = \frac{b}{2} \ \text{혹은} \ b = 2y \tag{8.24}$$

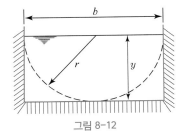

그림 8-12

따라서 가장 경제적인 구형단면은 수심이 수로폭의 절반일 때임을 알 수 있다.

한편 구형의 최량수리단면의 동수반경은

$$R_h = \frac{A}{P} = \frac{2y^2}{4y} = \frac{y}{2}$$

즉, 동수반경은 수심의 절반이 된다.

8.9.2 제형 단면수로

그림 8-13과 같은 제형(梯形) 단면수로에 있어서

$$A = by + zy^2, \quad P = b + 2y\sqrt{1+z^2}$$

따라서,

$$b = P - 2y\sqrt{1+z^2} \tag{8.25}$$

식 (8.25)를 사용하여 A를 표시하면

$$A = (P - 2y\sqrt{1+z^2})y + zy^2 \tag{8.26}$$

수로의 경사와 조도 및 소통시킬 유량이 주어지면 소요 단면적 A는 일정하게 주어지는 것이나 마찬가지이며, 따라서 식 (8.26)에서 z를 우선 상수로 보고 y에 관해 미분하면

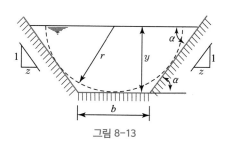

그림 8-13

$$\frac{dA}{dy} = 0 = \left(\frac{dP}{dy} - 2\sqrt{1+z^2}\right)y + (P - 2y\sqrt{1+z^2}) + 2zy$$

P가 최소가 되기 위해서는 $dP/dy = 0$이어야 하므로 위 식은

$$P = 4y\sqrt{1+z^2} - 2zy \tag{8.27}$$

P를 최소로 하는 z를 구하기 위해 식 (8.27)에서 y를 상수로 보고 z에 관해 미분하여 $dP/dz = 0$로 놓으면

$$\frac{dP}{dz} = \frac{4zy}{\sqrt{1+z^2}} - 2y = 0$$

$$\therefore z = \frac{1}{\sqrt{3}} \tag{8.28}$$

식 (8.28)은 그림 8-13의 $\alpha = 60°$임을 뜻하며 이를 식 (8.27), (8.25) 및 (8.26)에 대입하여 최량수리단면의 제원을 수심의 항으로 표시하면

$$P = 2\sqrt{3}\,y, \quad b = \frac{2\sqrt{3}}{3}y = \frac{P}{3}, \quad A = \sqrt{3}\,y^2 \tag{8.29}$$

식 (8.29)를 관찰하면 $P = 3b$이며 앞에서 $\alpha = 60°$임이 증명되었으므로 제형단면에서 최량수리단면은 정육각형의 절반형(half-hexagon)임을 알 수 있다.

또한 이 조건 하에서의 단면의 동수반경을 구하면

$$R_h = \frac{\sqrt{3}\,y^2}{2\sqrt{3}\,y} = \frac{y}{2}$$

따라서 제형단면에서도 최량수리단면의 동수반경은 수심의 절반이며 구형단면의 경우와 동일함을 알 수 있다.

최대유속을 보장하기 위한 조건도 최대유량을 위한 조건인 윤변이 최소가 되는 최량수리단면의 조건이지만 수로의 측면경사가 커지게 되면 최량수리단면에 상응하는 유속이 커져서 수로바닥이나 측벽에 세굴현상을 일으키게 된다. 따라서 수로의 허용유속을 높이기 위해서는 비용이 많이 드는 수로의 피복이 필요할 뿐 아니라 수로의 깊이에 따른 굴착비용의 증가 때문에 최량수리단면으로 가공한다는 것이 실제에는 어렵다. 따라서 암반에 수로를 굴착할 경우 이외에는 제형단면수로의 측면경사 $z = 1.5 \sim 2.0$으로 설계하는 것이 보통이다.

문제 8-04

제형단면수로의 경사가 0.0001이고 조도계수 $n = 0.022$인 수로에서

(a) 유량이 $10\,\mathrm{m^3/sec}$일 때 최량수리단면을 설계하라.

(b) 저면폭 $b = 5\,\mathrm{m}$로 하고 $z = 1.5$로 하고자 할 때 가장 경제적인 단면의 수심을 결정하고 이 수로가 통수시킬 수 있는 유량을 계산하라.

풀이 (1) 최량수리단면의 제원은 식 (8.29)로 표시되므로 이를 Manning의 유량공식에 대입하면

$$10 = \frac{1}{0.022}\left(\sqrt{3}\,y^2\right)\left(\frac{y}{2}\right)^{2/3}(0.0001)^{1/2}$$

$$y^{8/3} = 20.16 \quad \therefore y = 3.09\,\mathrm{m}$$

저면폭 $b = \dfrac{2\sqrt{3}}{3} \times 3.09 = 3.57\,\mathrm{m}$

측면경사 $z = \dfrac{1}{\sqrt{3}} = 0.577$

(2) 저면폭과 측면경사가 주어졌을 때 가장 경제적인 단면을 위한 조건은 역시 식 (8.27)이다. 식 (8.27)의 P를 수심 y, 저면폭 b, 측면경사 z로 표시하면

$$b + 2y\sqrt{1+z^2} = 4y\sqrt{1+z^2} - 2zy$$

따라서
$b = 5\,\mathrm{m}$, $z = 1.5$를 대입하여 y를 구하면

$$y = 8.26\,\mathrm{m}$$

통수단면에 대해 제원을 계산하면

$$A = by + zy^2 = 143.64\,\mathrm{m^2}$$

$$P = b + 2y\sqrt{1+z^2} = 34.78\,\mathrm{m}$$

$$R = A/P = 4.13\,\mathrm{m}$$

따라서 Manning의 유량공식을 사용하면

$$Q = \frac{1}{0.022}(143.64)(4.13)^{2/3}(0.0001)^{1/2} = 168.07\,\mathrm{m^3/sec}$$

8.10 폐합관거 내의 개수로 흐름

우수 및 하수의 배제를 위한 폐합(閉合)관거는 항상 자유표면을 가지는 개수로로 설계되므로 등류공식이 적용될 수 있다. 우수관거나 하수관거로 사용되는 콘크리트관은 제작이 용이하고 취급하기가 쉬우므로 표준 크기 1,500 mm 직경까지 여러 가지 크기로 제작 판매되고 있으며 조도계수 n 값으로는 0.012~0.014가 사용되고 있다.

이들 관거의 단면은 통상 원형이며 관내의 수심에 따른 유량과 평균유속의 변화를 살펴봄으로써 관거의 수리특성을 이해할 수 있다.

그림 8-14와 같이 직경 D인 원형단면수로(암거) 내에 수심 d로 물이 흐를 때 수면과 흐름단면의 중심이 이루는 각을 ϕ radian이라 하면

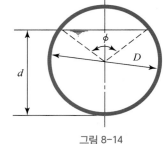

그림 8-14

$$A = \frac{\pi D^2}{4} - \frac{D^2 \phi}{8} + \frac{D^2}{4} \sin \frac{\phi}{2} \cos \frac{\phi}{2}$$

$$= \frac{\pi D^2}{4} - \frac{D^2 \phi}{8} + \frac{D^2}{8} \sin \phi$$

$$= \frac{D^2}{4} \left(\pi - \frac{\phi}{2} + \frac{\sin \phi}{2} \right) \tag{8.30}$$

$$P = \pi D - \frac{D}{2} \phi = D \left(\pi - \frac{\phi}{2} \right) \tag{8.31}$$

따라서 동수반경은

$$R_h = \frac{A}{P} = \frac{D}{4} \left(1 + \frac{\sin \phi}{2\pi - \phi} \right) \tag{8.32}$$

만약 암거의 조도계수 n과 수로경사 S_0가 일정하게 주어지면 $Q = \frac{1}{n} A R_h^{2/3} S_0^{1/2} = C' A R_h^{2/3} (C' = S_0^{1/2}/n = $ 일정$)$

$$Q = C' \frac{D^2}{4} \left(\pi - \frac{\phi}{2} + \frac{\sin \phi}{2} \right) \left[\frac{D}{4} \left(1 + \frac{\sin \phi}{2\pi - \phi} \right) \right]^{2/3}$$

$$= C' \frac{D^{8/3}}{10.08} \left(\pi - \frac{\phi}{2} + \frac{\sin \phi}{2} \right) \left(1 + \frac{\sin \phi}{2\pi - \phi} \right)^{2/3} \tag{8.33}$$

암거 내에 물이 충만해서 흐를 때($\phi = 0$)의 유량

$$Q_F = \frac{C' \pi D^{8/3}}{10.08} \tag{8.34}$$

따라서 식 (8.33)과 (8.34)로부터

$$\frac{Q}{Q_F} = \frac{1}{\pi}\left(\pi - \frac{\phi}{2} + \frac{\sin\phi}{2}\right)\left(1 + \frac{\sin\phi}{2\pi-\phi}\right)^{2/3} \tag{8.35}$$

그림 8–15는 원형단면의 수리특성곡선으로서 수심비 $\frac{d}{D}$ 에 따른 유량비 $\frac{Q}{Q_F}$ 의 변화를 표시하고 있으며, 최대유량($Q_{\max}$)에 해당하는 상대수심은 식 (8.33)을 ϕ 에 관해 미분하여 영으로 놓음으로써 $\phi = 57°36'$ 일 때임을 알 수 있고, 이에 상응하는 $\frac{d}{D}$ 를 결정하면 그림 8–15에 표시한 바와 같이 $\frac{d}{D} = 0.94$ 일 때이고 $Q_{\max}/Q_F = 1.08$ 이 된다.

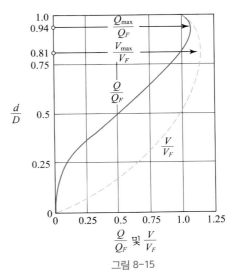

그림 8–15

또한 만류일 때의 유속 V_F 와 부분류의 유속 V 의 비는

$$\frac{V}{V_F} = \left(1 + \frac{\sin\phi}{2\pi-\phi}\right)^{2/3} \tag{8.36}$$

식 (8.36)의 관계는 그림 8–15에 점선으로 표시하였으며, 최대유속은 $\phi = 102°33'$ 일 때이고 $V_{\max}/V_F = 1.14$ 일 때임을 증명할 수 있다.

문제 8-05

암거의 직경이 1.2 m이고 경사가 1/500일 때 최대유량으로 흐르는 수심과 최대유량의 값을 구하라. 수로는 콘크리트로 되어 있으며 $n = 0.014$이다.

풀이 최대유량은 $\frac{d}{D} = 0.94$ 일 때이므로

$$d = 0.94 \times 1.2 = 1.128\,\text{m}$$

그림 8–14를 참조하면

$$\cos\frac{\phi}{2} = \frac{1.128-0.6}{0.6} = 0.88 \qquad \phi = 56.72 = 0.315\,\pi\,\text{rad}$$

$\phi = 0.315\,\pi\,\text{rad}$ 일 때의 단면적과 동수반경은 식 (8.30)과 (8.32)로 구하면

$$A = \frac{(1.2)^2}{4}\left[\pi - \frac{0.315\,\pi}{2} + \frac{\sin(0.315\,\pi)}{2}\right] = 1.103\,\text{m}^2$$

$$R_h = \frac{(1.2)}{4}\left[1 + \frac{\sin(0.315\,\pi)}{2\pi-0.315\,\pi}\right] = 0.347\,\text{m}$$

따라서

$$Q_{\max} = \frac{1}{0.014}\,(0.956)(0.301)^{2/3}\left(\frac{1}{500}\right)^{1/2} = 1.740\,\text{m}^3/\sec$$

01 수심이 1 m, 폭이 3 m인 구형수로의 경사가 0.001일 경우 벽면의 평균마찰응력을 구하라.

02 직경 3 m인 암거에 수심 1 m의 등류가 흐르고 있다. 암거의 경사가 0.0001일 때 벽면에서의 평균마찰응력을 구하라.

03 Manning의 조도계수 $n = 0.030$과 $R_h = 2$ m에 대응하는 Chezy의 C값과 Darcy-Weisbach의 마찰손실계수 f값을 구하라.

04 수심이 1.5 m, 폭이 3.6 m인 구형수로에서 유량이 11 m^3/sce일 때 등류가 발생할 수로경사를 구하라. $n = 0.017$이다.

05 목재판으로 만들어진 구형수로의 폭은 1.5 m, 수심은 1 m, 경사가 0.001일 때의 유량을 계산하라.

06 제형수로의 저변폭이 3 m, 측면경사가 1 : 2(수직 : 수평), 수로경사가 0.0001이다. 이 수로 내의 등류수심이 2 m일 때 유량을 계산하라. $n = 0.018$로 가정하라.

07 저변폭이 4.5 m, 측면경사가 1 : 1인 제형수로($n = 0.025$)의 경사가 0.001이다. 이 수로상에 12 m^3/sec의 물이 흐를 때 등류수심을 구하라.

08 직경이 1.8 m인 암거의 수로경사가 0.00015이다. 암거 내 유량이 1 m^3/sec일 때 등류수심을 구하라. 또한 이 암거의 최대유량과 최대평균유속은 얼마이겠는가? $n = 0.015$이다.

09 폭이 120 cm이고 수심이 60 cm인 구형의 모형개수로에 0.4 m^3/sec의 물을 흘렸다. 수로의 경사가 0.0004였다면 수로의 평균조도계수는 얼마이겠는가?

10 폭이 2 m이고 수심이 1 m인 구형의 콘크리이트 수로($n = 0.015$)로부터 흘러나오는 물을 2개의 콘크리트 암거($n = 0.013$)를 통해 배수하고자 한다. 두 수로의 경사가 공히 0.0009라면 암거의 직경은 얼마로 해야 할 것인가? 만약 구형수로의 경사를 0.0016으로 변경시킨다면 수로 내의 등류수심은 얼마로 되겠는가?

11 경사가 0.0002인 원형단면 암거 내에 90% 수심(0.9D)을 유지하면서 0.25 m^3/sec의 물을 흘리고자 한다. 소요직경을 구하라. $n = 0.015$이다.

12 저변폭 6 m, 측면경사 1 : 1.5(수직 : 수평)인 제형단면수로($n = 0.018$)에 2.5 m^3/sec의 물이 흐르고 있다. 등류수심 2.4 m가 형성되기 위해 필요한 수로의 경사를 구하라.

13 수로폭이 15 m, 수심이 1 m인 구형인공수로의 경사가 1/800이다. 수로바닥과 측벽의 조도계수가 각각 0.015와 0.025일 때 유량을 계산하라.

14 연습문제 06번에서 수로의 저변과 측면의 조도계수가 각각 0.018 및 0.025라면 유량은 얼마이겠는가?

15 개수로 내 흐름의 단면적이 20 m^2일 대 다음의 경우에 대한 최량수리단면을 결정하라.
   (a) 구형   (b) 측면경사 1 : 2인 제형   (c) 삼각형

16 수로경사가 0.001인 구형단면수로($n = 0.015$)에 40 m^3/sec의 물이 흐를 때 최량수리단면을 설계하라.

17 측면경사 1 : 2(수직 : 수평)인 제형단면수로의 경사가 0.0009이고 조도계수는 0.025이다. 이 수로에 17 m^3/sec의 물이 흐를 때 최량수리단면을 설계하라.

18 측면경사 1 : 2(수직 : 수평)인 제형단면수로($n = 0.025$)에 1.2 m^3/sec의 물을 송수하고자 한다. 수로바닥의 세굴을 방지하기 위해 최대평균유속을 1 m/sec로 하고자 할 때 최량수리단면을 결정하라. 또한 허용가능한 최대수로경사를 구하라.

19 삼각형수로에서 최량수리단면은 삼각형의 꼭지각이 90°일 때임을 증명하라.

20 측벽경사가 4 : 5(수직 : 수평)인 제형단면의 콘크리트 수로($n = 0.014$)를 통해 80 m^3/sec의 물을 유하시킬 계획이다. 최량수리단면으로서 평균유속이 2.5 m/sec를 초과하지 않을 수로경사를 구하라.

21 직경이 D이고 경사가 1/200인 원형콘크리트관($n = 0.014$)을 통해 $0.8D$의 수심으로 0.5 m^3/sec의 물이 흐르고 있다. 이 관의 직경을 구하라.

22 직경 3 m, 경사 1/2,500인 원형 콘크리트관($n = 0.013$)을 통해 7.6 m^3/sec의 물이 흐를 때 수심과 유속을 구하라.

23 직경 3 m인 원형 콘크리트관($n = 0.015$) 속에 4 m^3/sec의 물이 $0.9D$ 수심으로 흐르고 있다. 이 관의 경사를 구하라.

24 직경 3 m, 경사 1/1,000인 원형 콘크리트관($n = 0.014$)을 통해 물이 흐를 때 관내의 수심변화에 따른 유량, 유속, 윤변 및 동수반경의 변화를 표시하는 수리특성곡선을 그려라. $d/D = 0.02$부터 시작하여 계산간격을 0.05씩 증가시켜 계산하는 컴퓨터 프로그램을 작성하고 계산결과를 방안지에 수리특성곡선으로 그려라.

Chapter 9

개수로 내의 정상부등류

9.1 서 론

개수로 내의 정상부등류(定常不等流, steady nonuniform flow)란 임의 단면에서의 흐름의 특성이 시간에 따라서는 변하지 않으나 공간적으로는 변하는 흐름을 의미하며, 수면곡선이 정상등류의 경우와는 달리 수로바닥과 평행하지 않는 흐름이다. 부등류를 취급함에 있어서의 공학적 주관심사는 각종 흐름 상태에서의 수면곡선 및 에너지선을 계산하는 것으로서 하천개수 계획수립의 기본이 되는 것이다. 정상부등류의 해석적 취급을 위해서는 흐름을 점변류(gradually varied flow)와 급변류(rapidly varied flow)로 분류할 수 있다. 점변류는 흐름의 부등류성이 점진적이어서 상당한 흐름 구간에 걸쳐 흐름의 특성이 변하며, 경계면의 마찰손실을 반드시 고려해서 해석해야 하고 하천단면과 하상경사의 불규칙성 및 하천구조물의 영향 등으로 자연하천 내의 흐름 상태는 홍수 시를 제외하면 통상 이 유형의 흐름에 속한다. 급변류는 흐름의 짧은 구간 내에서 흐름 단면적에 큰 변화가 생기는 흐름으로서 경계면의 마찰손실은 상대적으로 중요하지 않은 반면 와류로 인한 에너지손실이 지배적이며 통상 수로단면이 급변할 경우에 이 유형의 흐름이 발생한다.

점변류의 해석을 용이하게 하기 위해 전제하는 몇 가지 가정을 살펴보면 첫째, 흐름의 어떤 단면에 있어서의 손실수두는 정상등류의 경우처럼 Darcy-Weisbach 공식으로 표시될 수 있고, 둘째, 수로의 경사는 그 절대치가 매우 작아 $\tan\theta \fallingdotseq \sin\theta$ (θ 는 수로바닥의 경사각)이 성립하며, 셋째, 수로는 대상(prismatic)이며, 넷째, 흐름의 유속분포는 균등분포라 가정하여 에너지 및 운동량 보정계수 $\alpha = \beta = 1$ 로 가정하며, 마지막으로, 수로의 조도계수 n 은 수심의 크기에 관계없이 일정하다고 본다.

이상의 가정에 의거 점변류의 기본방정식과 수면곡선의 분류 및 계산방법 등을 고찰할 것이며, 이에 앞서 점변류의 분류를 위해 기본이 되는 개수로 내의 에너지 및 운동량과 수심의 관계, 그리고 흐름의 분류 등에 관해 살펴보기로 한다.

9.2 비에너지와 한계수심

9.2.1 비에너지의 정의

개수로 내 흐름의 비(比)에너지(specific energy)란 수로바닥을 기준으로 하여 측정한 단위 무게의 물이 가지는 흐름의 에너지라 정의할 수 있으며, 오늘날 부등류이론의 기본을 이루고 있다.

그림 9-1은 수로 및 수면경사를 과장하여 그린 대상(prismatic)수로이며 단면 ⓐ-ⓐ에서 수로바닥 지점에서의 압력수두는 $y\cos^2\theta$ 임을 알 수 있고 정의에 따라 비에너지는 다음과 같이 표시될 수 있다.

$$E = y\cos^2\theta + \frac{V^2}{2g} \tag{9.1}$$

대부분의 경우 개수로의 바닥경사각 θ 는 매우 작아서 $\cos\theta \fallingdotseq 1$ 의 가정이 성립되므로 식 (9.1)은 다음과 같아진다.

$$E = y + \frac{V^2}{2g} \tag{9.2}$$

여기서 y 와 V 는 각각 단면 ⓐ-ⓐ에서의 수심과 평균유속이다.

한편, 그림 9-1의 단면 ⓐ-ⓐ에 있어서의 물의 단위 무게당 전 에너지는 다음과 같이 전수두(total head)로 표시할 수 있다.

$$H = z + y + \frac{V^2}{2g}$$

여기서 z 는 어떤 기준면으로부터 단면 ⓐ-ⓐ에 있어서의 수로바닥까지의 위치수두이다.

제8장에서 살펴본 바와 같이 정상등류에 있어서는 모든 흐름 구간에서 비에너지는 일정하며 에너지선은 수로바닥과 항상 평행하다. 그러나 부등류에 있어서 에너지선은 하류방향으로 경사지며 비에너지는 수로의 형상과 흐름 조건에 따라 흐름 구간에서 증가 혹은 감소한다.

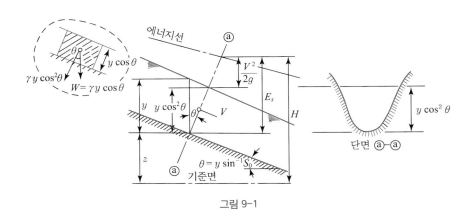

그림 9-1

9.2.2 수심에 따른 비에너지의 변화

임의의 수로단면 내 비에너지와 수심 간의 관계는 그림 9-2와 같은 비에너지곡선(specific energy curve)으로 표시할 수 있다.

그림 9-2와 같은 수로단면에 흐르는 유량 Q 를 일정하게 유지하고 수로의 조도와 경사 혹은 상하류의 흐름 조건 등을 변경시켜 흐름의 수심을 변화시키면 식 (9.2)로 표시되는 비에너지는 $y \to \infty$ 일 때 $E \to \infty$ 이고, $y \to 0$ 일 때 $E \to \infty$ 이므로 그림 9-2의 실선으로 표시된 곡선상의 점 C 에서 최소가 된다. 점 C 에 해당하는 수심을 한계수심 y_c (critical depth)라 하고 이때의 평균유속을 한계유속 V_c (critical velocity)라 한다. 따라서 한계수심은 주어진 수로단면 내에서 최소 비에너지를 유지하면서 일정유량 Q 를 흘릴 수 있는 수심이라 말할 수 있으며, 최소 비에너지보다 큰 비에너지를 가지고 흐를 수 있는 수심은 그림 9-2에서 볼 수 있는 바와 같이 한계수심보다 큰 수심(y_2)과 작은 수심(y_1)의 2개가 있으며 이들 두 수심을 대응수심(對應水深, alternate depths)이라 한다.

그림 9-2에서처럼 유량 Q 가 일정할 때 흐름의 수심이 한계수심이 되기 위한 조건을 구하기 위해 식 (9.2)에 $V = Q/A$ 를 대입하면

$$E = y + \frac{Q^2}{2gA^2} \tag{9.3}$$

한계수심은 비에너지가 최소일 때($dE/dy = 0$ 일 때) 발생하므로

$$\frac{dE}{dy} = 1 - \frac{Q^2}{gA^3}\frac{dA}{dy} \tag{9.4}$$

그림 9-2에서 $dA/dy = T$(수면폭)이므로

$$\frac{dE}{dy} = 1 - \frac{Q^2 T}{gA^3} = 1 - \frac{V^2}{g\left(\dfrac{A}{T}\right)} = 1 - \frac{V^2}{gD} \tag{9.5}$$

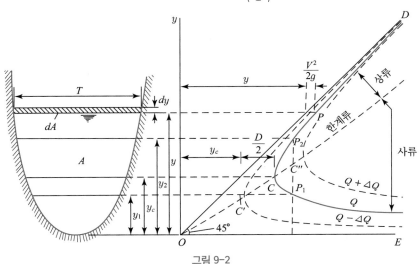

그림 9-2

식 (9.5)에서 $D = A/T$는 흐름단면의 평균수리심(hydraulic mean depth)이라 부르며, $dE/dy = 0$으로 놓으면

$$\frac{Q^2 T}{gA^3} = \frac{V^2}{gD} = 1 \tag{9.6}$$

식 (9.6)의 조건은 비에너지가 최소가 되기 위한 조건이며, 따라서 한계수심이 발생할 조건이기도 하다. 한계수심에 상응하는 한계유속 V_c와 평균수리심을 D_c를 사용하여 식 9.6을 표시하면,

$$\frac{Q^2 T_c}{gA_c^3} = \frac{V_c^2}{gD_c} = \boldsymbol{F}^2 = 1 \tag{9.7}$$

여기서 $\boldsymbol{F} = V/\sqrt{gD}$는 Froude 수로서 흐름의 중력에 대한 관성력의 비, 혹은 흐름의 평균유속에 대한 표면파의 전파속도의 비로 풀이된다. 식 (9.7)은 $\boldsymbol{F} = 1$일 때의 수심을 한계수심이라 하고 이때 비에너지는 최소가 됨을 표시하며, 이 흐름 상태를 한계류(限界流, critical flow)라 한다. 한편, 흐름의 수심이 한계수심보다 작으면($D < D_c$), $\sqrt{gD} < \sqrt{gD_c}$ 이므로 식 (9.7)로부터 $\boldsymbol{F} > 1$임을 알 수 있고 이 흐름 상태를 사류(射流, supercritical flow)라 부르며, 수심이 한계수심보다 크면($D > D_c$), $\sqrt{gD} > \sqrt{gD_c}$ 이므로 $\boldsymbol{F} < 1$이 되고 이 흐름 상태를 상류(常流, subcritical flow)라 한다.

Froude 수에 의해 흐름의 물리적 특성을 분석해 보면 $\boldsymbol{F} > 1$(사류)일 때 $V > \sqrt{gD}$, 즉 흐름의 평균유속 V가 표면파의 전파속도 $\sqrt{gD}$보다 크므로 흐름의 표면에 생긴 표면파는 상류로 전파되지 못하고 하류로 씻겨 내려가지만 $\boldsymbol{F} < 1$(상류)일 때는 $V < \sqrt{gD}$가 되어 표면파의 전파속도가 흐름의 평균유속보다 크게 되어 표면에 생긴 와류는 상류방향으로 전파되게 된다.

9.2.3 수심에 따른 유량의 변화

흐름의 비에너지가 일정하게 유지될 때 수심의 변화에 따른 유량의 변화를 고찰하기 위해 식 (9.3)을 다시 쓰면

$$Q = \sqrt{2gA^2(E_s - y)} = \sqrt{2g}\, A\, \sqrt{(E_s - y)} \tag{9.8}$$

여기서 E_s는 일정한 비에너지며 수심 y에 따른 유량 Q의 변화를 표시해 보면 $y \to 0$이면 $Q \to 0$, $y \to y_{\max}$이면 $Q \to 0$이므로 그림 9-3과 같다.

그림 9-3에서 볼 수 있는 바와 같이 유량이 최대가 되는 경우를 제외하면 한 개의 유량에 대응하는 수심은 항상 2개임을 알 수 있다. 유량이 최대가 되기 위한 조건을 구하기 위해 식 (9.8)을 수심 y에 관해 미분하고 영으로 놓으면

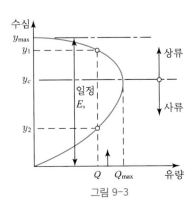

그림 9-3

$$\frac{dQ}{dy} = \sqrt{2g} \left[\frac{2AE_s \frac{dA}{dy} - \left(A^2 + 2yA \frac{dA}{dy} \right)}{2\sqrt{A^2 E_s - yA^2}} \right] = 0 \qquad (9.9)$$

식 (9.9)에서 $dA/dy = T$ 이고 dQ/dy 가 영이 되기 위해서는 분자가 영이어야 하므로

$$2AT(E_s - y) - A^2 = 0$$

$$\therefore E_s - y = \frac{A}{2T} \qquad (9.10)$$

식 (9.10)을 식 (9.8)에 대입하면

$$Q = \sqrt{2gA^2 \left(\frac{A}{2T} \right)}$$

$$\therefore \frac{Q^2 T}{gA^3} = 1 \qquad (9.11)$$

식 (9.11)은 식 (9.6)과 똑같으며 흐름의 Froude 수가 1임($\boldsymbol{F} = 1$)을 뜻한다. 따라서 비에너지가 일정할 때 유량이 최대가 되기 위한 조건은 흐름의 수심이 한계수심이 될 때임을 알 수 있다. 즉,

$$\frac{Q_{\max}^2 T_c}{gA_c^3} = 1 \qquad (9.12)$$

실질적인 문제에서 비에너지가 일정하게 유지되는 흐름은 그림 9–4와 같이 수문상류의 흐름의 비에너지가 E_s 로 일정하고 수문의 개구(開口)정도에 따라 하류로의 유량 크기가 변화하는 경우이다. 그림 9–4에서 수문을 완전히 폐쇄하면 상류의 비에너지 E_s 는 수심 y_1 과 같아지고

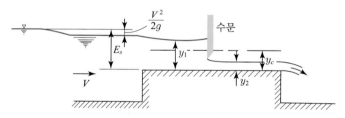

(a) 수문을 부분개방할 경우

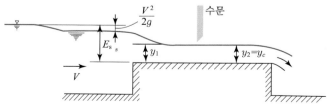

(b) 수문을 완전개방할 경우

그림 9–4

하류의 수심 y_2는 영이 된다. 수문을 그림 9-4 (a)에서와 같이 y_c 보다 작게 열면 $y_1 > y_c$ 가 되고 $y_2 < y_c$ 가 된다. 그림 9-4 (b)에서와 같이 수문을 완전히 개방하면 수문 상하류의 수심은 같아져서 $y_1 = y_2 = y_c$ 가 되며, 이때 유량은 최대가 된다. 이 경우가 바로 한계수심 y_c 를 측정하여 개수로 내 흐름의 유량을 결정하기 위해 흔히 수로 내의 설치하는 구조물인 광정(廣頂)위어(broad-crested weir)의 경우이다.

9.2.4 한계수심의 계산

수면폭과 수심 간의 관계가 간단한 관계식으로 표시될 수 있을 경우는 식 (9.7)에 의해 한계수심을 쉽게 구할 수 있다. 예로서 수면폭이 T 인 구형단면수로를 생각하면 $A = Ty$ 이므로 식 (9.7)은

$$\frac{Q^2 T_c}{g A_c^3} = \frac{Q^2 T_c}{g T_c^3 y_c^3} = \frac{q^2}{g y_c^3} = 1 \tag{9.13}$$

여기서, $q = Q/T$ 는 수로의 단위폭당 유량이다. 따라서 한계수심

$$y_c = \sqrt[3]{\frac{q^2}{g}} \tag{9.14}$$

식 (9.14)에서 $q = \sqrt{g y_c^3}$ 이므로 한계유속은

$$V_c = \frac{q}{y_c} = \sqrt{g y_c} \tag{9.15}$$

또한, 유량이 일정할 때 한계수심에서 비에너지는 최소가 되며 그 크기는

$$E_{\min} = y_c + \frac{V_c^2}{2g} = \frac{3}{2} y_c \tag{9.16}$$

식 (9.16)을 다시 쓰면

$$y_c = \frac{2}{3} E_{\min} \tag{9.17}$$

복잡한 수로단면의 경우에는 미리 만든 차트나 그래프로부터 쉽게 구하거나 혹은 식 (9.7)을 시행착오법으로 풀어 구하게 된다. 즉, 식 (9.7)을 다시 쓰면

$$\frac{Q^2}{g} = \frac{A_c^3}{T_c} \tag{9.18}$$

따라서 수심 y 에 따른 A^3/T의 변화를 곡선으로 표시한 후 식 (9.18)에 해당하는 y 값을 곡선으로부터 읽으면 한계수심을 얻게 된다. 시행착오법을 사용하는 경우는 식 (9.18)의 좌변은 유량만 알면 결정되므로 수심 y를 차례로 가정하여 A와 T를 구한 후 식 (9.18)의 관계가 성립할

때의 수심을 한계수심으로 잡으면 된다. 시행착오법에 의할 경우 구하고자 하는 한계수심의 초기 가정치로는 주어진 단면과 비슷한 구형단면에서의 한계수심을 계산하여 사용하면 정답으로의 수렴이 매우 빠르다.

문제 9-01

저변길이가 6 m이고 측면경사가 2 : 1(수평 : 수직)인 제형단면수로에 10 m³/sec의 물이 흐르고 있다. 이 수로의 한계수심, 한계유속 및 최소 비에너지를 구하라.

풀이 제형단면수로의 한계수심의 초기 가정치를 구하기 위해 수로폭 7m인 구형수로를 생각하면 한계수심

$$y_c = \sqrt[3]{\frac{q^2}{g}} = \sqrt[3]{\frac{(10/7)^2}{9.8}} = 0.593\,\mathrm{m}$$

따라서 제형단면의 $y_c = 0.59\,\mathrm{m}$ 라 가정하면

$$T = 6 + 2\,(2\,y_c) = 6 + 4 \times 0.59 = 8.36\,\mathrm{m}$$
$$A = 6y_c + 2\,y_c^2 = 6 \times 0.59 + 2 \times (0.59)^2 = 4.24\,\mathrm{m}^2$$

식 (9.7)에 값을 대입하면

$$\boldsymbol{F}^2 = \frac{Q^2\,T}{g A^3} = \frac{10^2 \times 8.36}{9.8 \times (4.24)^3} = 1.119$$
$$\therefore\ \boldsymbol{F} = 1.06$$

$\boldsymbol{F} = 1.06$ 은 사류에 해당하므로 y_c 는 0.59 m보다 커야 한다. 따라서 $y_c = 0.61\,\mathrm{m}$ 라 다시 가정하여 동일한 계산을 반복해 보면

$$T_c = 6 + 2\,(2 \times 0.61) = 8.44\,\mathrm{m}$$
$$A_c = 6 \times 0.61 + 2 \times (0.61)^2 = 4.404\,\mathrm{m}^2$$
$$\boldsymbol{F}_2 = \frac{10^2 \times 8.44}{9.8 \times (4.404)^3} \fallingdotseq 1.0 \quad \therefore\ \boldsymbol{F} = 1$$

$\boldsymbol{F} = 1$ 이므로 한계류이며 한계수심 $y_c = 0.61\,\mathrm{m}$ 이다. 한계유속은

$$V_c = \frac{Q}{A_c} = \frac{10}{4.404} = 2.27\,\mathrm{m/sec}$$

한계수심에서의 최소 비에너지는

$$E_{\min} = 0.61 + \frac{(2.27)^2}{2 \times 9.8} = 0.87\,\mathrm{m}$$

9.2.5 수로경사의 분류

개수로 내 흐름의 수심은 수로의 경사에 가장 큰 영향을 받는다. 개수로 내 등류의 수심이 한계수심과 동일하게 유지되도록 했을 때의 수로경사를 한계경사 S_c(限界傾斜, critical slope)라 하고 이때의 흐름을 한계등류(限界等流, critical uniform flow)라 부른다. 따라서 임의 수로의 한계경사는 Manning 공식으로부터 다음과 같이 표시할 수 있다.

$$S_c = \frac{n^2 V_c^2}{R_{hc}^{4/3}} = \frac{n^2 g D_c}{R_{hc}^{4/3}} \tag{9.19}$$

여기서 R_c, D_c는 각각 한계수심에 대응하는 동수반경 및 수리평균심이다.

자연하천의 경우처럼 수심에 비해 폭이 매우 큰 광폭구형단면의 경우에는 $D_c \simeq R_{hc} \simeq y_c$로 가정할 수 있으므로 이를 식 (9.19)에 대입하면

$$S_c = \frac{n^2 g}{y_c^{1/3}} \tag{9.20}$$

만약 유량이 일정할 때 한계경사 S_c 보다 작은 수로경사 S_0 를 가지는 수로상에 등류가 흐르면 흐름의 등류수심은 한계수심보다 커져 상류상태가 될 것이고, 이때의 수로경사는 완경사(緩傾斜, mild slope)라 부른다. 반대로 한계경사보다 큰 수로경사 위에 등류가 흐르면 흐름의 등류수심은 한계수심보다 작아지며 사류상태가 되고, 이때의 수로경사는 급경사(急傾斜, steep slope)라 부른다.

이상의 흐름 상태에 따른 수로경사의 분류 및 각 흐름 상태에서의 수심, 평균유속 및 Froude 수의 관계를 요약하면 표 9-1과 같다.

표 9-1 흐름 상태에 따른 수로경사분류 및 특성치 관계

흐름상태	수로경사	수 심	평균유속	Froude 수
한계류	한계경사	$y = y_c$	$V = V_c$	$F = 1$
상 류	완경사	$y > y_c$	$V < V_c$	$F < 1$
사 류	급경사	$y < y_c$	$V > V_c$	$F > 1$

문제 9-02

수로폭이 3 m 이고 조도계수 $n = 0.017$인 구형수로($S_0 = 0.0009$)가 10 m³/sec의 물을 운반하고 있다. 흐름의 등류수심, 한계수심을 구하고 흐름 상태를 분류하라. 또 흐름의 한계경사를 구하라.

풀이 흐름의 단면적 $A = 3y_n$, 윤변 $P = 3 + 2y_n$ 이므로 Manning 공식을 사용하면

$$10 = \frac{1}{0.017}(3y_n)\left(\frac{3y_n}{3 + 2y_n}\right)^{2/3}(0.0009)^{1/2}$$

시행착오법으로 풀면 등류수심 $y_n = 2.074 \, \mathrm{m}$ 이다.

식 (9.14)에 의해 한계수심을 구하면

$$y_c = \sqrt[3]{\frac{(10/3)^2}{9.8}} = 1.043 \, \mathrm{m}$$

위의 계산에서 $y_n > y_c$ 이므로 흐름은 상류임을 알 수 있다. 참고로 Froude 수를 계산해 보면

$$\boldsymbol{F} = \frac{Q/A}{\sqrt{gy_n}} = \frac{10/(3 \times 2.074)}{\sqrt{9.8 \times 2.074}} = 0.356 < 1$$

따라서 상류임이 입증된다.

식 (9.20)을 사용하여 흐름의 한계경사를 계산하면

$$S_c = \frac{(0.017)^2 \times 9.8}{(1.048)^{1/3}} = 0.0028$$

이 수로의 경사 $S_0 = 0.0009$ 는 한계경사 $S_c = 0.0028$ 보다 작으므로 완경사이며, 흐름 상태는 상류임이 다시 한 번 확인된다.

9.3 비 력

그림 9-5의 부등류 흐름에서 단면 1, 2 간의 짧은 구간에 대해 역적-운동량방정식을 세워 보기로 한다. 수로바닥의 경사각 $\theta \simeq 0$, 운동량보정계수 $\beta_1 \simeq \beta_2 \simeq 1$ 이라 가정하면 $W\sin\theta \simeq 0$ 이고, 또한 짧은 구간 L 사이에서 발생하는 마찰력 $F_f \simeq 0$ 라 할 수 있으므로 역적-운동량방정식은 다음과 같아진다.

$$P_1 - P_2 = \rho Q(V_2 - V_1) \tag{9.21}$$

여기서 P_1, P_2 는 각각 단면 1, 2에서의 정수압으로 인해 작용하는 힘이므로

$$P_1 = \gamma h_{G1} A_1, \;\; P_2 = \gamma h_{G2} A_2 \tag{9.22}$$

여기서 h_{G1}, h_{G2} 는 수면으로부터 취한 단면 1, 2의 도심까지의 수심이다. 식 (9.22)을 식 (9.21)에 대입하고 고쳐 쓰면

$$\gamma h_{G1} A_1 + \rho Q V_1 = \gamma h_{G2} A_2 + \rho Q V_2 \tag{9.23}$$

식 (9.23)의 좌우변은 각각 정수압항과 동수압항의 합으로 표시되어 있다. 식 (9.23)의 양변을 각각 γ 로 나누고 $V_1 = Q/A_1$ 및 $V_2 = Q/A_2$ 를 대입하면

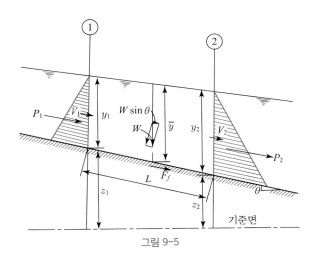

그림 9-5

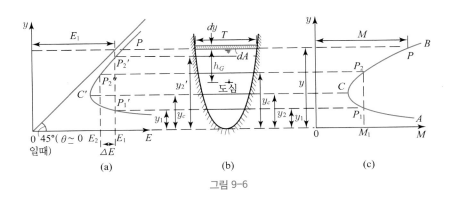

그림 9-6

$$h_{G1} A_1 + \frac{Q^2}{gA_1} = h_{G2} A_2 + \frac{Q^2}{gA_2} \qquad (9.24)$$

따라서 식 (9.24)의 양변은 물의 단위무게당 정수압항과 동수압(운동량)항으로 구성되어 있으며 단면 1과 2에서의 값이 동일함을 나타내고 있다. 즉,

$$M = h_G A + \frac{Q^2}{gA} = \text{constant} \qquad (9.25)$$

식 (9.25)의 M을 비력(比力, specific force)이라 하며 흐름의 모든 단면에서의 일정함을 표시하고 있다.

그림 9-6 (b)와 같은 임의 단면에 일정한 유량이 흐를 경우 수심에 따른 비력의 크기변화는 그림 9-6 (c)와 같은 비력곡선(specific-force curve)으로 표시된다. 비력곡선은 CA와 CB 부분으로 이루어지며 CA는 수평축에 접근하고 CB는 오른쪽 방향으로 점점 커진다. 한 개의 비력에 대응하는 수심은 비력이 최소가 되는 경우(점 C)를 제외하고는 항상 y_1, y_2의 두 개가 존재한다. 비력이 최소가 되는 조건을 구하기 위해 식 (9.25)를 수심 y에 관해 미분하여 영으로

놓으면

$$\frac{dM}{dy} = A - \frac{Q^2}{gA^2} \frac{dA}{dy} = 0$$

따라서

$$\frac{Q^2 T}{g A^3} = 1 \qquad (9.26)$$

식 (9.26)은 식 (9.7)과 같이 $\boldsymbol{F} = 1$(혹은 $\boldsymbol{F} = 1$)임을 나타내며 이때의 흐름의 수심은 한계수심이다. 즉, 일정한 유량이 주어졌을 때 비력은 한계수심 y_c에서 최소가 됨을 알 수 있다.

다음으로, 그림 9-6의 비에너지곡선과 비력곡선을 비교해 보기로 하자. 어떤 크기의 비에너지 E_1을 가지고 흐를 수 있는 수심은 y_1 (사류)과 $y_2{}'$ (상류)의 두 개가 있으며 어떤 크기의 비력 M_1을 가지고 흐를 수 있는 수심은 y_1 (사류)과 y_2 (상류)의 두 개가 있다.

그림 9-6의 두 곡선에서 y_1이 동일하다고 가정하면 y_2는 항상 $y_2{}'$보다 작음을 알 수 있으며 비에너지곡선으로부터 y_2에 해당하는 E_2는 $y_2{}'$에 해당하는 E_1보다 작음을 알 수 있다. 따라서 흐름의 어떤 구간에서 비력 M_1이 일정하게 유지되기 위해서는(식 (9.25)) 흐름의 수심이 초기수심(initial depth) y_1에서 공액수심(共軛水深, sequent depth) y_2로 변해야 하며 이때 $\Delta E = E_1 - E_2$의 에너지 손실이 생기게 된다. 이와 같은 현상의 대표적인 예는 도수(跳水, hydraulic jump) 현상에서 찾아볼 수 있으며 곧 소개하기로 한다.

수로단면이 비교적 간단한 폭이 T인 구형단면에 대한 비력은 $h_G = \frac{1}{2}y$, $A = Ty$를 식 (9.25)에 대입하여 표시한다. 즉,

$$M' = \frac{y^2}{2} + \frac{q^2}{gy} = \mathrm{constant} \qquad (9.27)$$

$dM'/dy = 0$로 놓아 비력이 최소가 되는 조건을 구하면

$$\frac{q^2}{gy^3} = 1 \quad \text{혹은} \quad \frac{V^2}{gy} = 1 \qquad (9.28)$$

즉, $\boldsymbol{F} = 1$일 때이며 한계수심 $y_c = \sqrt[3]{q^2/g}$ (식 (9.14))일 때 비력은 최소가 된다.

흐름 상태의 전환

9.4.1 상류에서 사류로의 전환

수로단면이 일정한 대상단면 내에 유량이 일정하게 유지될 때 그림 9-7 (a)에서처럼 수로의 경사(S_0)를 한계경사(S_c)보다 작은 상태에서 큰 상태로 서서히 변경시킨다고 생각해 보자. 수로단면이 일정하므로 한계수심선은 그림에서와 같이 수로바닥과 평행할 것이며 흐름의 수심은 한계수심보다 큰 상태로부터 하류방향으로 점점 작아져서 한계수심과 같아졌다가 그 이후에는 한계수심보다 작아지게 된다. 즉, 흐름 상태는 상류(常流)로부터 한계수심을 거쳐 사류(射流)로 변하게 된다. 상류에서 사류로의 전환은 비교적 완만하여 에너지의 손실은 거의 없으며 한계수심에서 에너지가 최소가 됨은 전술한 바 있다. 그림 9-7 (b)의 경우는 수로경사가 완경사($S_0 < S_c$)에서 급경사($S_0 > S_c$)로 변하는 경우로서 흐름 상태는 상류에서 사류로 전환하게 되며 흐름의 수심은 두 경사의 연결점 부근에서 한계수심을 통과하게 된다.

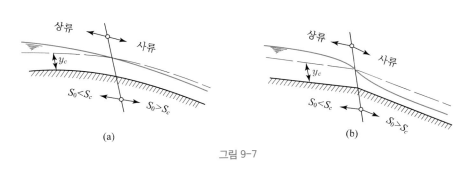

그림 9-7

9.4.2 사류에서 상류로의 전환

그림 9-8은 대상(台狀)단면수로의 경사가 급경사에서 완경사(혹은 수평경사)로 변하는 경우의 흐름 상태를 표시하고 있다. 이러한 흐름 상태는 댐 여수로(餘水路, spillway)의 하단부에 있는 감세공(減勢工, stilling basin) 내에서 발생하는 것으로, 여수로부는 통상 급경사이므로 월류하는 고속흐름은 사류이고 하류의 감세공 내 흐름은 댐하류 하천수심(등류수심 y_n)을 가지는 상류이기 때문에 두 흐름이 연결되는 어떤 구간에서 흐름 상태의 전환이 생기지 않을 수 없다.

상류에서 사류로 전환하는 경우와는 달리 고속의 사류는 마찰과 와류 발생으로 인한 비에너지의 손실이 크게 되며 수심도 한계수심을 능가하여 크게 증가한다. 흐름 상태의 전환구간에서는 심한 와류가 형성되어 공기를 흡입하게 되기 때문에 물의 밀도는 정상적인 물보다 작아지고 수표면은 불안정하게 되나 하류의 등류수심과 거의 같아져서 짧은 구간 내에서 안정을 되찾게 된다. 이와 같은 현상을 도수 혹은 수력도약(水力跳躍, hydraulic jump)이라 하며 고속흐름의 감세

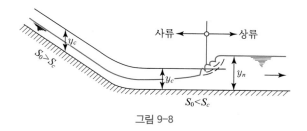

그림 9-8

에 의해 세굴을 방지함으로써 하천구조물을 보호하거나, 오염물질을 강제혼합시키거나 혹은 유량 측정수로(flume) 상류의 수두를 증가시키는 수단으로 이 현상을 실무에서 많이 이용하고 있다.

9.5 도수의 해석

도수현상에서는 전술한 바와 같이 상당한 크기의 내부 에너지의 손실이 수반되므로 베르누이 방정식보다는 역적-운동량방정식을 이용하여 흐름을 해석하게 된다. 그림 9 – 9 (b)는 대상단면 의 수평수로에서 도수가 발생할 경우를 표시하는 것으로 역적 – 운동량방정식을 적용하면 식 (9.24)를 얻게 된다. 전술한 바와 같은 목적의 달성을 위해서는 도수를 통상 구형단면의 수평수 로에서 발생하도록 하므로 구형수로에 대한 식 (9.24)의 관계를 표시하면(식 (9.27) 참조)

$$\frac{y_1^2}{2} + \frac{q^2}{gy_1} = \frac{y_2^2}{2} + \frac{q^2}{gy_2} \tag{9.29}$$

여기서 y_1, y_2 는 도수 전의 초기수심 및 도수 후의 공액수심이며 q 는 구형단면수로의 단위폭당 유량이다.

식 (9.29)를 정리하면

$$y_1 y_2^2 + y_1^2 y_2 - \frac{2 q^2}{g} = 0 \tag{9.30}$$

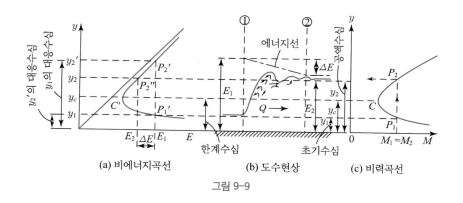

(a) 비에너지곡선   (b) 도수현상   (c) 비력곡선

그림 9-9

식 (9.30)의 양변을 y_1^3 으로 나누면

$$\left(\frac{y_2}{y_1}\right)^2 + \left(\frac{y_2}{y_1}\right) - \frac{2\,q^2}{g\,y_1^3} = 0 \qquad (9.31)$$

식 (9.31)의 $q^2 / g\,y_1^3 = \boldsymbol{F}_1^2$ 이며 y_2/y_1 에 관해 풀면

$$\frac{y_2}{y_1} = \frac{1}{2}\left[-1 + \sqrt{1 + 8\boldsymbol{F}_1^2}\,\right] \qquad (9.32)$$

한편, 식 (9.30)을 y_2^3 으로 나누고 y_1/y_2 에 관해 풀면

$$\frac{y_1}{y_2} = \frac{1}{2}\left[-1 + \sqrt{1 + 8\boldsymbol{F}_2^2}\,\right] \qquad (9.33)$$

식 (9.32)와 식 (9.33)은 도수 전후 수심, 즉 초기수심과 공액수심의 비를 표시하며 흐름의 Froude 수만의 함수로 표시할 수 있음을 알 수 있다. 식 (9.32)에서 $\boldsymbol{F}_1 = 1$ 이면 $y_2/y_1 = 1$ 이 되며 $\boldsymbol{F}_1 > 1$ 이면 $y_2/y_1 > 1$ 이고 $\boldsymbol{F}_1 < 1$ 이면 $y_2/y_1 < 1$ 이다. 그러나 도수의 경우에는 y_1 이 y_2 보다 작으므로 $\boldsymbol{F}_1 > 1$ 일 때, 즉, 도수 전 흐름이 사류일 때만 도수현상이 발생할 수 있다. 도수 전후의 수심관계 이외의 또 한 가지 공학적 관심사는 도수로 인한 에너지 손실이다. 이 손실 $\varDelta E$ 는 도수 전의 흐름에너지 E_1 에서 도수 후의 흐름에너지 E_2 를 뺀 것이므로

$$\begin{aligned}
\varDelta E = E_1 - E_2 &= \left(y_1 + \frac{V_1^2}{2g}\right) - \left(y_2 + \frac{V_2^2}{2g}\right) \\
&= (y_1 - y_2) + \frac{q^2}{2g}\left(\frac{1}{y_1^2} - \frac{1}{y_2^2}\right) \\
&= (y_2 - y_1)\left[\frac{q^2}{2g}\,\frac{(y_2 + y_1)}{y_1^2\,y_2^2} - 1\right]
\end{aligned} \qquad (9.34)$$

그런데 식 (9.29)로부터

$$\frac{1}{2}\,(y_1 + y_2) = \frac{q^2}{g\,y_1\,y_2} \qquad (9.35)$$

식 (9.35)를 식 (9.34)에 대입하여 정리하면

$$\varDelta E = \frac{(y_2 - y_1)^3}{4\,y_1\,y_2} \qquad (9.36)$$

즉, 도수로 인한 흐름 에너지의 손실은 도수 전후의 수심만 알면 구할 수 있다. 그림 9-9의 비력곡선을 보면 도수 전후의 수심 $y_1,\ y_2$ 에 대한 비력은 동일하나 비에너지곡선에서 보면 y_2 에 대응하는 비에너지 E_2 는 y_1 에 대응하는 비에너지 E_1 보다 $\varDelta E$ 만큼 작음을 알 수 있으며 이것이 바로 도수로 인한 흐름 에너지의 손실이다.

도수관련 구조물의 설계에 있어서는 도수현상이 발생하는 구간의 길이도 관심사가 되며 이를 위한 해석적 및 실험적 연구가 많으나 문제의 복잡성 때문에 권위 있는 공식을 한마디로 추천할 수는 없다. 그러나 지금까지의 연구결과를 종합하면 도수의 길이는 도수 후 수심(y_2)의 약 4~6배 정도이며 11장에서 다시 살펴보기로 한다.

문제 9-03

댐여수로 아래의 감세공(stilling basin)상에서 도수가 발생한다. 감세공의 단면은 구형이며 단위폭당 유량은 2 m^3/sec/m이고 도수 전의 수심은 0.5m이다. 도수 후의 수심과 도수로 인한 에너지 손실을 마력으로 구하라.

풀이 $V_1 = \dfrac{q}{y_1} = \dfrac{2}{0.5} = 4\,\mathrm{m/sec}$

$$y_2 = \frac{y_1}{2}\left[-1 + \sqrt{1 + 8\frac{V_1^2}{gy_1}}\right]$$

$$= \frac{0.5}{2}\left[-1 + \sqrt{1 + \frac{8 \times (4)^2}{9.8 \times 0.5}}\right] = 1.052\,\mathrm{m}$$

$$V_2 = \frac{q}{y_2} = \frac{2}{1.052} = 1.90\,\mathrm{m/sec}$$

$$\Delta E = \left(0.5 + \frac{4^2}{2 \times 9.8}\right) - \left(1.052 + \frac{1.90^2}{2 \times 9.8}\right) = 0.081\,\mathrm{m}$$

혹은

$$\Delta E = \frac{(y_2 - y_1)^3}{4\,y_1 y_2} = \frac{(1.052 - 0.5)^3}{4 \times 0.5 \times 1.052} = 0.080\,\mathrm{m}$$

손실된 에너지를 동력으로 표시하면

$$P = \frac{1,000 \times 2 \times 0.080}{75} = 2.135\,\mathrm{HP/단위폭}$$

9.6 점변류의 기본방정식

9.6.1 기본방정식의 유도

그림 9-10과 같은 점변류의 수면곡선식은 수로를 따른 흐름의 전수두의 변화율을 구해봄으로써 유도할 수 있다.

그림 9-10에서 흐름의 임의 단면에서의 전수두(total head)는

$$H = z + d\cos\theta + \alpha\frac{V^2}{2g} \tag{9.37}$$

여기서 H 는 전수두이며, z 는 위치수두, d 는 흐름의 수심(수로바닥에 수직으로 측정) θ 는 바닥경사, α 는 에너지 보정계수이고 V 는 흐름의 평균유속이다. 개수로에서의 θ 는 통상 작은 값을 가지므로 $d\cos\theta \simeq y$ 라 가정할 수 있고 $\alpha \simeq 1$ 이라는 가정도 받아들여진다. 따라서 식 (9.37)은

$$H = z + y + \frac{V^2}{2g} \tag{9.38}$$

수로바닥을 x 축으로 잡고 식 (9.38)을 x 에 관해 미분하면

$$\frac{dH}{dx} = \frac{dz}{dx} + \frac{dy}{dx} + \frac{d}{dx}\left(\frac{V^2}{2g}\right) \tag{9.39}$$

식 (9.39)에서 $\dfrac{dH}{dx} = -S_f$, $\dfrac{dz}{dx} = -S_0$ 이며 $\dfrac{dy}{dx}$ 는 수로바닥을 기준으로 한 수면경사이고 마지막 항은 다음과 같이 표시된다.

$$\frac{d}{dx}\left(\frac{V^2}{2g}\right) = \frac{d}{dx}\left(\frac{Q^2}{2gA^2}\right) = \frac{d}{dy}\left(\frac{Q^2}{2gA^2}\right)\frac{dy}{dx}$$

$$= \left[-\frac{Q^2}{gA^3}\frac{dA}{dy}\right]\frac{dy}{dx} = \left[-\frac{Q^2\,T}{gA^3}\right]\frac{dy}{dx} \tag{9.40}$$

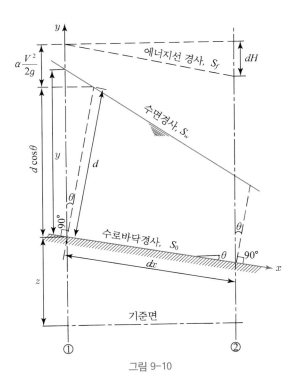

그림 9-10

이상을 식 (9.39)에 대입하면

$$-S_f = -S_0 + \frac{dy}{dx} - \frac{Q^2 T}{gA^3} \frac{dy}{dx}$$

따라서

$$\frac{dy}{dx} = \frac{S_0 - S_f}{1 - \dfrac{Q^2 T}{gA^3}}$$

$$= \frac{S_0 - S_f}{1 - \boldsymbol{F}^2} \tag{9.41}$$

식 (9.41)은 수로바닥을 기준으로 한 점변류 수심의 변화율을 표시하는 것으로서 점변류의 수면 곡선을 구하기 위한 기본방정식이다.

9.6.2 기본방정식의 변형

점변류의 수면곡선형을 이론적으로 판별하기 위해서는 기본식 (9.41)을 약간 변형시키는 것이 편리하다. 우선 개수로단면의 단면계수(section factor)를 다음과 같이 정의한다.

$$Z = A\sqrt{D} = A\sqrt{\frac{A}{T}} = \sqrt{\frac{A^3}{T}} \tag{9.42}$$

또한 수로 내에 한계류가 흐를 때의 조건

$$\boldsymbol{F}^2 = \frac{Q^2 T_c}{gA_c^3} = 1$$

$$\frac{Q^2}{g} = \frac{A_c^3}{T_c} = Z_c^2 \tag{9.43}$$

여기서 Z_c 는 수로 내의 한계류에 대응하는 단면계수이다. 식 (9.41)의 분모항에 식 (9.43)과 $T/A^3 = (1/Z)^2$ 를 대입하면

$$1 - \frac{Q^2 T}{gA^3} = 1 - \left(\frac{Z_c}{Z}\right)^2 \tag{9.44}$$

식 (9.41)의 분자항을 변형시키기 위해 등류공식 중 개수로에서 많이 사용하는 Manning 공식(식 (8.20))을 이용하여 수로경사 S_0 와 에너지선의 경사 S_f 를 각각 다음과 같이 표시한다.

$$S_0 = \left(\frac{nQ}{A_n R_n^{2/3}}\right)^2 = \left(\frac{Q}{K_n}\right)^2 \tag{9.45}$$

$$S_f = \left(\frac{n\,Q}{A\,R^{2/3}} \right)^2 = \left(\frac{Q}{K} \right)^2 \tag{9.46}$$

식 (9.45) 및 (9.46)에서 K_n 및 K는 각각 수로단면 내에 등류 및 부등류가 흐를 경우의 통수능(通水能)이며 식 (8.20)에서 정의한 바 있다. 물론 엄밀히 말하면 Manning 공식은 등류에 적용되는 공식이나 내부 에너지의 큰 변화가 없는 경우에는 부등류에도 적용할 수 있는 것으로 알려져 있으므로 식 (9.46)도 받아들일 수 있다.

식 (9.45), 식 (9.46)을 식 (9.41)의 분자항에 대입하면

$$S_0 - S_f = S_0 \left(1 - \frac{S_f}{S_0} \right) = S_0 \left[1 - \left(\frac{K_n}{K} \right)^2 \right] \tag{9.47}$$

따라서 식 (9.41)에 식 (9.44) 및 식 (9.47)을 대입하여 다시 쓰면

$$\frac{dy}{dx} = S_0 \frac{1 - \left(\dfrac{K_n}{K} \right)^2}{1 - \left(\dfrac{Z_c}{Z} \right)^2} \tag{9.48}$$

식 (9.48)이 임의 단면을 가진 개수로 내에서 발생가능한 점변류의 수면곡선형을 판별하기 위한 기본식이 된다.

단면형이 가장 간단한 광폭구형단면의 경우에는 Manning 공식의 동수반경 R_h는 수심 y와 같다고 볼 수 있으므로 식 (9.48)의

$$\left(\frac{K_n}{K} \right)^2 = \left(\frac{y_n}{y} \right)^{10/3} \tag{9.49}$$

$$\left(\frac{Z_c}{Z} \right)^2 = \left(\frac{y_c}{y} \right)^3 \tag{9.50}$$

따라서 식 (9.48)은 다음과 같아진다.

$$\frac{dy}{dx} = S_0 \frac{1 - \left(\dfrac{y_n}{y} \right)^{10/3}}{1 - \left(\dfrac{y_c}{y} \right)^3} \tag{9.51}$$

여기서 y_n, y_c 및 y는 등류수심, 한계수심 및 점변류의 수심이다.

9.7 점변류 수면곡선형의 특성

전술한 바와 같이 식 (9.48) 혹은 식 (9.51)은 수로바닥을 기준으로 한 수심의 변화율을 표시하므로 흐름의 여러 조건에 따른 수면곡선의 특성을 파악하는 데 기본이 된다. 식 (9.48)에서 K, K_n, Z, Z_c는 수로단면 내 수심의 크기에 비례한다고 볼 수 있으며, 해석의 편의상 단면형은 흐름 방향으로 변화하지 않는 대상단면(prismatic channel)이라 가정하자. 식 (9.48)에서 $dy/dx = 0$이면 흐름 방향으로 수심변화가 없음을 의미하므로 수면곡선은 수로바닥과 평형하여 등류가 형성될 것이고, $dy/dx > 0$이면 흐름 방향으로 수심이 증가함을 뜻하며, 이 유형의 곡선을 배수곡선(背水曲線, backwater curve)이라 한다. 한편, $dy/dx < 0$이면 수심이 흐름 방향으로 감소함을 뜻하며 이를 저하곡선(低下曲線, drawdown curve)이라 부른다. 자연계에 존재할 수 있는 점변류의 수면형은 어느 것이나 상술한 등류곡선, 배수곡선 혹은 저하곡선 중의 하나에 속하며, 수로의 경사는 완경사, 급경사, 한계경사, 역경사(逆傾斜) 및 수평수로가 존재할 수 있으므로 여러 가지 수면형이 발생가능할 것임을 짐작할 수 있다. 따라서 식 (9.48)을 사용하여 발생가능한 수면형을 고찰해 보기로 한다.

9.7.1 완경사 및 급경사 수로상의 점변류

완경사 및 급경사 수로는 $S_0 > 0$일 경우이고 점변류는 배수곡선일 수도 있고 저하곡선일 수도 있다. 배수곡선이 되기 위한 조건은 $dy/dx > 0$이고 식 (9.48)에서 $dy/dx > 0$가 되기 위해서는 분모와 분자의 부호가 동일해야 한다. 즉, 첫째 경우는

$$1 - \left(\frac{K_n}{K}\right)^2 > 0 \text{ 이고, } 1 - \left(\frac{Z_c}{Z}\right)^2 > 0 \text{ 일 때,}$$

$$\frac{y_n}{y} \propto \frac{K_n}{K} < 1 \qquad\qquad \frac{y_c}{y} \propto \frac{Z_c}{Z} < 1$$

$$\therefore y > y_n \qquad\qquad\qquad \therefore y > y_c$$

따라서, 이 경우의 점변류수심 y는 등류수심 y_n보다 클 뿐만 아니라 한계수심 y_c보다도 크며, 따라서 $y > y_n > y_c$일 경우와 $y > y_c > y_n$일 두 가지 경우가 있을 수 있다. $y > y_n > y_c$일 경우는 등류수심이 한계수심보다 크므로 완경사($S_0 < S_c$) 위의 상류($y > y_c$)이고, $y > y_c > y_n$일 경우는 등류수심이 한계수심보다 작으므로 급경사($S_0 < S_c$) 위의 상류($y > y_c$)이다.

둘째 경우는

$$1 - \left(\frac{K_n}{K}\right)^2 < 0 \text{ 이고, } 1 - \left(\frac{Z_c}{Z}\right)^2 < 0 \text{ 일 때}$$

$$\frac{y_n}{y} \propto \frac{K_n}{K} > 1 \qquad\qquad \frac{y_c}{y} \propto \frac{Z_c}{Z} > 1$$

$$\therefore y < y_n \qquad\qquad\qquad \therefore y < y_c$$

즉, 점변류의 수심 y 가 y_n 혹은 y_c 보다 작을 경우로서 $y < y_c < y_n$ 일 경우와 $y < y_n < y_c$ 일 경우의 두 가지가 있다. $y < y_c < y_n$ 일 때는 한계수심이 등류수심보다 작으므로 급경사 위의 사류($y < y_c$)이며, $y < y_n < y_c$ 일 때는 한계수로의 등류수심보다 크므로 완경사 위의 사류이다.

여기서 분명히 해 두어야 할 한 가지 중요한 점은 위에서 사용한 수심 y_n, y_c 및 y 의 의미 및 계산방법이다. y_n 은 등류수심으로서 수로의 경사 S_0 와 조도계수 n 및 유량 Q 가 주어지면 Manning 공식으로부터 계산할 수 있으며, y_c 는 한계수심으로서 한계류조건인 $\boldsymbol{F}^2 = 1$ 로부터 계산할 수 있는데 유량 Q 만의 함수이고, y 는 점변류의 실제 흐름 수심으로서 점변류의 해석에서 바로 구하고자 하는 수심이다.

완경사 및 급경사 수로상의 점변류가 저하곡선을 이루려면 $dy/dx < 0$ 이어야 한다.

식 (9.48)에서 $S_0 > 0$ 일 때 $dy/dx < 0$ 가 되기 위한 조건은 식 (9.48)의 분모 및 분자의 부호가 다를 경우이다. 즉, 첫째 경우는

$$1 - \left(\frac{K_n}{K}\right)^2 > 0\text{이고, } 1 - \left(\frac{Z_c}{Z}\right)^2 < 0 \text{ 일 때}$$

$$\frac{y_n}{y} \propto \frac{K_n}{K} < 1 \qquad\qquad \frac{y_c}{y} \propto \frac{Z_c}{Z} > 1$$

$$\therefore y > y_n \qquad\qquad\qquad \therefore y < y_c$$

따라서, 점변류의 수심 y 가 등류수심 y_n 보다는 크고, 한계수심 y_c 보다는 작을 경우, $y_n < y < y_c$ 일 때이다. 그러므로 이 점변류는 급경사($y_n < y_c$) 위의 사류($y < y_c$)이다.

둘째 경우는

$$1 - \left(\frac{K_n}{K}\right)^2 < 0\text{이고, } 1 - \left(\frac{Z_c}{Z}\right)^2 > 0 \text{ 일 때}$$

$$\frac{y_n}{y} \propto \frac{K_n}{K} > 1 \qquad\qquad \frac{y_c}{y} \propto \frac{Z_c}{Z} < 1$$

$$\therefore y < y_n \qquad\qquad\qquad \therefore y > y_c$$

즉, 점변류의 수심 y 가 등류수심 y_n 보다는 작으나 한계수심 y_c 보다는 클 경우, 각, $y_c < y < y_n$ 일 때이다. 그러므로 흐름은 완경사수로($y_n > y_c$) 위의 상류($y > y_c$)이다.

9.7.2 한계경사 수로상의 점변류

수로의 경사가 한계경사와 같아지면($S_0 = S_c$), $y_n = y_c$가 되어 점변류는 3가지 경우로 발생하게 된다. 즉, 첫째 경우는 $y = y_n = y_c$인 경우로서 이때의 흐름을 한계등류(uniform critical flow)라 부르며 이때 $K = K_n$이 되어 식 (9.48)의 $dy/dx = 0$가 되므로 실제에 있어서는 점변류가 아니라 등류이다. 둘째 경우는 $y > y_n = y_c$인 경우로서 식 (9.48)의 $dy/dx > 0$가 되므로 수면형은 배수곡선이 되며 흐름은 상류($y > y_n$)가 된다. 마지막 경우는 $y < y_n = y_c$인 경우로서 $dy/dx > 0$가 되므로 수면형은 역시 배수곡선이 되며 흐름은 사류($y < y_n$)가 된다.

9.7.3 수평 수로상의 점변류

수평수로의 경우는 $S_0 = 0$이므로 Manning 공식에 $S_0 = 0$를 넣고 y_n을 구하면 $y_n = \infty$가 된다. 따라서 수평수로의 흐름의 등류수심은 정의할 수 없다. 식 (9.48)에서 $S_0 = 0$이고 Manning 공식에서 $S_f = (Q/K)^2$이므로 식 (9.48)을 변형시키면

$$\frac{dy}{dx} = \frac{S_0 - S_f}{1 - \left(\dfrac{Z_c}{Z}\right)} = \frac{-\left(\dfrac{Q}{K}\right)^2}{1 - \left(\dfrac{Z_c}{Z}\right)^2} \tag{9.52}$$

수평수로에서는 $y_n = \infty$이므로 수면곡선의 형태는 두 가지 경우가 가능하다. 첫째 경우는 $y_c < y < y_n$인 경우로서 식 (9.52)의 Q/K는 항상 양(+)이고 $y > y_c$일 때 $Z_c/Z < 1$이므로 $dy/dx < 0$가 된다. 즉, 점변류는 수평경사수로상에서 저하곡선을 그리며 흐름은 상류($y > y_c$)가 된다. 둘째 경우는 $y < y_c < y_n$인 경우로서 식 (9.52)의 $dy/dx > 0$가 되므로 배수곡선이 되며 흐름은 사류($y < y_c$)에 속하게 된다.

9.7.4 역경사 수로상의 점변류

역경사 수로의 경우는 $S_0 < 0$이므로 $K_n^2 = Q^2/S_0 < 0$가 되어 K_n에 해당하는 y_n는 허수를 갖게 되므로 등류수심은 존재하지 않는다. 식 (9.48)에서 분자는 항상 음(−)의 값이 되며 분모는 $y > y_c$일 때 양이 되어 $dy/dx < 0$가 되므로 점변류는 저하곡선이 되며 상류($y > y_c$)가 된다. 식 (9.48)의 분모는 $y < y_c$일 때 음의 값을 갖게 되어 $dy/dx > 0$가 되므로 점변류는 배수곡선이 되며 흐름의 상태는 사류($y < y_c$)가 된다.

9.7.5 수면곡선의 경계조건

앞에서 살펴 본 5개 수로경사에서의 점변류의 이론적 수면곡선이 한계수심, 등류수심 및 수로 바닥 부근에 접근함에 따라 어떤 특성을 가지는가를 식 (9.48)을 검토하면서 살펴보기로 한다.

첫째, $y = y_c$ 이면 $Z_c/Z = 1$ 이 되어 $dy/dx = \infty$ 가 된다. 즉, 점변류의 수심이 한계수심과 같아지면 수면경사가 무한대가 되므로 그림 9-11에서 볼 수 있는 바와 같이 수면곡선은 한계수심선(y_c)과 직교하게 된다. 이와 같은 특성은 전술한 바의 도수현상이나 수면강하(水面降下, hydraulic drop) 현상에서 엿볼 수 있다. 한계수심 부근에서는 수면의 곡선이 급해지므로 점변류 해석을 위한 몇 가지 가정 중 유선이 서로 평행하다는 가정이 성립되지 않으므로 점변류이론이 적용되지 않으며 불연속영역이라 말할 수 있다.

둘째, $y = y_n$ 이면 $K_n/K = 1$ 이 되어 $dy/dx = 0$ 이 되므로 흐름 방향으로의 수심의 변화가 없어진다. 즉, 점변류의 수심은 그림 9-11에서와 같이 등류수심선(y_n)에 접근하게 된다.

셋째, $y \to \infty$ 일 때 식 (9.48)의 $dy/dx = S_0$ 가 되고 원래 $S_0 = dz/dx$ 이므로 수면은 수평을 이루게 된다.

넷째, $y = 0$ 이면 식 (9.48)의 $dy/dx = \infty / \infty$ 가 되므로 부정이 되지만, 식 (9.48)과 성질이 같은 식 (9.51)을 다음과 같이 변형시키면

$$\frac{dy}{dx} = S_0 \frac{1 - \left(\dfrac{y_n}{y}\right)^{10/3}}{1 - \left(\dfrac{y_c}{y}\right)^3} = S_0 \frac{y^3 - y_n^3 \left(\dfrac{y_n}{y}\right)^{1/3}}{y^3 - y_c^3} \tag{9.53}$$

$y_c \neq 0$, $y_n \neq 0$ 이므로 $y = 0$ 일 때 $dy/dx = \infty$ 이다. 따라서 수면곡선은 그림 9-11에서와 같이 수로바닥과 직교하며 $y < y_c < y_n$ 일 때는 수로바닥 부근에서 수면곡선은 변곡점을 갖게 된다. 또한 그림 9-11의 윗부분 수면곡선에서 볼 수 있는 것처럼 수로하류부에 수평저수면이 있을 경우 $y > y_n > y_c$ 이면 배수곡선은 또 하나의 변곡점을 가지게 된다.

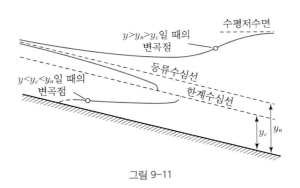

그림 9-11

9.8 점변류 수면곡선의 분류

전 절에서 살펴본 점변류의 이론적인 수면곡선형의 특성과 경계조건 등을 고려하여 5개 수로 경사별로 수면곡선형을 분류하고 자연계에서 실제로 발생하는 예를 살펴보기로 한다.

수로의 조건(경사, 조도계수, 단면형 등)과 유량이 주어지면 그림 9-12에서 보는 바와 같이 수로상의 등류수심선과 한계수심선에 의해 흐름의 영역은 3개로 구분된다. 즉, 제1영역은 제일 윗선(수로경사에 따라 등류수심선 혹은 한계수심선)보다 수심이 큰 영역이고 제2영역은 제일 윗

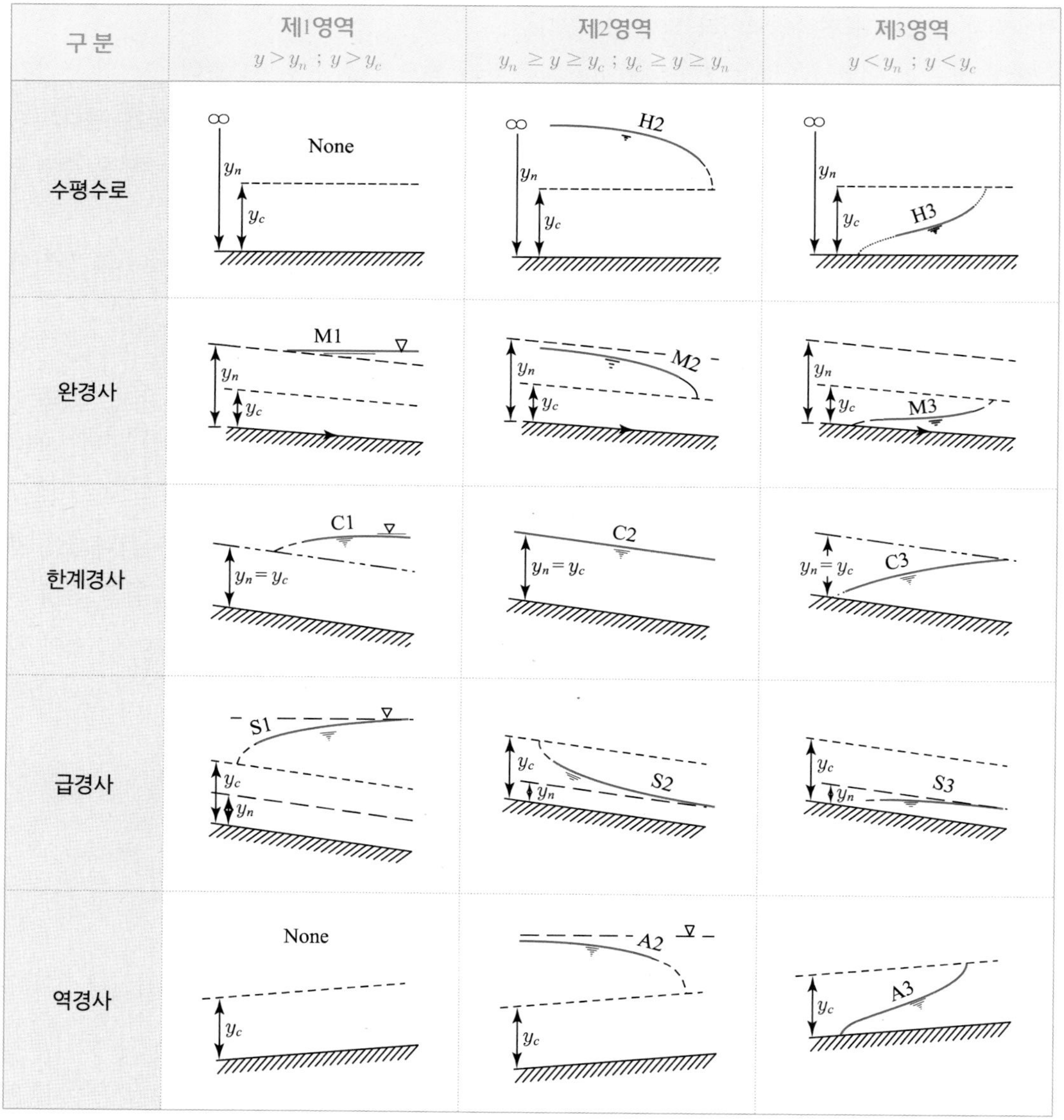

구 분	제1영역 $y > y_n \; ; \; y > y_c$	제2영역 $y_n \geq y \geq y_c \; ; \; y_c \geq y \geq y_n$	제3영역 $y < y_n \; ; \; y < y_c$
수평수로	None	H2	H3
완경사	M1	M2	M3
한계경사	C1	C2	C3
급경사	S1	S2	S3
역경사	None	A2	A3

그림 9-12

선과 그 다음선(등류수심과 한계수심선) 사이의 영역이며, 제3영역은 두 번째 선과 수로바닥 사이의 영역이다. 이와 같은 3개 영역에서의 흐름은 전술한 바의 5개 수로경사에서 각각 일어나게 되므로 도합 15개의 수면곡선이 존재할 것으로 생각할 수 있으나 수면곡선형의 특성에서 살펴본 것처럼 수평경사와 역경사수로에서는 등류수심을 정의할 수 없으므로 이 두 경사수로에서는 제1의 흐름 영역이 없다. 따라서 자연계에서 발생가능한 점변류의 수면곡선형은 13가지가 된다.

수면곡선형은 수로의 경사와 흐름의 영역에 따라 명칭을 붙여 분류하고 있다. 즉, 완경사(Mild slope)의 경우는 **M1, M2, M3** 곡선, 급경사(Steep slope)의 경우는 **S1, S2, S3**곡선, 한계경사(Critical slope)의 경우는 **C1, C2, C3** 곡선, 수평경사(Horizontal slope)의 경우는 **H2, H3** 곡선, 마지막으로 역경사(Adverse slope)의 경우는 **A2, A3** 곡선이라 하며, 수면곡선의 모양은 그림 9－12에 체계적으로 표시되어 있으며 한계수심과 수로바닥 부근에서의 수면곡선은 전술한 바와 같이 점변류이론으로 정확한 해석이 되지 않으므로 점선으로 표시하였다.

그림 9－12의 5개 수로경사별 수면곡선형의 발생사례 중, 대표적인 것은 그림 9－13에 소개되어 있으며 곡선형별 특성을 간추려 보면 다음과 같다.

9.8.1 M-곡선($S_0 < S_c$, $y_n > y_c$)

M1 곡선은 위어, 댐 혹은 수문과 같은 하천구조물이나 자연수로의 협착 혹은 만곡 등으로 인해 상류에 배수효과를 일으킬 경우 완경사 수로 내의 점변류 수심이 등류수심보다 크면서 배수곡선을 그릴 때 발생한다. 수면곡선의 상류단은 등류수심선에 접근하며 하류단은 수평수면에 접근한다. M2 곡선은 수로의 단락부나 혹은 수로단면의 급격한 확대가 있어서 흐름의 수심이 작아질 때 완경사 위에서 발생한다. 수면곡선의 상류단은 등류수심에 접근하며 하류단은 한계수심과 직교한다. M3 곡선은 수로경사가 급경사에서 완경사로 급변하거나 완경사 수로 위의 수문 출구부 직하류에서 발생하며 통상 상류의 흐름 조건에 의해 발생하는 것으로 도수현상이 수반된다.

9.8.2 S-곡선($S_0 > S_c$, $y_n < y_c$)

S1 곡선은 급경사수로상에 설치되는 댐이나 수문 등의 통제용 구조물로 인해 발생한다. 수면곡선은 사류에서 상류로의 도수에 의해 시작되며 구조물지점에서 수평수면에 접근한다. S2 곡선은 일반적으로 매우 짧은 구간에서 일어나는 수면형으로 완경사에서 급경사로 변할 때 급경사수로에서 발생하거나 혹은 급경사수로에서 수로단면이 급확대될 때 확대된 단면에서 발생한다. S2 곡선의 상류단은 한계수심선에 직교하며 하류단은 등류수심선에 접근한다. S3 곡선은 급경사수로의 경사가 약간 완만해 질 때 완만해진 급경사수로상에서 발생하거나 혹은 급경사수로상에 수문을 설치하여 개구수심을 등류수심보다 작게 했을 때 발생한다. 수면곡선은 상류단에 의해 통제되며 하류단은 등류수심에 접근한다.

9.8.3 C-곡선($S_0 = S_c$, $y_n = y_c$)

C-곡선은 M-곡선과 S-곡선 사이의 변화되는 지점을 대표하는 곡선으로서 한계경사 수로 상에서 발생한다. C1곡선의 상류단은 등류 혹은 한계수심에 직교하며 하류단은 수평에 점근하고 C2 곡선은 수로바닥에 평행하며, C3 곡선은 수로바닥에서 직각으로 시작하여 등류수심선에 점 근한다.

9.8.4 H-곡선($S_0 = 0$, $y_n = \infty$)

H-곡선은 수평수로상에서 발생하며 등류수심을 정의할 수 없으므로 H1 곡선은 존재할 수 없다. H2, H3 곡선은 M2, M3 곡선과 유사하며 발생하는 경우 또한 비슷하다.

9.8.5 A-곡선($S_0 < 0$, y_n은 존재하지 않음)

역경사 수로는 흔하지 않으며, 있다고 하더라도 매우 짧은 구간에 걸쳐 발생한다. 역경사에서 는 등류수심을 정의할 수 없으므로 A1 곡선은 존재하지 않고 A2, A3 곡선은 H2, H3곡선과 거의 비슷하다.

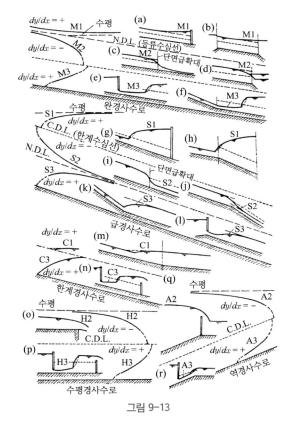

그림 9-13

수로폭이 15 m인 구형단면 수로의 경사 $S_0 = 0.001$, 조도계수 $n = 0.025$이며 100 m³/sec의 물이 흐르고 있다. 이 흐름이 수로상에 설치된 어떤 지배단면의 영향을 받아 점변류를 형성하고 있는 구간의 한 단면에서 측정한 수심이 2 m였다.

(a) 이 흐름의 수면곡선형을 분류하라.

(b) 만약 다른 조건은 동일하고 $S_0 = 0.01$이라면 수면곡선형은 무엇이겠는가?

풀이 (a) $y_c = \sqrt[3]{\dfrac{q^2}{g}} = \sqrt[3]{\dfrac{(100/15)^2}{9.8}} = 1.655\,\text{m}$

등류수심 y_n 을 구하기 위해 Manning 공식을 사용하면

$$100 = \frac{1}{0.025} \times 15\,y_n \left(\frac{15\,y_n}{15 + 2\,y_n} \right)^{2/3} (0.001)^{1/2}$$

시산법으로 y_n 에 관해 풀면, $y_n = 3.12\,\text{m}$, $y_n > y_c$ 이므로 수로경사는 완경사(M)이고 점변류의 한 단면에서의 수심 $y = 2\,\text{m}$ 이므로 $y_c < y < y_n$ 이어서 흐름의 제2영역에 있다. 따라서 수면곡선형은 M2이다.

(b) (a)의 경우처럼 $y_c = 1.655\,\text{m}$ 이고 Manning 공식에 주어진 값을 대입하면

$$100 = \frac{1}{0.025}(15\,y_n) \left(\frac{15\,y_n}{15 + 2\,y_n} \right)^{2/3} (0.01)^{1/2}$$

시산하면 $y_n = 1.458\,\text{m}$

따라서 $y_n < y_c$ 이므로 수로경사는 급경사(S)이고 점변류의 한 단면에서의 수심 $y = 2\,\text{m}$ 이므로 $y > y_c > y_n$ 이어서 흐름의 제1영역에 있으며 수면곡선형은 S1이다.

9.9 흐름의 지배단면

점변류의 수면곡선을 구체적으로 계산하기 전에 우선 파악해야 할 것은 주어진 유량과 수심 사이에 독특한 관계를 가지는 소위 흐름의 지배단면(control section)이다. 수면곡선의 계산은 지배단면에서 시작하여 상류 혹은 하류방향으로 축차적으로 시행하게 된다. 흐름의 상태가 상류이면 $F < 1$ 인 경우이므로 흐름의 평균유속(V)이 표면파의 전파속도($\sqrt{gD}$)보다 작아서 표면파는 상류로 전파되므로 하류통제(downstream control)를 받는다. 따라서 수면곡선 계산의 방향은 지배단면으로부터 상류방향으로 올라가게 된다. 반면에 흐름의 상태가 사류이면 $F > 1$ 이므로 $V > \sqrt{gD}$ 가 되어 표면파는 하류로 씻겨 내려가므로 흐름은 상류통제(upstream control)를 받게 된다. 따라서 사류에서의 수면곡선은 지배단면으로부터 하류방향을 계산해 내려가야 한다.

흐름의 지배단면으로서의 가장 흔한 예는 댐이라든지 위어(weir) 혹은 수문 등을 들 수 있으며 이들 지배단면에서의 수심은 유량에 의해 확실히 결정되므로 수문곡선 계산의 시점으로 사용될 수 있다. 또한 수로의 한계수심은 유량에만 관계되므로 수면곡선과 한계수심선의 교차점도 지배단면으로 사용될 수 있다. 그러나 흐름이 상류에서 사류로 변할 경우에는 한계수심이 지배단면이 될 수 있으나 사류에서 상류로 변할 경우에는 도수현상이 일어나며 도수발생구간 내에서 흐름은 한계수심을 통과하게 되어 정확한 위치를 알 수 없으므로 지배단면으로 사용될 수가 없다.

그림 9-14는 실무에서 매우 중요한 경우로서 수로의 입구부 혹은 출구부에 지배단면이 존재하여 흐름을 통제하는 경우를 표시하고 있으며, 수로는 상하류의 2개 저수지를 연결하는 충분히 길고 단면이 일정한 대상단면수로라고 가정한다. 그림 9-14는 완경사 및 급경사 수로의 입구부 및 출구부 부근에서의 수면곡선을 표시하고 있으며 각 경우의 지배단면도 표시하고 있다. 수로가 충분히 길다고 가정하였으므로 입구부와 출구부로부터 떨어진 수로 중앙부분에서 흐름은 등류를 형성할 것이다.

그림 9-14의 1-(a)는 상류저수지로부터 완경사수로로 유입하는 경우로서 위치에너지가 운동에너지로 변화하기 때문에 저수지수위는 입구부에서 크게 강하한 후 등류수심으로 수로상을 흐른다. 1-(b)는 급경사수로의 입구부 수면곡선으로서 저수지수면은 입구부에서 강하하여 한계수심을 통과한 후 S2 곡선을 그린 후 결국 수로의 등류수심으로 흐르게 된다. 이들 두 경우 공히 수로상을 흐르는 유량은 저수지 내의 수위에 의해 결정되는 것이다.

그림 9-14의 출구부 조건에 따른 수면곡선을 살펴보면 2-(a)는 완경사 수로의 출구부에 있는 저수지 내 수위가 매우 높아 수로의 출구부에서의 수면곡선은 M1 곡선이 되며, 2-(b)에서는 저수지 내 수위가 수로의 한계수심보다는 커서 M2 곡선을 그리게 되며 수로의 단락부에서의 수위는 저수지의 수위와 같아진다. 2-(c)는 하류저수지 내 수위가 완경사수로의 한계수심보다 작을 경우로서 이때도 수면곡선은 M2 곡선을 그리게 되고 단락부에서의 수심은 한계수심이 된다.

그림 9-14의 2-(d)와 같이 급경사수로의 출구부에 있는 저수지 내 수위가 상당히 높으면 수면곡선은 S1 곡선이 된다. 급경사수로이므로 흐름은 사류상태에서 수로를 통해 상류상태로 변한 후 S1 곡선을 그리게 되며, 도수의 초기수심은 흐름의 등류수심(y_n)이고 도수 후의 수심은 공액수심(식 (9.32))이 되며 결국 저수지 내 수위와 같아져야 한다. 다음으로 2-(e)에서와 같이 저수지 내 수위가 수로의 한계수심보다는 크나 2-(d) 경우보다 약간 작아지더라도 도수현상은 역시 발생하나 도수가 시작되는 지점이 하류로 이동된다. 마지막으로 2-(f)에서와 같이 저수지 내 수위가 수로의 등류수심보다도 낮아지면 수로 내의 등류는 단락지점까지 그대로 계속된 후 수면저하가 일어나 저수지수위와 동일하게 된다.

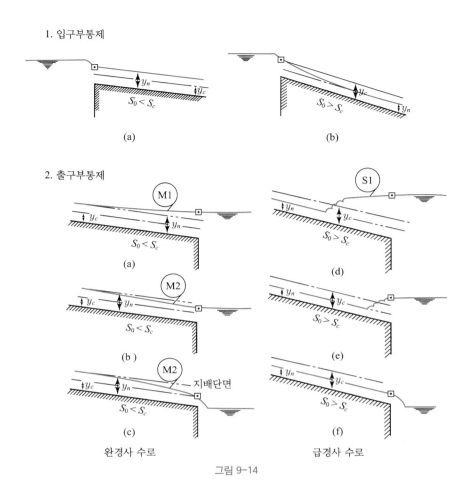

1. 입구부통제

(a) $S_0 < S_c$ y_n y_c

(b) $S_0 > S_c$ y_c y_n

2. 출구부통제

(a) M1 y_c y_n $S_0 < S_c$

(d) S1 y_n y_c $S_0 > S_c$

(b) M2 y_c y_n $S_0 < S_c$

(e) y_n y_c $S_0 > S_c$

(c) M2 y_c y_n 지배단면 $S_0 < S_c$

(f) y_n y_c $S_0 > S_c$

완경사 수로

급경사 수로

그림 9–14

9.10 복합수면곡선의 합성

점변류의 기본방정식(식 (9.48))을 풀어서 지배단면에서 시작하여 수면곡선을 완전히 계산하기에 앞서, 경사가 다른 여러 수로가 복합되어 형성되는 수로 내의 각종 수면곡선의 구성양상을 사전에 파악하는 일은 올바른 수면곡선의 계산을 위해 매우 중요하다. 따라서 그림 9 – 15에 표시된 두 복합수로를 예로 하여 복합수면곡선을 합성하는 방법을 살펴보기로 한다. 그림 9 – 15의 수로는 대상단면수로이며 흐르는 유량이 일정할 뿐 아니라 수로의 하류부 부근에 설치한 수문의 개폐정도도 일정하다고 가정한다.

복합수면곡선의 합성을 위한 첫 번째 단계는 각 경사수로의 한계 및 등류수심을 구하는 것이다. 이들 경사수로의 한계수심은 수로바닥과 수로단면이 일정한 한 수로경사에 관계없이 일정하다. 다음으로는 적절한 입구부 혹은 출구부나 수로경사가 변하는 연결부 및 수문지점을 흐름의

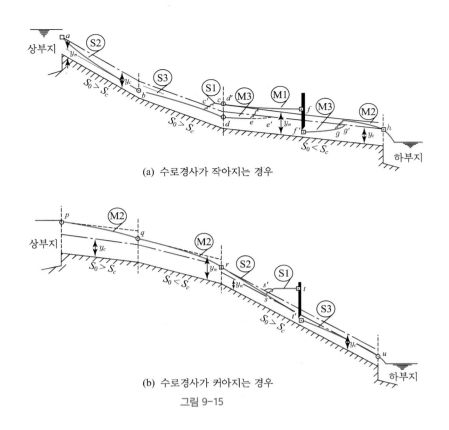

(a) 수로경사가 작아지는 경우

(b) 수로경사가 커아지는 경우

그림 9–15

지배단면으로 정한다. 이때 수문이 위치하는 지점은 수로 위로 흐르는 유량에 따라 수문 하류 혹은 상류의 수심이 결정되므로 상류 및 하류 통제지점이 된다.

그림 9–15 (a)는 상부 및 하부 저수지와 수문지점에서의 수위가 주어졌을 때의 복합수문곡선을 표시하고 있다. 첫째 및 둘째 수로 내에서의 흐름은 사류이므로 지배단면 a로부터 하류방향으로 S2, S3 및 M3 곡선을 e' 점까지 그릴 수 있다. 한편 셋째 수로는 완경사이므로 수문의 직상류부 흐름은 상류이므로 지배단면 f 로부터 상류방향으로 c' 까지 M1 및 S1 곡선을 그릴 수 있다. 상하류의 수면은 연결되어야 하므로 c' 와 e' 사이에서 도수가 발생할 것인데 둘째 혹은 셋째 수로 중 어느 수로에서 발생할 것인가는 도수 전후의 수심관계(식 (9.32))를 만족시키는 수로에서 발생한다. 수문지점을 지배단면으로 하여 하류방향으로 M3 곡선을 그릴 수 있고 단락부에서는 M2 곡선이 저수지수면과 만나게 된다. 수문직하류의 M3 곡선을 그리는 흐름은 사류이고 M2 곡선의 흐름은 상류이므로 그 사이에서 도수가 발생하며 정확한 위치는 앞의 경우와 마찬가지 방법으로 결정한다.

그림 9–15 (b)는 상부 및 하부 저수지의 수위가 주어지고 수문직상류의 수위가 세 번째 수로의 한계수심에 비해 별로 크지 않아 수문의 영향이 두 번째 수로에까지 미치지 않을 경우의 복합수면곡선의 구성을 표시하고 있다. 첫 번째 및 두 번째 수로는 완경사이고 흐름은 상류이며 하류통제를 받을 것이므로 지배단면 r 로부터 상류방향으로 M2 곡선을 그릴 수 있고 q 에서 p 까지도 M2 곡선이 된다. 여기서 지배단면 r 은 흐름이 상류에서 사류로 변전하는 지점이므로 수심은

대략 한계수심과 비슷하다. 세 번째 수로는 급경사이므로 지배단면 r 로부터 s 까지 S2 곡선을 그릴 수 있고 수로의 중간에 설치된 수문은 배수영향을 미치므로 직상류 흐름은 상류로 만든다. 따라서 s 와 s' 사이에서 도수가 발생할 것이다. 수문상류에서는 하류저수지의 수위가 수로의 등류수심보다 낮으므로 상류에 영향을 미치지 않으며 S3 곡선을 그리게 된다.

9.11 점변류의 수면곡선계산

점변류의 수면곡선 계산은 점변류의 수심이 흐름 방향으로 어떻게 변화하는지를 표시하는 점변류의 기본방정식인 식 (9.41) 혹은 식 (9.48)에 의한다. 계산은 지배단면에서 기지의 수위(기점수위)로부터 시작하여 상류(常流)의 경우에는 상류(上流)방향으로, 그리고 사류(射流)의 경우에는 하류(下流)방향으로 작은 거리만큼 떨어져 있는 곳에서의 수면의 위치를 축차적으로 구해나감으로써 완전한 수면곡선을 얻게 된다. 이때 인접하는 두 수심 간 거리를 가능한 한 짧게 잡아 소구간의 수면곡선을 직선으로 간주할 수 있도록 함이 좋다.

수면곡선의 계산방법은 직접적분법(direct integration), 축차계산법(step-by-step method) 및 도식해법(graphical method)의 세 가지로 대별할 수 있으나 컴퓨터에 의한 계산이 편리하고 실무에서 가장 많이 사용되는 축차계산법에 대해서만 살펴보기로 한다.

축차계산법은 점변류의 수면곡선을 구하고자 하는 구간을 여러 개의 소구간으로 나누어 지배단면에서부터 시작하여 다른 쪽 끝까지 축차적으로 계산하는 방법이다. 축차계산법에도 여러 가지가 있으나 여기서는 직접축차계산법(direct step method)과 표준축차계산법(standard step method)에 대해서만 살펴보기로 한다.

9.11.1 직접축차계산법

직접축차계산법은 단면형이 일정한 대상단면수로에 적용할 수 있는 간단한 축차계산법이다. 그림 9 – 16에 표시한 수로의 짧은 구간 Δx 만큼 떨어져 있는 구간 1, 2에 있어서의 흐름의 총에너지를 같게 놓으면

$$S_0 \, \Delta x + y_1 + \frac{V_1^2}{2g} = y_2 + \frac{V_2^2}{2g} + S_f \, \Delta x + h_e \qquad (9.54)$$

와류손실 h_e 를 무시하고 식 (9.54)를 Δx 에 관해 풀면

$$\Delta x = \frac{E_2 - E_1}{S_0 - S_f} = \frac{\Delta E}{S_0 - S_f} \qquad (9.55)$$

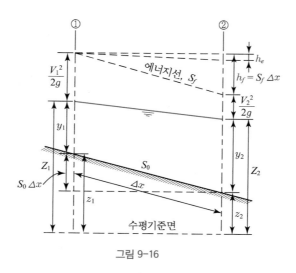

그림 9-16

여기서 $E = (y + V^2/2g)$ 는 흐름의 비에너지이다. 식 (9.55)의 S_f 는 에너지선의 경사 혹은 마찰경사(friction slope)이며 Manning 공식을 사용하면 다음과 같이 표시할 수 있고 두 단면 사이의 한 소구간에 대한 값은 두 단면에 대한 S_f 값의 평균치를 취한다.

$$S_f = \frac{n^2 \, V^2}{R_h^{4/3}} \tag{9.56}$$

식 (9.55)에 의한 축차계산은 지배단면에서의 기지수심 y_2 로부터 가정수심 y_1 까지의 거리 Δx 를 구하고 다음 구간에 대해 축차적으로 계산하게 되며 표 9.2와 같이 표의 형태로 계산하는 것이 편리하다.

문제 9-05

조도계수 $n = 0.025$이고 수로경사가 0.001인 광폭구형단면수로의 단위폭당 유량은 2.5 m³/sec/m 이다. 이 수로는 하류단의 댐에 연결되어 있고 댐 지점에서의 수심은 2 m이다. 이 수로 내 흐름의 수면곡선을 등류수심의 101 % 되는 곳까지 직접축차계산법으로 계산하라.

풀이 광폭구형단면에서는 $R_h \simeq D \simeq y$ 이므로 Manning 공식으로부터

$$AR_h^{2/3} = T \, y_n \, (y_n)^{2/3} = \frac{Q_n}{S_0^{1/2}}$$

$$y_n^{5/3} = \frac{q_n}{S_0^{1/2}} = \frac{2.15 \times 0.025}{(0.001)^{1/2}} = 1.98$$

따라서, 등류수심 $y_n = 1.50$ m

구형단면수로의 한계수심은 $y_c = \sqrt[3]{\dfrac{q^2}{g}} = \left(\dfrac{2.5^2}{9.8}\right)^{1/3} = 0.86$ m

이 문제에서 계산조건은 $S_0 = 0.001$, $n = 0.025$, $q = 2.5\,\mathrm{m}^3/\mathrm{sec}/\mathrm{m}$, 지배단면(댐 지점)에서의 수심 $y_2 = 2\,\mathrm{m}$이고, 계산된 값은 $y_n = 1.50\,\mathrm{m}$, $y_c = 0.86\,\mathrm{m}$이며, 구간의 에너지 경사는

$$\overline{S_f} = \frac{1}{2}\left(S_{f_1} + S_{f_2}\right)$$

여기서

$$S_f = \frac{n^2 V^2}{R_h^{4/3}} = \frac{n^2 q^2}{y^{10/3}}$$

표 9–2는 $y_2 = 2\,\mathrm{m}$에서부터 상류방향으로 8개 소구간을 정하고 각 구간단에서의 수심 y_1을 임의로 가정하여 식 (9.55)에 의해 소구간 거리를 축차적으로 계산한 결과를 수록하고 있으며 이를 사용하면 수면곡선을 그릴 수 있다. 직접축차계산법에 의한 계산결과를 보면 $y = 2\,\mathrm{m}$에서 $y = 1.52\,\mathrm{m}$까지의 거리 $L = 1{,}543\,\mathrm{m}$이다.

표 9-2

Y	A	R_h	V	$\dfrac{V^2}{2g}$	E	ΔE	S_f	$\overline{S_f}$	$S_0 - \overline{S_f}$	Δx	L
2.00	–	2.00	1.25	0.080	2.080	–	0.000388	–	–	–	–
1.94	–	1.94	1.29	0.085	2.025	0.055	0.000429	0.000408	0.000592	93	93
1.88	–	1.88	1.33	0.090	1.970	0.055	0.000476	0.000453	0.000547	100	193
1.82	–	1.82	1.37	0.096	1.916	0.054	0.000531	0.000504	0.000496	109	301
1.76	–	1.76	1.42	0.103	1.863	0.053	0.000593	0.000562	0.000438	122	423
1.70	–	1.70	1.47	0.110	1.810	0.053	0.000666	0.000630	0.000370	142	565
1.64	–	1.64	1.52	0.119	1.759	0.052	0.000751	0.000709	0.000291	178	743
1.58	–	1.58	1.58	0.128	1.708	0.051	0.000850	0.000801	0.000199	255	998
1.52	–	1.52	1.64	0.138	1.658	0.050	0.000967	0.000909	0.000091	545	1,543

9.11.2 표준축차계산법

표준축차계산법은 대상단면수로뿐만 아니라 자연하천단면과 같은 임의 단면형에도 적용할 수 있는 일반적인 축차계산법으로 수면곡선의 계산을 위해서는 구간별 횡단 및 종단면의 측량이 필요하다. 직접축차계산법에서와는 달리 본 방법에서는 지배단면에서의 수면표고를 알고 거리 Δx만큼 떨어진 단면에서의 수면표고를 에너지 관계를 고려하여 시행착오적으로 계산함으로써 수면곡선을 축차적으로 연결해 나가는 방법이다.

그림 9-16에서 임의의 기준면으로부터 측정한 단면 1, 2에서의 수면표고가 각각 Z_1, Z_2 라면

$$Z_1 = S_0 \Delta x + z_2 + y_1 \tag{9.57}$$

$$Z_2 = y_2 + z_2 \tag{9.58}$$

두 단면 사이의 마찰손실수두는

$$h_f = \overline{S_f} \Delta x = \frac{1}{2}(S_{f_1} + S_{f_2}) \Delta x \tag{9.59}$$

따라서 단면 1, 2 사이의 에너지식은

$$Z_1 + \frac{V_1^2}{2g} = Z_2 + \frac{V_2^2}{2g} + h_f + h_e \tag{9.60}$$

여기서 h_e 는 와류손실수두로서 주로 단면형의 변화 및 유선의 변화로 인해 생기는 와류로 인한 에너지 손실로서 정확한 산정은 곤란하며 마찰손실수두인 h_f 에 비해 작으므로 무시하는 경우가 많다.

한편 단면 1, 2에서의 단위무게의 물이 가지는 에너지인 전수두 H_1, H_2 는

$$H_1 = Z_1 + \frac{V_1^2}{2g} \tag{9.61}$$

$$H_2 = Z_2 + \frac{V_2^2}{2g} \tag{9.62}$$

식 (9.59), 식 (9.61) 및 (9.62)를 식 (9.60)에 대입하고 h_e 를 무시하면

$$H_1 = H_2 + \overline{S_f} \Delta x \tag{9.63}$$

식 (9.63)이 표준축차계산법의 기본방정식이다.

수면곡선 계산의 절차(배수곡선이라 가정)는 지배단면(계산시점)에서의 수면표고 Z_2를 알므로 식 (9.63)의 H_2 를 계산할 수 있고 Δx 만큼 떨어져 있는 단면에서의 수면표고 Z_1 을 적절하게 가정하여 H_1 을 계산하고, 또한 구간에서 생기는 마찰손실수두 $S_f \Delta x$ 를 계산하여 식 (9.63)의 관계가 성립하는지를 검사하게 된다. 만약 식 (9.63)이 성립하면 가정한 Z_1 은 옳은 수면표고이나 그렇지 않을 경우에는 Z_1 을 다시 가정해서 식 (9.63)이 성립할 때까지 계산을 반복하게 된다. 이와 같은 수면표고의 시행착오적 결정과정 때문에 컴퓨터에 의한 배수곡선의 계산은 실무에서 큰 인기를 끌고 있다.

다음 문제는 상술한 계산과정을 더 상세하게 이해시키기 위한 계산 예이다.

어떤 하천과 지류의 합류점으로부터 상류방향으로 생기는 배수곡선을 계산하고자 한다. 지류의 유량은 4.95 m^3/sec이며 지류상의 지배단면에서의 수면표고가 EL.78.10 m일 때 이 단면으로부터 170 m 및 270 m 떨어진 단면에서의 수면표고를 표준축차계산법으로 계산하라.

풀이 표 9–3은 표준축차계산법에 의한 배수곡선의 계산과정 및 결과를 표시하고 있다.

표 9-3

(1) 거리 (L)	(2) Δx	(3) Z	(4) n	(5) A	(6) V	(7) $\dfrac{V^2}{2g}$	(8) H	(9) R_h	(10) $R_h^{4/3}$	(11) $S_f \times 10^3$	(12) $\overline{S_f} \times 10^3$	(13) $\overline{S_f}\,\Delta x$	(14) H
0	–	78.10	0.03	6.9	0.72	0.03	78.13	0.707	0.630	0.741	–	–	78.13
170	170	78.24	0.03	6.1	0.81	0.03	78.27	0.675	0.591	0.998	0.869	0.15	78.28
270	100	78.36	0.035	6.0	0.83	0.04	78.40	0.665	0.581	1.454	1.226	0.12	78.39

표 9–3에서 (1), (2)란은 하천의 평면도로부터 구할 수 있고, (3)란의 첫 번째 값은 지배단면에서의 수면표고로 주어지며, (4)란의 조도계수 n은 단면상태에 따라 결정할 수 있고, (5)란의 단면적 A는 횡단면에 수면표고를 넣으면 결정할 수 있고, (6)란의 $V = Q/A$, (7)란은 그대로 계산이 가능하며, (8)란의 H는 식 (9.61) 혹은 식 (9.62)로 구한다. (9), (10)란은 횡단면으로부터 구하며 (11)란은 Manning 공식으로부터, (12), (13)란은 식 (9.59)의 관계로부터, (14)란은 식 (9.63)의 관계로부터 각각 구할 수 있다.

표 9–3의 첫 번째 구간에 대한 계산 예를 풀이해 보자. 본 예제에서의 수면곡선은 합류점에서부터 상류로 계산되는 배수곡선(M1형)이므로 그림 9–16의 경우와 비교하면 계산시점이 $L = 0$인 단면이 단면 ②이고 $L = 170\,\mathrm{m}$인 단면이 단면 ①이다. 따라서 $Z_2 = 78.10\,\mathrm{m}$일 때의 $V_2^2/2g = 0.03\,\mathrm{m}$로 계산되었으며 $H_2 = 78.10 + 0.03 = 78.13\,\mathrm{m}$ (8란)이다.

또한 Manning 공식으로 구한 $S_{f_2} = 0.741 \times 10^{-3}$ (11란)이다. 다음으로, $\Delta x = 170\,\mathrm{m}$ 상류에 있는 단면 ①에서의 수면표고를 구하기 위해 우선 $Z_1 = 78.24\,\mathrm{m}$라 가정하고 위와 같은 방법으로 $V_1^2/2g = 0.03\,\mathrm{m}$, $H_1 = 78.27\,\mathrm{m}$ 및 $S_{f_2} = 0.998 \times 10^{-3}$를 얻는다.

이 구간의 $\overline{S_f} = \dfrac{1}{2}(S_{f_1} + S_{f_2}) = \dfrac{1}{2}(0.998 + 0.741) \times 10^{-3} = 0.869 \times 10^{-3}$ (12란)이므로 식 (9.63)의 성립여부를 검사한다. 즉

$$H_1 = H_2 + S_f\,\Delta x$$
$$78.27 = 78.13 + 0.869 \times 10^{-3} \times 170 = 78.28$$

따라서 식 (9.63)의 관계가 성립한다고 볼 수 있으며 가정한 $Z_2 = 78.10\,\mathrm{m}$는 $L = 170\,\mathrm{m}$에서의 수면표고로 받아들일 수 있다. 만약 계산결과가 식 (9.63)을 만족시키지 못하면 Z_2를 다시 가정하여 계산을 반복해야 한다. 동일한 방법에 의거 $L = 270\,\mathrm{m}$인 단면에 대해 계산한 결과 수면표고는 표 9–3에서 보는 바와 같이 EL.78.36 m이었다.

9.11.3 표준축차계산법의 전산화

표준축차계산법에 의한 정상부등류(점변류)의 수면곡선을 계산하는 데 가장 널리 사용되어 온 컴퓨터 프로그램은 HEC-2 프로그램으로 식 (9.63)을 기반으로 하고 있다. HEC-2 프로그램의 원래 명칭은 HEC-2, Water Surface Profiles로 1964년 미국 육군공병단(US Army Corps of Engineers)의 Tulsa District에서 최초로 개발되었으며, 1966년 미국 육군공병단의 수문공학 연구센터(Hydrologic Engineering Center, HEC)가 FORTRAN Version을 처음으로 발표하였으며, 그 후 여러 차례에 걸쳐 기능이 보완되고 확장되어 왔다. 개인용 컴퓨터(PC)의 등장과 함께 HEC-2는 PC 환경에서 정상부등류의 수면곡선 계산에 사용되어 왔다.

HEC-2는 기본적으로 흐름의 종방향을 제외한 횡방향이나 수직방향의 특성변화를 무시하는 1차원 흐름으로 가정하여 수면곡선을 계산하므로 계산단면의 평균수리특성만을 고려하는 것이며, 마찰에 의한 흐름의 에너지손실은 Manning의 등류공식에 의하고 상류(常流)와 사류(射流)에 대한 계산이 가능하나 두 흐름이 혼합된 경우는 계산이 가능하지 못하다. 교량이나 암거, 웨어 등 수리구조물의 영향을 포함시켜 계산할 수도 있으며, 그 외에도 하도개선이나 하도축소 등 다양한 해석기능을 제공하고 있다.

HEC-2는 DOS 운영체제를 기반으로 하고 있으며, 하도단면의 좌표 등 입력자료가 문자편집기를 사용하여 텍스트 형태로 입력되므로 입력이 까다로울 뿐 아니라 오류가 발생할 가능성이 커서 주의를 요하며, 출력도 역시 텍스트 파일로 이루어진다.

9.11.4 HEC-RAS/RMA-2/Flow-3D

HEC-RAS(River Analysis System)는 위에서 언급한 미국 육군공병단 수문공학연구센터가 차세대 수문모형사업의 일환으로 개발한 1차원 전산수리모형으로 정상부등류뿐만 아니라 부정류의 계산도 가능하며 해석구간에서 상류와 사류가 동시에 존재하는 혼합류의 해석도 가능하다. 정상부등류는 HEC-2와 동일한 표준축차계산법을 사용하여 해석하며, 1차원 부정류 해석은 1993년 Barkau에 의해 개발된 UNET 모형을 사용하여 이루어진다.

HEC-RAS 프로그램은 HEC-2의 DOS 운영체제가 아니라 Window 운영체제를 기반으로 하고 그래픽 사용자 인터페이스(Graphic User Interface, GUI)를 채택하므로 사용이 매우 편리할 뿐 아니라 자료입력 오류를 크게 줄일 수 있으며, 자료출력도 그래픽과 텍스트를 모두 지원하여 모형의 실무적용성을 크게 개선시켰다. 이러한 이유 때문에 현 실무에서는 HEC-2가 아니라 HEC-RAS를 정상부등류의 수면곡선계산에 사용하고 있는 것이 실정이다.

흐름의 종방향 특성변화뿐만 아니라 횡방향의 특성변화도 고려해야 할 경우는 1차원 수리모형으로는 해석이 불가능하므로 2차원 수리모형을 사용해야 하며 기본적으로 흐름의 2차원 연속 및 운동량방정식의 수치해석 프로그램이라 할 수 있다. 국내에서 가장 많이 사용되어 온 모형으로는 RMA-2 모형을 들 수 있다.

RMA – 2 모형은 미국의 Resource Management Associates(RMA)사가 미국 육군공병단과의 계약 하에 1970년대 초에 개발한 이래 수많은 수정과 보완이 이루어져 왔으며, 미국 연방재난관리국(FEMA)에서 홍수보험 관련 수리계산을 위한 프로그램으로 인정한 수리계산 프로그램이기도 하다.

흐름의 종방향 특성변화와 횡방향 특성변화뿐만 아니라 수직방향(수심방향) 특성변화도 무시할 수 없는 경우에는 3차원 수리모형에 의한 해석이 필요하며, 기본적으로는 흐름의 3차원 연속 및 운동량방정식의 수치해석 프로그램이라 할 수 있다. 국내에서 여러 차례 적용된 바 있는 3차원 전산수리모형으로는 Flow – 3D를 들 수 있으며, 이는 미국의 Flow Science Inc.가 개발하였다.

9.12 교각에 의한 배수영향

하천수로상에 설치되는 교량의 교각은 수로 내 흐름의 단면을 축소시키게 되어 상하류의 흐름상태에 영향을 미치게 된다. 그림 9 – 17에서와 같이 경사가 매우 완만한 수로 내에 등류가 흐르고 있으며 흐름구간의 어떤 단면에 교각이 위치하고 있다고 가정하자. 만약 흐름이 사류(射流)라면 수심을 하류로 분산시키고 와류를 발생시키는 역할은 하나 상류(上流)로는 아무런 영향을 미치지 않을 것이다. 그러나 대부분의 자연하천에서처럼 흐름이 상류(常流)이면 교각단면에서의 단면축소로 인해 그림 9 – 17에서처럼 상류(上流)방향으로는 M1형의 배수곡선을 그리게 되고, 교각과 교각 사이에서는 흐름이 가속되면서 수심이 저하하게 되며 하류부에서는 흐름의 단면이 회복되어 수심도 약간 증가하나 와류손실 등으로 완전한 회복은 되지 않는다. 교각에 의한 배수영향으로 인해 교각상류의 수면은 상당한 구간까지 상승하게 되어 홍수 시에 범람의 위험을 초래할 경우가 있으므로 수면상승고와 유량 사이의 관계는 실질적인 면에서 매우 중요하다.

그림 9 – 17에서 수로의 경사 $S_0 \simeq 0$ 라 가정하고 교각의 상류단면, 교각단면 및 하류단면을 각각 단면 1, 2, 3이라 하고 Bernoulli 방정식을 세우면

$$y_1 + \frac{V_1^2}{2g} = y_2 + \frac{V_2^2}{2g} + h_{L1-2} = y_3 + \frac{V_3^2}{2g} + h_{L1-2} + h_{L2-3} \qquad (9.64)$$

여기서 h_{L1-2} 및 h_{L2-3} 은 각각 단면 1~2 및 2~3에서의 단면축소, 확대 및 와류로 인한 손실수두이다. 식 (9.64)에서 $h_{L2-3} = (V_2^2 - V_3^2)/2g$ 로 통상 가정할 수 있으므로 $y_2 \simeq y_3$ 라 할 수 있고 따라서 수면상승고 h_a 는

$$h_a = y_1 - y_2 = \frac{V_2^2}{2g} - \frac{V_1^2}{2g} + h_{L1-2} \qquad (9.65)$$

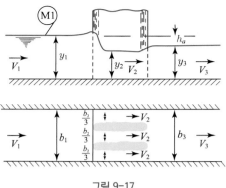

그림 9-17

식 (9.65)에 $V_2 = Q/b_2 y_3$ (여기서 b_2 는 교각단면에서의 순수로폭)을 대입하고 Q 에 관해 풀면

$$Q = b_2 y_3 \sqrt{2g(h_a - h_{L1-2}) + V_1^2} \qquad (9.66)$$

여기서 단면 1~2 사이의 손실수두 h_{L1-2} 를 정확하게 고려할 수 없으므로 경험적인 유량계수 C_b 를 도입하여 식 (9.66)을 다시 쓰면

$$Q = C_b b_2 y_3 \sqrt{2g h_a + V_1^2} \qquad (9.67)$$

식 (9.67)은 d'Aubuisson 공식으로 알려져 있으며 C_b 의 값은 대략 0.90~1.05의 값을 가지는 것으로 알려져 있다. 유량 Q 가 주어지면 교각 하류부의 등류수심 y_3 를 계산할 수 있고 또한

$$V_1 = \frac{Q}{A_1} = \frac{Q}{b_1 y_1} = \frac{Q}{b_1 (y_3 + h_a)} \qquad (9.68)$$

이므로 식 (9.68)을 식 (9.67)에 대입한 후 시행착오법에 의해 수면상승고 h_a 를 계산할 수 있다.

9.13 개수로 내 사류의 변이현상**

개수로 내 흐름 상태 중 상류와 사류의 물리적인 차이점은 전술한 바와 같이 표면파의 전파 방향에 있다. 즉, 사류에서는 흐름의 평균유속(V)이 표면파의 전파속도($\sqrt{gD}$)보다 크므로 ($V > \sqrt{gD}$) 표면파는 하류로 씻겨 내려가나 상류에서는 표면파의 전파속도가 흐름의 평균 유속보다 크므로($V < \sqrt{gD}$), 표면파는 하류뿐만 아니라 상류방향으로도 전파된다.

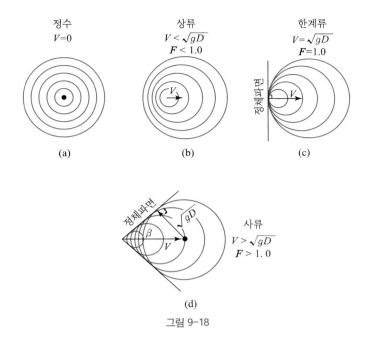

그림 9-18

그림 9-18는 정수상태($V=0$) 및 상류($V < \sqrt{gD}$), 한계류($V = \sqrt{gD}$) 및 사류($V > \sqrt{gD}$) 상태의 흐름에 방해로 인한 표면파가 생길 경우의 전파양상을 표시하고 있다.

표면파의 전파 절대속도는 ($V - \sqrt{gD}$)이므로 정수상태에서 표면파는 파의 중심으로부터 방사상으로 전파되고, 상류에서는 파의 중심으로부터 하류방향으로 편향되어 전파된다.

한계류상태($V = \sqrt{gD}$)에서는 그림 9-18 (c)에서와 같이 흐름방향에 직각으로 정체파선 (standing wave front) 혹은 굴절파선(deflection wave front)이 형성되며(충격파선이라고도 함) 사류에서는 $V > \sqrt{gD}$ 이므로 그림 9-18 (d)에서처럼 흐름방향과 파각 β 를 형성하게 되며 이 각도는 흐름의 유속 V 가 커지면 작아지게 된다. 그림 9-19에서 볼 수 있는 바와 같이 표면파의 발생시점으로부터 단위시간 후의 정체파선상의 점 P 의 위치는 표면파의 흐름 방향으로서 변위 $O-O'$ 와 방사상방향으로 변위 $O'-P$에 의해 쉽게 결정될 수 있다. 즉, 단위시간 동안에 표면파의 중심 O 는 흐름의 유속 V 만큼 하류로 전파되고($O-O'$ 로 표시) 점 P 는 파의 중심으로부터 방사상방향으로 파속 $\sqrt{gD}$ 만큼 떨어진 지점에 위치하게 된다($O'-P$로 표시). 그림 9-19로부터 파각 β 에 대해 다음과 같이 쓸 수 있다.

$$\sin \beta = \frac{\sqrt{gD}}{V} = \frac{1}{\dfrac{V}{\sqrt{gD}}} = \frac{1}{F} \tag{9.69}$$

그림 9-20에서와 같이 수로의 벽면이 굴절하여 흐름 방향과 어떤 각을 형성할 경우 수로 내에 사류가 흐르면 흐름의 특성이 큰 영향을 받아 굴절부 부근에 정체파선이 형성된다. 그림 9-20과 같이 벽면이 수로 안쪽으로 굴절하면 양의 굴절(positive deflection)이라 하고 수로의 바깥

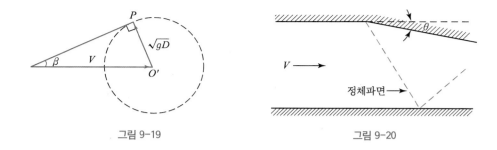

그림 9-19   그림 9-20

쪽으로 굴절하면 음의 굴절(negative deflection)이라 한다. 흐름의 굴절로 인해 생기는 굴절파는 그림 9-20에서 보는 바와 같이 수로를 가로질러 전파되며 반대쪽 벽을 친 후 다시 굴절하게 된다. 흐름이 정체파선을 통과할 때 수심에 급격한 변화가 생기게 되는데 양의 굴절 시는 수심이 커지나 음의 굴절 시는 수심이 감소한다.

그림 9-21과 같이 양의 굴절을 이루는 수로(굴절각, θ)에서 정체파선(파각, β) 상류의 수심과 평균유속을 y_1, V_1 이라 하고 정체파선 하류의 수심과 평균유속을 y_2, V_2 라 하자. 유속 V_1 과 V_2 는 그림 9-21에서와 같이 정체파선에 평행한 분력과 직각인 분력으로 나눌 수 있으며 정체파선에서는 흐름의 전단저항이 없으므로 두 평행분력은 같다고 볼 수 있다. 즉

$$V_1 \cos \beta = V_2 \cos (\beta - \theta) \tag{9.70}$$

한편, 정체파선 상하류의 수로 단위폭에 대한 흐름의 연속방정식은

$$q = y_1 V_1 \sin \beta = y_2 V_2 \sin (\beta - \theta) \tag{9.71}$$

또한 상하류 간의 수로 단위폭당 역적-운동량방정식은

$$P_1 + \rho q V_1 \sin \beta = P_2 + \rho q V_2 \sin (\beta - \theta) \tag{9.72}$$

여기서 P_1, P_2 는 단면 1, 2에서의 정수압으로 인한 힘이므로

$$P_1 = \frac{\gamma y_1^2}{2}, \; P_2 = \frac{\gamma y_2^2}{2} \tag{9.73}$$

식 (9.71)과 식 (9.73)의 관계를 식 (9.72)에 대입하면

$$\frac{\gamma y_1^2}{2} + \rho y_1 V_1^2 \sin^2 \beta = \frac{\gamma y_2^2}{2} + \rho y_2 V_2^2 \sin^2 (\beta - \theta) \tag{9.74}$$

그런데 식 (9.71)로부터

$$V_2 = \frac{y_1 V_1 \sin \beta}{y_2 \sin (\beta - \theta)} \tag{9.75}$$

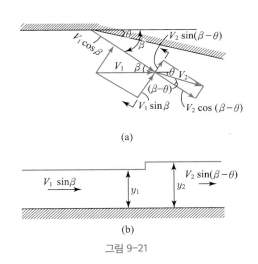

(a)

(b)

그림 9-21

식 (9.75)를 식 (9.74)에 대입하고 $\sin\beta$에 관해 풀면

$$\sin\beta = \frac{1}{\boldsymbol{F}_1}\sqrt{\frac{1}{2}\left(\frac{y_2}{y_1}\right)\left(1+\frac{y_2}{y_1}\right)}$$ (9.76)

여기서 $\boldsymbol{F}_1 = V_1/\sqrt{gy_1}$ 은 정체파선 상류흐름의 Froude 수이다. 식 (9.76)의 y_2/y_1 는 양의 굴절일 때는 1보다 크고 음의 굴절일 때는 1보다 작다. 또한 y_2/y_1 이 거의 1에 가까우면 식 (9.76)은 식 (9.69)와 같아짐을 알 수 있다.

식 (9.71)의 연속방정식으로부터

$$\frac{y_2}{y_1} = \frac{V_1\sin\beta}{V_2\sin(\beta-\theta)}$$ (9.77)

식 (9.77)을 식 (9.76)에 대입하고 정리하면

$$\frac{\tan\beta}{\tan(\beta-\theta)} = \frac{1}{2}\left[-1+\sqrt{1+8\boldsymbol{F}_1^2\sin^2\beta}\right]$$ (9.78)

또한 식 (9.71)을 식 (9.70)으로 나누고 정리하면

$$\frac{y_2}{y_1} = \frac{\tan\beta}{\tan(\beta-\theta)}$$ (9.79)

따라서, 식 (9.78)과 식 (9.79)로부터

$$\frac{y_2}{y_1} = \frac{1}{2}\left[-1+\sqrt{1+8\boldsymbol{F}_1^2\sin^2\beta}\right]$$ (9.80)

식 (9.78)은 수로의 굴절각 θ 와 파각 β 간의 관계를 표시하고 있으며 접근수로에서의 Froude수 $\boldsymbol{F}_1$과 굴절각 θ 만 알면 β 를 계산할 수 있고, 따라서 식 (9.79)로부터 y_2/y_1 도 구할 수 있다.

또한 식 (9.80)은 사류에서 상류로 변하는 도수현상에서 초기수심과 공액수심 간의 비에 대한 식 (9.32)와 매우 흡사함을 알 수 있으며 양의 굴절 시 정체파선상에서 생기는 수심에 급격한 변화현상을 사각도수(斜角跳水, oblique hydraulic jump)라 부르기도 한다.

이상에서 살펴본 수로의 굴절각 θ, 흐름의 Froude 수 F_1, 수심비 y_2/y_1 및 파각 β 간의 일반적인 관계를 표시하는 식 (9.78), 식 (9.79) 및 식 (9.80)의 관계들을 Ippen이 발표한 그림 9-22에 의해 개략적으로 구할 수 있다.

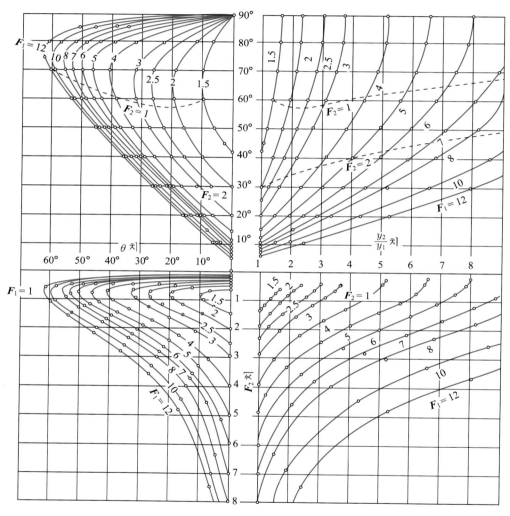

그림 9-22

폭이 3.3 m인 구형수로에 4.95 m³/sec의 물이 흐르고 있다. 수로의 어떤 부분에서 $\theta = +5°$로 굴절될 때 정체파선이 수로벽과 이루는 파각 β 와 정체파선 하류부의 수심을 구하라. 정체파선 상류부의 수심은 0.5 m이다.

풀이 사각도수 이전의 흐름의 평균유속과 Froude 수는

$$V_1 = \frac{Q}{A} = \frac{4.95}{3.3 \times 0.5} = 3\,\mathrm{m/sec}$$

$$\boldsymbol{F}_1^2 = \frac{V^2}{gy_1} = \frac{3^2}{9.8 \times 0.5} = 1.84$$

식 (9.78)에 $\theta = 5°$, $\boldsymbol{F}_1^2 = 1.84$

$$\frac{\tan \beta}{\tan(\beta - 5°)} = \frac{1}{2}[-1 + \sqrt{1 + 8 \times 1.84 \times \sin^2 \beta}\,]$$

시행착오법으로 풀면 $\beta = 58.45° = 58°27'$이다. 식 (9.80)을 사용하면

$$\frac{y_2}{y_1} = \frac{1}{2}[-1 + \sqrt{1 + 8 \times 1.84 \times \sin^2(58.45°)}\,] = 1.21$$

정체파선 하류부의 수심은 $y_2 = 1.21 \times 0.5 = 0.605\,\mathrm{m}$

9.14 사류수로변이부의 설계**

사류가 흐르는 개수로 내에서 수로의 굴절이나 단면의 축소 및 확대로 인한 굴절파선은 하류방향으로 상호 간섭에 의해 그림 9-23에서 보는 바와 같이 매우 복잡한 수면형태 및 흐름현상을 일으키게 되며, 이러한 수로 변이부(channel transition)의 적절한 설계는 수로의 운영관리에 있어 매우 중요하다. 수로 변이부 설계의 기본이념은 수로의 굴절각을 적절히 정함으로써 하류부의 파의 간섭현상을 극소화함으로써 짧은 구간 내에서 등류에로의 회복이 가능하도록 하는 것이다.

9.14.1 단면축소부의 설계

사류수로에 있어서 단면축소부의 가장 효율적인 설계는 그림 9-24에서 보는 바와 같이 직선형 축소부를 설계하는 것으로서 굴절각 θ 와 변이부의 길이 L 이 선택되면 정체파선 AB와 CB 의 교점 B 로부터 재반사되는 정체파 BE, BE'가 수로변이부의 종점인 E 및 E' 에서 끝나 그 하류에서는 등류로 회복될 수 있도록 해야 한다. 그림 9-24에서 이러한 조건을 만족시키는 기하학적 조건식은 다음과 같이 표시할 수 있다.

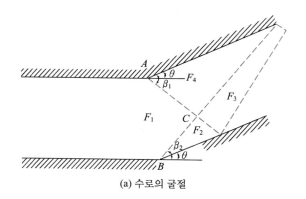

(a) 수로의 굴절

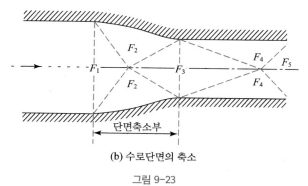

단면축소부

(b) 수로단면의 축소

그림 9-23

$$L = \frac{B_1}{2\tan\beta_1} + \frac{B_2}{2\tan(\beta_2 - \theta)} \tag{9.81}$$

또한 그림 9-24에서 파각 β_1 은 식 (9.78)에서처럼 수로의 굴절각 θ 와 $\mathbf{F}_1 = V_1/\sqrt{gy_1}$ 에 의해 결정될 수 있고 변이부에서의 β_2 도 θ 와 $\mathbf{F}_2$ 에 의해 결정될 수 있으며, 변이부 내 흐름의 Froude 수 $\mathbf{F}_2$ 는 식 (9.79)를 사용하면

$$\mathbf{F}_2 = \frac{V_2}{\sqrt{gy_2}} = \frac{V_2}{\sqrt{gy_1\dfrac{\tan\beta_1}{\tan(\beta_1 - \theta)}}} \tag{9.82}$$

한편 그림 9-24의 변이부 내에서는 기하학적으로 다음 관계가 성립한다.

$$L = \frac{B_1 - B_2}{2\tan\theta} \tag{9.83}$$

따라서 설계에서 구하고자 하는 수로의 굴절각 θ 는 식 (9.81)과 식 (9.83)을 동시에 만족시키도록 결정되어야 하며, 이를 식으로 표시하면 다음과 같고 상세한 계산절차는 다음 문제 9-08에 요약하였다.

$$\frac{B_1 - B_2}{2\tan\theta} = \frac{B_1}{2\tan\beta_1} + \frac{B_2}{2\tan(\beta_2 - \theta)} \tag{9.84}$$

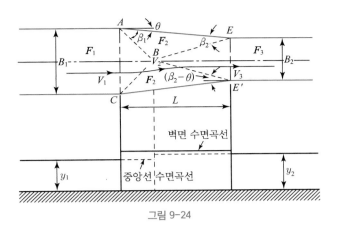

그림 9-24

조도계수 $n=0.011$이고 경사가 0.0162인 구형수로에 20 m³/sec의 물이 흐르고 있다. 수로의 폭을 3.5m에서 2.8m로 축소시키고자 할 때 가장 효과적인 축소부를 설계하라. 즉, 굴절각 θ 와 축소부의 길이 L 을 결정하라.

풀이 계산결과는 표 9-4에 수록되어 있으며 계산절차를 간추리면 다음과 같다.

(1) 굴절각 θ 를 적절히 가정하여 축소부의 길이 L 을 식 (9.83)에 의해 계산한다.

(2) F_1^2 을 계산하여 식 (9.78)로부터 β_1 을 계산한다.

(3) 변이부에서의 평균유속 V_2 를 식 (9.70)을 사용하여 계산한다. 즉,

$$V_2 = V_1 \frac{\cos \beta_1}{\cos (\beta_1 - \theta)}$$

(4) 변이부에서의 Froude 수 F_2 를 식 (9.82)로 계산한다.

(5) 식 (9.78)을 사용하여 β_2 를 계산한다.

(6) 식 (9.81)에 의거 L 를 계산하여 (1)에서 계산한 L 과 근사한지를 검사한다.

(7) (1)과 (6)에서 계산한 L 이 근사하지 않으면 θ 를 재가정하여 (1)~(6)의 절차를 반복한다.

표 9-4

θ	$L(\mathrm{m})$	β_1	$\dfrac{\tan \beta_1}{\tan (\beta_1 - \theta)}$	A_1^*	V_2	F_2	β_2	$\dfrac{\tan \beta_2}{\tan (\beta_2 - \theta)}$	A_2^*	$L(\mathrm{m})$
5°	4.00	25°	1.2812	1.2300						
		26°	1.2706	1.2892						
		25.75°	1.2731	1.2744	7.27	2.365	31.00°	1.2319	1.2932	
							30.00°	1.2381	1.2455	
							29.85°	1.2391	1.2382	6.65

θ	$L(\mathrm{m})$	β_1	$\dfrac{\tan \beta_1}{\tan(\beta_1-\theta)}$	A_1^*	V_2	F_2	β_2	$\dfrac{\tan \beta_2}{\tan(\beta_2-\theta)}$	A_2^*	$L(\mathrm{m})$
$2.70°$	7.42	$23°$	1.1475	1.1108						
		$23.5°$	1.1447	1.1407						
		$23.56°$	1.1443	1.1442	7.406	2.541	$27.65°$	1.1261	1.1845	
							$25.70°$	1.1338	1.1366	
							$25.65°$	1.1340	1.1336	7.32
$2.78°$	7.21	$23.64°$	1.1487	1.1490	7.402	2.534	$25.8°$	1.1378	1.1379	7.29
$2.74°$	7.31	$23.6°$	1.1465	1.1466	7.404	2.537	$25.73°$	1.1359	1.1359	7.31

주 : * $A = \dfrac{1}{2}[-1 + \sqrt{1 + 8F^2 \sin^2 \beta}]$

표 9–4의 계산과정을 정리하면 다음과 같다.

(1) $\theta = 5°$ 로 가정하여 식 (9.83)에 의거

$$L = \frac{3.5 - 2.8}{2 \tan 5°} = 4.0\,\mathrm{m}$$

(2) $B_1 = 3.5\,\mathrm{m}$ 수로에서의 등류수심 y_n 은

$$20 = \frac{1}{0.011}(3.5\,y_n)\left(\frac{3.5\,y_n}{3.5 + 2\,y_n}\right)^{2/3}(0.0162)^{1/2}$$

$$\therefore\ y_n = 0.757\,\mathrm{m} = y_1$$

$$F_1 = \frac{V_1}{\sqrt{gy_1}} = \frac{Q}{B_1\sqrt{gy_1^3}} = \frac{20}{3.5 \times \sqrt{9.8 \times (0.757)^3}} = 2.771$$

식 (9.78)은

$$\frac{\tan \beta_1}{\tan(\beta_1 - 5°)} = \frac{1}{2}[-1 + \sqrt{1 + (8 \times 2.7712^2)\sin^2 \beta_1}]$$

시행착오적으로 β_1 을 구하면 $\beta_1 = 25.75°$

(3) $V_2 = V_1 \dfrac{\cos \beta_1}{\cos(\beta_1 - \theta)} = \dfrac{20}{3.5 \times 0.757} \times \dfrac{\cos 25.75°}{\cos(25.75° - 5°)} = 7.27\,\mathrm{m/sec}$

(4) 식 (9.82)에 의해

$$F_2 = \frac{7.27}{\sqrt{9.8 \times 0.757 \times \dfrac{\tan 25.75°}{\tan(25.75° - 5°)}}} = 2.365$$

(5) 식 (9.78)은

$$\frac{\tan \beta_2}{\tan(\beta_2 - 5°)} = \frac{1}{2}[-1 + \sqrt{1 + (8 \times 2.365^2)\sin^2 \beta_2}]$$

시행착오적으로 β_2 를 구하면 $\beta_2 = 29.85°$

(6) 식 (9.81)에 의해 L 을 계산하면

$$L = \frac{3.5}{2\tan(25.75°)} + \frac{2.8}{2\tan(29.85°-5°)} = 6.65\,\text{m}$$

(7) 따라서 식 (9.83)에 의해 계산된 $L = 4.0\,\text{m}$ 와 식 (9.81)로 계산된 $L = 6.65\,\text{m}$ 는 일치하지 않으므로 굴절각 θ 를 다시 가정해야 한다.

(8) 표 9-4에는 $\theta = 2.7°$, $2.78°$, $2.74°$ 로 가정하여 유사한 계산을 실시하였으며 $\theta = 2.74°$ 일 때 $\beta_1 = 23.6°$, $\beta_2 = 25.73°$ 이고, $L = 7.31\,\text{m}$ 를 설계치로 선택하였다.

9.14.2 단면확대부의 설계

사류수로에서 단면확대부(expansion)를 잘못 설계하면 변이부 하류 흐름상태에 상당한 문제점이 발생한다. 그림 9-25에서 보는 바와 같이 단면확대부와 하류수로의 연결부에서는 정체파선이 생겨 하류의 흐름에 막대한 영향을 미치게 되므로 설계에서는 이러한 현상의 발생을 제거해야 하며, 물론 축소부의 경우처럼 이론적 접근방법으로도 설계할 수 있으나 지나치게 긴 변이부가 필요한 것으로 알려져 있다. 따라서, Rouse는 이론을 바탕으로 여러 가지 실험적 연구를 수행하여 여러 가지 흐름조건과 단면확대비(b_1/b_2)에 대한 확대부의 벽면곡선을 설계할 수 있도록 그림 9-26 (b)와 같은 곡선군을 제안하였다. 이 곡선군은 확대부 하류수로에서의 흐름의 안정을 보장해 주는 것으로 실무에서 증명되어 있으므로 사류수로의 확대부 설계에 많이 이용되고 있다.

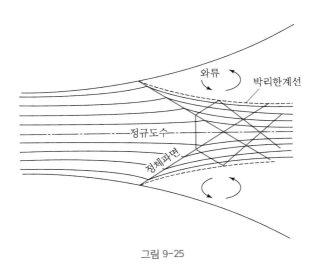

그림 9-25

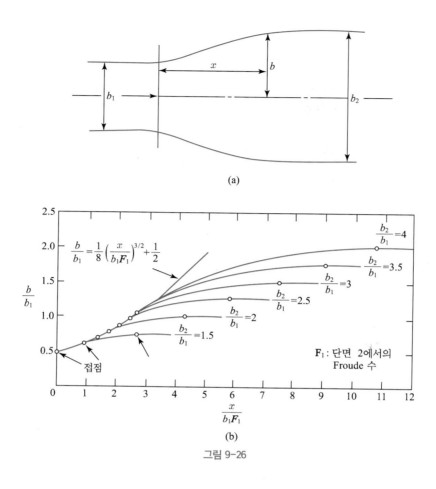

$$\frac{b}{b_1} = \frac{1}{8}\left(\frac{x}{b_1 \mathbf{F}_1}\right)^{3/2} + \frac{1}{2}$$

$\frac{b_2}{b_1} = 4$

$\frac{b_2}{b_1} = 3.5$

$\frac{b_2}{b_1} = 3$

$\frac{b_2}{b_1} = 2.5$

$\frac{b_2}{b_1} = 2$

$\frac{b_2}{b_1} = 1.5$

접점

$\mathbf{F}_1$: 단면 2에서의
Froude 수

(b)

그림 9-26

9.14.3 단면만곡부의 설계

사류수로에서 그림 9 – 27과 같이 급격한 만곡(bend)이 생기면 정제파 간의 간섭이 생겨 흐름 상태가 극히 불안정해진다. 만곡부의 입구부 외벽의 만곡 때문에 점 A 에서 AB' 선을 따라 정체파선이 형성되며, 이때 파각은 그림에서처럼 β 가 된다. 입구부 내벽에서는 $A'B'$ 를 따라 정체파선이 생기게 되어 B' 점에서 두 정체파는 만나게 된다. 따라서 $AB'A'$ 선을 경계로 하여 상류부 흐름은 변곡부의 영향을 전혀 받지 않으나 B' 점 하류에서는 AB' 와 $A'B'$ 선이 서로 간섭하게 되어 정체파선 $B'C$, $B'D$ 는 곡선형이 된다. 외벽부 AC 는 흐름을 굴절시키므로 외벽부에서의 수면은 점점 상승하여 점 C 에서 최대가 되며 C 점을 지나면 수면을 하강시키는 내벽부의 영향 때문에 수면은 다시 하강하게 된다. 한편, 입구부 내벽에서는 흐름이 벽면으로부터 분리되므로 수면은 $A'D$ 까지 강하하여 D 점에서 최소가 되고 D 점 하류에서는 외벽의 수면상승 효과 때문에 수면은 다시 상승하게 된다. 이와 같이 파선은 그림 9 – 27에서 보는 바와 같이 반사를 계속하게 되며 외벽부에서 수면이 제일 높은 지점(max)은 입구부 AA' 로부터 대략 θ , 3θ , 5θ , …… 되는 곳에서이다.

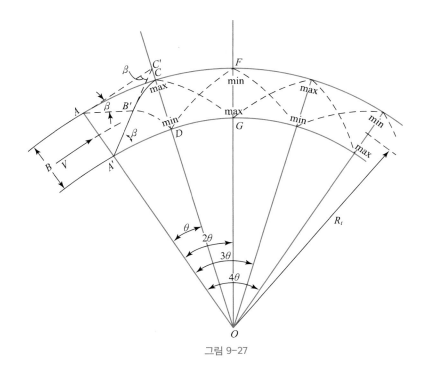

그림 9-27

외벽에서의 수면고가 처음으로 최대가 되는 점까지의 중심각 θ 는 그림 9-27로부터

$$\tan \theta \approx \frac{AC'}{R_t + \dfrac{B}{2}} \approx \frac{\dfrac{B}{\tan \beta}}{R_t + 0.5\,B}$$

$$\therefore \theta \approx \tan^{-1}\left[\frac{B}{(R_t + 0.5\,B)\tan \beta}\right] \tag{9.85}$$

여기서 입구부에서의 파각 β 는 식 (9.69)를 사용하여 계산하면 된다.

수면고가 최대가 되는 중심각 θ , 3θ , 5θ , …… 되는 외벽부에서의 수심 y_0 는 이론적으로도 구할 수 있으나 실험적으로 만든 Knapp & Ippen의 공식이 많이 사용된다. 즉,

$$y_0 = \frac{V^2}{g}\sin^2\left(\beta + \frac{\theta}{2}\right) \tag{9.86}$$

여기서 V 는 접근수로에서의 평균유속이며 β 는 식 (9.69)로, θ 는 식 (9.85)로서 계산한다.

이와 같은 외벽부의 과대한 수면상승을 방지하기 위해서는 두 가지 방법이 사용된다. 첫째 방법은 수면상승억제법(water surface banking)으로 만곡부 내벽부의 수로바닥을 낮추어 외벽부수심을 내벽부의 수심과 동일하게 유지시키는 방법이며 이를 위해서는 만곡부 상하류에서 생기는 부차류를 방지하기 위해 상당한 구간의 변이구간 L 을 설치하지 않으면 안 된다. 즉,

$$L = 15 \left(\frac{V^2 B}{g R_t} \right) \tag{9.87}$$

여기서 V는 평균유속, B는 수로폭이며 R_t는 변곡부 중심선의 곡률반경이다.

둘째 방법은 만곡부를 그림 9 – 28에서처럼 복합곡선형으로 설계하는 방법이다. 복합곡선은 통상 만곡중앙부의 주곡선과 상하류의 2개 변이곡선으로 구성하며 3개 곡선부에서 생기는 방해파가 서로 상쇄되어 만곡부 하류의 흐름을 안정시키는 원리로 설계하는 것이다.

이를 위해 변이곡선부의 곡률반경은 주곡선부의 곡률반경의 2배가 되도록 설계한다. 즉,

$$R_t = 2 R_m \tag{9.88}$$

또한, 변이곡선의 중심각 θ는 식 (9.85)에 의해 계산하여 설계치로 택하게 된다.

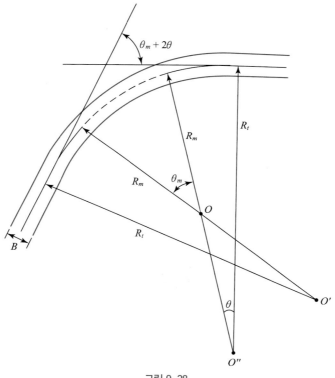

그림 9–28

수로폭이 2.5 m이고 경사가 0.025인 구형단면수로에 8 m³/sec의 물이 흐르고 있다. 이 수로에 곡률반경 R_t =20 m, 중심각 45°의 만곡부를 설치하고자 할 때 만곡부 수로의 높이를 얼마로 해야 할 것인가? n = 0.014로 가정하라.

풀이 접근수로에서의 등류수심을 Manning 공식으로 구해 보면

$$8 = \frac{1}{0.014}\left(2.5\,y_n\right)\left(\frac{2.5\,y_n}{2.5+2\,y_n}\right)^{2/3}(0.025)^{1/2}$$

$$\therefore\ y_n = 0.56\,\mathrm{m}$$

$$V_1 = \frac{Q}{A_1} = \frac{8}{2.5\times 0.56} = 5.71\,\mathrm{m/sec}$$

$$\boldsymbol{F}_1 = \frac{V_1}{\sqrt{g\,y_1}} = \frac{5.71}{\sqrt{9.8\times 0.56}} = 2.44$$

식 (9.69)에 의한 파각 β는

$$\beta = \sin^{-1}\left(\frac{1}{F_1}\right) = \sin^{-1}\left(\frac{1}{2.44}\right) = 24.195\,^\circ$$

식 (9.85)에 의해

$$\theta = \tan^{-1}\left[\frac{2.5}{(20+0.5\times 2.5)\times \tan\left(24.195\,^\circ\right)}\right] = 14.773\,^\circ$$

따라서, 식 (9.86)을 사용하여 최대수심을 구하면

$$y_0 = \frac{5.71^2}{9.8}\sin^2\!\left(24.195\,^\circ + \frac{14.773\,^\circ}{2}\right) = 0.913\,\mathrm{m}$$

그러므로 변곡부에서의 벽면 높이는 $y_0 = 0.913\,\mathrm{m}$ 보다 크게 해야 하며 접근수로에서의 수심 $y_n = 0.56\,\mathrm{m}$와 비교하면 $y_0/y_n = 1.63$ 배임을 알 수 있다.

연 습 문 제

01 폭이 15 m인 광폭구형단면수로의 경사는 0.0025, $n = 0.035$이며 62 m³/sec의 물을 송수하고 있다. 등류수심과 한계수심을 구하고 비에너지곡선을 그려라.

02 폭이 1.8 m인 구형수로에서 비에너지가 1.4 m, 유량이 0.9 m³/sec일 때 흐름의 수심을 구하라.

03 폭이 6 m인 구형수로에서 비에너지가 3 m로 일정하다. 수심 – 유량곡선을 작성하여 다음을 결정하라.
   (a) 한계수심
   (b) 최대유량
   (c) 수심 2.4 m에서의 유량
   (d) 유량 28 m³/sec에서의 수심

04 저변폭이 4 m이고 측면경사가 수평 1.5에 연직 1인 제형단면수로가 등류수심 3 m로 50 m³/sec의 물을 공급하고 있다. 다음을 구하라.
   (a) 이 흐름의 비에너지에 상응하는 두 개의 대응수심
   (b) 한계수심
   (c) 수로경사가 0.0004, $n = 0.022$일 때의 등류수심

05 저변폭이 1.5 m이고 측면경사가 1 : 1인 제형단면수로가 1.2 m의 수심으로 물을 공급하고 있다. 수로경사가 0.004이고 $n = 0.025$일 때 유량 및 표면파의 속도를 구하라.

06 저변폭이 3.6 m, 측면경사가 수평 3, 연직 1인 제형수로에서 유량이 22 m³/sec, 비에너지가 2.1 m일 때 수심을 구하라.

07 폭이 5.4 m인 구형수로에서 유속이 1.5 m/sec, 유량이 11 m³/sec일 때 흐름이 상류인지 사류인지를 판별하라.

08 폭이 12.5 m인 구형수로가 수심 2 m로 32 m³/sec의 물을 공급하고 있다.
   (a) 흐름은 상류인가? 사류인가?
   (b) $n = 0.025$라면 이 유량에 대한 한계경사는?
   (c) 수심 2 m로 등류를 형성하기 위한 수로의 경사는?

09 저변폭이 30 cm, 측면경사가 1 : 1인 목재 모형수로의 경사가 1/200이다. 수로 내의 수심이 20 cm였다면 흐름은 상류인가? 사류인가? 수로의 $n = 0.012$이다.

10 폭이 2.4 m인 구형수로($n = 0.010$)의 경사가 0.01이며 2.8 m³/sec의 물을 송수하고 있다. 흐름의 어떤 단면에서의 수심이 0.76 m였다면
   (a) 이 단면에서의 흐름은 상류인가? 사류인가?
   (b) 수로경사는 완경사인가? 급경사인가?

11 폭이 3 m인 구형수로($n = 0.0149$)의 경사가 0.0016이다.
   (a) 이 단면이 최량수리단면으로 설계되었다면 얼마만한 유량을 송수할 수 있겠는가?
   (b) 이 유량이 흐를 때 수로는 완경사인가? 급경사인가?
   (c) 이 수로 내의 유량을 배가할 경우 유속이 4.6 m/sec인 단면에서의 흐름은 상류인가? 사류인가?

12 측면경사가 수평 2, 연직 1인 3각형 수로($n=0.0298$)의 경사가 0.004이다. 이 수로가 0.57 m^3/sec의 물을 송수하고 있다면 흐름은 상류일까? 혹은 사류일까?

13 폭이 각각 4 m 및 2 m인 2개의 구형수로를 길이 30 m의 수로로 연결하고자 한다. 2개 수로의 경사는 공히 0.0009, $n=0.013$이며 계획유량은 18 m^3/sec이다. 연결수로에서의 에너지 손실수두는 0.5 m이며 전 구간에 균등분포된다고 가정하고 연결수로 양단에서의 바닥표고차를 구하라.

14 저변폭이 6 m이고 측면경사가 2 : 1(수평 : 수직)인 제형단면수로의 경사가 매우 작다고 가정하고
    (a) $Q=$1.5, 3.0, 6.0, 9.0, 12.0 m^3/sec에 대한 비력곡선을 컴퓨터 계산에 의해 그려라.
    (b) 주어진 유량에 상응하는 초기수심과 공액수심 간의 관계곡선을 그려라.

15 수평수로상에 설치된 수문상하류의 수심이 각각 2 m 및 0.4 m일 때 수문의 단위폭당 작용하는 힘을 비력의 원리에 의해 계산하고 이를 역적-운동량방정식으로 구한 값과 비교하라. 수로바닥의 마찰손실은 무시하라.

16 직경이 1 m인 원형관에 1 m^3/sec의 물이 흐른다. 비에너지곡선과 비력곡선을 겹쳐서 그려라.

17 폭이 10 m인 구형수로 내의 유량이 15 m^3/sec일 때 비력곡선을 그리고 한계수심 및 최소 비에너지를 구하라.

18 폭 3 m인 구형수로에서 도수가 발생한다. 도수 전후의 각각 1 m 및 2.5 m였다면 유량은 얼마이겠는가?

19 어떤 댐의 여수로 하류 감세공 내에서의 시점 수심이 3 m이며 수로폭은 56 m, 유량은 2,000 m^3/sec이다. 도수가 발생할 것인가? 발생한다면 도수 후의 수심은 얼마나 될 것인가?

20 수문 아래로 도수가 발생하며 도수 전후의 수심은 각각 0.6 m와 1.5 m이었다. 수문상류면에서의 수두와 단위폭당 유량 및 도수로 인한 에너지 손실을 구하라.

21 여수로 아래로 35 $m^3/sec/m$의 물이 흘러 12 m/sec의 유속으로 감세공을 떠난다. 도수가 발생하려면 감세공 하류부의 수심은 얼마가 되어야 하나?

22 폭이 6 m인 구형수로($n=0.0149$)의 경사가 0.0025이며 11 m^3/sec의 물이 흐르고 있다. 흐름의 어떤 단면에서의 유속이 6 m/sec였다면
    (a) 이 단면에서의 흐름은 상류인가? 사류인가?
    (b) 이 단면에서 도수가 발생한다면 공액수심은 얼마일까?

23 댐 여수로 아래에 있는 폭 9 m의 수평구형수로에서 도수가 발생하며 도수 전후의 수심은 각각 1 m 및 1.7 m였다. 다음을 구하라.
    (a) 유량
    (b) 도수 전후의 비에너지
    (c) 도수로 인한 에너지 손실(kW)

24 폭 3 m인 수평구형단면 수로에 2.8 m^3/sec의 물이 흐르고 있다. 수심이 0.3m 되는 곳에서 도수가 발생할 경우 다음을 구하라.
    (a) 한계수심
    (b) 대응수심
    (c) 공액수심(도수 전후의 수심)
    (d) 에너지 손실수두

25 댐 여수로를 통해 단위폭당 11 m³/sec의 물이 하류로 흐른다. 감세공 내에서 즉시 상류로 변환시키려면 감세공 내 수심을 얼마로 유지해야 하며 수심의 급격한 변화로 인한 에너지 손실(kW)은 얼마인가? 여수로 상의 흐름의 평균유속은 20 m/sec로 가정하라.

26 폭이 3 m인 구형수로($n=0.012$)의 경사가 0.0025이며 0.57 m³/sec의 물이 흐르고 있다. 흐름의 어떤 단면에서의 수심이 0.3 m였다면 이 흐름의 수면곡선형의 명칭은 무엇인가?

27 폭이 6 m이고 경사가 0.0025인 구형수로($n=0.0149$)가 11.3 m³/sec의 물을 공급하고 있다. 흐름의 어떤 단면에서의 평균유속이 1.8 m/sec였다면 이 흐름의 수면곡선형은 무엇인가?

28 폭이 4.5 m, 등류수심이 1.5 m인 구형수로($n=0.025$)의 경사가 0.001이다. 수로의 어떤 지점에 융기부 (hump)를 설치하였더니 융기부 바로 상류의 수심이 1.8 m가 되었다. 상류부의 수면곡선형은 무엇인가?

29 폭이 3 m, 경사가 0.036인 구형수로($n=0.017$) 내 등류수심이 1.8 m이다. 상류수심을 변화시키지 않고 높일 수 있는 하상융기부의 최대높이와 융기부 직상류의 수심이 2.1 m 될 때의 융기부의 높이를 구하라. 마찰손실을 무시한다.

30 그림 9-29와 같은 수로상에서 가능한 흐름의 수면곡선을 스케치하라.

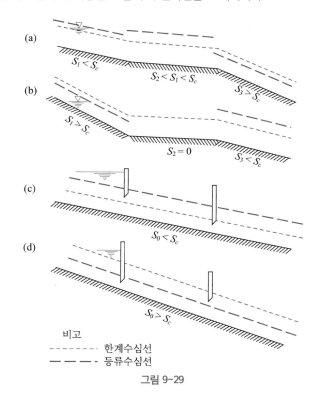

그림 9-29

31 어떤 수로가 다음과 같은 경사순으로 연결되어 있을 때 개개 수로가 충분히 길다고 가정하고 가능한 흐름의 수면곡선을 스케치하고 명칭을 기입하라.

(a) $S_1 < S_c$ (b) $S_2 = S_c$ (c) $S_3 = 0$ (d) $S_4 > S_c$

(e) $S_5 < S_c$ (f) $S_6 < S_c$ (g) $S_7 > S_c$

32 어떤 수로가 다음과 같은 경사순으로 연결되어 있다. 가능한 흐름의 수면곡선을 스케치하고 명칭을 기입하라.

    (a) 수문 아래로 사류 발생   (b) $S_1 < S_c$ (c) $S_2 > S_c$ (d) $S_3 > S_2 > S_c$

    (e) $S_4 = S_c$ (f) $S_5 < S_c$ (g) $S_6 < 0$ (h) $S_7 > S_c$

33 어떤 수로가 다음과 같은 경사순으로 연결되어 있다. 가능한 흐름의 수면곡선을 스케치하고 명칭을 기입하라.

    (a) 저수지   (b) $S_1 > S_c$ (c) $S_2 > S_1 > S_c$ (d) $S_3 < S_c$

    (e) $S_4 = 0$ (f) $S_5 > S_c$ (b) $S_6 < 0$ (h) 수평수로의 단락부

34 연습문제 26에서 수심이 0.3 m 되는 지점으로부터 얼마나 떨어진 단면에서의 수심이 0.6 m가 될 것인가를 직접축차계산법으로 계산하라.

35 연습문제 27에서 수평유속 1.8 m/sec 되는 단면으로부터 30 m 떨어진 단면에서의 수심을 직접축차계산법으로 계산하라.

36 수로경사가 0.0009인 광폭구형단면수로($n = 0.015$)의 단위폭당 유량이 1.5 m³/sec이다. 어떤 단면에서의 수심이 0.75 m일 때 흐름의 수심이 0.73 m 되는 단면까지의 거리를 직접축차계산법으로 계산하라.

37 저변폭이 5 m, 측면경사가 1 : 1이고 수로경사가 0.004인 콘크리트 제형단면수로에 35 m³/sec의 물이 흐르고 있다. 수심이 1.69 m 및 1.65 m 되는 두 단면 간의 거리를 직접축차계산법으로 구하라.

38 저수지로부터 수문을 통하여 경사가 0.001이고 폭이 6 m인 구형수로($n = 0.025$)로 유입되는 단위폭당 유량이 2.5 m³/sec이다. 수문직하류의 최소수심이 0.2 m일 때

    (a) 도수의 발생여부를 검토하라.

    (b) 도수가 발생할 경우 $y = 0.2$ m인 단면으로부터 도수의 초기수심이 되는 단면까지의 거리를 직접축차계산법으로 계산하라.

39 경사가 0.00016인 광폭구형단면수로($n = 0.011$)에 단위폭당 1.6 m³/sec의 물이 흐르고 있다. 수로를 가로질러 높이 3 m의 댐을 축조할 경우 상류에 형성될 수면곡선을 다음 방법으로 계산하라. 계산 시 수심의 변화를 0.3 m 간격으로 하고 등류수심의 101% 되는 점까지 계산하라.

    (a) 직접축차계산법

    (b) 표준축차계산법(Δx를 500 m 간격으로 하여 컴퓨터로 풀어라.)

40 저변폭이 6 m, 수로경사가 0.0016인 제형단면수로($n = 0.025$, $z = 2$)에 11.3 m³/sec의 물이 흐르고 있다. 수로를 가로질러 축조된 댐에 의해 상류로 형성되는 배수곡선을 표준축차계산법으로 계산하라. 댐 단면에서의 수심은 1.5 m이며 계산구간은 수심 0.01 m 변화구간으로 하고 상류수로 내 등류수심의 101% 되는 단면까지 계산하라.

41 광폭구형단면수로에 사류가 3 m³/sec/m로 흐르고 있다. 이 수로가 어떤 지점에 가서 15° 만큼 양(+)의 경사각으로 굴절된다. 이때의 파각이 45°라면 정제파선 전후의 수심은 얼마이겠는가?

42 폭 5 m인 구형수로 내에 15 m³/sec의 사류가 흐르고 있다. 정제파선 전후부의 수심을 측정하였더니 각각 0.6 m 및 0.7 m였다. 파각과 벽면의 굴절각을 구하라.

43 개수로 내에 수심 0.4 m, 평균유속 4 m/sec로 물이 흐르고 있다. 이 수로가 어떤 지점에서 10°의 양의 경사로 굴절된다면 파각은 얼마나 되겠는가?

44 개수로 내 사류가 20°의 양의 굴절을 받는다. 정제파선 전면의 수심이 0.6 m이고 수로 내 유량이 4.65 m³/sec/m 였다면 파각과 정제파선 하류의 수심은 얼마나 되겠는가?

45 개수로 내 사류가 20°의 음의 굴절을 받아 정제파선을 경계로 하여 흐름방향으로 수심이 1.5 m에서 0.6 m로 강하하였다. 수로 내에 흐르는 단위폭당 유량을 계산하라.

46 폭 4 m인 구형수로가 사류수심 0.6 m로 18 m³/sec의 물을 공급하고 있다. 수로의 폭을 3 m로 축소시키고자 할 때 가장 효율적인 변이부를 설계하라.

47 폭 4 m인 사류구형 수로 내에 40 m³/sec의 물이 흐르고 있다. 접근수로 내의 수심이 0.6 m일 때 수로폭을 50%만큼 줄이기 위한 변이부를 설계하라.

48 연습문제 47의 사류수로에서 50%만큼 축소시킨 수로폭 2 m에서 다시 폭 4 m로 확대시키고자 한다. 확대부를 설계하라.

49 23 m³/sec의 물을 평균유속 5 m/sec로 운반하고 있는 폭 6 m의 구형수로를 90°의 각으로 만곡시키고자 한다. 만곡부의 주곡선의 곡률반경을 60 m로 하고자 할 때 만곡부 내의 파의 발생 및 간섭을 방지하기 위해 만곡부의 내벽부 바닥을 얼마나 낮추어야 할 것인가?

Chapter 10

토사의 유송과 침식성 수로의 안정설계

10.1 서 론

강수와 이로 인해 생성되는 유수로 인한 유역 및 하천수로로부터의 토사의 침식(erosion)과 유송(transport) 및 퇴적(deposition)현상은 수공기술자들이 실무에서 부딪히게 되는 가장 어려운 문제 중의 하나이다. 침식현상은 빗방울의 충격력과 유수의 소류력 때문에 생기며, 여러 가지 문제점을 일으키는 유사(sediment)의 근원이 될 뿐 아니라 하천제방이나 하천공작물의 안전을 위협하며 농경지의 비옥한 토양을 유실시키는 등 인간에게 각종 피해를 끼친다. 토사의 유송(sediment transport)은 일반적으로 모래나 실트, 점토 등이 유수에 의해 이동하는 것만을 뜻하며, 흐르는 물의 탁도를 높임으로써 수질을 오염시키는 결과를 초래하게 된다. 한편, 토사의 퇴적현상은 침식이나 유송과정보다 더 많은 문제점을 야기시킨다. 홍수 시 운반된 토사가 범람하여 퇴적되면 비옥한 토양을 매몰하게 되고 배수를 불량하게 하며, 하천수로 내에 퇴적되면 하천의 홍수소통단면을 감소시켜 홍수범람의 규모를 더 크게 하게 된다. 관개나 주운용수로에 토사가 퇴적될 경우에는 수로의 홍수소통능력을 감소시키는 결과를 초래하며, 저수지 내 퇴적은 저수용량을 감소시키고 항만 내의 퇴적은 많은 비용이 드는 준설작업을 강요하게 된다.

이와 같이 유사와 관련되는 여러 가지 문제점들의 해결을 위해서는 토사의 유송기구를 정확하게 이해하는 것이 중요하나 현재까지도 토사의 유송과 관련되는 여러 가지 이론과 경험적 지식은 매우 불완전한 것이 사실이다.

따라서 이 장에서는 현재까지 알려진 지식을 바탕으로 토사의 성질과 토사입자 이동의 한계조건, 유사량의 이론적 및 경험적 계산방법 등을 살펴본 후 유수의 침식으로 인해 단면이 항상 변화하는 자연상태의 충적수로(alluvial channel)를 어떠한 개념으로 안정성 있게 설계하는가를 살펴보고자 한다.

10.2 토사유송의 형태와 하상의 형상

자연하천과 같은 침식성 수로(erodible channel)에서 토사는 유수에 의해 통상 세 가지 형태로 이동한다. 첫째는 수로바닥 위를 미끄러지거나 굴러서(sliding or rolling) 이동하는 것으로, 대체로 굵은 입자의 토사가 이에 속하고 하상유사(河床流砂, bed load) 혹은 소류사(掃流砂)라 부른다. 둘째로는 수로바닥으로부터 일단 이탈했다가 다시 바닥에 가라앉는 현상이 반복되는 상태로 토사가 이동하는 것으로, 이를 도약유사(跳躍流砂, saltation load)라 한다. 마지막으로는 유수의 난류기구로 인해 수로바닥으로부터 토사입자가 완전히 이탈하여 수중에 부유하면서 이동하는 것으로, 이를 부유유사(浮遊流砂, suspended load)라 하며 입자가 작고 가벼운 토사가 이에 속한다. 이 외에도 수중에 용해되어 있는 염분이나 화합물(disolved load) 혹은 하상과 전혀 관계가 없이 부유하는 미립토사(wash load) 등이 있으나 양적으로 크지 않기 때문에 보통 무시한다. 또한 하상유사와 도약유사는 하상근처에서 일어나며 실질적으로 구분한다는 것은 불가능하므로 수로에서의 유사는 하상유사와 부유유사의 두 가지로만 분류하는 것이 보통이다.

침식성 수로 내에 흐르는 유수는 흐름의 소류력을 지배하는 유속의 크기에 따라 하상의 형상을 여러 가지로 변화시킨다. 하상물질이 모래인 경우 흐름의 유속이 점차적으로 증가함에 따라 하상의 형상은 그림 10–1과 같이 단계적으로 변화한다. 유속이 매우 완만하면 하상물질은 전혀 움직이지 않아 원상태인 수평을 유지하나 유속을 점차로 증가시킴(흐름의 Froude 수가 커짐)에 따라 그림 10–1 (a)에서처럼 톱날과 같은 파상사군(波狀砂群, ripples)이 형성되며, 다음으로는 불규칙한 사구(砂丘, dunes)와 파상사군이 공존하다가 더 큰 유속에서는 그림 10–1 (c)에서처럼 규칙적인 사구가 형성되며 사구는 파상사군보다 그 크기가 크고 형상도 매끈한 것이 특색이다. 파상사군과 사구는 수로폭 전체에 비하면 점상(點狀)으로 생기며 하상이 세굴되어 바로 하류부에 퇴적되면서 형성되므로 유수의 흐름에 따라 하류로 계속 이동하면서 생성되는 것이다. 흐름의 유속이 계속 빨라지면 그림 10–1 (d)와 같이 하상은 평형상태를 유지하여 평평하게 되고 유속이 더 빨라져 Froude 수가 1에 가까워지면 그림 10–1 (e)와 같이 수면곡선과 평행한 정체파상(停滯波狀, standing waves)이 형성되며 흐름의 유속이 더 빨라져서 $F > 1$ 이 되면 정체파상의 첨두부가 붕괴되면서 흐름의 상류방향으로 무너져 소위 역사구(逆砂丘, antidunes)를 형성하며 정현파형의 표면파를 동반한다. 흐름의 유속이 더욱더 빨라지면 그림 10–1 (f)와 같은 낙수부(chute)와 웅덩이(pool)가 생기게 된다. 이상과 같은 유속에 따른 하상의 변화양상은 이론적으로 아직까지 완전한 설명이 되지 못하고 있으며 자연하천이나 실험수로에서 관측되고 있을 뿐이다. 그림 10–2, 10–3 및 10–4는 각각 파상사군과 사구 및 역사구의 모양을 실험수로에서 보여주고 있다.

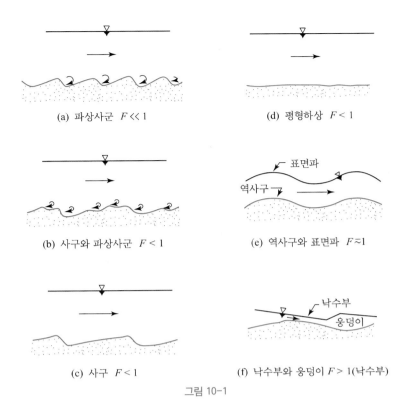

(a) 파상사군 $F \ll 1$

(d) 평형하상 $F < 1$

(b) 사구와 파상사군 $F < 1$

(e) 역사구와 표면파 $F \approx 1$

(c) 사구 $F < 1$

(f) 낙수부와 웅덩이 $F > 1$(낙수부)

그림 10-1

토사의 유송기구에 대한 연구는 하상유사에서부터 시작하여 부유유사의 유송기구에 대한 해석적 및 실험적 방법이 사용되어 왔으나 현재까지 자연하천에서의 단위시간당 유송토사량, 즉 유사량(sediment discharge)을 자신 있게 계산할 수 있는 방법이 개발되지는 못한 상태이며, 하천공작물로 인한 하상의 세굴이나 퇴적이라든지 저수지 내 퇴사의 분포예측 등 여러 가지 문제들을 양적으로 결정하기 위한 노력이 계속되고 있다. 유사문제를 해석하기 위한 방법 중 오늘날 가장 많이 사용하고 있는 방법은 하상에서의 소류력의 토사유송능력을 고려하여 하상유사를 해석하고 흐름의 난류역학을 근거로 하여 부유유사를 분리해석하여 이들 두 유사량을 합함으로써 전 유사량(全流砂量, total sediment load)을 결정하는 방법이라 할 수 있으며 이 장에서도 이들 방법을 소개하기로 한다.

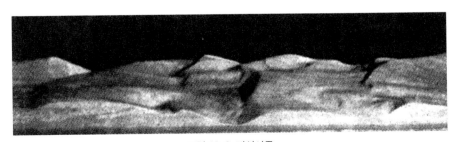

그림 10-2 파상사군

그림 10-3 사구

그림 10-4 역사구

10.3 유사의 수리학적 성질

토사입자의 유송과 침전을 지배하는 인자는 흐름의 특성과 유사의 물리적 성질이라 할 수 있으며, 유사의 성질은 개개 토사입자의 성질(individual particle property)뿐만 아니라 전체로서의 유사성질(bulk property)도 매우 중요하다. 개개 토사입자의 성질 중 중요한 것은 입자의 크기, 모양, 비중 및 침강속도 등이며 전체로서의 유사성질로는 토사의 입도분포, 단위중량, 공극률 등이다.

10.3.1 토사입자의 크기와 모양 및 비중

하상을 형성하는 개개 토사입자의 크기와 모양은 다양하기 때문에 평균치나 통계치로 표시하는 것이 보통이다. 따라서 입자의 크기를 여러 개의 계급구간으로 나누어서 표시하게 되며, 표 10-1은 미국지구물리학회(American Geophysical Union, AGU)가 만든 토사입자의 크기 분류표이다. 이 분류는 체분석(sieve analysis)에서 사용하는 체의 구멍직경과 거의 밀접한 상관을 갖도록 되어 있어 편리한 것으로 알려져 있다.

자연계의 토사입자는 그 모양이 불규칙하므로 토사입자군의 크기를 적절한 방법에 의해 특성지어 주기 위해 AGU에서 제안한 크기의 표시법이 널리 사용되고 있다. 즉, 체직경(sieve diameter)은 주어진 토사입자가 입도분석용 체의 한 구멍을 겨우 통과할 경우 체 구멍의 변의 길이로 정의되며, 침전직경(sedimentation diameter)은 동일유체 내에서 주어진 토사입자와 동일한 비중량 및 종말침강속도를 가지는 구의 직경으로 정의되고, 마지막으로 공칭직경(nominal diameter)은 주어진 입자의 체적과 동일한 구의 직경으로 정의된다. 이들 3가지 방법 중 체직경과 침전직경은 측정하기 편리하기 때문에 많이 사용되며, 특히 침전직경은 침강속도의 측정에

표 10-1 토사입자의 크기 분류표

하상재료명	크기범위(입경기준)			인치당 체 구멍수	
	(mm)	(μm)	(in)	Tyler	미국표준
Very large boulders	4,096 – 2,048		160 – 80		
Large boulders	2,048 – 1,024		80 – 40		
Medium boulders	1,024 – 512		40 – 20		
Small boulders	512 – 256		20 – 10		
Large cobbles	256 – 128		10 – 5		
Small cobbles	128 – 64		5 – 2.5		
Very coarse gravel	64 – 32		2.5 – 1.3		
Coarse gravel	32 – 16		1.3 – 0.6		
Medium gravel	16 – 8		0.6 – 0.3	2 – 1/2	
Fine gravel	8 – 4		0.3 – 0.16	5	5
Very fine gravel	4 – 2		0.16 – 0.08	9	10
Very coarse sand	2.000 – 1.000	2,000 – 1,000		16	18
Coarse sand	1.000 – 0.500	1,000 – 500		32	35
Medium sand	0.500 – 0.250	500 – 250		60	60
Fine sand	0.250 – 0.125	250 – 125		115	120
Very fine sand	0.125 – 0.062	125 – 62		250	230
Coarse silt	0.062 – 0.031	62 – 31			
Medium silt	0.031 – 0.016	31 – 16			
Fine silt	0.016 – 0.008	16 – 8			
Very fine silt	0.008 – 0.004	8 – 4			
Coarse clay	0.004 – 0.0020	4 – 2			
Medium clay	0.0020 – 0.0010	2 – 1			
Fine clay	0.0010 – 0.0005	1 – 0.5			
Very fine clay	0.0005 – 0.00024	0.5 – 0.24			

의해 결정되며 유사의 침전과 관련하여 물리적인 의미를 갖기 때문에 침전역학에서 많이 사용된다.

토사입자 크기의 분포상태는 토사입자군의 체분석실험(sieve analysis or mechanical analysis)에 의해 결정되며 그 결과는 그림 10-5와 같은 누가 크기 빈도곡선(cumulative size-frequency curve)으로 통상 표시된다. 그림 10-5는 대수정규 확률지상에 가로축의 어떤 입자크기보다 작

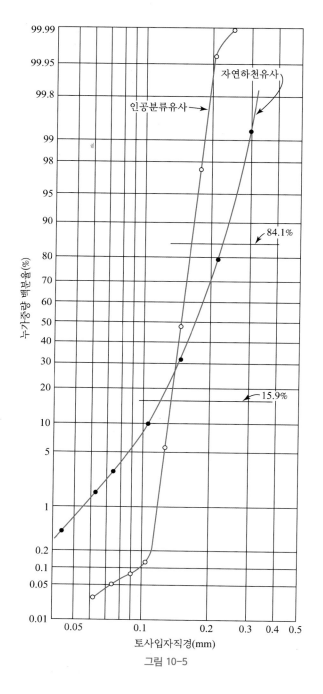

그림 10-5

은 입자군의 중량백분율을 세로축에 표시한 것으로서 크기 분포는 대체로 직선에 가깝게 나타난다. 이와 같은 누가빈도곡선으로부터 그 토사입자군을 대표하는 직경을 결정하게 되며 중앙치(median size)와 기하평균치(geometric mean size)가 흔히 사용된다.

직경중앙치 혹은 평균입경(d_{50})은 무게로 50%에 상응하는 체구멍의 크기이며 그림 10-5의 인공분류유사의 경우는 $d_{50} = 0.147\,\mathrm{mm}$ 이다. 기하평균직경(d_g)은 무게로 15.9% 및 84.1%에 해당하는 직경 $d_{15.9}$ 및 $d_{84.1}$의 기하평균으로 정의된다. 즉,

$$d_g = \sqrt{d_{15.9}\,d_{84.1}} \tag{10.1}$$

그림 10-5의 $d_{15.9} = 0.135\,\mathrm{mm}$, $d_{84.1} = 0.172$ 이므로 이 유사의 기하평균직경 $d_g = 0.152\,\mathrm{m}$로서 직경중앙치 d_{50} 보다 약간 크다.

토사입자의 모양(shape)도 유수에 의한 입자의 유송에 막대한 영향을 미치며 구상도(球狀度, sphericity)와 원상도(圓狀度, roundness)로서 구형에 가까운 정도와 둥근 정도를 표시한다. 구상도는 주어진 토사입자의 표면적에 대한 입자의 체적과 동일한 체적을 가지는 구의 표면적 간의 비로 정의되며 원상도는 주어진 토사입자의 최대투영면적을 외접하는 원의 반경에 대한 입자모서리의 곡률반경의 평균치 간의 비로 정의된다. 따라서 입자의 구상도나 원상도를 실질적으로 결정한다는 것은 쉽지 않다. 따라서 실무에서는 무차원의 형상계수(shape factor, S.F.)를 다음과 같이 정의하여 사용한다.

$$S.F. = \frac{c}{\sqrt{ab}} \tag{10.2}$$

여기서 a, b, c 는 각각 입자의 중심을 지나는 3개 직교축의 가장 큰 길이, 중간 길이 및 가장 작은 길이를 표시한다.

하상재료의 원천은 암석이며 풍화작용 및 유수의 마찰에 의해 파쇄되면서 그 크기가 점차로 작아져 일부는 세립이 되어 항구적으로 부유하고 나머지 부분은 유수의 소류력에 따라 부유하거나 침전하게 된다. 이와 같은 파쇄과정에서 가장 큰 안정성을 가지는 물질은 모래(sand)이고 대부분의 하상물질은 모래로 구성되어 있으며 이의 비중(S)은 2.64~2.67로서 평균치인 $S = 2.65$를 사용하는 것이 보통이다.

10.3.2 토사입자의 침강속도

침강속도(沈降速度, fall velocity)는 무한대의 정지유체에 토사입자를 강하시킬 때 갖게 되는 종말침전속도(terminal velocity)를 말하며, 토사의 유송 및 침전해석에 있어서 토사입자의 중요한 성질 중의 하나로 사용된다. 토사입자가 정수 중으로 강하할 경우 침강속도(w)는 수중에서의 입자무게(W_s)와 입자의 하강에 저항하는 항력(F_D)이 평형을 이룰 때 얻어진다. 즉, $W_s = F_D$이다.

$$W_s = \frac{1}{6} \pi d_s^3 (\gamma_s - \gamma) \tag{10.3}$$

$$F_D = \frac{1}{2} \rho \, C_D \, w^2 \frac{\pi d_s^2}{4}$$

$$\therefore \; w^2 = \frac{4}{3} \frac{g \, d_s}{C_D} \frac{\gamma_s - \gamma}{\gamma}$$

여기서 d_s 는 침전직경이며 γ_s, γ 는 각각 토사입자 및 물의 단위중량이고 ρ 는 물의 밀도, C_D 는 항력계수(抗力係數, drag coeffcient)이다.

항력계수 C_D 는 토사입자의 침강에 따른 흐름이 층류인지 혹은 난류인지를 구별하는 흐름의 Reynolds수 $R_e = \dfrac{w d_s}{\nu}$ 에 크게 지배되는 것으로 알려져 있으며 실험결과를 종합하면 그림 10 −6과 같다. 그림 10−6에서 볼 수 있는 바와 같이 항력계수는 층류영역에 속하는 $R_e < 0.1$ 에서는

$$C_D = \frac{24}{R_e} = \frac{24\nu}{w d_s} \tag{10.4}$$

가 되고 이를 Stokes 법칙이라 한다. 식 (10.4)를 식 (10.3)에 대입하고 침강속도식을 쓰면

$$w = \frac{g d_s^2}{18\nu} \frac{\gamma_s - \gamma}{\gamma} = \frac{g d_s^2}{18\nu} (S - 1) \tag{10.5}$$

식 (10.5)는 층류상태에서의 침강속도를 구하는 식이다.

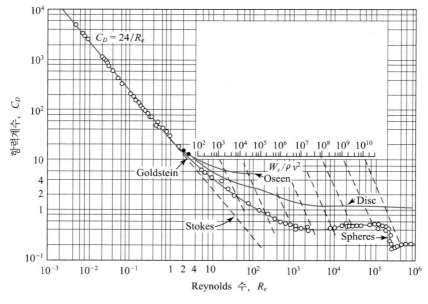

그림 10−6

만약 흐름 상태가 난류영역 $(R > 0.1)$ 에 있을 경우에는 그림 10-6에서 보는 바와 같이 C_D 는 흐름의 Reynolds 수뿐만 아니라 입자의 모양에 따라서도 크게 변화하므로 w 의 계산을 위해 식 (10.5)를 사용할 수는 없고 식 (10.3)과 그림 10-6을 사용하여 시행착오법을 사용하거나 아니면 그림 10-6의 보조곡선(점선)을 사용하여 결정하게 된다. 즉, 그림 10-6의 $W_s / \rho \nu^2$ 값을 계산하여 점사선과 평행선을 긋고 입자모양별 곡선과 만나는 점의 C_D 값과 R_e 값을 읽어서 식 (10.3)으로 w 를 계산한 후 R_e 를 계산하여 그림에서 읽은 R_e 값과 근사한지를 확인한다.

이상에서 살펴본 토사입자의 침강속도는 제한된 조건에서 침강속도를 결정하는 방법이며 입자의 모양이라든지 유사농도, 속도측정용기의 크기, 난류도 등은 침강속도의 크기에 상당한 영향을 미치는 것으로 알려져 있다.

문제 10-01

직경이 각각 0.04 mm 및 0.5 mm인 구형(球形) 모래입자가 무한대의 정수중으로 침강하고 있다. 입자의 비중이 2.65이고 물의 동점성계수 $\nu = 10^{-6}$ m^2/sec일 때 입자의 침강속도를 각각 구하라.

풀이 (a) $d = 0.04$ mm 인 경우

Stokes 법칙에 따른다고 가정하여 식 (10.5)를 사용하면

$$w = \frac{9.8 \times (0.04 \times 10^{-3})^2}{18 \times 10^{-6}} (2.65 - 1) = 1.437 \times 10^{-3} \, \text{m/sec}$$

Stokes 법칙이 성립하는지를 검사하면

$$R_e = \frac{1.437 \times 10^{-3} \times 0.04 \times 10^{-3}}{10^{-6}} = 0.058 < 0.1$$

즉, $R_e < 0.1$ 이므로 Stokes 법칙에 따르며

침강속도 $w = 1.437 \times 10^{-3}$ m/sec $= 0.144$ cm/sec 이다.

(b) $d = 0.5$ mm 인 경우

입경이 커서 Stokes 법칙이 성립하지 않을 것으로 생각되어 식 (10.3)을 사용하면

$$w^2 = \frac{4}{3} \frac{9.8 \times 0.5 \times 10^{-3}}{C_D} (2.65 - 1) = \frac{0.01078}{C_D} \tag{a}$$

$$\frac{W_s}{\rho \nu^2} = \frac{1}{6} \frac{\pi d^3 g (S_s - 1)}{\nu^2} = \frac{\pi \times (0.5 \times 10^{-3})^3 \times 9.8 \times 1.65}{6 \times (10^{-6})^2} = 1,058$$

따라서 그림 10-6으로부터 $C_D = 1.9$로 가정하면 식 (a)로부터 $w = 0.0753$ m/sec 이고 이때의 Reynolds 수를 계산하면

$$R_e = \frac{0.0753 \times 0.5 \times 10^{-3}}{10^{-6}} = 37.65$$

그림 10-6에서 $C_D = 1.9$일 때의 구(sphere)의 경우 $R_e = 34$ 정도이므로 만족한 것으로 받아들인다. 따라서 $w = 0.0753\,\mathrm{m/sec} = 7.53\,\mathrm{cm/sce}$ 이다.

10.4 토사입자 이동의 한계조건

비점착성토사로 형성되는 하상 위로 물이 흐르면 흐름의 소류력은 입자를 움직이게 하려 하고 토사입자의 무게는 소류력에 저항하게 된다. 반면에 점토와 같은 점착성토사는 무게보다도 입자 간의 점착력이 소류력에 저항하는 힘이 된다. 대부분의 경우 하상은 모래나 자갈과 같은 비점착성 토사로 형성되므로 여기서는 비점착성 토사입자가 움직이기 시작하는 한계조건(threshold condition, or critical condition)에 대해서 살펴보기로 한다.

그림 10-7은 하상을 형성하는 한 개의 토사입자가 유수 중에서 받는 힘을 표시하고 있으며 하상경사를 θ, 토사입자의 안식각을 ϕ 로 표시하였다. 토사가 흐름의 소류력 때문에 움직이기 시작하는 순간에 있어서의 단위면적당 받는 힘을 한계소류력(critical tractive force) τ_c라 하며 이때 입자가 받는 흐름방향의 항력(drag force), F_D 는 한계소류력에 입자의 유효단면적 $c_1 d^2$을 곱한 것이다. 즉,

$$F_D = \tau_c c_1 d^2 \qquad (10.6)$$

여기서 d 는 토사의 평균입경(d_{50})이며 c_1은 상수이다.

한편, 토사입자의 수중무게 W_s 는 소류력에 의한 항력에 저항하는 힘이 되며 그 크기는

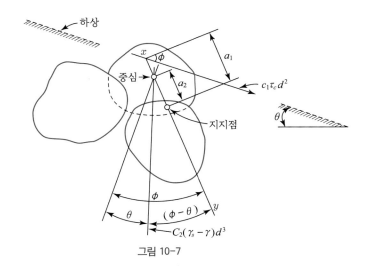

그림 10-7

$$W_s = c_2 (\gamma_s - \gamma) d^3 \tag{10.7}$$

여기서 $c_2 = \pi / 6$ 로서 상수이다.

토사입자가 굴러서 움직이기 시작할 때에는 인접 입자와의 접촉점인 그림 10-7의 지지점을 축으로 하여 회전하려 하며, 식 (10.6)의 F_D 의 xy 축에 수직한 방향의 분력은 a_1 을 모멘트 팔로 하여 전도모멘트를 일으키는 반면에 식 (10.7)의 W_s 의 xy 축에 수직한 분력은 a_2 를 모멘트 팔로 하여 전도모멘트와 반대방향의 저항모멘트를 일으키게 된다. 따라서 지지점을 축으로 회전을 시작하려는 순간에는 두 모멘트는 같아진다. 즉,

$$\tau_c c_1 d^2 a_1 \cos \phi = c_2 (\gamma_s - \gamma) d^3 a_2 \sin (\phi - \theta) \tag{10.8}$$

삼각함수에서의 등식관계를 사용하여 식 (10.8)을 정리하면

$$\tau_c = \frac{c_2 a_2}{c_1 a_1} (\gamma_s - \gamma) d \cos \theta (\tan \phi - \tan \theta) \tag{10.9}$$

수평하상의 경우에는 $\theta = 0$ 이므로

$$\tau_c = \frac{c_2 a_2}{c_1 a_1} (\gamma_s - \gamma) d \tan \phi \tag{10.10}$$

따라서, 무차원변량

$$\frac{\tau_c}{(\gamma_s - \gamma) d} = \frac{c_2 a_2}{c_1 a_1} \tan \phi \tag{10.11}$$

만약, 식 (10.11)에서 a_1 과 a_2 가 동일하면 입자에 작용하는 힘은 입자의 중심에 작용하게 되며 주로 압력에 의한 힘이 된다. 또한 식 (10.9) 및 (10.10)의 비교에서 알 수 있는 바와 같이 수평하상에서의 한계소류력은 경사하상의 경우보다 크고 역경사하상의 경우보다는 작다.

식 (10.9) 및 식 (10.10)을 기초로 하여 인공유사수로에서 실시한 White의 실험결과에 의하면 하상부근의 흐름이 층류일 때 $c_2 a_2 / c_1 a_1$ 의 평균치가 약 0.18인 것으로 나타났다. 따라서, 식 (10.10)은 다음과 같아진다.

$$\tau_c = 0.18 (\gamma_s - \gamma) d \tan \phi \tag{10.12}$$

10.4.1 Shields의 실험적 연구

Shields는 토사입자 이동의 한계조건을 앞에서처럼 해석적으로 분석하지 않고, 토사입자의 운동에 관계되는 6개 주요변수의 차원해석(次元解析, dimensional analysis)에 의해 3개 무차원변량을 얻고 이들 간의 관계를 기준으로 여러 실험자료를 분석함으로써 토사입자 이동의 한계조건을 도표화하였다.

토사입자의 운동에 관계되는 주요변수로는 하상에서의 흐름이 가지는 소류력(τ_0)과 입자의 직경(d) 및 밀도(ρ_s) 및 물의 밀도(ρ), 중력가속도(g) 및 물의 동점성계수(ν)이며 차원 해석을 하면 3개의 무차원변량($n - m = 3$)을 얻게 된다. 즉,

$$\frac{\tau_0}{\rho g d}, \ \frac{\rho_s}{\rho}, \ \frac{d\sqrt{\tau_0/\rho}}{\nu} \tag{10.13}$$

식 (10.13)에 마찰속도(friction velocity) $u_* = \sqrt{\tau_0/\rho}$ 를 도입하고 3개 변량 간의 관계를 표시하면

$$\frac{u_*^2}{gd} = func.\left(S_s, \frac{u_* d}{\nu}\right) \tag{10.14}$$

여기서 u_*^2/gd 는 Froude 수의 자승의 형태이고 $S_s = \rho_s/\rho$ 는 토사입자의 비중이며 $u_* d/\nu$ 는 Reyn- olds수의 형태로서 입자 Reynolds 수(particle Reynolds number), R_e^* 이라 부른다. 식 (10.14)의 변량관계에 따라 실험자료를 도식화하면 여러 S_s 값에 따라 $u_*^2/gd \sim R_e^*$ 관계곡선을 여러 개 얻을 것으로 생각되나 Shields는 다음 관계식에 의해 자료를 정리함으로써 그림 10-8 에서와 같은 단일곡선 관계를 얻었으며 이를 Shields 곡선이라 한다. 즉,

$$\frac{u_*^2}{gd(S_s - 1)} = func.\left(\frac{u_* d}{\nu}\right) \tag{10.15}$$

식 (10.15)의 좌변항은

$$\frac{u_*^2}{gd(S_s - 1)} = \frac{\tau_0}{(\gamma_s - \gamma)d} = F_s \tag{10.16}$$

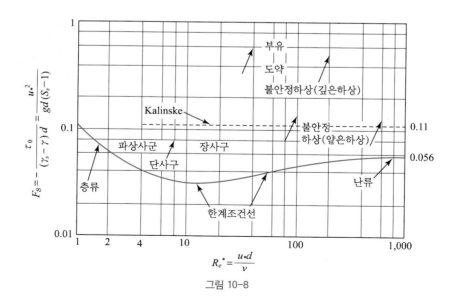

그림 10-8

따라서, F_s 는 식 (10.11)의 좌변항과 동일한 무차원변량으로서 Shields의 함수(entrainment function)라 하고 토사입자의 이동여부를 판단할 수 있는 함수라 할 수 있다.

그림 10-8에 표시된 곡선은 토사입자이동의 한계선으로서 곡선의 아래 영역에서는 입자의 이동이 없고 곡선과 일치하는 조건에서 입자는 움직이기 시작하며, 곡선의 위 영역에서는 토사입자가 움직여서 흐름조건에 따라 하상이 파상사군이나 사구 등이 형성되다가 도약과정을 거쳐 부유하게 된다. 또한 그림 10-8의 한계조건곡선은 관수로에서의 Moody 선도처럼 하상부근의 흐름이 층류이면 R_e^* 의 증가에 따라 F_s 가 작아지다가 천이영역(transition region)에서는 다시 커지며 난류영역에 들어오면 $F_s \simeq 0.056$ 으로 대략 일정해짐을 알 수 있다.

10.4.2 White의 해석적 연구

White는 하상의 한 토사입자의 평형조건을 고려하여 토사입자의 이동한계조건을 수립하고자 하였다. 그림 10-9와 같이 하상단위면적당 소류력을 실제로 감당하는 돌기된 토사입자의 수는 입자의 단면적(d^2)에 반비례하므로

$$n = \frac{\eta}{d^2} \tag{10.17}$$

여기서 η 은 묶음계수(packing coefficient)로서 하상단위면적당 돌기되어 소류력의 대부분을 감당하는 토사입자가 차지하는 실제 면적을 표시한다. 따라서 실제로 소류력을 받는 개개 입자의 영향권면적은 $a = d^2/\eta$ 이라 할 수 있으며 단위면적당 소류력을 τ_0 라 할 때 개개 입자가 받는 총 소류력(F_τ) 은 τ_0 에 입자의 영향권면적을 곱해야 한다. 즉,

$$F_\tau = \tau_0\, a = \frac{\tau_0 d^2}{\eta} \tag{10.18}$$

한편, 식 (10.18)의 개개 입자에 작용하는 소류력에 저항하는 힘은 수중에서의 입자무게(W_s) 에다 마찰계수$(\tan \phi)$ 를 곱한 것이며, 입자의 이동순간에는 F_τ 와 같아져야 하므로

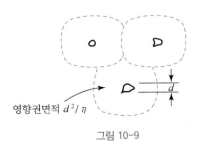

영향권면적 d^2/η

그림 10-9

$$F_\tau = \frac{\tau_0 d^2}{\eta} = \frac{\pi}{6}(\gamma_s - \gamma)d^3 \tan\phi = W_s \tan\phi \qquad (10.19)$$

$$\therefore \tau_0 = \frac{\pi}{6}\eta(\gamma_s - \gamma)d\tan\phi = \frac{W_s}{a}\tan\phi$$

식 (10.19)를 Shields 함수의 형으로 변형시키면

$$F_s = \frac{\tau_0}{(\gamma_s - \gamma)d} = \frac{\pi\eta}{6}\tan\phi \qquad (10.20)$$

식 (10.20)은 토사입자에 작용하는 소류력이 입자의 중심에 작용한다고 가정했을 뿐 아니라 하상부근에서의 난류가 가지는 부양력이라든지 기타 복잡한 흐름상태를 고려하지 않아 불완전성이 지적되고 있으나, 이론적 접근방법에 의해 Shields의 차원해석적 방법 및 실험자료분석의 타당성을 재입증했다는 점에서 큰 가치가 있는 것이다.

10.4.3 한계조건의 응용

그림 10-8의 Shields 곡선은 자연하천이나 인공수로의 바닥으로부터 하상물질의 이동이 없도록 단면을 설계하는 데 응용될 수 있다. 그림 10-8에서 흐름상태가 완전난류가 되는 $R_e^* > 400$ 에서는 $F_s \simeq 0.056$ 으로 일정해지며, 이때 하상재료의 입경 $d > \frac{1}{4}$ inch가 됨을 증명할 수 있다(문제 10-2 참조). 따라서

$$F_s = \frac{\tau_0}{(\gamma_s - \gamma)d} = 0.056 \qquad (10.21)$$

한편, 동수반경은 R_h 이고 경사가 S_0 인 개수로내 등류의 소류력은 (8장 참조)

$$\tau_0 = \gamma R_h S_0 \qquad (10.22)$$

식 (10.22)를 식 (10.21)에 대입하면

$$\frac{\gamma R_h S_0}{\gamma(S_s - 1)d} = 0.056$$

모래의 비중 $S_s = 2.65$ 를 사용하면

$$d = 11 R_h S_0 \qquad (10.23)$$

식 (10.23)으로 표시되는 하상재료의 직경 d 는 주어진 R_h 와 S_0 를 갖는 수로의 바닥에서 토사입자가 움직이지 않고 안정상태에 있을 최소입경을 표시한다.

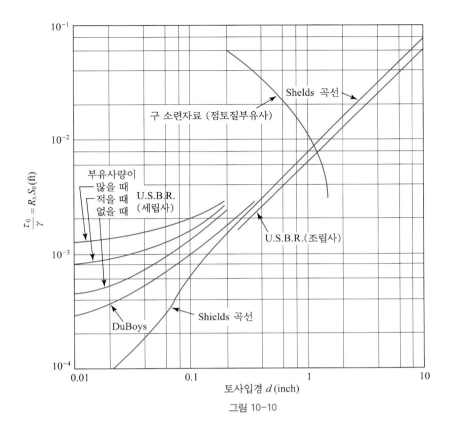

그림 10-10

만약 하상재료의 입경이 $\frac{1}{4}$ inch보다 작으면 식 (10.23)은 사용할 수 없으나 Shields 곡선상의 몇 개 점을 선정하여 각각 F_s 와 R_e^* 값을 정하고 ($S_S = 2.65, \nu = 1.0 \times 10^{-6}\,\mathrm{m^2/sec}$ 로 가정), 이로부터 문제 10-02에서처럼 d 를 계산하고 식 (10.21) 및 식 (10.22)의 관계를 사용하여 계산한 d 에 상응하는 $R_h S_0$ 를 계산함으로써 그림 10-10의 Shields 곡선과 같이 $d \sim R_h S_0$ 관계곡선을 얻을 수 있다. 그림 10-10에는 미국개척국(USBR)이 비점착성조립토사와 세립부유사에 대해 실험적으로 얻은 $d \sim R_h S_0$ 관계곡선과 점토질부유사에 대한 구 소련의 자료도 표시되어 있다.

문제 10-02

토사입자의 비중 $S_S = 2.65$, 물의 동점성계수 $\nu = 1.115 \times 10^{-6}$ m²/sec(15.9°C에서)라 가정하고 그림 10-8에서 Shields 곡선의 난류영역이 시작되는 $R_e^* = 400$ 에서의 $F_S = 0.056$ 이라는 조건을 사용하여 이 영역에서의 하상재료가 움직이지 않기 위해서는 입경의 크기가 1/4 inch 이상이어야 함을 증명하라.

풀이 $R_e^* = 400 = \dfrac{u_* d}{\nu}$

$$\therefore u_* = \frac{400\nu}{d} = \frac{400 \times 1.115 \times 10^{-6}}{d} = \frac{0.446 \times 10^{-3}}{d} \qquad \text{(a)}$$

이때

$$F_s = \frac{\tau_0}{(\gamma_s - \gamma)\,d} = \frac{u_*^2}{(S_S - 1)\,g d} = 0.056 \qquad \text{(b)}$$

$$\therefore u_*^2 = 0.056 \times (2.65 - 1) \times 9.8\,d = 0.9055\,d$$

식 (a), (b)로부터

$$\left(\frac{0.446 \times 10^{-3}}{d}\right)^2 = 0.9055\,d$$

$$d^3 = 0.220 \times 10^{-6}$$

$$\therefore d = 0.00603\,\text{m} = 0.24\,\text{in.} \simeq \frac{1}{4}\,\text{inch}$$

즉, 입경이 약 $\dfrac{1}{4}$ inch. 이상이어야 하며 $R_e^* > 400$ 인 경우에는 $d > \dfrac{1}{4}$ inch. 이어야 하상재료는 움직이지 않고 안정 상태에 있게 된다.

문제 10-03

평균입경 $d = 2$ in.인 하상재료로 된 구형(矩形) 관개수로 위로 3 m³/sec의 물을 송수하고자 한다. 수로의 경사는 0.01로 하고자 하며 제방은 떼를 입혀 세굴을 방지하고자 한다. 하상재료의 이동을 막기위한 최소 수로폭을 결정하라. 등류계산에 필요한 Manning의 조도계수 n 은 Strickler 공식으로 추정할 수 있다. 즉,

$$n = 0.034\,d^{1/6}$$

여기서 d 는 하상재료의 평균입경을 ft 단위로 표시한 것이다.

풀이 $d = 2$ inch. $> \dfrac{1}{4}$ inch. 인 경우이므로 식 (10.23)을 사용하면

$$R_h = \frac{d}{11 S_0} = \frac{2 \times 2.54 \times 10^{-2}}{11 \times 0.01} = 0.462\,\text{m}$$

Strickler 공식으로 n 을 계산하면

$$n = 0.034\left(\frac{2}{12}\right)^{1/6} = 0.025$$

따라서, 평균유속

$$V = \frac{1}{0.025}(0.462)^{2/3}(0.01)^{1/2} = 2.39 \, \text{m/sec}$$

즉, 평균속도 $V < 2.39 \, \text{m/sec}$ 로 유지해야 하상재료의 이동을 방지할 수 있다.

수로 내의 수심 $y \simeq R_h = 0.462 \, \text{m}$ 로 가정하면 단위폭당 유량

$$q = yV = R_h V = 0.462 \times 2.39 = 1.104 \, \text{m}^3/\text{sec/m}$$

따라서, 소요수로폭

$$T = \frac{Q}{q} = \frac{3}{1.104} = 2.72 \, \text{m}$$

즉, 수로폭은 2.72 m보다 크게 설계해야 하며, 예를 들어 $T = 3 \, \text{m}$ 를 취한다.

10.5 소류사량의 계산

댐 혹은 자연하천수로의 설계 및 유지관리를 위해서 토사유출률, 즉 유사량(sediment discharge)을 추정하는 일은 어떤 기간 동안의 총 유사용적을 계산한다든지 혹은 어떤 하천구간 내에서의 세굴 혹은 퇴적토사량이 얼마나 될 것인가를 결정하기 위해서 매우 중요하다. 전술한 바와 같이 하천에서의 유사는 소류사와 부유유사로 구성되며, 소류사량(bed load)과 부유유사량(suspended load)을 각각 구하여 이를 합함으로써 전 유사량(total load)을 구하고자 하였다. 그러나 소류사와 부유유사의 한계를 분명히 긋는다는 것은 어려운 일이며 이들 각각의 계산방법도 아직 정립되어 있지 못한 실정이며, 소류사와 부유유사를 구분하지 않고 전 유사량을 결정하고자 하는 노력도 계속되어 왔다. 따라서 하천유사량의 계산방법은 현상의 복잡성 때문에 아직도 정립되어 있지 않다고 말할 수 있으며 우선 지금까지 제안된 여러 가지 경험공식의 이론적 배경과 응용방법 및 각 방법의 비교검토에 관해 살펴보기로 한다.

10.5.1 DuBoys의 소류사량 공식

소류사량에 관한 최초의 연구는 DuBoys에 의한 것으로서 그림 10-11에서와 같이 하상은 여러 개의 층으로 구성되며 소류력에 의해 각 층은 직선적인 속도분포로 미끄러지면서 이동하는 것으로 본다. 그림 10-11의 이동토사층의 맨 아래층에는 이동순간에 수로단위폭당 저항력과 소류력이 일치해야 하므로(광폭구형단면이라 가정)

$$n \, \Delta h_s (\gamma_s - \gamma) \tan \phi = \gamma y S_0 \tag{10.24}$$

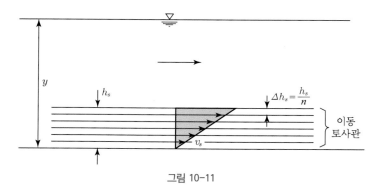

그림 10-11

여기서 $\tan \phi$ 는 마찰계수이고 S_0 는 하상경사이다.

만약, 이동토사층의 맨 아래층으로부터 제일 위층까지의 이동속도를 각각 v_s, $2v_s$, $3v_s$, ... , $(n-1)v_s$ 라 하면 수로단위폭당 소류사량은

$$g_s = \sum A_{si} v_{si} = \Delta h_s v_s + \Delta h_s (2v_s) + \cdots + \Delta h_s (n-1)v_s \qquad (10.25)$$

$$= \Delta h_s v_s [1 + 2 + \cdots + (n-1)] = \Delta h_s v_s \frac{n(n-1)}{2}$$

한계소류력 τ_c 에서는 맨 위층이 움직이기 시작하므로

$$\tau_c = \Delta h_s (\gamma_s - \gamma) \tan \phi$$

따라서, 전체층에 대해서는

$$n \Delta h_s (\gamma_s - \gamma) \tan \phi = n \tau_c = \gamma y S_0 \qquad (10.26)$$

$$\therefore n = \frac{\gamma y S_0}{\tau_c}$$

식 (10.26)을 식 (10.25)에 대입하여 정리하면

$$g_s = \frac{\Delta h_s v_s}{2 \tau_c^2} \gamma y S_0 (\gamma y S_0 - \tau_c)$$

여기서 $\Delta h_s v_s / 2\tau_c^2 = \Psi_D$ 로 놓고 $\gamma y S_0 = \tau_0$ 이므로

$$g_s = \Psi_D \tau_0 (\tau_0 - \tau_c) \qquad (10.27)$$

식 (10.27)을 DuBoys의 소류사량 공식이라 하며 Ψ_D 와 τ_c는 토사입자의 특성(평균입경)에 관계되는 상수로서 Straub의 실험결과에 의해 표 10-2 및 그림 10-12와 같이 추천되고 있다.

여기서 조심해야 할 것은 DuBoys 공식을 사용할 때의 단위이다. 실험적으로 결정된 Ψ_D와 τ_c가 표 10-2의 단위를 가질 때 식 (10.27)의 τ_0는 ℓb/ft²의 단위가 되고 계산되는 g_s 는 lb/sec/ft가 됨을 명심해야 한다. 또한 DuBoys 공식은 $\frac{1}{8} \leq d_{50} \leq 4\,\mathrm{mm}$ 인 경우 2차원 흐름가

표 10-2 평균입경에 따른 Ψ_D와 τ_c 값

평균입경 d_{50} (mm)	유사구분	$\Psi_D(\text{ft}^3/\text{lb} \cdot \text{sec})$	$\tau_c(\text{lb}/\text{ft}^2)$
$\frac{1}{8}$	세사(fine sand)	134.3	0.0162
$\frac{1}{4}$	중간사(medium sand)	80.1	0.0172
$\frac{1}{2}$	조사(coarse sand)	48.0	0.0215
1	극조사(very coarse sand)	28.5	0.0316
2	둥근자갈(granule gravel)	17.0	0.0513
4		10.3	0.0890

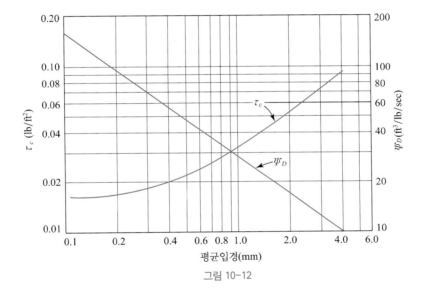

그림 10-12

정(광폭가정)이 성립할 때 정확하게 적용할 수 있다.

Straub는 표 10-2의 $d_{50} \sim \Psi_D$ 관계를 다음과 같은 식으로 표시하였다.

$$\Psi_D = \frac{28.51}{d_{50}^{3/4}} \tag{10.28}$$

따라서, DuBoys의 공식은 다음과 같이 표시할 수도 있다.

$$g_s = \frac{28.51 \, \tau_0 \, (\tau_0 - \tau_c)}{d_{50}^{3/4}} \tag{10.29}$$

10.5.2 Einstein-Brown의 소류사량 공식

Einstein 공식의 유도에서는 하상의 토사입자가 소류력에 의해 일단 바닥을 이탈하면 평균거리 L 만큼 이동한 후 다시 하상에 가라앉게 되며 이동거리 L 은 평균입경 d 에 반비례한다고 가정한다. 그림 10-13에서와 같이 단위폭을 가지고 흐름방향으로의 길이가 L 인 하상면적을 생각하면 그림의 사선친 면적으로부터 이탈하는 개개입자는 AB 선을 통과한 후 하상에 안착하게 되며 단위시간(second)당 이탈하는 입자수는 AB 선을 통과하는 수와 동일해진다. 여기서 만약 p_s 를 사선친 면적 내에 있는 어떤 입자가 주어진 시간에 구역을 이탈할 확률이라 하고 $A_1 d^2$ 을 입경 d 인 개개입자가 차지하는 하상면적이라 하면(여기서 A_1 는 상수) 단위시간당 이탈하는 입자의 수는 하상면적($L \times 1$)을 구성하는 토사입자의 전체수에 이탈확률 p_s 를 곱하면 얻어진다. 즉,

$$\frac{L}{A_1 d^2} p_s \tag{10.30}$$

개개입자의 체적은 $A_2 d^3$ 으로 표시할 수 있고(여기서 A_2 는 상수), 단위시간당 AB 선을 통과하는 토사입자의 총무게(g_s)는 식 (10.30)으로 표시되는 입자의 총수에 한 개 입자의 무게 $\gamma_s A_2 d^3$ 을 곱하면 된다. 즉,

$$g_s = \left(\frac{L}{A_1 d^2} p_s \right)(\gamma_s A_2 d^3) = \gamma_s \frac{A_2}{A_1} \lambda p_s d^2 \tag{10.31}$$

여기서 $\lambda = L / d$ 로서 상수로 취급한다. Einstein은 식 (10.31)에서 토사입자가 하상으로부터 이탈할 확률 p_s 는 유수의 부양력과 토사입자의 수중무게의 함수로 가정하였다. 유수의 부양력은 $\tau_0 d^2$ 에 비례하며 입자의 수중무게는 $(\gamma_s - \gamma) A_2 d^3$ 로 표시할 수 있으므로 두 힘의 비는

$$\frac{\tau_0 d^2}{(\gamma_s - \gamma) A_2 d^3} = \frac{\tau_0}{A_2 (\gamma_s - \gamma) d} = \frac{F_s}{A_2} \tag{10.32}$$

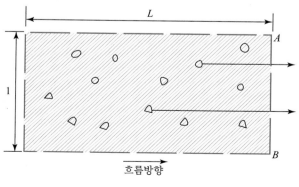

그림 10-13

여기서 F_s 는 Shields 함수식 (10.16)이며 무차원변량임은 앞에서 언급한 바 있다. Einstein의 가정은 p_s 가 부양력과 수중무게의 비인 식 (10.32), 즉 F_s 의 함수로 표시할 수 있다는 것이며 또한 p_s 는 시간의 역수의 차원(T^{-1})을 가지므로 다음과 같이 표시할 수 있다.

$$p_s = \frac{1}{t} f(F_s) \tag{10.33}$$

여기서 f 는 p_s 가 F_s 의 함수임을 표시하며 t 는 토사입자의 이탈기구에 있어서의 특성시간이다. Einstein은 토사입자가 침강속도 w 로서 그의 입경만큼 이동하는 데 소요되는 시간 t 를 특성시간으로 선택하였다. 즉, $t = d/w$ 이다. 따라서, 식 (10.33)은

$$p_s = \frac{w}{d} f(F_s) \tag{10.34}$$

식 (10.34)를 식 (10.31)에 대입하면

$$g_s = \gamma_s \frac{A_2}{A_1} \lambda w d f(F_s)$$

여기서 A_2/A_1 및 λ 는 상수이므로

$$\Phi = \frac{g_s}{\gamma_s w d} = f'(F_s) = f'\left[\frac{\tau_0}{(\gamma_s - \gamma)d}\right] \tag{10.35}$$

여기서 Φ 를 Einstein 함수라 하고 Shields 함수 $F_s = 1/\Psi$ 의 함수로 흔히 표시한다. 즉,

$$\Phi = f\left(\frac{1}{\Psi}\right) \tag{10.36}$$

식 (10.35)의 사용을 위해 결정해야 하는 토사입자의 침강속도 w 는 다음과 같은 Rubey의 식으로 계산할 수 있다.

$$w = G\sqrt{gd(S_S - 1)} \tag{10.37}$$

여기서

$$G = \sqrt{\frac{2}{3} + \frac{36\nu^2}{gd^3(S_S - 1)}} - \sqrt{\frac{36\nu^2}{gd^3(S_S - 1)}} \tag{10.38}$$

식 (10.38)의 G 값은 토사의 비중을 2.65라 할 때 $d \geq 1/16$ inch(약 1.6 mm)일 경우에는 약 $\frac{2}{3}$ 가 됨을 증명할 수 있다. 식 (10.36)의 관계를 사용하여 Brown이 실험자료를 정리한 결과 그림 10-14와 같은 $\Phi \sim 1/\Psi$ 관계곡선을 얻을 수 있었다. 그림 10-14에서 볼 수 있는 바와 같이 Brown은 다음과 같은 관계를 제안하였다.

$$\Phi = 40\left(\frac{1}{\Psi}\right)^3 \tag{10.39}$$

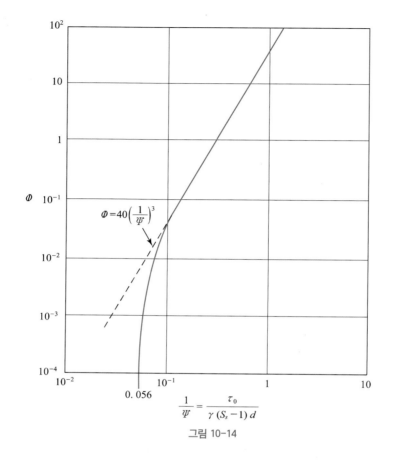

$$\Phi = 40\left(\frac{1}{\Psi}\right)^3$$

0.056

$$\frac{1}{\Psi} = \frac{\tau_0}{\gamma(S_s - 1)d}$$

그림 10-14

식 (10.39)를 Brown 공식이라 하며 그림에 표시한 바와 같이 $1/\Psi \geq 0.1$인 경우에는 실험자료와 대체로 일치하나 $1/\Psi < 0.1$이 되면 Shields 곡선으로부터 이탈하는 것으로 나타나 있다. 이는 흐름의 소류력이 작아져 토사이동의 한계조건인 $F_s = 1/\Psi < 0.056$의 영역에 이르면 토사입자의 이동은 중지되므로 소류사는 발생하지 않게 됨을 의미한다.

그림 10-14의 실험곡선을 반대수지에 $\Phi \sim \Psi$ 관계곡선으로 표시해 보면 그림 10-15와 같다. 그림 10-15의 자료점들은 유사수로에서 평균입경 0.3~28 mm 토사를 사용하여 실시한 실험으로부터 얻은 자료이며, 그림에서 보는 바와 같이 $\Psi = (\gamma_s - \gamma)d / \tau_0$가 5.5보다 작을 경우에는 Brown 공식이 대체로 양호한 관계를 나타내나 $\Psi > 5.5$ 이면 Brown 곡선은 자료점들로부터 크게 이탈한다. 따라서 Einstein과 Brown은 그림 10-15에 표시된 바와 같이 실험자료에 보다 더 잘 맞는 Einstein-Brown 공식을 다음과 같이 제안하였다.

$$0.465\,\Phi = e^{-0.391\Psi} \tag{10.40}$$

그림에서처럼 식 (10.40)은 $\Psi > 5.5$ 일 때 실험결과에 대체로 일치한다. 이상의 고찰로부터 정성적으로 말한다면 흐름의 소류력이 커서 소류사량이 클 경우에는 Brown 공식이 잘 맞으나 소류력이 작아져서 소류사량이 작을 경우에는 Einstein-Brown 공식이 더 잘 맞는다고 말할 수 있다.

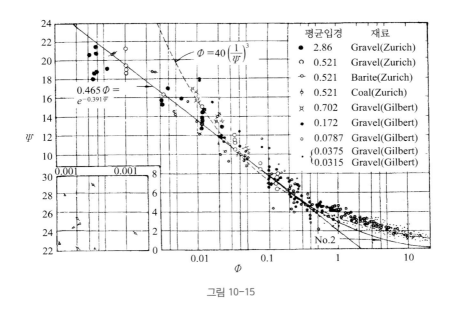

그림 10-15

10.5.3 Einstein의 소류사 함수법

Einstein은 Einstein-Brown 공식에 이어 하천에서의 전 유사량을 계산하기 위한 방법을 개발하는 과정에서 소류사 함수식(bed load equation)을 유도했으며 이 식을 도식적으로 풀어서 소류사량을 계산하였다. 이 방법의 기본개념은 수로단위폭당 전 유사량 g_{st}를 부유유사량 g_{ss}와 소류사량 g_{sb}의 합으로 보았으며 유사량은 하상을 형성하는 토사입자의 크기 구간별 개개 유사량의 합으로 계산하였다.

$$g_{st} = \sum g_{st_i} = \sum g_{ss_i} + \sum g_{sb_i} \qquad (10.41)$$

여기서 g_{st_i}, g_{ss_i} 및 g_{sb_i}는 각각 수로단위폭당 각 입자크기 구간별 전 유사량, 부유사량 및 소류사량을 표시한다. 부유유사량의 계산방법에 대한 것은 다음 절에서 소개하기로 하고 여기서는 소류사량의 계산을 위한 Einstein의 소류사 함수법에 대해 살펴보기로 한다.

Einstein은 소류사 함수의 유도과정에서 하상의 단위면적당, 단위시간당 토사입자가 이동할 확률 p_s는 정규분포를 따른다고 가정하고 다음과 같이 유도하였다.

$$p_{si} = 1 - \frac{1}{\sqrt{\pi}} \int_{-\left(\frac{1}{7}\Psi_{*i} - 2\right)}^{\left(\frac{1}{7}\Psi_{*i} - 2\right)} e^{-t^2} dt \qquad (10.42)$$

여기서 Ψ_{*i}는 흐름의 수리학적 특성을 대표하는 변량으로서 흐름의 강도(flow intensity)라 부르며 다음과 같이 표시하였다.

$$\Psi_{*i} = \xi_i \, Y \left[\frac{\log_{10} 10.6}{\log_{10} \left(\frac{10.6 \, x \, X}{d_{65}} \right)} \right]^2 \frac{(\gamma_s - \gamma) \, d_{si}}{\gamma r_b' \, S_0} \tag{10.43}$$

여기서 d_{si} 는 임의 토사입자구간에 대한 대표입경이며 r_b' 은 하상입자의 마찰력과 관련되는 하상동수반경으로 다음 식으로부터 시행착오적으로 계산한다.

$$\frac{V}{\sqrt{g r_b' \, S_0}} = 5.75 \log_{10} \left(\frac{12.27 \, r_b' \, x}{d_{65}} \right) \tag{10.44}$$

또한 ξ_i 는 그림 10 – 16 (a)에서처럼 d_{si} / X 의 함수로 표시되고 Y 는 그림 10 – 16 (b)에서 처럼 d_{65} / δ 의 함수로 표시되며, x 는 대수유속분포식에 포함되는 무차원변량으로 그림 10 – 17로부터 구할 수 있고, δ 는 바닥에서의 층류저층의 두께로서

$$\delta = 11.6 \frac{\nu}{u_*} \tag{10.45}$$

또한 식 (10.43)의 X 값은

$$\frac{d_{65}}{x \, \delta} \geq 1.80 \, \text{일 때} \, X = 0.77 \frac{d_{65}}{x} \tag{10.46}$$

$$\frac{d_{65}}{x \, \delta} < 1.80 \, \text{일 때} \, X = 1.398 \, \delta \tag{10.47}$$

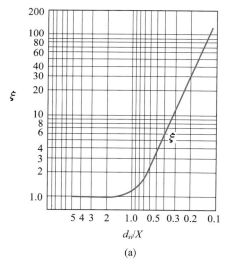

(a)

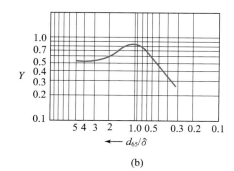

(b)

그림 10–16

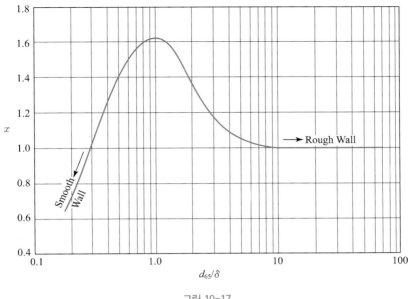

그림 10-17

식 (10.42)로 표시되는 토사입자의 이동확률은 소유사량의 크기를 결정하게 되는 것이며, Einstein은 소류사 유송강도(intensity of bed load transport) Φ_{*i}의 함수로 표시하였다. 즉,

$$p_{si}= 1 - \frac{1}{\sqrt{\pi}}\int_{-\left(\frac{1}{7}\Psi_{*i}-2\right)}^{\left(\frac{1}{7}\Psi_{*i}-2\right)} e^{-t^2}dt = \frac{43.5\,\Phi_{*i}}{1+43.5\,\Phi_{*i}} \qquad (10.48)$$

식 (10.48)이 Einstein의 소류사 함수식(bed load function)이며

$$\Phi_{*i}= \frac{1}{p_i}\frac{g_{sbi}}{\gamma_s}\sqrt{\frac{\gamma}{\gamma_s-\gamma}\frac{1}{gd_{si}^{\,3}}} \qquad (10.49)$$

여기서 p_i 는 하상재료 중 평균입경 d_{si} 인 입자의 무게구성비이다.

식 (10.48)로 표시되는 Einstein의 소류사 함수식을 풀어서 소류사량 g_{sb_i} 를 구한다는 것은 매우 힘들므로 그림 10-18과 같은 $\Phi_* \sim \Psi_*$ 관계 곡선을 사용함으로써 g_{sb_i} 를 구할 수 있다.

지금까지 소개한 Einstein의 소류사 함수에 의해 소류사량을 계산하는 절차는 하천수로와 하상재료에 대한 기본자료를 획득한 후 수리량의 계산에 이어 유사량의 계산을 하게 되며 축차적인 계산단계를 요약하면 다음과 같다.

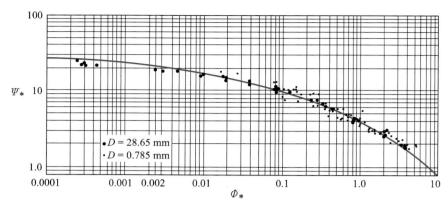

그림 10-18

(1) 수리량의 계산

① 그림 10 - 17에서 적절한 x 값을 가정하여 식 (10.44)에서 r_b' 을 시행착오법으로 구한 후 $u_*' = \sqrt{gr_b'S_0}$ 에 의해 u_*' 을 계산하여 식 (10.45)로부터 δ 를 구하여 그림 10 - 17의 d_{65}/δ 에 해당하는 x 값이 가정치와 일치하는가를 확인한다. 만약 일치하지 않으면 일치할 때까지 x 를 재가정하여 계산을 반복

② ①에서 최종적으로 결정한 r_b' 을 사용하여 u_*' 계산

③ 식 (10.45)로 δ 를 계산하고 d_{65}/δ 계산

④ ①에서 최종적으로 결정한 x 값을 그림 10 - 17로부터 검산후 채택

⑤ $d_{65}/x\delta$ 계산

⑥ 식 (10.46) 혹은 식 (10.47)에 의해 X 값 계산

⑦ 그림 10 - 16 (b)로부터 d_{65}/δ 에 해당하는 Y 값 채택

⑧ 식 (10.43)의

$$Z = \left[\frac{\log_{10} 10.6}{\log_{10}\left(\dfrac{10.6xX}{d_{65}} \right)} \right]^2$$

을 계산한다.

(2) 소류사량의 계산

① 입자직경구간 i 의 평균입경 d_{si} 채택

② 입자직경구간의 무게구성비 p_i 채택 및 수리량계산에서 얻은 r_b' 채택

③ d_{si}/X 에 해당하는 ξ_i 값을 그림 10 - 16 (a)로부터 결정

④ 식 (10.43)에 의해 Ψ_{*i} 계산

⑤ 그림 10 - 18에서 Ψ_{*i} 에 해당하는 Φ_{*i} 값 결정

⑥ 식 (10.49)에 ⑤에서 결정된 Φ_{*i} 값을 넣고 g_{sb_i} 계산

⑦ 모든 입자직경구간 i 에 대해 ①~⑥의 절차로 단위폭당 소류사량을 계산하여 합산하면 $\sum g_{sb_i}$ 를 얻고 이에 하폭을 곱하면 전 소류사량을 얻는다.

10.5.4 기타 소류사량 공식

앞에서 살펴본 DuBoys, Einstein-Brown, Einstein의 소류사량 공식 이외에도 여러 가지 경험공식들이 지금까지 제안되어 왔다. Shields, Kalinske, Schoklitsch, Yalin, Meyer-Peter and Müller, Lausen, Blench, Colby, Toffaleti, Yang 등의 공식이 이에 속하며 이들 공식 중 비교적 간편하면서 대표적인 Shields 공식, Kalinske 공식 및 Meyer-Peter and Müller 공식만을 여기서 소개하고자 한다. 한 가지 언급하고자 하는 것은 이와 같이 많은 공식들이 제안되어 온 것은 소류사량의 결정이 얼마나 어려운가를 말해주고 있으며 아직까지는 절대적인 정확성을 가지는 공식은 존재하지 않는다고 말할 수 있겠다.

Shields는 전술한 토사입자 이동의 한계조건 이외에 폭이 40 cm 및 80 cm 되는 실험수로에서 얻은 실험자료의 분석으로부터 다음과 같은 Shields의 소류사량 공식을 제안하였다.

$$g_s = 10\, q\, S_0\, \frac{\tau_0 - \tau_c}{(S_s - 1)^2 d} \tag{10.50}$$

여기서 다른 변수들은 앞에서 정의한 바와 같고 q 는 수로의 단위폭당 유량이다. 식 (10.50)은 차원적으로 동질성을 가지므로 각 변수의 값은 fps 혹은 mks 단위계 중 어느 것을 사용해도 무방하다.

Kalinske는 Einstein과는 약간 다른 이론의 전개로 경험식을 유도했으나 그 결과는 Einstein 의 소류사량 공식과 매우 비슷한 공식을 얻었으며 이를 Kalinske의 소류사량 공식이라 한다. 즉,

$$\frac{g_s}{\gamma_s u_* d} = f\left(\frac{1}{\Psi}\right) \tag{10.51}$$

여기서 γ_s 는 유사의 단위중량이며 $u_* = \sqrt{\tau_0/\rho}$ 는 흐름의 마찰속도이다.

그림 10-19는 식 (10.51)의 관계에 따라 실험자료를 표시하여 관계곡선을 그린 것으로, 그림 10-14의 Brown의 결과와 매우 비슷함을 알 수 있다. 그림에서 $1/\Psi > 0.1$인 경우의 관계식은

$$\frac{g_s}{\gamma_s u_* d} = 10\left(\frac{1}{\Psi}\right)^2 \tag{10.52}$$

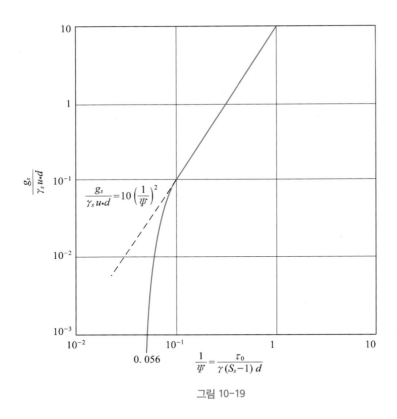

그림 10-19

식 (10.52)와 식 (10.35)의 좌변항을 비교하면 Einstein은 특성속도(characteristic velocity)로서 입자의 침강속도를 택한 대신 Kalinske는 하상부근 흐름의 마찰속도 $u_* = \sqrt{\tau_0 / \rho} = \sqrt{gyS_0}$ 를 취했음을 알 수 있다.

Meyer-Peter and Müller 공식은 식이 간편하여 종종 쓰이는 공식으로서 다음과 같이 표시된다.

$$g_s = 8 \sqrt{\frac{g}{\gamma}} \left(\frac{S_s}{S_s - 1} \right) (\tau_0 - \tau_c)^{3/2} \qquad (10.53)$$

식 (10.53)의 단위로서 fps 혹은 mks 어떤 단위계이건 사용할 수 있으며 Chien에 의하면 Einstein 공식과 비슷한 결과를 주는 것으로 알려져 있다.

10.5.5 소류사량 공식의 비교평가

지금까지 살펴본 몇 가지 소류사량 공식의 타당성을 평가하기 위해서는 자연하천에서의 유사량실측치와 이들 공식에 의해 계산된 값을 비교해 보면 될 것이다. 이러한 비교를 위한 일반적인 방법은 그림 10-20과 같이 수로 내 유량과 소류사량 간의 관계를 표시하는 것이다. 그림 10-20은 미국 Niobrara 강의 실측유량별 유사량자료를 표시하고 있으며 하천경사 $S_0 = 0.00129$, 기하평균입경 $d_g = 0.283\,\mathrm{mm}$, 수온 $T = 60\,^\circ\mathrm{F}$ 일 때 5개 경험공식에 의해 계산한 유량별 유사량의 관계곡선을 표시하고 있다. 그림에서 볼 수 있는 바와 같이 5개 공식 중 Laursen, Shields, DuBoys 공식은 지나치게 큰 유사량을 주고 Einstein, Einstein-Brown, Kalinske 공식이 실측유사량에 비교적 접근하는 것으로 알려져 있으나 Niobrara 강의 실측치와는 잘 일치하지 않고 있다. 물론 이들 실측자료에도 상당한 오차가 있겠지만 그림 10-20으로부터 지금까지의 소류사량 공식이 얼마나 불완전한가를 알 수 있으며 문제 10-04 및 10-05를 통하여 각 공식에 의한 소류사량의 계산방법을 연습해 보고 또 계산결과를 비교해 보기로 한다.

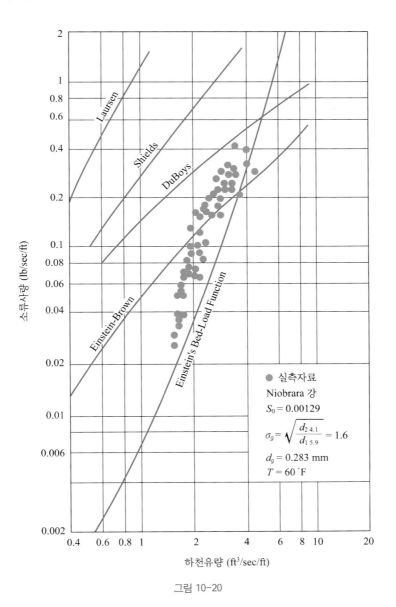

그림 10-20

폭이 45 m 되는 광폭수로에 70 m³/sec의 물이 1.2 m의 수심으로 흐르고 있다. 하상물질의 평균입경은 0.5 mm, 비중은 2.65일 때 다음 공식에 의해 소류사량을 계산하라.
(a) DuBoys 공식　　(b) Einstein-Brown 공식　　　(c) Shields 공식
(d) Kalinske 공식　　(e) Meyer-Peter and Müller 공식

풀이 (a) DuBoys 공식

$$g_s = \Psi_D \, \tau_0 \, (\tau_0 - \tau_c)$$

$d_{50} = 0.5\,\mathrm{mm}$ 이므로 표 10-2로부터 $\Psi_D = 48.0\,\mathrm{ft^3/lb/sec}$, $\tau_c = 0.0216\,\mathrm{lb/ft^2}$ 이다. 흐름의 소류력 $\tau_0 = \gamma R_h S_0$ 이므로 R_h 와 S_0 를 구해야 한다.

$$R_h = \frac{A}{P} = \frac{45 \times 1.2}{45 + 2 \times 1.2} = 1.14\,\mathrm{m} = 3.74\,\mathrm{ft}$$

Strickler 공식으로 n 을 구하면($d = 0.5\,\mathrm{mm} = 1.64 \times 10^{-3}\,\mathrm{ft}$ 이므로)

$$n = 0.034(1.64 \times 10^{-3})^{1/6} = 0.0117$$

Manning 공식으로부터

$$S_0 = \frac{n^2 V^2}{R_h^{4/3}} = (0.0117)^2 \frac{\left(\frac{70}{45 \times 1.2}\right)^2}{(1.14)^{4/3}} = 1.932 \times 10^{-4}$$

$$\therefore \tau_0 = \gamma R_h S_0 = 62.4 \times 3.74 \times 1.932 \times 10^{-4} = 0.0451\,\mathrm{lb/ft^2}$$

따라서

$$g_s = 48.0 \times 0.0451(0.0451 - 0.0215) = 0.0511\,\mathrm{lb/sec/ft}$$

총 소류사량은 폭 $45\,\mathrm{m} = 147.6\,\mathrm{ft}$이므로

$$G_S = 0.0511 \times 147.6 = 7.542\,\mathrm{lb/sec} = 3.423\,\mathrm{kg/sec}$$

(b) Einstein-Brown 공식

$$\Psi = \frac{(\gamma_s - \gamma)d}{\tau_0} = \frac{62.4 \times (2.65 - 1) \times 1.64 \times 10^{-3}}{0.0451} = 3.744$$

$\Psi = 3.744 < 5.5$ 이므로 Brown 공식을 사용하기로 한다. 식 (10.39)에서

$$g_s = 40\gamma_s wd \left[\frac{\tau_0}{(\gamma_s - \gamma)d}\right]^3$$

$d = 0.5\,\mathrm{mm} < 1/16\,\mathrm{in.}$ 이므로 식 (10.37)의 G 는 식 (10.38)에 의거 계산해야 한다. $\nu = 0.0101\,\mathrm{cm^2/sec}(20°C)$이므로

$$G = \sqrt{\frac{2}{3} + \frac{36 \times (0.0101)^2}{980 \times 0.05^3 \times 1.65}} - \sqrt{\frac{36 \times (0.0101)^2}{980 \times 0.05^3 \times 1.65}} = 0.693$$

식 (10.37)로 w 를 계산하면

$$w = 0.693 \sqrt{9.8 \times 0.5 \times 10^{-3} \times 1.65} = 0.0624 \, \mathrm{m/sec}$$

한편

$$\frac{1}{\Psi} = \frac{\tau_0}{(\gamma_s - \gamma)\,d} = \frac{0.0451}{62.4 \times 1.65 \times 1.64 \times 10^{-3}} = 0.267$$

따라서 단위폭당 소류사량은

$$g_s = 40 \times 2.65 \times 1{,}000 \times 0.0624 \times 0.5 \times 10^{-3} \times (0.267)^3 = 0.0629 \, \mathrm{kg/sec/m}$$

$$\therefore G_S = 0.0629 \times 45 = 2.831 \, \mathrm{kg/sec}$$

(c) Shields 공식

식 (10.50)에 의해 단위폭당 소류사량을 계산하기 위해

$$q = \frac{Q}{T} = \frac{70}{45} = 1.556 \, \mathrm{m^3/sec/m}$$

τ_0 와 τ_c 를 단위환산하면

$$\tau_0 = 0.0451 \, \mathrm{lb/ft^2} = 0.0451 \times 0.454 \times (3.281)^2 = 0.220 \, \mathrm{kg/m^2}$$
$$\tau_c = 0.0215 \, \mathrm{lb/ft^2} = 0.0215 \times 0.454 \times (3.281)^2 = 0.105 \, \mathrm{kg/m^2}$$

따라서 식 (10.50)을 쓰면

$$g_s = 10 \times 1.556 \times 1.932 \times 10^{-4} \times \frac{(0.220 - 0.105)}{(1.65)^2 \times 0.5 \times 10^{-3}} = 0.254 \, \mathrm{kg/sec/m}$$

$$\therefore G_S = 0.254 \times 45 = 11.42 \, \mathrm{kg/sec}$$

(d) Kalinske 공식

식 (10.52)로부터

$$g_s = 10\,\gamma_s\,u_*\,d\left(\frac{1}{\Psi}\right)^2$$

마찰속도 u_* 를 구하면

$$u_* = \sqrt{\frac{\tau_0}{\rho}} = \sqrt{\frac{\tau_0\,g}{\gamma}} = \sqrt{\frac{0.220 \times 9.8}{1{,}000}} = 0.0464 \, \mathrm{m/sec}$$

한편, $\dfrac{1}{\Psi} = 0.267$ 로 (b)에서 구했으므로

$$g_s = 10 \times 2.65 \times 1{,}000 \times 0.0464 \times 0.5 \times 10^{-3} \times (0.267)^2$$
$$= 0.0438 \, \mathrm{kg/sec/m}$$
$$\therefore G_S = 0.0438 \times 45 = 1.971 \, \mathrm{kg/sec}$$

(e) Meyer-Peter and Müller 공식

$\tau_0 = 0.220 \, \text{kg/m}^2$, $\tau_c = 0.105 \, \text{kg/m}^2$ 로 결정되었으므로 식 (10.53)에 값을 대입하면

$$g_s = 8 \times \sqrt{\frac{9.8}{1,000}} \left(\frac{2.65}{2.65 - 1} \right) (0.220 - 0.105)^{3/2}$$

$$= 0.0496 \, \text{kg/sec/m}$$

$$\therefore G_S = 0.0496 \times 45 = 2.232 \, \text{kg/sec}$$

문제 10-05

경사가 1/1,330, 평균수리심이 1.61 m, 하폭이 33 m인 하천수로에 96 m³/sec의 물이 흐르고 있다. 하상재료의 입도분포가 표 10-3과 같을 때 Einstein의 소류사 함수법으로 소류사량을 계산하라. 토사의 비중은 2.678, 물의 동점성계수는 $\nu = 1.01 \times 10^{-6} \, \text{m}^2/\text{sec}$로 가정하라.

풀이 $S_0 = \dfrac{1}{1,330} = 7.519 \times 10^{-4}$

$$D = 1.61 \, \text{m}, \quad T = 33 \, \text{m}, \quad V = \frac{96}{33 \times 1.61} = 1.806 \, \text{m/sec}$$

$$S_S = 2.678, \quad \nu = 1.01 \times 10^{-6} \, \text{m}^2/\text{sec}$$

수리량 및 유사량의 계산에 필요한 65% 통과율에 해당하는 입경 d_{65}는 누가입도분포곡선으로부터 결정한다. 표 10-3의 입경구간별 평균입경을 사용하여 누가구성비를 계산하면 표 10-4와 같다.

표 10-3 하상재료의 입도분포

구간번호 i	입경(mm)	평균입경(mm)	무게구성비(%)
1	20~15	17.32	0.5
2	15~10	12.25	4.6
3	10~5	7.07	10.1
4	5~1.9	3.07	16.9
5	1.9~0.864	1.28	15.6
6	0.864~0.495	0.65	28.3
7	0.495~0.221	0.31	19.6
8	0.221~0.107	0.154	4.2
9	0.107~0.074	0.089	0.1
10	0.074~0	0.037	0.1

표 10-4 하상재료의 누가구성비

(1) 구간번호	(2) 평균입경(mm)	(3) 무게구성비(%)	(4) 누가무게구성비(%)
1	17.42	0.5	100
2	12.25	4.6	99.5
3	7.07	10.1	94.9
4	3.08	16.9	84.8
5	1.28	15.6	67.9
6	0.65	28.3	52.3
7	0.31	19.6	24.0
8	0.154	4.2	4.4
9	0.089	0.1	0.2
10	0.037	0.1	0.1

표 10-4의 (2)란을 대수축, (4)란을 산술축으로 하여 반대수지 혹은 전대수지에 그려보면 매끈한 곡선을 그릴 수 있으며 이로부터 체 통과율 65%에 해당하는 d_{65}를 구하면 $d_{65} = 1.18\,\text{mm}$ $= 0.00118\,\text{m}$

(1) 수리량의 계산

① 그림 10-17에서 $x = 1.0$으로 가정하고 식 (10.44)에 알고 있는 값을 대입하면

$$\frac{1.806}{\sqrt{9.8 \times r_b' \times 7.519 \times 10^{-4}}} = 5.75 \log_{10}\left(\frac{12.27 \times r_b' \times 1.0}{0.00118}\right)$$

시행착오법으로 풀면 $r_b' = 0.856\,\text{m}$

② $u_*' = \sqrt{g r_b' S_0} = \sqrt{9.8 \times 0.856 \times 7.519 \times 10^{-4}} = 0.0794\,\text{m/sec}$

③ 식 (10.45)를 사용하면

$$\delta = \frac{11.6 \times 1.01 \times 10^{-6}}{0.0794} = 0.1476 \times 10^{-3}$$

$$\therefore \frac{d_{65}}{\delta} = \frac{0.00118}{0.1476 \times 10^{-3}} = 8.0$$

④ 그림 10-17에서 $d_{65}/\delta = 8.0$일 때의 $x = 1.0$이며 $r_b' = 0.856\,\text{m}$가 정확함을 알 수 있고 $x = 1.0$을 채택한다.

⑤ $\dfrac{d_{65}}{x\delta} = \dfrac{0.00118}{1 \times 0.1476 \times 10^{-3}} = 8.0$

⑥ $\dfrac{d_{65}}{x\delta} = 8.0 > 1.80$이므로 식 (10.46)을 이용하면

$$X = 0.77 \times \frac{0.00118}{1.0} = 9.086 \times 10^{-4}\,\text{m}$$

⑦ 그림 10 - 16 (b)로부터 $d_{65}/\delta = 8.0$ 에 대한 Y 값을 읽으면 $Y = 0.52$

⑧ 식 (10.43)의

$$Z = \left[\frac{\log_{10} 10.6}{\log_{10} \left(\dfrac{10.6 \times 1.0 \times 9.086 \times 10^{-4}}{0.00118} \right)} \right]^2 = 1.265$$

(2) 소류사량의 계산

① 표 10 - 3의 제일 첫 번째 입자구간($i = 1$)의 평균입경 $d = 17.32\,\text{mm} = 0.01732\,\text{m}$ 이다. 이 입자구간에 속하는 하상재료의 소류사량 q_{sb1} 을 계산하기로 한다.

② 식 (10.49)의 $p_1 = 0.5\% = 0.005$ (표 10 - 3) 수리계산에서 $r_b' = 0.856\,\text{m}$

③ $\dfrac{ds_1}{X} = \dfrac{0.01732}{9.086 \times 10^{-4}} = 19.06$ 에 해당하는 $\xi_1 = 1.0$ (그림 10 - 16 (a))

④ 식 (10.43)에 의해

$$\Psi_{*1} = 1.0 \times 0.52 \times 1.265 \times \frac{1,000 \times (2.678 - 1) \times 0.01732}{1,000 \times 0.856 \times 7.519 \times 10^{-4}} = 29.69$$

⑤ 그림 10 - 18에서 $\Psi_{*1} = 29.69$ 에 해당하는 $\Phi_{*1} = 0.0001$

⑥ 식 (10.49)에 기지값을 대입하면 ($p_1 = 0.005$ 이므로)

$$0.0001 = \frac{1}{0.005} \frac{g_{sb1}}{2.678 \times 1,000} \sqrt{\frac{1}{(2.678 - 1)} \frac{1}{(9.8 \times (0.01732)^3)}}$$

$$g_{sb1} = 1.238 \times 10^{-5}\,\text{kg/sec/m}$$

⑦ $i = 2 \sim 10$까지의 각 입자구간에 대해 ①~⑥의 계산을 반복하면 각 입자구간에 속하는 소류사량을 계산할 수 있으며, 이를 합함으로써 하천단위폭당 소류사량을 구할 수 있다. 전소류사량은 여기에다 하천폭을 곱하면 된다. 즉,

$$G_{sb} = T \sum_{i=1}^{10} g_{sbi}$$

표 10 - 5는 이와 같이 계산한 g_{sbi} 값과 $\sum g_{sbi}$ 값을 수록하고 있다.

따라서 전소류사량은

$$G_{sb} = 33 \times 686.14 \times 10^{-3} = 22.576\,\text{kg/sec}$$

표 10-5 소류사량 계산표

i	$d_{si}(10^{-2}\,\mathrm{m})$	p_i	$r_b{}'(\mathrm{m})$	d_{si}/X	ξ_i	Ψ_{*i}	Φ_{*i}	g_{sbi} $(10^{-3}\,\mathrm{kg/sec/m})$
1	1.732	0.005	0.856	19.06	1.0	29.69	0.0001	0.01238
2	1.225	0.046	0.856	13.48	1.0	21.00	0.0026	1.76263
3	0.707	0.101	0.856	7.78	1.0	12.12	0.08	52.21170
4	0.308	0.169	0.856	3.39	1.0	5.28	0.6	188.40460
5	0.128	0.156	0.856	1.409	1.0	2.22	3.0	232.96750
6	0.065	0.283	0.856	0.715	1.6	1.78	4.0	203.91250
7	0.031	0.196	0.856	0.341	10	5.31	0.59	6.86085
8	0.0154	0.042	0.856	0.170	60	15.84	0.02	0.01745
9	0.0089	0.001	0.856	0.098	170	25.94	0.00013	0.0
10	0.0037	0.001	0.856	0.041	1,100	69.77	1×10^{-7}	0.0

$$\sum g_{sbi} = 686.13961 \times 10^{-3}\,\mathrm{kg/sec/m}$$

10.6 부유유사량의 계산

자연하천에 있어서 부유유사량은 소류사량보다 양적으로 훨씬 큰 것이 보통이므로 실무적인 면에서 매우 중요하다. 부유유사를 형성하는 토사입자는 그 무게 때문에 침강하려하는 반면에 유수가 일으키는 난류는 입자를 계속 부유상태에 있도록 하며, 부유유사의 양적해석은 침강 및 부유성향이 평형을 이루는 평형상태를 가정하면 한결 쉬워진다. 따라서 여기서는 평형상태 하에서의 부유유사의 연직방향 농도분포 및 부유유사량의 계산방법에 대해 살펴보기로 한다.

10.6.1 부유유사의 연직방향 농도분포

그림 10-21에서와 같이 하상으로부터 연직거리 y 만큼 떨어진 곳에서의 물 단위체적당의 유사량무게인 부유유사농도(suspended sediment concentration)를 C_y 라 하고 유사입자의 침강속도를 w, 난류의 혼합거리를 l, 연직방향의 난류속도성분을 v' 라 하자. 바닥으로부터 거리 y 되는 층에서 평형상태에 도달한다는 것은 단위면적당 입자의 상승 및 강하량이 동일함을 의미한다. 즉,

$$\left(C_y + \frac{l}{2}\frac{dC_y}{dy}\right)(v' - w) = \left(C_y - \frac{l}{2}\frac{dC_y}{dy}\right)(v' + w)$$

정리하면

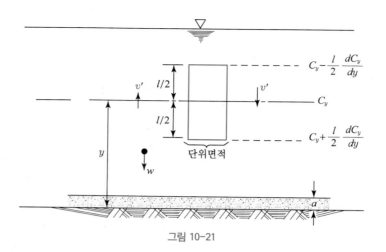

그림 10-21

$$l\,v'\,\frac{d\,C_y}{dy} - 2\,w\,C_y = 0$$

여기서 $lv'/2 = \varepsilon_s$라 놓고 이를 난류의 확산계수라 하면

$$\varepsilon_s \frac{dC}{dy} - w\,C_y = 0 \tag{10.54}$$

한편, 난류의 와점성계수 ε_m를 써서 바닥으로부터 y 떨어진 곳에서의 소류력 τ_y를 속도구배 du/dy의 항으로 표시하면

$$\tau_y = -\rho\,\varepsilon_m\,\frac{du}{dy} \tag{10.55}$$

흐름의 수심을 D라 할 때 τ_y는 연직방향으로 직선분포를 가지므로

$$\tau_y = \tau_0\,\frac{D-y}{D} \tag{10.56}$$

여기서 τ_0는 바닥에서의 소류력이다.

Von-Karman의 유속분포식(식 6.33의 형태)을 미분하면

$$\frac{du}{dy} = \frac{u^*}{\kappa y} \tag{10.57}$$

여기서 κ (kappa)는 Von-Karman의 우주상수이다. 즉, 식 (10.55)와 (10.56)의 우변항을 같게 놓고 식 (10.57)의 관계를 대입하여 정리하면

$$\varepsilon_m = -\kappa\,u^*\,\frac{D-y}{D}\,y \tag{10.58}$$

다음으로, $\varepsilon_s = \beta\varepsilon_m$이라 놓고 식 (10.58)을 식 (10.54)에 대입하면

$$- \beta \kappa u^* \left(\frac{D-y}{D} \right) y \frac{dC_y}{dy} - w\, C_y = 0$$

다시 쓰면

$$\frac{dC_y}{C_y} = - \frac{wD}{\beta \kappa u^*} \frac{dy}{(D-y)\,y} \tag{10.59}$$

식 (10.59)를 바닥으로부터 미소거리 a 만큼 떨어진 곳으로부터 y 만큼 떨어진 곳까지 적분하여 정리하면, 즉

$$[\ln C]_a^y = - \frac{wD}{\beta \kappa u^*} \int_a^y \frac{dy}{(D-y)\,y} \tag{10.60}$$

$$\therefore \; \frac{C_y}{C_a} = \left(\frac{D-y}{y} \cdot \frac{a}{D-a} \right)^{\frac{w}{\beta \kappa u^*}}$$

여기서 C_a 는 바닥으로부터 a 만큼 떨어진 곳에서의 유사농도이며, 임의 높이 y 에서의 농도 C_y 를 구하기 위해서는 C_a 를 알아야 하나 소류사와 부유유사의 경계가 되는 바닥으로부터의 거리 a 를 구하는 기준이 없어 어렵다. 부유유사의 연직농도분포를 표시하는 식 (10.60)은 Rouse에 의해 유도되었으며, Rouse 방정식이라 부르고 식 (10.60)의 우변항의 지수를 Rouse 수 라 한다. 즉,

$$z = \frac{w}{\beta \kappa u^*} \tag{10.61}$$

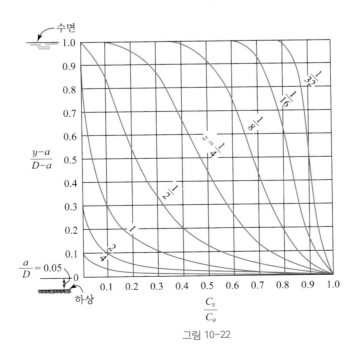

그림 10-22

그림 10-22는 여러 z 값에 대한 상대농도분포곡선을 표시하고 있다. 그림에서 알 수 있는 바와 같이 z 값이 작으면 연직농도는 균등분포(uniform distribution)에 가까워지고, z 값이 커짐에 따라 농도는 수면으로부터 바닥으로 가까워짐에 따라 급격히 커진다. 이와 같은 사실은 흐름의 조건이 일정할 경우 식 (10.61)의 Rouse 수 z는 침강속도 w에 직접 비례하므로 유사입자가 크면 w가 크므로 z 값이 커지며, 반대로 작은 유사입자는 w가 작으므로 작은 z 값을 가지게 되어 농도분포가 균등분포에 가까워질 것이라 생각하면 이해가 가능하다.

10.6.2 부유유사량 계산방법

부유유사량의 크기는 부유유사량농도에 유량을 곱하여 구할 수 있으며 단위시간당 수로단면을 통과하는 부유사의 양이라 할 수 있다. 부유사의 농도는 일정하지 않고 연직으로 분포를 가지므로 부유유사량의 계산은 수로단면의 미소면적을 통과하는 유사량을 전 수심에 걸쳐 적분하여 계산한다. 그런데 수로의 단위폭당 부유유사량 g_{ss}를 구하고자 할 경우 유량은 속도에 수심을 곱하여 표시할 수 있으므로

$$g_{ss} = \int_a^D C_y u_y \, dy \tag{10.62}$$

여기서 C_y는 수로바닥으로부터 연직으로 y만큼 떨어져 있는 곳에서의 부유유사농도, u_y는 y 위치에서의 점유속, a는 수로바닥으로부터 취한 미소거리로서 부유사와 소류사의 경계선까지의 거리이며 D는 전 수심이다.

따라서, 부유유사량은 식 (10.62)의 적분에 의해 구할 수 있으며, 지금까지의 이론적 및 경험적 방법 중 가장 많이 활용되고 있는 방법은 Einstein 방법 및 Brooks 방법이며 여기서는 Einstein 방법에 대해서만 살펴보기로 한다.

Einstein은 소류사 함수법에서처럼 하상재료의 입도분석에 의해 몇 개의 입자크기 구간으로 나누고 구간별 부유사량을 계산하여 합산하는 방법을 채택하였다. 식 (10.62)의 토사를 부유시키는 점유속 u_y의 분포식으로서 Keulegan이 제안한 식은

$$u_y = 5.75 \, u_* \log_{10}\left(\frac{30.2xy}{d_{65}}\right) \tag{10.63}$$

여기서 x는 그림 10-17에서 정의된 것과 같다.

식 (10.62)에 식 (10.60)의 C_y와 식 (10.63)의 u_y를 대입하여 적분하면

$$\begin{aligned}
g_{ss} = 5.75 \, u_* D C_a \left(\frac{A}{1-A}\right)^z \Bigg[&\log_{10}\left(\frac{30.2\,xD}{d_{65}}\right) \int_A^1 \left(\frac{1-\eta}{\eta}\right)^z d\eta \\
&+ \int_A^1 \left(\frac{1-\eta}{\eta}\right)^z \log_e \eta \, d\eta \Bigg]
\end{aligned} \tag{10.64}$$

여기서 $A = a/D$ 이고 $\eta = y/D$ 이다.

식 (10.64)의 C_a 는 전술한 바와 같이 바닥의 소류사층 경계에서의 부유사농도이며 이는 평균 입경 d_s 인 소류사량 g_{sb} 와 밀접한 관계를 가질 것임이 분명하며 Einstein은 $a = 2d_s$ 로 가정하여 다음과 같은 식을 유도하였다.

$$C_a = \frac{1}{11.6} \frac{g_{sb}}{2\,d_s\,u_*{'}} \tag{10.65}$$

여기서 $u_*{'} = \sqrt{gr_b{'} S_0}$ 는 수로바닥 부근에서의 마찰속도이다. 식 (10.65)를 식 (10.64)에 대입하고 변형시키면

$$g_{ss} = g_{sb}(P_r\,I_1 + I_2) \tag{10.66}$$

여기서

$$P_r = 2.3 \log_{10}\left(\frac{30.2\,xD}{d_{65}}\right) \tag{10.67}$$

$$I_1 = 0.216 \frac{A^{z-1}}{(1-A)^z} \int_A^1 \left(\frac{1-\eta}{\eta}\right)^z d\eta \tag{10.68}$$

$$I_2 = 0.216 \frac{A^{z-1}}{(1-A)^z} \int_A^1 \left(\frac{1-\eta}{\eta}\right)^z \log_e \eta\, d\eta \tag{10.69}$$

$$z = \frac{w}{0.4\,u_*{'}} \tag{10.70}$$

식 (10.68), (10.69)에서 $A = a/D = 2\,d_s/D$ 이며 적분치 I_1 과 $-I_2$ 는 그림 10-23과 10-24를 사용하여 z 값 및 A 값에 따라 도식적으로 얻게 된다. 또한 식 (10.70)의 z 는 앞에서 설명한 Rouse 수이며 식 (10.61)에서 $\beta = 1.0, \kappa = 0.4$ 로 취하여 얻어진 식이다.

이상에서 살펴본 바와 같이 Einstein 방법에 의해 부유유사량을 계산하기 위해서는 Einstein의 소류사 함수법에 의해 식 (10.66)의 g_{sb_i} 를 입자크기 구간별로 계산하고 식 (10.67)에 의해 P_r 을 구한 다음 Z_i 와 A_i 를 결정하여 I_1 및 $-I_2$ 를 그림 10-23 및 10-24로부터 구해서 식 (10.66)으로 g_{ssi} 를 결정한다. 모든 입자크기 구간에 대해 이와 같은 절차를 반복하면 수로단위 폭당 부유유사량 $g_{ss} = \sum g_{ssi}$ 를 계산할 수 있으므로 수로폭을 이에 곱해줌으로써 전 부유유사량을 산정할 수 있게 된다.

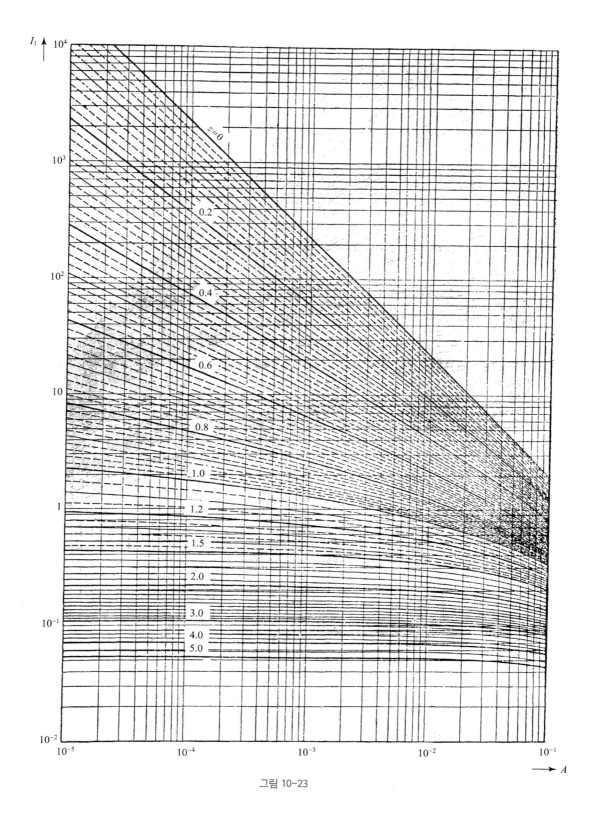

그림 10-23

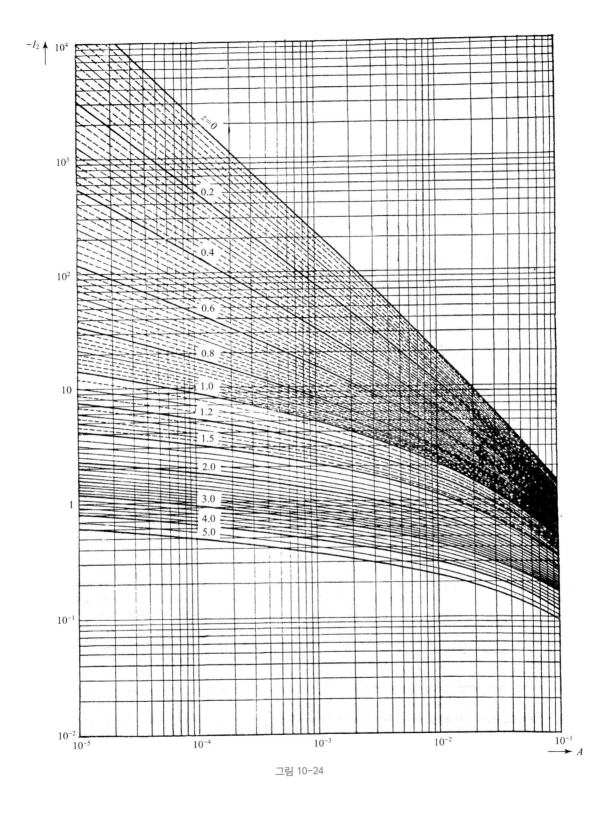

그림 10-24

문제 10-05의 경우에 대하여 Einstein 방법에 의해 부유유사량을 계산하라.

풀이 문제 10-05에서 이미 결정된 변수 중 이 계산에 필요한 값을 요약하면

$$S_0 = 1/1,330, \ D = 1.61\,\text{m}, \ T = 33\,\text{m}$$

$$D_{65} = 0.00118\,\text{m}, \ u_*' = 0.0794\,\text{m/sec}, \ x = 1.0$$

식 (10.67)에 의해

$$P_r = 2.3 \log_{10}\left(\frac{30.2 \times 1.0 \times 1.61}{0.00118}\right) = 10.614$$

여섯 번째 입자크기 구간($i = 6$)에 대한 g_{ss6}을 구해 보자.

(1) $d_{s6} = 0.00065\,\text{m}$ 이므로

$$A_6 = \frac{a_6}{D} = \frac{2d_{s6}}{D} = \frac{2 \times 0.00065}{1.61} = 8.075 \times 10^{-4}$$

(2) Rouse 수 z를 계산하기 위해 침강속도 w_6를 식 (10.37)로 계산한다. 식 (10.38)을 사용하면

$$G = \sqrt{\frac{2}{3} + \frac{36 \times (1.11 \times 10^{-6})^2}{9.8 \times (0.00065)^3 \times 1.6780}} - \sqrt{\frac{36 \times (1.01 \times 10^{-6})^2}{9.8 \times (0.00065)^3 \times 1.6780}} = 0.731$$

식 (10.37)에 대입하면

$$w_6 = 0.731\sqrt{9.8 \times 0.00065 \times 1.678} = 0.0756\,\text{m/sec}$$

따라서 식 (10.70)을 사용하면

$$z_6 = \frac{0.0756}{0.4 \times 0.0794} = 2.4$$

(3) $A_6 = 8.075 \times 10^{-4}$, $z_6 = 2.38$ 일 때

$$I_1 = 0.17 \ (\text{그림 } 10\text{-}23)$$
$$-I_2 = 1.10 \ (\text{그림 } 10\text{-}24)$$
$$\therefore I_2 = -1.10$$

(4) 문제 10-05의 표 10-5로부터

$$g_{sb6} = 203.9125 \times 10^{-3}\,\text{kg/sec/m}$$

식 (10.66)을 사용하면

$$
\begin{aligned}
g_{ss6} &= g_{sb6}(P_r I_1 + I_2) \\
&= (203.91 \times 10^{-3}) \times (10.614 \times 17 - 1.10) \\
&= 143.55 \times 10^{-3}\,\text{kg/sec/m}
\end{aligned}
$$

(5) 위와 같은 방법으로 전 입자크기 구간에 대해 부유유사량을 계산한 결과는 표 10−6에 수록되어 있다.

따라서, 전 부유사량은 다음과 같다.

$$G_{ss} = 33 \times 333.82 \times 10^{-3} = 11.016 \, \text{kg/sec}$$

표 10-6 부유사량 계산표

(1) i	(2) $d_{si}(10^{-2}\text{m})$	(3) $A_i(10^{-3})$	(4) z_i	(5) I_1	(6) I_2	(7) $P_r I_1 + I_2$	(8) $g_{sbi}(10^{-3}\text{kg/}\\ \text{sec/m})$	(9) $g_{ssi}(10^{-3}\text{kg/}\\ \text{sec/m})$
1	1.732	21.516	13.7	−	−	−	0.01	0.0
2	1.225	15.127	11.6	−	−	−	1.76	0.0
3	0.707	8.783	8.8	0.032	−0.15	0.190	52.21	9.92
4	0.308	3.826	5.7	0.049	−0.26	0.260	188.40	48.98
5	0.128	1.590	3.6	0.085	−0.50	0.402	232.96	93.65
6	0.065	0.807	2.4	0.17	−1.1	0.704	203.91	143.55
7	0.031	0.385	1.3	0.60	−1.3	15.078	6.86	34.84
8	0.0154	0.193	0.55	17.50	−42.0	143.745	0.02	2.88
9	0.0089	0.111	0.22	310.00	−430.0	2,860.340	0.0	0.0
10	0.0037	0.046	0.04	4,900.00	−4,900.00	47,108.600	0.0	0.0

$$\sum g_{sbi} = 333.82 \times 10^{-3} \, \text{kg/sec/m}$$

10.7 전 유사량의 계산

자연하천의 전 유사량(total sediment load)을 계산하기 위한 방법을 개발하기 위해 지금까지 많은 노력이 계속되어 왔으나 아직까지 만족할만한 방법은 제시되지 못하고 있다. 전 유사량의 계산은 크게 두 가지 방법으로 시도되어 왔으며, 그 첫째 방법은 앞 절에서 살펴본 바와 같이 소류사량과 부유유사량을 각각 경험적인 방법으로 구하여 이를 합산하는 방법이고, 둘째 방법은 소류사와 부유유사를 구분하지 않고 하천에서의 유사이동기구에 관계되는 변수들 간의 차원해석을 근거로 모형실험을 하여 경험공식을 유도하는 것이다.

첫째 방법은 전 절의 소류사량 및 부유유사량의 계산방법에서 살펴본 바와 같이, 각 공식들에 의한 결과가 실측치와 상당한 편차를 보일 뿐 아니라 방법의 종류에 따라서도 큰 차이를 보이므로 그 정도에는 개선의 여지가 많다고 하겠다. 그러나, 아직까지는 다른 좋은 방법이 없어 전 유사량의 계산을 위해 가장 많이 사용되고 있다. 이 방법 중 대표적인 것은 Einstein의 소류사함수에 의해 소류사량을 계산하고 계산된 소류사량과 부유유사발생기구 간의 관계에 의해 부유유사량을 계산하여 합산함으로써 전 유사량을 추정하는 방법이다. 즉, 앞에서 소개한 식 (10.41)

표 10-7 전유사량 계산표(Einstein)

(1) i	(2) d_{si}	(3) p_i	(4) $r_b{}'$	(5) $\dfrac{d_{si}}{X}$	(6) ξ_i	(7) Ψ_{*i}	(8) Φ_{*i}	(9) g_{sb_i}	(10) A_i	(11) z_i	(12) I_1	(13) I_2	(14) $1+P_r I_1 + I_2$	(15) g_{st_i}

에 의해 하천의 단위폭당 전 유사량을 계산한 후 하폭을 곱함으로써 하천단면을 통과하는 전 유사량을 계산하게 된다. 여기서 한 가지 주의를 환기시킬 것은 다른 방법과는 달리 Einstein 방법에서는 부유유사량을 계산하여 합산과정을 거친다는 것이다. 10.5 및 10.6절에서의 Einstein 방법의 소개에서는 이해를 돕기 위해 소류사량과 부유유사량의 계산을 각각 분리하여 계산하였으나 문제 10-05와 문제 10-06의 계산절차는 표 10-7과 같은 양식으로 통합하여 일괄계산을 하면 더 간단해진다.

표 10-7의 (15)란은 식 (10.41)에 의하면

$$g_{st_i} = g_{ss_i} + g_{sb_i} \tag{10.71}$$

식 (10.71)에 식 (10.66)을 대입하면

$$g_{st_i} = g_{sb_i}(1 + P_r I_1 + I_2) \tag{10.72}$$

따라서 Einstein의 소류사량 계산법에 의해 (9)란의 g_{sb_i} 를 구한 후 소류사량 계산법으로 (10)~(13)란을 구하고 (14)란을 계산하여 (14)란에 (9)란을 곱함으로써 (15)란의 입자크기 구간별 전 유사량을 계산하게 된다.

전 유사량 계산을 위한 두 번째 유형의 방법에는 Lausen, Garde-Albertson 방법 등 여러 가지가 있으나 Garde-Albertson의 경험공식을 소개하면 식 (10.73)과 같다.

$$g_{st} = \frac{1.36}{(10^5 \nu)^3} \frac{V^4 n^3}{d_{50}^{3/2} D} \tag{10.73}$$

여기서 g_{st} 는 하천단위폭당 전 유사량(lb/sec/ft)이고 ν 는 물의 동점성계수(ft²/sec), V 는 흐름의 평균유속(ft/sec), n 은 하상의 Manning 조도계수, d_{50} 은 평균입경(ft), D 는 흐름의 수심(ft)이다. 문제 10-07의 풀이에서도 알 수 있겠지만 Garde-Albertson의 공식은 복잡한 현상을 지나치게 단순화한 경험공식으로 지나치게 큰 값을 주는 것으로 알려져 있어 그 사용에 주의하지 않으면 안 된다.

문제 10-05 및 10-06의 결과를 종합하여 Einstein 방법에 의해 전 유사량을 계산하라. 또한 Garde-Albertson 의 경험공식을 사용하여 전 유사량을 계산하라. 입도분석에 결정된 $d_{50} = 0.72\,\text{mm}$라 가정하라.

풀이 (1) Einstein 방법

문제 10-05의 풀이에서 $g_{sb} = \sum g_{sb_i} = 686.14 \times 10^{-3}\,\text{kg/sec/m}$, 문제 10-06의 풀이에서

$g_{ss} = \sum g_{ssi} = 333.82 \times 10^{-3}\,\text{kg/sec/m}$. 따라서 단위폭당 전유사량은

$$g_{st} = g_{sb} + g_{ss} = 1{,}017.96 \times 10^{-3}\,\text{kg/sec/m}$$

전 유사량은 하천폭이 13 m이므로

$$G_{st} = 33 \times 1{,}017.96 \times 10^{-3} = 33.592\,\text{kg/sec}$$

(2) Garde-Albertson 방법

Garde-Albertson 공식의 변수는 fps 단위이므로 단위환산을 하면

$$V = 1.806\,\text{m/sec} = 5.925\,\text{ft/sec}$$
$$\nu = 1.01 \times 10^{-6}\,\text{m}^2/\text{sec} = 1.087 \times 10^{-5}\,\text{ft}^2/\text{sec}$$
$$d_{50} = 0.72\,\text{mm} = 0.00236\,\text{ft}$$
$$D = 1.6\,\text{m} = 5.282\,\text{ft}$$

하상의 조도계수 n을 Strickler 공식을 사용하여 구하면

$$n = 0.034\,(d_{50})^{1/6} = 0.034(0.00236)^{1/6} = 0.0124$$

따라서, 식 (10.73)을 사용하면

$$g_{st} = \frac{1.36 \times (5.925)^4 \times (0.0124)^3}{(10^5 \times 1.087 \times 10^{-5})^3 \times (0.00236)^{3/2} \times 5.282} = 4.109\,\text{lb/sec/ft}$$
$$= 6.120\,\text{kg/sec/m}$$
$$\therefore\ G_{st} = 33 \times 6.120 = 201.960\,\text{kg/sec}$$

10.8 저수지 내 퇴사**

토사를 운송하는 하천유로상에 댐을 축조하여 저수지가 형성되면 상당량의 토사가 저수지 내에 퇴적되어 저수지의 활용저수용량을 연차적으로 감소시키게 되는데, 이를 저수지 내 퇴사 (reservoir sedimentation)라 한다.

저수지에 퇴적되는 토사의 근원은 주로 유역으로부터의 토양침식 때문이다. 판상침식(板狀浸蝕, sheet erosion)과 구상침식(構狀浸蝕, gulley erosion) 및 하도침식(河道浸蝕, channel erosion)에 의해 하류로 토사가 유송되어 저수지에 이르면 유속이 갑자기 크게 감소함에 따라 퇴적현상이 일어나게 된다. 토사의 저수지 내 퇴적 메커니즘을 살펴보면 그림 10-25와 같이 감속으로 인해 저수지 입구부에서 비교적 굵은 토사가 먼저 퇴적되어 사주를 형성하며, 입자가 작은 부유유사는 저수 중에 머물러 있다가 서서히 침강하여 퇴적된다. 이와 같이 형성된 사주는 댐방향으로 서서히 이동하게 되고 저수지 내의 깨끗한 물과 상류에서 유입되는 토사류 사이에 밀도류(密度流, density current)가 형성되어 입자가 작은 토사의 댐방향이동을 가속시키게 된다.

이와 같은 퇴사로 인한 저수용량의 감소 때문에 저수지를 계획할 때에는 손실용량을 감안하여 저수지를 설계해야 하며 그 기본이 되는 것은 다음 식이다.

$$V_s = EQ_s \qquad (10.74)$$

여기서 V_s 는 매년의 저수용량 감소용적(m^3/year)이고 Q_s 는 매년 저수지 내로 유입하는 전 유사용적(m^3/year)이며 E 는 저수지의 토사포착효율(土砂捕捉效率, trap efficiency)로서 저수지의 크기, 유입량, 저수지 운영조작방법 및 유입토사의 특성 등에 관계가 있다. Brown은 식 (10.74)의 E 를 결정하기 위한 경험공식으로서 다음 식을 제안하였다.

$$E = 1 - \frac{1}{1 + k\left(\dfrac{C}{W}\right)} \qquad (10.75)$$

여기서 C/W 는 유역면적 $W(\text{mi}^2)$ 에 대한 저수지의 용량 $C(\text{acre-ft})$의 비(capacity-watershed ratio)이며 k 는 토사포착효율에 영향을 미치는 인자에 따라 결정되는 상수로서 0.046~1.0의 범위 내에 있고 설계치로서 0.1의 값을 많이 사용한다.

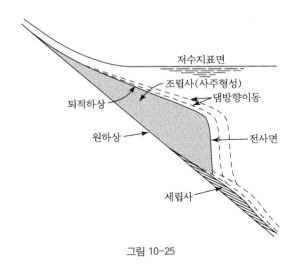

그림 10-25

식 (10.74)의 연간유입유사용적 Q_s 는 앞에서 살펴본 유사량 계산법이나 유사량의 실측에서 얻는 연간유사량 $G_s(\mathrm{kg/year})$ 를 유사의 평균단위중량 $\gamma_{sm}(\mathrm{kg/m^3})$ 으로 나누어서 구하게 된다. 즉,

$$Q_s = \frac{G_s}{\gamma_{sm}}$$

그런데 저수지 내에 퇴적되는 토사의 단위중량은 압밀현상에 의해 연차적으로 그 크기가 커지므로 저수지의 수명년한 동안의 평균치를 사용해야 하며, Lane-Koelzer는 다음 식을 추천하고 있다.

$$\gamma_{sm} = \gamma_1 X_1 + (\gamma_2 + K_2 \log_{10} T) X_2 + (\gamma_3 + K_3 \log_{10} T) X_3 \qquad (10.76)$$

여기서 $\gamma_1, \gamma_2, \gamma_3$ 는 각각 퇴적 1년 후의 모래, 실트 및 점토질 토사의 수중 단위중량이며, K_1, K_2, K_3 는 각각 모래, 실트 및 점토질 토사의 다짐률에 따라 결정되는 상수이고, X_1, X_2, X_3 는 각각 퇴적토사량 전체에 대한 모래, 실트 및 점토의 구성비를 표시하며 T 는 퇴적기간(years)이다. 저수지의 운영조작방법에 따른 저수지의 수위에 따라 Lane-Koelzer는 실측자료를 바탕으로 γ 와 K 값을 표 10-8과 같이 추천하고 있다.

Brune은 저수지의 토사포착효율 E 를 식 (10.75)에서 처럼 C/W 에 함수로 표시하는 대신 저수지 내로의 연간 유입수량 $I(\mathrm{m^3})$ 에 대한 총저수용량 $C(\mathrm{m^3})$ 의 비(capacity-inflow ratio)인 C/I 와 상관시켰으며 표 10-9에 C/I 별 E 의 평균치가 수록되어 있다.

Crim은 표 10-9의 자료를 다음과 같은 경험식으로 표시하였으며 C/I 값이 아주 작을 경우를 제외하고는 표의 값과 거의 일치한다. 즉,

$$E = \frac{C/I}{0.012 + 0.0102\,C/I} \qquad (10.77)$$

여기서 C/I 및 E 는 %의 단위를 가진다.

표 10-8 모래, 실트 및 점토질 토사의 γ 및 K값(γ의 단위 : $10^3\,\mathrm{kg/m^3}$)

저수지 내 수위	모래		실트		점토	
	γ_1	K_1	γ_2	K_2	γ_3	K_3
고수위 (퇴적토 완전잠수)	1.492	0	1.043	0.0914	0.481	0.257
중간수위 (대부분 잠수)	1.492	0	1.187	0.0433	0.738	0.172
저수위 (약간 잠수)	1.492	0	1.267	0.0273	0.963	0.0963
저수지 바닥노출	1.492	0	1.315	0.0	1.251	0.0

표 10-9 저수지의 C/I별 평균토사포착효율

$C/I(\%)$	0.2	0.3	0.4	0.5	0.6	0.8	1.0	1.5	2	3	4	6	10	20	100	1,000
$E(\%)$	2	13	20	27	31	38	44	52	60	68	74	80	86	93	97	98

어떤 하천의 상류부에 저수지 건설을 계획하고 있다. 저수지로의 연평균유입율은 $14\,\mathrm{m^3/sec}$이며 연평균 토사유입율은 $11.6\,\mathrm{kg/sec}$로 추정되었다. 저수지의 경제적 수명년한을 100년으로 잡을 때 저수지의 순 활용 저수용량을 1억 $\mathrm{m^3}$로 확보하고자 한다면 총 저수용량은 얼마로 정해야 할 것인가? 단, 저수지 내 퇴사는 항상 잠수상태에 있고 유입토사의 구성비는 모래가 80%, 실트가 10%, 점토가 10%라고 가정하라.

풀이 연간 총 토사유입량 $G_s = 11.6 \times 3{,}600 \times 24 \times 365 = 3.658 \times 10^8\,\mathrm{kg/year}$.

식 (10.76)으로 평균 단위중량을 계산하면

$$\gamma_{sm} = 10^3 \times [1.492 \times 0.8 + (1.043 + 0.0914 \times 2) \times 0.1 + (0.481 + 0.257 \times 2) \times 0.1]$$
$$= 1.416 \times 10^3\,\mathrm{kg/m^3}$$

100년간 유입되는 유사의 총 체적은 식 (10.76)으로부터

$$Q_S = \frac{G_s}{\gamma_{sm}} = \frac{3.658 \times 10^8 \times 100}{1.416 \times 10^3} = 2.583 \times 10^7\,\mathrm{m^3}$$

연간 총 유입수량 $I = 14 \times 3{,}600 \times 24 \times 365 = 4.415 \times 10^8\,\mathrm{m^3/year}$. 소요 총 저수용량 C는 순활용 저수용량(1억 $\mathrm{m^3}$)에 100년간의 퇴사용적 V_s(식 10.74)를 더한 것이므로

$$C = 10^8 + V_s = 10^8 + \frac{EQ_s}{100} = 10^8 + 2.583 \times 10^5\,E \quad (E \text{ in } \%) \qquad \text{(a)}$$

따라서

$$\frac{C}{I}\,(\%) = \left(\frac{10^8 + 2.583 \times 10^5\,E}{4.415 \times 10^8} \right) \times 100 = 22.65 + 0.0585\,E \qquad \text{(b)}$$

식 (b)를 식 (10.77)에 대입하면

$$E = \frac{22.65 + 0.0585\,E}{0.243 + 0.000597\,E} \qquad \text{(c)}$$

식 (c)를 풀면 $E = 94.10\%$ 이고 이를 식 (b)에 대입하면 $\dfrac{C}{I} = 28.16\%$ 이다.

따라서, 식 (a)에 $E = 94.10\%$ 를 대입하면

$$C = 10^8 + 2.583 \times 10^5 \times 94.10 = 1.243 \times 10^8\,\mathrm{m^3}$$

소요총저수용량은 1.243억 $\mathrm{m^3}$로서 100년간의 퇴적 토사량을 감안하여 순활용 저수용량보다 24.3% 정도 더 크게 잡아야 함을 알 수 있다.

10.9 침식성 인공수로의 안정설계

토사의 유송이론을 응용하지 않으면 않되는 또 하나의 중요한 분야는 관개용수로 혹은 배수로 등 인공수로의 안정설계라 할 수 있다. 이들 인공수로는 많은 경우 막대한 비용 때문에 콘크리트나 아스팔트 등으로 수로를 피복하지 않고 흙을 굴착하여 수로를 만들게 된다. 비침식성인 고정상 수로의 경우와는 달리 침식성인 이동상 수로에서의 흐름은 흐름의 수리학적 특성뿐만 아니라 수로를 형성하는 토사입자와의 유기적인 상관성에 의해 지배되므로 수로의 설계에 있어서도 비침식성 수로내의 정상등류 이론만으로는 불완전하다. 여기서 침식성 수로의 안정설계(design of stable channel)라 함은 수로가 유수에 의해 크게 세굴되거나 퇴적되지 않아 단면이 거의 일정하게 유지될 수 있는 수리학적 조건으로 설계함을 의미한다. 즉, 수로 내 흐름의 유속이 충분히 커서 수로 내로 유입하는 토사를 충분히 운반할 수 있도록 해야 하는 동시에 유속을 너무 크지 않게 함으로써 수로 내에서 세굴현상을 방지하도록 단면을 설계해야 한다는 것이다. 그러나 이와 같은 단면을 설계할 수 있는 완전한 이론의 정립은 아직 되지 않으므로 여러 가지 경험적 및 반 경험적 방법이 사용되고 있다.

침식성 인공수로의 안정설계방법은 최대허용유속법(method of maximum permissible velocity)과 허용소류력법(method of permissble tractive force) 및 평형수로개념에 의한 방법(method based on Regime concept) 등 크게 세 가지로 분류할 수 있으며, 각각에 대해 살펴보기로 한다.

10.9.1 최대 허용유속법

최대허용유속이란 수로를 형성하는 토사입자를 침식시키지 않을 최대유속을 말하며, 토사입자의 성질과 유수의 성질에 따라 크게 변화할 것임을 짐작할 수 있다. 최대허용유속을 양적으로 처음 정립한 사람은 1925년의 Fortier-Scobey로서 표 10−10과 같이 깨끗한 물과 콜로이드성 실트가 섞인 물의 경우 토사입자의 종류별로 최대허용유속 V_p 와 상당허용소류력 τ_0 및 상당조도계수 n 값을 발표하였다. 표 10−10의 자료는 수로의 경사가 완만하고 수심이 3 ft 이하인 오래된 직선형 용수로에서의 많은 관측자료를 근거로 하여 만든 것으로 지금까지도 사용되고 있다. 만약 수심 $y >$ 3 ft 인 경우에는 $(y-3)/28$ 배만큼 표 10−10의 허용유속을 증가시켜야 하며 사행수로의 경우에는 표 10−10 아래의 주에 표시한 만큼 유속과 소류력을 감소시켜 사용해야 한다. 한편, Langbein은 소련의 자료를 이용하여 그림 10−26, 27과 같이 비점착성 토사 및 점착성 토사의 최대허용속도를 발표하였으며, 수심에 따른 허용유속의 보정계수도 그림 10−28과 같이 소개하였다.

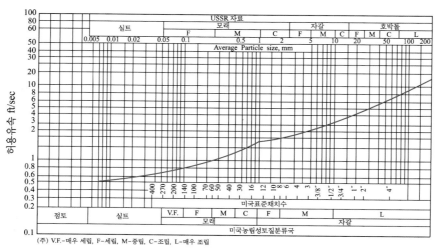

(주) V.F.-매우 세립, F-세립, M-중립, C-조립, L-매우 조립

그림 10-26

표 10-10 최대허용유속과 소류력

단위: V_p(ft/sec), τ_0(lb/ft²)

토사입자의 종류	n	깨끗한 물		콜로이드질 실트가 포함된 물	
		V_p	τ_0	V_p	τ_0
Fine sand, colloidal ·················	0.020	1.50	0.027	2.50	0.075
Sandy loam, noncolloidal ·········	0.020	1.75	0.037	2.50	0.075
Silty loam, noncolloidal ···········	0.020	2.00	0.048	3.00	0.11
Alluvial silts, noncolloidal ·········	0.020	2.00	0.048	3.50	0.15
Ordinary firm loam ·················	0.020	2.50	0.075	3.50	0.15
Volcanic ash ·························	0.020	2.50	0.075	3.50	0.15
Stiff clay, very colloidal ···········	0.025	3.75	0.26	5.00	0.46
Alluvial silts, colloidal ·············	0.025	3.75	0.26	5.00	0.46
Shales and hardpans ···············	0.025	6.00	0.67	6.00	0.67
Fine gravel ··························	0.020	2.50	0.075	5.00	0.32
Graded loam to cobbles when noncolloidal ··········	0.030	3.75	0.38	5.00	0.66
Graded silts to cobbles when colloidal ················	0.030	4.00	0.43	5.00	0.80
Coarse gravel, noncolloidal ·······	0.025	4.00	0.30	6.00	0.67
Cobbles and shingles ··············	0.035	5.00	0.91	5.50	1.10

【주】:

	유속(%)	소류력(%) : 감소백분율
약간 사행하는 수로	5	10
대체로 사행하는 수로	13	25
매우 사행하는 수로	22	40

이상과 같이 제안된 최대허용유속은 수로의 세굴을 방지하기 위한 기준유속이 되나 토사의 수로 내 침전이나 수중식물의 번식을 막기 위한 하한유속인 허용최소유속도 고려하여 수로를 설계하지 않으면 안 된다. 흔히 사용되고 있는 허용최소유속은 2~3 ft/sec이며 유속이 2.5 ft/sec 이하가 되면 수중식물이 번창하게 되어 수로의 송수능력을 크게 감소시키는 것으로 알려져 있다.

수로를 통해 송수시킬 유량 Q와 위에서 설명한 방법으로 최대허용유속 V가 결정되면 연속

방정식에 의해 흐름의 단면적 A 가 결정된다. 즉

$$A = \frac{Q}{V_p} = f_1 \left(T, y \right) \tag{10.78}$$

또한 수로의 단면형과 설계경사 S_0 및 조도계수 n 을 선정하면 Manning 공식으로부터 설계단면의 동수반경 R_h 를 계산할 수 있다. 즉

$$R_h = \left(\frac{n\,V}{S_0^{1/2}} \right)^{3/2} = f_2 \left(T, y \right) \tag{10.79}$$

식 (10.78)과 (10.79)의 A 와 R_h 는 둘 다 수로폭 T 와 수심 y의 함수이므로 두 식을 연립해서 풀므로써 설계단면의 폭과 수심을 결정하게 된다.

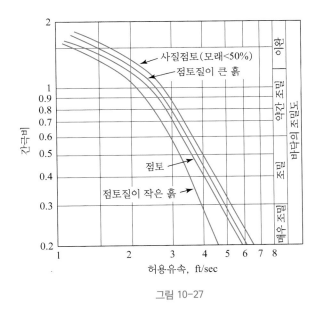

그림 10-27

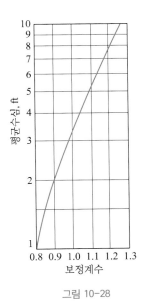

그림 10-28

문제 10-09

$10 \, \text{m}^3/\text{sec}$의 용수를 공급하는 경사 $S_0 = 0.0016$인 제형단면 수로를 최대허용 유속법으로 설계하라. 수로의 측면경사는 $1:2$(연직 : 수평)로 하고자 하며 비 콜로이드질 굵은 자갈층(non-colloidal coarse gravels)을 굴착하여 수로를 만들고자 한다.

풀이 표 10-10으로부터 Coarse gravel, noncolloidal의 경우

$$V = 4.0 \, \text{ft/sec} = 1.219 \, \text{m/sec}, \quad n = 0.025$$

제형단면의 밑변을 b, 수심을 y라 하고

식 (10.78)을 사용하면

$$A = \frac{10}{1.219} = (b + zy)\,y = (b + 2y)\,y \qquad \text{(a)}$$

$$\therefore (b + 2y)\,y = 8.203$$

식 (10.79)로부터

$$R_h = \left(\frac{0.025 \times 1.22}{\sqrt{0.0016}} \right)^{3/2} = \frac{(b + 2y)\,y}{b + 2\sqrt{y^2 + (2y)^2}} \frac{(b + 2y)\,y}{b + 2\sqrt{5}\,y} \qquad \text{(b)}$$

$$\therefore \frac{(b + 2y)\,y}{b + 2\sqrt{5}\,y} = 0.666$$

식 (a), (b)를 연립해서 풀면 $b = 8.775\,\mathrm{m}$, $y = 0.792\,\mathrm{m}$

10.9.2 허용소류력법

개수로 내 정상등류의 소류력은 흐름방향의 물의 무게성분과 방향은 반대이나 크기는 같고 식 (10.22)와 같이 표시할 수 있음은 8장에서 증명한 바 있다. 즉,

$$\tau_0 = \gamma R_h S_0 \qquad (8.11)$$

여기서 소류력 τ_0 는 물이 수로와 접촉하면서 흐르는 단위면적당 힘이므로 흐름의 평균단위소류력(unit tractive force)이라고도 하며, R_h 는 동수반경이고 S_0 는 수로의 경사이다. 수로의 폭이 광폭일 경우에는 $R_h \simeq y$ 이므로 식 (10.22)는 다음과 같아진다.

$$\tau_0 = \gamma y S_0 \qquad (10.80)$$

인공수로로 가장 많이 사용되는 제형단면수로의 단위소류력 분포는 USBR이 매우 복잡한 수학적 해석방법에 의해 그림 10-29와 같이 결정한 바 있다. USBR의 연구결과에 의하면 단위소류력 분포는 단면형에 따라 상이하나 특정단면형의 크기에는 별 영향을 받지 않는 것으로 밝혀졌으며, 구형 및 제형단면의 측면과 바닥면에 있어서의 허용단위소류력의 크기를 식 (10.80)의 항으로 표시하면 그림 10-30과 같고 수로의 설계에 많이 이용되고 있다.

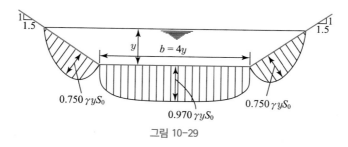

그림 10-29

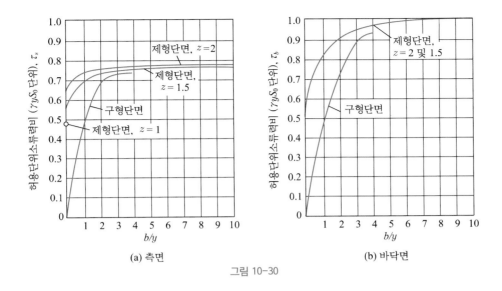

(a) 측면　　　　　　　　　　　　(b) 바닥면

그림 10-30

그러면, 다음으로 허용소류력법에 의해 수로를 설계하는 원리에 관해 살펴보기로 한다. 그림 10-31과 같이 제형단면을 가진 침식성 수로의 바닥과 사면에 각각 놓인 한 개의 토사입자의 유효면적(영향권면적)을 a라 하고 수중무게를 W_s, 안식각을 ϕ라 하자. 수로바닥이 거의 수평이라면 바닥 입자가 받는 단위소류력 τ_b는 토사입자이동의 한계조건(10.4절)에서 White의 연구로 유도된 식 (10.19)와 같이 표시할 수 있다. 즉, $a\,\tau_b = W_s \tan\phi$ 이므로

$$\tau_b = \frac{W_s}{a}\tan\phi \tag{10.81}$$

한편, 그림 10-31에서와 같이 사면의 경사를 θ, 토사입자가 받는 단위소류력을 τ_s라 할 때 사면의 입자를 움직이게 하는 힘은 전소류력 $a\,\tau_s$와 수중무게 W_s의 사면방향성분인 사면을 굴러내려오려는 힘 $W_s \sin\theta$의 벡터합으로 표시할 수 있다. 즉,

$$F_{\tau_s} = \sqrt{(W_s \sin\theta)^2 + (a\,\tau_s)^2}$$

사면의 토사입자를 움직이게 하려는 힘 F_{τ_s}에 저항하는 힘은 수중무게의 사면에 직각인 방향성분 $W_s \sin\theta$에 마찰계수 $\tan\phi$를 곱한 것이며, 입자가 움직이는 순간에는 F_{τ_s}와 같아진다. 따라서

$$W_s \cos\theta \tan\phi = \sqrt{W_s^{\,2}\sin^2\theta + a^2\tau_s^2} \tag{10.82}$$

식 (10.82)를 τ_s에 관해 풀면

$$\tau_s = \frac{W_s}{a}\cos\theta \tan\phi \sqrt{1 - \frac{\tan^2\theta}{\tan^2\phi}} \tag{10.83}$$

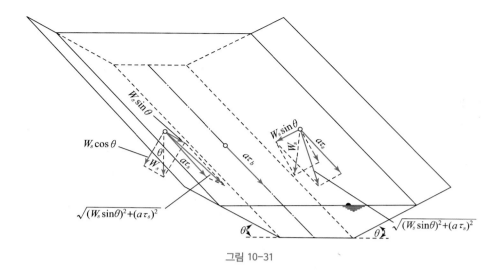

그림 10-31

수로바닥에서의 단위소류력 τ_b에 대한 사면에서의 단위소류력 τ_s의 비를 소류력비(tractive-force ratio)라 하며 식 (10.81)과 식 (10.83)으로부터

$$K = \frac{\tau_s}{\tau_b} = \cos\theta \ \sqrt{1 - \frac{\tan^2\theta}{\tan^2\phi}} = \sqrt{1 - \frac{\sin^2\theta}{\sin^2\phi}} \qquad (10.84)$$

따라서, 소류력비 K 는 수로의 사면경사와 토사입자의 안식각(angle of repose)에 의해서만 결정됨을 알 수 있으며, 비점착성 토사입자의 크기와 모양별 안식각에 대한 USBR의 설계치는 그림 10-32와 같다.

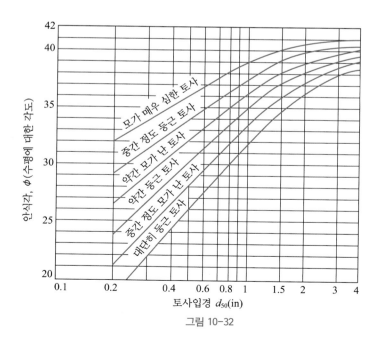

그림 10-32

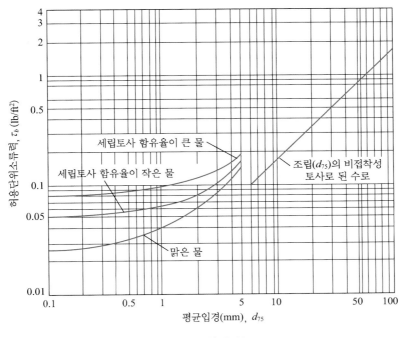

그림 10-33

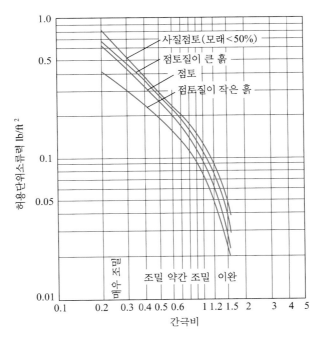

그림 10-34

10.4절에서 한계소류력은 토사입자의 이동을 시작하게 하는 순간에 입자가 받는 단위면적당 힘으로 정의하였으나, 실제의 수로에서는 토사속에 콜로이드 물질이나 유기물질이 섞여서 입자 간의 부착력을 제고시키므로 한계소류력보다 더 큰 소류력이 작용해야만 토사입자가 움직이는 것으로 알려져 있다. 그러나 안정수로설계의 기준이 되는 허용소류력은 충분한 안전계수를 가지 도록 결정해야 하며, USBR의 설계기준치는 그림 10-33 및 10-34에 관계곡선으로 표시되어 있다. 그림 10-33은 비점착성토사의 입경별 허용소류력을 표시하는 것으로 그림 10-9의 USBR 자료를 토사입경(mm)별 허용소류력(lb/ft²)으로 환산하여 만든 것이며, Lane은 그림 10 -33의 조립사에 관한 직선을 다음 식으로 표시하였다.

$$\tau_b = 0.4\, d_{75} \tag{10.85}$$

여기서 τ_b는 수로바닥면에서의 허용소류력(lb/ft²)이며 d_{75}는 채 분석에서 누가통과무게 75%에 해당하는 입경(inch)이다. 또한 세립사에 대해서는 물속의 부유유사량의 과다에 따라 3개의 곡선 을 표시하고 있으며 입경은 d_{50}이 기준이 된다. 그림 10-34는 점착성 토사의 허용소류력을 토 사의 종류 및 간극비에 따라 표시하고 있다.

이상에서 언급한 USBR의 허용소류력은 직선형 수로에 대한 것이므로 Lane은 수로의 만곡정 도를 대, 중, 소로 나누어 각각 40%, 25% 및 10%씩 허용소류력을 감소시킬 것을 제안하고 있다.

이상에서 소개한 수로의 안정설계 자료 및 기준을 이용하는 허용소류력법의 적용절차를 요약 하면 다음과 같다.

(1) 주어진 z 값과 우선 가정한 b/y 값에 해당하는 단면의 사면에서의 단위소류력 τ_s를 그림 10-30 (a)로부터 $\gamma y S_0$의 항으로 계산한다.

(2) 소류력비 K를 θ, ϕ 값을 사용하여 식 (10.84)로 계산하고, 바닥의 허용소류력 τ_b를 식 (10.85)로 계산한다.

(3) (1)에서 구한 사면에서의 최대소류력과 (2)에서 구한 사면의 허용소류력을 같게 놓고 y 값 을 구한 후 가정한 b/y 값을 사용하여 b를 계산한다.

(4) (3)에서 결정된 단면이 설계유량을 송수할 수 있는지를 Manning 공식으로 검사한다.

(5) (4)의 검사결과가 불만족스러우면 b/y를 다시 가정하여 (1)~(4)의 계산을 반복하여 만족 스러운 결과를 얻을 때의 b와 y를 설계치로 우선 채택한다.

(6) 채택된 단면에 대한 바닥의 허용단위소류력을 그림 10-30 (b)의 관계로부터 결정하여 식 (10.85)로 계산한 바닥면의 허용소류력의 범위 내에 드는지를 검사한다.

(7) 안전설계를 위해 10% 내외의 안전계수를 주어 최종단면을 결정한다.

문제 10-09를 허용소류력법으로 설계하라. 수로바닥과 사면을 형성할 토사입자는 매우 둥글며 $d_{75} = 1.25$ inch, $n = 0.025$라 가정하라.

풀이 주어진 자료를 요약하면

$$Q = 10\,\mathrm{m}^3/\mathrm{sec},\ S_0 = 0.0016\,\mathrm{m},\ n = 0.025$$

$$z = 2,\ \theta = \tan^{-1}(0.5) = 26.56°$$

수로의 재료 : non-colloidal coarse gravel

$$d_{75} = 1.25\,\mathrm{inch} = 31.75\,\mathrm{mm}$$

(1) $z = 2$이고 $b/y = 5$로 우선 가정하여 그림 10-30 (a)를 사용하여 사면에서의 허용단위소류력을 표시하면

$$\tau_s = 0.775\,\gamma\,y\,S_0 = 0.775 \times 1{,}000 \times y \times 0.0016 \tag{a}$$

$$= 1.24\,y\,\mathrm{kg/m}^2$$

(2) $\phi = 33.5°$, $\theta = 26.56°$이므로 식 10.84로부터

$$K = \sqrt{1 - \left(\frac{\sin 26.56°}{\sin 33.5°}\right)^2} = 0.587$$

그림 10-33 혹은 식 (10.85)를 사용하면

$$\tau_b = 0.4 \times 1.25 = 0.5\,\mathrm{lb/ft}^2 = 2.44\,\mathrm{kg/m}^2 \tag{b}$$

(3) 사면에서 입자가 이동하려는 순간에는 식 (a)와 식 (b)는 같아야 하므로

$$1.24\,y = 1.43 \quad \therefore\ y = 1.153\,\mathrm{m}$$

$b/y = 5$ 로 가정하였으므로 $b = 5y = 5 \times .153 = 5.765\,\mathrm{m}$

(4) $y = 1.153\,\mathrm{m}$, $b = 5.765\,\mathrm{m}$, $z = 2$일 때 단면적 A 와 동수반경 R_h 를 계산하면

$$A = 9.244\,\mathrm{m}^2,\ R_h = 0.850\,\mathrm{m}$$

그리고 $n = 0.025$, $S_0 = 0.0016$ 이므로 Manning 공식을 사용하면

$$Q = \frac{1}{0.025} \times 9.244 \times (0.850)^2 (0.0016)^{1/2} = 13.272\,\mathrm{m}^3/\mathrm{sec}$$

문제에서 주어진 $Q = 10\,\mathrm{m}^3/\mathrm{sec}$ 보다 너무 크므로 b/y를 다시 가정하여 (1)~(4)의 계산을 반복한다(이때 계산한 유량이 설계유량보다 크면 b/y 를 가정치보다 작게 재가정할 것).

(5) 반복계산을 통해 $b/y = 4.1$ 일 때, $y = 1.164\,\mathrm{m}$, $b = 4.772\,\mathrm{m}$가 되며

$$A = 8.265\,\mathrm{m}^2,\ R_h = 0.828\,\mathrm{m}$$

$$\therefore\ Q = \frac{1}{0.025} \times 8.265 \times (0.828)^{2/3}(0.0016)^{1/2} = 11.66\,\mathrm{m}^3/\mathrm{sec}$$

$Q = 11.65\,\mathrm{m}^3/\mathrm{sec}$는 설계유량 $10\,\mathrm{m}^3/\mathrm{sec}$에 가까우므로
$y = 1.164\,\mathrm{m}$, $b = 4.772$, $z = 2$ 인 단면을 채택한다.

(6) 채택된 단면의 경우($z = 2$, $b/y = 4.1$) 수로바닥에서 생길 최대단위소류력을 그림 10-30
(b)로부터 구하면

$$\tau_b' = 0.97\,\gamma y S_0 = 0.97 \times 1{,}000 \times 1.164 \times 0.0016$$

$$= 1.807\,\mathrm{kg/m}^2$$

따라서 설계단면의 바닥에서 발생할 최대단위소류력($\tau_b' = 1.807\,\mathrm{kg/m}^2$)이 바닥의 허용소
류력($\tau_b = 2.440\,\mathrm{kg/m}^2$)보다 작으므로 하상은 안정하다.

(7) 10% 정도의 안전계수를 부여하면 설계치는

$$y = 1.3\,\mathrm{m},\ b = 5.0$$

별해

(1) 앞의 [풀이]에서 $K = 0.587$로 계산되었고 그림 10-30을 사용하지 않을 경우 그림 10-29
에서처럼 사면의 평균소류력은 $\tau_s = 0.75\,\gamma y S_0$를 사용한다. 한편, 토사입자의 이동한계 조
건인 식 (10.23)을 변형시키면

$$\tau_0 = \frac{1}{11}\,\gamma d$$

이며, 이는 수로바닥의 입자가 이동하기 시작할 한계소류력(혹은 허용소류력) τ_b이다. 따라서

$$\frac{\tau_s}{\tau_b} = \frac{0.75\,\gamma y S_0}{\dfrac{1}{11}\,\gamma d} = \frac{8.25\,\gamma y S_0}{d} \leq 0.587$$

$$\therefore\ y \leq \frac{0.587 \times 0.03175}{8.25 \times 0.0016} = 1.412\,\mathrm{m}$$

안전계수 20%를 적용하면 $y = 1.412 \times 0.8 = 1.130\,\mathrm{m}$

(2) 수심 $y = 1.130\,\mathrm{m}$로 설계하기로 결정하고 수로의 저변폭 b 는 설계유량 $10\,\mathrm{m}^3/\mathrm{sec}$를 충분히
송수할 수 있도록 결정해야 한다. Manning 공식에서

$$Q = \frac{(0.0016)^{1/2}}{0.025}\,A R_h^{2/3} = 1.6\,A R_h^{2/3}$$

여기서

$$A = 1.130\,(b + 2.26), \quad P = b + 5.054$$

표의 형태로 계산하면 표 10-11과 같다.

표 10-11

b(m)	A(m²)	P(m)	$P^{2/3}$(m)	$AR_h^{2/3}$	Q(m³/sec)
3.0	5.944	8.054	0.817	4.854	7.767
4.0	7.074	9.054	0.848	6.001	9.601
4.5	7.639	9.554	0.862	6.581	10.529
4.25	7.356	9.304	0.855	6.290	10.063

(3) 표 10-11의 계산으로부터 $y = 1.130\,\mathrm{m}$일 때 수로폭 $b = 4.25\,\mathrm{m}$로 설계하면 $10\,\mathrm{m^3/sec}$를 송수할 수 있음을 알 수 있다.

10.9.3 평형수로 개념에 의한 방법**

앞에서 살펴본 각종 소류사량의 계산공식에서 언급한 바와 같이 토사입자이동의 한계조건을 해석적으로 완전히 밝혀 설계에 사용하기에는 아직 여러 가지 불완전한 면이 너무나 많다. 따라서 안정수로의 설계를 위한 또 하나의 다른 접근방법은 기 건설되어 성공적으로 운영되고 있는 수로의 각종 변수를 수리변수와 상관시켜 순수 경험적인 일련의 설계공식을 유도하여 사용하는 방법이다. 이와 같은 경험적인 방법은 주로 인도의 관개용 수로의 운영과정에서 처음으로 개발되었으며, 그 후 미국에서도 많은 연구가 계속되어 왔고 오늘날 평형수로 개념(regime concept or regime theory)으로 알려져 있다. 이 개념에 의하면 어떤 하천이나 수로는 장기간에 걸쳐 국부적인 세굴과 퇴적을 거친 후 종국에는 그 경사와 단면의 크기 및 형상이 일정한 상태, 즉 평형상태(equilibrium condition, in regime)에 도달하게 된다고 보며, 이 상태에서는 바닥면의 토사공급률과 토사유송률이 같아져서 수로바닥이 안정상태를 유지한다고 보는 것이다.

평형수로 개념에 의해 발표된 최초의 수로설계공식은 1895년의 Kennedy 공식으로

$$V = ay_0^b \tag{10.86}$$

여기서 V는 평균유속(ft/sec), y_0는 최대수심(ft)이며 $a = 0.84, b = 0.52 \sim 0.73$(평균치 0.64)의 상수이다. 그러나 식 (10.86)은 수로의 단면치수나 경사 및 하상재료 등의 물리적 특성을 전혀 고려하지 않았으며, 그 후 Lacey는 이를 보완하기 위해 다음 식을 제안하였다.

$$V = 1.17\sqrt{f'R} \tag{10.87}$$

여기서 f'는 실트계수(silt factor)로서 일종의 마찰손실계수와 같은 것이며, Manning의 조도계수

표 10-12 Lacey의 실트계수

구분	f'
Large stones	38.60
Large boulders, shingle and heavy sand	20.90
Medium boulders, shingle and heavy sand	9.75
Small boulders, shingle and heavy sand	6.12
Large pebbles and coarse gravel	4.68
Heavy sand	2.00
Coarse sand	1.56 ~ 1.44
Medium sand	1.31
Standard Kennedy silt(Upper Bari Doals)	1.00

n 및 토사입경 d 와는 다음과 같이 상관시켰다.

$$f' = 1.94 \times 10^9 \, n^5 \tag{10.88}$$

$$f' = 8 \sqrt{d} \tag{10.89}$$

여기서 d 는 inch 단위이며, 표 10 - 12는 Lacey가 추천한 f' 값을 수록하고 있다.

식 (10.88)을 식 (10.87)에 대입한 후 Manning 공식을 사용하여 유량 $Q(\mathrm{ft^3/sec})$ 를 송수하기 위한 평형수로의 경사 S_0 를 구하면

$$S_0 = \frac{f'^{3/2}}{2,564 \, Q^{1/9}} \tag{10.90}$$

식 (10.90)도 수로단면의 치수나 형태를 전혀 고려하지 않은 것이다. 식 (10.87)~식 (10.90)의 Lacey의 초기공식은 Kennedy 공식의 개선을 위한 접근 방법을 설명해 주고 있으며 Lacey는 그 후 다음과 같은 일련의 식을 수로의 설계목적으로 정리 발표하였다.

$$\text{윤변} : P = 2.67 \, Q^{1/2} \tag{10.91}$$

$$\text{단면적} : A = \frac{1.26 \, Q^{5/6}}{f'^{1/3}} \tag{10.92}$$

$$\text{평균유속} : V = 0.794 f'^{1/3} \, Q^{1/6} \tag{10.93}$$

$$\text{수로경사} : S_0 = \frac{0.00055 f'^{5/3}}{Q^{1/6}} \tag{10.94}$$

여기서 식 (10.91)~식 (10.94)의 모든 변수값은 fps 단위로 표시해야 한다.

Lacey의 방법과 비슷한 방법으로 Blench는 수로바닥면과 사면의 평균소류력을 대표하는 인자로서 바닥면계수(bed factor) f_b 와 사면계수(side factor) f_s 를 다음과 같이 정의하였다.

$$f_b = \frac{V^2}{D}, \quad f_s = \frac{V^3}{B} \tag{10.95}$$

여기서, D 는 평균수심이며 B 는 평균수로폭이다. 식 (10.95)의 관계로부터 D 및 B 는 다음과 같이 표시할 수 있다.

$$D = \left(\frac{f_s\,Q}{f_b}\right)^{1/3} \tag{10.96}$$

$$D = \left(\frac{f_b\,Q}{f_s}\right)^{1/2} \tag{10.97}$$

Blench가 추천한 사면계수 f_s 의 값은 사면토사입자의 점착성이 매우 클 때는 0.3, 중간정도일 때는 0.2, 그리고 매우 작을 때는 0.1이며, 바닥면계수 f_b 는 바닥면토사의 평균입경 $d_{50}(\text{in.})$ 과 소류사의 농도 c_b 가 20 ppm보다 큰 경우에는 c_b 의 함수로 가정하여 다음과 같은 경험식을 제안하였다. 즉,

$$c_b \leq 20\,\text{ppm 일 때} \quad f_b = 9.6\,\sqrt{d_{50}} \tag{10.98}$$

$$c_b > 20\,\text{ppm 일 때} \quad f_b = 9.6\,\sqrt{d_{50}}\,(1 + 0.012\,c_b) \tag{10.99}$$

식 (10.96)과 식 (10.97)에 의하면 수로의 유량 Q 가 주어지면 평균수심 D 와 평균폭 B 를 구할 수 있어 수로의 단면치수가 결정된다. 수로의 완전설계를 위해 필요한 또 하나의 경험식은 수로경사에 관한 것으로 $c_b \leq 20\,\text{ppm}$ 및 $c_b > 20\,\text{ppm}$ 의 경우 각각 다음 식을 사용하도록 제안하였다.

$$c_b \leq 20\,\text{ppm 일 때,} \quad S_0 = \frac{f_b^{5/6}\,f_s^{1/12}\,\nu^{1/4}}{3.63\,g\,Q^{1/6}} \tag{10.100}$$

$$c_b > 20\,\text{ppm 일 때,} \quad S_0 = \frac{f_b^{5/6}\,f_s^{1/12}\,\nu^{1/4}}{3.63\,g\,(1 + 0.000429\,c_b)\,Q^{1/6}} \tag{10.101}$$

여기서 ν 는 동점성계수(ft^2/sec)이며, g 는 중력가속도로서 fps 단위제도를 써야 하므로 $g = 32.2\,\text{ft}/\text{sec}^2$ 임에 유의해야 한다.

지금까지 설명한 Blench 방법은 Lacey 방법보다는 약간 개선된 것이라고 볼 수 있으나 f_s 와 f_b 의 적절한 결정이 쉽지 않고 경험식들의 유도가 제한된 자료를 근거로 하였다는 평을 받아왔다.

표 10-13 수로형의 분류

수로형	분류
A	모래 바닥면 및 사면
B	모래 바닥면 및 점착성 사면
C	점착성 바닥면 및 사면
D	비점착성 굵은 재료로 된 바닥면 및 사면
E	B형과 같으나 유사농도가 큰 수로(2,000~8,000 ppm)

Simons-Albertson은 Blench의 방법을 개선하기 위해 인도와 미국의 실제 수로로부터 많은 자료를 수집 분석하여 Simons-Albertson 방법을 제안하였다. 이 방법에서는 우선 수로의 바닥면과 사면의 재료에 따라 표 10-13과 같이 5개형의 수로로 분류한다.

표 10-13과 같이 수로를 분류한 후 각 형의 수로를 설계하기 위한 공식은 다음과 같다.

$$P = K_1 Q^{1/2} \tag{10.102}$$

$$B = 0.9P \tag{10.103}$$

$$B = 0.92T - 2.0 \tag{10.104}$$

$$R_h = K_2 Q^{0.36} \tag{10.105}$$

$$D = 1.21 R_h \quad (R_h \leq 7\,\text{ft} \text{일 때}) \tag{10.106}$$

$$D = 2 + 0.93 R_h \quad (R_h > 7\,\text{ft} \text{일 때}) \tag{10.107}$$

$$V = K_3 (R_h^2 S_0)^m \tag{10.108}$$

$$\frac{C^2}{g} = \frac{V^2}{gDS_0} = K_4 \left(\frac{VB}{\nu}\right)^{0.37} \tag{10.109}$$

여기서 T는 수로 내의 수면폭, C는 Chezy의 평균유속계수이고 기타변수는 앞에서 정의한 바와 같고 K_i와 m 값은 수로형에 따라 각각 표 10-14와 같은 값을 가지는 상수이다.

Simons-Albertson 방법에 의해 수로의 설계절차는 식 (10.102~10.107)을 사용하여 P, R_h, B, T 및 D를 계산하고 나서 이들 값을 만족시키는 제형 혹은 기타 단면을 선택하고, 다음으로 식 (10.108) 및 (10.109)를 사용하여 수로의 경사를 계산하게 된다.

표 10-14 수로형별 K_i 및 m 값

상수	수로형				
	A	B	C	D	E
K_1	3.5	2.6	2.2	1.75	1.7
K_2	0.52	0.44	0.37	0.23	0.34
K_3	13.9	16.0	–	17.9	16.0
K_4	0.33	0.54	0.87	–	–
m	0.33	0.33	–	0.29	0.29

아래의 표 10-15에는 어떤 관개수로에서 실측한 자료가 수록되어 있다. 이 수로의 바닥면은 모래이고 사면은 점착성 토사로 되어 있으며 물의 평균 동점성계수 $\nu = 10^{-5}$ ft²/sec(74 °F일 때)이다. 표 10-15의 d_{50}과 c_b를 제외한 모든 변수들의 단위는 fps 단위를 따른다. Lacey, Blench 및 Simons-Albertson의 방법을 각각 사용하여 단면의 치수와 수로경사를 결정하고 이를 실측치와 비교하라. 계산을 위해 주어진 값은 표 10-15의 Q, d_{50} 및 c_b 밖에 없다고 가정하라.

표 10-15

Q	A	$S_0 (10^{-3})$	R_h	P	D	T	B	d_{50} (in.)	소류사농도 c_b (ppm)
146	108	0.135	2.83	38.0	3.51	34.0	30.6	0.0125	227

풀이 (1) Lacey 방법

식 (10.91)을 사용하면

$$P = 2.67(146)^{1/2} = 32.26 \text{ ft}$$

식 (10.89)에 의하면

$$f' = 8\sqrt{0.0125} = 0.895$$

식 (10.92)로부터

$$A = \frac{1.26 \times (146)^{5/6}}{(0.895)^{1/3}} = 83.19 \text{ ft}^2$$

따라서

$$R_h = \frac{A}{P} = \frac{83.19}{32.26} = 2.58 \text{ ft}$$

식 (10.93)으로부터

$$V = 0.794 \times (0.895)^{1/3} \times (146)^{1/6} = 1.756 \text{ ft/sec}$$

혹은

$$V = \frac{Q}{A} = \frac{146}{83.19} = 1.755 \text{ ft/sec (O.K)}$$

식 (10.94)를 사용하면

$$S_0 = \frac{0.00055 \times (0.895)^{5/3}}{(146)^{1/6}} = 1.992 \times 10^{-4}$$

(2) Blench 방법

사면토사의 점착성이 매우 크다고 가정하면 $f_s = 0.3, c_b > 20$ ppm 이므로 식 (10.99)로부터

$$f_b = 9.6\sqrt{0.0125}(1 + 0.012 \times 227) = 4.0$$

식 (10.96) 및 식 (10.97)로부터

$$D = \left(\frac{0.3 \times 146}{16}\right)^{1/3} = 1.40 \text{ ft}$$

$$B = \left(\frac{4.0 \times 146}{0.3} \right)^{1/2} = 44.12 \, \text{ft}$$

따라서, $A = BD = 44.12 \times 1.40 = 61.77 \, \text{ft}^2$

$$V = Q/A = 146/61.77 = 2.364 \, \text{ft/sec}$$

식 (10.101)로부터

$$S_0 = \frac{(4.0)^{5/6} \times (0.3)^{1/12} \times (10^{-5})^{1/4}}{3.63 \times 32.2 \times (1 + 0.000429 \times 227) \times (146)^{1/6}} = 5.487 \times 10^{-4}$$

(3) Simons-Albertson 방법

수로의 바닥면은 모래이고 사면은 점착성토사로 되어 있으므로 수로는 B형에 속한다(표 10-13 참조). 식 (10.102) 및 표 10-14로부터

$$P = 2.6 \sqrt{146} = 31.42 \, \text{ft}$$

식 (10.103)으로부터 $B = 0.9 \times 31.42 = 28.27 \, \text{ft}$

식 (10.104)로부터 $T = (28.27 + 2.0)/0.92 = 32.90 \, \text{ft}$

식 (10.105)와 표 10-14로부터

$$R_h = 0.44 \times (146)^{0.36} = 2.65 \, \text{ft}$$

식 (10.106)으로부터 $D = 1.21 \times 2.65 = 3.21 \, \text{ft}$

따라서, 단면적 $A = PR = 31.42 \times 2.65 = 83.26 \, \text{ft}^2$

혹은 $A = BD = 28.27 \times 3.21 = 90.75 \, \text{ft}^2$

평균치를 취하면, $A = \frac{1}{2}(83.26 + 90.75) = 87.0 \, \text{ft}^2$

따라서, 평균유속은

$$V = \frac{Q}{A} = \frac{146}{87.0} = 1.678 \, \text{ft/sec}$$

식 (10.108)과 표 10-14로부터

$$1.678 = 16.0 \, [(2.65)^2 \, S_0]^{0.33} \quad \therefore S_0 = 1.534 \times 10^{-4}$$

혹은 식 (10.109)와 표 10-14를 사용하면

$$\frac{(1.678)^2}{32.2 \times 3.21 \, S_0} = 0.54 \left(\frac{1.678 \times 28.27}{10^{-5}} \right)^{0.37}$$

$$\therefore S_0 = 1.709 \times 10^{-4}$$

계산된 두 개의 S_0 값의 평균치를 취하면

$$S_0 = \frac{1}{2}(1.534 + 1.709) \times 10^{-4} = 1.622 \times 10^{-4}$$

(4) 상기 3가지 방법에 의해 얻은 계산결과와 실측자료를 비교하면 표 10 – 16과 같다. 표 10 – 16에서 볼 수 있는 바와 같이 Simons-Albertson 방법이 실측치에 가장 가까운 결과를 주고 있으며, Lacey의 방법도 그런대로 양호할 결과를 나타냈으나 Blench 방법에 의한 수로경사와 평균폭이 너무 크게 계산되었음을 알 수 있다.

표 10-16 계산결과의 비교

계산방법	Q	A	V	$S(10^{-4})$	R_h	P	D	T	B
Lacey	146	83.19	1.76	1.992	2.58	32.26	—	—	—
Blench	146	61.77	2.36	5.487	—	—	1.40	—	44.12
Simons-Albertson	146	87.00	1.68	1.622	2.65	31.42	3.21	32.90	28.27
실측치	146	108.00	1.35	1.350	2.83	38.00	3.51	34.00	30.60

01 비중이 2.68인 토사입자가 무한대의 정수 중에 침강할 때 침강속도를 측정하였더니 5 cm/sec이었다. 이 토사의 입경은 얼마이겠는가?

02 연습문제 01번에서 입경이 0.5 mm일 때의 침강속도를 그림 10-6의 보조사선을 이용하여 계산하라.

03 어떤 하천의 하상으로부터 채취한 토사시료의 체분석결과는 아래와 같다. 반대수지와 전대수지상에 누가 크기 빈도곡선을 그려 평균입경(d_{50})과 기하평균입경(d_g)을 구하라.

체번호	No.20	No.40	No.60	No.100	No.200	0.05 mm	0.01 mm	0.002 mm
무게백분율(%)	98	85	72	56	42	35	20	8

04 그림 10-8의 Shields 곡선에서 $R_e^* = 10, 40, 100$에 대해 토사입경 d와 $R_h S_0$ 값을 계산하여 그림 10-10의 Shields 곡선상에 있는지를 확인하라. 단, 토사의 비중은 2.65, $\nu = 1.115 \times 10^{-6}$ m²/sec로 가정하라.

05 평균입경 $d_{50} = 1/32$ in.이고 비중이 2.65인 흙에 경사 0.0001인 관개수로를 굴착하고자 한다. 수로를 통해 송수하고자 하는 유량은 5 m³/sec/m이다. 광폭구형단면 ($R_h = y$)이라 가정하고 수로바닥에서의 토사이동이 전혀 없도록 하기 위해서는 수로폭을 최소한 얼마 이상으로 해야 할 것인가?

06 평균입경이 0.5 in.이고 수로경사는 0.002, 유량은 10 m³/sec/m이며 다른 조건은 문제 05번과 똑같다고 할 때 최소 수로폭을 계산하라.

07 경사가 0.01인 구형단면을 가지는 관개용수로를 설계하고자 한다. 송수량은 10 m³/sec이며 수로의 벽면은 콘크리트로 마감하고 바닥면의 평균입경은 2 in.로 하고자 할 때 바닥의 세굴을 방지하기 위한 수로의 최소 폭과 수심을 구하라.

08 실험용 수평 유사수로에 입경 20 mm의 균질의 가는 자갈을 깔았다. 자갈입자의 안식각이 31°이고 영향권 면적이 입자단면적의 60배라 가정하고 한계소류력을 구하라.

09 하천경사가 0.0004인 광폭 하천수로에 1.2 m³/sec/m의 물이 흐르고 있다. 하상의 평균입경은 0.25 mm이며 비중은 2.62, Manning의 조도계수 $n = 0.037$이고 물의 온도는 15°C이다. 다음 공식으로 하천의 단위폭당 소류사량을 계산하라.
(a) DuBoys 공식
(b) Einstein-Brown 공식
(c) Shields 공식
(d) Kalinske 공식
(e) Meyer-Peter 공식

10 경사가 0.0006이고 폭 50 m인 하천이 운반하는 토사의 특성은 $d = 0.125$ mm, $S_s = 2.60$, $n = 0.04$, 침강속도 $w = 1$ cm/sec이다. 하천유량이 50 m³/sec일 때 문제 09번의 5가지 공식을 사용하여 소류사량을 계산하라.

11 폭이 30 m인 구형단면에 가까운 하천에 30 m³/sec의 물이 등류수심 1.2 m로 흐르고 있을 때 하상물질이 이동을 시작했다면 하상재료의 평균입경은 얼마이겠는가? 또한 이때의 하천경사를 계산하라.

12 폭 30 m, 수심 1.2 m인 수로에 45 m³/sec의 등류가 흐르고 있으며 이 수로에 폭 6 m, 수심 0.9 m로 6 m³/sec 의 물을 송수하는 수로를 합류시키고자 한다. 합류점 하류의 수로경사는 그대로 유지하고자 하며 하상의 세굴이나 퇴적을 방지하고자 한다면 합류점 하류수로의 폭과 수심을 얼마로 유지해야 할 것인가? 하상물 질의 평균입경은 1 mm이며 조도계수가 필요하다면 Strickler 공식을 사용하라.

13 경사가 0.0001인 폭 500 m의 하천에 수심 4 m로 등류가 흐르고 있다. 부유유사의 평균입경은 0.1 mm, 비중 은 2.60이다. 하상으로부터 수심의 5% 거리만큼 떨어진 곳에서의 부유유사농도를 C_a 라 할 때 식 (10.60) 과 같은 농도 분포곡선을 그려라. $\beta = 0.6$, $\kappa = 0.40$, 침강속도 $w = 0.8$ cm/sec로 가정하라.

14 연습문제 13번에서 5% 수심에서 채취한 부유유사의 농도 $C_a = 3.2$ grams/liter였다고 가정하고 도식적으로 평균농도를 구한 후 개략적인 총부유사량을 계산하라. 조도계수 $n = 0.03$이고 전하폭에 걸쳐 농도분포는 균등한 것으로 가정하라.

15 안정상태에 도달한 어떤 하천단면이 대략 사다리꼴 모양을 하고 있으며 저변폭은 6 m, 사면경사 $z = 2$이며 하천경사는 0.0001, $n = 0.020$, 등류수심은 3 m이다. 하천의 중심축상의 수면 아래로 60 cm 되는 점에서의 부유사농도가 0.04 ppm, 입자의 침강속도가 0.3 cm/sec일 때 이 점을 통과하는 연직선상의 평균농도와 단 위폭당 부유유사량을 계산하라.

16 하폭이 50 m이고 경사가 0.0006인 하천에 등류수심 1.5 m로 물이 흐르고 있다. 하상재료의 입도분포가 문 제 03번의 표와 같으며, 입자의 비중은 2.65, 물의 동점성계수 $\nu = 10^{-6}$ m²/sec이다.
(a) 소류사량
(b) 부유유사량
(c) 전유사량

17 연습문제 16번과 같은 하천에서의 전유사량을 Garde-Albertson의 방법으로 구한 후 이를 Einstein 방법으로 구한 결과와 비교, 평가하라.

18 평균유출량이 30 m³/sec인 하천상에 건설하고자 하는 용수공급용 저수지의 저수용량을 결정하고자 한다. 하 천의 폭은 60 m, 경사는 0.000256, $n = 0.030$이며 저수지로 유입되는 유사는 모래가 70%, 실트가 20%, 점토 가 10%일 것으로 판단하였으며 소류사의 평균입경은 0.125 mm이다. 순 활용 저수용량으로 9,000 m³를 확 보하고자 할 때 100년간의 퇴사를 고려하면 총 저수용량을 얼마로 결정해야 할 것인가? 퇴적토사는 항상 잠수상태에 있고 유사량 계산 시 부유유사량은 무시하라.

19 유역면적이 68,000 km²이고 단위면적당 연평균 유입용적이 20,000 m³/km²인 하천상의 한 지점에 저수용량 31×10^8 m³의 저수지를 건설하고자 한다. 100년간의 퇴사량으로 인해 감소되는 저수지의 활용용량 및 토사 포착률을 다음 두 방법으로 계산하라. 유사량 실측으로부터 추정한 연간 유입토사량은 350 ton/km²이며 토사의 구성은 모래가 60%, 실트가 25%, 점토가 15%이다. 또한, 퇴사는 항상 잠수상태에 있을 것이라 가정하라.
(a) 저수용량(C) − 유역면적(W) 방법
(b) 저수용량(C) − 유입수량(I) 방법

20 용량이 1.23×10^3 m³인 저수지로 유입하는 경사 0.0025인 하천의 연간 평균유출용적은 6×10^8 m³이다. 저수 지 내로 유입하는 토사의 평균입경은 0.125 mm이며 하계 2개월간의 홍수기간 동안에 대부분 유입한다. 이 기간동안의 평균 홍수유입량은 45 m³/sec이며 하폭은 60 m, $n = 0.034$이다. 50년 동안에 저수지가 퇴사 로 인해 잃게 될 저수용량을 계산하라.

21 계획유량 90 m³/sec를 송수할 경사 0.00008, $n=0.025$, $z=2$, $d_{75}=1.0$ mm, 토사의 안식각 $\phi=36°$인 제형단면수로를 설계하고자 한다. 물속에는 콜로이드질 실트가 섞여 흐르며 수로는 세사층(fine sand)을 굴착하여 만들고자 한다. 최대 허용유속법에 의해 단면을 설계하라.

22 연습문제 21번을 허용소류력법으로 설계하라.

23 연습문제 21번의 수로를 비콜로이드질 굵은 자갈층(non-colloidal coarse gravels and pebbles), $d_{75}=1.25$ in.에 굴착할 경우 단면을 허용소류력법으로 설계하라. 단, 수로의 경사는 0.0004로 변경하고 $\phi=33.5°$이며 수로는 약간 사행한다고 가정하라.

24 연습문제 21번에서 하상물질이 점토질이 강한 흙이며 간극비가 0.5일 때 최대 허용유속법 및 허용소류력법으로 수로를 설계하라.

25 30 m³/sec의 용수를 송수할 경사 0.0005인 제형단면수로($z=2$)를 $d_{75}=1$ in, $d_{50}=0.9$ in, $S_s=2.65$이며 매우 둥근 입자로 된 흙을 굴착하여 만들고자 한다. 수로의 저변폭을 3 m 이상으로 하여 적절한 단면을 허용소류력법으로 설계하라.

26 최대 허용유속으로부터 허용소류력으로의 환산(표 10-10 참조)은 수심을 3 ft, 저변폭을 10 ft, 측면경사 $z=1.5$로 가정하여 계산한 것이다. 비콜로이드질 충적실트(깨끗한 물의 경우)수로에 대한 최대 허용유속은 표에서 보는 것처럼 2 ft/sec이다. 이에 상응하는 허용소류력을 계산하라.

27 연습문제 10번의 조건 중 일부가 다음과 같이 변경되었을 때 단면을 설계하라.
 (a) $z=1.5$인 경우
 (b) 하상물질이 간극비 0.5인 점토질이 큰 흙인 경우
 (c) 수로가 크게 변곡될 경우

28 다음 표는 기존의 인공수로에서 실측을 통해 얻은 수로의 특성제원이다. 표에 수록된 자료 이외의 기타조건은 문제 11번과 동일한 것으로 하여 Lacey, Blench 및 Simons-Albertson 방법으로 단면의 특성제원과 수로경사를 결정하고 이를 실측치와 비교하라.

수로	Q	A	$S_0(10^{-3})$	R_h	P	D	T	B	d_{50}	c_b
1	1,031	603	0.058	6.70	90.0	8.29	80.0	72.8	0.0100	87
2	445	232	0.063	4.66	49.6	6.01	44.0	38.5	0.0037	266

03

Part

Hydraulics

Part 03

Chapter 11

수리구조물

11.1 수리구조물의 분류와 기능

 물과 인간과의 관계는 이수와 치수라는 측면에서 보면 양면성을 가진다고 말할 수 있다. 즉, 인간이 물을 유익하게 이용할 수 있도록 수단을 강구해야 할 뿐만 아니라 과다한 물로 인한 홍수로부터 인명과 재산을 보호하기 위한 수단도 아울러 강구해야 한다. 이와 같은 목적을 달성하기 위해 동원되는 수단이 바로 수리구조물(hydraulic structures)이며, 물을 다스리는 목적이 다양하기 때문에 수리구조물의 종류도 매우 다양하다. 수리구조물은 구조물의 목적에 따라 일반적인 분류를 할 수 있으나 동일 목적을 위해 건설되는 구조물이 완전히 다른 기능의 발휘로 그 목적을 달성하는 경우가 허다하므로 수리구조물의 분류는 매우 임의성을 가진다고 할 수 있다.

 따라서, 여기서는 각종 수리구조물의 통상적인 기능과 설계기준을 중심으로 요약하기로 한다.

- 저류용 구조물(storage structures)은 정수상태로 물을 저장하기 위한 구조물이며, 저수지와 같이 통상 큰 용량을 가질 뿐 아니라 수면의 변화도 별로 크지 않다.
- 송수용 구조물(conveyance structures)은 용수를 한 지점에서 다른 지점으로 운반하기 위한 구조물로서 설계송수량을 최소의 에너지 손실 하에 운반할 수 있도록 설계한다.
- 수운 및 주운용 구조물(waterway and navigation structures)은 수상교통을 목적으로 설계되며, 선박의 항해에 필요한 최소수심을 어떠한 경우에도 확보 유지할 수 있도록 설계한다.
- 에너지변환용 구조물(energy conversion structures)은 수력에너지를 기계 혹은 전기에너지로 변환하거나(수력터빈), 혹은 기계 혹은 전기에너지를 사용하여 수력에너지를 발생시키기(수력펌프) 위한 구조물 시스템을 말하며, 시스템의 효율을 극대화할 수 있도록 설계한다.
- 측정용 혹은 조절용 구조물(measurement or control structures)은 관수로 혹은 개수로에서의 유량을 측정하기 위한 구조물이며, 유량측정계측기와 유량 간의 관계가 안정성을 갖도록 설계한다.

- 유사 혹은 어류통제용 구조물(sedimentation or fish control structures)은 유사의 운송과 어류의 이동을 통제하기 위한 구조물이며, 이들 두 현상의 기본적인 기구(mechanism)를 이해하는 것이 설계에 있어서 가장 중요하다.
- 에너지 감세용 구조물(energy dissipation structures)은 급류가 가지는 과다한 에너지를 감세시켜 하상의 과대한 침식을 방지하기 위한 구조물로서 흐름의 에너지 보존원리에 따라 설계한다.
- 집수용 구조물(collection structures)은 지표면에 흐르는 물을 집수하여 배수시키기 위한 구조물로서 배수관거를 통해 우수를 배수시키기 위해 만드는 지표면 배수유입구 등은 한 가지 예이다.

이상에서 살펴본 각종 수리구조물을 이 장에서 일일이 취급할 수는 없으므로 여러 가지 댐 부속구조물과 배수용 암거 등 가장 많이 사용되는 몇 가지 수리구조물의 수리학적 설계에 대한 기본원리와 기준 및 응용 등을 중심으로 살펴보고자 한다.

11.2 수리설계의 역할

일반적으로 어떤 구조물을 설계할 때에는 기능적인 면뿐만 아니라 경제적, 미적 및 기타 여러 가지를 고려하게 되며, 이들 고려사항은 구조물의 형 및 구조물 건설의 타당성 여부를 결정하는 데 결정적인 역할을 하게된다. 수리구조물의 경우에는 구조적 설계나 구조의 규모 결정에 앞서 항상 수리설계를 먼저 하지 않으면 안 된다. 우선, 계획 중인 구조물에 의해 조절하고자 하는 수리현상을 정확하게 이해하고 가장 효율적으로 구조물의 기능이 발휘될 수 있도록 설계해야 한다. 구조적인 설계는 그 구조물에 재하되는 하중의 크기와 성질을 알지 못하고는 안되므로 우선 구조물에 작용하는 구조적인 하중 이외에 정수 및 동수에 의한 하중을 수리학적으로 계산하지 않을 수 없다. 따라서 구조물의 응력해석이 아무리 정확하게 수행되었다 하더라도 전제된 하중에 잘못이 있어서 실제와 큰 차이가 있으면 그 응력해석은 의미를 상실하게 되는 것이다.

흐르는 물은 여러 가지 면에서 강체에 비해 현상 자체가 복잡하며 따라서 해석방법도 복잡하다. 정지된 물이나 흐르는 물이 구조물에 미치는 영향을 완전하게 해석한다는 것은 아직도 불가능하나 수리학의 기본원리와 경험적 지식을 동원하여 수리구조물의 수리학적 설계를 하고 있는 것이 사실이다.

이와 같이 볼 때 수리구조물의 수리설계와 구조설계는 상호 보완적이며, 수리해석은 구조물에 작용하는 수리하중을 보다 정확하게 결정함으로써 구조설계를 정확하게, 그리고 가장 효율적으로 할 수 있도록 한다는 관점에서 볼 때 구조설계를 위한 전제요건이라 할 수 있겠다.

11.3 댐과 저수지

용수공급 혹은 홍수조절 등을 목적으로 하천상에 건설되어 온 댐과 이로 인한 저수지는 이수 및 치수 측면에서 인간에게 매우 유익한 구조물이며 오늘날에 와서는 과거의 단일목적댐 개념에서 발전하여 생활, 공업, 관개, 수력발전 등의 용수공급과 홍수 혹은 유사조절 등의 여러 목적을 동시에 달성하기 위한 다목적댐 개념으로 건설되고 있다. 댐 구조물은 토목공학의 종합응용분야라 할 수 있으며 저수지 내 물의 이용 및 조절통제를 위해 구조물의 구성요소로서 여수로, 방수로, 감세공, 수문 등의 여러 가지 부속구조물을 가지게 되고 이들의 수리학적 설계가 곧 이 장에서의 주관심사인 것이다.

댐은 그 건설목적에 따라 혹은 구조적인 형식에 따라서 여러 가지 유형으로 분류할 수 있다. 건설목적에 따라 댐을 분류해 보면 다음과 같다.

- 수위조절용댐(stage control dams) : 하천으로부터 인공수로로의 분류(diversion)를 위해 수위를 상승시키거나 주운을 위한 수위상승 혹은 급류하천에서의 세굴방지를 위해 수위를 상승시키기 위한 댐
- 저류용댐(storage dams) : 홍수조절이나, 생활용수, 관개용수, 공업용수 등의 각종 용수공급, 수력발전, 유사조절, 위락활동(recreation), 오염통제 등의 목적으로 건설되는 댐
- 다목적댐(multipurpose dams) : 위에서 언급한 목적 중 두 가지 이상의 목적을 달성하여 물을 최적이용하기 위한 댐
- 장벽댐(barrier dams) : 홍수의 범람으로 인한 하천변의 피해를 방지하기 위한 제방 및 수제 (dikes), 혹은 본댐 공사를 위한 가체절댐(coffer dams) 등

한편, 건설재료에 따라 댐을 분류하면 다음과 같다.

- 석조댐(masonry dams) : 콘크리트나 혹은 비교적 큰 암석을 콘크리트와 일체로 하여 만드는 댐으로, 댐의 무게에 의해 하중이 지탱되는 콘크리트 중력식댐(concrete gravity dams)이 가장 대표적이고 아치(arch) 작용을 이용하는 콘크리트 아치댐, 댐의 무게와 아치작용을 함께 이용하는 중력-아치댐(gravity-arch dams), 일련의 부벽에 의해 지지되는 부벽식댐(buttress dams), 암석으로 만드는 석조 중력식댐(stone-masonry gravity dams) 및 석조 아치댐 (stone-masonry arch dams)이 있다.
- 흙 채움 댐(earth-fill dams) : 댐에 재하되는 각종 하중을 흙으로 채워 다져서 만든 둑의 무게와 둑 안정의 역학적 원리를 이용하여 지탱하는 댐으로, 축제용 재료가 균질일 수도 있고 (homogeneous), 댐 단면의 중심부로부터 외곽부로 나가면서 다를 수도 있고(zoned), 댐 중앙부에 콘크리트나 철제의 벽을 사용하는 경우(diaphramed)도 있음

- 사력 채움 댐(rock-fill dams) : 댐의 중앙부는 흙댐과 같이 흙을 다져 만드나 외곽부는 석조 댐처럼 큰 암석으로 축조함으로써 흙댐과 석조댐의 하중 지지원리를 혼합 이용하는 댐
- 기타 댐 : 철재로 만드는 철재 댐(steel dams), 목재로 만드는 목재댐(timber dams) 등이 소형댐으로 건설되는 경우도 있다.

댐의 분류방법으로는 댐의 높이를 기준으로 하는 경우도 있는데, 댐 높이가 15 m 이하이면 낮은 댐(low dams), 15~100 m이면 중간 댐(medium dams), 100 m 이상이면 높은 댐(high dam)이라고도 한다. 국제 대댐회(International Commission On Lange Dams, ICOLD)에서는 높이 15 m 이상인 댐을 대댐(Large Dam)으로 분류하고 있다.

이상에서 분류한 형식 중 어떤 형식이건 댐 예정지점에서 건설하는 것은 가능하나, 댐형식의 결정을 지배하는 요소는 경제성이며, 댐 건설의 경제성은 다음과 같은 여러 가지 인자를 검토함으로써 평가된다.

- 댐 지점의 조건 : 기초 지반의 견고성, 하폭 등의 지형조건, 건설용 재료의 종류 및 분포상태 등
- 수리조건 : 댐 여수로 형식 결정과 공사 중의 분류(diversion)를 위한 여건 및 방수로와 수압관의 배치여건 등
- 기후조건 : 콘크리트 작업의 용이여부
- 교통조건 : 공사용 자료의 운반에 영향을 미치는 교통조건
- 사회적인 인자 : 가상댐 파괴가 하류에 미치는 영향, 지역의 고용증대의 필요성, 미적 조건 등

11.4 중력식 댐의 안정해석

11.4.1 중력식 댐에 작용하는 힘

구조상 가장 간단하고 많이 건설되는 댐은 콘크리트 중력식 댐이며, 댐의 전형적인 단면은 그림 11-1에서처럼 댐 상류측면이 약간 경사지고 하류측면은 크게 경사지는 형태가 보통이다. 중력식 댐에 작용하는 힘은 그림 11-1에 도식적으로 표시되어 있으며, 다른 형식의 댐에서도 대동소이하다.

그림 11-1의 단면은 댐의 길이 전체에 걸친 대표적인 단면으로 생각되며, 따라서 아래에서 살펴보는 그림 11-1에 표시된 힘들은 댐의 단위폭당 작용하는 힘(kg/m)이다.

F_H : 저수지 바닥면으로부터 $H/3$에 작용하는 정수압의 수평분력 $= \gamma H^2/2$ 이다.

F_V : 댐 상류측면 위에 표시한 3각형의 도심(圖心)에 작용하는 정수압의 연직분력으로서 댐 상류측면 위의 물의 무게와 동일하다.

W : 단면의 도심을 지나는 댐 체의 무게=댐의 단면적×콘크리트의 단위중량(콘크리트의 비중은 2.4 혹은 2.5 사용)

F_U : 댐 저면에 작용하는 부양력(uplift force). 부양력은 기초지반의 침투해석(seepage analysis)에 의해 결정되며, 균질의 투수성 지반의 경우 그림 11 – 1의 X와 Y 점에서의 부양력 강도는 그 점에서의 정수압과 같고, 직선분포를 가지며 F_U는 이 부양력 분포를 적분하여 얻는다. F_U 의 크기는 대략 $\frac{1}{2}\gamma HB$이며 X점으로부터 $B/3$ 점에 작용한다.

만약 지반이 어느 정도 불투수성이면 $\frac{1}{2}\gamma HB$에 1보다 작은 계수를 곱해서 F_U를 결정하나 그대로 사용하는 것이 안전측이다.

F_s : 댐 저면의 X점 부근에 퇴적된 실트로 인한 추가 정수압으로 대략 $\frac{1}{2}\gamma(S_s-1)h_s^{\,2}$ (γ : 물의 단위중량, S_s : 실트나 물혼합체의 비중으로 약 1.4, h_s : 실트 퇴적층의 두께)로 계산된다.

F_{QD} : 지진가속도로 인한 댐 체 무게의 가속으로 댐에 작용하는 힘 $=(W/g)a$. 지진가속도 a 의 크기는 수평방향 $0.1\ g$, 연직방향 $g/12$이며 힘은 댐의 도심에 작용한다.

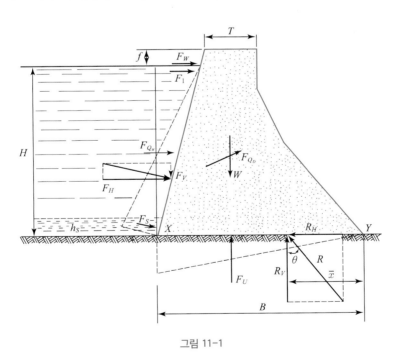

그림 11-1

R : 댐 저면과 기초의 접촉면에서의 전단력과 지반의 지내력의 합성력. $R_H = F_H + F_S + F_{QW} + F_{QD}$로서 접촉면을 따라 작용하고, $R_V = W + F_V - F_U - F_{QD}$로서 Y점으로부터 $\bar{x}$ 되는 위치에서 상향으로 작용한다. $\bar{x}$ 의 크기는 Y 점에 대한 댐에 작용하는 상기 모든 힘의 모멘트의 대수화가 영이라는 조건으로부터 결정한다.

위에서 살펴본 힘들이 댐에 작용하는 중요한 힘들이며, 이 외에도 파력, 풍력, 댐 하류 수위에 상응하는 정수압 등이 있으나 크기에 있어서 비교가 되지 않는다.

11.4.2 중력식 댐의 안정해석기준

중력식 댐은 수평면에 연한 전단력이나 댐 콘크리트 혹은 기초부를 파쇄하는 인장력, 혹은 그림 11-1의 Y점을 축으로 하는 전도 모멘트 등으로 인해 파괴의 위협을 받는다. 인장력으로 인한 파쇄현상은 댐 저면 X 및 Y 부분에서 인장응력이 생기지 않도록 설계함으로써 쉽게 방지할 수 있다.

댐의 안정은 통상 전단파괴(sliding)와 전도파괴(overturning)에 대한 안전계수의 항으로 표시되며, 댐 기초에 작용하는 최대작용력과 기초의 지내력을 비교함으로써 판단할 수 있다. 전단파괴에 대한 안전계수는 전단파괴를 일으키려고 하는 수평방향의 외력의 합인 R_H 에 대한 기초가 제공할 수 있는 마찰력의 비로 표시할 수 있다. 즉,

$$(FS)_S = \frac{R_V C_f + \tau_0 A_S}{R_H} \tag{11.1}$$

여기서 C_f 는 댐과 기초의 접촉면에서의 마찰계수로서 0.5~0.75의 값을 가지며 A_s 는 전단력을 높이기 위한 막대공(keys)의 전단응력이 작용하는 단면적이고 τ_0는 key의 단위면적당 평균전단응력이다. 댐의 안정을 위해서는 식 (11.1)로 표시되는 안전계수는 1보다 커야 함은 물론이다. 만약 $(FS)_S < 1$이면 댐 저면폭을 늘리거나 막대공을 추가하는 등 전단면적을 크게 해야한다.

점 Y를 축으로 하는 전도파괴에 대한 안전계수는 전도모멘트(overturning moment)에 대한 저항모멘트(resisting moment)의 비로 표시할 수 있다. 즉,

$$(FS)_0 = \frac{Wx_1 + F_U x_2}{(Wx_1 + F_V x_2) - R_V \bar{x}} \tag{11.2}$$

여기서 x_1, x_2 는 각각 점 Y 로부터 W 및 F_U 까지의 거리이다. 식 (11.2)에서 $\bar{x} = 0$ 이면(점 Y 에 R 이 작용), $(FS)_0 = 1$ 이 된다. 따라서 반력의 합성력 R 이 댐 저면 내에 작용하면 이론상으로는 전도에 대해서 안전함을 알 수 있다.

기초부의 연직반력성분인 R_V는 기초에 작용하는 모든 힘의 연직분력의 대수화와 크기가 같고 방향이 반대이며, 기초가 지지해야 할 힘으로서 힘의 분포는 그림 11‒2에서와 같이 댐 저면을 따라 직선적인 분포를 가진다고 가정하여 계산하는 것이 보통이다. 또한 힘은 댐 저면 전체에 걸쳐 압축력을 유발시키게 분포될 수도 있고 부분적으로 인장력이 발생하도록 분포될 수도 있다. 그림 11‒2에서처럼 댐 저면전체에 걸쳐 압축력이 작용한다고 가정하고 양단에서의 압축강도를 각각 P_h 및 P_t 라 하고 직선형 분포를 가정하면 R_V의 크기와 작용선은

$$R_V = \frac{(P_h + P_t)}{2}(B) \tag{11.3}$$

$$R_V \cdot e = \frac{(P_t - P_h)}{2}(B)\left(\frac{B}{6}\right) \tag{11.4}$$

$$\therefore e = \frac{(P_t - P_h)B^2}{12 R_V} \tag{11.5}$$

여기서 식 (11.4)는 댐 저면의 중심을 지나는 폭 $O - O'$에 대한 R_V의 모멘트와 총압축력의 모멘트를 같게 놓은 것이다.

식 (11.3)과 (11.4)를 연립해서 P_t와 P_h에 관하여 풀면

$$P_t = \left(\frac{R_V}{B}\right)\left(1 + \frac{6e}{B}\right) \tag{11.6}$$

$$P_h = \left(\frac{R_V}{B}\right)\left(1 - \frac{6e}{B}\right) \tag{11.7}$$

여기서 편심거리 e 는 식 (11.5)와 같은 관계를 가지며, 그 값은 $(B/2 - \bar{x})$와 같다.

그림 11‒2의 점 Y에서의 압축력 강도 P_t 는 댐의 안정에 매우 중요한 역할을 하며, 기초지반의 지내력(bearing strength)은 P_t 보다 훨씬 커야 안전하며 안전계수로 통상 2 이상을 취한다. 점 X에서의 압축력강도 P_h 는 통상 P_t 보다 작으므로 압축으로 인한 댐의 피해는 문제가 되지 않으나 압축력강도가 음이 되면 인장력이 발생하여 X 점 부근에서 인장파괴가 일어나게 되므로, 양의 압력강도를 유지할 수 있도록 설계해야 된다. 식 (11.7)로부터 알 수 있는 바와 같

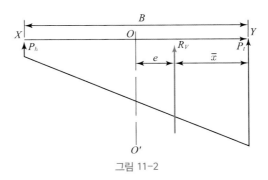

그림 11‒2

이 합성반력 R_V가 댐 저면의 중앙 $\frac{1}{3}$ 내에 작용하지 않으면(즉, $e > B/6$이면) $P_h < 0$이 되어 인장파괴가 일어나게 되므로 R_V가 $e < B/6$ 되도록 설계해야 안전하다.

문제 11-01

그림 11-3과 같은 높이 $H=16\,\mathrm{m}$, 저면폭 $B=24\,\mathrm{m}$인 3각형 콘크리트 중력식 댐에 대해 안정해석을 실시하라. 댐 기초는 균질의 투수성 지반으로 되어 있고 댐과 기초의 접촉면에서의 마찰계수는 0.75, 댐 콘크리트의 비중은 2.4이며 기초의 허용지내력은 30 ton/m²이다. 모든 계산은 단위폭당으로 하라.

풀이 (1) 작용하는 힘

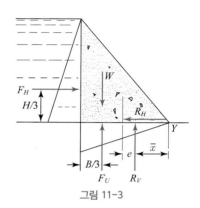

그림 11-3

$$\text{정수압}\quad F_H = \frac{\gamma H^2}{2} = \frac{1 \times 16^2}{2} = 128\,\mathrm{ton/m}$$

$$\text{댐 무게}\quad W = \gamma_s\left(\frac{1}{2}BH\right) = \frac{1}{2} \times 2.4 \times 24 \times 16$$
$$= 461\,\mathrm{ton/m}$$

$$\text{부양력}\quad F_U = \frac{1}{2}\gamma HB = \frac{1}{2} \times 1 \times 16 \times 24 = 192\,\mathrm{ton/m}$$

$$R_H = F_H = 128\,\mathrm{ton/m}$$

$$R_V = W - F_U = 461 - 192 = 269\,\mathrm{ton/m}$$

(2) 전단파괴에 대한 안전성

이 문제에서는 막대공(key)의 설치가 없는 것으로 가정하여 식 (11.1)을 사용하면

$$(FS)_S = \frac{R_V C_f}{R_H} = \frac{269 \times 0.75}{128} = 1.58\,\mathrm{(O.K)}$$

(3) 전도파괴에 대한 안전성

전도에 대한 안정하기 위한 한계조건은 점 Y에 대한 모든 작용력의 모멘트합이 영이어야 한다.

$$\sum M_r = \left(128 \times \frac{1}{3} \times 16\right) - \left(461 \times \frac{2}{3} \times 24\right) + \left(192 \times \frac{2}{3} \times 24\right) + 269\,\overline{x} = 0$$

$$269\,\overline{x} = 7{,}376 - 683 - 3{,}072 = 3{,}621$$

$$\therefore\ \overline{x} = 13.5\,\mathrm{m},\ e = \frac{24}{2} - 13.5 = -1.5\,\mathrm{m}$$

따라서 $R_V = 269\,\mathrm{ton/m}$는 댐 저면 중앙점으로부터 1.5 m 만큼 좌측에 작용하며 중앙 $\frac{1}{3}$ 내에 들므로 인장파괴의 위험은 없다.

식 (11.2)에 의해 전도에 대한 안정성을 검사하면 $F_V = 0$이므로

$$(FS)_O = \frac{Wx_1}{Wx_1 - R_V\,\overline{x}} = \frac{7{,}376}{7{,}376 - 269 \times 13.5} = 1.97\,\mathrm{(O.K)}$$

(4) 기초의 지내력 검사

식 (11.6)과 (11.7)에 의하면

$$P_t = \left(\frac{269}{24}\right)\left[1 + \frac{6 \times (-1.5)}{24}\right] = 4.40 \, \text{ton/m}^2$$

$$P_h = \left(\frac{269}{24}\right)\left[1 - \frac{6 \times (-1.5)}{24}\right] = 15.4 \, \text{ton/m}^2$$

따라서 P_t, P_h는 모두 압축력이고 기초지반의 하용지내력 30 ton/m^{2}보다 작으므로 지내력은 충분하다.

11.5 위어의 수리학적 특성

하천을 가로막는 둑을 만들어 그 위로 물을 흐르게 하는 구조물을 위어(weir)라 하며 위어 위의 흐름은 자유수면을 가지므로 중력이 지배적인 힘이 된다. 위어는 하폭 전체에 걸쳐서 설치할수도 있으나 보통의 경우 흐름의 단면을 축소시키도록 만들므로 흐름은 위어 정점에서 가속된다. 이와 같은 원리를 이용하여 그림 11–4에서와 같이 홍수가 도로를 범람시키는 것을 방지하는 한 방법으로 위어를 이용하기도 한다. 그림에서 보는 바와 같이 위어의 배수효과로 인해 상류의 수위는 상승하고 위어부에서의 흐름의 가속 때문에 하류부에서의 수위는 크게 강하되어 도로의 안전을 유지할 수 있는 것이다. 위어부에서의 흐름의 가속은 위어상의 수두와 유량 사이에 독특한 관계를 성립시키므로 위어는 개수로에서의 유량측정 수단으로 종종 사용되며 이에 관해서는 14장에서 더 상세하게 살펴보기로 한다.

위어 상류의 흐름은 위어의 배수효과 때문에 그림 11–4에서처럼 통상 상류(常流)상태가 되나 위어의 하류부에서는 사류(射流)가 형성된다. 따라서 흐름이 상류에서 사류로 변환하기 위해서는 한계수심(限界水深)을 통과해야 하며 위어의 정점부(crest)에서 이 한계수심이 발생하게 된다. 그림 11–5와 같은 월류식 광정위어(broad crested weir)에서 흐름의 마찰손실을 무시할 경우 위어 정점부에서는 한계류가 형성되어 수심은 한계수심이 된다. 한계류조건은

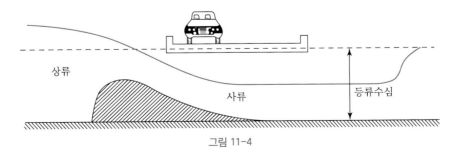

상류

사류

등류수심

그림 11-4

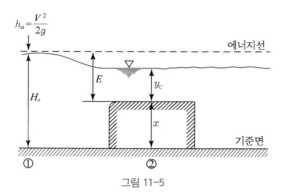

그림 11-5

$$F = \frac{V_c}{\sqrt{gy_c}} = 1 \tag{9.13}$$

$$y_c = \sqrt[3]{\frac{q^2}{g}} \tag{9.14}$$

여기서, F는 흐름의 Froude 수이고 y_c 는 한계수심, V_c 는 한계유속, 그리고 q 는 위어 단위폭당 유량이다.

또한, 위어 정점부에서의 흐름의 최소 비에너지 E 와 한계수심 y_c 의 관계는

$$E = y_c + \frac{V_c^2}{2g} = \frac{3}{2} y_c \tag{9.16}$$

위어 상류부에서의 흐름의 총에너지는 위어 상류부수심 H_s 와 접근속도수두 $h_a = V_a^2 / 2g$ 의 합과 같다. 따라서, 기준면에 대한 단면 1, 2에서의 총에너지 관계는

$$H_s + h_a = E + x = \frac{3}{2} y_c + x \tag{11.8}$$

$H = (H_s + h_a) - x$ 라 놓고 식 (9.14)를 식 (11.8)에 대입하여 정리하면

$$q = \sqrt{gy_c^3} = \sqrt{g\left(\frac{2}{3} H\right)^3} = 1.705\, H^{3/2} \tag{11.9}$$

위어의 전폭을 L 이라 하면 위어를 월류하는 총유량은

$$Q = 1.705\, LH^{3/2} = CLH^{3/2} \tag{11.10}$$

여기서 H는 위어상의 전수두 E와 같고, $C = 1.705$는 위어에서의 마찰손실을 무시했을 경우의 유량계수이며, 실제흐름의 경우는 마찰로 인하여 흐름의 에너지가 부분적으로 손실되므로 $C < 1.705$가 된다. 식 (11.10)은 여러 가지 흐름조건 하의 구형(矩形)위어의 유량을 계산하는 기본공식이다.

그림 11-6과 같이 수로경사가 0.001이고 폭이 4 m, $n = 0.025$인 구형단면수로에 2 m의 수심으로 등류가 흐르고 있다. 이 수로의 바닥에 위어를 설치하여 한계수심이 위어 정점부에서 발생하도록 하려면 위어 높이를 최소한 얼마 이상으로 해야 하겠는가?

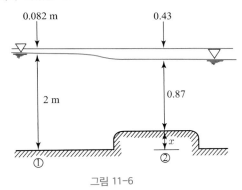

그림 11-6

풀이 Manning 공식으로 유량을 계산하면

$$Q = \frac{1}{0.025}(4 \times 2)\left(\frac{(4 \times 2)}{4 + 2 \times 2}\right)^{2/3}(0.001)^{1/2} = 10.12\,\text{m}^3/\text{sec}$$

$$V = \frac{Q}{A} = \frac{10.12}{4 \times 2} = 1.26\,\text{m}/\text{sec}$$

단면 1에서의 흐름의 총에너지는

$$E_T = 2 + \frac{(1.26)^2}{2g} = 2 + 0.082 = 2.082\,\text{m}$$

위어부에서 한계수심이 발생한다면 그 크기는

$$y_c = \sqrt[3]{\frac{q^2}{g}} = \left[\frac{\left(\frac{10.12}{4}\right)^2}{9.8}\right]^{1/3} = 0.87\,\text{m}$$

한계유속은

$$V_c = \frac{Q}{A_c} = \frac{10.12}{0.87 \times 4} = 2.91\,\text{m}/\text{sec}$$

단면 1, 2 사이의 총에너지 관계는

$$E_T = x + y_c + \frac{V_c^2}{2g}$$

$$\therefore\ x = 2.082 - 0.87 - \frac{(2.91)^2}{2 \times 9.8} = 0.78\,\text{m}$$

11.6 댐 여수로

댐 여수로(餘水路, spillway)는 저수지 내의 잉여수를 조기에 하류로 방류시킴으로써 홍수 시 댐 위로의 월류를 방지하기 위한 댐 부속구조물로서 댐의 가장 중요한 부속 시설물 중의 하나라고 할 수 있다. 여수로의 건설비용은 댐 공사비의 상당한 부분을 차지하며, 선택되는 여수로의 종류에 따라 댐 형식이 결정될 정도로 매우 중요하다. 여수로의 방류용량은 수문학적 분석에 의해 댐 지점에서의 계획홍수량(design flood)을 계산하여 이를 안전하게 소통시킬 수 있도록 결정하게 되며, 여수로의 용량부족은 어떠한 경우에도 허용될 수 없으므로 수문기상학적으로 발생가능한 최대 홍수량인 가능 최대 홍수량(可能最大洪水量, Probable Maximum Flood, PMF)을 기준으로 설계하도록 되어 있다.

댐 여수로는 여러 가지 종류의 성분구조물로 구성되며, 각 구조물은 독특한 수리학적 분석에 의해 설계되어 진다. 접근수로(entrance channel or approach channel)는 홍수를 통제용 구조물(control structure)로 유도하기 위한 입구부 수로이며, 통제용 구조물은 댐 여수로의 부속구조물 중에서도 가장 중요한 부분으로, 저수지 내의 홍수방류를 조절함으로써 저수위를 원하는 대로 유지시키는 기능을 하며 여수로의 종류에 따라 위어나 오리피스, 관로 등을 사용한다.

통수수로(discharge channel 혹은 conveyance structure)는 일단 통제용 구조물을 통해 방류되는 물을 하류로 운반하는 급경사의 수로를 말하며, 여수로의 종류에 따라 여수로의 하류부면이 될 수도 있고, 여러 가지 단면형의 굴착 개수로, 관수로 혹은 터널 등을 통수수로로 사용할 수 있다. 종말부 구조물(terminal structures)은 통수수로를 통해 댐 하류부로 흘러내리는 고속의 사류가 가지는 큰 에너지로 인한 하상의 세굴을 방지하기 위해 도수를 발생시켜 흐름을 상류로 변화시키는 구조물이다. 통수수로에 바로 연결되는 종말부 구조물로는 도수수로(hydraulic jump basin)라든지 실(sill), 감세용 블록 등 여러 가지가 있으며 이들을 통털어 감세공(減勢工, stilling basin)이라고 부른다. 감세공을 통과한 물을 하류의 하천으로 유도하는 수로를 방류수로(outlet channel)라 하며, 하류조건에 따라 적절하게 개수로로 설계하면 된다. 이상의 각종 성분구조물의 연결을 위해 수로단면의 변이(transition) 설계가 필요할 수도 있고, 또 경우에 따라 몇몇 성분구조물을 생략할 수도 있다.

위에서 소개한 기능과 성분구조물을 가지는 댐 여수로의 종류에는 월류형, 측수로형, 사이폰형, 나팔형, 개수로형(chute or open channel), 관로형, 터널형 및 암거형 등의 여러 가지가 있으나 이 절에서는 가장 많이 사용되는 몇 가지 여수로의 통제용 구조물의 수리학적 설계를 중심으로 살펴보기로 한다.

11.6.1 월류형 여수로

월류형(越流形) 여수로(overflow spillway, or ogee spillway)는 많은 양의 홍수를 월류시킬 수

있는 가장 경제적인 댐 여수로이므로 가장 흔히 사용된다. 이 형의 여수로는 폭이 큰 구형단면을 가진 위어로서, 그림 11-7과 같은 예연위어(sharp-crested weir) 위로 월류하는 수맥의 아래 곡선과 일치하도록 만듦으로써 위어의 유량계수를 최대로 할 뿐만 아니라 예연위어와 수맥 사이에서 발생하는 부압(負壓)으로 인한 추가적인 외력과 공동현상(空洞現象, cavitation)에 의한 구조물의 부분적 손상을 방지하도록 한 것이다.

그림 11-7에서 위어 정점을 통과한 물 입자의 시간 t에서의 위치$(x\ y)$는

$$x = V_0 t \cos \theta \qquad (11.11)$$

$$y = y_0 + V_0 t \sin \theta - \frac{1}{2} g t^2 \qquad (11.12)$$

여기서 $V_0,\ \theta,\ y_0$는 그림에 표시된 바와 같다. 식 (11.11)과 식 (11.12)로부터 t를 소거하면 다음과 같이 물 입자의 경로를 표시하는 방정식을 얻는다.

$$y = y_0 + x \tan \theta - \frac{g x^2}{2 (V_0 \cos \theta)^2} \qquad (11.13)$$

식 (11.13)을 무차원방정식으로 표시하기 위해 위어상의 전수두(全水頭, total head) $H = H_s + V_a^2 / 2g = H_s + h_a$(정수두와 속도수두의 합)로 나누면

$$\frac{y}{H} = \frac{y_0}{H} + \frac{x}{H} \tan \theta - \frac{M}{2} \left(\frac{x}{H} \right)^2 \qquad (11.14)$$

여기서 $M = gH / (V_0 \cos \theta)^2$이다.

식 (11.14)는 월류수맥의 아래 곡선이 포물선형임을 암시하고 있으며 $y_0,\ V_0, \theta$ 등은 초기조건을 표시하는 것으로서 접근하는 복잡한 흐름의 특성에 관계되므로 이론적으로 식 (11.14)를 완전한 공식으로 표시하기는 힘들다.

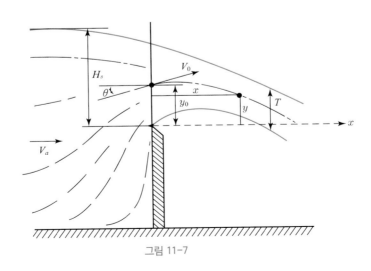

그림 11-7

따라서, 월류형 여수로의 노면곡선(crest profiles)을 결정하기 위한 많은 경험적 연구가 수행되어 왔으며, 그중 미국 수로실험소(Waterways Experiment Station, WES)가 제안한 공식이 가장 많이 사용되고 있으며 또한 간편하다. WES가 제안한 여수로 정점하류부의 노면곡선의 일반식은

$$\frac{y}{H_s} = -K \left(\frac{x}{H_s} \right)^P \tag{11.15}$$

여기서 H_s 는 여수로의 정점을 기준으로 한 정수두(static head)이고, K 와 P 는 댐 여수로의 상류측면(upstream face)의 경사에 따라 결정되는 상수이다. 그림 11-8은 WES 방법으로 여수로 면곡선을 그리는 방법을 도식적으로 설명해 주고 있다. 그림 11-8에서는 여수로의 정점을 좌표의 원점으로 잡았으며, H_s 를 알 경우 상류측면경사($S=$ 수직/수평)에 따라 a, b, r_1, r_2, K 및 P 값을 계산할 수 있도록 되어 있으며, 식 (11.15)에 의한 노면곡선의 한계점은 구조적인 측면에서 결정되는 여수로면 하부의 경사와 접하는 곳(point of tangency $P.T.$)까지로 되어 있다.

여수로 위로 월류하는 유량은 식 (11.10)과 유사한 다음과 같은 구형 위어의 유량공식을 사용하여 계산한다.

$$Q = CLH^{3/2} \tag{11.16}$$

여기서 Q 는 월류유량(m³/sce), L 은 여수로 정상부의 길이(여수로 폭, m), H 는 여수로상의 전수두로서 정수두 H_s 와 접근수로에서의 속도수두, $h_a = V_a^2 / 2g$ 의 합이며 C 는 유량계수로서 h_a / H 와 접근수로의 성질에 따라 결정되며 대략 1.66~2.26의 값을 가진다.

여수로상의 실제 흐름의 전수두가 계획수두(design head)와 동일하면 수맥의 하부곡선과 그림 11-7의 여수로면 곡선이 일치하겠지만 실제수두가 계획수두보다 작으면 유량계수 C 는 점점 감소하여 하한치인 1.66에 접근하고 계획수두보다 커지면 유량계수 C 는 점점 커져서 계획수두보다 40% 정도 커지면 최댓값인 2.26에 도달한다.

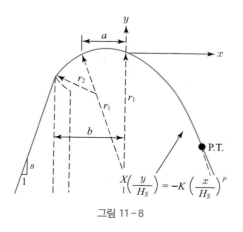

그림 11-8

상류측면경사(수직/수평) upstream slope(vert/hor)				
S	3/0	3/1	3/2	3/3
a/H_s	0.175	0.139	0.115	0
b/H_s	0.282	0.237	0.214	0.199
r_1/H_s	0.50	0.68	0.48	0.45
r_2/H_s	0.20	0.21	0.22	—
K	0.500	0.516	0.515	0.534
P	1.850	1.836	1.810	1.776

계획홍수량이 400 m³/sec인 월류형 댐 여수로를 설계하고자 한다. 여수로 정점표고는 EL.100 m, 계획홍수위는 EL. 101.72 m로 하고자 할 때 여수로의 소요폭과 노면곡선을 WES 방법으로 구하라. 접근속도수두는 무시하고 $C=2.22$를 사용하라. 여수로 상류측면 및 하류측면경사는 수직 : 수평을 각각 3 : 1 및 2 : 1로 하고자 한다.

풀이 (1) 여수로정점부의 정수두 $H_s = 101.72 - 100 = 1.72\,\mathrm{m}$ 이므로 식 (11.16)을 사용하면 여수로 폭은

$$L = \frac{Q}{CH_s^{3/2}} = \frac{400}{2.22\,(1.72)^{3/2}} = 80\,\mathrm{m}$$

(2) 그림 11 – 8로부터 수직/수평=3/1이므로

$$a = 0.139\,H_s = 0.239\,\mathrm{m}, \quad r_1 = 0.68\,H_s = 1.170\,\mathrm{m}$$
$$b = 0.237\,H_s = 0.408\,\mathrm{m}, \quad r_2 = 0.21\,H_s = 0.361\,\mathrm{m}$$
$$K = 0.516, \quad P = 1.836$$

그리고

$$\frac{y}{H_s} = -0.516\left(\frac{x}{H_s}\right)^{1.836} \tag{a}$$

식 (a)의 적용범위는 여수로 하류측면의 경사(2 : 1)가 시작되는 점$(P.\,T.)$까지이며 이 점은 다음과 같이 구할 수 있다. 식 (a)를 (x/H_s)에 관해 미분하여 하류측면 경사 $S = -2$(좌표 계에서 음의 경사이므로)와 같게 놓으면

$$\frac{d\left(\dfrac{y}{H_s}\right)}{d\left(\dfrac{x}{H_s}\right)} = -0.516 \times 1.836\left(\frac{x}{H_s}\right)^{1.836} = -2 \tag{b}$$

따라서, 점 $P.\,T.$ 의 좌표$(x_{P.T.}, y_{P.T.})$는 식 (b)로부터

$$\frac{x_{P.T.}}{H_s} = 2.444 \qquad \therefore\ x_{P.T.} = 2.444 \times 1.72 = 4.204\,\mathrm{m}$$

식 (a)에 대입하면

$$\frac{y_{P.T.}}{H_s} = -0.516\,(2.444)^{1.836} = -2.662, \qquad \therefore\ y_{P.T.} = -4.579\,\mathrm{m}$$

따라서, 점 $P.\,T.$ 의 좌표는 $(4.204\,\mathrm{m},\ -4.579\,\mathrm{m})$이다.

여수로는 정점을 우선 정한 후 상류측면의 시점까지는 계산된 a, b, r_1, r_2 값에 의해 작도하고, 정점에서 $P.\,T.$ 까지는 식 (a)에 의해 작도하며 $P.\,T.$ 에서 하류측 노면의 경사를 2 : 1(수 직 : 수평)이 되도록 직선으로 그리면 된다. 작도된 여수로의 모양은 그림 11 – 9와 같다.

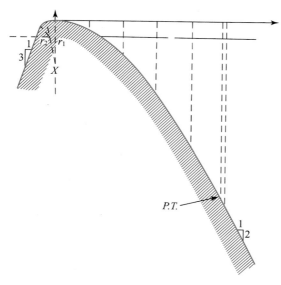

x/H_s	x	y/H_s	y
0.5	0.86	-0.145	-0.249
1.0	1.72	-0.516	-0.888
1.5	2.58	-1.086	-1.868
2.0	3.44	-1.842	-3.168
2.5	4.30	-2.775	-4.773

그림 11-9

11.6.2 측수로형 여수로

측수로형 여수로(side-channel spillway)는 그림 11-10과 같이 월류용 위어부와 월류한 홍수를 하류로 흘려보내는 위어부에 평행한 측수로(側水路)로 구성된다.

측수로는 수로의 길이를 따라 누적되는 물을 신속히 하류로 소통시킬 수 있도록 해야 하며, 수로의 굴착량을 가급적 줄여 건설비를 최소로 하기 위해 수로를 연하는 모든 점에 있어서의 수로경사와 수심이 최소가 되도록 해야 한다. 이러한 이유 때문에 계획유량이 흐를 때 측수로 내에서의 수면곡선을 정확하게 계산하는 것은 설계면에서 볼 때 매우 중요하다.

그림 11-10의 월류용 위어의 단위폭당 유량은 식 (11.16)에서 $L=1\text{m}$ 일 때이므로

$$q_s = CH^{3/2} \tag{11.17}$$

측수로의 시점으로부터 흐름 방향으로의 거리가 x 되는 단면에서의 유량은

$$Q_x = CxH^{3/2} \tag{11.18}$$

여기서 $x \geq L$ 이면 $Q = qL$ 로 일정하게 되고 측수로는 통수수로와 단면변이(斷面変移)에 의해 연결된다.

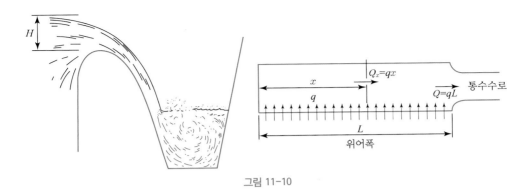

그림 11-10

측수로 내의 흐름은 월류로 인해 와류상태가 아주 심해지므로 에너지 손실이 매우 크다. 따라서 에너지 보존원리 대신에 역적－운동량 원리에 의해 흐름을 해석하는 것이 보통이다. 그림 11－11과 같은 측수로의 종단도에서 수로의 시점 O 로부터 흐름방향으로 거리 x 떨어진 단면에서의 유량을 $Q(= q_s x)$ 라 하면 거리 $(x + \Delta x)$ 만큼 떨어진 단면에서의 유량은 $Q+ \Delta Q\ (= Q+ q_s \Delta x)$ 이다. 거리 Δx 만큼 떨어진 이들 두 단면 사이의 수체에 작용하는 힘을 표시해 보면 그림 11－12와 같으며, 이들 힘의 흐름방향 분력의 합은 시간당 운동량의 변화량과 같아야 한다. 즉

$$\sum F= \Delta (\rho Q V) \tag{11.19}$$

물덩어리에 작용하는 힘은 단면 1과 2에 작용하는 정수압의 흐름방향성분과 두 단면 사이의 물의 무게의 흐름방향성분 및 흐름과 반대방향으로 작용하는 마찰력이므로 그 합력은

$$\sum F= \gamma d_G A \cos \alpha - \gamma(d_G+ \Delta d_G)(A + \Delta A)\cos \alpha \tag{11.20}$$
$$+ \gamma A \Delta x \sin\alpha - \tau_0 P \Delta x$$

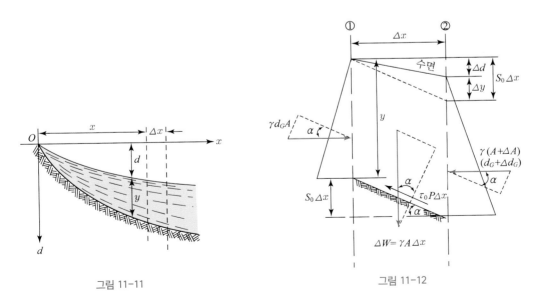

그림 11-11

그림 11-12

여기서, d_G 는 수면으로부터 단면의 도심까지의 연직거리이고, A 는 단면적, α 는 수로 바닥부의 경사각, τ_0 는 마찰응력이며 P 는 윤변의 길이이다.

한편,

$$\Delta(\rho QV) = [\rho(Q+\Delta Q)(V+\Delta V) - \rho QV] \qquad (11.21)$$

식 (11.20)에서 수로경사각이 별로 크지 않다고 가정하면 수로경사 $S_0 = \sin\alpha$ 로 놓을 수 있고,

$$\tau_0 P \Delta x = \gamma RS_f P \Delta x = \gamma AS_f \Delta x$$

이며(여기서 S_f 는 에너지선의 경사), $Q = Q_1$, $V = V_1$, $Q + \Delta Q = Q_2$, $V + \Delta V = V_2$, $A = (Q_1 + Q_2)/(V_1 + V_2)$ 라 놓고 식 (11.20)과 (11.21)의 우변을 식 (11.19)의 관계에 따라 같게 놓고 정리하면 다음과 같은 식을 얻는다.

$$\Delta d = -\frac{Q_1}{g}\frac{(V_1+V_2)}{(Q_1+Q_2)}\left[(V_2-V_1) + \frac{V_2(Q_2-Q_1)}{Q_1}\right] + S_0\Delta x - S_f\Delta x \qquad (11.22)$$

여기서, Δd 는 두 단면 간의 수면표고의 변화량을 표시한다. 식 (11.22)는 측수로 내에서의 수면곡선을 계산하는 기본방정식으로서 우변의 첫 항은 월류수가 일으키는 와류손실로 인한 수면표고의 변화량을 표시하며, 둘째 항은 수로바닥 표고의 변화량, 그리고 셋째 항은 마찰손실로 인한 수면표고의 변화량을 표시한다. 식 (11.22)에 의한 측수로 내 수면계산은 짧은 구간으로 나누어 축차적으로 계산해 나가므로 미소구간 Δx 에서의 마찰손실항 $S_f\Delta x$ 는 통상 무시하며, 그림 11 – 12로부터 두 단면 간의 수심의 변화량 $\Delta y = S_0\Delta x - \Delta d$ 이므로 식 (11.22)를 고쳐 쓰면

$$\Delta y = \frac{Q_1}{g}\frac{(V_1+V_2)}{(Q_1+Q_2)}\left[(V_2-V_1) + \frac{V_2(Q_2-Q_1)}{Q_1}\right] \qquad (11.23)$$

식 (11.23)을 사용하면 위어를 월류하는 총유량으로 인한 측수로 내 흐름의 수면곡선을 계산할 수 있다. 수위를 알고 있는 지배단면(control section)에서의 기지수위에서 시작하여 미소구간별로 나누어 구간단에서의 수위를 가정하여 식 (11.23)이 성립하는지를 확인해 나감으로써 축차적으로 수면곡선을 계산해 나가는 것이다.

수면곡선의 계산방향은 제9장의 부등류 계산에서처럼 지배단면에서의 수위를 기점으로 하여 흐름이 상류이면 하류에서 상류방향으로, 사류이면 상류에서 하류방향으로 계산해 나간다.

측수로에 연속해서 통수수로가 단면의 축소 없이 그대로 연결되고 수로의 경사가 급경사 $(S_0 > S_c)$ 가 되도록 하면 흐름은 사류상태가 되므로 그림 11 – 13 (a)의 수면곡선 B' 과 같아진다. 만약 그림에서와 같이 측수로 내의 수위를 증가시키기 위해 통수수로의 단면을 축소시키거나 바닥표고를 높임으로써 하류지배단면이 형성되면 측수로 내 흐름은 상류가 되어 수면곡선 A' 과 같아진다. 그림 11 – 13 (b)는 측수로 내 흐름이 상류 혹은 사류일 때의 저수지수위와 측수로 내

수위의 상관관계를 표시하고 있다. 그림에서 보는 바와 같이 상류일 경우에는 수위차가 별로 크지 않으므로 와류의 정도가 크지 않아 흐름이 잘 섞이고 안정된 흐름이 되나, 사류일 경우에는 난류 및 횡류가 극심해지고 흐름이 매우 불안정해진다. 따라서, 측수로를 설계할 때는 수로 내의 흐름상태가 상류(常流)가 될 수 있도록 측수로와 통수수로의 연결부에 그림 11 – 13 (a)에서와 같이 지배단면을 설계하는 것이 보통이다.

이상에서 살펴본 측수로형 여수로는 수로 내의 흐름상태가 상당히 불안정하므로 여수로 위치에서의 지반이 견고한 암반으로 되어 있어 공사비의 상당한 절감이 예상될 경우에 채택하게 되며, 수로의 단면형으로는 사다리꼴 단면을 택하는 것이 보통이다.

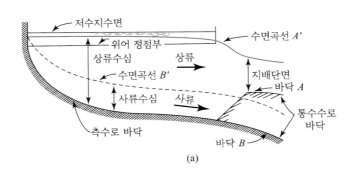

(a)

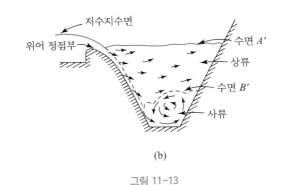

(b)

그림 11–13

문제 11-04

계획홍수량이 240 m³/sec인 댐의 여수로를 길이 100 m, 폭 8 m, 바닥경사 0.0005, n =0.014인 측수로형 여수로로 설계하고자 한다. 구형(矩形) 측수로의 말단부에는 길이 5 m의 바닥상승에 의해 지배단면을 만들어 한계수심이 통수수로의 선단에서 발생하도록 한다. 측수로 말단부의 통수수로 선단에서의 표고는 EL. 100 m이다. 측수로 말단부로부터 20 m 상류 단면에서의 수면표고를 계산하라. 길이 5 m인 단면변화부에서의 손실수두는 지배단면에서의 속도수두의 15%로 가정하라.

풀이 (1) 지배단면에 대한 수리계산

측수로의 말단부에서의 단위폭당 유량 $q= \dfrac{240}{8}=30\,\mathrm{m^3/sec/m}$ 이고 지배단면에서의 한계수심은

$$y_c = \sqrt[3]{\frac{q^2}{g}} = \left(\frac{30^2}{9.8}\right)^{1/3} = 4.51\,\text{m}$$

$$V_c = \frac{q}{y_c} = \frac{30}{4.51} = 6.65\,\text{m/sec}$$

속도수두는

$$h_v = \frac{V_c^2}{2g} = \frac{6.65^2}{2 \times 9.8} = 2.26\,\text{m}$$

단면변화부에서의 손실수두 $h_L = 0.15 \times 2.26 = 0.34\,\text{m}$ 따라서 측수로 말단부에서의 수심

$$y_{0+0} = y_c + \frac{V_c^2}{2g} + h_L = 4.51 + 2.26 + 0.34 = 7.11\,\text{m}$$

한편, 측수로 말단부에서의 등류수심을 Manning 공식으로 계산하면

$$AR^{2/3} = \frac{nQ}{S_0^{1/2}} = \frac{0.014 \times 240}{(0.0005)^{1/2}} = 150.26$$

$$(8y_n)\left(\frac{8y_n}{8 + 2y_n}\right)^{2/3} = 150.26 \qquad \therefore \ y_n = 9.44\,\text{m}$$

즉, 측수로 말단부에서의 등류수심 $y_n = 9.44\,\text{m}$ 이고 지배단면에서의 한계수심 $y_c = 4.51\,\text{m}$, 측수로말단에서의 수심 $y_{0+0} = 7.11\,\text{m}$ 이므로$(y_c < y < y_n)$ 측수로 내 부등류의 수면곡선형은 $M2$ 곡선이며, 흐름은 상류이므로 하류 지배단면으로부터 상류방향으로 계산해 나가야 한다.

(2) 수면곡선의 계산

측수로 말단부(0+00)로부터 20 m 상류(0+20) 단면에서의 수면표고는 EL. 107.84 m이며 수심은 7.83 m이다. 식 (11-23)을 이용한 계산에서 계산의 방향은 하류에서 상류방향이나 구간별로 상류측 단면이 단면 1이고 하류측 단면이 단면 2임에(그림 11-12 참조) 주의해야 한다. 표 11-1과 같은 방법으로 0+40, 0+60, 0+80, 0+100 단면에 대한 수면표고를 계산함으로써 완전한 수면곡선을 얻을 수 있으며, 그림 11-14에 계산결과가 표시되어 있다.

표 11-1

(1) 단면 위치	(2) Δx (m)	(3) 바닥 면적 EL. (m)	(4) 가정 Δy (m)	(5) 수면 표고 EL. (m)	(6) 수심 y (m)	(7) A (m²)	(8) Q (m³/sec)	(9) V (m/sec)
0 + 00 (단면 2)		100.00		107.11	7.11	56.88	240	4.22
0 + 20 (단면 1)	20	100.01	0.30	107.41	7.40	59.20	192	3.24
			0.80	107.91	7.90	63.20	192	3.04
			0.73	107.84	7.83	62.64	192	3.07

(10) Q_1+Q_2	(11) $\dfrac{Q_1}{g(Q_1+Q_2)}$	(12) V_1+V_2	(13) V_2-V_1	(14) Q_2-Q_1	(15) $\dfrac{V_2(Q_2-Q_1)}{Q_1}$	(16) (13)+(15)	(17) $\Delta y =(11)\times(12)\times(16)$	(18) 비고
432	0.0454	7.46	0.98	48	1.055	2.035	0.689	너무 큼
432	0.0454	7.46	1.18	48	1.055	2.235	0.737	약간 작음
432	0.0454	7.46	1.15	48	1.055	2.205	0.730	O.K

주)

(1) 단면위치 및 번호

(2) 구간거리

(3) 바닥표고 : $100.0 + S_0 \sum \Delta x$

(4) 가정 Δy : 수위증가량 적절히 가정

(5) 수면표고 : 기점수면표고 + Δy

(6) 수심 : 수면표고 (5) − 바닥표고

(7) 단면적 : 수심 (6) × 수로폭(δm)

(8) 단면통과유량 : q_s × 수로시점부터의 거리(x)

(9) 평균유속 : 유량 (8) ÷ 단면적 (7)

(10) 구간양단유량의 합(Q_1+Q_2)

(11) $(Q_1/g) \div (Q_1+Q_2)$ (10란)

(12) 구간양단에서의 평균유속의 합 (V_1+V_2)

(13) 구간양단에서의 평균유속의 차 (V_2-V_1)

(14) 구간양단에서의 유량의 차 (Q_2-Q_1)

(15) $(V_2/Q_1) \times (Q_2-Q_1)$ (14란)

(16) (13) + (15)

(17) $\Delta y = (11) \times (12) \times (16)$

(18) 가정한 Δy와 17란에서 계산한 Δy를 비교 판단

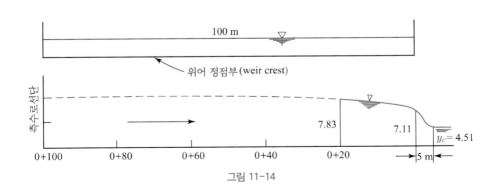

그림 11-14

11.6.3 사이폰형 여수로

월류형 여수로 위로 흐르는 유량은 위어 정점부 위에 걸리는 수두와 위어 길이의 함수임은 식 (11.16)으로부터 알 수 있었으며, 대부분의 저수지에서는 위어 위의 수두를 지나치게 크게 하기는 곤란하다. 그러나 만약 위어 정점부를 따라 그림 11 – 15와 같은 만곡관로를 만들어 저수 지내의 물이 이 관로를 통해 하류로 만류하도록 한다면 저수지수위와 하류수위의 차인 수두 H 가 월류 위어에 비해 매우 커질 것이고, 따라서 유량도 크게 증가할 것이다. 이러한 목적으로 설치되는 여수로가 바로 그림 11 – 15와 같은 사이폰형 여수로(siphon spillway)이며, 작동원리를 살펴보면 다음과 같다.

저수지 내 수위가 점점 상승하여 위어의 정점부(crest)를 초과하면 월류 위어에서와 같은 원리 로 물이 정점부 위로 월류하기 시작한다. 수위가 더 상승하면 사이폰 내 흐름의 유속은 더 빨라 져서 정점부 단면에 모여 있는 공기를 흐름이 계속 흡입하여 하류로 흘려보내게 된다. 이때 사이 폰의 출구부가 하류의 하천수에 잠겨 있으면 사이폰 내로의 새로운 공기유입은 없으며, 결국에는 사이폰 내의 압력이 떨어져 부압이 되므로 사이폰 작용이 시작되어 물은 사이폰을 꽉 채우면서 관수로 흐름상태로 흐르게 된다. 이와 같이 사이폰을 통해 물이 방류되면 저수지내 수위는 강하 하게 되지만, 수위가 위어 정점부보다 낮아지더라도 사이폰 작용은 계속되며 수위가 사이폰 입구 부보다 낮아져서 공기가 유입하게 되면 사이폰 작용은 중단된다. 사이폰 작용이 일어나는 것은 저수면에 미치는 대기압이 사이폰 목(throat)부에서의 부압보다 크기 때문이나 목부에서의 최대 부압은 그 수온에서의 증기압보다는 크게 유지되어야 한다. 만약 사이폰 내의 어느 단면에서의 압력이 증기압보다 작아지면 증기화 현상에 의해 수많은 기포가 생겨서 하류단의 고압부에 이르 면 터지게 되어 사이폰 구조물에 손상을 입히게 된다. 이와 같은 손상을 막기 위해서는 사이폰 목부에서의 압력이 증기압보다 작지 않도록 유지해야 한다.

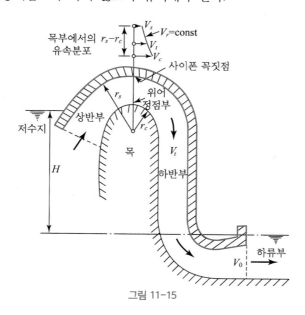

그림 11–15

사이폰 여수로의 설계를 위해 결정해야 할 사항은 첫째로, 사이폰 목부에서의 한계 부압수두(負壓水頭)를 결정하고, 둘째로, 이 부압수두에 상응하는 목부에서의 허용최대유속인 평균유속을 결정하고, 마지막으로, 사이폰 시스템에서 발생하는 모든 손실수두를 결정하여 에너지 방정식에 의한 사이폰의 설계를 가능하게 해야 하는 것이다.

사이폰 목에서의 한계 부압수두는 이론적으로는 절대영압(absolute zero pressure)인 수주 -10.34 mm(7장 참조)이나 안전을 위해 설계치로는 약 -8 m를 사용하는 것이 보통이다. 사이폰 작용이 시작될 때 그림 11−15에서 저수지면과 사이폰 목 단면 사이의 에너지 관계는

$$\frac{p_a}{\gamma} + \frac{V_a^2}{2g} = \frac{p_c}{\gamma} + \frac{V_c^2}{2g} + h_L \tag{11.24}$$

여기서, 좌변은 대기압이 작용하는 저수지면의 압력수두와 속도수두로서 무시할 수 있으며, h_L은 사이폰 입구부 손실 및 마찰손실로서 입구부의 유입조건을 좋게 하면 거의 무시할 수 있다. 사이폰 위어부의 압력수두 $p_c/\gamma = -8$m 로 취하면 그림 11−15의 위어 정점에서의 유속 V_c는 식 (11.24)로부터

$$V_c = \sqrt{2g \times 8} = 12.52\,\mathrm{m/sec} \tag{11.25}$$

그런데, 사이폰 목에서의 유속분포는 흐름의 만곡 때문에 자유 볼텍스(free vortex) 현상에서와 같이 다음 식으로 표시할 수 있다.

$$V_s r_s = V_c r_c = V r = \mathrm{constant} \tag{11.26}$$

여기서, V_s는 사이폰 정점부에서의 유속이고, r_s, r_c는 각각 사이폰 정점부 및 위어 정점부의 곡률반경이며, V는 곡률반경 r인 점에서의 유속이다.

식 (11.25)를 식 (11.26)에 대입하면

$$V = 12.52 \frac{r_c}{r} \tag{11.27}$$

따라서, 사이폰 목부를 통해 흐를 수 있는 최대유량은

$$Q = \int_{r_c}^{r_s} V dA$$

목부단면을 폭 b인 구형단면이라 가정하면

$$Q = \int_{r_c}^{r_s} 12.52 \frac{r_c}{r} \cdot b dr \tag{11.28}$$

$$= 12.52\,b r_c [\ln r]_{r_c}^{r_s} = 28.83\,b r_c \log_{10} \frac{r_s}{r_c}$$

따라서, 목부단면에서의 평균유속은

$$V_t = \frac{Q}{A} = \frac{Q}{b\,(r_s - r_c)} = \frac{28.83\,r_c}{r_s - r_c} \log_{10} \frac{r_s}{r_c} \tag{11.29}$$

식 (11.29)로 표시되는 V_t 는 사이폰의 단면이 변화하지 않는다면 목부뿐만 아니라 사이폰의 모든 단면에서의 평균유속으로 볼 수 있다. 사이폰 내의 평균유속 V_t 는 사이폰에 걸리는 전수두, 즉 저수지수위와 하류수위의 차 H 에 따라 결정되므로, 사이폰 출구부를 축소시켜 손실수두를 높이거나 아니면 하류수두를 높여 전수두(全水頭)를 줄임으로써 사이폰 내 유속이 식 (11.29)로 표시되는 값보다 작도록 해야 한다.

그림 11 – 15에서 저수지 내 수위와 하류부 수위의 차인 전수두 H 는 다음과 같이 표시할 수 있다.

$$H = \frac{V_t^2}{2g}\,(K_e + K_f + K_b + K_v) + h_{ex} \tag{11.30}$$

여기서

K_e : 입구손실 및 단면 축소손실계수 $= 0.2$

K_f : 사이폰의 상반부와 하반부에서의 마찰손실계수 $= 0.25$

K_b : 만곡손실계수 $= 0.42\,(r = 2.5\,(r_s - r_c)$ 일 때)

K_v : 출구손실계수 $= (A_t / A_0)^2$

　　　　 $=$ 출구부 및 사이폰 목부의 단면적비의 제곱

이고, 또한 출구부의 단면이 확대되거나 혹은 축소됨에 따라 생기는 손실수두는

$$확대 : h_{ex} = 0.2 \left(\frac{V_t^2}{2g} - \frac{V_0^2}{2g} \right) \tag{11.31}$$

$$축소 : h_{ex} = 0.1 \left(\frac{V_0^2}{2g} - \frac{V_t^2}{2g} \right) \tag{11.32}$$

여기서 V_0 는 출구단면에서의 방류속도이다.

식 (11.30)의 V_t 는 식 (11.29)에서와 같이 r_s, r_c에 의해 결정되고 각종 손실계수 K 도 사이폰의 기하특성에 따라 결정되는 상수이므로 H 혹은 V_0 는 이들 값에 의해 결정되어진다.

만약 $V_0 = V_t$ (출구부의 축소 혹은 확대가 없을 때 $A_t = A_0$ 이므로)이면 허용 전수두는 식 (11.30)에서 $h_{ex} = 0$ 일 경우이므로

$$H = \frac{V_t^2}{2g}\,(K_e + K_f + K_b + 1) \tag{11.33}$$

만약, 실제로 걸리는 사이폰 수두가 식 (11.33)으로 계산되는 H 보다 크면 사이폰 출구부를 하류 수위보다 높게 올려 H 를 줄임으로써 식 (11.33)을 만족시키도록 설계해야 하며, 반대로 실제

수두가 H보다 작으면 안전하나 계획유량을 방류시킬 능력이 부족하게 된다. 이때에는 사이폰 출구부의 단면을 확대시켜 출구손실계수를 1보다 작게 만들거나 혹은 다른 손실계수를 감소시켜 식 (11.33)의 관계가 성립하도록 함으로써 계획유량을 방류하도록 한다.

문제 11-05

어떤 댐의 하류부 수면표고가 EL.112 m이며 계획홍수량 45 m³/sec를 방류할 때 저수지 내 수면표고를 EL.118 m로 유지하고자 한다.

(a) 정점표고를 EL. 116.5 m로 하는 월류형 여수로를 사용할 경우 여수로의 소요폭을 구하라. 위어의 유량 계수는 2.0으로 가정하라.

(b) 사이폰형 여수로를 설계할 경우 사이폰의 소요폭을 계산하라. 사이폰 목부의 깊이 $d = 1.2$ m, $r_s = 2.4$ m 및 $r_c = 1.2$ m이다.

(c) (b)의 하류부 수면표고(EL. 112 m)는 사이폰 내 유속을 허용 최대평균유속 이내로 유지하는 데 적합한가?

풀이 (a) 월류형 여수로의 소요폭은 식 (11.16)으로부터

$$L = \frac{Q}{CH^{3/2}} = \frac{45}{2.0 \times (1.5)^{3/2}} = 12.25\,\text{m}$$

(b) 사이폰 단면을 통해 허용되는 평균유속을 식 (11.29)로 계산하면

$$V_t = \frac{28.83 \times 1.2}{(2.4 - 1.2)} \log_{10}\left(\frac{2.4}{1.2}\right) = 8.68\,\text{m/sec}$$

사이폰의 소요폭은

$$b = \frac{Q}{V_t d} = \frac{45}{8.68 \times 1.2} = 4.32\,\text{m}$$

즉, 사이폰 여수로의 소요폭은 월류형보다 약 $\frac{1}{3}$에 지나지 않음을 알 수 있다.

(c) 식 (11.33)에서 $V_t = 8.68\,\text{m/sec}$, $K_e = 0.2$, $K_f = 0.25$, $K_b = 0.42$를 사용하면 최대허용 전수두는

$$H = \frac{(8.68)^2}{2g}(0.2 + 0.25 + 0.42 + 1) = 7.19\,\text{m}$$

실제로 작용하고 있는 전수두는

$$H = 118 - 112 = 6\,\text{m}$$

즉, 실제로 작용하고 있는 전수두가 최대 허용 전수두보다 작으므로 사이폰 작용에는 이상이 없다.

11.6.4 나팔형 여수로

댐 지점의 지형조건이 협소하여 여수로를 위한 공간이 제한될 경우나 댐의 전길이를 흙댐으로 할 경우에는 나팔형 여수로(morning-glory or shaft spilway)를 가끔 사용한다. 그림 11-16에 표시한 바와 같이 나팔형 여수로는 저수지의 물이 흘러들어가는 입구부(inlet)와 연직관(vertical shaft), 만곡부(bend), 수평관(horizontal shaft) 등으로 구성되며 하류부수위보다 약간 높은 위치에서 방류하도록 설계된다. 입구부는 그림 11-16에서 보는 바와 같이 원형의 위어로 나팔관처럼 만들며, 위어의 유량계수를 크게 감소시키는 볼텍스(vortex) 현상을 방지하기 위해 위어 정상부에 등간격의 피어(pier)를 설치하기도 한다.

나팔형 여수로는 저수지의 수위에 따라 3가지 형태로 여수로로서의 기능을 발휘한다.

첫째로, 입구부가 잠수되지 않은 상태에서는 위어는 월류형 위어와 같은 기능을 하며 연직 및 수평관로는 꽉 차지 않은 상태에서 중력에 의해 부분적으로 흐른다. 이때, 위어 위로 월류하는 유량은

$$Q = CPH_1^{3/2} \qquad\qquad (11.34)$$

여기서, P는 원형 위어 정상부의 윤변이며 H_1은 위어상의 수두이다. 둘째로, 월류량이 계속 증가하면 관로 내의 흐름은 중력에 의한 흐름과 압력차에 의한 흐름이 공존하는 상태에 이른다. 즉, 만곡부와 수평관이 위어로 월류하는 물을 가로막는 역할을 하여 관로에 수두 H_2가 생기고, 이 수두가 관로의 마찰손실을 이겨낼 수 있게 되면 관수로 흐름이 되어 유량은 $\sqrt{H_2}$에 비례하게 된다. 셋째로, 입구부가 완전히 잠수되면 위어의 기능은 완전히 상실되어 완전한 관수로 내 흐름이 된다. 따라서, 저수지 수면과 수평관의 중립축의 차인 H_3가 유효수두가 되므로 유량은 급격히 증가하게 되며 다음 식과 같이 표시할 수 있다.

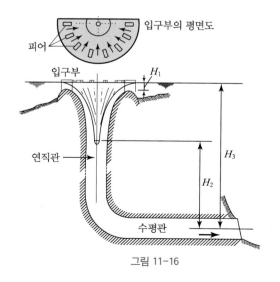

그림 11-16

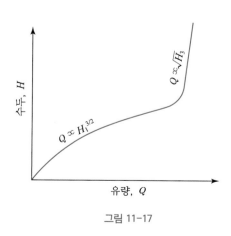

그림 11-17

$$H_3 = \frac{V^2}{2g}(1 + K_e + K_f + K_b) = K\frac{V^2}{2g} \qquad (11.35)$$

$$\therefore Q = AV = A\sqrt{\frac{2gH_3}{K}}$$

여기서, V는 관 내의 평균유속, A는 단면적이고, K_e, K_f, K_b는 전술한 바와 같은 각종 손실계수이며 관로 내의 복잡한 흐름상태 때문에 추정하기가 매우 어렵다.

그림 11-17은 이상에서 살펴본 나팔형 여수로의 수두에 따른 유량의 변화특성을 도식적으로 나타내고 있으나, 흐름현상의 복잡성 때문에 이론적인 해석만으로는 나팔형 여수로의 설계가 불가능하므로 대부분의 경우 이론을 기초로 한 수리모형실험에 의한다.

11.7 댐 여수로의 수문

여수로를 통해 월류하는 홍수량을 조절하기 위해 여러 가지 형태의 수문이 사용되어 왔다. 각종 수리구조물에서 수문은 그 자체로서 유량조절 구조물의 기능을 할 수도 있고 댐의 경우처럼 월류형 여수로상에 설치되어 사용될 수도 있으며, 연직개폐식 수문(rolling gate), 테인터식 수문(tainter gate), 굴림식 수문(rolling gate) 및 드럼식 수문(drum gate) 등이 가장 많이 사용되는 수문의 종류이다.

연직개폐식 수문은 그림 11-18과 같이 위어 위에 세운 격벽 사이에 연직으로 설치하는 철재 혹은 목재의 수문으로, 격벽에는 연직으로 수문이 상하운동을 할 수 있도록 홈(grooves)이 파여져 있고 홈의 내부에는 수문개폐 시 마찰을 줄이기 위하여 롤러가 설치된다. 이 형식의 수문을 설계할 때에는 수문에 작용하는 정수압, 수문을 들어올리는 호이스트 케이블(hoist cable)의 장력, 롤러의 마찰 및 수문의 무게 등을 고려하여 수문의 기능에 무리가 없도록 해야 한다.

테인터식 수문(혹은 방사상 수문, radial gate)은 그림 11-19와 같이 철재로 격자를 만들고 저수지의 물과 접촉하는 부분을 원호곡면으로 한 수문으로, 곡면의 곡률중심에 설치되는 핀(trunnion pin)을 축으로 하여 개폐된다. 원호곡면에 작용하는 정수압은 곡면에 직각으로 작용하므로 핀을 통과하게 되며 연직개폐식 수문에서의 롤러 역할을 핀이 하게 된다. 핀에 발생하는 마찰력은 롤러에 생기는 마찰력보다 훨씬 작으므로 테인터식 수문은 다른 형식의 수문에 비해 가볍고 또한 조작하기가 쉬워 많이 사용되고 있다. 굴림식 수문(rolling gate)은 그림 11-20에서 볼 수 있는 바와 같이 여수로 격벽 사이에 설치되는 철재 실린더로서 격벽부에 경사지게 설치되는 톱니바퀴 홈을 따라 실린더가 구르면 수문이 개폐되도록 만들어진다.

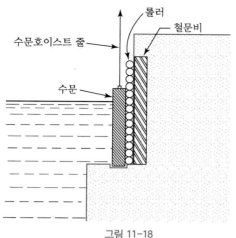

그림 11-18

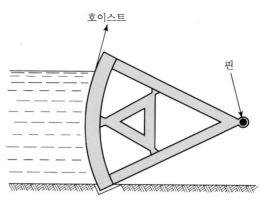

그림 11-19

드럼식 수문(drum gate)은 그림 11 -21에서처럼 폐쇄될 때 여수로 정상부면과 일치하도록(그림의 점선) 되어 있어 최대의 월류를 보장할 수 있는 장점이 있는 수문이다. 여수로 정상부에는 공실(空室, hollow chamber)이 만들어져 있어 공실로 물이 들어가도록 하면 상향의 정수압에 의해 힌지를 축으로 하여 수문이 폐쇄되고, 반면에 공실로부터 물이 빠지게 하면 힌지를 축으로 하여 수문의 자중 때문에 수문이 내려와서 개방되는 결과가 된다. 이 드럼식 수문은 여러 가지의 변형으로 최근에 많이 사용되고 있다.

이상에서 살펴본 각종 수문의 무게 W는 예상되는 수문의 최대 개구고(開口高, gate opening) L_0 및 수문과 접하는 수심 H_g 로부터 다음 식을 사용하여 대략 결정한다.

$$W = k L_0^m H_g^n \tag{11.36}$$

여기서, W는 lbs, L_0와 H_g 는 ft 단위로 표시되며 k, m, n 은 수문의 형식에 따라 표 11 - 2 와 같은 값이 추천되고 있다.

표 11-2

수문형식	m	n	k의 범위	평균 k
연직개폐식	1.5	1.75	0.80~2.00	1.20
테인터식	1.9	1.35	0.85~1.45	1.16
굴림식	1.5	1.67	2.40~3.40	2.85
드럼식	1.33	1.33	26.00~35.00	31.00

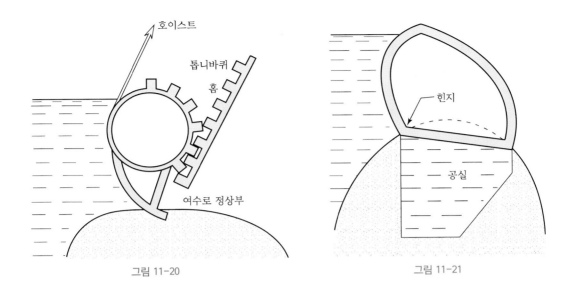

그림 11-20	그림 11-21

11.8 감세용 구조물

감세용 구조물 혹은 감세공(減勢工, stilling basin)은 그림 11‒22와 같이 여수로의 말단부 혹은 각종 급경사 수로의 방류부에서 생기는 고속흐름이 가지는 막대한 에너지로 인한 하상 혹은 수로 바닥의 세굴을 방지하기 위해 설치되는 구조물 일체를 말하며, 경사가 아주 작은 감세수로부와 기타 감세용 부속물(energy dissipators)로 구성된다. 여수로와 같은 급경사 수로를 거쳐 감세수로로 유입되는 흐름은 통상 고속의 사류(射流)이고 경사가 완만한 감세공의 하단부(댐 하류부)에서의 흐름은 상류(常流)이므로 감세공 내에서 사류로부터 상류로의 변환이 도수(跳水, hydraulic jump) 현상을 통해 일어나게 된다. 따라서, 감세수로는 여수로와 하류하천수로를 연결하는 변이수로(transition channel)라 할 수 있으며, 도수가 감세공 내에서 발생하도록 설계함으로써 하류의 하상세굴 및 침식을 방지하여 댐의 안정을 보장할 수 있도록 해야 한다.

감세공은 감세수로 내에서의 사류의 특성에 따라 설계하게 되며, 흐름의 Froude 수가 바로 흐름의 특성을 대표하는 변수가 된다. 즉, 감세수로 내에서 발생하는 도수는 사류의 Froude 수에 따라 그 특성이 크게 변화하는 것으로 알려져 있으며, 미국개척국(US Bureau of Reclamation, USBR)은 광범위한 실험결과를 토대로 도수를 다음과 같이 5가지로 분류하였다(그림 11‒23 참조).

• 파상도수(undular jump), $1 < F < 1.7$

매우 약한 도수로서 도수부에 약간의 표면류가 생기는 불완전한 도수이다.

- 약도수(weak jump), $1.7 < F < 2.5$

약한 도수로서 도수부에 일련의 롤러 형태의 흐름이 생기며, 단면의 유속분포는 대체로 균등분포(uniform distribution)에 가까워진다.

- 진동도수(pulsating jump), $2.5 < F < 4.5$

불안정한 도수로서 수로바닥에서 jet류가 생성되어 수면과 바닥으로 진동하게 되므로 표면파가 매우 거세어지고 흐름은 몹시 불안정해진다.

- 정상도수(steady jump), $4.5 < F < 9.0$

안정된 도수로서 jet류의 흐름이 정상적으로 되고 흐름 전체가 안정된다.

- 강도수(strong jump), $F > 9.0$

매우 강한 도수로서 jet류가 매우 거세어져 도수시점에서 종점을 향해 사선방향으로 분류된다. jet류의 혼합 및 충돌에 의해 표면파를 일으키기도 한다.

11.8.1 도수의 기본특성

감세공 내에서 일어나는 도수의 특성으로는 도수로 인한 에너지손실, 도수의 효율, 도수의 높이 및 길이 등이 있으며, 이들 특성은 도수전 흐름의 Froude 수의 항으로 표시할 수 있다. 그림 11-22와 같이 구형단면을 가지는 수평의 단순 감세수로 내의 도수를 생각해 보자. 도수전후의 수심 y_1과 y_2 사이에는 식 (9.32)와 같은 관계가 있음은 이미 증명한 바 있다. 즉,

$$\frac{y_2}{y_1} = \frac{1}{2}[-1 + \sqrt{1 + 8F_1^2}\,] \tag{9.32}$$

여기서 F_1 은 도수전 사류의 Froude 수이다. 또한 도수로 인한 에너지 손실은

$$\Delta E = E_1 - E_2 = \frac{(y_2 - y_1)^3}{4y_1 y_2} \tag{9.36}$$

식 (9.36)의 양변을 y_1 으로 나누고 정리하면

$$\frac{\Delta E}{y_1} = \frac{\left(\dfrac{y_2}{y_1} - 1\right)^3}{4\left(\dfrac{y_2}{y_1}\right)} \tag{11.37}$$

식 (11.37)의 우변에 식 (9.36)을 대입하여 정리하면

$$\frac{\Delta E}{y_1} = \frac{(-3 + \sqrt{1 + 8F_1^2}\,)^3}{16(-1 + \sqrt{1 + 8F_1^2}\,)} \tag{11.38}$$

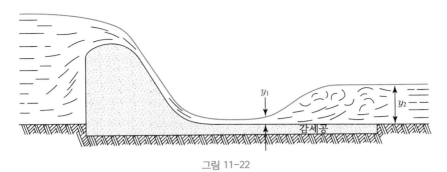

그림 11-22

식 (11.38)은 도수로 인한 에너지손실의 도수전 수심에 대한 비가 F_1 만의 함수로 표시됨을 보여주고 있다.

한편, 도수전의 비에너지 E_1 은

$$E_1 = y_1 + \frac{V_1^2}{2g} = y_1 + \frac{q^2}{2g\,y_1^2}$$

양변을 y_1 으로 나누면

$$\frac{E_1}{y_1} = 1 + \frac{q^2}{2\,g\,y_1^3} = 1 + \frac{1}{2}\,F_1^2 \qquad (11.39)$$

식 (11.38)을 식 (11.39)로 나누면

$$\frac{\Delta E}{E_1} = \frac{(-3 + \sqrt{1 + 8\,F_1^2})^3}{8\,(-1 + \sqrt{1 + 8\,F_1^2}\,)\,(2 + F_1^2)} \qquad (11.40)$$

식 (11.40)으로 표시되는 $\Delta E / E_1$ 을 상대손실(relative loss)이라 한다.

따라서,

$$\frac{E_2}{E_1} = 1 - \frac{\Delta E}{E_1} = \frac{(1 + 8\,F_1^2)^{3/2} - 4\,F_1^2 + 1}{8\,F_1^2\,(2 + F_1^2)}$$

$$(11.41)$$

여기서, 도수전후의 비에너지의 비 E_2 / E_1 을 도수의 효율(efficiency)이라 한다.

도수의 높이(height)는 도수전후의 수심차 $h_j = y_2 - y_1$ 을 말하며, 다음 관계식도 증명될 수 있다.

$F_1 = 1{-}1.7$ 파상도수

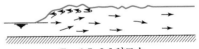

$F_1 = 1.7{-}2.5$ 약도수

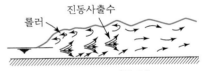

진동사출수
롤러

$F_1 = 2.5{-}4.5$ 진동도수

$F_1 = 4.5{-}9.0$ 정상도수

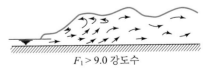

$F_1 > 9.0$ 강도수

그림 11-23

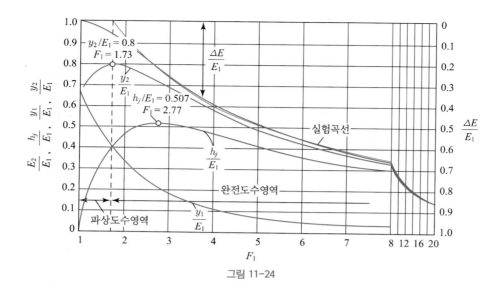

그림 11-24

$$\frac{h_j}{E_1} = \frac{y_2}{E_1} - \frac{y_1}{E_1} = \frac{-3 + \sqrt{1 + 8F_1^2}}{2 + F_1^2} \tag{11.42}$$

여기서, $h_j / E_1, \, y_2 / E_1$ 및 y_1 / E_1 은 각각 도수의 상대높이, 도수후 및 도수전 상대수심이라 부른다.

위에서 살펴본 바와 같이 수평 구형수로에서의 도수특성치인 $\Delta E / E_1, \, E_2 / E_1, \, h_j / E_1,$ y_1 / E_1 및 y_2 / E_1 은 모두 도수후 흐름의 Froude 수만의 함수로 표시될 수 있으며, 특성곡선을 표시해 보면 그림 11-24와 같다. 그림으로부터 몇 가지 특징적인 사실을 살펴보면, $F_1 = 2.77$ 일 때 도수의 상대높이 $h_j / E_1 = 0.507$ 로 최대가 되며, $y_1 / E_1 = 0.4 \, (F_1 = 1.73)$ 에서 $y_2 / E_1 = 0.8$ 로 최대가 되고 $F_1 = 1$ 일 때 흐름은 한계류가 되므로 $y_1 / E_1 = y_2 / E_1 =$ $0.667 = 2/3 \, (즉, \, y_1 = y_2 = \frac{2}{3} E_1)$ 이 된다.

이상의 특성곡선은 이론적인 관계식의 유도에 의한 것이나 Bakmeteff, USBR 등의 실험결과 와 대체로 일치하는 것으로 밝혀졌으며 감세공 설계 시 설계자로 하여금 감세공 내에서의 흐름 의 상태에 대한 전반적인 개념을 얻는 데 매우 유익하게 사용되고 있다.

수평감세수로의 단위폭당 유량은 $12 \, \mathrm{m^3/sec/m}$이며 도수전의 초기수심이 $0.9 \, \mathrm{m}$이었다. 다음을 계산하라.

(a) 도수의 수심(공액수심)

(b) 도수의 높이

(c) 도수로 인한 에너지 손실 및 효율

(d) 도수의 길이

풀이 (a) 도수전 흐름의 Froude수는

$$F_1 = \frac{V_1}{\sqrt{gy_1}} = \frac{q_1}{\sqrt{gy_1^3}} = \frac{12}{\sqrt{9.8 \times (0.9)^3}} = 4.49$$

도수후 수심은

$$y_2 = \frac{1}{2} y_1 [-1 + \sqrt{1 + 8F_1^2}] = \frac{1}{2} \times (0.9)[-1 + \sqrt{1 + 8 \times (4.49)^2}] = 5.28 \, \mathrm{m}$$

(b) 도수의 높이 $h_j = y_2 - y_1 = 5.28 - 0.90 = 4.38 \, \mathrm{m}$ 혹은 그림 11-24에서 $F_1 = 4.49$ 일 때 $h_j/E_1 = 0.44$ 이고

$$E_1 = y_1 + \frac{q^2}{2gy_1^2} = 0.9 + \frac{(12)^2}{2 \times 9.8 \times (0.9)^2} = 9.97 \, \mathrm{m}$$

$$\therefore h_j = 0.44 E_1 = 0.44 \times 9.97 = 4.39 \, \mathrm{m}$$

(c) 도수로 인한 에너지손실

$$\Delta E = \frac{(y_2 - y_1)^2}{4 y_1 y_2} = \frac{(5.28 - 0.90)^3}{4 \times 0.90 \times 5.28} = 4.42 \, \mathrm{m}$$

혹은 그림 11-24에서 $F_1 = 4.49$ 일 때 $\Delta E/E_1 = 0.45$ 이므로

$$\Delta E = 0.45 E_1 = 0.45 \times 9.97 = 4.48 \, \mathrm{m}$$

도수의 효율 E_2/E_1 은

$$E_2 = y_2 + \frac{q^2}{2gy_2^2} = 5.28 + \frac{(12)^2}{2 \times 9.8 \times (5.28)^2} = 5.54 \, \mathrm{m}$$

이므로

$$\frac{E_2}{E_1} = \frac{5.54}{9.97} = 0.556 = 55.6\%$$

혹은 그림 11-24에서 $F_1 = 4.49$ 일 때 $E_2/E_1 = 0.56$

(d) 도수의 길이는 그림 11-25에서 $F_1 = 4.49$ 일 때 $L/y_2 = 5.92$ 이므로

$$L = 5.92 \times 5.28 = 31.26 \, \mathrm{m}$$

11.8.2 도수의 길이와 수면곡선

도수의 길이(length)는 도수의 시점으로부터 도수류의 롤러 직하류까지의 길이를 말하며(그림 11 – 25 참조), 이론적으로 결정하기 어려우므로 여러 가지 실험자료의 분석에 기초를 두어 결정하게 된다. USBR이 실험수로에서의 도수자료를 분석하여 얻은 결과가 그림 11 – 25에 표시되어 있다. 도수후의 수심 y_2 에 대한 도수길이 L 의 비는 도수전 흐름의 Froude 수의 함수로 표시하였으며, 도수의 강도에 따라 $L / y_2 \sim F_1$ 관계를 명확하게 알 수 있다. 그림 11 – 25의 관계는 구형단면수로에서 얻은 결과이나 제형단면수로에도 적용할 수 있는 것으로 알려져 있다.

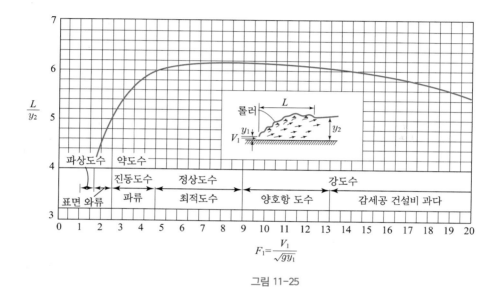

그림 11-25

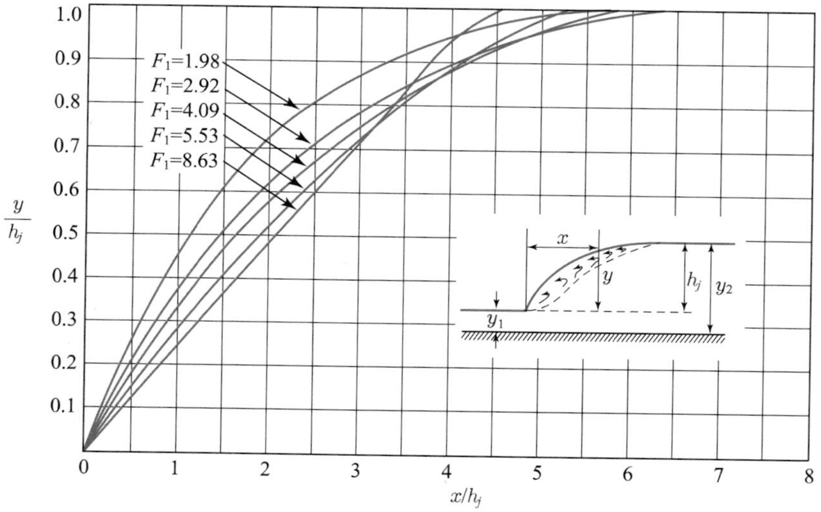

그림 11-26

도수부에 있어서의 수면곡선의 모양은 도수가 일어나는 곳에서 감세수로의 측벽의 여유고를 결정하는 데 필요할 뿐 아니라 구조설계를 위한 수압의 결정에도 중요하다. 도수부의 수면곡선은 이론적인 계산이 쉽지 않으므로 주로 실험적인 결과에 의하는 것이 보통이며, Bakmeteff-Matzke 의 실험자료 분석결과는 그림 11-26과 같다.

그림 11-26에서 볼 수 있는 바와 같이 도수부의 수면곡선은 접근흐름의 Froude 수의 크기에 따라 도수높이로 무차원화한 좌표점을 축차적으로 구해나감으로써 그릴 수 있다.

11.8.3 도수의 발생위치와 하류수위조건

월류형 여수로 혹은 수문의 하단부에서의 도수의 발생위치는 그림 11-27에서와 같이 크게 3가지 경우로 나누어 생각할 수 있다.

첫 번째 경우는 하류수심 y_2' 이 도수의 공액수심(sequent depth) y_2 와 일치하는 경우이다(그림 11-27 (a)). 이 경우는 y_1, y_2 및 F_1 의 관계가 이론적으로 식 (9.32)의 관계를 유지하는 경우로서 여수로의 종점부 수심 y_1 에서 바로 도수가 시작되므로 감세수로의 길이를 단축시킬 수 있어 가장 이상적인 경우이다.

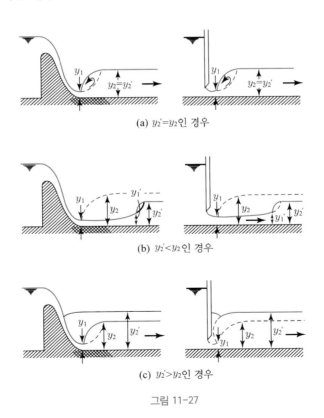

(a) $y_2'=y_2$인 경우

(b) $y_2'<y_2$인 경우

(c) $y_2'>y_2$인 경우

그림 11-27

두 번째 경우는 하류수심 y_2'이 공액수심 y_2보다 작은 경우(그림 11-27 (b))로서 식 (9.32)의 관계를 만족시키는 수심 y_2'에서 도수가 발생한다. 따라서 도수는 여수로 종점부에서 하류로 상당히 떨어진 거리에서 발생하게 되어 감세수로의 길이가 길어져 공사비가 많이 들게 되므로, 감세수로 내에 감세용 부속물을 설치하여 하류수심을 크게 함으로써 수로의 길이를 단축시키도록 하는 것이 보통이다.

세 번째 경우는 하류수심 y_2'이 공액수심 y_2보다 큰 경우(그림 11-27 (c))로서 도수는 그림에서와 같이 상류방향으로 이동하여 잠수상태에서 발생한다. 따라서 설계면에서는 하상세굴의 염려가 없는 안전한 도수이나 도수의 효율이 크게 떨어지므로 감세공으로서의 충분한 역할을 할 수 없다는 단점이 있다.

이상에서 살펴본 도수의 발생위치는 하류수위가 고정되어 있다는 전제조건 하에서 생각해 보았으나 실제에 있어서는 하류의 유량이 항상 변하므로 수위도 변하게 된다. 따라서 도수설계의 입장에서는 하류수심 y_2' 및 도수의 공액수심 y_2가 유량 Q와 가지는 관계를 감안해야 하며, 이 관계는 그림 11-28에서처럼 대략 5가지로 대별할 수 있다.

(1) 그림 11-28 (a)의 경우로서 두 관계곡선이 일치하므로 유량이 어떻게 변하든지 간에 그림 11-27 (a)와 같이 도수가 발생하므로 감세수로의 길이는 최소로 단축될 수 있다. 그러나 실제에 있어서 이와 같은 경우는 거의 없다.

(2) 그림 11-28 (b)의 경우는 y_2'가 y_2보다 항상 작은 경우로서 그림 11-27 (b)와 같이 도수가 발생하므로, 도수를 비교적 짧은 구간의 감세수로 내에서 발생하도록 하기 위해서는 그림 11-29에서처럼 감세수로의 바닥면을 하류의 하상보다 낮추고 감세수로의 말단부에 턱(sill)을 설치하게 된다.

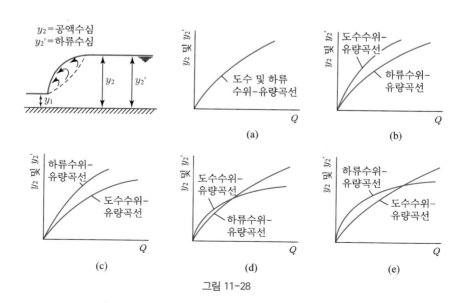

그림 11-28

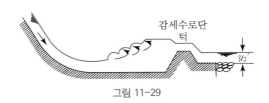

그림 11-29

(3) 그림 11 – 28 (c)의 경우는 y_2' 가 y_2 보다 항상 큰 경우로서 그림 11 – 27 (c)와 같이 도수가 발생하므로 도수의 효율이 크게 떨어진다. 완전한 도수를 발생시켜 효율을 높이기 위해서는 그림 11 – 30에서와 같이 여수로 말단부에 경사수로를 첨가하여 도수가 이 수로상에서 발생하도록 하거나 혹은 그림 11 – 31과 같이 여수로 말단부에 버킷형 구조(flip bucket)를 설치함으로써 고속흐름의 회전에 의한 큰 에너지의 손실을 유도하는 방법을 적용하기도 한다.

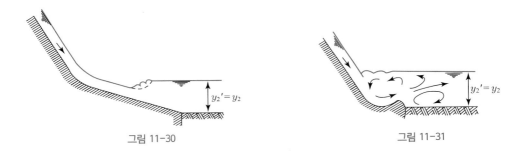

그림 11-30   그림 11-31

(4) 그림 11 – 28 (d)의 경우는 유량이 작을 때는 $y_2 > y_2'$ 이고 유량이 커지면 $y_2 < y_2'$ 이 되는 경우로, 적은 유량에서 완전도수가 발생할 수 있도록 그림 11 – 30과 같은 방법을 쓰는 동시에 고유량에서의 도수를 위해 그림 11 – 30과 같이 경사 에이프론(apron)을 첨가함으로써 효율적인 도수가 발생할 수 있도록 해야 한다.

(5) 그림 11 – 28 (e)의 경우는 유량이 작을 때는 $y_2 < y_2'$ 이고 유량이 커지면 $y_2 > y_2'$ 이 되는 경우로, 효율적인 도수의 발생을 위해서는 감세수로의 바닥을 아주 낮추어 하류수심을 증가시킴으로써 고유량에서도 감세수로 내에서 완전도수가 발생하도록 해야 한다.

소형 여수로 아래에 단순 수평 감세수로를 설계하고자 한다. 여수로의 유량계수는 1.9, 유량은 $2\,\mathrm{m^3/sec/m}$ 이고 여수로 정점과 감세수로바닥의 표고차는 9 m로 하고자 한다. 감세수로에 연결되는 하류수로는 경사가 0.0005, $n = 0.03$인 광폭수로이다. 여수로면에서의 마찰손실을 무시하고 하류수로에서는 등류가 흐른다고 가정하고

(a) 감세수로의 최소 소요길이를 계산하라.

(b) 감세수로의 선단에서 도수가 발생하도록 하기 위해서는 감세수로와 하류수로의 연결부에서 수로바닥 표고의 차를 얼마로 해야 할 것인가?

풀이 (a) 여수로 위어 위의 수두는 $q = CH_s^{3/2}$ 으로부터

$$H_s = \left(\frac{2}{1.9}\right)^{2/3} = 1.035\,\mathrm{m}$$

그림 11-32에서와 같이 감세수로의 선단에서 도수가 발생한다고 가정하고 마찰손실을 무시하면

$$H_D + H_S = y_1 + \frac{q^2}{2gy_1^2}$$

$$9 + 1.035 = y_1 + \frac{(2)^2}{2 \times 9.8 \times y_1^2}$$

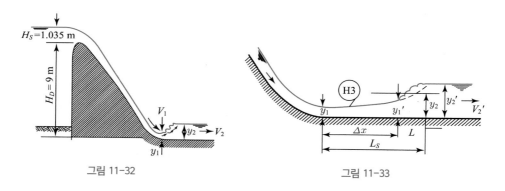

그림 11-32   그림 11-33

시행착오법으로 풀면 $y_1 = 0.144\,\mathrm{m}$ 이고 이것이 도수의 초기수심이며

$$V_1 = \frac{2}{0.144} = 13.89\,\mathrm{m/sec}, \quad F_1 = \frac{13.89}{\sqrt{9.8 \times 0.144}} = 11.7$$

따라서, 도수의 공액수심은

$$y_2 = \frac{1}{2} \times 0.144\left[-1 + \sqrt{1 + 8 \times (11.7)^2}\right] = 2.312\,\mathrm{m}$$

한편, 감세수로에 연결되는 하류수로의 등류수심 $y_2{}'$를 Manning 공식으로 구하면

$$q_2 = \frac{1}{n} y_2{}'^{5/3} S_0^{1/2} \text{이므로,} \quad y_2{}' = \left(\frac{0.03 \times 2}{\sqrt{0.0005}}\right)^{3/5} = 1.808\,\mathrm{m}$$

$$V_2' = \frac{2}{1.808} = 1.11\,\mathrm{m/sec}, \quad F_2' = \frac{1.11}{\sqrt{9.8 \times 1.808}} = 0.26$$

이상에서 도수의 공액수심 y_2 는 하류수심 y_2' 보다 크므로 도수는 감세수로의 선단에서 발생할 수 없고 그림 11-33과 같이 $H3$ 곡선을 그리면서 하류방향으로 이동하여 y_2' 에 상응하는 수심 y_1' 이 되는 곳에서 도수가 일어난다.

식 (9.33)을 사용하면

$$y_1' = \frac{1}{2}\,y_2'\left[-1 + \sqrt{1 + 8\,F_2'^2}\,\right]$$

$$= \frac{1}{2} \times 1.808\left[-1 + \sqrt{1 + 8 \times (0.26)^2}\,\right] = 0.218\,\mathrm{m}$$

그리고

$$V_1' = \frac{2}{0.218} = 9.17\,\mathrm{m/sec}, \quad F_1' = \frac{9.17}{\sqrt{9.8 \times 0.218}} = 6.27$$

그림 11-33에서 Δx 는 9장의 부등류계산방법에 의해 계산되며, 직접축차계산법으로 간단히 계산하면 된다(식 9.63).

$$\Delta x = \frac{E_2 - E_1}{S_0 - S_f}$$

여기서

$$E_1 = y_1 + \frac{V_1^2}{2g} = 0.144 + \frac{(13.89)^2}{2 \times 9.8} = 9.987\,\mathrm{m}$$

$$E_2 = y_1' + \frac{V_1'^2}{2g} = 0.218 + \frac{(9.17)^2}{2 \times 9.8} = 4.508\,\mathrm{m}$$

$$S_0 = 0$$

$$S_f = \frac{1}{2}\,(S_{f1} + S_{f2}) = \frac{1}{2}\left(\frac{n^2\,V_1^2}{y_1^{4/3}} + \frac{n^2\,V_1'^2}{y_1'^{4/3}}\right)$$

$$= \frac{1}{2}\left[\frac{(0.03)^2 \times (13.89)^2}{(0.144)^{4/3}} + \frac{(0.03)^2 \times (9.17)^2}{(0.218)^{4/3}}\right] = 1.439$$

$$\therefore \Delta x = \frac{4.508 - 9.987}{0 - 1.439} = 3.81\,\mathrm{m}$$

$F_1' = 6.27$ 이므로 그림 11-25로부터 $L/y_2' = 6.12$ 이므로

$$L = 6.12\,y_2' = 6.12 \times 1.808 = 11.07\,\mathrm{m}$$

따라서, 감세수로의 최소길이는

$$L_s = \Delta x + L = 3.81 + 11.07 = 14.88\,\mathrm{m}$$

(b) 그림 11 – 34에서 감세수로와 하류수로 연결부에서의 바닥표고차는 단면 1, 2 사이에 마찰
손실을 무시하고 역적-운동량방정식을 적용하면 계산할 수 있다.

$$\sum F = \frac{1}{2}\gamma y_1^2 - \frac{1}{2}\gamma(y_2' + z)^2 = \frac{\gamma q}{g}(V_2' - V_1)$$

$$\frac{1}{2} \times (0.144)^2 - \frac{1}{2}(1.808 + z)^2 = \frac{2}{9.8}(1.11 - 13.89)$$

$$(1.808 + z)^2 = 5.237 \qquad \therefore z = 0.48\,\mathrm{m}$$

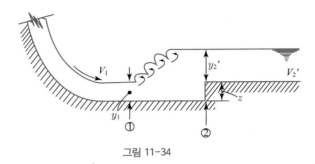

그림 11-34

11.8.4 감세수로의 부속구조물

지금까지는 주로 부속물이 전혀 설치되지 않은 단순한 수평감세수로 내에서 발생하게 되는 도
수의 여러 가지 수리특성을 살펴보았으며, 이를 근거로 하여 감세수로를 설계하는 것은 사실이다.

그러나, 자연하천에서의 유량은 항상 변화하므로 도수의 특성치도 큰 범위에 걸쳐 변화하게
되어 감세수로의 소요길이가 너무 길어지게 되는 것이 통상이다. 따라서, 감세수로의 소요길이를
단축시키고 도수의 발생위치를 조절하기 위해 감세수로의 바닥이나 단면형을 여러 가지로 변화
시킬 뿐만 아니라 수로바닥에 각종 부속물을 설치하게 되며, 이들의 기능은 통상 수리모형실험으
로 검정하게 된다. 이러한 목적으로 사용되는 감세수로의 부속구조물 중 중요한 것만 살펴보면
다음과 같으며, 경우에 따라 몇 가지를 조합하여 사용하거나 혹은 단독으로 사용하기도 한다.

• 경사 에이프론(sloping apron) : 그림 11 – 30에서 소개한 바와 같이 하류수심이 수평감세수
로에서의 도수후 수심(공액수심)보다 클 때 효율적인 도수가 발생할 수 있도록 여수로의 하
단부에 설치하는 경사수로이다.

• 감세수로단 턱(sill) : 그림 11 – 29에서처럼 하류수심이 공액수심보다 작을 때 감세수로 내
에서 도수가 발생할 수 있도록 수심을 증가시키기 위해 감세수로 말단에 설치하는 턱을
말한다.

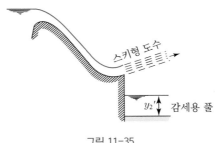

스키형 도수

y_2 감세용 풀

그림 11-35

- 버킷형 에너지 감세구조물(bucket-type energy dissipator) : 그림 11-31과 같이 여수로 말단 부에 버킷형 구조를 설치하여 반시계방향의 롤러(roller)류가 생성하도록 함으로써 에너지를 감세시키는 것으로, 하류부에서는 시계방향의 역 롤러가 생겨 하상물질을 여수로 말단부 쪽으로 이동시키게 되므로 세굴의 염려가 감소된다.
- 감세지(stilling pool) : 여수로 말단부 아래로 사류가 자유낙하할 수 있도록 하는 비교적 수심이 깊은 풀(pool)을 말하며, 그림 11-35와 같이 스키형 도수(ski-jump) 구조물과 병용하는 경우가 많다. 여수로를 떠나는 분류는 공중으로 사출되므로 공기와의 마찰에 의해 많은 에너지가 손실되며 잔여 에너지는 풀에서의 충격에 의해 감세된다.
- 감세용 블록(blocks or baffles) : 감세수로 내에서 바닥의 마찰을 증가시켜 에너지를 감세시킬 뿐 아니라 수로하류부의 수심을 증가시킴으로써 효과적인 도수가 발생할 수 있도록 하기 위해 설치하는 각종 블록(blocks)을 말하며, 그림 11-36(a) 및 그림 11-37(a)에 표시되어 있는 것과 유사하다.

이상에서 5가지로 분류한 감세용 부속물과 감세수로를 통틀어 감세용 구조물 혹은 에너지 감세공(energy dissipators)이라 하며, 수리학적 해석은 에너지손실이 과다하게 포함되기 때문에 역적-운동량의 원리에 의한다. 그러나 각종 부속물에 작용하는 정수압 및 동수압의 크기라든지 불균등한 유속분포 등 흐름의 특성변수를 이론적으로 결정하기에는 흐름의 현상이 너무나 복잡하기 때문에 감세공의 설계는 수리모형실험에 의하는 것이 보통이며 또한 가장 안전하다.

11.8.5 표준형 감세공의 설계

감세용 구조물의 설계를 위해 USBR은 광범위한 수리모형실험을 실시하여 흐름조건에 따라 10개의 상이한 표준설계를 제안하였으며 가장 많이 사용되고 있다. 10개의 표준설계 중 가장 대표적인 감세공은 그림 11-36, 11-37 및 11-38에 표시한 것으로서 그 특성을 간단히 요약해 보면 다음과 같다.

- USBR Type-Ⅱ 감세공 : 그림 11-36에 표시한 바와 같이 여수로 말단 경사부에 일련의 감세용 슈트블록(chute blocks)이 설치되고 감세수로의 말단부에 치형 턱(dentated end sill)을

설치한 구조이다. 이 형은 큰 여수로나 급경사의 대형 인공수로에 적합하며, 흐름의 $F_1 > 4.5$ 일 때 사용하도록 추천되고 있으며 블록과 턱으로 인한 감세수로 길이의 단축정도는 약 33% 정도이다.

- USBR Type-Ⅲ 감세공 : 그림 11-37에 표시한 바와 같이 감세수로의 입구부에 일련의 슈트 블록이 설치되고 중간 부분에 배플 블록(baffle blocks)을 놓고 단부에는 전장의 턱(solid end sill)을 설치한 구조로 되어 있다. 이 형은 작은 여수로나 소형 인공수로 내 흐름의 $F_1 > 4.5$ 일 때 적합한 것으로 추천되고 있다.

- USBR Type-Ⅳ 감세공 : 그림 11-38과 같이 Type-Ⅲ와 형태가 비슷하나 감세수로 중간부 분에 배플블록을 설치하지 않으며 슈트블록의 수도 작은 구조로 되어 있다. 이 형은 급경 사의 인공수로나 소형 분류용 댐의 감세공으로 사용되며, $2.5 < F_1 < 4.5$ 인 흐름에 적합 하다.

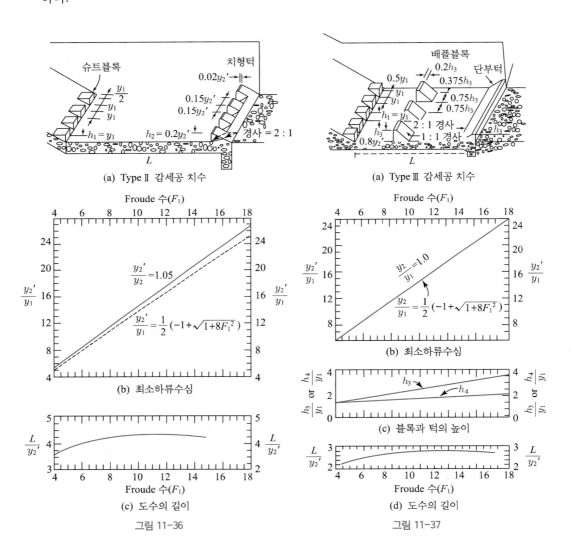

(a) Type Ⅱ 감세공 치수

(b) 최소하류수심

(c) 도수의 길이

그림 11-36

(a) Type Ⅲ 감세공 치수

(b) 최소하류수심

(c) 블록과 턱의 높이

(d) 도수의 길이

그림 11-37

USBR Type II, III, IV 감세공을 그림 11-36~11-38의 표준도를 사용하여 설계하는 절차를 Type II 감세공을 기준으로 요약하면 다음과 같다.

(1) 감세수로의 선단에서 도수가 발생하도록 해야 하므로 우선 선단에서의 도수의 초기수심 y_1 을 계산하고 Froude 수 F_1 을 구한다.

(2) 도수전후의 수심관계식(식 9.32)을 사용하여 도수후 수심(공액수심) y_2 를 계산하고 5%의 여유를 고려하여 하류하천수심 y_2' 을 정한다. 이때 그림 11-36 (b)의 y_2'/y_2 선을 이용할 수도 있다.

(3) 주어진 하류하천의 수면표고에서 수심 y_2' 을 뺌으로서 감세수로의 바닥표고를 결정한다.

(4) 그림 11-36 (c)에서 (1)에서 계산한 F_1 에 대한 L/y_2' 을 읽어서 감세수로의 소요길이 L 을 결정한다.

(5) 그림 11-36 (a)의 표준도에 표시된 관계에 의해 슈트블록의 치수 및 간격과 치형턱의 제원을 결정한다.

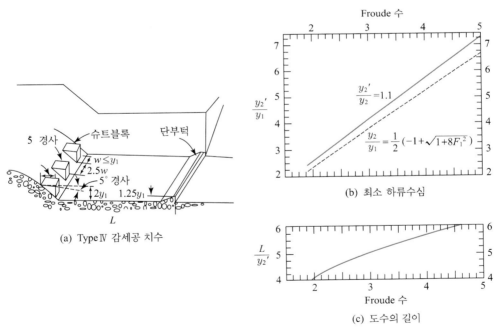

(a) Type IV 감세공 치수

(b) 최소 하류수심

(c) 도수의 길이

그림 11-38

어떤 댐의 홍수조절을 위한 설계제원은 다음과 같다.

- 계획홍수량 : 2,000 m³/sec
- 평균하상표고 : EL. 260 m
- 계획홍수위 : EL. 305 m
- 하류하천수면표고 : EL. 272 m
- 여수로 정점표고 : EL. 300 m
- 여수로 폭 : 75 m

위의 제원에 합당한 USBR Type-II 감세공을 설계하라.

풀이 (a) 감세수로의 바닥표고 결정

감세수로의 선단에서 도수가 발생하도록 해야 하며, 선단에서의 도수 초기수심 y_1 은 저수지와 도수발생지점 간의 에너지관계로부터 계산할 수 있다. (저수지 내의 접근유속과 여수로 위의 마찰손실 무시)

$$305 - 260 = y_1 + \frac{V_1^2}{2g} = y_1 + \frac{\left(\frac{2,000}{75}\right)^2}{2gy_1^2}$$

$$\therefore \ y_1 = 0.906\,\text{m}, \quad V_1 = \frac{q}{y_1} = \frac{(2,000/75)}{0.906} = 29.43\,\text{m/sec}$$

$$F_1 = \frac{29.43}{\sqrt{9.8 \times 0.906}} = 9.88$$

따라서, 식 (9.32)로 도수의 공액수심을 구하면

$$y_2 = \frac{1}{2} \times 0.906 \left[-1 + \sqrt{1 + 8 \times (9.88)^2}\right] = 12.21\,\text{m}$$

5%의 여유를 고려하기 위해 그림 11-36 (b)에서 $F_1 = 9.88$ 일 때의 $y_2{'}/y_2 = 1.05$ 선에 대한 $y_2{'}/y_1$ 을 읽으면

$$\frac{y_2{'}}{y_1} = 14.1 \quad \therefore \ y_2{'} = 12.78\,\text{m}$$

혹은,

$$y_2{'} = 1.05 \times 12.21 = 12.82\,\text{m}$$

따라서, 하류하천의 수심 $y_2{'} = 12.80\,\text{m}$ 로 정한다. 그러므로, 감세수로의 바닥표고는 하류하천수면표고에서 계획 하류수심 $y_2{'}$ 을 빼어야 하므로

$$\text{EL.}272 - 12.80 = \text{EL.}259.2\,\text{m}$$

(b) 감세공의 길이 및 부속물의 제원 결정

그림 11-36 (c)에서 $F_1 = 9.88$ 일 때 $L/y_2{'} = 4.3$ 이므로

$$L = 4.3 \times 12.80 = 55.04\,\text{m}$$

그림 11-36 (a)에서와 같이 슈트 블록의 높이, 폭 및 간격은 $y_1 = 0.906\,\text{m}$ 로 하고 치형턱(sill)의 높이는 $h_2 = 0.2\,y_2{'} = 2.56\,\text{m}$, 치형턱의 폭과 간격은 $0.15\,y_2{'} = 1.92\,\text{m}$ 로 한다.

방류용 구조물(outlet works)은 댐에 저수된 물을 각종 용수수요를 충족시키기 위해 원만히 방류하는 구조물 일체를 통틀어 말한다. 즉, 관개용수나 공업, 생활용수 및 수력발전용수 등을 물 수요지까지 공급하기 위한 인공개수로나, 관수로지점까지 저수지의 물을 유도해 주는 도수구조물(導水構造物, conveyance structures)이라 할 수 있다. 따라서, 방류구조물의 종류는 사용목적이나 구조물의 배치, 혹은 수리학적 기능 등에 따라 여러 가지로 분류할 수 있으며, 수리학적 흐름 특성에 따라 분류하면 크게 개수로와 관수로로 나눌 수 있으나, 관수로의 경우는 개수로 흐름상태에서 물을 방류하게 되는 경우도 많으며 수문을 설치하여 유량을 조절하도록 하는 경우도 있고 수문이 없는 경우도 있다.

방류용 구조물은 용수공급뿐만 아니라 때로는 홍수를 조절하기 위해 사용될 수도 있고 콘크리트 댐의 경우는 저수지 물을 어느 수위 이하로 강하시켜 항상 잠수상태에서 조작되는 댐 부속구조물을 점검하고 보수하는 등의 유지관리목적을 위해서도 사용된다. 그림 11-39는 수문에 의한 유량조절이 없는 전형적인 관수로형 방류구조물의 한 예를 표시하고 있다.

방류구조물의 완전한 수리설계를 위해서는 방류량의 결정이라든가 방류구조물의 위치, 부속구조의 배치, 지배단면의 선택 및 위치결정방법 등이 선행되어야 하나 이 절에서는 방류용 구조물을 구성하는 성분구조물(components)과 수리설계의 기본을 중심으로 간단하게 살펴보고자 한다.

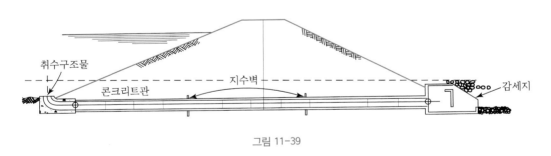

그림 11-39

11.9.1 방류용 구조물의 구성

방류용 구조물은 그 종류에 따라 각양의 성분구조를 가지나 그림 11-40에서와 같이 일반적으로 방류수로(outlet channel, or waterway), 유량조절장치(control device), 유입구구조물(intake structure), 종말부구조물(terminal structure) 및 입구와 출구수로(entrance and outlet channel) 등으로 구성되며, 이중 몇 가지가 생략되는 경우도 많다.

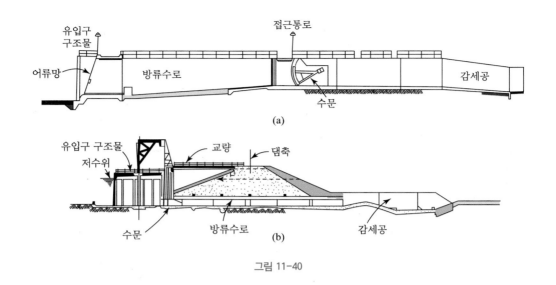

그림 11-40

방류수로는 저수지의 물을 도류하는 통로로서 개수로나 터널(tunnel) 혹은 관수로를 사용한다. 개수로는 댐 여수로나 인공용수로의 입구부시설과 같이 댐을 가로질러 적절히 배치하여 저수지와 용수로를 연결하는 수로로서 중력에 의해 물을 도수하게 된다. 터널은 댐 부근의 암반이 양호할 때 터널을 뚫어 저수지와 용수로를 연결하는 수로로서 통상 댐을 가로지르지 않기 때문에 운영조작에 융통성이 많다. 또한 터널은 큰 댐의 공사기간 동안의 가배수로로 사용되는 경우도 있다. 댐 지점의 지반이 터널에 적합하지 않다거나 방류량이 적어서 터널이 경제성이 없을 경우에는 댐을 관통하는 관수로(cut-and-cover conduits)를 사용하기도 한다. 관수로는 통상 현장에서 콘크리트를 타설하여 만들거나 프리캐스트 콘크리트관을 연결하여 만들며, 관로 위의 하중과 기초의 반력을 지탱하지 못해 파괴되는 경우가 허다하므로 설계에 큰 주의를 요한다.

유량조절장치는 저수지로부터 도수량을 필요에 따라 조절하기 위한 장치로서 각종의 밸브(valve) 혹은 수문(gate) 등을 사용한다. 도수량이 아주 작을 때는 gate 밸브나 나비형 밸브를 사용할 수도 있으나 많은 경우 수문을 사용하며, 여수로의 경우에 비해 방류량이 적으므로 상용으로 만들어지는 연직개폐식 수문이나 방사상 수문, 테인터식 수문 등을 개수로나 관수로에 공히 사용할 수 있다. 방류구조물이 댐을 관통하는 관로인 경우에는 조절장치의 관리보수를 위해 접근할 수 있도록 통로축(access shaft)를 반드시 만들어야 한다.

유입구구조물은 방류수로로의 물 유입을 원활하게 하고 흐름에 방해가 될 이물질의 유입을 막기 위한 것으로서 위어형의 조절장치를 갖추는 경우도 있고 오물 수거 장치(trashrack), 어류망(fish screen), 통나무 수문시설(stop log) 등의 부수적인 구조를 포함하는 경우도 있다. 유입구구조물은 경우에 따라 저수지수면 위에 노출시킬 수도 있고 항상 잠수상태에 있도록 설계할 수도 있다.

종말부구조물은 방류수로와 용수로의 연결부 직전에 설치되는 구조물로서 여수로의 경우와 마찬가지로 고속의 흐름이 가지는 에너지를 감세시키기 위한 것이다. 일반적으로 용수로는 저수지 수면표고보다 훨씬 낮은 곳에 위치하므로 방류수로의 출구부에서의 흐름의 유속은 매우 빠르고 에너지는 크다. 따라서, 과다한 에너지를 도수나 롤링, 충격 등에 의해 감세시키기 위해 도수수로(跳水水路, jump basin)나 버켓형 반사면(deflector bucket) 혹은 감세지(stilling well) 등을 사용한다.

입구수로는 유입구구조물로의 원활한 도류를 위해 설치되는 구조물이고 출구수로는 종말구조물을 통과하면서 감세된 흐름을 용수로에 연결하는 수로로서 이동 하상수로의 설계원리를 적용하며 세굴이나 퇴적현상이 발생하지 않도록 설계해야 한다.

11.9.2 개수로형 방류수로의 수리설계

개수로형 방류수로에서의 흐름은 여수로 위로 월류하는 흐름의 경우와 동일하다. 저수지에 바로 연결되는 방류수로 입구부에 유량조절장치가 없거나 혹은 있더라도 완전히 개방했을 경우의 유량은 식 (11.16)과 같이 표시할 수 있다. 즉,

$$Q = CLH^{3/2} \tag{11.16}$$

만약, 개수로형 방류수로 내의 흐름이 그림 11-41과 같이 수문에 의해 조절될 경우에는 수문 아래의 흐름은 자유 오리피스(free orifice) 흐름이 되며, 유량은 다음 식으로 표시된다.

$$Q = \frac{2}{3}\sqrt{2g}\,CL\left(H_1^{3/2} - H_2^{3/2}\right) \tag{11.43}$$

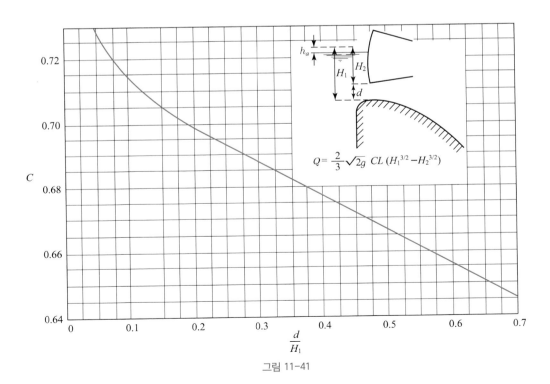

그림 11-41

여기서, L은 방류수로의 폭(m)이며, H_1과 H_2는 각각 수문 아래로 흐르는 오리피스 수맥의 하단 및 상단에 걸리는 전수두(m)이고, C는 그림에서와 같이 H_1에 대한 수문개구 d의 비 (d/H_1)에 따라 감소하는 유량계수이다.

만약, 수문하류의 수위가 높아서 수문의 개구가 완전히 잠수되면 수문 아래로 흐르는 흐름은 수중 오리피스(submerged orifice) 흐름이 되며, 유량은 다음과 같이 표시된다.

$$Q = CA\sqrt{2gH} \tag{11.44}$$

여기서 A는 수문개구의 단면적(m^2)이고 H는 수문상하류의 수위차(m), C는 수중 오리피스의 유량계수로서 수문의 개구정도와 입구조건에 따라 0.62~0.88의 값을 사용한다.

설계의 입장에서 보면 식 (11.16), (11.43) 및 (11.44)에서 계획도수량 Q, 전수두 H가 주어지고 방류수로 입구부의 폭과 길이를 계산하여 계획도수유량을 안전하게 소통시킬 수 있는 단면을 결정하는 문제가 되는 것이다.

방류수로 입구부의 설계에 이어 종말부 구조물까지의 방류수로의 설계는 수로의 경사와 단면의 폭 및 길이, 그리고 필요하다면 단면축소부 혹은 확대부 등을 도수조건에 맞도록 적절히 설계하는 것으로서 8장 및 9장에서 취급한 개수로 내의 정상등류 및 점변류(부등류)의 계산원리를 적용하여 설계하게 된다.

11.9.3 관수로형 방류수로의 수리설계

관수로형 방류수로 내의 흐름은 방류수로에 걸리는 저수지의 수두로 인해 압력흐름(pressure flow)이 되며, 7장에서 취급한 관수로 내 정상류 흐름원리를 그대로 적용하면 된다.

그림 11-42와 같은 부등단면 단일관수로로 된 방류수로에 에너지 방정식을 적용하면

$$H_T = \sum h_L + h_{v_2} \tag{11.45}$$

여기서 H_T는 계획도수량을 방류하기 위해 소요되는 방류수로의 전수두이고, $\sum h_L$은 관로시스템에서 발생하는 모든 손실수두의 합이며, h_{v_2}는 방류수로의 출구에서의 속도수두이다.

손실수두항 $\sum h_L$을 열거하여 식 (11.45)를 다시 쓰면

$$H_T = h_t + h_e + h_{b_5} + h_{f_5} + h_{ex_{(5-4)}} + h_{f_4} + h_{c_{(4-3)}} + h_{g_3} + \tag{11.46}$$
$$h_{ex_{(3-1)}} + h_{f_1} + h_{b_1} + h_{c_{(1-2)}} + h_{g_2} + h_{v_2}$$

여기서 h_t : 오물수거장치에서의 손실수두 h_e : 입구부 손실수두

           h_b : 만곡부 손실수두 h_c : 단면축소 손실수두

           h_{ex} : 단면확대 손실수두 h_g : 밸브 손실수두

           h_f : 마찰 손실수두 h_v : 출구부 속도수두

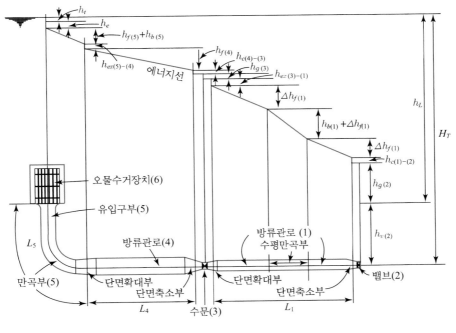

그림 11-42

식 (11.46)에서 숫자는 그림 11-42의 관로시스템에서의 각 성분의 위치를 표시하며 그림에는 각종 손실수두를 고려하여 에너지선을 표시하였다.

만약, 방류관로의 출구부가 잠수상태에 있지 않고 자유방류하도록 되어 있으면 H_T는 방류관로의 중립축으로부터 저수지수면까지의 표고차이고, 출구부가 수중에 잠겨 있을 경우의 H_T는 저수지수위와 하류수위의 표고차가 된다.

식 (11.46)의 각종 손실수두는 각종 손실계수 K에 개개관의 속도수두($V^2/2g$)를 곱하여 표시할 수 있고, 마찰손실수두는 Darcy-Weisbach 공식으로 표시할 수 있으며, 또한 개개관의 속도수두는 연속방정식에 의해 임의로 선정한 1개관의 속도수두의 항으로 표시할 수 있다. 따라서 식 (11.46)은 다음과 같이 하류의 방류관로(1)의 속도수두의 항으로 표시할 수 있다.

$$
\begin{aligned}
H_T = \frac{V_1^2}{2g} & \left[\left(\frac{A_1}{A_6}\right)^2 K_t + \left(\frac{A_1}{A_5}\right)^2 \left(K_e + K_{bs} + \frac{f_5 l_5}{d_5} + K_{ex} \right) \right. \\
& + \left(\frac{A_1}{A_4}\right)^2 \left(\frac{f_4 l_4}{d_4} - K_{ex} - K_c \right) + \left(\frac{A_1}{A_3}\right)^2 \left(K_c + K_g + K_{ex} \right) \quad (11.47) \\
& \left. + \left(\frac{f_1 l_1}{d_1} - K_{ex} + K_{b_1} - K_c \right) + \left(\frac{A_1}{A_2}\right)^2 \left(K_c + K_g + K_v \right) \right]
\end{aligned}
$$

여기서, V_1은 그림 11-41의 관 (1)의 평균유속이며, A는 단면적, d와 l은 각 관의 직경과 길이, f는 마찰손실계수이고 K는 각종 미소손실계수를 표시한다. 식 (11.47)의 [   ] 속의

값을 K_L 이라 하면

$$H_T = K_L \frac{V_1^2}{2g} \tag{11.48}$$

따라서 도수유량은

$$Q = A_1 \sqrt{\frac{2gH_T}{K_L}} \tag{11.49}$$

식 (11.49)에서 도수유량 Q 와 전수두 H_T 가 설계조건으로 주어지면 각종 손실계수의 조합인 K_L 를 계산하여 방류관로의 소요단면적 A_1 을 결정할 수 있으며, 연속방정식의 관계에 의해 관로시스템을 구성하고 있는 성분관로의 제원을 설계할 수 있다.

11.9.4 관수로형 방류수로의 각종 손실수두

전술한 바와 같이 식 (11.49)의 H_T 는 관로시스템에서 발생하는 각종 손실수두를 극복하고 계획도수량 Q 를 하류로 공급하는 데 소요되는 전수두이며, 식 (11.46)에 표시한 바와 같이 관로에서 생기는 마찰손실수두와 각종 미소손실수두의 합이므로 이들 손실수두의 결정방법에 대해 살펴보기로 한다.

(1) 마찰손실수두

관수로 흐름에서의 마찰손실계수는 관벽의 상대조도와 Reynolds 수의 함수임을 6장에서 살펴본 바 있으며, 원형관에서의 마찰손실수두는 Darcy-Weisbach 공식(식 6.2)으로 표시된다. 즉,

$$h_f = f \frac{l}{d} \frac{V^2}{2g} \tag{6.2}$$

여기서, 마찰손실계수 f 는 관의 재료에 따라 고정되는 값이 아니고 흐름상태에 따라 값이 변하므로 Manning의 조도계수 n 과의 관계(식 6.66)를 사용하는 것이 편리하다. 즉,

$$f = \frac{124.5n^2}{d^{1/3}} \tag{6.66}$$

식 (6.66)을 식 (6.2)에 대입하면

$$h_f = \left(124.5n^2 \frac{l}{d^{4/3}}\right) \frac{V^2}{2g} \tag{11.50}$$

식 (11.50)은 직경 d 인 원형관에 대한 것이므로 비원형단면에 대해서는 $d = 4R_h$ (R_h 는 동수반경)를 식 (11.50)에 대입하면 된다. 즉,

$$h_f = \left(19.6n^2 \frac{l}{R_h^{4/3}}\right) \frac{V^2}{2g} \tag{11.51}$$

표 11-3 방류관 재료별 n 치

관로재료	최대	최소
콘크리트	0.014	0.008
용접 연결된 강관	0.012	0.008
피복되지 않은 암석터널	0.035	0.020

흔히 방류수로로 사용되는 관재료의 n 값은 표 11-3과 같다.

(2) 미소손실 수두

미소손실 수두는 6장의 관수로 흐름에서 이미 살펴본 바와 같이 관로가 길어지면 마찰손실수두에 비해 매우 작으므로 거의 무시할 수 있으며 다음과 같이 표시된다.

$$h_i = K_i \frac{V_i^2}{2g} \tag{11.52}$$

여기서, K_i 는 각종 미소손실계수이고 $V_i^2/2g$ 는 흐름의 속도수두이다.

오물수거장치의 손실계수는 장치의 구조에 따라 상당한 차이를 보이나 다음 식으로 산정할 수 있다.

$$K_t = 1.45 - 0.45 \left(\frac{a_n}{a_g} \right) - \left(\frac{a_n}{a_g} \right)^2 \tag{11.53}$$

여기서, a_n 은 장치를 구성하는 강봉 사이의 유효 통수단면적이며 a_g 는 총 단면적이다.

유입구 손실계수는 유입구의 모양과 상태에 따라 다르며 흔히 사용되는 유입구에 대한 손실계수 K_e 값은 표 11-4와 같다.

이 밖에 단면축소 및 확대손실계수 K_e, K_{ex} 와 만곡손실계수 K_b, 출구손실계수 K_v, 게이트밸브 손실계수 K_g 등은 7장의 미소손실계수의 결정방법과 대동소이하게 결정할 수 있으며, 수문을 완전개방할 경우는 손실계수 $K_g = 0.1$, 약간 개방할 경우에는 $K_g = 1.0$ 을 기준으로 개방의 정도에 따라 적절한 손실계수를 선정하여 사용한다.

표 11-4 방류수로의 유입구 손실계수 K_e

유입구의 종류	최대	최소	평균
수문이 설치되고 단면축소 없을 때	1.80	1.00	1.50
수문이 설치되고 바닥과 양측벽이 축소될 때	1.20	0.50	1.00
수문이 설치되고 완만한 단면축소	1.00	0.10	0.50
각이 진 유입구	0.70	0.40	0.50
약간 둥글게 마감한 유입구	0.60	0.18	0.23
매우 둥글게 마감한 유입구	0.27	0.08	0.10
나팔형 유입구	0.10	0.04	0.05

어떤 콘크리트 댐 여수로 아래에 폭 1.5 m, 깊이 2.6 m 되는 콘크리트 Box형 수평 방류수로가 7련 설치되어 있다. 방류수로의 유입구는 약간 둥글게 마감되어 있으며, 유입구로부터 3 m 하류에 수문이 설치되어 있고 수문으로부터 15 m 하류에서 감세공으로 자유방류하도록 되어 있다. 저수지의 상시만수위는 EL. 64 m, 방류수로의 중립축표고가 EL. 50 m일 때 다음을 결정하라.

(a) 수문을 완전개방할 경우의 총 방류량
(b) 수문을 50% 개방할 경우의 총 방류량
(c) (b)의 경우 수문하류의 수면곡선형

풀이 (a) 방류수로 내의 평균유속을 V 라 하고 식 (11.46)을 사용하면

$$H_T = h_e + h_f + h_g + h_v = \frac{V^2}{2g}\left[K_e + \frac{19.6\,n^2 l}{R_h^{4/3}} + K_g + 1\right] \tag{a}$$

여기서

$$H_T = 64 - 50 = 14\ \text{m}$$
$$K_e = 0.23\ (\text{표 } 11-4)$$
$$K_g = 0.1$$
$$n = 0.011(\text{표 } 11-3), \quad R_h = \frac{1.5 \times 2.6}{2 \times (1.5 + 2.6)} = 0.476\ \text{m 이므로}$$
$$\frac{19.6\,n^2 l}{R_h^{4/3}} = \frac{19.6 \times (0.011)^2 \times 18}{(0.476)^{4/3}} = 0.115$$

식 (a)에 대입하면

$$H_T = 14 = \frac{V^2}{2g}[0.23 + 0.115 + 0.1 + 1] = 1.445\frac{V^2}{2g}$$
$$\therefore V = 13.78\,\text{m/sec}$$

따라서, 7련의 방류수로를 통해 흐르는 총 유량은

$$Q = 7 \times [13.78 \times (1.5 \times 2.6)] = 376.2\,\text{m}^3/\text{sec}$$

(b) 수문을 50% 개방하면 수문하류의 흐름은 자유 오리피스 흐름이 되며 전수두는

$$H_T = 64 - (50 - 0.65) = 14.65\,\text{m}$$
$$K_e = 0.23\ (\text{표 } 11-4)$$
$$K_g = 0.7\ (\text{가정치})$$

수문상류의 방류수로에서의 평균유속을 V_s 라 하면 마찰손실수두는 유입구와 수문 사이 (3 m)에서 일어나므로

$$h_f = 0.115\frac{V_s^2}{2g} \times \left(\frac{3}{18}\right) = 0.019\frac{V_s^2}{2g}$$

수문하류 오리피스 흐름의 수축단면(vena contracta)에서의 평균유속을 V_c라 하고 수축계수(contraction coefficient)를 $C_c = 0.75$ 라 가정하면

$$V_s \times (1.5 \times 2.6) = V_c \times (0.75 \times 1.5 \times 1.3)$$

$$\therefore V_c = 2.67\, V_s, \quad \frac{V_c^2}{2g} = 7.13\, \frac{V_s^2}{2g}$$

따라서, 저수지 수면과 오리피스의 수축단면 사이에 Bernoulli 식을 적용하면

$$H_T = 14.65 = (0.23 + 0.019 + 0.7 + 7.13)\, \frac{V_s^2}{2g}$$

$$\therefore V_s = 5.96\,\mathrm{m/sec} \ \text{혹은} \ V_c = 2.67 \times 5.96 = 15.91\,\mathrm{m/sec}$$

따라서, 총유량

$$Q = 7 \times [5.96 \times (1.5 \times 2.6)] = 162.7\,\mathrm{m^3/sec}$$

(c) 개개 방류수로의 수문하류 단위폭당 유량 $q = \dfrac{(162.7 / 7)}{1.5} = 15.5\,\mathrm{m^3/sec/m}$

따라서, 한계수심은

$$y_c = \sqrt[3]{\frac{(15.5)^2}{9.8}} = 2.91\,\mathrm{m}$$

그런데 지배단면인 수축단면에서의 수심

$$y = C_c \times (\text{수문개구}) = 0.75 \times (1.3) = 0.975\,\mathrm{m}$$

$y < y_c$ 이므로 수문하류의 흐름은 사류이고 바닥이 수평이므로 수면곡선형은 $H3$가 될 것이며, 방류수로의 출구까지 개수로 흐름상태를 유지하게 된다.

11.10 도로암거

도로암거(highway culvert)는 도로나 철도의 제방을 가로질러 홍수를 배제하기 위해 계곡부에 통상 설치하는 길이가 비교적 짧은 배수구조물 중의 하나로, 11.9절에서 살펴본 관수로형 방류관로와 수리학적으로 거의 비슷할 뿐 아니라 내륙수운용 록크(lock)에 물을 채우거나 빼기 위한 관로라든지, 관개수로에 급수원을 연결하는 관로 등 여러 가지 목적으로 사용되고 있다. 도로암거의 수리설계는 수문분석에 의해 결정되는 계획홍수량을 도로나 철도의 범람없이, 즉 암거 상류부의 수위(head water level)를 과다하게 상승시키지 않은 상태에서 안전하게 하류로 소통시킬 수 있는 가장 경제적인 암거단면과 매설경사를 결정하는 것이라 할 수 있다.

그림 11 – 43과 같은 암거 내 흐름의 특성은 암거의 크기(D), 모양, 경사(S_0) 및 조도라든지 입구부와 출구부의 기하학적 성질, 암거의 상류수심(HW)과 하류수심(TW) 등에 따라 개수로 혹은 관수로 흐름특성을 보일 수도 있고, 관수로 흐름의 경우는 부분관류(partfull pipeflow) 혹은

만수관류(full pipe flow) 상태로 흐를 수 있다. 따라서, 암거 내 흐름의 해석은 매우 복잡하므로 설계에 있어서도 여러 가지 경우를 고려하여 시행착오적인 설계가 불가피하다.

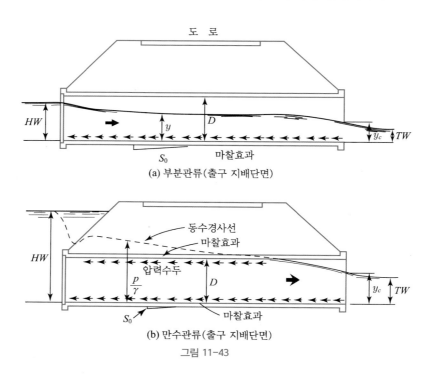

(a) 부분관류(출구 지배단면)

(b) 만수관류(출구 지배단면)

그림 11-43

그림 11-44

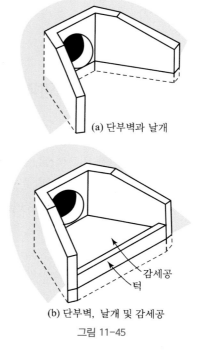

(a) 단부벽과 날개

(b) 단부벽, 날개 및 감세공

그림 11-45

암거의 단면형은 원형관(circular pipe)과 구형관(box culvert)의 두 가지로 나눌 수 있으며, 원형관은 유량이 비교적 적을 때 사용되는 완제품이고 구형관은 유량이 클 경우에 현장에서 콘크리트를 타설하여 만드는 것이 보통이다. 통상적인 암거의 구성요소를 살펴보면, 그림 11-43과 같은 암거관로(pipe barrel) 이외에 입구부의 흐름조건을 개선하기 위한 입구부(그림 11-44)와 암거 하류에서의 세굴을 방지하기 위한 출구부(그림 11-45)를 두며, 필요한 경우에는 출구부에 감세공을 설치하기도 한다.

암거 내의 흐름은 전술한 바와 같이 개수로 흐름이 아니면 관수로 흐름이므로 관수로 및 개수로 내 흐름해석을 위한 수리학적 원리(6장 및 8, 9장)가 그대로 적용된다. 따라서, 이 절에서는 암거 내 흐름의 분류와 해석방법을 살펴본 후 암거의 수리학적 설계절차에 관해 살펴보기로 한다.

11.10.1 암거 내 흐름의 분류와 수리특성

암거 내의 흐름은 암거 상류부 수심 HW 와 암거직경 혹은 깊이(box culvert의 경우) D 의 상대적인 크기에 따라 크게 두 가지로 분류할 수 있다. 즉,

Class-I : $HW \leq 1.2D$ 인 경우로서, 암거의 입구부(inlet)가 잠수되지 않은 상태에서 흐르는 경우(그림 11-43 (a))

Class-II : $HW > 1.2D$ 인 경우로서, 암거의 입구부가 완전히 잠수된 상태에서 흐르는 경우(그림 11-43 (b))

Class-I 및 II의 경우는 암거의 경사와 하류수심의 크기에 따라 다시 4가지형의 흐름상태로 각각 분류할 수 있으므로 모두 8가지 흐름상태가 가능하며 각각의 경우를 살펴보면 다음과 같다.

(1) Class I - Type 1

그림 11-46과 같이 $HW \leq 1.2D$ 이고 암거의 경사 S_0 가 한계경사 S_c 보다 작은 완경사 $(S_0 < S_c)$ 이며 하류수심(TW)이 출구부에서의 한계수심(y_c) 보다 작은 경우로서($TW < y_c$) M2 곡선형의 상류가 발생하므로 흐름의 지배단면(control section)은 출구부가 된다.

이와 같은 흐름조건을 만족시키는 설계는 비교적 경사가 완만하고 소류지가 있는 소하천의 경우에 적합하다.

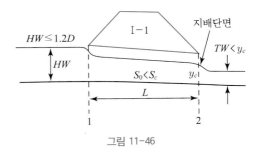

그림 11-46

그림 11-46의 입구부(단면 1)와 출구부(단면 2) 사이에 에너지 방정식을 적용하면

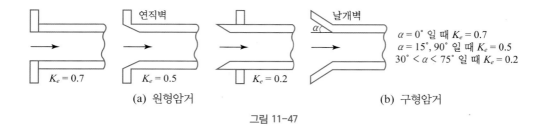

$\alpha = 0°$ 일 때 $K_e = 0.7$
$\alpha = 15°, 90°$ 일 때 $K_e = 0.5$
$30° < \alpha < 75°$ 일 때 $K_e = 0.2$

(a) 원형암거   (b) 구형암거

그림 11-47

$$HW + S_0 L = h_e + h_f + \left(y_c + \frac{V_c^2}{2g} \right) \tag{11.54}$$

$$\therefore \ HW = h_e + h_f + \left(y_c + \frac{V_c^2}{2g} \right) - S_0 L$$

여기서, h_e, h_f 는 입구손실수두 및 마찰손실수두이고, V_c 는 지배단면인 출구부에서의 한계수심 y_c 에 상응하는 한계유속이며, L 은 암거의 길이이다. 마찰손실수두 h_f 는 식 (11.50) 혹은 식 (11.51)을 사용하여 계산할 수 있고 입구손실수두를 계산하기 위한 입구손실계수 K_e 값으로는 그림 11-47의 값을 많이 사용한다.

(2) Class I - Type 2

그림 11-48과 같이 $HW \leq 1.2D$이고 $S_0 < S_c$, $y_c \geq TW < D$인 경우로서 흐름의 지배단면은 수심이 TW인 출구부가 된다. 이와 같은 흐름조건은 경사가 완만하고 폭이 좁으면서 수심이 깊은 하천에서 가끔 발생하나 흔하지 않은 경우이다.

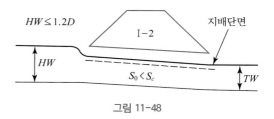

그림 11-48

그림 11-48의 입구부와 출구부에 대한 에너지관계로부터 암거상류부의 수심을 표시하면

$$HW = h_e + h_f + \left(y_{tw} + \frac{V_{tw}^2}{2g} \right) - S_0 L \tag{11.55}$$

여기서 y_{tw} 및 V_{tw} 는 출구부에서의 하류수심 및 평균유속이다.

(3) Class I - Type 3

그림 11-49와 같이 $HW \leq 1.2D$이고 $S_0 \geq S_c$, $TW < y_c < D$인 경우로서 암거 내 흐름은 사류가 되고 입구부가 흐름의 지배단면이 된다. 이와 같은 흐름조건은 급경사의 산악지역하천에 적합하다.

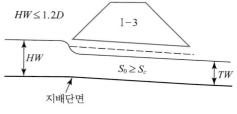

그림 11-49

그림 11-49의 경우는 암거입구부가 지배단면이 되고 수심은 한계수심 y_c가 되므로 암거상류부와 입구부 사이에 에너지 방정식을 세우면

$$HW= K_e \frac{V_c^2}{2g} + \left(y_c + \frac{V_c^2}{2g}\right) \tag{11.56}$$

여기서, K_e는 입구손실계수이다. 폭이 b인 구형암거를 생각하면

$$y_c = \sqrt[3]{\frac{q^2}{g}} = \sqrt[3]{\frac{Q^2}{gb^2}} = 0.467\left(\frac{Q}{b}\right)^{2/3} \tag{11.57}$$

$$\frac{V_c^2}{2g} = \frac{1}{2g}\left(\frac{Q}{by_c}\right)^2 = \frac{1}{2g}\left[\left(\frac{Q}{b}\right)\frac{1}{0.467}\left(\frac{b}{Q}\right)^{2/3}\right]^2 = 0.234\left(\frac{Q}{b}\right)^{2/3} \tag{11.58}$$

식 (11.57)과 (11.58)을 식 (11.56)에 대입하고 정리하면

$$HW = (0.234\,K_e + 0.467 + 0.234)\left(\frac{Q}{b}\right)^{2/3} \tag{11.59}$$

$$= (0.701 + 0.234\,K_e)\left(\frac{Q}{b}\right)^{2/3}$$

마찬가지 방법으로 직경 D인 원형암거에 대한 상류수심 HW에 관한 식을 식 (11.56)으로부터 유도할 수 있으나 원형단면에서는 입구부에서의 y_c와 V_c의 표현이 간단하지 않아 매우 복잡해진다.

(4) Class I - Type 4

그림 11-50과 같이 $HW \le 1.2\,D$이고, $S_0 \ge S_c$, $TW > D$로 출구부가 잠수된 경우로서 출구부에 가까운 곳에서 도수가 발생하게 된다. 이 도수가 상류로 이동하여 입구부에 이르면 후술할 Class II-Type 3과 같은 경우가 되고 하류로 씻겨서 내려가면 Class II - Type 4와 같아진다. 산악지역의 급경사 하천수위가 암거 높이 위로 올라가는 경우는 거의 없으므로 Type 4와 같은 흐름조건은 아주 드물다.

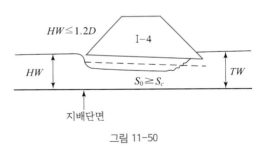

그림 11-50

Type 4 흐름에서도 입구부가 지배단면이 되므로 상류수심 HW는 Type 3의 경우와 동일한 방법으로 결정할 수 있다.

(5) Class Ⅱ - Type 1

그림 11 - 51과 같이 $HW > 1.2D$이고 하류수심 $TW < D$, 암거 내의 등류수심 $y_n < D$인 경우로서 입구부에서의 흐름은 수문 아래로 흐르는 흐름과 같이 오리피스류가 되어 입구부가 지배단면이 된다. 상류수심 HW는 암거의 조도에 무관하며 입구부와 상류부 간의 에너지관계는 식 (11.56)에서와 같이

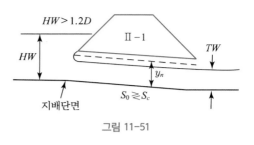

그림 11-51

$$HW - \frac{D}{2} = K_e \frac{V_D^2}{2g} + \frac{V_D^2}{2g} \tag{11.60}$$

$$\therefore HW = \frac{D}{2} + \frac{V_D^2}{2g}(1 + K_e)$$

여기서, V_D는 직경 혹은 깊이 D인 암거 입구에서의 평균유속으로 $V_D = Q/A$ (A는 단면적)이다.

만약 이 흐름상태에서 유량이 증가하여 암거의 등류수가 $y_n > D$가 되면 암거는 만수상태로 흐르게 되어 흐름은 다음의 형과 같아진다.

(6) Class Ⅱ - Type 2

그림 11 - 52와 같이 $HW > 1.2D$이고, $TW > D$, $y_n > D$인 경우로서 암거 내의 흐름은 만수상태가 된다. 이 경우에는 관수로 내 흐름으로 압력차에 의해 흐르게 되므로 출구부가 지배단면이 되고 암거의 상류수면과 출구부 단면 사이의 에너지관계는 직경 D인 암거의 경우

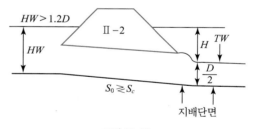

그림 11-52

$$HW + S_0 L - \frac{D}{2} = K_e \frac{V_0^2}{2g} + f \frac{L}{D} \frac{V_0^2}{2g} + \frac{V_0^2}{2g} \tag{11.61}$$

여기서 $V_0 = Q/(\pi D^2/4)$는 출구에서의 평균유속이며 f는 마찰손실계수이다. 식 (11.61)에 식 (6.66)을 대입하여 정리하면

$$HW = \frac{V_0^2}{2g}\left[1 + K_e + \frac{124.5\,n^2 L}{D^{4/3}}\right] + \frac{D}{2} - S_0 L \tag{11.62}$$

마찬가지 방법으로 폭이 b이고 깊이가 D인 구형암거에 대해 식 (11.51)의 관계를 사용하면

$$HW = \frac{V_0^2}{2g}\left[1 + K_e + \frac{19.6\,n^2 L}{R_h^{4/3}}\right] + \frac{D}{2} - S_0 L \tag{11.63}$$

여기서 $V_0 = Q/(bD)$ 이다.

식 (11.62)와 (11.63)의 우변에 있는 항 $D/2$는 출구단면의 수면까지의 높이이며 이론적으로 타당하나 설계 시에는 이 흐름조건의 보장을 위해 원형관의 경우는 $0.75D$, 구형관의 경우는 $0.8D$를 각각 사용하도록 권장되고 있다.

(7) Class Ⅱ – Type 3

그림 11-53과 같이 $HW > 1.2D$이고 $TW > D$인 경우로서 암거 내 흐름은 상류와 하류의 수위차로 인해 흐르는 관수로흐름이 되며, 흐름의 지배단면은 암거하류의 수면이 된다.

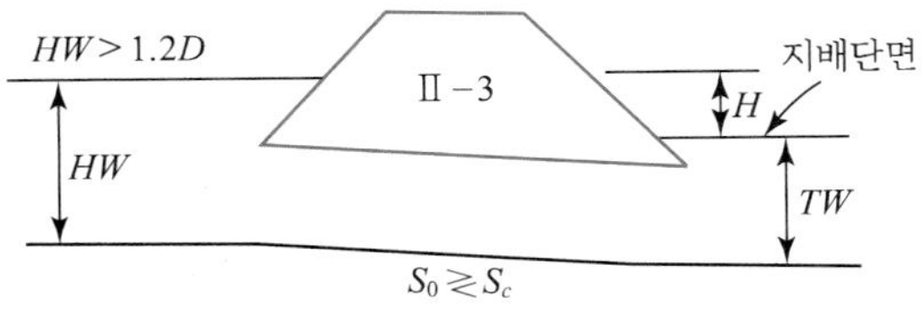

그림 11-53의 상류수면과 하류수면 사이에 에너지 관계를 고려하면

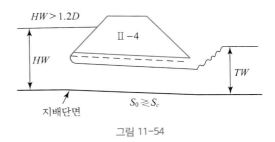

그림 11-53

$$HW + S_0 L = K_c \frac{V^2}{2g} + f \frac{L}{D} \frac{V^2}{2g} + K_{exit} \frac{V^2}{2g} + TW$$

따라서, 원형관의 경우는

$$HW = \frac{V^2}{2g}\left(K_e + \frac{124.5\,n^2\,L}{D^{4/3}} + K_{exit}\right) + TW - S_0 L \qquad (11.64)$$

한편, 원형관의 경우는

$$HW = \frac{V^2}{2g}\left(K_e + \frac{19.6\,n^2\,L}{R_h^{4/3}} + K_{exit}\right) + TW - S_0 L \qquad (11.65)$$

식 (11.64) 및 (11.65)에서 V는 암거 내의 평균유속이며, K_{exit}는 출구손실계수로서 1.0의 값을 가진다.

(8) Class Ⅱ – Type 4

그림 11-54와 같이 $HW > 1.2D$이고, $TW > D$이나 암거 내 흐름의 유속이 빨라서 암거의 출구가 잠수되지 않는 경우로, 지배단면은 입구부가 되므로 상류수심은 Class Ⅱ - Type 1의 경우와 동일하게 표시할 수 있다.

그림 11-54

11.10.2 암거의 상류수심 결정을 위한 노모그램

이상에서 살펴본 바와 같이 암거 내 흐름은 크게 8가지로 분류할 수 있으며 이중 Class -I의 Type-3, 4와 Class-II의 Type-1, 4의 경우에는 흐름이 입구부 통제(inlet control)를 받으므로 암거의 상류수심(HW)은 암거의 경사나 조도 및 길이와는 전혀 무관하고 단지 유량과 암거의 단면 크기에 의해서만 결정된다. 반면에, Class-I의 Type-1, 2와 Class-II의 Type-2, 3의 경우는 암거 내 흐름이 출구부 통제(outlet control)를 받으므로 상류수심(HW)은 암거의 유량과 단면크기뿐만 아니라 경사, 조도 및 길이 등에 의해 결정된다.

암거 내 8가지 흐름조건에 대한 상류수심의 결정은 앞에서 살펴본 바와 같이 매우 복잡하고 경우에 따라 다르므로 미국도로성(Bureau of Public Roads)에서는 식 (11.56)~(11.65)를 근거로 하여 주어진 흐름조건에 맞는 상류수심을 도식적으로 결정할 수 있도록 그림 11-55~11-58과 같은 노모그램(nomogram)을 작성하였으며 설계에 많이 사용되고 있다. 그림 11-55와 11-56은 각각 원형(圓形)암거와 구형(矩形)암거의 경우에 입구부 통제를 받는 Class I - Type 3, 4 및 Class-II의 Type-1, 4의 흐름조건일 때의 상류수심 HW를 결정하는 노모그램이다. 원형 암거에 대한 HW는 그림 11-55에서와 같이 유량 Q와 암거직경 D 및 입구손실계수 K_e가 주어지면 문제에서처럼 HW/D를 읽어 HW를 계산하게 된다. 구형암거에 대한 HW는 그림 11-56에서와 같이 암거의 높이 D와 단위폭당유량(Q/b) 및 K_e가 주어지면 HW/D를 읽어 HW를 계산하게 된다.

그림 11-57은 흐름이 출구부 단면통제를 받을 때(Class-II의 Type-2, 3) $n = 0.0133$인 콘크리트 원형암거의 유량 Q, 직경 D, 길이 L 및 K_e 값이 주어졌을 때 식 (11.62) 및 11-64의 손실의 손실수두항(우변의 첫째 항)을 결정하는 방법을 예시하고 있으며, 그림 11-58은 동일흐름조건의 콘크리트 구형암거의 유량 Q, 단면적 A, 길이 L 및 K_e 값이 주어졌을 때 식 (11.63) 및 식 (11.65)의 손실수두항을 결정하는 방법을 예시하고 있다.

문제 11-11

계획배수량 1.2 m³/sec를 도로를 통해 배수하기 위해 직경 800 mm의 주름진 강관($n = 0.025$)을 암거로 사용하고자 한다. 암거의 경사는 0.03, 길이는 30 m로 하고자 하며 입구부의 손실계수 $K_e = 0.7$이다. 하류수심이 1 m일 때 암거의 상류수심(上流水深) HW를 계산하라.

풀이 흐름상태는 $TW > D$이므로 Class II - Type 3 혹은 Type 4이겠으나, Type-3로 가정하고 식 (11.64)를 사용하기로 한다.

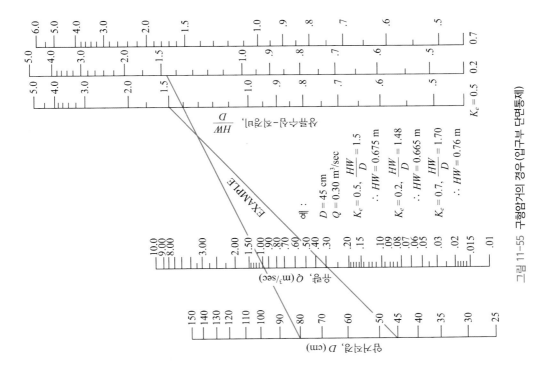

그림 11-55 구형암거의 경우 (입구부 단면통제)

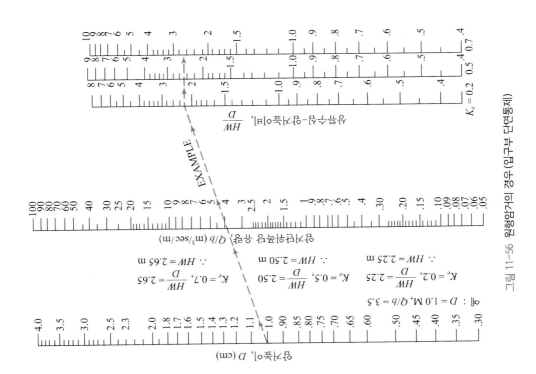

그림 11-56 원형암거의 경우 (입구부 단면통제)

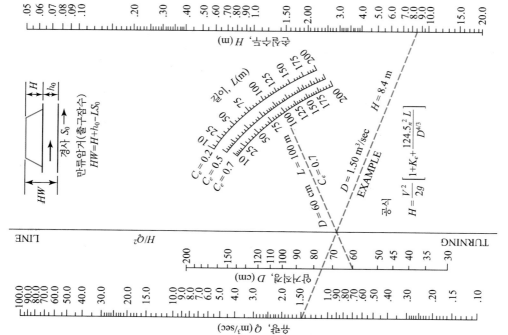

그림 11-57 원형암거의 경우 (출구 단면통제)

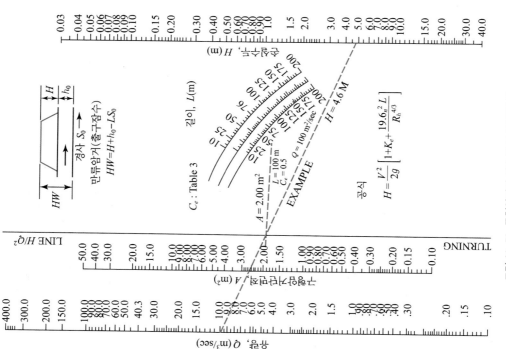

그림 11-58 구형암거의 경우 (출구 단면통제)

우선 암거 내의 유속을 구하면

$$V = \frac{1.2}{\frac{\pi \times (0.8)^2}{4}} = 2.388 \, \text{m/sec}$$

따라서, 식 (11.64)는

$$HW = \frac{(2.388)^2}{2g} \left[0.7 + \frac{124.5 \times (0.025)^2 \times 30}{(0.8)^{4/3}} + 1 \right] + 1.0 - (0.03 \times 30)$$

$$= 1.41 + 1.0 - 0.9 = 1.51 \, \text{m}$$

$(HW = 1.51) > (1.2 D = 0.96)$ 이므로 가정한 Class II – Type 3은 옳다.

별해 그림 11-57의 노모그램을 사용하여 손실수두를 구하면 $H = 1.42 \, \text{m}$ 이다. 따라서

$$HW = H + TW - S_0 L = 1.42 + 1.0 - 0.9 = 1.52 \, \text{m}$$

그림 11-57은 $n = 0.0133$ 의 경우이나 H 값에는 큰 차이가 없음을 알 수 있다.

문제 11-11

어떤 도로를 가로질러 $5.4 \, \text{m}^3/\text{sec}$의 계획홍수량을 구형 콘크리트암거($n = 0.0133$)로 배수시키고자 한다. 암거의 폭은 $1.2 \, \text{m}$, 길이는 $35 \, \text{m}$, 경사는 0.003, 입구손실계수 $K_e = 0.5$이고 출구단면은 잠수되지 않도록 하려 한다. 암거의 상류수심의 최대허용치가 $3.2 \, \text{m}$라면 암거의 깊이 D는 얼마로 해야 할 것인가?

풀이 (a) Class II – Type 2의 경우와 같이 완전 관수로흐름으로 흐르게 한다면 식 (11.63)을 적용할 수 있다. 즉,

$$3.2 = \frac{(5.4)^2}{2g \times (1.2)^2 \times D^2} \left[1 + 0.7 + \frac{19.6 \, (0.0133)^2 \times 35}{\left(\frac{1.2 D}{2.4 + 2D} \right)^{4/3}} \right] + 0.8D - 0.003 \times 35$$

$$\therefore \; 0.8D + \frac{1.033}{D^2} \left[1.7 + \frac{0.120 \, (2.4 + 2D)^{4/3}}{(1.2D)^{4/3}} \right] = 3.305$$

시행착오로 풀면 $D = 0.99 \, \text{m}$

$HW = 3.2 \, \text{m} > 1.2D$이므로 Class II – Type 2의 가정은 성립한다.

(b) Class II – Type 1과 같은 부분 관수로흐름으로 하면 식 (11.60)을 적용해야 한다. 즉,

$$3.2 = 0.5 D + \frac{(5.4)^2}{2g \times (1.2)^2 D^2} (1 + 0.7)$$

$$\therefore \; 0.5D + \frac{1.756}{D^2} = 3.2$$

시행착오로 풀면 $D = 0.79 \, \text{m}$

(c) Class I - Type 3 흐름상태가 가능한지 검사하기 위해 식 (11.59)의 성립여부를 확인하면

$$좌변 = 3.20\,\mathrm{m}$$

$$우변 = (0.701 + 0.234 \times 0.5)\left(\frac{5.4}{1.2}\right)^{2/3} = 2.23\,\mathrm{m}$$

$$\therefore HW \neq (0.701 + 0.23\,K_e)\left(\frac{Q}{b}\right)^{2/3}$$

따라서 Class I - Type 3 흐름은 불가능하다.

11.10.3 도로암거의 수리설계

전술한 바와 같이 도로암거설계의 근본은 도로가 홍수로 인해 범람피해를 받지 않도록 수리학적으로 안전하게 설계하면서 가장 경제적인 단면을 선택하는 것이다. 설계를 위해 주어지는 일반적인 조건은 수문분석으로 결정되는 계획배수량과 허용상류수심, 암거하류부의 수심 및 대략적인 길이이며 설계에서 결정해야 할 사항은 암거단면의 최적 크기, 암거의 경사, 입구부의 모양 선택 및 암거출구부의 감세공의 필요성 여부 등이라 할 수 있다. 그런데 주어진 설계조건을 만족시키는 암거 내 흐름조건은 지금까지 살펴본 바와 같이, 8개 유형 중 한 가지만이 아닌 몇 가지가 있을 수 있으므로 가능한 흐름조건 중 공사비가 가장 저렴한 조건에 맞도록 설계해야 한다. 따라서, 암거의 설계는 시행착오적인 절차를 따르지 않을 수 없으며, 여기서는 미국도로성의 방법을 채택하여 국토교통부(구 건설부)가 추천한 아래 지침서의 설계절차를 간추려 보기로 한다.

"Design Guidelines, Volume 2 : Drainage"
Ministry of Construction, Republic of Korea, 1974

수리설계절차

Step - A : 설계조건에 관련되는 모든 자료를 획득한다.
- 계획배수량(Q)을 수문분석에 의해 결정
- 도로의 저면폭을 고려하여 암거의 길이(L)를 대략적으로 결정
- 하천경사를 고려하여 암거의 경사(S_0)를 결정
- 도로의 높이를 고려하여 허용 상류수심(HW)을 결정
- 가능하다면 하천의 홍수유속을 결정
- 암거의 단면형, 입구부의 모양 및 암거재료를 결정

Step – B : 다음 중 한 가지 방법을 사용하여 암거의 초기 단면치수를 선정한다.

- 배수량의 크기를 고려하여 경험적으로 임의선정
- 암거의 단면적 $A = Q/10$ 를 기준으로 하여 선정
- 그림 11 – 55 혹은 11 – 56에서 주어진 계획배수량 Q 와 $HW/D = 1.5$ 를 연결하여 얻어지는 D 를 선정

Step – C : 입구부 단면통제(inlet control) 및 출구부 단면통제(outlet control)를 각각 가정하여 초기에 선정한 암거의 단면치수를 사용할 경우의 상류수심(HW)을 결정한다.

(1) 입구부 단면통제

(a) 적절한 입구부 단면통제에 대한 노모그램(그림 11 – 55 혹은 11 – 56)으로부터 HW를 결정. 이 단계에서는 하류수심(TW)은 일단 고려하지 않음

(b) 만약 (a)에서 결정된 HW가 허용 상류수심(AHW)보다 크거나 $HW \le 1.2\,D$이면 암거 단면치수를 재가정하여 $1.2\,D < HW < AHW$가 되도록 단면치수를 결정한 후 다음 절차로 넘어감

(2) 출구부 단면통제

(a) 계획배수량이 흐를 때의 암거의 하류수심(TW)을 개략적으로 산정

(b) 산정한 하류수위가 암거출구단면의 상단보다 높으면(즉, 출구가 잠수상태가 되면) $h_0 = TW$로 놓고 다음 식으로 HW를 계산

$$HW = H + h_0 - S_0\,L \tag{a}$$

여기서,

H = 관수로 흐름상태에서의 손실수두로 식 (11.64) 및 (11.65) 우변의 첫 항으로 표시되며, 노모그램(그림 11 – 57 혹은 11 – 58)으로부터 결정

h_0 = 하류수면으로부터 출구단면의 하단까지의 수심, 여기서는 $h_0 = TW$

S_0 = 암거의 경사

L = 암거의 길이

(c) 산정된 하류수위가 암거출구단면의 상단보다 낮으면 식 (a)의 h_0를 다음 값 중 가장 큰 값으로 놓고 HW를 계산

$$h_0 = (y_c + D)/2, \qquad h_0 = TW$$
$$h_0 = 0.75\,D\,(원형암거), \quad h_0 = 0.8\,D\,(구형암거)$$

여기서

y_c = 계획배수량에 대한 암거의 한계수심으로 $y_c < D$이고 수리학적으로 계산가능하나 전술한 건설부 "Design Guide"의 노모그래프(Charts $D - VI - H \cdot 1 \sim H \cdot 13$ 및 Charts $D - VI - K \cdot 1 \sim K \cdot 10$)를 사용하면 쉽게 결정가능하다.

(3) Step-C (1)과 Step-C (2)에서 결정한 HW를 비교하여 큰 HW에 상응하는 흐름조건을 설계조건으로 선택, 즉, 가정한 암거단면을 사용할 경우 HW를 크게 하는 단면통제(입구부 혹은 출구부)가 흐름을 실제로 지배하게 됨

(4) (3)에서의 비교에서 흐름이 출구부 단면통제를 받고 이때의 HW가 허용 상류수심보다 크면 암거의 배수용량이 부족한 상태이므로 더 큰 단면치수를 선정하여 Step-C (2)의 절차를 밟아 HW를 재결정하여 $HW < AHW$가 되도록 단면치수 선택

Step-D : 암거의 단면치수 및 형에 대한 몇 개의 대안을 가정하여 Step-A, B, C의 계산을 실시하여 각안의 최종단면을 결정한다.

Step-E : 최종선택된 암거의 출구유속을 계산하여 하류부에 세굴의 위험이 없는지 검사한다. 유속이 약 2.5 m/sce를 초과하면 세굴방지를 위한 하류보호공(콘크리트 피복, 감세 수로, 감세공 등)이 필요하다.

Step-F : 최종설계내용을 요약하고 건의한다. 암거의 단면치수, 형, 상류수심, 출구유속 출구 하류감세공의 필요성 여부, 소요공사비를 고려한 경제성 등을 요약하고 최종건의

수리계산서

이상의 절차에서 살펴본 바와 같이 한 개의 암거를 설계하기 위해서는 각종 계산과 노모그램을 이용하는 등 복잡한 시행착오과정을 거쳐야 할 뿐 아니라 어떤 도로의 건설에 부속되는 도로 암거의 수는 몇십 개 혹은 몇백 개에 이르는 것이 보통이다. 따라서 상술한 수리계산절차에 맞추어 일정한 계산양식을 만들어 사용하면 반복계산에 매우 편리하다. 이러한 목적으로 건설부의 "Design Guidelines"에서 추천하고 있는 계산서의 양식은 그림 11-59와 같다. 계산서 양식을 보면 암거의 계획배수량 결정을 위한 수문 및 하천수로관련 자료 및 계산란(hydrologic and channel informations)과 암거의 주요제원을 표시한 그림(sketch), 수리계산절차에 맞춘 계산란 (head water computations) 및 설계결과의 요약 및 건의(summary and recommendation) 등으로 구성되어 있다. 그림 11-59에는 참고로 계산 예를 첨가하였다.

CULVERT COMPUTATIONS

National Route No. __6__
Stream Name : __Yo-Yo Creek__
Culvert No : __6/39.8__

Contractor : __WS & A__
Designer : __쎌 린아트__
Date : __1-25-74__

HYDROLOGIC AND CHANNEL INFORMATION

Catchment Area = __0.3__ KM²
Qd = __3.34__ m³/sec Design Frequency __25__ yrs
Discharge Values: Reach(L) __2,000 M__ Height __8 M__

Rational Qd=0.278CIA	Std Rate Q_d=RFXLFXFFXQ	Modified Hydrograph
T_o= 1.0 hrs	RF=	Zone __1__
i= 100 mm/hr	LF=	Chart __ __
C= 0.4	FF=	
A= 0.3 km²	Q=	

Maximum Stream Velocity= __9.3 rock est.__

Sketch

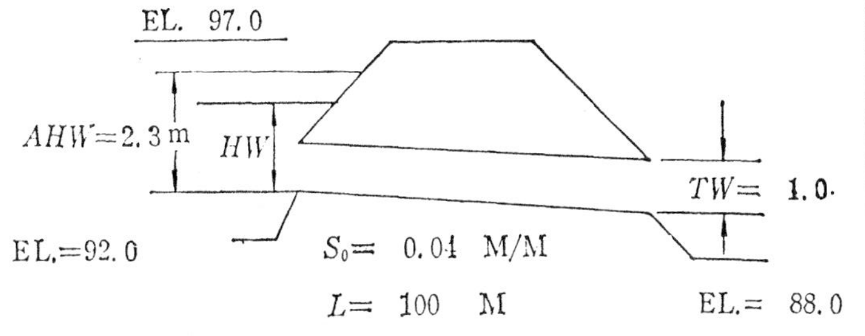

EL. 97.0

AHW=2.3 m HW

TW= **1.0.**

EL.=92.0

S_0= 0.04 M/M
L= 100 M

EL.= 88.0

Head Water Computations

Outlet Control= $HW=H+h_0-S_0L$

Culvert Description (Ent Type)	Q_d M³/sec	Size	Inlet Control $\frac{HW}{D}$	HW	K_o	H	y_c	$\frac{y_c+D}{2}$	TW	h_0	S_0L	HW	Controlling HW	Outlet Velocity V_o	Estimated Cons't Cost	Comments
φ Pipe 1ldw'1	3.34	TRY 120 cm	≀.50	1.80	0.5	1.70	1.00	229/2 1.10	0.10	.75 D 0.9	4.00	-1.40	Inlet 1.80	6.4	490,000 W	OK, USE
TRY Box FLARE wings	3.34	TRY 1.0×1.0	1.90	1.90	0.2	2.40	1.00	200/2 1.00	0.10	.80 D 0.80	4.00	-0.80	Inlet 1.90	3.5	495,000 W	OK, TO USE

Summary and Recommendations : USE 120 cm Pipe No Protection

OK 1.0 m × 1.0 m Box Since cost is nearly=SELECT Box Cvlvert for EASE OF maintains And

Cocal Conditions

PAGE __4__ OF __4__

그림 11-59 암거수리계산서

연 습 문 제

01 높이가 34 m이고 상단폭이 9 m인 콘크리트 중력식 댐의 상류측면경사(연직 : 수평)는 4 : 1, 하류측면경사는 1.5 : 1이며 저수지의 만수 시 수심은 30 m이고 하류수심은 무시할 정도로 작다. 댐과 기초 사이의 마찰계수는 0.5, 콘크리트의 비중은 2.5, 지진가속도는 연직 및 수평방향으로 공히 0.1 g, 댐 단면에서의 퇴사심은 3 m로 설계하고자 한다. 댐 기초지반은 투수성이 매우 강하다고 가정하라.

   (a) 댐의 단위폭당 작용하는 모든 힘의 크기와 작용점을 구하고 기초의 반작용력의 연직 및 수평분력의 크기와 작용점을 구하라.

   (b) 전단 및 전도파괴에 대한 안전계수를 계산하라.

   (c) 댐의 상류측 및 하류측면의 하단부에서 기초가 받는 압축력을 ton/m²로 계산하고 댐의 안정성을 평가하라.

   (d) 저수지가 공백상태일 때의 기초가 받는 압축력의 분포를 결정하고 댐의 안정성을 검사하라.

   (e) 지진력과 퇴사압력만을 무시했을 때의 기초가 받는 압축력의 분포를 결정하고 댐의 안정성을 검사하라.

02 어떤 콘크리트 중력식 댐(비중 2.45)의 높이는 18 m, 상단폭은 6 m이며 댐과 투수성이 강한 기초지반 사이의 마찰계수는 0.5이다. 댐의 상류측면은 연직이며 하류측면경사는 1 : 2.5(수직 : 수평), 저수지 만수 시의 수심을 16 m라 하고 지진력 등의 미소한 작용력을 무시할 때 다음을 결정하라.

   (a) 댐의 전단파괴를 방지하기 위한 댐의 최소 저면폭

   (b) 댐의 인장파괴를 방지하기 위한 댐의 최소 저면폭

03 그림 11-60과 같은 콘크리트 댐 기초에서 받는 압축력분포를 결정하고 전도 및 인장파괴의 위험성을 평가하라. 저수지는 만수상태이고 댐의 비중은 2.5이며 기초는 불투수층이라 가정하라.

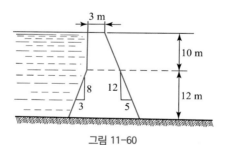

그림 11-60

04 하천폭이 120 m인 하천상에 높이 80 m의 직각삼각형 댐을 건설하고자 한다. 댐의 여유고는 3 m로 하며 기초의 허용지내력은 160 ton/m², 마찰계수는 0.6이다. 댐에 작용하는 힘으로 정수압과 댐 무게만을 고려하여 댐의 안전을 보장할 수 있는 저면폭을 결정하고 댐체적을 계산하라. 댐재료의 비중은 2.6이다.

05 단위폭당 2 m³/sec의 물이 흐르는 구형 수로상에 높이 1.4 m의 위어를 설치하였다. 위어 상류부에서의 비에너지가 2.7 m였다면 위어 정점위치에서의 유속은 얼마이겠는가? 에너지손실을 고려하여 위어의 유량계수를 결정하라.

06 정점표고가 EL. 100 m이고 폭이 5 m인 월류형 위어 위로 10 m³/sec의 물이 월류하고 있다. 마찰손실을 무시하고 위어 상류부의 수면표고를 계산하라.

07 폭이 4 m인 구형 단면수로의 바닥에 높이 1 m인 광정 위어를 설치하였을 때 위어상의 수심이 0.3 m였다. 수로 내에 흐르는 유량과 위어 상류부에서의 수심을 구하라.

08 중력식 댐의 홍수조절을 위해 월류형 여수로를 설계하고자 한다. 계획홍수량은 140 m^3/sec, 하상표고는 EL. 253 m, 여수로 정점표고 EL. 259 m, 계획홍수위(허용최대수위)는 EL. 260.6 m로 하고자 한다. 여수로의 접근수로는 폭 38 m의 구형단면이며 여수로의 유량계수는 2.1이고 상류측면은 연직이라 가정할 때
(a) 여수로의 소요폭을 결정하라.
(b) 댐 여수로의 하류측면경사가 1.5 : 1(수직 : 수평)일 때 WES 방법에 의해 여수로의 노면곡선을 계산하고 축척에 맞추어 방안지에 그려라.

09 어떤 월류형 여수로가 최대수두 2.2 m로 230 m^3/sec의 홍수를 월류시키도록 설계되어 있다. 여수로의 폭을 계산하고 여수로의 상류측면 및 하류측면경사가 각각 연직 및 1.5 : 1(수직 : 수평)일 때 여수로의 노면곡선을 WES 방법으로 그려라.

10 폭이 38 m인 월류형 여수로상의 예상 최대수두가 1.86 m일 때 최대 월류가능 홍수량을 계산하고 WES 방법으로 여수로의 노면곡선을 결정하라. 여수로 상하측면의 경사는 1 : 1이라 가정하라.

11 길이 100 m인 측수로형 여수로의 단위폭당 계획홍수량은 5 m^3/sec/m이며 측수로는 폭 6 m인 구형단면으로 되어 있고 경사는 0.0009이다. 측수로의 단부에 지배단면을 설치하여 한계수심이 발생하도록 한다고 가정하고 측수로 내의 수면곡선을 계산하라. $n = 0.013$이며 5 m 구간으로 컴퓨터계산하라.

12 계획홍수량 990 m^3/sec를 계획수두 2.7 m로 월류시킬 수 있도록 월류형 위어 아래에 측수로를 만들고자 한다. 위어의 유량계수는 2.0이다. 측수로의 위어 건너편 벽을 연직으로 하여 측수로가 폭 30 m인 구형단면에 가깝도록 하며 수로의 경사는 0.001로 한다.
(a) 측수로 말단부에서 한계수심이 발생하도록 할 경우의 측수로내 수면곡선을 계산하라.
(b) 측수로의 경사를 0.1로 할 경우의 수면곡선을 계산하라.

13 측수로형 여수로의 유량계수는 1.95, 계획홍수량은 180 m^3/sec, 계획수두는 2.5 m이며, 측수로는 폭 10 m인 구형단면수로이다. 여수로의 말단부에 지배단면을 설치하며 수면곡선은 여수로 위어 정점에서부터 시작하도록 하고자 한다.
(a) 여수로의 소요길이를 구하라.
(b) 측수로의 지배단면의 바닥과 위어 정점 간의 표고차를 계산하라.

14 하류수위보다 최고 15 m 높은 수위까지 저수할 수 있는 댐의 여수로는 최대유량 30 m^3/sec를 월류시킬 수 있어야 하며 여수로의 정점은 최대 저수위보다 1.2 m 아래에 설치시켜야 한다.
(a) 만약 월류형 여수로(유량계수 2.2)를 사용한다면 소요 여수로폭은 얼마로 해야 할 것인가?
(b) 사이폰형 여수로를 사용한다면 소요 여수로폭은 얼마로 해야 할 것인가? 위어 정점부에서의 곡률반경은 0.6 m 및 1.5 m라 가정하라.
(c) (b)의 단면으로 사이폰이 작동하기 위해서 하류수위보다 얼마나 높은 점에 사이폰의 출구부를 위치시켜야 할 것인가? 사이폰을 통해 생기는 손실수두는 3 m라 가정하라.

15 다음과 같은 설계조건으로 구형단면의 사이폰형 여수로를 설계하였다.
- 입구 중립축 표고 : EL. 129 m   • 사이폰 길이 : 48 m
- 출구 중립축 표고 : EL. 111 m   • 위어 정점부 중립축의 곡률반경 : 1.8 m
- 사이폰의 깊이 : 1.8 m

사이폰을 통해 하류로 안전하게 소통시킬 수 있는 최대유량을 계산하라.

16 사이폰 정상부의 내외측 곡률반경이 각각 0.3 m 및 0.9 m이고 폭이 1.2 m로 일정한 사이폰형 여수로가 EL. 30 m에서 출구를 통해 방류하고 있다. 사이폰은 저수지의 수면표고가 EL. 42 m에 이르면 작동이 시작되도록 설계되어 있다. 다음의 경우에 사이폰을 통해 흐르는 유량과 사이폰 출구의 단면적을 각각 계산하라. 사이폰 내의 전 손실수두는 3 m로 가정하라.
   (a) 하류수면 표고가 EL. 33 m일 때
   (b) 하류수면 표고가 EL. 27 m일 때

17 사이폰 정상부의 내외측 곡률반경이 각각 0.6 m와 1.2 m이고 0.6 m×1.2 m의 일정한 단면을 가진 사이폰형 여수로는 저수지 내 수면표고가 출구단면의 표고보다 15 m만큼 높은 조건 하에서 작동하도록 설계되어 있으며, 이때의 사이폰 전체에 걸쳐 생기는 손실수두는 1.5 m이다. 사이폰 정상부에서의 지나친 부압으로 사이폰에 무리가 가지 않도록 하기 위해서 출구부의 단면을 어떻게 변경시켜야 하겠는가? 단, 사이폰의 폭을 깊이의 2배가 되도록 한다.

18 직경 20 cm, 길이 50 m인 사이폰($n = 0.025$)을 통해 0.1 m³/sec의 물을 방류하고 있다. 사이폰 정상부의 상단점은 저수지 수면보다 1.2 m 높으며 사이폰 입구로부터 10 m 되는 곳에 있다. 각종 손실을 고려하여 사이폰 정상부 상단과 하류 수면과의 높이차를 구하라. 또, 이때 정상부에서의 압력은 얼마인가?

19 어떤 댐 여수로상에 설치된 연직개폐식 수문의 폭은 2.4 m이고 여수로 정점으로부터의 수두 2.7 m까지 지탱할 수 있도록 설계되어 있다. 수문과 수문틀(gate seats) 사이의 마찰계수가 0.3이라면 수문을 열기 위해 강철선 호이스트(hoist)에 가해 주어야 할 힘의 크기를 구하라.

20 급경사 수로의 말단부에 폭 12 m인 구형단면의 감세수로가 설치되어 있다. 수로 내의 유량은 5.6 m³/sec이며 감세수로 내에서의 도수의 초기수심에 상응하는 유속은 6 m/sec이다. 다음을 구하라.
   (a) 도수후의 수심
   (b) 도수로 인한 에너지손실
   (c) 도수의 효율
   (d) 도수의 길이

21 어떤 저수지로부터 수문을 통하여 폭이 6 m이고 경사가 0.001, $n = 0.025$인 구형단면수로로 2.5 m³/sec/m의 물이 하류로 공급되고 있다. 수문 하류의 수축단면(vena contracta)에서의 수심이 0.1 m이다. 다음에 답하라.
   (a) 도수의 발생여부
   (b) 도수발생 시 도수후의 수심이 수로의 등류수심과 같다고 가정할 때 도수의 위치
   (c) 도수의 높이, 길이, 효율 및 에너지손실

22 월류형 여수로 아래에 설치된 감세공 내에서 0.3 m로부터 1.2 m의 수심으로 도수가 발생할 경우의 손실에너지를 KW로 계산하라.

23 구형단면의 수평 감세수로 내에서 도수가 발생한다. 유량은 3.7 m³/sec/m이며 도수의 초기수심은 0.6 m이다. 다음을 구하라.
   (a) 도수후의 수심
   (b) 손실수두
   (c) 도수효율
   (d) 도수의 길이

24 구형단면의 수평수로에서 발생하는 도수의 도수전후 흐름의 Froude 수를 각각 F_1, F_2 라 하면 다음 관계식이 성립함을 증명하라.

$$F_2^2 = \frac{8\,F_1^2}{(-1 + \sqrt{1 + 8\,F_1^2}\,)^3}$$

25 폭이 6 m이고 경사가 0.04, n =0.03인 구형단면수로 내에 등류수심 0.9 m로 물이 흐르고 있다. 이 수로의 말단부에 낮은 댐을 설치하여 댐 직상류의 수심을 2.1 m로 하고자 한다. 댐 상류의 수면을 수평이라 가정하고 다음을 구하라.
(a) 댐 위로 월류하는 유량
(b) 도수의 높이
(c) 댐으로부터 도수 발생지점까지의 거리

26 폭 9 m인 수평 구형단면수로 내의 유량이 8.5 m³/sec이며 이 수로 내에서 도수가 발생하여 1.5 m의 에너지 손실이 생긴다. 도수전후의 수심을 계산하라.

27 그림 11–61과 같은 폭 9 m인 구형단면의 충분히 긴 경사수로에 8.5 m³/sec의 물이 흐르고 있다. 수로의 하류부에서는 도수가 발생하며 에너지손실은 그림에서와 같이 1.5 m이다. 수로에서의 마찰손실과 도수에 미치는 경사의 영향을 무시하고 도수의 발생위치를 결정하라(문제 26번에서 얻은 결과를 이용하도록 하라).

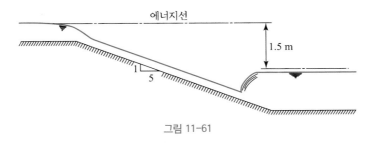

그림 11–61

28 문제 11–08번의 경우에 대하여 USBR Type–III 감세공을 설계하라.

29 월류형 여수로의 제원이 다음과 같을 때 USBR Type–IV 감세공을 설계하라.
- 계획홍수량 : 300 m³/sec
- 계획홍수위 : EL.102 m
- 여수로 정점표고 : EL.100 m
- 여수로폭 : 50 m
- 평균하상표고 : EL.94 m
- 하류수면표고 : EL.97.5 m

30 문제 11–09번에서 콘크리트 Box형 방수로의 입구에 만곡부를 설치하여 동일단면의 연직관을 연결함으로써 방수로 입구부의 표고를 EL.56 m로 하였다. 입구부에는 오물수거장치를 설치하였고 방수로 출구부 하류의 수면표고는 EL.53이다. 수문을 완전개방했을 때와 40% 개방했을 때의 총유량을 계산하라. 단, K_t = 1.0, K_b =0.3을 사용하라.

31 연습문제 30번에서 방류수로로 직경 2 m인 콘크리트 흄관을 사용한다고 가정하고 문제를 풀어라.

32 직경 $\phi 900$ mm인 콘크리트 흄관으로 된 암거의 길이가 90 m이며 계획배수량은 4 m³/sec이다. 암거입구의 바닥표고가 EL.30 m일 때 다음의 경우 암거상류수심(HW)을 각각 구하라.

   (a) 암거가 수평이고 $K_e = 0.7$, 하류수면 표고가 EL.31.2 m

   (b) 암거의 경사가 0.05이고 $K_e = 0.2$, 하류수면표고가 EL.31.2 m

   (c) 암거의 경사가 0.05이고 $K_e = 0.7$, 하류수면표고가 EL.24 m

   (d) 암거의 경사가 0.05이고 $K_e = 0.2$, 하류수면표고가 EL.24 m

33 길이가 60 m이고 경사가 10%인 주름진 강관($n = 0.025$)으로 된 암거의 계획배수량이 1.2 m³/sec이며 허용 상류수심은 1.2 m로 하고자 한다. 암거의 직경을 얼마로 하면 되겠는가? 암거 출구부에서는 자유방류하며 $K_e = 0.7$로 가정하라.

34 길이가 30 m이고 경사가 0.05인 정사각형 단면의 콘크리트 암거($n = 0.013$)의 계획배수량은 1.7 m³/sec이다. $K_e = 0.5$이며 암거의 허용상류수심을 1.2 m로 하고자 할 때 소요 크기를 결정하라. 암거 출구단에서는 자유방류하는 것으로 하라.

35 직경 1.8 m, 길이 120 m, 경사 0.05인 콘크리트 원형암거가 8.5 m³/sec의 홍수를 자유방류하도록 설계하고 자 한다. $K_e = 0.75$, $n = 0.015$이다. 흐름조건이 다음과 같을 때 암거의 상류수심을 계산하라.

   (a) 출구부 단면통제

   (b) 입구부 단면통제

   (c) (a), (b) 중 어느 단면통제의 가능성이 더 큰가?

36 1.8 m×1.8 m 콘크리트 구형암거($n = 0.013$)의 깊이는 30 m, 경사는 0.02, 계획배수량은 28 m³/sec이다. 하류 수심이 2 m일 때 예상되는 상류수심을 구하라. $K_e = 0.2$이다.

37 직경 1.8 m이고 길이 120 m, 경사가 5%인 주름진 강관($n = 0.025$)을 출구에서 17 m³/sec의 홍수를 자유방류 하도록 설계하고자 한다. $K_e = 0.5$로 가정하고 다음의 경우에 대하여 예상되는 상류수심을 계산하라.

   (a) 출구단면통제를 받는 만류상태로 방출

   (b) 입구단면통제를 받고 부분류 상태로 방출

38 길이가 150 m, 경사가 0.02인 1.8 m×1.8 m 콘크리트 구형암거 2련($n = 0.012$)이 출구부에서 폭 9 m인 수평 감세수로로 홍수를 방출하도록 되어 있다. 어떤 유량이 방류될 때 감세수로의 어떤 단면에서의 수심은 2.4 m, 유속은 1.8 m/sec였다. 암거의 입구손실계수 $K_e = 0.5$라 가정하고 암거상류의 수심을 계산하라.

39 다음과 같은 설계조건이 주어졌을 때 적절한 암거를 그림 11–59의 계산서양식을 사용하여 설계하라.

   (a) 계획배수량 : 6.23 m³/sec   상류바닥표고 : EL.101.0 m

       암거의 길이 : 200 m   허용상류수심 : 2.5 m

       암거의 경사 : 0.02   암거하류수심 : 2.2 m

       도로면 표고 : EL.106.0 m K_e : 0.5

   (b) 계획배수량 : 1.16 m³/sec,   허용상류수심 : 2.2 m

       암거하류수심 : 0.3 m,   암거길이 : 200 m

Chapter 12

수력펌프와 터빈

12.1 서 론

수력기계(hydraulic machinery)의 기능은 기계시스템과 유체시스템 간에 서로 에너지를 변환 시키는 것으로서 토목공학분야에서 자주 접하게 되는 수력기계에는 펌프(pump)와 터빈(turbine) 이 있다. 수력펌프는 기계시스템의 에너지로, 일을 하여 물에 에너지를 공급하는 기계로서 물을 운송하는 수단으로 사용되어 왔다. 반면에 수력터빈은 물이 가지는 위치에너지를 사용하여 기계 시스템에 일을 하여 기계에너지를 발생시키고 이 에너지는 다시 발전기(generator)에 의해 전기 에너지로 변환시킨다.

펌프와 터빈의 기능은 완전히 정반대이나 수리학적 원리는 너무나 비슷하므로 펌프 및 터빈의 기능을 공히 할 수 있는 수력기계의 개발이 가능하였으며 이를 반전식 터빈(reversible turbine)이 라 한다. 반전식 터빈은 회전방향에 따라 펌프의 역할을 할 수도 있고 터빈의 역할을 할 수도 있도록 되어 있어 오늘날 양수발전(揚水發電, pumped-storage power generation)을 가능하게 하 였다. 즉, 반전식 터빈은 전력수요가 적은 시간동안에는 펌프의 역할을 하여 다량의 하부지(下部 池) 물을 높은 상부지(上部池)로 양수하게 되고 반대로 전력수요가 큰 시간 동안에는 상부지의 물을 흘려 발전을 하는 터빈의 역할을 하게 된다.

토목기술자가 펌프나 터빈을 설계해야 할 경우는 없겠으나 각종 토목공사에서 펌프와 터빈의 설치 내지 운영조작에 관한 지식이 필요한 경우가 많으므로 이 장에서는 흔히 사용되는 형의 펌프와 터빈 작동의 수리학적 원리 및 특성 등 중요한 부분만을 간략하게 살펴보기로 한다.

12.2 동력과 효율

펌프의 효율(efficiency)은 펌프에 주어지는 동력(power input), P_i에 대한 물이 실제로 받는 동력(power output) P_o로 정의된다. 즉,

$$\eta_P = \frac{P_o}{P_i} = \frac{\gamma Q E_P}{\omega T} \tag{12.1}$$

여기서, γ는 물의 단위중량이고 Q는 양수율(유량), E_P는 펌프가 단위무게의 물에 가해주는 전수두, ω는 펌프의 회전각속도이고 T는 전동기가 펌프에 가해주는 토크(torque)이다. 펌프를 구동시키는 전동기의 효율은 전동기에 주어지는 동력에 대한 전동기가 펌프에 가해주는 동력으로 정의된다. 즉,

$$\eta_m = \frac{P_i}{P_m} \tag{12.2}$$

따라서, 펌프시스템의 전반적인 효율은

$$\eta = \eta_P \eta_m = \frac{P_o}{P_i}\frac{P_i}{P_m} = \frac{P_o}{P_m} \tag{12.3}$$

여기서, η는 펌프시스템에서의 마찰손실 및 기타 에너지손실 때문에 항상 1보다 작은 값을 가진다.

터빈의 효율은 물로부터 받는 동력 P_i에 대한 터빈의 출력 P_o의 비로 정의된다.

$$\eta_T = \frac{P_o}{P_i} = \frac{\omega T}{\gamma Q E_T} \tag{12.4}$$

여기서, ω는 수차의 회전각속도, T는 발생되는 토크, Q는 수차를 때리는 유량이며 E_T는 단위무게의 물이 수차에 가해주는 수두이다.

문제 12-01

원심펌프가 1,500 rpm의 회전각속도로 0.3 m³/sec의 물을 양수하고 있으며 물 단위무게당 20 m의 수두를 증가시킨다. 펌프의 구동축에서 측정한 토크가 50 kg·m였다면 펌프의 효율은 얼마인가?

풀이 $P_o = \gamma Q E_P = 1,000 \times 0.3 \times 20 = 6,000\,\text{kg}\cdot\text{m/sec} = 58.80\,\text{kW}$

$P_i = \omega T = \left(2\pi \times \frac{1,500}{60}\right) \times 50 = 7,854\,\text{kg}\cdot\text{m/sec} = 76.97\,\text{kW}$

$= \frac{P_o}{P_i} = \frac{58.80}{76.97} \times 100 = 76.4\%$

12.3 원심형 펌프

원심형 펌프(遠心型 펌프, centrifugal pump)의 기본원리는 1730년 Demour에 의해 처음으로 증명되었다. 그림 12-1과 같은 T자 모양의 단순 펌프의 연직단을 물속에 넣고 연직축 주위로 회전시키면 원심력이 발생하게 되고, 이것이 물에 작용하는 중력보다 커지면 물은 연직축을 통해 올라가서 수평방향의 관을 통해 방류되게 된다. 이것이 원심펌프의 기본작동원리이며 오늘날의 현대식 원심펌프는 임펠러(impeller)라고 부르는 회전자와 회전자를 둘러싸는 하우징(housing or casing)으로 구성된다.

펌프의 동력은 임펠러의 축을 구동시키는 전동기에 의해 공급되며 임펠러의 회전운동은 원심력을 발생시켜 그림 12-2의 임펠러 중심부 부근의 저압부에서 펌프 안으로 물이 들어와서 임펠러의 날개방향을 따라 하우징 쪽으로 흘러나가도록 한다. 하우징은 점차적으로 단면이 확대되는 나선형으로 설계함으로써 그림 12-3에서와 같이 펌프 내로 흡입되는 물이 가지는 운동에너지가 압력에너지로 변환될 때 에너지의 손실을 최소로 하면서 방류단으로 물을 흘려보내게 된다.

그림 12-3에서 보는 바와 같이 펌프에 의해 물에 가해진 순수두 H는

$$H = \left(\frac{p_d}{\gamma} - \frac{p_s}{\gamma} \right) + (z_d - z_s) + \left(\frac{V_d^2}{2g} - \frac{V_s^2}{2g} \right) \tag{12.5}$$

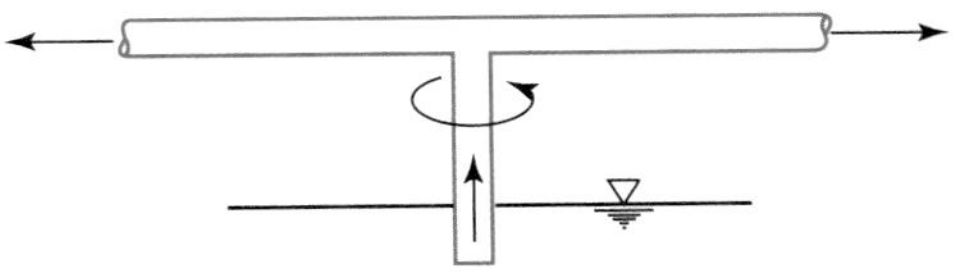

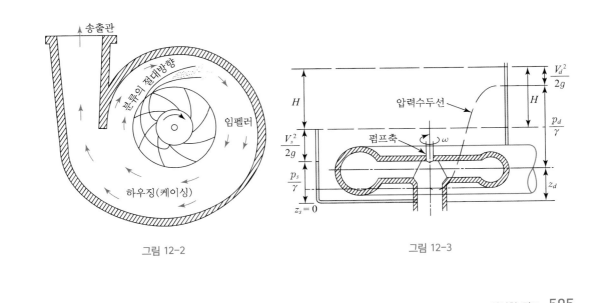

그림 12-1

그림 12-2

그림 12-3

여기서, 점차 d 와 s 는 각각 방류관(discharge pipe)과 흡입관(suction pipe)의 단면을 표시한다. 흡입단면에서의 압력수두 p_s/γ 는 양($+$) 혹은 음($-$)이 될 수 있으나 공동현상(空洞現像) 등의 발생에 의한 펌프의 손상을 방지하기 위해 부압수두는 $-6 \sim -8$ m보다 작지 않게 설계해야 한다.

그림 12-4에 표시한 펌프 임펠러에는 임펠러 날개의 입구와 출구에서의 속도벡터들의 관계가 표시되어 있다. u 는 임펠러 날개의 접선방향 속도성분을 표시하며, v 는 임펠러 날개(blade)에 대한 물의 상대속도, 그리고 V 는 u 와 v 의 벡터합으로서 물의 절대속도를 표시하며 첨자 1과 2는 각각 임펠러의 입구단면과 출구단면을 표시한다. 각 α 는 u 와 V 사이의 각도를, 그리고 β 는 임펠러 날개 각도로서 v 와 u 사이의 각도를 표시한다.

임펠러의 중심으로부터 임펠러 날개 입구부까지의 반경을 r_1, 출구부까지의 반경을 r_2 라 하고 임펠러의 두께를 각각 b_1, b_2 라 하고 임펠러를 통해 흐르는 유량을 연속방정식으로 표시하면

$$Q = 2\pi r_1 b_1 (V_1)_r = 2\pi r_2 b_2 (V_2)_r \qquad (12.6)$$

따라서,

$$(V_2)_r = \frac{r_1 b_1}{r_2 b_2}(V_1)_r \qquad (12.7)$$

여기서, 첨자 r 은 방사상 방향의 속도성분을 표시한다. 그림 12-4의 속도벡터선도에서

$$(V_1)_t = u_1 + (V_1)_r \cot\beta_1 \qquad (12.8)$$

여기서, $(V_1)_t$ 는 임펠러의 날개입구부에서의 물의 절대속도 V_1 의 접선방향 성분이다.

그런데, 임펠러의 설계 시 입구부에서 분류에 의한 날개에의 충격을 줄이기 위해 물이 임펠러 날개에 직각으로 입사하도록 하는 것이 보통이므로 그림 12-4의 $\alpha_1 = 90°$, $(V_1)_t = 0$ 이 된다. 따라서, 식 (12.8)로부터

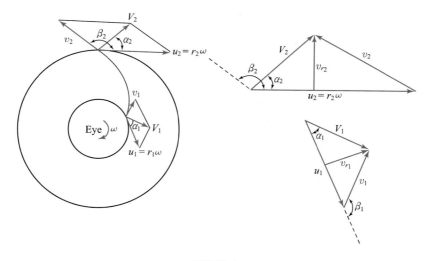

그림 12-4

$$(V_1)_r = u_1 \tan \beta_1 = r_1 \omega \tan \beta_1 \qquad (12.9)$$

여기서, ω 는 임펠러의 회전각속도(radians/sec)이다.

마찬가지 방법으로 임펠러 출구에서의 물의 절대속도 V_2 의 접선방향 성분은 식 (12.8)에서와 같이 표시할 수 있으므로

$$(V_2)_t = u_2 + (V_2)_r \cot \beta_2 = r_2 \omega + \frac{(V_2)_r}{\tan \beta_2} \qquad (12.10)$$

이상에서 살펴본 바와 같이 펌프의 임펠러 치수$(r_1, r_2, b_1, b_2, \beta_1, \beta_2)$ 및 각속도(ω) 가 주어지면 $(V)_r$ 과 $(V)_t$ 는 식 (12.7), (12.9) 및 (12.10)으로부터 계산할 수 있다.

임펠러로 들어가는 운동량 플럭스(momentum flux)는 $\rho Q V_1$ 이고, 출구에서는 $\rho Q V_2$ 이므로 역적 – 운동량방정식에 의해 임펠러에 작용하는 순 힘$(\overrightarrow{F})$ 을 표시하면

$$\overrightarrow{F} = \rho Q (\overrightarrow{V_2} - \overrightarrow{V_1}) \qquad (12.11)$$

각운동량 보존법칙(angular momentum conservation)에 의하면 임펠러에 가해지는 토크 (torque) T 는 임펠러 중심을 지나는 축에 대해 작용하는 힘의 접선방향 분력의 모멘트 합과 같고, 또한 축에 대한 운동량 플럭스의 모멘트 변화량과 같아야 하므로

$$T = (F_2)_t r_2 - (F_1)_t r_1 \qquad (12.12)$$
$$= \rho Q [(V_2)_t r_2 - (V_1)_t r_1] = \rho Q [V_2 (\cos \alpha_2) r_2 - V_1 (\cos \alpha_1) r_1]$$

식 (12.1)에서 펌프효율 $\eta_P = 100\%$ 라면 단위무게의 물에 펌프가 공급하는 에너지(수두)는

$$E_P = \frac{\omega T}{\gamma Q} = \frac{\omega}{g} [V_2 (\cos \alpha_2) r_2 - V_1 (\cos \alpha_1) r_1] \qquad (12.13)$$

식 (12.13)의 우변에 $\omega r_2 = u_2$, $\omega r_1 = u_1$ 의 관계를 대입하면

$$E_P = \frac{1}{g} [V_2 (\cos \alpha_2) u_2 - V_1 (\cos \alpha_1) u_1] \qquad (12.14)$$

또한, 그림 12 – 4의 벡터선도에서 cosine 법칙에 의하면 $2 u V \cos \alpha = u^2 + V^2 - v^2$ 의 관계가 성립하므로 식 (12.14)는

$$E_P = \frac{u_2^2 - u_1^2}{2g} + \frac{V_2^2 - V_1^2}{2g} - \frac{v_2^2 - v_1^2}{2g} \qquad (12.15)$$

원심펌프의 효율(efficiency)은 임펠러 날개 및 하우징의 설계방법에 크게 좌우되며 펌프의 운영 조작조건에 따라서도 크게 달라진다. 그림 12 – 5는 원심펌프의 전형적인 특성곡선(characteristic curve)을 표시하는 것으로서 펌프는 어떤 유량범위 내에서 운영되도록 설계됨을 보여주고 있다. 펌프의 효율은 양수율이 설계유량을 초과하게 되면 급격히 떨어짐을 그림 12 – 5로부터 알 수 있다.

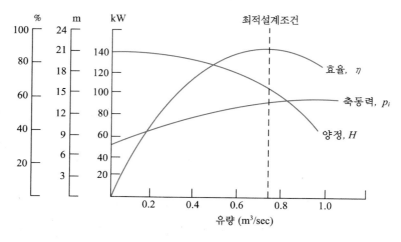

그림 12-5

그림 12-4와 같은 원심펌프에서 $r_1 = 12\,\text{cm}$, $r_2 = 40\,\text{cm}$, $\beta_1 = 118°$, $\beta_2 = 140°$이고 임펠러의 두께는 $b_1 = b_2 = 10\,\text{cm}$로 일정하다. 이 펌프가 550 rpm의 회전각속도로 0.98 m³/sec의 물을 표고차 25 m인 두 저수지의 하부지로부터 상부지로 양수하고 있다. 발생되는 Torque와 동력, 물 단위무게당의 공급에너지 및 펌프의 효율을 계산하라.

풀이 임펠러 날개 입구와 출구에서의 날개속도는

$$u_1 = r_1 \omega = 0.12 \times 2\pi \times \frac{550}{60} = 6.91\,\text{m/sec}$$

$$u_2 = r_2 \omega = 0.40 \times 2\pi \times \frac{550}{60} = 23.04\,\text{m/sec}$$

식 (12.6)을 사용하면

$$(V_1)_r = \frac{Q}{2\pi r_1 b_1} = \frac{0.98}{2\pi \times 0.12 \times 0.1} = 13.0\,\text{m/sec}$$

$$(V_2)_r = \frac{Q}{2\pi r_2 b_2} = \frac{0.98}{2\pi \times 0.4 \times 0.1} = 3.9\,\text{m/sec}$$

식 (12.8)을 사용하면

$$\begin{aligned}(V_1)_t &= u_1 + (V_1)_r \cot \beta_1 \\ &= 6.91 + (13.0 \times \cot 118°) = 0.0\end{aligned}$$

그림 12-6의 벡터선도로부터

$$\tan \alpha_1 = \frac{(V_1)_r}{(V_1)_t} = \frac{13.0}{0.0} = \infty \qquad \therefore \; \alpha_1 = 90°$$

식 (12.10)으로부터

$$(V_2)_t = 23.04 + (3.9 \times \cot 140°) = 18.4\,\text{m/sec}$$

그림 12-6의 벡터선도로부터

$$\tan \alpha_2 = \frac{(V_2)_r}{(V_2)_t} = \frac{3.9}{18.4} = 0.212 \quad \therefore \alpha_2 = 11.97°$$

임펠러 입구 및 출구에서의 분류의 절대속도는

$$V_1 = \sqrt{(V_1)_t^2 + (V_1)_r^2} = \sqrt{0 + (13.0)^2} = 13.0 \, \text{m/sec}$$

$$V_2 = \sqrt{(V_2)_t^2 + (V_2)_r^2} = \sqrt{(18.4)^2 + (3.9)^2} = 18.81 \, \text{m/sec}$$

식 (12.12)로부터 발생 Torque를 구하면

$$T = \frac{1.000}{9.8} \times 0.98 \times [18.81 \times (\cos 11.97°) \times 0.4 - 13.0 \times \cos 90° \times 0.12]$$

$$= 736.04 \, \text{kg} \cdot \text{m}$$

물에 공급되는 동력

$$P_i = T\omega = 736.04 \times 2\pi \times \frac{550}{60} = 42,392.86 \, \text{kg} \cdot \text{m/sec} = 415 \, \text{kW}$$

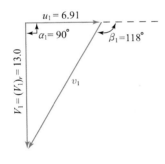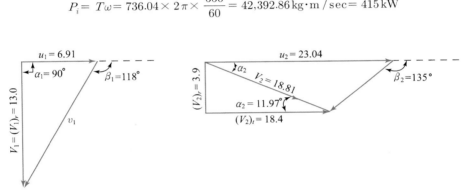

그림 12-6

물의 단위무게당의 공급에너지

$$E_P = \frac{P_i}{\gamma Q} = \frac{42,392.86}{1,000 \times 0.98} = 43.26 \, \text{kg} \cdot \text{m/kg} = 43.26 \, \text{m}$$

펌프가 실제로 하는 단위시간당의 일(출력)

$$P_o = \gamma QH = 1,000 \times 0.98 \times 25 = 24,500 \, \text{kg} \cdot \text{m/sec} = 240.10 \, \text{kW}$$

펌프효율

$$\eta = \frac{P_o}{P_i} = \frac{24,500}{42,392.86} \times 100 = 57.8\%$$

어떤 펌프의 특성곡선이 그림 12 – 5와 같다. 효율 65%인 100 kW 용량의 전동기로 펌프를 구동시켰을 때 양수율과 양정(단위무게의 물에 가해준 수두) 및 펌프효율을 결정하라.

풀이 전동기의 실 동력은

$$P_i = \eta_m P_m = 0.65 \times 100 = 65 \, \text{kW}$$

그림 12 – 5로부터 $P_i = 65 \, \text{kW}$ 일 때 유량 $Q = 0.2 \, \text{m}^3/\text{sec}$ 또한 $Q = 0.2 \, \text{m}^3/\text{sec}$ 일 때의 수두 (양정)와 효율을 그림 12 – 5로부터 읽으면

$$H = 19.6 \, \text{m}, \; \eta_\text{P} = 40\%$$

12.4 방사형 터빈

방사형(放射型) 터빈(radial-flow turbine), 혹은 반동터빈(reaction turbine)은 원심펌프와 정반 대되는 원리에 의해 작동되는 수차로서 Francis 터빈이 대표적인 예이다. 그림 12 – 7은 Francis 터빈의 런너(runner)를 통하는 터빈 단면을 표시하는 것으로서 물은 그림 12 – 7의 점 1에서 절대 속도 V_1 으로 런너에 들어가게 되며 그의 방향은 런너 밖의 안내링(guide-ring)에 고정된 날개에 의해 결정된다. 런너로 유입하는 물의 상대속도 v_1 은 유입분류의 절대속도 V_1 과 런너의 이동속 도 u_1 의 벡터합으로 구해지며 방향은 런너의 날개각도에 따라 결정된다. 런너의 출구인 그림 12 – 7의 점 2에서도 점 1에서와 동일한 관계가 적용되며 출구를 떠난 물은 방류관(draft tube)으 로 빠져나가게 된다.

방사형 터빈에서의 물의 흐름방향은 원심펌프의 경우와는 정반대이나 작동원리는 똑같다고 말할 수 있다. 즉, 펌프의 경우는 전동기가 공급하는 기계적인 에너지에 의해 펌프의 임펠러를 회전시키면서 물에 에너지를 공급하게 되나, 터빈의 경우에는 물이 가지는 에너지에 의해 터빈의 런너를 회전시키고 이로 인해 발생되는 토크가 기계적인 에너지를 발생시키게 되며 이것이 다시 전기에너지로 전환하게 되는 것이다. 따라서, 각운동량 보존법칙을 포함하는 모든 방정식은 입구 와 출구가 서로 반대일 뿐 펌프에 적용되는 식과 완전히 동일하다. 터빈에 의해 발생되는 토크는 식 (12.12)를 참조하면

$$T = \rho Q[(V_1)_t r_1 - (V_2)_t r_2] = \rho Q[V_1(\cos \alpha_1)r_1 - V_2(\cos \alpha_2)r_2] \quad (12.16)$$

마찬가지로, 식 (12.14), (12.15)를 참조하면 단위무게의 물이 터빈에 공급하는 에너지(수두)는

$$E_T = \frac{1}{g}[V_1(\cos \alpha_1)r_1 - V_2(\cos \alpha_2)r_2] \quad (12.17)$$

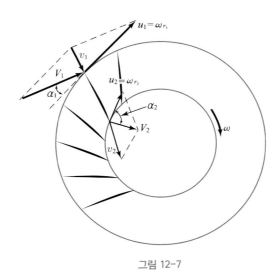

그림 12-7

혹은

$$E_T = \frac{u_1^2 - u_2^2}{2g} + \frac{V_1^2 - V_2^2}{2g} - \frac{v_1^2 - v_2^2}{2g} \tag{12.18}$$

$$= \frac{u_1^2 + V_1^2 - v_1^2}{2g} - \frac{u_2^2 + V_2^2 - v_2^2}{2g}$$

원심펌프에 있어서의 유량과 유속, 임펠러의 반경, 회전각속도 사이의 관계를 표시하는 식 (12.6), (12.10)에 상응하는 터빈에 대한 공식도 변수의 첨자 1과 2를 서로 바꾸기만 하면 그대로 얻을 수 있게 된다.

문제 12-04

그림 12-7과 같은 방사형 터빈의 $r_1 = 1.6\,\text{m}$, $r_2 = 1.1\,\text{m}$, $\beta_1 = 60°$, $\beta_2 = 150°$이며 회전축에 평행한 방향으로의 터빈의 두께는 30 cm이다. 런너 입구에서의 guide vane의 각이 15°이고 유량이 11 m³/sec일 때 런너의 회전각속도 ω를 구하고 발생되는 토크, 동력, 물의 단위무게당 터빈수두 및 런너를 통한 압력강하량을 구하라.

풀이 연속방정식 $Q = 2\pi r_1 b_1 (V_1)_r = 2\pi r_2 b_2 (V_2)_r$ 로부터

$$(V_1)_r = \frac{11}{2\pi \times 1.6 \times 0.3} = 3.6\,\text{m/sec}$$

$$(V_2)_r = \frac{11}{2\pi \times 1.1 \times 0.3} = 5.3\,\text{m/sec}$$

런너 입구 및 출구에서의 속도벡터선도를 그리면 그림 12-8과 같다.

그림 12-8 (a)에서

$$(V_1)_t = (V_1)_r \cot 15° = 3.6 \times 3.73 = 13.40\,\text{m/sec}$$

$$u_1 = \omega r_1 = 13.4 - 3.6 \tan 30° = 11.32\,\text{m/sec}$$

$$\therefore \ \omega = \frac{11.32}{1.6} = 7.075\,\mathrm{rad/sec} = 67.6\,\mathrm{rpm}$$

$$u_2 = \omega r_2 = 7.075 \times 1.1 = 7.78\,\mathrm{m/sec}$$

식 (12.10)의 관계를 이용하면(그림 12-8 (b)에서)

$$(V_2)_t = 7.78 + 5.3\cot 150° = -1.40\,\mathrm{m/sec}$$

$$\alpha_2 = 180° - \tan^{-1}\left(\frac{5.30}{1.40}\right) = 104.8°$$

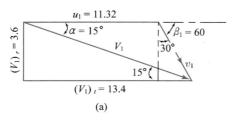

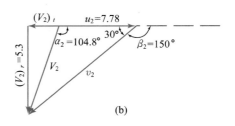

(a) (b)

그림 12-8

식 (12.16)을 사용하면

$$T = \frac{1,000}{9.8} \times 11 \times [(13.40 \times 1.6) - (-1.40) \times 1.1] = 25,793.9\,\mathrm{kg \cdot m}$$

따라서, 동력은

$$P = Tw = 25,793.9 \times 7.075 = 182,492\,\mathrm{kg \cdot m/sec} = 1.788\,\mathrm{kW}$$

물 단위무게당의 터빈수두는

$$E_T = \frac{P}{\gamma Q} = \frac{182.491}{1,000 \times 11} = 16.6\,\mathrm{kg \cdot m/kg} = 16.6\,\mathrm{m}$$

그림 12-8의 속도벡터선도로부터 런너의 입구 및 출구에서의 절대속도를 구하면

$$V_1 = \sqrt{(3.6)^2 + (13.4)^2} = 13.88\,\mathrm{m/sec}$$

$$V_2 = \sqrt{(5.3)^2 + (-1.4)^2} = 5.48\,\mathrm{m/sec}$$

단면 1, 2 사이에 Bernoulli 방정식을 세우면

$$\frac{p_1}{\gamma} + \frac{(13.88)^2}{2g} = \frac{p_2}{\gamma} + \frac{(5.48)^2}{2g} + 16.6$$

$$p_1 - p_2 = 8.3 \times 10^3\,\mathrm{kg/m^2} = 0.83\,\mathrm{kg/cm^2}$$

12.5 축류형 펌프 및 터빈

축류형(軸流型) 펌프 및 터빈(axial-flow pump and turbine)은 임펠러 혹은 런너를 치는 분류(jet flow)가 방사상 속도성분을 갖지 않고, 회전축에 평행한 방향의 속도성분에 의해 힘 혹은 토크를 전달하는 경우이며 프로펠러 펌프 혹은 터빈(propeller pump or turbine)이라고도 부른다.

그림 12-9와 같이 평행방향으로 설치된 프로펠러 펌프에서 단면 1, 2, 3, 4에서의 에너지관계와 펌프 전후단면에 대한 역적-운동량 관계를 살펴보기로 하자. 물이 단면 1에서 단면 2로 흘러 들어가면 유속은 증가하고 압력은 감소하게 되며, Bernoulli 방정식은 다음과 같아진다.

$$\frac{p_1}{\gamma} + \frac{V_1^2}{2g} = \frac{p_2}{\gamma} + \frac{V_2^2}{2g}$$

단면 2와 단면 3 사이에서는 프로펠러 펌프에 의해 물에 에너지가 공급되며 이 에너지로 인해 펌프 하류부에서는 압력수두가 급격히 증가하게 되고, 더 하류쪽인 단면 4에서 흐름은 안정을 되찾게 된다. 단면 1과 4 사이에 역적-운동량방정식을 표시해 보면

$$p_1 A_1 + F - p_4 A_4 = \rho Q (V_4 - V_1) \tag{12.19}$$

여기서, F는 프로펠러 펌프가 물에 가해준 힘이다. 만약 흡입관(suction pipe)과 방출관(discharge pipe)의 직경이 동일하면 식 (12.19)에서 $V_1 = V_4$이므로

$$F = (p_4 - p_1) A \tag{12.20}$$

이 경우 펌프가 물에 가해준 힘 F는 압력을 상승시키는 데 전부 사용된다. 즉, 단면 1, 2와 3, 4 사이의 에너지 관계식을 쓰면

$$\frac{p_1}{\gamma} + \frac{V_1^2}{2g} = \frac{p_2}{\gamma} + \frac{V_2^2}{2g} \tag{12.21}$$

$$\frac{p_3}{\gamma} + \frac{V_3^2}{2g} = \frac{p_4}{\gamma} + \frac{V_4^2}{2g} \tag{12.22}$$

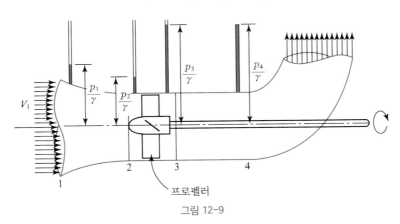

프로펠러

그림 12-9

단면 2와 3에서의 단면적이 동일하면 $V_2 = V_3$이며 식 (12.21)을 (12.22)로부터 빼면

$$\frac{p_3 - p_2}{\gamma} = \left(\frac{p_4}{\gamma} + \frac{V_4^2}{2g}\right) - \left(\frac{p_1}{\gamma} + \frac{V_1^2}{2g}\right) = E_P \qquad (12.23)$$

여기서, E_P는 물 단위무게당 펌프가 물에 공급한 에너지이다. 따라서, 펌프의 출력은

$$P_0 = \gamma Q E_P = Q(p_3 - p_2) \qquad (12.24)$$

펌프의 효율은 전동기가 펌프에 공급한 동력 P_i에 대한 펌프의 출력 P_0의 백분율로 표시할 수 있다.

  프로펠러 펌프는 12 m 이하의 낮은 수두 하에서 $20\,\ell/\sec$ 이상의 고유량을 양수할 때 효과적인 것으로 알려져 있으며, 심층지하수를 양수정으로부터 양수하는 데 많이 사용한다. 프로펠러 펌프는 그림 12–10에서와 같이 펌프축상에 여러 프로펠러 날개(propeller blades)를 장치함으로써 펌프의 양정과 용량을 증가시킬 수 있으며, 이를 다단계 프로펠러 펌프(multistage proppeller pump)라고도 부른다.

  축류형 터빈의 작동원리도 펌프의 경우와 대동소이하며 이 유형의 터빈 중 대표적인 것은 Kaplan 터빈이다.

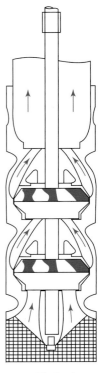

그림 12–10

문제 12-05

직경 3 m인 프로펠러 펌프가 양정 2.6 m로 양수하고 있다. 펌프에 공급된 축동력이 1,500 kW이고 펌프의 효율이 80%라면 양수율은 얼마인가? 펌프로의 유입구 및 유출구 손실계수는 각각 0.5 및 1.0으로 가정하라.

풀이 펌프가 물에 가해준 동력은

$$P_o = \eta_P P_i = 0.8 \times 1,500 = 1,200\,\text{kW} = 122.448\,\text{kg·m/sec}$$

식 (12.24)의 관계를 손실을 고려하여 쓰면

$$P_o = \gamma Q E_P = \gamma Q \left[h + (K_i + K_0)\frac{V^2}{2g} \right]$$

$$122,448 = 1,000\, Q \left[2.6 + (0.5 + 1.0)\frac{Q^2}{2g \times \left(\frac{\pi \times 9}{4}\right)^2} \right]$$

$$Q[2.6 + 0.001532\, Q^2] = 122.448$$

시행착오법으로 풀면

$$Q = 30.45\,\text{m}^3/\sec$$

12.6 충격식 터빈

충격식 터빈(impulse turbine)은 고낙차 발전에 많이 사용되는 수차로서 방사형 혹은 축류형 터빈과는 달리 수차와 하우징 내에서의 분류(jet flow)가 압력을 받지 않고 대기압 하에 있게 된다. 충격식 터빈은 수차바퀴 주위에 일련의 버킷(buckets)이 등간격으로 붙어 있고 수평축 주위로 돌게 되어 있으며, 물이 수압관의 말단부에 설치된 노즐(nozzle)을 통해 분사될 때 물이 가지고 있던 에너지가 운동에너지로 변환되어 고속으로 버킷을 치게 되므로 기계적인 일을 하게 된다. 노즐로부터 분사되는 분류는 분류날개(splitter)에 의해 두 가닥으로 나뉘게 되어 있고 개개 버킷에 분류날개가 설치된 수차를 Pelton 수차라 부르며 유일한 상용 터빈이다.

충격식 터빈의 작동원리는 역적–운동량방정식(제4장)에서 살펴본 바와 같이 그림 12–11과 같은 이동 날개(moving blade)에 작용하는 분류의 힘에 의해 설명될 수 있다. 그림에서와 같이 날개가 수평방향으로 u 의 속도로 움직이고 날개를 치는 분류의 절대속도가 V_1 이면 날개 입구부에서의 상대속도는 $v_1 = V_1 - u$ 이며, 수평방향으로부터 θ 만큼 전환된 날개의 출구부에서의 상대속도 $v_2 = v_1 = V_1 - u$ 가 된다. 출구부에서의 분류의 절대속도 V_2 는 u 와 v_2 의 벡터합이며 수평과 이루는 각도는 α 로 표시하였다.

역적–운동량 원리를 적용하여 날개가 분류에 작용하는 반력의 수평분력 R_x 와 연직분력 R_y 를 구하면

$$R_x = \rho Q(V_1 - V_2 \cos \alpha) \qquad\qquad (12.25)$$
$$R_y = \rho Q(V_2 \sin \alpha) \qquad\qquad (12.26)$$

따라서, 분류가 날개에 미치는 힘의 수평 및 연직분력 F_x 및 F_y 는 R_x 와 R_y 의 크기와 동일하고 방향은 반대이다. 만약, 날개가 회전하는 수차의 원주(圓周)상에 부착되어 있다고 생각하면 연직분력 F_y 는 수차의 회전축을 통과하게 되며 그림 12–12와 같은 분류날개를 사용하면 서로 상쇄시킬 수 있다. 수평분력 F_x 는 수차원주의 접점에 접선방향으로 작용하는 힘으로서 수차의 축 주위로 토크를 발생시키게 된다. 그림 12–11의 속도 벡터선도로부터

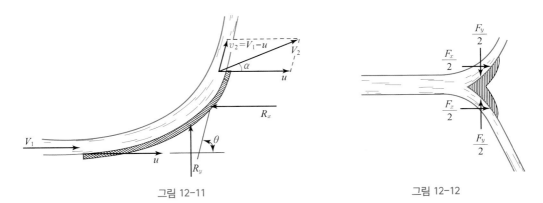

그림 12-11   그림 12-12

$$V_2 \cos \alpha = u + (V_1 - u) \cos \theta \qquad (12.27)$$

식 (12.25)를 F_x로 표시하면

$$F_x = -R_x = \rho Q (V_2 \cos \alpha - V_1) \qquad (12.28)$$

식 (12.28)에 식 (12.27)을 대입하여 정리하면

$$F_x = \rho Q (V_1 - u)(1 - \cos \theta) \qquad (12.29)$$

수차축 주위로 발생되는 토크는

$$T = F_x \cdot r = \rho Q r (V_1 - u)(1 - \cos \theta)$$

여기서, r은 수차축으로부터 분류의 중심선까지 측정한 반경이다. 따라서, 발생동력은

$$P = T\omega = T \cdot \frac{u}{r} = F_x u = \rho Q u (V_1 - u)(1 - \cos \theta) \qquad (12.30)$$

식 (12.30)으로부터 발생동력은 날개의 이동속도 u와 분류의 전환각도 θ의 함수임을 알 수 있으며, 식 (12.30)을 u와 θ에 관해 각각 미분하여 영으로 놓고 P가 최대가 될 조건을 구하면

$$u = \frac{1}{2} V_1 \qquad (12.31)$$

$$\theta = 180° \qquad (12.32)$$

수차의 회전각속도가 ω rpm 이라면 수차의 최적직경은 다음과 같아야 한다.

$$d = \frac{60u}{\pi \omega} = \frac{30 V_1}{\pi \omega} \qquad (12.33)$$

식 (12.31), (12.32)를 식 (12.30)에 대입하면

$$P = \frac{1}{2} \rho Q V_1^2 = \gamma Q \left(\frac{V_1^2}{2g} \right) \qquad (12.34)$$

즉, 분류가 가지는 운동에너지(속도수두의 항)전체가 동력화됨을 뜻한다.

식 (12.31)~식 (12.34)의 관계는 최대동력을 발생시킬 수 있는 이상적인 조건 하에서만 성립한다. 그러나 실제에 있어서는 분류가 날개를 칠 때의 마찰 등으로 인하여 수차의 최적설계는 $\theta = 165°\sim175°, u = 0.43 V_1 \sim 0.48 V_1$으로 했을 때 얻어질 수 있는 것으로 알려져 있다. 또한 설계유량에서의 터빈 효율은 80~90% 정도이며 유량이 설계유량과 달라지면 효율은 크게 떨어진다.

터빈의 날개를 치는 분류의 직경의 유속은 발생동력에 결정적인 영향을 미칠 것임을 추측할 수 있는데, 분류의 유속은 노즐부에서의 유효낙차(수두) H_e와 다음과 같은 관계를 가진다.

$$V_1 = C_v \sqrt{2g H_e} = C_v \sqrt{2g (H_t - H_L)} \qquad (12.35)$$

여기서, C_v 는 유속계수로서 노즐에서 분사될 때 생기는 에너지손실의 척도이며, H_t 는 저수지의 수면표고와 노즐 중심선 간의 총 낙차이고, H_L 는 수압관(penstock)에서 생기는 손실수두로서 미소손실을 무시하면 Darcy-Weisbach 공식에 의한 마찰손실수두로 표시할 수 있다. 따라서, 분류가 가지는 동력은

$$P_1 = \gamma\, Q(H_t - H_f) = \gamma\, A_1\, V_1 \left(H_t - f\, \frac{L}{D}\, \frac{V^2}{2g} \right) \tag{12.36}$$

여기서, A_1 은 노즐의 단면적이고, f 는 마찰손실계수, D 와 L 은 각각 수압관의 직경과 길이이며, V 는 수압관 내의 평균유속이다. 연속방정식 $A_1\, V_1 = A\, V$ 를 사용하여 식 (12.36)을 다시 쓰면

$$P_1 = \gamma\, A_1\, V_1 \left(H_t - f\, \frac{L}{D}\, \frac{V_1^2}{2g}\, \frac{A_1^2}{A^2} \right) \tag{12.37}$$

분류에 의한 최대동력을 위한 분류의 직경을 구하기 위해 식 (12.37)을 A_1 에 관해 미분한 후 영으로 놓으면

$$\frac{dP_1}{dA_1} = \gamma\, V_1 \left(H_t - f\, \frac{L}{D}\, \frac{3\, V_1^2 A_1^2}{2g\, A^2} \right) = 0 \tag{12.38}$$

따라서,

$$H_t = f\, \frac{L}{D}\, \frac{3\, V_1^2 A_1^2}{2g\, A^2} = 3 \left[f\, \frac{L}{D}\, \frac{V^2}{2g} \right] = 3\, H_L \tag{12.39}$$

노즐에서의 에너지손실을 무시하면$(C_v = 1)$, 식 (12.35)로부터 분류가 가지는 속도수두는

$$\frac{V_1^2}{2g} = H_t - H_L \tag{12.40}$$

식 (12.39)를 식 (12.40)에 대입하고 연속방정식의 관계를 이용하면

$$\frac{V_1^2}{2g} = 2\, H_L = 2 \left[f\, \frac{L}{D}\, \frac{V_1^2}{2g} \left(\frac{D_1}{D} \right)^4 \right] \tag{12.41}$$

따라서,

$$D_1 = \left(\frac{D^5}{2fL} \right)^{1/4} = D \left(\frac{D}{2fL} \right)^{1/4} \tag{12.42}$$

식 (12.42)는 최대동력을 위한 분류의 직경과 수압관의 직경 간의 관계를 표시하는 조건식이다.

문제 12-06

직경 1.2 m인 충격식 터빈을 직경 5 cm인 분류가 110 ℓ/sec의 유량으로 회전시키고 있다. 터빈의 날개각도는 150°이며 회전각속도 $w = 250$ rev./min(rpm)이다.

(a) 날개에 작용하는 접선방향의 힘을 구하라.
(b) 터빈에 발생되는 동력을 구하라.
(c) 물 단위무게당 터빈이 얻는 에너지를 구하라.
(d) 수압관의 길이가 1,500 m일 때 최적 직경을 구하라. 수압관의 조도계수 $n = 0.010$ 이다.

풀이 (a) 날개의 이동속도는

$$u = \omega r = \frac{2\pi \times 250}{60} \times 0.6 = 15.7 \,\mathrm{m/sec}$$

분류의 유입속도

$$V_1 = \frac{Q}{A_1} = \frac{0.110}{\frac{\pi}{4} \times (0.05)^2} = 56.05 \,\mathrm{m/sec}$$

$$F_x = \frac{\gamma}{g} Q (V_1 - u)(1 - \cos\theta)$$

$$= \frac{1,000}{9.8} \times 0.11 \times (56.05 - 15.70)(1 - \cos 150°) = 845.13 \,\mathrm{kg}$$

(b) $P = F_x u = 845.13 \times 15.7 = 13,268.5 \,\mathrm{kg \cdot m/sec} = 130.33 \,\mathrm{kW}$

(c) $P = \gamma Q E_T = 13,268.5$

$$\therefore E_T = \frac{13,268.5}{1,000 \times 0.11} = 120.62 \,\mathrm{m}$$

(d) Darcy-Weisbach의 마찰손실계수는 $f = 124.5 n^2 / D^{1/3}$ 로 표시할 수 있으므로 이를 식 (12.42)에 대입하면

$$D_1 = \left(\frac{D^5}{2 \times \frac{124.5 n^2}{D^{1/3}} L} \right)^{1/4} = \left(\frac{D^{16/3}}{249 n^2 L} \right)^{1/4}$$

$$\therefore D = (249 \times 0.01^2 \times 1,500 \times 0.05^4)^{3/16} = 0.2085 \,\mathrm{m}$$

12.7 터빈 방류관

터빈 방류관(draft tube)은 방사형 혹은 축류형과 같은 압력터빈 계통의 구성요소 중의 하나로서 그림 12-13과 같이 하류방향으로 점점 단면이 확대되는 관으로 되어 있으며, 터빈의 런너를 치고 난 물이 하류로 방류되는 통로로서의 역할을 하게 된다.

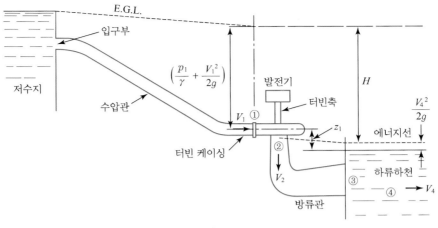

그림 12-13

터빈에 작용하는 유효수두는 그림 12-13의 단면 1과 4에서의 에너지선의 표고차로서 터빈의 입구부와 하류수면에서의 총 에너지의 차 H를 뜻한다. 실제로 터빈축에 전달되는 수두는 터빈의 런너라든지 케이싱, 방류관 및 방류관 출구부에서 생기는 에너지손실을 감한 것이며, 이들 손실은 터빈과 방류관의 최적설계에 의해 어느 정도 감소시킬 수 있다. 터빈 방류관의 두 가지 기능 중 첫 번째는 터빈과 하류수면의 표고차의 일부분을 터빈에서의 유효수두로 사용할 수 있도록 하는 것이고, 두 번째로는 터빈 런너 출구부에서의 방류수가 가지는 막대한 운동에너지를 최소한의 손실 하에 압력에너지로 전환시키는 것이다. 이들 두 기능은 런너 출구부인 단면 2에서의 압력수두가 어떤 크기의 흡입수두(suction head)로 유지되어야만 완전하게 발휘된다.

터빈 방류관은 연직관일 수도 있고 그림 12-13에서와 같이 엘보우(ellbow)관일 수도 있다. 에너지손실을 줄이기 위해서는 연직관이 더 효과적이나 방류관의 소요길이가 통상 너무 길기 때문에 엘보우관을 많이 사용한다.

그림 12-13에서 하류부 수면을 기준면으로 잡고 단면 1과 4 사이에 에너지 방정식을 세우면

$$z_1 + \frac{p_1}{\gamma} + \frac{V_1^2}{2g} = H + \frac{V_4^2}{2g} \tag{12.43}$$

한편, 방류관의 출구부인 단면 2와 단면 4 사이에 에너지방정식을 쓰면

$$z_2 + \frac{p_2}{\gamma} + \frac{V_2^2}{2g} = \frac{V_4^2}{2g} + H_L + H_o \tag{12.44}$$

여기서, H_L은 방류관에서의 손실수두이고, H_o는 방류관 출구부의 손실수두로서 $(V_3 - V_4)^2 / 2g$로 표시할 수 있다. 식 (12.44)에서 흡입수두인 p_2 / γ는 다른 항의 값을 알면 이 식으로부터 계산될 수 있고 그 크기는 터빈 런너에서의 공동현상(cavitation)의 발생여부를 좌우하게 된다. 식 (12.44)의 좌변항의 값은 대체로 작으며 V_2는 6~12 m/sec, z_2는 최대 4.5 m, 보통 3.6 m 이하의 값을 가지는 것으로 알려져 있다.

펌프와 터빈에서의 공동현상**

공동현상(cavitation phenomenon)은 유체시스템 내에서 국지적인 부압이 생길 때 일어나는 현상으로서 수력기계의 터빈이나 펌프의 날개에도 큰 손상을 입히게 된다. 터빈의 런너나 펌프의 임펠러 말단부에서의 고속흐름 때문에 국부적으로 날개부에서의 압력은 매우 작아지며 펌프의 흡입부(suction chamber)와 터빈의 방류관에서도 통상 부압(負壓)이 형성되므로 공동현상에 의한 기계의 손상을 방지할 수 있도록 설계에 주의해야 한다. 만약 유체의 압력이 증기압보다 낮아지면 기포가 생기게 되고 이 기포는 압력이 비교적 큰 부분으로 이동하면 파괴되면서 소음과 진동 및 표면 괴리를 동반하게 되어 수력기계의 손상 혹은 파괴의 원인이 되기도 한다.

펌프와 터빈에서 공동현상의 발생을 방지하기 위해서는 임펠러나 런너의 설계뿐만 아니라 부압의 형성에 큰 영향을 미치는 저수지 수면에 대한 펌프와 터빈의 상대적인 설치위치를 적절하게 결정하지 않으면 안 된다. 그림 12-14와 같은 펌프시스템에서 펌프의 입구에서의 흡입수두 (suction head) H_s 는

$$H_s = \frac{V_t^2}{2g} + \sum H_L + H_P \tag{12.45}$$

여기서, V_t 는 펌프 임펠러 말단부에서의 유속으로서 저수지 수면에서 흡입관 입구 사이의 압력 차로 인하여 속도수두 $\dfrac{V_t^2}{2g}$ 의 영향이 발생하게 되며, $\sum H_L$ 은 흡입관로에서 생기는 손실수두의 합이며, H_P 는 펌프 입구부와 저수지 수면 사이의 표고차이다. 식 (12.45)의 H_s 는 펌프 시스템

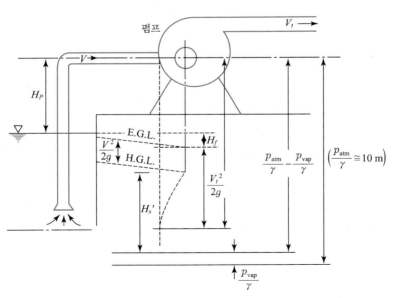

그림 12-14

의 어느 곳이더라도 부압이 증기압 이하로 내려가서 공동현상이 발생하는 일이 없도록 하기 위해서 특정치보다 작도록 유지시켜야 한다. 즉, 흡입수두 H_s 가 대기압에 해당하는 수두, p_{atm} / γ 와 증기압에 해당하는 수두, p_{vap} / γ의 차보다 작도록 펌프의 설치표고를 정하여야 공동현상을 방지할 수 있다. 즉,

$$H_s < \left(\frac{p_{\text{atm}}}{\gamma} - \frac{p_{\text{vap}}}{\gamma} \right) \tag{12.46}$$

따라서, 저수지수면으로부터의 펌프의 최대 설치표고 $(H_P)_{\max}$ 는 식 (12.45)에 식 (12.46)의 관계를 대입하여 H_P에 관해 풀면

$$(H_P)_{\max} = \frac{p_{\text{atm}}}{\gamma} - \left(\frac{p_{\text{vap}}}{\gamma} + \frac{V_t^2}{2g} + \sum H_L \right) \tag{12.47}$$

그런데, 식 (12.47)에서 V_t 는 얻기 힘들고 펌프 제작사에서는 순 흡입수두(net positive suction head) $H_s{}'$(그림 12 – 14 참조)만을 밝히므로 그림 12 – 14에서

$$\frac{V_t^2}{2g} = H_s{}' + \frac{V^2}{2g} \tag{12.48}$$

여기서, V 는 흡입관로 내의 평균유속이다. 식 (12.48)을 식 (12.47)에 대입하면

$$H_P = \frac{p_{\text{atm}}}{\gamma} - \left(\frac{p_{\text{vap}}}{\gamma} + H_s{}' + \frac{V^2}{2g} + \sum H_L \right) \tag{12.49}$$

펌프에서의 공동현상을 방지할 수 있도록 펌프의 설치표고를 결정하는 데 사용되는 것으로서 공동지수(空洞指數, cavitation index)를 들 수 있으며 다음과 같이 정의된다.

$$\sigma = \frac{\left(\dfrac{p_{\text{atm}}}{\gamma} - \dfrac{p_{\text{vap}}}{\gamma} \right) - H_s^*}{E_P} \tag{12.50}$$

여기서, H_s^* 는 식 (12.45)와 유사하게 표시되나 속도수두항을 임펠러 입구에서의 유속 V_i 를 사용하여 표시하며, E_P 는 펌프가 물에 공급하는 전수두이다. 따라서, 식 (12.50)은

$$\sigma E_P = \frac{p_{\text{atm}}}{\gamma} - \frac{p_{\text{vap}}}{\gamma} - \left(\frac{V_i^2}{2g} + H_P + \sum H_L{}' \right) \tag{12.51}$$

여기서, $\sum H_L{}'$ 은 흡입관로에서의 손실수두를 표시한다. 따라서, 저수지 수면으로부터 임펠러 입구부까지의 최대표고차 H_P 는

$$H_P = \frac{p_{\text{atm}}}{\gamma} - \frac{p_{\text{vap}}}{\gamma} - \frac{V_i^2}{\gamma} - \sum H_L{}' - \sigma E_P \tag{12.52}$$

만약, 식 (12.52)에 의해 계산한 H_P가 음의 값이 되면 펌프는 저수지 수면 아래에 설치해야 한다.

직경 15 cm이고 길이 300 m인 관로를 통해 20°C의 물을 0.060 m³/sec의 율로 25 m 높이만큼 양수하고자 한다. 펌프의 임펠러 입구부의 직경은 18 cm이고 공동지수 $\sigma = 0.12$이며 흡입관로에서의 손실수두가 1.3 m라 할 때 펌프 입구부와 저수지 수면 간의 최대 가능 표고차를 계산하라. 관로의 Hazen-Willams 조도계수 $C_{HW} = 120$ 이라 가정하라.

풀이 Hazen-Willams 공식 $V = 0.849\, C_{HW}\, R_h^{0.63}\, S^{0.54}$에서 $S = h_L/L$이므로 마찰손실수두 h_L은

$$\left(\frac{h_L}{L}\right)^{0.54} = \frac{Q/A}{0.849\, C_{HW}\left(\dfrac{d}{4}\right)^{0.63}}$$

$$\therefore\ h_L = L\left[\frac{Q/A}{0.849\, C_{HW}\,(d/4)^{0.63}}\right]^{1.852}$$

$$= 300 \times \left[\frac{0.060 \times 4}{\pi \times (0.15)^2 \times 0.849 \times 120 \times (0.0375)^{0.63}}\right]^{1.852} = 25.4\,\text{m}$$

양수관로에서의 평균유속

$$V_P = \frac{Q}{A_P} = \frac{0.06}{\dfrac{\pi \times 0.15^2}{4}} = 3.40\,\text{m}/\sec$$

임펠러 입구에서의 유속

$$V_i = \frac{0.06}{\dfrac{\pi \times 0.18^2}{4}} = 2.36\,\text{m}/\sec$$

펌프가 물 단위무게당 가해준 에너지(수두) E_P를 구하기 위해 25 m 표고차를 가지는 두 저수지의 수면 사이에 Bernoulli 방정식을 적용하면

$$\frac{p_1}{\gamma} + \frac{V_1^2}{2g} + z_1 \times E_P = \frac{p_2}{\gamma} + \frac{V_2^2}{2g} + z_2 + \sum H_L$$

두 저수지의 수면에서 $p_1 = p_2 = p_{\text{atm}} = 0$, $V_1 \simeq V_2 \simeq 0$이고 임펠러 출구부에서의 미소손실계수 $K_e = 1.0$이라면

$$E_P = (z_2 - z_1) + \sum H_L = 25 + \left(1.3 + 25.4 + 1.0 \times \frac{3.4^2}{2g}\right) = 51.3\,\text{m}$$

20°C에서의 포화증기압은 표 1-1로부터

$$p_{\text{vap}} = 238.00\,\text{kg}/\text{m}^2$$

또한 대기압은

$$p_{\text{atm}} = 10{,}332\,\text{kg}/\text{m}^2$$

따라서, 식 (12.52)를 사용하면

$$H_P = \frac{10{,}332}{1{,}000} - \frac{238.00}{1{,}000} - \frac{(2.36)^2}{2g} - 1.3 - (0.12 \times 51.3) = 2.35\,\text{m}$$

12.9 펌프의 선택방법

펌프의 효율은 펌프의 설계유량, 수두 및 동력에 좌우되며 각종 형식의 펌프의 적용범위는 그림 12-15에 표시한 바와 같다.

펌프가 일정한 유량을 공급하기 위해 극복해야 할 총 수두는 위치수두인 수면표고차와 관로시스템에서 생기는 손실수두의 합이며, 손실수두는 마찰손실수두와 미소손실수두로 구성되고 관로에서의 평균유속의 자승에 비례하므로(5, 6장) 총 손실수두는 유량의 크기에 의해 결정되는 것이다. 따라서, 펌프가 물에 공급해주어야 할 총 수두(물 단위무게당의 에너지) H와 관로시스템을 통해 양수되는 유량 Q 사이에는 독특한 관계곡선($H \sim Q$ curve)이 성립되며 다음의 문제 12-08에서 다시 한 번 설명하기로 한다.

어떤 양수시스템을 위해 펌프를 선정하는 문제는 주어진 설계조건에 맞추어 어떤 범위까지 펌프가 소기의 양수를 할 수 있도록 적절한 성능의 펌프를 선택하는 것이다. 일반적인 절차를 요약하면, 우선 주어진 설계조건으로부터 $H \sim Q$ 관계를 수립하고 이를 펌프제작사가 공급하는 펌프 특성곡선(pump characteristic curve)상에 겹쳐서 일치점(matching point) M(그림 12-16)을 정하면 이것이 바로 펌프의 실제 양수조건이 되는 것이며, 이 조건을 만족시키는 펌프를 선택하면 된다. 구체적인 절차는 다음 문제를 통해 설명하기로 한다.

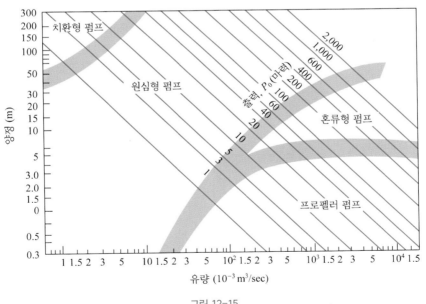

그림 12-15

직경 10 cm, 길이 1,000 m인 상업용 강관을 통해 7 ℓ/sec의 물을 한 저수지로부터 양수하여 35 m만큼 높은 표고에 위치한 저수지로 공급하고자 한다. 펌프 제작사에서 공급한 그림 12-16과 12-17의 펌프 특성곡선($H \sim Q$ curve) 및 펌프 성능곡선을 사용하여 가장 적절한 펌프를 선택하고 작동조건을 결정하라.

풀이 관로 내의 평균유속을 구하면

$$V = \frac{Q}{A} = \frac{0.007}{\frac{\pi \times (0.1)^2}{4}} = 0.89 \, \text{m/sec}$$

흐름의 Reynolds 수를 구하기 위해

$\nu = 10^{-6} \, \text{m}^2/\text{sec}$ 라 가정하면

$$R = \frac{Vd}{\nu} = \frac{0.89 \times 0.1}{10^{-6}} = 89,000$$

강관의 절대조도의 크기는 $\varepsilon = 0.045 \, \text{mm}$ 이므로 상대조도는

$$\frac{\varepsilon}{d} = \frac{0.045}{100} = 4.5 \times 10^{-4} = 0.00045$$

Moody 선도(그림 6-8 참조)로부터 마찰손실계수를 구하면 $f = 0.033$ 이다.

따라서, 관로에서의 마찰손실수두를 Darcy-Weisbach 공식으로 구하면

$$h_L = f \frac{l}{d} \frac{V^2}{2g} = 0.033 \times \frac{1,000}{0.1} \times \frac{(0.89)^2}{2 \times 9.8} = 13.32 \, \text{m}$$

미소손실을 무시하면 펌프가 공급해야 할 총 양정(수두)은 표고차와 손실수두의 합이므로

$$E_P = 35 + 13.32 = 48.32 \, \text{m}$$

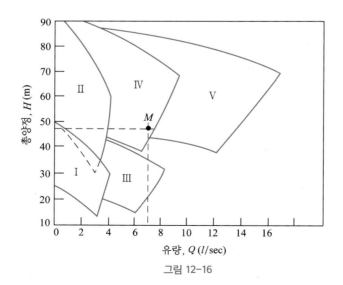

그림 12-16

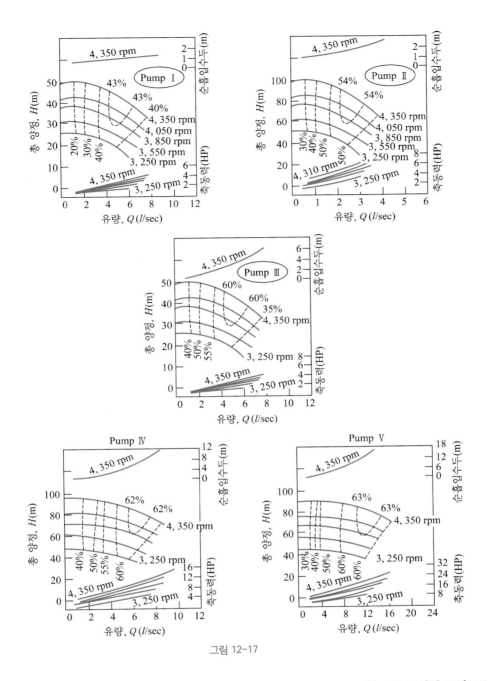

그림 12-17

그림 12-16의 펌프 특성곡선상에 설계조건인 H=48.32 m, Q=7 ℓ/sec를 표시해 보면 M 점은 펌프 IV의 특성범위 내에 있으므로 가장 적절한 펌프로 생각할 수 있으며, 펌프 V도 사용 가능한 범위에 들 수 있다고 보겠다. 그림 12-17의 펌프 성능곡선 중 펌프 IV에 해당하는 곡선 에서 펌프의 회전각속도 3,550 rpm을 선택하기로 하면

$$Q= 6.8 \, \ell/\text{sec}, \quad E_P= 46 \, \text{m}$$

이때의 축동력(입력) P_i와 효율 η은

$$P_i = 7.5\,\text{HP}, \quad \eta = 60\%$$

만약, 펌프 IV의 회전각속도로 3,850 rpm을 선택하면

$$Q = 8.1\,\ell/\text{sec}, \quad E_P = 52\,\text{m}$$

이때의

$$P_i = 10\,\text{HP}, \quad \eta = 57\%$$

만약, 펌프 V를 선택하기로 하고 회전속도를 3,250 rpm 및 3,550 rpm으로 하면

3,250 rpm 일 때, $Q = 6\,\ell/\text{sec}$, $E_P = 45\,\text{m}$, $P_i = 7.5\,\text{HP}$, $\eta = 55\%$

3,550 rpm 일 때, $Q = 8.4\,\ell/\text{sec}$, $E_P = 54\,\text{m}$, $P_i = 10.5\,\text{HP}$, $\eta = 61\%$

이상의 4가지 대안 중에서 펌프 IV, 회전속도 3,550 rpm의 경우가 설계조건에 가장 가까우므로 이를 선택하기로 한다.

12.10 펌프와 터빈의 비속도와 상사성

전술한 바와 같이 펌프의 선택은 양수율(揚水率, pumping rate)과 양정(揚程, pumping head)을 고려하여 결정하게 된다. 예를 들면 관개용 수로로부터 농경지로 양수하고자 할 경우에는 작은 양정으로 많은 유량을 양수해야 하므로 저양정 고유량 펌프를 사용해야 하는 반면에, 고층건물의 옥상 물탱크로 양수하고자 할 경우에는 고양정 저유량 펌프를 선택해야 할 것이다. 따라서 이들 두 종류의 펌프설계는 본질적으로 크게 다를 수밖에 없다.

터빈의 경우에도 펌프와 마찬가지로 저낙차 고유량 터빈과 고낙차 저유량 터빈으로 구분할 수 있으며 이들의 설계도 매우 다르다.

동역학적 상사법칙(dynamic similarity law, 제13장)에 의하면, 원형(原型)기계와 상사성을 가지는 모형(模型)기계의 동역학적 거동은 상사 매개변수(similitude parameter)를 원형과 모형에서 같게 하면 원형에서의 거동을 재연할 수 있다는 것으로 이 상사 매개변수를 비속도(比速度, specific speed)라 한다.

펌프의 비속도는 단위유량을 양수하여 단위양정만큼 올리는 데 필요한 축소모형 펌프의 회전속도로 정의되며 다음과 같이 표시된다.

$$(N_s)_P = \frac{N\sqrt{Q}}{H^{3/4}} \tag{12.53}$$

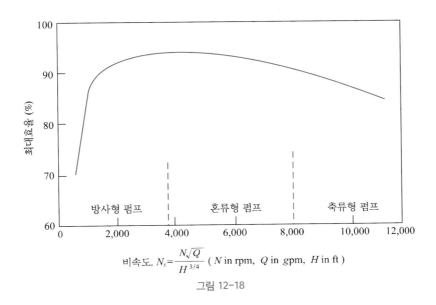

$$\text{비속도, } N_s = \frac{N\sqrt{Q}}{H^{3/4}} \quad (\textit{N} \text{ in rpm, } \textit{Q} \text{ in gpm, } \textit{H} \text{ in ft})$$

그림 12-18

여기서, N 는 펌프 임펠러의 회전각속도(rpm), Q 는 양수율(gallons/min, gpm), H 는 양수수두 (ft)이다. 식 (12.53)의 관계를 보면 비교적 저양수율로 고수두를 발생시키는 펌프의 비속도는 작으며 원심형 펌프가 이에 속한다. 비교적 고양수율로 저수두를 발생시키는 펌프는 큰 비속도를 가지게 되며, 축류형 펌프가 이에 속한다. 혼류형 펌프(mixed flow pump)는 중간 정도의 양수율 로 중간 정도의 수두를 발생시키는 펌프로서 비속도도 원심형 및 축류형 펌프의 중간 정도 값을 가진다. 그림 12-18은 펌프의 종류별 비속도의 범위와 최대효율을 표시하고 있다.

터빈의 비속도는 단위낙차(수두)를 이용하여 단위동력을 발생시키는 데 필요한 축소모형 터빈 의 회전속도로 정의될 수 있으며 다음 식으로 표시된다.

$$(N_s)_T = \frac{N\sqrt{P}}{H^{5/4}} \tag{12.54}$$

여기서, N은 터빈 런너의 회전각속도(rpm), H는 유효낙차(ft)이며 P는 발생되는 축동력(break horse power, BHP)이다. 식 (12.54)의 관계에서 $P = \gamma Q H$이므로 고유량, 저낙차로 작동되는 터빈의 비속도는 큰 반면 저유량, 고낙차로 작동되는 터빈의 비속도는 작다. 전자에 속하는 터빈 이 축류형인 Kaplan 터빈이고, 후자에 속하는 것이 Pelton 터빈이다. 중간 정도의 유량과 중간정 도의 낙차로 운전되는 터빈의 비속도는 Kaplan과 Pelton 터빈의 비속도의 중간 정도의 값을 가 지며, 혼류형인 Francis 터빈이 이에 속한다. 그림 12-19는 터빈의 종류별 비속도의 범위와 최 대효율을 표시하고 있다.

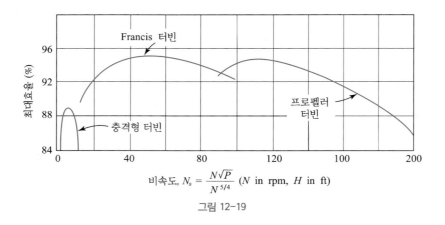

비속도, $N_s = \dfrac{N\sqrt{P}}{N^{5/4}}$ (N in rpm, H in ft)

그림 12-19

문제 12-09

양수율 12 ft^3/sec로 256 ft의 양정에 대해 양수할 펌프를 선정하고자 한다. 펌프축의 회전각속도가 2,400 rpm이라면 비속도는 얼마이며 어떤 펌프를 사용해야 할 것인가? 또한 최대효율은 얼마인가? 1 gal= 0.16368 ft^{3}이다.

풀이 식 (12.53)을 사용하면 펌프의 소요 비속도는

$$(N_s)_P = \frac{2,400\sqrt{\dfrac{12\times60}{0.16368}}}{(256)^{3/4}} = 2,487$$

따라서, 그림 12-18로부터 원심형 펌프를 사용하는 것이 좋음을 알 수 있으며 최대효율은 약 93% 정도이다.

문제 12-10

유효낙차 600 ft, 유량 200 ft^3/sec로 운전될 터빈을 선택하고자 한다. 터빈축의 회전각속도가 1,000 rpm이고 터빈의 효율이 90%라 가정하여 비속도를 계산하라. 어떤 형의 터빈을 선택할 것인가?

풀이 터빈의 발생동력을 계산하면

$$P = \frac{\eta\gamma QH}{550} = \frac{0.9\times62.4\times200\times600}{550} = 12,253\,\text{HP}$$

식 (12.54)를 사용하면

$$(N_s)_T = \frac{1,000\sqrt{12,253}}{(600)^{5/4}} = 37.3$$

따라서, 그림 12-19로부터 Francis 터빈을 사용하는 것이 좋음을 알 수 있다.

---

01 원심형 펌프가 2.5 m³/sec의 유량으로 20 m의 위치수두에 대하여 양수하고 있다. 펌프의 효율이 85%라면 펌프축에 공급되는 동력은 얼마이겠는가?

02 연습문제 01의 펌프가 750 kW 용량의 전동기에 의해 운전되고 있다. 전동기와 펌프시스템의 효율을 각각 구하라.

03 두께가 0.1 m로 일정한 원심형 펌프의 $r_1 = 30$ cm, $r_2 = 75$ cm, $\beta_1 = 120°$, $\beta_2 = 135°$이며 양정 10 m를 2 m³/sec의 유량으로 양수하고 있다. 임펠러 입구부에서의 유속의 접선방향 분력이 영이 되도록 분류가 입사된다면 임펠러의 회전각속도는 얼마일까? 펌프의 효율을 계산하라.

04 원심형 펌프의 임펠러 출구부에서의 반경이 60 cm이고 임펠러의 두께가 15 cm이다. 출구에서의 분류의 절대속도가 40 m/sec로 측정되었으며 분사방향은 구심방향(radial direction)과 60°의 각도를 이루었다. 분류(jet flow)가 임펠러에 가해준 토크를 계산하라.

05 원심형 펌프의 $r_1 = 50$ cm, $r_2 = 150$ cm이며 $\beta_1 = 150°$, $\beta_2 = 150°$이고 펌프 임펠러의 회전속도는 100 radian/sec이다. 임펠러의 두께는 30 cm로 일정하다. 만약 임펠러 입구부에서의 유속의 접선 및 구심방향 성분의 크기가 동일하다면 양수율과 펌프의 동력은 얼마이겠는가?

06 연습문제 05의 펌프의 효율이 85%라면 이 펌프의 양정은 얼마일까?

07 원심형 펌프 임펠러의 제원은 다음과 같다.

$\quad b_1 = 3.8$ cm, $r_1 = 7.6$ cm, $\beta_1 = 130°$, $Q = 85$ L/sec

$\quad b_2 = 1.9$ cm, $r_2 = 20.0$ cm, $\beta_2 = 140°$, $\alpha_1 = 90°$

(a) 임펠러의 회전속도를 구하라.
(b) 임펠러에 의해 발생된 수두
(c) 발생된 토크
(d) 발생된 동력(kW 및 HP)

08 원심형 펌프의 제원이 다음과 같을 때 펌프의 설계수두 및 유량을 계산하라.

$\quad b_1 = 5.0$ cm, $r_1 = 7.5$ cm, $\beta_1 = 135°$, $N = 1,500$ rpm

$\quad b_2 = 2.5$ cm, $r_2 = 22.5$ cm, $\beta_2 = 150°$, $\alpha_1 = 90°$

09 직경 2 m인 프로펠러 펌프를 사용하여 3 m의 수두를 공급하고자 한다. 펌프에 가해진 축동력이 1,200 kW이고 펌프효율이 85%라면 양수율은 얼마나 될까? 임펠러의 입구 및 출구 손실계수를 각각 0.5 및 1.0으로 가정하라.

10 방사형 터빈의 $r_1 = 1.0$ cm, $r_2 = 0.6$ cm, $\beta_1 = 50°$, $\beta_2 = 140°$이며 런너의 두께는 20 cm이다. 런너 입구에서의 입사각이 20°이고 유량이 6 m³/sec일 때 런너의 회전각속도, 발생되는 토크, 동력, 물 단위무게당 에너지 및 런너를 통한 압력강하량을 구하라.

11 $r_1 = 1$ cm, $r_2 = 0.7$ cm인 두께 30 cm인 터빈 임펠러의 guide vane 각도 $\alpha_1 = 30°$이다. 3.5 m³/sec의 유량으로 물이 유입하면 $\alpha_2 = 60°$임이 알려져 있다. 발생되는 토크를 구하라. 만약 $\beta_2 = 150°$이면 터빈 러너의 회전각속도는 얼마인가? 러너에 물이 충격 없이 유입하는 데 필요한 β_1과 터빈의 발생동력을 구하라.

12 어떤 수력발전소의 총 낙차는 300 m이며 터빈의 설치표고는 하류수위보다 3 m 위에 있다. 터빈의 설계유량은 3 m³/sec이고 발전기의 축 회전속도는 400 rpm이다. 3대의 터빈을 사용하기로 하고 수압관에서의 손실수두는 30 m, 터빈의 효율은 90%로 할 때
   (a) 터빈의 비속도를 구하고 터빈의 형을 선택하라.
   (b) 터빈축에 발생되는 동력을 구하라.

13 직경 1.8 m인 충격식 터빈이 60 m/sec의 속력으로 분사되는 직경 5 cm의 분류에 의해 운전되고 있다. 터빈의 날개에 작용하는 접선방향의 힘과 동력을 구하라. 터빈 러너의 회전각속도는 250 rpm, 날개각도는 150°이다.

14 Pelton 터빈의 날개(buckets)각도는 120°로 입사속도 15 m/sec인 직경 5 cm의 분류(jet flow)에 의해 운전되고 있다. 최대출력이 발생된다고 가정할 때 날개에 미치는 힘을 구하라. 터빈축의 회전속도가 180 rpm이라면 수차의 직경은 얼마이겠는가?

15 직경 90 cm인 수압관이 유속계수 0.98인 노즐을 통해 충격식 터빈에 물을 공급하고 있다. 수압관의 마찰손실계수가 $f = 0.03$이고 길이가 1,800 m이며 총 낙차는 180 m이다. 터빈의 날개각도가 170°이고 회전각속도가 600 rpm일 때 분류(jet flow)의 직경과 수차의 직경을 각각 구하라.

16 충격식 터빈에 물을 공급하는 수압관의 직경은 60 cm, 길이는 1,200 m이며 마찰손실계수 $f = 0.024$이다. 터빈에 걸리는 총 낙차가 360 m라면 분류의 최적직경은 얼마인가?

17 어떤 펌프의 공동지수 $\sigma = 0.075$이며 60°C의 물을 평균 해면표고로부터 양수한다. 펌프 입구부까지의 흡수관로에서 생기는 손실수두가 0.5 m일 때 공동현상의 발생을 예상하기 위해서 펌프의 설치표고를 급수저수위보다 얼마나 높게 해야 할 것인가? 양수율은 0.04 m³/sec이며 관로시스템은 문제 07의 것과 동일하다.

18 펌프에서 공동현상이 발생하면 펌프의 효율은 급속히 떨어진다. 40°C의 물을 0.42 m³/sec의 율로 평균 해면표고로부터 양수하는 펌프($\sigma = 0.08$)에서 공동현상이 발생한다면 펌프 입구에서의 계기압력과 속도수두의 합은 얼마이겠는가? 펌프의 총 양정은 85 m이며 흡수관의 직경은 30 cm이다.

19 표고차 20 m인 두 저수지 사이에 직경 4 cm, 길이 100 m인 아연철관(galvanized iron pipe)을 연결하여 펌프로 3 ℓ/sec의 물을 양수하고자 한다. 적절한 펌프를 선택하고 작동조건을 결정하라.

20 원심형 펌프가 2.5 m³/sec의 물을 20 m 양정으로 양수하고 있으며 효율은 최대로 운전되고 있다. 펌프 임펠러의 직경은 36 cm, 회전각속도는 3,000 rpm이다. 펌프의 비속도를 구하라.

21 연습문제 20과 동일한 설계의 상사성을 가지는 임펠러 직경 72 cm인 펌프의 회전각속도가 1,800 rpm일 때 효율은 역시 최대가 된다. 펌프의 양정이 30 m일 때 양수율과 소요 축동력을 구하라.

22 두 개의 원심펌프가 동력학적 상사성을 가지며 동일한 효율로 운전된다. 펌프 A와 B의 축척비는 4이다. 펌프 B가 회전각속도 450 rpm으로 운전될 때 양정 22 m에 대해 2.4 m³/sec의 물을 양수한다면, 펌프 A를 1,800 rpm으로 동일 양정에 대해 운전한다면 양수율은 얼마나 될 것인가?

Chapter 13

수리학적 상사와 모형이론

13.1 서 론

공학의 여러 분야에서는 원형(原型, prototype)의 성능을 사전에 파악하기 위해 원형을 축소시켜 만든 모형(模型, model)에서 실험을 통해 각종 현상을 관찰하는 소위 모형실험(model studies)의 기법을 널리 사용하고 있다. 수리학의 분야에 속하는 각종 수리현상은 강체(rigid bodies)의 경우와는 달리 흐름조건이 매우 복잡하므로, 이론적인 해석만으로는 흐름현상을 완전히 분석하기가 힘들어 수리모형실험을 통해 관찰된 자료를 분석하여 원형의 합리적인 설계의 기본자료로 이용하는 것이다. 모형의 제작 및 실험에 드는 비용은 통상 원형의 건설비에 비하면 비교가 안 될 정도로 적으며, 모형에서 각종 변화에 따른 여러 대안을 실험함으로써 성능이 가장 우수하고 경제적인 원형의 구조와 크기를 결정할 수 있다.

그러나, 수리모형실험이 무조건 모든 수리현상에 대한 정답을 제공하는 것은 아니다. 올바른 모형실험과 실험자료의 분석을 위해서는 우선 해당 수리현상을 지배하는 수리학적 이론에 대한 깊은 이해가 전제되어야 하는 것이다. 어떤 수리현상에 포함되는 각종 물리량 간의 관계는 이론적인 관계가 분명할 수도 있고 그렇지 못할 경우도 있으며, 후자의 경우에는 6장에서 간략히 소개한 바 있는 차원해석법(dimensional analysis)에 의해 물리량으로 구성되는 무차원변량 간의 관계를 수립하여 실험적인 관계를 도출하기도 한다.

모형과 원형은 수리학적 거동(hydraulic performance)의 유사성이 보장되어야 하고, 모형실험은 이를 근거로 하여야만 올바른 의미를 가지는데 이러한 원리를 정리한 것이 수리학적 상사법칙(laws of hydraulic similarity, or hydraulic similitude)이다. 물론, 모형과 원형의 크기차 즉, 축척영향(scale effect)으로 인해 모형과 원형 간의 완전상사(complete similarity)를 유지한다는 것은 불가능하나, 모형을 가능한 한 크게 만들면 축척의 영향은 어느정도 극복할 수 있으며 따라서 주로 흐름을 지배하는 힘을 고려한 상사법칙으로 모형실험결과를 분석하면 원형에서의 흐름의 거동을 예견할 수 있다.

여기서 한 가지 강조해야 할 것은 수리모형실험에 의한 방법이 언제나 이론적 혹은 해석적 방법보다 우수한 것은 아니라는 점이다. 근년에 와서는 고속 전자계산기의 급속한 발달로 종래에 해를 구할 수 없던 각종 수학적 모형에 의한 해석이 가능하게 되었으며, 통상적인 경우 수학적 모형에 의한 문제의 해결은 수리모형실험에 의한 것보다 경제적이므로 각종 복잡한 수리현상을 수학적 모형으로 해석하고자 하는 노력이 계속되고 있다. 따라서, 수리모형실험을 할 때에는 우선 이론적으로 혹은 수학적인 모형에 의해 큰 오차 없이 해석할 수 있는지의 여부를 검토할 필요가 있다.

이상에서 개관해 본 바와 같이 수리모형실험은 상사법칙에 준하여 수행되고 분석되며, 해석적 방법으로 수리현상의 완전한 분석이 어려울 때 동원되는 수단이라고 말할 수 있다. 따라서 이 장에서는 각종 상사법칙의 내용과 적용 방법, 수리모형의 종류와 특성 및 모형실험을 위한 여러 가지 기법 등을 중심으로 살펴보고자 한다.

13.2 수리학적 상사

수리모형실험에서 얻은 결과를 원형으로 전이 해석하려면 두 흐름계가 수리학적으로 상사성을 가지지 않으면 안 되며 이를 수리학적 상사(hydraulic similarity)라 한다. 수리학적 완전상사는 원형과 모형 간의 기하학적 상사(geometric similarity), 운동학적 상사(kinematic similarity) 및 동역학적 상사(dynamic similarity)가 성립할 때에 비로소 얻어지는 것이다.

13.2.1 기하학적 상사

기하학적 상사는 원형과 모형의 모양(shape or form)이 유사해야 함을 뜻한다. 모형은 기하학적으로 원형의 축소판이라 할 수 있으며, 원형과 모형의 대응길이(homologous lengths) 사이의 축척이 일정하게 유지될 때 기하학적 상사가 성립되는 것이다. 기하학적 상사에 관련되는 물리량에는 길이(L), 면적(A) 및 체적(V)이 있다. 원형과 모형 간의 대응길이비는 모든 방향으로 일정해야 하며 다음과 같이 표시할 수 있다.

$$\frac{L_p}{L_m} = L_r \tag{13.1}$$

여기서, 첨자 p는 원형, m은 모형, r은 비율을 뜻한다.

면적(A)은 2개의 대응길이의 곱으로 정의되므로 대응면적비 또한 일정해야 한다. 즉,

$$A_r = \frac{A_p}{A_m} = \frac{L_p^2}{L_m^2} = L_r^2 \tag{13.2}$$

또한, 체적(V)은 3개의 대응길이의 곱으로 표시되므로 대응 체적비도 일정하지 않으면 안 된다. 즉,

$$V_r = \frac{V_p}{V_m} = \frac{L_p^3}{L_m^3} = L_r^3 \tag{13.3}$$

완전한 기하학적 상사를 위해서는 길이와 면적 및 체적뿐만 아니라 원형과 모형의 표면조도 k 의 크기도 상사성을 가져야 한다. 즉, 표면조도비 $k_p / k_m = k_r = L_r$ 이어야 하며 원형과 모형에서 이 값이 일정해야 함을 뜻한다. 그러나 실제로는 표면조도에 있어서까지 상사성을 유지하기란 매우 힘들다. 예를 들면 비교적 매끈한 표면(금속이나 잘 마감된 콘크리트 등)을 가지는 원형의 모형을 만들 때 축척비(L_r)에 따라 모형의 표면조도를 맞춘다는 것은 실질적으로 불가능하다. 또한 세굴 혹은 퇴적실험을 위한 모형을 만들 때 원형의 모래입자에 상응하는 모형사를 기하학적 상사가 유지되도록 선택하려면 특수한 세분(細粉)을 사용해야겠으나 이는 원형의 수리상태와는 거리가 먼 결과를 주게 될 것이다. 기하학적 상사성을 위반할 수밖에 없는 또 하나의 경우는 하천이나 하구 수리모형이다. 만약 모든 방향의 축척을 동일하게 하여 모형을 제작하면 수심이 너무 작아져서 원형에서는 중요하지 않은 표면장력현상이 모형 내의 흐름을 지배하게 되므로 원형의 수리현상과 상이한 현상을 실험하는 결과가 된다. 따라서, 하천 및 하구모형에서는 통상 수평과 연직방향의 축척을 다르게 하는 왜곡모형(歪曲模型, distorted model)을 사용하게 된다.

이상에서 설명한 기하학적 상사성의 파괴는 모형의 성질상 불가피하며 흐름의 수리학적 거동에 큰 영향을 미치지 않으므로 크게 문제가 되지 않는다.

문제 13-01

기하학적 상사성을 가지는 개수로모형을 5 : 1의 축척으로 제작하였다. 모형에서 유량이 0.2 m³/sec라면 원형에서는 얼마만한 유량에 해당하는가?

풀이 연속방정식 $Q = AV$ 를 생각하면 원형과 모형에서의 유량비는

$$Q_r = \frac{Q_p}{Q_m} = \left(\frac{A_p}{A_m} \right) \left(\frac{V_p}{V_m} \right) = \left(\frac{L_p}{L_m} \right)^2 \left(\frac{\dfrac{L_p}{T_p}}{\dfrac{L_m}{T_m}} \right) \tag{a}$$

원형과 모형에서의 시간은 동일하므로 $T_p = T_m$ 이고, 따라서 식 (a)는

$$\frac{Q_p}{Q_m} = \left(\frac{L_p}{L_m} \right)^3 = (5)^3 = 125$$

$$\therefore Q_p = 125 \times 0.2 = 25 \, \text{m}^3 / \text{sec}$$

13.2.2 운동학적 상사

원형과 모형에 있어서의 운동의 유사성을 운동학적 상사라 한다. 만약 원형과 모형에서 운동하고 있는 대응입자(homologous particles)가 기하학적으로 상사인 경로를 따라 동일한 속도비와 같은 방향으로 이동한다면 원형과 모형은 운동학적 상사성을 가진다고 할 수 있다.

운동학적 상사에 관련되는 물리량에는 속도(V), 가속도(a), 유량(Q), 각변위(θ), 각속도(N) 및 각가속도(ω) 등이 있다. 속도는 단위시간당의 거리로 정의되므로 원형과 모형에서의 대응속도비는

$$V_r = \frac{V_p}{V_m} = \frac{\dfrac{L_p}{T_p}}{\dfrac{L_m}{T_m}} = \frac{\dfrac{L_p}{L_m}}{\dfrac{T_p}{T_m}} = \frac{L_r}{T_r} \tag{13.4}$$

여기서, $T_r = T_p / T_m$ 은 원형과 모형에서의 대응입자가 대응거리를 이동하는 데 소요되는 시간비를 표시한다.

가속도는 단위시간당의 속도로 정의되므로 가속도비는

$$a_r = \frac{a_p}{a_m} = \frac{\dfrac{V_p}{T_p}}{\dfrac{V_m}{T_m}} = \frac{\dfrac{L_p}{T_p^2}}{\dfrac{L_m}{T_m^2}} = \frac{\dfrac{L_p}{L_m}}{\left(\dfrac{T_p}{T_m}\right)^2} = \frac{L_r}{T_r^2} \tag{13.5}$$

유량은 단위시간당의 체적으로 표시되므로 유량비는

$$Q_r = \frac{Q_p}{Q_m} = \frac{\dfrac{L_p^3}{T_p}}{\dfrac{L_m^3}{T_m}} = \frac{\dfrac{L_p^3}{L_m^3}}{\dfrac{T_p}{T_m}} = \frac{L_r^3}{T_r} \tag{13.6}$$

마찬가지 방법으로 원형과 모형 간의 각변위비, 각속도비 및 각가속도비를 각각 표시해 보면

$$\theta_r = \frac{\theta_p}{\theta_m} = \frac{\dfrac{V_p}{R_p}}{\dfrac{L_m}{R_m}} = \frac{\dfrac{L_p}{L_m}}{\dfrac{R_p}{R_m}} = \frac{L_r}{R_r} = \frac{L_r}{L_r} = 1 \tag{13.7}$$

$$N_r = \frac{N_p}{N_m} = \frac{\dfrac{\theta_p}{T_p}}{\dfrac{\theta_m}{T_m}} = \frac{\dfrac{\theta_p}{\theta_m}}{\dfrac{T_p}{T_m}} = \frac{1}{T_r} \tag{13.8}$$

$$\omega_r = \frac{\omega_p}{\omega_m} = \frac{\dfrac{N_p}{T_p}}{\dfrac{N_m}{T_m}} = \frac{\dfrac{N_p}{N_m}}{\dfrac{T_p}{T_m}} = \frac{1}{T_r^2} \tag{13.9}$$

문제 13-02

축척이 10 : 1인 모형으로 냉각용 저수지 내의 흐름현상을 실험하고자 한다. 화력발전소로부터 방류되는 계획유량은 200 m³/sec이고 모형에 흘릴 수 있는 최대유량은 0.1 m³/sec이다. 원형과 모형 간의 시간비를 구하라.

풀이 길이비

$$L_r = \frac{L_p}{L_m} = \frac{10}{1} = 10$$

유량비

$$Q_r = \frac{Q_p}{Q_m} = \frac{200}{0.1} = 2,000$$

식 (13.6)으로부터

$$T_r = \frac{T_p}{T_m} = \frac{L_r^3}{Q_r} = \frac{10^3}{2,000} = 0.5$$

혹은

$$T_m = 2\,T_p$$

즉, 모형에서 측정한 시간은 원형에서의 시간의 두 배에 해당한다.

13.2.3 동역학적 상사

원형과 모형에서 대응점(homologous points)에 작용하는 힘(F)의 비가 일정하고 작용방향이 같으면 동역학적 상사가 성립된다고 말할 수 있다. 즉,

$$\frac{F_p}{F_m} = F_r \tag{13.10}$$

힘은 질량(M)에 가속도(a)를 곱한 것이며 이때 질량은 밀도에 체적을 곱하여 표시할 수 있으므로 식 (13.10)을 다시 쓰면

$$F_r = \frac{F_p}{F_m} = M_r a_r = \rho_r L_r^3 \frac{L_r}{T_r^2} = \rho_r L_r^4 T_r^{-2} \tag{13.11}$$

식 (13.11)로부터 원형과 모형이 기하학적 및 운동학적 상사이면 대응체적의 밀도비가 동일할

때 원형과 모형은 동역학적으로도 상사임을 알 수 있다. 따라서 동역학적 상사를 이루기 위해서는 필연적으로 기하학적 상사와 운동학적 상사가 먼저 이루어져야 한다.

동역학적 상사에 관련되는 물리량에는 일(W)과 동력(P)이 있으며, 일은 힘에 거리를 곱한 것이고 동력은 단위시간당 일로 표시되며 원형과 모형에서의 비를 각각 표시하면 다음과 같다.

$$W_r = \frac{W_p}{W_m} = F_r \cdot L_r = \rho_r \, L_r^{\ 5} \, T_r^{\ -2} \tag{13.12}$$

$$P_r = \frac{P_p}{P_m} = \frac{W_r}{T_r} = \frac{F_r \, L_r}{T_r} = \rho_r \, L_r^{\ 5} \, T_r^{\ -3} \tag{13.13}$$

문제 13-03

출력 60 kW인 원형펌프의 설계를 위해 축척 8 : 1의 모형펌프를 제작하였다. 원형과 모형에서의 속도비가 2 : 1이라면 모형펌프의 소요출력은 얼마인가?

풀이 $L_r = 8$, $V_r = 2$ 이므로

$$T_r = \frac{L_r}{V_r} = \frac{8}{2} = 4$$

원형과 모형에서의 유체가 동일한 것이라고 가정하면 $\rho_r = 1$. 따라서, 식 (13.11)을 사용하면

$$F_r = \rho_r \, L_r^{\ 4} \, T_r^{\ -2} = 1 \times (8)^4 \times (4)^{-2} = 256$$

식 (13.13)에서

$$P_r = \frac{F_r \, L_r}{T_r} = \frac{256 \times 8}{4} = 512$$

혹은

$$P_r = \rho_r \, L_r^{\ 6} \, T_r^{\ -3} = \frac{1 \times (8)^5}{(4)^3} = 512$$

따라서, 모형펌프의 소요출력은

$$P_m = \frac{P_p}{P_r} = \frac{60}{512} = 0.117 \, \text{kW}$$

13.3 수리학적 완전상사

전술한 바와 같이 수리학적 상사란 결국 원형과 모형 사이에 동역학적 상사가 이루어질 때 얻어지는 것이며, 동역학적 상사는 원형과 모형의 수리현상에서 대응점에 작용하는 모든 힘 성분의 크기비와 방향이 같을 때 성립하는 것이다. 일반적인 유체의 흐름문제에 포함되는 힘의 성분은 유체의 기본성질로 인한 압력, 동력, 점성력, 표면장력 및 탄성력(혹은 압축력) 등이며 이들

성분의 크기비가 원형과 모형에서 전부 동일해야만 동역학적 상사가 성립되는 것이다. 즉,

$$\frac{(F_P)_p}{(F_P)_m} = \frac{(F_G)_p}{(F_G)_m} = \frac{(F_V)_p}{(F_V)_m} = \frac{(F_S)_p}{(F_S)_m} = \frac{(F_E)_p}{(F_E)_m} \tag{13.14}$$

여기서, F_P, F_G, F_V, F_S 및 F_E 는 각각 원형과 모형의 대응점에 작용하는 압력, 중력, 점성력, 표면장력 및 압축력을 표시한다.

만약, 이들 5개 힘 성분의 크기와 방향을 알면 이들 힘벡터(vector)를 합성함으로써 합력을 얻을 수 있게 되며, Newton의 제2 법칙에 의하면 이 합력이 바로 흐르고 있는 유체에 실제로 작용하는 힘인 관성력(inertia force) F_I 인 것이다. 따라서 벡터방정식을 쓰면

$$\vec{F}_P + \vec{F}_G + \vec{F}_V + \vec{F}_S + \vec{F}_E = \vec{F}_I \tag{13.15}$$

식 (13.15)는 흐름계에서의 관성력과 성분력 간의 관계를 표시해 주고 있으며, 원형과 모형이 동역학적 상사, 즉 수리학적 상사를 이루려면 식 (13.14)의 성분력의 비는 원형과 모형에서의 관성력비 $(F_I)_p / (F_I)_m$ 와도 같아야 할 것임을 알 수 있다. 즉,

$$(F_P)_r = (F_G)_r = (F_V)_r = (F_S)_r = (F_E)_r = (F_I)_r \tag{13.16}$$

여기서, 첨자 r 은 원형과 모형에서의 힘의 비를 표시한다.

식 (13.16)은 5개의 서로 독립적인 조건식 혹은 방정식이라 볼 수 있으며, 원형과 모형이 동역학적 상사를 이루기 위해 충족시켜야 할 조건들이다. 그러나 이는 식 (13.15)를 사용함으로써 4개의 조건식으로 줄일 수 있다. 즉, 식 (13.15)의 좌변의 힘 중 한 개를 종속변수로, 나머지를 독립변수로 취하면 흐름의 관성력은 원형이나 모형에서 결과력(resultant force)으로 인정하므로 종속변수로 선택되는 힘은 다음 식과 같이 결정된다. 종속변수로 선택되는 힘은 통상 압력에 의한 힘 F_P 이므로

$$\vec{F}_P = \vec{F}_I - (\vec{F}_G + \vec{F}_V + \vec{F}_S + \vec{F}_E)$$

원형과 모형에 대한 힘의 비로 표시하면

$$\frac{(\vec{F}_P)_p}{(\vec{F}_P)_m} = \frac{(\vec{F}_I)_p - [(\vec{F}_G)_p + (\vec{F}_V)_p + (\vec{F}_S)_p + (\vec{F}_E)_p]}{(\vec{F}_I)_m - [(\vec{F}_G)_m + (\vec{F}_V)_m + (\vec{F}_S)_m + (\vec{F}_E)_m]} \tag{13.17}$$

식 (13.17)이 의미하는 바는 원형이나 모형에 작용하는 중력, 점성력, 표면장력 및 압축력이 결정되면 압력에 의한 힘 F_P 는 자동적으로 결정된다는 것이다.

식 (13.16)을 바꾸어 쓰면

$$\left(\frac{F_I}{F_P}\right)_r = \left(\frac{F_I}{F_G}\right)_r = \left(\frac{F_I}{F_V}\right)_r = \left(\frac{F_I}{F_S}\right)_r = \left(\frac{F_I}{F_E}\right)_r = 1 \tag{13.18}$$

식 (13.18)은 관성력과 5개 성분력의 비가 원형과 모형에서 전부 동일해야 함을 뜻하며, 이것이 바로 수리학적 완전상사(complete similarity)를 위한 조건이 된다.

후술하게 되지만 식 (13.18)의 5개 성분력의 관성력에 대한 비는 물리법칙에 의해 흐름의 특성을 대표하는 5개 무차원변량(dimensionless parmeters)과 동일함을 증명할 수 있으며, 제 6 장의 차원해석법에 의해서도 유도될 수 있다. 즉, 일반 유체흐름에 포함되는 물리량들의 함수관계는

$$\phi(\Delta p, \sigma, \mu, g, E, L, \rho, V) = 0 \qquad (13.19)$$

여기서, 모든 변수는 지금까지 정의된 바와 같고 E는 유체의 압축력 혹은 탄성력을 대표하는 체적탄성계수이다. Buckingum의 π 정리를 적용하여 차원해석을 하면 $n = 8, m = 3$ 이므로 5개의 무차원변량(π 항)을 얻을 수 있으며 이들 간의 일반적인 함수관계식을 표시해 보면

$$\phi'\left[\frac{V}{\sqrt{\Delta p / \rho}}, \frac{V}{\sqrt{g L}}, \frac{\rho V L}{\mu}, \frac{\rho V^2 L}{\sigma}, \frac{\rho V^2}{E}\right] = 0 \qquad (13.20)$$

식 (13.20)의 5개 무차원변량은 순서대로 Euler 수($\boldsymbol{E}$), Froude 수($\boldsymbol{F}$), Reynolds 수($\boldsymbol{R}_e$), Weber 수($\boldsymbol{W}$) 및 Cauchy 수($\boldsymbol{C}$)로 알려져 있으며, 원형과 모형이 완전상사를 이루려면 원형과 모형에서의 이들 각 변량의 값이 각각 같아야 한다는 것이다. 즉,

$$\boldsymbol{E}_r = \boldsymbol{F}_r = \boldsymbol{R}_{er} = \boldsymbol{W}_r = \boldsymbol{C}_r = 1 \qquad (13.21)$$

식 (13.17)에서 설명한 바와 같이 식 (13.21)에서 Euler 수 $\boldsymbol{E}_r$ 을 제외한 나머지 무차원변량의 값이 원형과 모형에서 동일하면 Euler 수는 자동적으로 같아지므로 원형과 모형의 완전상사조건은 다음과 같아진다.

$$\boldsymbol{F}_r = \boldsymbol{R}_{er} = \boldsymbol{W}_r = \boldsymbol{C}_r = 1$$

즉,

$$\frac{V}{\sqrt{g_r L_r}} = \frac{\rho_r V_r L_r}{\mu_r} = \frac{\rho_r V_r^2 L_r}{\sigma_r} = \frac{\rho_r V_r^2}{E_r} = 1 \qquad (13.22)$$

13.4 수리모형법칙

식 (13.22)로부터 알 수 있는 바와 같이 이 식을 동시에 만족시키는 모형유체($\rho_m, \mu_m, \sigma_m, E_m$)를 획득한다는 것은 불가능하다. 따라서, 모형과 원형에서 흐름의 완전상사를 얻는다는 것은 실질적으로는 불가능하다고 볼 수 있다. 그러나, 실제의 수리현상에서는 하나 혹은 몇 개의 성분력이 작용하지 않거나 혹은 무시할 정도로 작은 경우가 대부분이며 흐름을 주로 지배하는 힘 하나만을 고려해도 충분한 것이 보통이다. 예를 들면 대부분의 수리구조물에 작용하는 흐름의 힘은 동력에

의한 것으로 점성력이나 표면장력, 혹은 탄성력 등은 무시할 수 있을 정도로 작다. 이와 같은 이유 때문에 수리모형을 사용한 각종 수리현상의 실험적 해석이 가능한 것이며, 흐름을 주로 지배하는 힘이 무엇인가를 정확하게 판단하여 식 (13.22)의 완전 상사조건 중 해당조건 1개에 맞추어 수리모형실험 및 자료분석을 실시하게 된다. 이와 같이 수리모형실험 및 자료분석의 기준이 되는 제반 법칙을 수리모형법칙(hydraulic model laws)이라 한다.

수리현상을 주로 지배하는 힘이 점성력이면 Reynolds 모형법칙, 중력이면 Froude 모형법칙, 표면장력이면 Weber 모형법칙, 그리고 탄성력이면 Cauchy 모형법칙을 따르게 되며 수리현상에 따라서는 1개 이상의 지배력을 고려해야 할 경우도 있다. 이때에는 1개 이상의 모형법칙이 동시에 만족되도록 모형실험을 해야 한다.

13.4.1 Reynolds 모형법칙

흐름현상을 주로 지배하는 힘이 점성력일 경우에는 Reynolds 모형법칙을 적용한다. 모든 유체는 점성을 가지므로 수리모형실험을 계획할 때는 항상 점성력의 중요성 여부를 검토하지 않으면 안 된다. 잠수함이 수면 아래에서 항진할 때 잠수함 표면에 미치는 힘을 모형실험에서 조사하고자 할 경우라든지, 대형 관수로 내의 흐름 현상을 구명하고자 할 경우 등은 바로 Reynolds 모형법칙을 이용하게 된다.

흐름을 주로 지배하는 힘을 흐름에 작용하는 성분력 중의 하나인 점성력이라고 가정하므로, 원형과 모형의 대응점에 작용하는 실제흐름의 합력인 관성력과 점성력의 비가 동일할 때 모형과 원형에서의 흐름은 수리학적 상사를 이룬다고 보는 것이다. 즉, 식 (13.18)에서

$$\left(\frac{F_I}{F_V}\right)_r = \frac{(F_I/F_V)_p}{(F_I/F_V)_m} = 1 \qquad (13.23)$$

혹은

$$\frac{(F_I)_p}{(F_I)_m} = \frac{(F_V)_p}{(F_V)_m} \qquad (13.24)$$

식 (13.24)의 좌우변은 원형과 모형에서의 관성력과 점성력의 비를 표시하며 이를 모형의 축척비 L_r 과 시간비 T_r 의 항으로 나타내면, 우선 관성력은 식 (13.11)과 같이 표현할 수 있으므로

$$(F_I)_r = M_r\,a_r = \rho_r\,L_r{}^4\,T_r{}^{-2} \qquad (13.25)$$

한편, 점성력은 Newton의 마찰법칙을 고려하면

$$(F_V)_r = \tau_r\,A_r = \mu_r\left(\frac{du}{dy}\right)_r L_r^2 = \mu_r\,L_r{}^2\,T_r{}^{-1} \qquad (13.26)$$

여기서, τ 는 마찰응력이고 du/dy 는 속도구배로서 $[T^{-1}]$ 의 차원을 가진다.

식 (13.25)와 (13.26)의 관계를 식 (13.24)에 대입하면

$$\rho_r \, L_r^{\ 4} \, T_r^{\ -2} = \mu_r \, L_r^{\ 2} \, T_r^{\ -1}$$

따라서,

$$\frac{\rho_r \, L_r^{\ 2}}{\mu_r \, T_r} = \frac{\rho_r \, V_r \, L_r}{\mu_r} = 1 \tag{13.27}$$

식 (13.27)을 다시 쓰면

$$\frac{\dfrac{\rho_p \, V_p \, L_p}{\mu_p}}{\dfrac{\rho_m \, V_m \, L_m}{\mu_m}} = 1 \quad \text{혹은,} \quad \frac{\rho_p \, V_p \, L_p}{\mu_p} = \frac{\rho_m \, V_m \, L_m}{\mu_m} \tag{13.28}$$

식 (13.28)의 좌우변은 바로 원형과 모형에서의 흐름의 Reynolds 수(R_e)임을 알 수 있다. 따라서 전술한 바와 같이 원형과 모형에서의 관성력비와 점성력비가 서로 같다는 것은 원형에서의 Reynolds 수(R_{ep})와 모형에서의 Reynolds 수(R_{em})의 값이 서로 같음을 의미하며, 이 조건이 바로 점성력이 지배하는 흐름의 수리학적 상사조건인 것이다.

모형에서 사용되는 유체와 원형에서의 유체가 동일한 경우($\rho_r = 1$, $\mu_r = 1$인 경우), Reynolds 모형법칙에 따라 원형과 모형에서의 각종 물리량의 비를 축척비(L_r)로 표시해 보면 표 13 – 1과 같다.

표 13-1 Reynolds 모형법칙 하의 물리량비

기하학적 상사		운동학적 상사		동력학적 상사	
물리량	비	물리량	비	물리량	비
길 이	L_r	시 간	L_r^2	힘	1
면 적	L_r^2	속 도	L_r^{-1}	질 량	L_r^3
체 적	L_r^3	가속도	L_r^{-3}	일	L_r
		유 량	L_r	동 력	L_r^{-1}
		각속도	L_r^{-2}		
		각가속도	L_r^{-4}		

문제 13-04

모형과 원형에서의 유체가 동일할 때 Reynolds 모형법칙 하의 시간, 유량, 힘, 질량 및 동력비를 축척비 L_r의 항으로 표시하라.

풀이 Reynolds 모형법칙에서는 $R_{ep} = R_{em}$ 이므로

$$\frac{\rho_p \, V_p \, L_p}{\mu_p} = \frac{\rho_m \, V_m \, L_m}{\mu_m} \tag{a}$$

동일유체일 경우에는 $\rho_p = \rho_m$, $\mu_p = \mu_m$이므로 식 (a)는

$$V_p L_p = V_m L_m, \quad \frac{V_p}{V_m} = \frac{1}{\dfrac{L_p}{L_m}} \tag{b}$$

$$\therefore V_r = \frac{1}{L_r} = L_r^{-1}$$

(a) 시간비, T_r

$$T_r = \frac{L_r}{V_r} = \frac{L_r}{L_r^{-1}} = L_r^2$$

(b) 유량비, Q_r

$$Q_r = \frac{L_r^3}{T_r} = \frac{L_r^3}{L_r^2} = L_r$$

혹은

$$Q_r = A_r V_r = (L_r^2)(L_r^{-1}) = L_r$$

(c) 힘비, F_r

$$F_r = m_r a_r = (\rho_r L_r^3)\left(\frac{L_r}{T_r^2}\right) = L_r^3 \left(\frac{L_r}{T_r^4}\right) = 1$$

(d) 질량비, m_r

$$m_r = \rho_r L_r^3 = 1 \cdot (L_r^3) = L_r^3$$

(e) 동력비, P_r

$$P_r = \frac{W_r}{T_r} = \frac{F_r \cdot L_r}{T_r} = \frac{1 \cdot L_r}{L_r^2} = L_r^{-1}$$

이상의 풀이 (a)~(e)에서 유도된 물리량의 비는 표 13-1의 내용과 일치함을 확인할 수 있다.

문제 13-05

점성력이 주로 흐름을 지배하는 수리현상을 실험하기 위해 축척이 10 : 1인 모형을 사용하고자 하며, 원형에서는 물이 흐른다고 가정한다. 모형에서 다음의 유체를 사용할 경우 원형과 모형에서의 시간비 및 힘비를 각각 구하라.
(a) 물
(b) 물보다 점성이 5배 크고 밀도는 물의 80%인 기름

풀이 (a) $L_r = 10$ 이고 표 13-1로부터

$$T_r = L_r^2 = (10)^2 = 100$$

$$F_r = 1$$

(b) $\mu_r = \mu_p / \mu_m = 1 / 5 = 0.2$

$\rho_r = \rho_p / \rho_m = 1 / 0.8 = 1.25$

Reynolds 모형에서는

$$R_{er} = \frac{\rho_r \, V_r L_r}{\mu_r} = 1$$

$$\therefore V_r = \frac{\mu_r}{\rho_r L_r} = \frac{0.2}{1.25 \times 10} = 0.016$$

따라서,

$$T_r = \frac{L_r}{V_r} = \frac{10}{0.016} = 625$$

$$F_r = \frac{\rho_r L_r^4}{T_r^2} = \frac{1.25 \times (10)^4}{(625)^2} = 0.032$$

이상의 풀이로부터 모형에 선택되는 유체의 성질이 모형의 거동에 매우 큰 영향을 미침을 알 수 있다.

문제 13-06

공기의 흐름을 위한 대형 벤츄리미터(Venturi meter)를 설계하기 위해 축척비 5 : 1로 물을 흘리는 모형을 제작하였다. 모형에서의 유량이 85 ℓ/sec일 때 두 단면 간의 압력차가 0.28 kg/cm²로 측정되었다. 원형에서의 압력차를 구하라. 공기와 물의 온도는 20℃로 가정하라.

풀이 $L_r = 5$, $Q_m = 0.085 \text{ m}^3/\text{sec}$, $\Delta p_m = 0.28 \text{ kg/cm}^2$이고 20℃에서의 공기와 물의 μ 및 ν값은 표 1–4로부터

$$\mu_p = 1.852 \times 10^{-6} \text{kg} \cdot \text{sec}/\text{m}^4, \quad \nu_p = 1.509 \times 10^{-5} \text{m}^2/\text{sec}$$

$$\mu_m = 1.021 \times 10^{-4} \text{kg} \cdot \text{sec}/\text{m}^4, \quad \nu_m = 1.003 \times 10^{-6} \text{m}^2/\text{sec}$$

관수로 내 흐름이므로 Reynolds 모형법칙을 적용하면

$$\frac{\rho_r \, V_r L_r}{\mu_r} = 1 \qquad \therefore V_r = \frac{\mu_r}{\rho_r L_r}$$

$$T_r = \frac{L_r}{V_r} = \frac{\rho_r L_r^2}{\mu_r}$$

힘의 비는

$$F_r = (\rho_r L_r^3) \left(\frac{L_r}{T_r^2} \right) = (\rho_r L_r^3) \left(\frac{\mu_r^2}{\rho_r^2 L_r^3} \right) = \frac{\mu_r^2}{\rho_r}$$

압력차의 비는

$$\Delta p_r = \frac{F_r}{L_r^2} = \frac{\mu_r^2}{\rho_r L_r^2} = \frac{\mu_r \nu_r}{L_r^2}$$

$$\Delta P_r = \Delta p_m \left[\left(\frac{\mu_p}{\mu_m} \right) \left(\frac{\nu_p}{\nu_m} \right) \left(\frac{L_m}{L_p} \right)^2 \right] = 0.28 \times \frac{(1.852 \times 10^{-6}) \times (1.509 \times 10^{-5})}{(1.021 \times 10^{-4}) \times (1.003 \times 10^{-6}) \times 5^2}$$

$$= 0.00306 \, \mathrm{kg/cm^2}$$

13.4.2 Froude 모형법칙

수리현상이 자유표면을 가지고 흐를 경우에는 주로 중력이 지배적인 힘이 되며, 이때는 Froude 모형법칙을 적용하게 된다. 수리모형실험에 의해 효과적으로 해결할 수 있는 수리현상 중 가장 많은 수의 문제가 여기에 속하며 개수로, 하천, 하구 등에서의 흐름문제라든지 위어, 여수로 등의 수리구조물에서의 흐름 및 파랑문제 등을 예로 들 수 있다.

흐름을 주로 지배하는 힘이 중력만이라고 생각하므로 관성력과 중력의 비가 각각 원형과 모형에서 동일하면 두 흐름은 수리학적 상사를 이룬다고 보는 것이다. 즉, 식 (13.18)에서

$$\left(\frac{F_I}{F_G} \right)_r = \frac{(F_I / F_G)_p}{(F_I / F_G)_m} = 1 \qquad (13.29)$$

혹은

$$\frac{(F_I)_p}{(F_I)_m} = \frac{(F_G)_p}{(F_G)_m} \qquad (13.30)$$

식 (13.30)은 원형과 모형에서의 관성력비와 중력비가 같아야 함을 뜻한다. 식 (13.30)을 모형의 축척비 L_r과 시간비 T_r의 항으로 표시하기 위하여 중력비를 표시해 보면

$$(F_G)_r = M_r g_r = \rho_r L_r^3 g_r \qquad (13.31)$$

여기서, g_r은 원형과 모형에서의 중력가속도비이다. 식 (13.25)와 식 (13.31)을 식 (13.30)에 대입하면

$$\rho_r L_r^4 T_r^{-2} = \rho_r L_r^3 g_r$$

따라서

$$\frac{L_r^2}{T_r^2} = g_r L_r$$

혹은

$$\frac{V_r}{\sqrt{g_r L_r}} = 1 \qquad (13.32)$$

표 13-2 Froude 모형법칙 하의 물리량비

기하학적 상사		운동학적 상사		동력학적 상사	
물리량	비	물리량	비	물리량	비
길 이	L_r	시 간	$L_r^{1/2}$	힘	L_r^3
면 적	L_r^2	속 도	$L_r^{1/2}$	질 량	L_r^3
체 적	L_r^3	가속도	1	일	L_r^4
		유 량	$L_r^{5/2}$	동 력	$L_r^{7/2}$
		각속도	$L_r^{-1/2}$		
		각가속도	L_r^{-1}		

식 (13.32)를 다시 쓰면

$$\frac{V_p}{\sqrt{g_p L_p}} = \frac{V_m}{\sqrt{g_m L_m}} \tag{13.33}$$

식 (13.33)의 좌우변은 각각 원형과 모형에서의 흐름의 Froude 수(F)임을 알 수 있으며, 이것이 바로 중력이 흐름을 지배하는 수리현상의 수리학적 상사조건인 것이다.

모형과 원형에서의 유체가 서로 동일하고 같은 중력계라면($r_g = 1$) Froude 모형법칙에 따라 원형과 모형에서의 각종 물리량비를 표 13 – 2와 같이 표시할 수 있다.

문제 13-07

모형과 원형에서의 유체가 동일하고 중력가속도도 동일할 때 Froude 모형법칙 하의 시간, 가속도, 유량, 힘 및 동력의 비를 L_r 의 항으로 표시하라.

풀이 Froude 모형법칙에서는 $F_p = F_m$ 이므로

$$\frac{V_p}{\sqrt{g_p L_p}} = \frac{V_m}{\sqrt{g_m L_m}}$$

$g_p = g_m$ 이므로

$$\frac{V_p}{V_m} = V_r = L_r^{1/2}$$

(a) 시간비, T_r

$$T_r = \frac{L_r}{V_r} = \frac{L_r}{L_r^{1/2}} = L_r^{1/2}$$

(b) 가속도비, a_r

$$a_r = \frac{V_r}{T_r} = \frac{L_r^{1/2}}{L_r^{1/2}} = 1$$

(c) 유량비, Q_r

$$Q_r = \frac{L_r^3}{T_r} = \frac{L_r^3}{L_r^{1/2}} = L_r^{5/2}$$

(d) 힘비, F_r

$$F_r = \rho_r \frac{L_r^4}{T_r^2} = 1 \times \frac{L_r^4}{(L_r^{1/2})^2} = L_r^3 \text{ (동일유체이므로 } \rho_r = 1 \text{ 임)}$$

(e) 동력비, P_r

$$P_r = \frac{F_r \cdot L_r}{T_r} = \frac{L_r^4}{L_r^{1/2}} = L_r^{7/2}$$

이상에서 유도된 각종 물리량의 비는 표 13-2의 내용과 일치함을 확인할 수 있다.

문제 13-08

축척비 20 : 1로 길이 30 m인 개수로 모형을 제작하여 실험하고자 한다. 원형인 하천수로에서의 계획홍수량이 700 m³/sec라면 이 모형수로에 얼마의 물을 흘려야 할 것인가? 원형과 모형의 힘비도 구하라.

풀이 개수로 흐름에서는 중력이 지배적인 힘이므로 Froude 모형법칙을 적용한다.

표 13-2에서 유량비는 $Q_r = L_r^{5/2}$이고, $L_r = 20$ 이므로

$$Q_r = \frac{Q_p}{Q_m} = L_r^{5/2} = (20)^{5/2} = 1{,}789$$

$$\therefore Q_m = \frac{Q_p}{1{,}789} = \frac{700}{1{,}789} = 0.391\,\mathrm{m}^3/\sec = 391\,\ell/\sec$$

원형과 모형에서의 힘비는 표 13-2로부터

$$F_r = L_r^3 = (20)^3 = 8{,}000$$

문제 13-09

직경 2.4 m인 선박 프로펠러를 직경 40 cm의 모형으로 만들어 실험하였다. 모형선박의 프로펠러를 450 rpm으로 회전시키는 데 2 kg·m의 토크(torque)가 필요하였다. 이때 모형선박의 항진속도는 2.6 m/sec, 항진력(thrust)은 25 kg으로 측정되었다. 점성효과를 무시할 때

(a) 원형선박의 항진속도와 프로펠러의 회전각속도를 구하라.

(b) 원형과 모형에서의 유체가 동일할 때 원형선박에 작용하는 힘과 프로펠러를 회전시키는 데 필요한 토크를 구하라.

(c) 프로펠러의 효율은 얼마인가?

풀이 Froude 모형법칙을 적용하면 $V_r = \sqrt{L_r}$ 이고 $L_r = 2.4/0.4 = 6$ 이다.

(a) 속도비는

$$V_r = \sqrt{L_r} = \sqrt{6} = 2.45$$

$$\therefore \ V_p = 2.45 \ V_m = 2.45 \times 2.6 = 6.37 \, \mathrm{m/sec}$$

회전각속도비는

$$N_r = \frac{V_r}{L_r} = \frac{\sqrt{L_r}}{L_r} = \frac{1}{\sqrt{L_r}} = \frac{1}{\sqrt{6}} = 0.41$$

$$\therefore \ N_p = 0.41 \ N_m = 0.41 \times 450 = 184.5 \, \mathrm{rpm}$$

(b) 힘비는 표 13-2(혹은 문제 13-04)로부터

$$F_r = L_r^3 = 6^3 = 216$$

$$F_p = 216 \ F_m = 216 \times 25 = 5,400 \, \mathrm{kg}$$

토크비는

$$(\mathrm{Torque})_r = F_r \, L_r = L_r^4 = 6^4 = 1,296$$

$$(\mathrm{Torque})_p = 1,296 \, (\mathrm{Torque})_m = 1,296 \times 2 = 2,592 \, \mathrm{kg \cdot m}$$

(c) 효율 $\eta = \dfrac{P_\mathrm{out}}{P_\mathrm{in}}$ 이므로

$$\text{모형의 입력}(P_\mathrm{in})_m = (\mathrm{Torque})_m \times \omega_m$$

$$= 2 \times (2\pi \times 450/60) = 94.2 \, \mathrm{kg \cdot m/sec}$$

$$\text{모형의 출력}(P_\mathrm{out})_m = F_m \times V_m = 25 \times 2.6 = 65 \, \mathrm{kg \cdot m/sec}$$

따라서,

$$\eta = \frac{65 \times 100}{94.2} = 69\%$$

원형의 경우 P_out 과 P_in 은 각각 모형에서의 값의 $L_r^{7/2}$ 배(표 13-2 참조)이므로 효율은 역시 69%로 동일하다.

13.4.3 Weber 모형법칙

흐름을 주로 지배하는 힘이 표면장력일 경우에는 Weber 모형법칙을 적용하게 된다. 표면장력은 물 표면의 곡률을 항상 최소한으로 유지하려 하는 힘이며, 물이 공기와 접촉해 있고 흐름의 규모가 아주 작을 때에만 중요한 역할을 한다. Weber 모형법칙의 적용 예로는 수두가 아주 작은 위어(weir)상의 흐름이라든지 미소 표면파의 전파, 수면을 통한 공기흡수현상의 모형을 들 수 있으며 수리모형실험 분야에서 큰 비중을 차지하지는 않는다.

Weber 모형에서는 관성력과 표면장력의 비가 원형과 모형에서 각각 동일하면 수리학적 상사가 이루어진다고 보고 식 (13.18)에서

$$\left(\frac{F_I}{F_S}\right)_r = \frac{(F_I / F_S)_p}{(F_I / F_S)_m} = 1 \qquad (13.34)$$

혹은

$$\frac{(F_I)_p}{(F_I)_m} = \frac{(F_S)_p}{(F_S)_m} \qquad (13.35)$$

식 (13.35)를 모형의 축척비 L_r 과 시간비 T_r 의 항으로 표시하기 위해 표면장력비를 표시해 보면

$$(F_S)_r = \sigma_r L_r \qquad (13.36)$$

여기서, σ 는 단위길이당 힘인 표면장력이다.

식 (13.25)와 (13.36)을 식 (13.35)에 대입하면

$$\rho_r L_r^4 T_r^{-2} = \sigma_r L_r$$

따라서,

$$\frac{\rho_r V_r^2 L_r}{\sigma_r} = 1 \qquad (13.37)$$

식 (13.37)을 다시 쓰면

$$\frac{\rho_p V_p^2 L_p}{\sigma_p} = \frac{\rho_m V_m^2 L_m}{\sigma_m} \qquad (13.38)$$

식 (13.38)의 좌우변은 각각 원형과 모형에서의 흐름의 Weber 수(W)임을 알 수 있으며, 이것이 바로 표면장력이 흐름을 주로 지배하는 수리현상의 수리학적 상사조건인 것이다.

모형과 원형에서의 유체가 동일$(\rho_r = 1, \sigma_r = 1)$하다면 식 (13.37)로부터

$$V_r = L_r^{-1/2} \qquad (13.39)$$

따라서,

$$T_r = \frac{L_r}{V_r} = \frac{L_r}{L_r^{-1/2}} = L_r^{3/2} \qquad (13.40)$$

식 (13.39)와 식 (13.40)의 관계를 사용하면 Reynolds, 혹은 Froude 모형법칙에서처럼 Weber 모형법칙에 따른 원형과 모형에서의 각종 물리량비를 유도할 수 있다.

13.4.4 Cauchy 모형법칙

유체의 탄성력이 흐름을 주로 지배하는 경우에는 Cauchy 모형법칙이 적용된다. 탄성력이 주로 흐름을 지배하는 예로는 수격작용(water hammer)이라든가 기타 관수로 내의 부정류에 있어서의 몇몇 문제 등을 들 수 있으나 대체로 보아 수리모형실험에서 그다지 많이 접하게 되는 것은 아니다.

Cauchy 모형에서는 관성력과 탄성력의 비가 원형과 모형에서 각각 동일하면 수리학적 상사가 이루어진다고 보므로 식 (13.18)에서

$$\left(\frac{F_I}{F_E}\right)_r = \frac{(F_I/F_E)_p}{(F_I/F_E)_m} = 1 \tag{13.41}$$

혹은

$$\frac{(F_I)_p}{(F_I)_m} = \frac{(F_E)_p}{(F_E)_m} \tag{13.42}$$

식 (13.42)를 모형의 축척비 L_r 과 시간비 T_r 의 항으로 표시하기 위해 탄성력비를 표시해 보면

$$(F_E)_r = E_r L_r^2 \tag{13.43}$$

여기서 E 는 유체의 체적탄성계수이다.

식 (13.25)와 식 (13.43)을 식 (13.42)에 대입하면

$$\rho_r L_r^4 T_r^{-2} = E_r L_r^2$$

따라서

$$\frac{\rho_r V_r^2}{E_r} = 1 \tag{13.44}$$

식 (13.44)를 다시 쓰면

$$\frac{\rho_p V_p^2}{E_p} = \frac{\rho_m V_m^2}{E_m} \tag{13.45}$$

식 (13.45)의 좌우변은 각각 흐름의 Cauchy 수(C)임을 알 수 있으며 이것이 바로 탄성력이 흐름을 주로 지배하는 수리현상의 수리학적 상사조건인 것이다. 식 (13.45)의 양변에 제곱근을 취하면

$$\frac{V_p}{\sqrt{E_p/\rho_p}} = \frac{V_m}{\sqrt{E_m/\rho_m}} \tag{13.46}$$

식 (13.46)의 좌우변항은 Mach 수(M)라 하며, $C = \sqrt{E/\rho}$ 는 유체 내에서의 압력파의 전파속도인 파속(celerity)이라 부른다.

유체의 탄성력이 흐름현상을 지배할 경우에는 원형과 모형에서의 Mach 수가 동일해야 하며 이러한 현상이 필요한 것은 통상 항공공학 분야에서 Mach 수가 1보다 커질 경우이다. 대부분의 수리현상에서는 Mach 수가 1보다 작고 탄성력이 무시할 수 있을 정도이므로 Cauchy 모형법칙은 수리모형 실험에서 크게 사용되지 않는다.

식 (13.44)에서 원형과 모형에서의 유체가 동일하면 $(\rho_r = 1,\ E_r = 1)$,

$$V_r = 1 \qquad\qquad (13.47)$$

따라서,

$$T_r = \frac{L_r}{V_r} = \frac{L_r}{1} = L_r \qquad\qquad (13.48)$$

식 (13.47)과 식 (13.48)의 관계를 사용하면 Cauchy 모형법칙에 따른 원형과 모형에서의 각종 물리량비를 유도할 수 있다.

13.4.5 동력과 점성력이 동시에 지배하는 흐름

물 위에 떠서 항진하는 선박 주위의 흐름이라든가 개수로 내의 천류(淺流, shallow water flow)에 생기는 표면파 등과 같이 중력과 점성력이 공히 흐름을 지배하는 경우에는 Froude 및 Reynolds 모형법칙을 동시에 만족시킬 수 있도록 모형실험을 하지 않으면 안 된다. 따라서 식 (13.27)과 식 (13.32)를 같게 놓으면

$$\frac{\rho_r\, V_r\, L_r}{\mu_r} = \frac{V_r}{\sqrt{g_r\, L_r}}$$

중력가속도비 $g_r = 1$ 이라 가정하고 $\nu = \mu\,/\,\rho$ 를 도입하면

$$\nu_r = L_r^{3/2} \qquad\qquad (13.49)$$

따라서, 모형의 축척비 L_r 이 결정되었을 때 모형유체의 동점성계수 ν_m 이 식 (13.49)를 만족할 수 있도록 모형에서 사용할 유체를 선택하지 않으면 안 된다. 일반적으로 이 조건을 만족시킨다는 것은 그렇게 쉬운 일은 아니다. 예를 들면 $L_r = 10$ 이면 $\nu_r = 31.6$ 이므로 축척비를 10으로 하면 모형유체의 동점성계수가 원형유체보다 31.6배 정도 작아야 한다는 것이며 실제로 이러한 유체는 존재하지 않는다.

따라서, 이런 경우에는 수리현상에 포함된 두 힘의 상대적인 중요성에 따라 두 가지 방법을 사용할 수 있다. 즉, 선박에 미치는 표면항력(surface drag force)실험을 위해서는 Reynolds 모형법칙에 따라 모형을 제작한 후 Froude 모형법칙에 맞춰 모형실험을 진행하고 해석하며, 고정상개수로(fixed-bed open channel) 내 흐름의 실험에서는 Manning 공식과 같이 유체의 점성에 의한 마찰효과를 고려하는 경험공식을 도입하여 Froude 모형법칙을 사용한다.

직경 3 m인 상부가 개방된 원형 기름탱크의 바닥에 연결된 급유관을 통한 유량의 시간에 따른 변화를 알기 위해 모형탱크 실험을 하고자 하며, 20℃에서의 기름의 단위중량은 880 kg/m³이고 동점성계수는 7.395×10^{-5} m²/sec이다. 모형의 축척을 대략 4 : 1 정도로 하고자 할 때 모형에 사용할 유체와 모형 기름탱크의 정확한 직경을 계산하라.

풀이 원형탱크에 기름이 들어 있으므로 점성력이 중요할 뿐 아니라 상부가 개방되어 자유표면을 가지므로 중력도 지배적인 힘이 된다. 우선 $L_r = 4$라 하고 식 (13.49)를 사용하면

$$\nu_r = L_r^{3/2} = (4)^{3/2} = 8$$

따라서,

$$\nu_m = \frac{\nu_p}{8} = \frac{7.395 \times 10^{-5}}{8} = 0.924 \times 10^{-5} \,\mathrm{m^2/sec}$$

모형유체로 20℃의 59% 글리세린(glyceline) 용액을 선택하면

$$\nu_m = 0.892 \times 10^{-5} \,\mathrm{m^2/sec}$$

식 (13.49)에서

$$L_r = (\nu_r)^{2/3} = \left(\frac{7.395 \times 10^{-5}}{0.892 \times 10^{-5}} \right)^{2/3} = 4.096$$

$$\therefore L_m = \frac{L_p}{4.096} = \frac{3}{4.096} = 0.732 \,\mathrm{m}$$

즉, 모형탱크의 직경을 73.2 cm로 하면 된다.

90° 삼각형 위어(원형) 위로 흐르는 물의 유량 Q와 수두 H 사이에는 다음의 관계가 있다.

$$Q_p = 1.33 H_p^{2.48} \tag{a}$$

여기서, Q_p는 m³/sec, H_p는 m 단위를 가진다.

모형 위어를 제작하여 동점성계수 0.562×10^{-5} m²/sec(20℃)인 기름을 20 cm 수두로 흘린다고 가정할 때
(a) 수리학적 상사를 유지하기 위해서는 원형에서의 대응수두와 유량은 얼마이어야 하겠는가?
(b) 모형위어상의 기름의 유량을 구하라.

풀이 모형에서 기름이 흐르고 자유표면을 가지므로 점성력과 중력을 동시에 고려해야 한다. 주어진 값은

$$\nu_m = 0.562 \times 10^{-5} \,\mathrm{m^2/sec}, \quad H_m = 0.2 \,\mathrm{m}$$

(a) 20℃의 물의 $\nu_p = 1.003 \times 10^{-6}$ m²/sec이고 식 (13.49)로부터

$$H_r = L_r = (\nu_r)^{2/3} = \left(\frac{1.003 \times 10^{-6}}{0.562 \times 10^{-5}} \right)^{2/3} = 0.317$$

$$\therefore H_p = 0.317 H_m = 0.317 \times 0.2 = 0.0634 \,\mathrm{m}$$

따라서, 식 (a)의 관계로부터

$$Q_p = 1.33\,(0.0634)^{2.48} = 0.00142\,\mathrm{m^3/sec} = 1.42\,\ell/\mathrm{sec}$$

(b) Reynolds 모형법칙에서

$$\frac{V_r L_r}{\nu_r} = 1 \qquad \therefore L_r = \frac{\nu_r}{V_r} \tag{a}$$

Froude 모형법칙에서

$$\frac{V_r}{\sqrt{g_r L_r}} = 1 \qquad \therefore L_r = V_r^2 \tag{b}$$

식 (a), (b)를 같게 놓으면

$$V_r = (\nu_r)^{1/3} \tag{c}$$

그런데, 유량비는

$$Q_r = V_r A_r = V_r L_r^2 \tag{d}$$

식 (d)에 식 (c)와 식 (13.49)의 변형인 $L_r = (\nu_r)^{2/3}$ 를 대입하면

$$Q_r = (\nu_r)^{1/3} \cdot (\nu_r)^{4/3} = (\nu_r)^{5/3} = \left(\frac{1.003 \times 10^{-6}}{0.562 \times 10^{-5}} \right)^{5/3} = 0.0566$$

$$\therefore Q_m = \frac{Q_p}{0.0566} = \frac{1.42}{0.0566} = 25.09\,\ell/\mathrm{sec}$$

13.5 불완전 상사

중력과 점성력이 공히 흐름을 지배할 경우 모형의 축척비를 크게 하면 식 (13.49)의 관계를 만족시킬 수 있는 모형유체를 선택하는 것은 불가능하다. 따라서, 전술한 바와 같이 힘의 상대적 중요성을 고려하여 한 가지 모형법칙을 선택하고 부족한 부분은 경험적인 물리법칙(physical laws)을 이용하여 해결하는 접근방법이 사용되고 있다. 이와 같이 상사법칙과 물리법칙을 동시에 적용하는 상사이론을 불완전 상사(incomplete similarity)라 한다.

불완전 상사방법에 의해 문제를 해결하는 가장 대표적인 예로는 선박모형실험을 들 수 있으며, 이 실험에서는 첫째로, 항진하는 선체표면에서 생기는 마찰항력(friction drag force), 둘째로 선박의 기하학적 모양 때문에 선박 주위에 발생하는 박리현상(flow seperation)으로 인한 와항력 (渦抗力, form drag force), 셋째로 중력파의 발생에 소모된 힘인 파 저항력(波抵抗力, wave resistance) 등에 관한 정보를 얻고자 하는 것이 주된 관심사이다. 마찰항력과 와류력은 분명히 점성력으로 인한 것이므로 모형은 Reynolds 모형법칙에 준해 설계되어야 하며, 중력파에 관계되

는 힘은 중력이 지배적인 힘이 되므로 Froude 모형법칙에 따라야 한다. 이들 3가지 힘을 위한 모형실험에서는 필요한 자료를 측정한 후 마찰항력과 와항력의 합은 물리법칙에 의해 우선 계산하게 된다. 즉, 식 (5.35)를 상기하면

$$D_m = C_{D_m}\left(\frac{1}{2}\,\rho_m\,A_m\,V_m^2\right) \tag{13.50}$$

여기서, D_m 은 모형에서의 마찰과 와류로 인한 표면항력(drag force)이고, C_{D_m} 은 항력계수, ρ_m 은 유체의 밀도, A_m 은 선박의 연직면상의 최대 수중투영면적이며, V_m 은 선박의 항진속도이다.

모형실험에서 실측한 총 힘에서 식 (13.50)으로 표시되는 표면항력을 빼면 파 저항력을 얻게 되고, 이를 Froude 모형법칙에 의해 원형에서의 파 저항력으로 환산하게 된다. 한편, 원형에 있어서의 표면항력도 원형에 대한 식 (13.50)을 사용해서 계산할 수 있으므로 이를 파 저항력에 합함으로써 원형선박에 작용하게 될 전 저항력을 구할 수 있게 된다.

문제 13-12

길이가 0.9 m이고 연직면상의 최대 수중투영면적이 0.78 m²인 모형선박을 토우잉 탱크(towing tank)에서 0.5 m/sec의 속도로 띄워 길이 45 m인 원형배의 모형에 작용하는 전 힘을 측정하였더니 40 g이었다. 원형선박에 작용할 전 힘은 얼마나 되겠는가? 선박의 항력계수는 원형과 모형의 경우 공히 다음과 같이 Reynolds 수(R_e)의 항으로 표시할 수 있다고 가정하라.

$$C_D = \frac{0.06}{R_e^{1/4}} \ (10^4 \le R_e \le 10^6 일\ 때)$$

$$C_D = 0.0018 \ (R_e > 10^6 일\ 때)$$

또한, 원형과 모형에서의 수온은 20℃라 가정하라.

풀이 중력과 점성력이 둘 다 중요하나 Froude 모형법칙을 주로 적용하고 항력공식을 사용하는 불완전 상사방법을 사용하기로 한다.

모형의 축척비는 $L_r = 45/0.9 = 50$ 이고 Froude 모형법칙에 의하면

$$V_r = L_r^{1/2} = \sqrt{50} = 7.07$$

$$\therefore\ V_p = 7.07\,V_m = 7.07 \times 0.5 = 3.54\,\mathrm{m/sec}$$

모형에서의 Reynolds 수는($\nu_m = 1.003 \times 10^{-6}\,\mathrm{m^2/sec}$ 이므로)

$$R_{em} = \frac{V_m \cdot L_m}{\nu_m} = \frac{0.5 \times 0.9}{1.003 \times 10^{-6}} = 4.49 \times 10^5$$

모형에서의 항력계수는

$$C_{D_m} = \frac{0.06}{(4.49 \times 10^5)^{1/4}} = 0.00232$$

모형선박에 작용하는 항력은 식 (12.50)으로부터

$$D_m = 0.00232 \times \left(\frac{1}{2} \times 101.79 \times 0.78 \times 0.5^2\right) = 0.023\,\mathrm{kg}$$

따라서, 모형에서의 파 저항력은 전 저항력에서 D_m을 뺀 것이므로

$$F_{W_m} = 0.040 - 0.023 = 0.017\,\text{kg}$$

원형에서의 Reynolds 수를 계산하면

$$R_{ep} = \frac{3.5 \times 45}{1.003 \times 10^{-6}} = 1.588 \times 10^8$$

따라서, 원형에서의 항력계수 $C_{D_m} = 0.0018$ 이고, 항력은

$$D_p = C_{D_p} \left(\frac{1}{2} \rho_p A_m L_r^2 V_p^2 \right)$$

$$= 0.0018 \times \frac{1}{2} \times 101.79 \times 0.78 \times (50)^2 \times (3.54)^2 = 2,239\,\text{kg}$$

원형선박에 작용하는 파 저항력을 Froude 모형법칙으로 계산하면(표 13 – 2에서 $F_r = L_r^3$)

$$F_{W_p} = F_{W_r} \cdot F_{W_m} = L_r^3 F_{W_m} = (50)^3 \times 0.017 = 2,125\,\text{kg}$$

따라서, 원형선박에 작용할 전 저항력은

$$F = D_p + F_{W_p} = 2,239 + 2,125 = 4,364\,\text{kg}$$

13.6 폐합관로의 수리모형

지금까지 소개한 수리상사법칙을 이용하면 이론적인 방법만으로는 해결할 수 없는 여러 가지 수리현상을 모형실험을 통하여 보다 정확하게 이해할 수 있으며, 이와 같은 모형실험의 종류를 대별해 보면 폐합관로 및 부속물, 개수로, 수리구조물, 자연하천수로, 하구, 항만 및 해안구조물, 수력기계 등에 관한 실험을 들 수 있으며 제일 먼저 폐합관로 및 부속물에 대한 것부터 살펴보기로 한다.

폐합관로 및 부속물에 관한 수리모형실험은 주로 관로시스템과 압력터널(pressure tunnel) 및 그 부속장치로서 각종 조절 및 측정장치에 대한 실험을 위한 것으로, 일반적으로 전 시스템에 대한 것보다 만곡부나 분기 혹은 합류점 등 국부적인 흐름현상의 조사를 위해 실시된다.

이러한 모형에서 흐름을 주로 지배하는 힘은 압력과 점성력이나 대부분의 경우 원형에서의 흐름이 완전난류 상태이므로 모형에서의 흐름의 Reynolds 수를 약 10^6 이상으로 유지하면 Reynolds 모형법칙에 크게 구애될 필요가 없다. 따라서 모형을 대축척(5 : 1~30 : 1)으로 제작하여 원형에서의 유속보다 더 큰 유속으로 모형 내 흐름을 조작하게 된다. 이 모형에서 유속과 압력의 관계는 식 (13.20)의 Euler 수가 원형과 모형에서 같을 때 수리학적 상사가 이루어진다고

보는 것이다. 즉,

$$\frac{V_p}{\sqrt{\Delta p_p / \rho_p}} = \frac{V_m}{\sqrt{\Delta p_m / \rho_m}} \tag{13.51}$$

폐합관로는 투명한 플렉시 유리관(plexi-glass)을 많이 사용하는데, 값이 비싸긴 하지만 흐름현상을 관찰하기 쉽고 또한 원형관의 조도보다 매끈하므로 기하학적 상사조건을 만족시키는 데도 유리하다. 또한 모형유체로서 물 대신 공기를 많이 사용하고 있는데 이는 관로시스템의 제작비 및 운영비가 물을 사용하는 것보다 적게 들기 때문이다. 이때 주의해야 할 것은 공기의 압축성에 의한 압축력이 흐름을 지배하는 힘이 되지 않도록 해야 하며 보통 관내 공기의 유속을 음속의 1/4 이하(75 m/sec 정도)로 유지하면 별문제가 없는 것으로 알려져 있다.

13.7 수리구조물의 수리모형

이수 및 치수를 위해 설치되는 각종 수리구조물에 대한 모형실험은 가장 흔히 이루어지는 것으로 각종의 위어라든지 수문(水門, sluices), 감세공(減勢工, stilling basin), 하류지(下流池, tail bay), 유량측정용 수로(flume), 교량의 통수단면(bridge waterway) 등에서의 흐름특성을 분석하기 위한 것이 있다. 물론 이와 같은 구조물의 이론적 설계방법이 없는 것은 아니지만 일반적으로 각종 조건 하에서 구조물의 성능을 사전에 충분히 파악함으로써 흐름조건을 가장 좋게 하면서 하상세굴을 방지할 수 있는 구조물을 설계하는 데 목적이 있으며, 부수적으로 구조물을 통해 흐르는 유량의 검정(檢正, calibration)이나 건설기간 동안에 예상되는 각종 문제 등에 대한 사전점검도 할 수 있게 된다.

수리구조물에서의 흐름은 중력이 주로 지배하므로 Froude 모형법칙이 기본이 되며, 축척은 왜곡시키지 말고 모든 방향으로 동일하게 하는 것이 보통이다. 흐름의 에너지손실은 마찰에 의한 것보다 와류에 의해 주로 발생하나 가급적 축척비를 고려하여 조도를 맞추기 위해 최대한 매끈한 표면을 사용하도록 해야 하며 합판(plywood), 플렉시 글라스판(plexiglass plate), 금속판(sheet metal), 유리 등을 흔히 구조물의 표면에 입히기도 한다.

물의 흐름방향에 직각으로 놓이는 수리구조물의 폭이 상당히 클 경우에는 큰 축척(작은 축척비)의 부분단면 모형(sectional model)과 작은 축척의 완전모형(complete model)의 두 가지를 제작하여 실험하는 것이 좋다. 전자는 구조물의 단면을 큰 축척으로 만들고 폭은 전체구조물의 일부만을 만들어 실험함으로써 흐름의 어떤 단면에서의 수리현상을 보다 세밀하게 조사할 수 있도록 하는 것이고, 후자는 소 축척으로 완전한 구조물의 모형을 만들고 접근수로와 하류수로도 갖추어 흐름의 종단방향으로의 특성을 조사할 수 있도록 하는 것이다.

13.7.1 위어와 수문모형

모형의 축척비는 보통 5 : 1∼40 : 1 정도로 택하며 단면모형을 측벽이 유리로 된 수로상에 고정시켜 위어 위의 흐름거동이나 수문에 작용하는 수압분포 및 그로 인한 힘들에 관한 실험을 하게 된다. 위어 모형에서 특히 조심해야 할 것은 모형 위어상의 수두가 최소한 6 mm 이상이 되도록 해야 한다는 것이다. 만약 이보다 수두가 작으면 원형에서 중요하지 않는 표면장력현상이 모형에서의 흐름을 크게 지배하게 되므로 엉뚱한 실험결과를 얻을 우려가 있다.

문제 13-13

폭이 18 m인 위어(혹은 월류형 여수로) 위로의 월류량 특성을 조사하기 위해 모형 위어를 제작하고자 한다. 위어 위로 흐르게 될 하천유량의 범위는 1∼30 m³/sec로 추정되었으며 위어의 유량계수 $C = 1.7$ 정도일 것으로 판단하였고, 수리실험용 펌프의 최대양수율은 90 ℓ/sec이다. 모형의 축척은 얼마로 하는 것이 좋겠는가?

풀이 (a) 모형 위어상의 수두가 6 mm 이상이 되도록 축척을 정해야 하며 원형에서의 유량범위를 전부 실험할 수 있도록 해야 한다.

원형에서의 최소유량인 $Q_p = 1$ m³/sec일 때의 위어상 수두 H_p를 위어 공식(11장)으로 부터 구하면

$$Q_p = CL_p H_p^{3/2} \quad \therefore H_p = \left(\frac{Q}{CL_p} \right)^{2/3} = \left(\frac{1}{1.7 \times 18} \right)^{2/3} = 0.102 \text{ m}$$

모형 위어상의 수두 $H_m = 6$ mm $= 0.006$ m로 놓으면 최대허용축척비는

$$H_r = \frac{H_p}{H_m} = \frac{0.102}{0.006} = 17.0$$

따라서, 표면장력으로 인한 영향을 없애기 위한 안전축척으로 $H_r = 15$를 택한다.

(b) 한편, 축척비를 15 : 1로 했을 때 실험실 최대유량 90 ℓ/sec가 원형에서의 최대유량 30 m³/sec에 충분한가를 검사해 보면, Froude 모형에서는 $Q_r = L_r^{5/2}$ 이므로

$$Q_r = \frac{Q_p}{Q_m} = (15)^{5/2} = 871.42$$

$$\therefore Q_m = \frac{30}{871.42} = 0.0344 \text{ m}^3/\text{sec} < 90 \text{ } \ell/\text{sec}$$

따라서, 실험실 유량은 충분하다.

13.7.2 댐 여수로 모형

11장에서 소개한 바와 같이 댐 여수로에는 여러 가지 형식이 있으나 여기서는 월류형, 나팔형 및 사이폰형 여수로의 모형실험에 대해서만 간단하게 살펴보기로 한다.

월류형 여수로(overflow spillway)는 가장 흔히 사용되는 여수로로서 모형에서는 여수로 노면 곡선(spillway surface profile)상에서의 흐름의 거동을 조사하게 된다(그림 13-1). Pitot관으로 유속을 측정하여 유속분포를 조사하기도 하고 여수로곡선을 따라 피에조미터 탭(piezometer tap)을 만들고 이를 액주계에 연결함으로써 압력변화를 조사하기도 한다(그림 13-2). 이때 노면 의 어떤 부분에서 과대한 부압이 발견되면 이는 원형여수로에서 공동현상이 발생할 위험성을 보여주는 것이므로 노면곡선을 개선하는 등의 조치를 취해야 한다.

여수로의 완전모형의 축척은 $20:1 \sim 100:1$ 정도가 보통이다. 이러한 축척을 사용하게 되면 상사법칙에 따라 모형의 표면조도를 맞추기가 힘들게 되는데 Manning 공식을 사용하여 그 이유 를 설명하기로 한다. 월류형 여수로는 일반적으로 폭이 크므로 광폭 구형단면이라 볼 수 있으며, 동수반경과 수심이 같다고$(R_h \doteqdot y)$ 할 수 있으므로 원형과 모형에서의 유속비(V_r)를 Manning 공식으로 표시해 보면

$$V_r = \frac{1}{n_r} y_r^{2/3} S_r^{1/2} \tag{13.52}$$

여기서, 여수로 노면경사 S는 모형의 기하학적 상사를 맞추기 위해 원형과 모형에서 동일하게 하므로 $S_r = 1$이면 Froude 모형에서 $V_r = L_r^{1/2}$이므로 식 (13.52)는 다음과 같아진다.

$$L_r^{1/2} = \frac{L_r^{2/3}}{n_r} \qquad \therefore n_r = \frac{n_p}{n_m} = L_r^{1/6} \tag{13.53}$$

그런데, 원형여수로는 통상 콘크리트로 제작되므로 $n_p = 0.014$ 정도이고 모형에 사용할 수 있 는 가장 매끈한 재료(sheet metal 혹은 Perspex 등)의 $n_m = 0.009$ 정도이므로 이를 식 (13.53)에 대입하면 $L_r = (0.014/0.009)^6 = 14.2$가 된다. 대형 댐의 경우 이 축척비에 맞추어 모형여수로를 제작한다는 것은 경제적으로 비현실적이라 말할 수 있으므로 이보다 작게 $L_r = 20 \sim 100$으로 제작하는 것이 보통이다. 다행스럽게도 여수로에서는 표면조도에 관련되는 마찰력보다 중력의 영향 이 훨씬 더 지배적이므로 조도의 비상사성이 크게 문제가 되지는 않는다.

그림 13-1

그림 13-2

그림 13-3

　나팔형 여수로(morning-glory spillway) 모형은 나팔형 입구부의 모양과 위어 정상부에 위치하는 피어(piers)의 모양 및 간격 등에 의한 흐름상태뿐 아니라 연직통관과 수평관을 연결하는 만곡부에서의 흐름의 거동이 순조로운가를 조사하기 위해 사용된다(그림 13 – 3). 또한, 이 모형실험에서는 모형 여수로의 유량검정(discharge calibration)을 함으로써 원형여수로의 방류능력을 평가할 수 있게 된다.

　사이폰형 여수로(siphon spilway) 모형은 사이폰 내의 일반적인 흐름특성을 몇 가지 설계안을 대비하면서 분석하는 데 사용할 수 있다. 사이폰형 여수로가 만류상태로 흐를 때에는 모형과 원형의 상사성을 유지하는 데 어려움이 없으나, 사이폰 내에서의 공기흡입에 따른 영향을 고려해야 하는 사이폰 작용의 시동(priming) 및 종료(depriming) 과정까지는 모형화하기 힘들다. 대체로 모형에서의 사이폰 작용은 원형보다 늦게, 그리고 상류 저수지 수위가 원형일 경우보다 높아져야 시작되는 것으로 알려져 있다(그림 13 – 4). 사이폰 여수로에서의 사이폰 작용은 사이폰의 정상부에서의 부압(負壓) 때문에 생기는 것이며, 이 부압의 측정과 해석에 각별한 주의를 요한다.

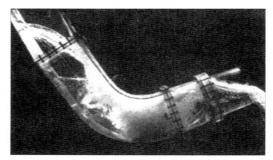

그림 13-4

홍수조절용 댐의 여수로와 감세공을 축척비 50 : 1로 모형을 제작하여 실험하였다. 원형여수로의 폭은 300 m, 설계유량은 1,500 m³/sec이며 수문의 개방시간은 24시간으로 설계하고자 한다. 설계유량조건 하에서의 모형실험결과 감세공의 시점 부근에서의 유속은 3 m/sec, 도수전 수심은 3 cm, 도수로 인한 동력손실은 0.5마력으로 측정되었다. 여수로의 유량계수를 1.5라 가정하고 다음을 구하라.

(a) 모형에서 흘린 유량
(b) 모형 여수로상의 수두
(c) 원형에서의 도수전후의 수심
(d) 원형에서의 도수로 인한 에너지손실
(e) 모형에서의 수문개방시간과 이 시간동안의 총 방류용적

풀이 (a) Froude 모형법칙을 적용해야 하므로

$$Q_r = \frac{Q_p}{Q_m} = L_r^{5/2} = (50)^{5/2} = 17,678$$

$$\therefore Q_m = \frac{1,500}{17,678} = 0.0849 \, \text{m}^3/\sec = 84.9 \, \ell/\sec$$

(b) 위어 공식 $Q_m = CL_m H_m^{3/2}$ 에서

$$L_m = L_p / L_r = 300/50 = 6 \, \text{m}$$

이므로

$$H_m = \left(\frac{Q_m}{CL_m} \right)^{2/3} = \left(\frac{0.0849}{1.5 \times 6} \right)^{2/3} = 0.0446 \, \text{m} = 4.46 \, \text{cm}$$

(c) 원형에서의 도수전

수심 : $y_{1p} = L_r \, y_{1m} = 50 \times 3 = 150 \, \text{cm} = 1.5 \, \text{m}$

유속 : $V_{1p} = \sqrt{L_r} \; V_{1m} = \sqrt{50} \times 3 = 21.2 \, \text{m}/\sec$

Froude 수 : $F_{1p} = \frac{21.2}{\sqrt{9.8 \times 1.5}} = 5.5$

따라서, 도수후 수심은

$$y_{2p} = \frac{y_{1p}}{2} \left[-1 + \sqrt{1 + 8 F_{1p}^2} \right] = \frac{1.5}{2} \left[-1 + \sqrt{1 + 8 \times (5.5)^2} \right] = 10.94 \, \text{m}$$

(d) $P_r = \dfrac{P_p}{P_m} = L_r^{7/2} = (50)^{3.5} = 883,883.5$

$$\therefore P_p = 883,883.5 \times 0.5 = 441,942\, \text{마력}$$

(e) $T_r = \dfrac{T_p}{T_m} = \sqrt{L_r} = \sqrt{50} = 7.071$

$$\therefore T_m = \dfrac{24}{7.071} = 3.394\,\text{hr}$$

총 방류용적 $= Q_m\, T_m = 0.0849 \times 3.394 \times 3,600 = 1,037\,\text{m}^3$ 혹은

$$\text{V}_r = \dfrac{\text{V}_p}{\text{V}_m} = \dfrac{1,500 \times 24 \times 3,600}{\text{V}_m} = L_r^3 = (50)^3$$

$$\therefore \text{V}_m = \dfrac{1,500 \times 24 \times 3,600}{50^3} = 1,036.8\,\text{m}^3$$

문제 13-15

축척비 $L_r = 10$인 사이폰형 여수로 모형의 후두부(throat) 중립축에서의 유속이 $0.95\ \text{m/sec}$이었고 상류 저수지 수위는 중립축보다 $0.26\ \text{m}$만큼 낮았다. 모형에서의 이 조건에 대응하는 원형조건 하에서 원형여수로는 성공적으로 작동할 것인지 검토하라.

풀이 모형에서 저수지 수면과 사이폰 후두부 중립축 사이에 흐름의 Bernoulli 방정식을 세우면(저수지수면을 기준면으로 함)

$$0 + 0 + 0 = \dfrac{p_m}{\gamma} + \dfrac{V_m^2}{2g} + z_m + h_m$$

마찰손실수두 h_m은 작으므로 무시하면, 압력수두는

$$\dfrac{p_m}{\gamma} = -\dfrac{0.95^2}{2 \times 9.8} - 0.26 = -0.306\,\text{m}$$

원형과 모형에서의 압력수두비는 바로 축척비 L_r과 같으므로 원형에서의 압력수두는

$$\dfrac{p_p}{\gamma} = L_r \left(\dfrac{p_m}{\gamma} \right) = 10 \times (-0.306) = -3.06\,\text{m}$$

원형에서의 압력수두가 사이폰 작용이 계속되기 위한 이론적인 한계치 $-10.33\ \text{m}$보다 훨씬 크기 때문에 마찰손실수두나 불균등 유속분포 등을 고려한다 하더라도 원형 사이폰은 성공적으로 작동할 것으로 판단된다.

13.7.3 감세공 모형

감세공(stilling basin)은 위어나 수문, 여수로의 하류에 연결되는 중요한 수리구조물이므로 이의 설계는 마땅히 구조물 전체 속에서 조화가 되도록 해야 한다. 따라서, 모형실험도 그림 13-5에서와 같이 일체가 된 모형에서 실시하는 것이 보통이다.

모형실험에서의 주안점은 고속흐름이 가지는 에너지를 가장 효율적으로 짧은 구간 내에서 감세시켜 상류상태(subcritical condition)로 하류하천으로 흘려보낼 수 있는 에너지감세용 출구수로의 형태를 결정하는 것이다. 이동상 감세공에서의 세굴현상을 양적으로 조사하기는 어려우나 여러 가지 여수로 노면곡선과 여수로 단부 모양 등이 세굴에 어떻게 영향을 미치는가를 정성적으로 관찰함으로서 설계에 유익한 정보를 제공할 수 있다. 모형감세공 내에 사용하는 바닥재료의 크기는 정성적 조사를 하는 데는 큰 영향을 미치지 않으므로 작은 자갈이나 쇄석 등을 많이 사용한다.

그림 13-5

13.8 개수로의 수리모형

자연하천에서 홍수통제를 위한 하천개수사업을 수행할 때는 대상구간에 대해서 광범위한 변화를 주게 되며, 기본설계단계에서는 몇 가지 하천개수대안에 대한 상대적인 평가를 하는 것이 보통이다. 즉, 해당 하천구간에 대한 계획홍수량이 흐를 경우의 각 대안별 홍수위를 예측 비교하는 것으로서 해석적 방법(9장의 점변류의 수면곡선 계산법 등)만으로는 자연하천의 불규칙한 단면형상과 수로의 만곡 때문에 신빙성 있는 예측이 불가능하므로 개수로의 수리모형실험으로 보다 정확한 해석을 하게 된다.

개수로 수리모형에 있어서 자연하천의 폭은 수심에 비해 매우 크므로 왜곡되지 않은 축척(모든 방향으로 동일한 축척)으로 모형을 제작하려면 측정을 위해 수심을 어느 수준이상 확보해야 하므로 모형이 너무 커져서 경제적으로 감당하기 힘들게 된다. 만약, 모형을 평면형태를 기준으로 하는 왜곡모형으로 제작하면 수심이 지나치게 작아져서 실험에서 수심차를 측정하기 힘들뿐 아니라 모형의 조도를 맞출 수 없고, 층류(하천에서는 난류)가 흐르고 표면장력이 흐름을 주로 지배하게 되며, 이동상 수로의 경우는 유속이 너무 느려서 하상물질을 전혀 침식하지 못하는 등의 현상이 발생하게 되어 모형에서의 흐름이 하천에서의 흐름특성과 크게 달라지게 된다.

이와 같은 문제점을 해결할 수 있는 한 방법이 바로 왜곡모형(歪曲模型, distorted model)으로서 연직축척비 Y_r 을 수평축척비 X_r 보다 훨씬 작게 만드는 것이다. 모형의 축척을 왜곡시키면 횡단면 내에서의 유속분포가 실제와 달라진다든지, 혹은 가파른 측면경사 때문에 측면의 세굴이 실제보다 더 커지는 등의 문제가 발생하는 것은 사실이나 비교적 긴 하천구간에 걸친 수위-유량 관계의 예측에 그다지 큰 영향을 미치지는 않는다.

자연하천에서의 흐름은 일반적으로 완전난류상태로 흐르고 흐름에 따른 저항력이 주로 마찰력보다도 와항력(form drag force)에 의한 것이므로 Manning 공식과 같은 경험공식이 적용될 수 있으며 상사법칙에 따라 쓰면

$$V_r = \frac{1}{n_r} R_{hr}^{2/3} S_r^{1/2} \qquad (13.54)$$

개수로에 있어서 수평방향의 유속(V)은 수심(Y)의 자승근에 비례하므로 왜곡모형에서의 유속비 V_r 과 시간비 T_r 은 Froude 모형법칙에 따라 각각

$$V_r = \sqrt{Y_r} \qquad (13.55)$$

$$T_r = \frac{L_r}{V_r} = \frac{X_r}{Y_r^{1/2}} \qquad (13.56)$$

식 (13.54)에 식 (13.55) 및 $S_r = Y_r / X_r$ 을 대입하고 정리하면

$$n_r = \frac{n_p}{n_m} = \frac{R_{hr}^{2/3}}{X_r^{1/2}} \qquad (13.57)$$

만약, 원형과 모형수로를 광폭단면수로라 가정하면 $R_h \simeq y$ (수심)이므로 식 (13.57)은

$$n_r = \frac{Y_r^{2/3}}{X_r^{1/2}} \qquad (13.58)$$

식 (13.57)의 동수반경비 R_{hr} 은 수평 및 연직축척과 연관되어 있으며, 이 식은 모형의 경사비 (Y_r / X_r)가 가용 실험공간에 맞춰 결정된 경우 조도계수비를 결정하는 데 사용할 수 있다. 반대로, 원형과 모형의 조도계수비(n_r)가 선정되었을 때 경사비는 식 (13.54)로부터

$$\frac{Y_r}{X_r} = S_r = \frac{n_r^2 V_r^2}{R_{hr}^{4/3}} = \frac{n_r^2 Y_r}{R_{hr}^{4/3}} \qquad (13.59)$$

한편, 원형과 모형에서의 유량비 Q_r 은

$$Q_r = A_r V_r = X_r Y_r \sqrt{Y_r} = X_r Y_r^{3/2} \qquad (13.60)$$

일반적으로 왜곡개수로모형에 사용되는 연직방향 축척비는 $Y_r < 100$, 수평방향 축척비는 $200 < X_r < 500$ 정도로 하는 것이 보통이며 왜곡도 (X_r / Y_r) 는 3∼6이 보통이다.

고정상 수로모형(fixed-bed model)은 통상 $n = 0.012$ 정도인 시멘트 모르타르(cement mortar)로 제작하며 자연하천 수로의 조도는 대부분 0.030보다 큰 것이 보통이므로 식 (13.57)의 관계에 의한 모형수로의 n 값이 시멘트 모르타르의 조도계수보다 커져야 한다. 따라서, 모형수로의 조도계수를 높이기 위해 시멘트 모르타르 표면 밖으로 자갈이나 철사(鐵絲) 등이 튀어나오게 하거나 혹은 인조 모르타르 블록(mortar block) 등을 군데군데 설치하기도 한다. 이와 같이 모형수로의 조도를 Froude 법칙이 성립되도록 맞추고 나면 원형수로에서의 수위–유량관계가 모형수로에서도 성립하는지를 실측에 의해 검증하는 절차가 필요하게 되며 이를 모형검정(model calibration)이라 한다.

이동상 수로모형(movable-bed model)은 자연하천의 하상에서 나타나는 토사의 세굴, 유송 및 퇴적 등의 현상에 대한 실험을 위해 사용된다. 이와 같은 모형실험에서는 양적인 상사성을 유지한다는 것은 실질적으로 불가능하므로 정성적인 상사성을 얻어 수리현상을 예측한다. 즉, 세굴이나 퇴적의 위치를 파악한다거나 상대적인 크기를 비교 평가하는 목적으로 이루어지게 된다. 모형의 축척에 맞추어 하상재료를 선정한다는 것은 불가능하므로, 흐름이 충분한 소류력을 가져 모형하상물질을 운반할 수 있도록 연직축척비를 전술한 바와 같이 왜곡시켜야 한다.

이동상 모형에서는 정량적인 상사성을 얻을 수 없으므로, 원형에서 여러 수리현상을 예측하기에 앞서 현장실측에서 이미 알고 있는 원형조건 하의 하상형상을 모형에서 재연시킴으로써 원형과 모형의 수리학적 상사를 확인해야 한다.

문제 13-16

길이 10 km(직선거리 7.1 km)인 하천에서의 홍수류에 대한 실험을 위해 고정상 모형실험을 하고자 한다. 하천의 평수량 300 m^3/sec일 때의 평균수심과 하폭은 각각 4 m 및 50 m이며, 조도계수는 0.035, 최대홍수량은 850 m^3/sec일 것으로 추정되어 있다. 실험실의 길이가 18 m로 제한되어 있다고 가정하고 적절한 모형수로의 축척을 결정하라. 또한 모형수로의 조도와 최대유량을 결정하라.

풀이 (a) 모형의 축척결정

이 모형에는 Froude 법칙을 적용해야 한다. 최대 평균축척은 실험실의 길이에 따라 결정된다. 즉,

$$X_r = \frac{7,100}{18} = 394$$

따라서, $X_r = 400$ 을 취한다. 왜곡도 $X_r / Y_r = 5$ 로 선택하면

$$Y_r = \frac{400}{5} = 80$$

연직축척비가 80이면 모형에서의 수면곡선경사를 정확하게 측정하는 데 별문제가 없을 것으로 생각된다.

(b) 모형수로에서의 흐름의 난류도검사

평수량 $Q_p = 300\,\mathrm{m}^3/\mathrm{sec}$ 일 때 유속은

$$V_p = \frac{300}{4 \times 50} = 1.5\,\mathrm{m/sec}$$

식 (13.55)에 의하면

$$\frac{V_p}{V_m} = V_r = \sqrt{Y_r} \quad \therefore\ V_m = \frac{1.5}{\sqrt{80}} = 0.168\,\mathrm{m/sec}$$

모형에서의 동수반경은

$$R_{hm} = \frac{A_m}{P_m} = \frac{\left(\dfrac{50}{400}\right) \times \left(\dfrac{4}{80}\right)}{\dfrac{50}{400} + 2\left(\dfrac{4}{80}\right)} = \frac{0.00625}{0.2225} = 0.0278\,\mathrm{m}$$

따라서, 물의 동점성계수 $\nu = 1.14 \times 10^{-6}\,\mathrm{m}^3/\mathrm{sec}\,(15\,℃)$ 라면 흐름의 Reynolds 수는

$$R_{em} = \frac{V_m R_{hm}}{\nu} = \frac{0.168 \times 0.0278}{1.14 \times 10^{-6}} = 4,097 \gg 500$$

따라서, 모형수로에서의 흐름은 최소유량에서도 난류가 보장되므로 원형에서의 흐름 성질을 그대로 재연할 것이다.

(c) 모형수로의 소요 조도계수 결정

모형에서의 동수반경은

$$R_{hp} = \frac{A_p}{P_p} = \frac{4 \times 50}{50 + 8} = 3.448\,\mathrm{m}$$

식 (13.57)을 사용하면

$$n_r = \frac{n_p}{n_m} = \frac{R_{hr}^{2/3}}{X_r^{1/2}} = \frac{\left(\dfrac{3.448}{0.0278}\right)^{2/3}}{(400)^{1/2}} = 1.244$$

$$\therefore\ n_m = \frac{0.035}{1.244} = 0.028$$

즉, $Q = 300\,\mathrm{m}^3/\mathrm{sec}$ 가 흐르는 저수로에 대해서는 $n_m = 0.028$ 이 적당하다.

그러나, $Q = 850\,\mathrm{m}^3/\mathrm{sec}$ 로 고수부지를 포함하는 하천단면에 대해서는 식 (13.57)에서 $R_{hr} \simeq Y_r$ 로 놓고 n_m 을 구한다. 즉,

$$n_r = \frac{n_p}{n_m} = \frac{Y_r^{2/3}}{X_r^{1/2}} = \frac{(80)^{2/3}}{(400)^{1/2}} = 0.9283$$

$$\therefore n_m = \frac{0.035}{0.9283} = 0.038$$

따라서, 모형수로의 재료인 시멘트 모르타르에 인공조도를 가하면서 기지의 수면경사와 비교하여 조도를 맞추어야 한다.

(d) 실험실의 최대 소요유량

Froude 모형법칙에 따라 식 (13.60)을 사용하면

$$Q_r = X_r\, Y_r^{3/2} = 400 \times (80)^{3/2} = 286{,}217$$

$$\therefore Q_m = \frac{850 \times 10^3}{286{,}217} = 2.97\ \ell/\mathrm{sec}$$

13.9 수력기계의 수리모형

펌프나 터빈과 같은 수력기계의 임펠러 혹은 런너를 통해 흐르는 흐름은 통상 압력 하에서 흐르므로 압력, 탄성력, 점성력이 관성력에 반하여 흐름을 지배하는 힘이되며 충격식 터빈의 경우만은 흐름이 압력 하에 있지 않으므로 중력이 흐름을 지배하게 된다.

그러나, 수력기계의 성능은 주로 유체와 수력기계의 회전자 사이의 에너지 전환효율에 따라 좌우되며 점성과 표면조도가 흐름에 영향을 미치기는 하나 흐름특성을 크게 좌우하지는 않는다. 원형과 모형에서의 회전자의 운동학적 상사는 기하학적 상사가 이루어지면 성립되는 것이 보통이며, 회전자를 회전시켜 일을 하는 운동에너지와 압력에너지 사이의 전환관계가 궁극적인 관심사가 되는 것이다.

따라서, 수력기계의 수리모형법칙은 원형과 모형에서의 Euler 수를 동일하게 해줌으로써 이루어지며 식 (13.20)의 Euler 수를 변형시키면

$$E = \frac{V}{\sqrt{\Delta p/\rho}} \propto \frac{\rho\, V^2}{\Delta p} \propto \frac{\rho\, V^2}{\gamma(N^2 D^2/g)} = \frac{V^2}{N^2 D^2} \qquad (13.61)$$

$$\propto \frac{(Q/D^2)^2}{N^2 D^2} = \frac{Q^2}{N^2 D^6}$$

여기서, D 는 수력기계의 직경, Q 는 유량, N 은 축의 회전각속도이며, 강제 보르텍스(forced vortex)의 원리에 의해 압력차 Δp 는 $\gamma(\omega^2 r^2/2g)$ (ω 는 회전각속도, r 은 반경)에 비례한다고 가정하였다.

따라서, 원형과 모형에서의 Euler 수가 같다고 하면 식 (13.61)로부터

$$\frac{Q_r^2}{N_r^2 D_r^6} = \frac{Q_r}{N_r D_r^3} = 1 \tag{13.62}$$

이며 식 (13.62)가 유량의 항으로 표시한 수력기계의 상사조건이다.

만약, 식 (13.62)의 유량 Q 대신 수력기계가 유체에 공급하거나 유체로부터 받는 수두 H의 항으로 상사조건을 표시하려면 수두에 관한 다음 관계식을 이용하게 된다.

$$H = \Delta\left(\frac{p}{\gamma} + \frac{V^2}{2g} + z\right) = k_1 \frac{V^2}{2g} = k_2 \frac{Q^2}{D^4} \tag{13.63}$$

수력기계에서 총 에너지의 변화량인 수두 H는 에너지의 전환관계를 생각하면 운동에너지인 $V^2/2g$에 비례한다고 볼 수 있고 $V = Q/(\pi D^2/4)$의 관계를 이용하여 식 (13.63)과 같은 등식으로 표시할 수 있다. 식 (13.63)의 관계로부터 원형과 모형의 상사를 위해서는

$$Q_r = \sqrt{H_r}\ D_r^2 \tag{13.64}$$

식 (13.64)를 식 (13.62)에 대입하면

$$\frac{Q_r}{N_r D_r^3} = \frac{\sqrt{H_r}}{N_r D_r} = \frac{H_r}{N_r^2 D_r^2} = 1 \tag{13.65}$$

한편, 식 (13.62)와 (13.65)로부터 D_r을 소거하면

$$\frac{Q_r}{N_r D_r^3} = \frac{Q_r}{N_r (H_r^{3/2}/N_r^3)} = \frac{Q_r N_r^2}{H_r^{3/2}} = 1 \tag{13.66}$$

식 (13.66)의 제곱근으로 표시되는 변량을 펌프의 비속도(比速度, specific speed)라 한다. 즉,

$$N_s = \frac{N\sqrt{Q}}{H^{3/4}} \tag{13.67}$$

여기서, N은 펌프의 회전각속도(rpm), Q는 양수율(gallons/min), H는 수두 혹은 양정(ft)이다. 비속도는 식 (13.67)의 차원관계로부터 알 수 있듯이 속도의 단위를 가지지는 않지만 단위유량(1 ft³/sec)을 단위양정(1ft)에 대해 양수하기 위한 펌프의 속도로 해석될 수 있으며, 기하학적으로 상사인 두 펌프의 임펠러가 운동학적 상사성을 가지기 위해서는 두 펌프의 비속도가 동일해야 한다. 즉,

$$(N_s)_p = (N_s)_m$$

혹은

$$(N_s)_r = \frac{(N_s)_p}{(N_s)_m} = 1 \tag{13.68}$$

식 (13.67)의 비속도는 유량 Q 대신 동력 $P = \gamma QH/550$의 관계를 사용하여 동력의 항으로 표시할 수도 있다. 즉,

$$N_s = \left(\frac{N}{H^{3/4}} \right) \left(\frac{550\,P}{\gamma H} \right)^{1/2}$$

우변의 상수항을 없애고 표시하면

$$N_s = \frac{N\sqrt{P}}{H^{5/4}} \tag{13.69}$$

여기서, P는 마력(horse power)이며 터빈의 비속도로 사용된다. 펌프의 경우와 마찬가지로 기하학적으로 상사인 두 터빈이 운동학적 상사성을 가지기 위해서는 식 (13.69)로 표시되는 비속도가 서로 같아야 한다.

문제 13-17

런너의 직경이 42 cm인 모형 터빈을 수두 6 m, 회전각속도 400 rpm으로 시험한 결과 측정된 출력은 효율 85%에서 25 HP이었다. 원형 터빈의 런너 직경은 420 cm로 하고자 할 때 원형 터빈의 수두, 회전각속도, 유량을 얼마로 해야 두 터빈이 동역학적 상사성을 가질 것이며, 또한 동일 효율에서의 터빈 출력은 얼마나 될 것인가?

풀이 (a) 축척비 : $L_r = D_p / D_m = 420 / 42 = 10$. 원형에서의 수두

$$H_p = L_r H_m = 10 \times 6 = 60\,\text{m}$$

(b) 원형 터빈의 회전각속도는 식 (13.65)의 관계로부터

$$N_r = \frac{\sqrt{H_r}}{D_r} = \frac{\sqrt{L_r}}{L_r} = \frac{1}{\sqrt{L_r}}$$

$$\therefore\ N_p = \frac{1}{\sqrt{L_r}}\,N_m = \frac{400}{\sqrt{10}} = 126.5\,\text{rpm}$$

(c) 모형 터빈의 유량은 $P_m = \eta\gamma Q_m H_m / 75$로부터

$$Q_m = \frac{75\,P_m}{\eta\gamma H_m} = \frac{75 \times 25}{0.85 \times 1{,}000 \times 6} = 0.368\,\text{m}^3/\text{sec}$$

식 (13.66)으로부터

$$Q_r = N_r D_r^3 = \frac{1}{\sqrt{L_r}}\,L_r^3 = L_r^{5/2}$$

$$Q_p = L_r^{5/2} \cdot Q_m = (10)^{5/2} \times 0.368 = 116.4\,\text{m}^3/\text{sec}$$

(d) 식 (13.69)로 표시되는 비속도가 원형과 모형에서 동일해야 하므로

$$\frac{N_r \sqrt{P_r}}{H_r^{5/4}} = 1$$

$$P_r = \frac{H_r^{10/4}}{N_r^2} = \frac{L_r^{2.5}}{1/L_r} = L_r^{3.5}$$

$$\therefore P_p = L_r^{3.5} \cdot \ P_m = (10)^{3.5} \times 25 = 79{,}057 \, \text{HP}$$

연습문제

01 기하학적으로 상사인 축척 5 : 1인 개수로 모형에서의 유량이 0.2 m³/sec였다면 원형에서의 유량은 얼마이 겠는가?

02 냉각용 저수지 내에서의 흐름문제를 조사하기 위하여 축척 10 : 1의 모형을 제작하였다. 원형 화력발전소로 부터의 방류량이 200 m³/sec이며 모형에서의 유량은 0.1 m³/sec이다. 원형과 모형의 시간비를 구하라.

03 해안구조물에 미치는 파압에 대한 실험을 하기 위해 길이 1 m인 축척 30 : 1의 모형을 제작하였다. 모형실 험에서 측정한 파압으로 인한 작용력이 232 g이었다. 만약, 원형과 모형에서의 유속비가 10 : 1이라면 원형 구조물의 단위길이당 작용하는 힘은 얼마나 되겠는가?

04 수문에 작용하는 모멘트에 관한 실험을 실험실 물탱크에서 축척 125 : 1인 모형을 사용하여 실시한 결과 모형에서 측정한 모멘트는 0.153 kg · m이었다. 원형 수문에 작용하는 모멘트를 구하라.

05 축척이 100 : 1인 수문을 사용하여 저수지로부터 물을 방류하는 원형 수문의 성능을 실험하고자 한다. 모형 실험에서 물을 완전히 방류하는 데 5분이 걸렸다면 원형 저수지에서는 시간이 얼마나 걸릴 것인가?

06 월류형 여수로를 계획유량 1,150 m³/sec, 계획수두 3 m로 하여 길이 100 m로 설계하고자 한다. 원형 여수로 의 수리학적 성능을 시험하기 위하여 축척 50 : 1의 모형으로 실험하고자 한다.
   (a) 모형에서의 유량을 결정하라.
   (b) 모형여수로 말단부(toe)에서 측정한 유속이 3 m/sec였다면 모형에서의 대응유속은?
   (c) 원형과 모형의 말단부에서의 Froude 수는?
   (d) 모형여수로의 말단부에 이어서 설치된 버킷형 감세공에 작용하는 힘이 3.5 kg으로 측정되었다면 원형 에서의 대응력의 크기는?

07 Reynolds 모형법칙을 사용하여 어떤 수리시설의 성능을 모형실험 하고자 한다. 모형의 축척은 5 : 1이고 20℃의 물을 모형에서 흘린다. 모형에서의 수온이 90℃이고 유량이 11.5 m³/sec라면 모형에서의 대응유량 은 얼마이겠는가?

08 수온 85℃인 물을 송수하는 원형 급수관망에서의 전 손실수두를 결정하기 위해 축척 10 : 1인 모형에 20℃ 의 물을 흘려 실험하고자 한다. 모형관의 직경이 1 m, 유량이 5 m³/sec일 때 모형관로에서의 유량과 유속을 구하라. 모형실험에서 측정한 전 손실수두를 원형에서의 손실수두로 어떻게 환산할 것인가?

09 해수 중에 완전잠수하여 5 m/sec로 항진하는 잠수함을 10 : 1 모형으로 실험할 때 모형의 항진속도를 얼마 로 해야 할 것인가? 모형에서도 해수를 사용한다고 가정하라.

10 축척 5 : 1인 모형배를 항해속도 6 m/sec인 원형 선박의 설계를 위해 실험하고자 한다. 만약 모형배에서의 마찰항력이 25 kg으로 계산되었다면 원형에서의 대응 마찰항력은 얼마이겠는가? 또 모형배의 속도는 얼마 로 해야 할 것인가? 단, 파 저항력은 무시하라.

11 공기의 흐름을 측정하기 위한 대형 벤츄리미터의 설계를 위해 축척 5 : 1인 모형 벤츄리미터에 물을 흘려 실험하고자 한다. 모형에서의 유량이 85 ℓ/sec일 때 벤츄리미터의 입구부와 후두부 사이의 압력차가 0.3 kg/cm²로 측정되었다면 원형에서의 대응 압력차는 얼마인가?

12 대기 중을 75 m/sec의 속도로 나는 비행기의 성능을 파악하기 위해 축척 6 : 1인 모형비행기를 풍동에서 풍속 460 m/sec로 실험하였다. 관성력과 점성력 및 압축력이 흐름을 지배한다고 할 경우 모형과 원형은 동력학적 상사를 유지하는가? 표준대기 중에서의 음속은 340 m/sec이다.

13 길이 300 m인 월류형 여수로의 계획홍수량은 3,600 m^3/sec이다. 폭 1 m인 실험실 수로에 축척 20 : 1인 여수로 단면모형을 설치하여 실험한다면 모형에서의 유량을 얼마로 해야 할 것인가? 점성력과 표면장력을 무시하라.

14 축척 1000 : 1인 조석(潮夕)모형에서 원형의 성능을 조사하기 위해 실험할 경우 원형에서의 주기 1일에 대응하는 모형에서의 주기를 계산하라.

15 최대속도 1 m/sec로 항진할 길이 100 m의 배를 축척 50 : 1인 모형배로 실험할 경우 Reynolds 모형법칙과 Froude 모형법칙에 따라 실험한다면 모형배의 속도를 각각 얼마로 해야 할 것인가?

16 연습문제 10에서 모형배에 작용하는 파 저항력이 25 kg이고 마찰항력은 무시할 수 있다면 원형에서의 저항력은 얼마이며 모형배의 속도는 얼마로 해야 할 것인가?

17 축척 36 : 1인 길이 1 m의 모형방파제에 작용하는 파압으로 인한 작용력이 13 kg으로 측정되었다. 모형 방파제의 단위길이당 작용하는 파력을 계산하라.

18 계획홍수량 1,130 m^3/sec, 허용 최대수두 2.7 m인 높이 60 m, 길이 120 m인 원형 월류형 여수로를 50 : 1의 축척으로 모형실험하고자 한다.
 (a) 모형에서의 유량을 구하라.
 (b) 모형여수로의 유량계수가 2.10이었다면 원형여수로의 유량계수는?
 (c) 모형여수로 말단부에서의 유속이 4.5 m/sec였다면 모형에서의 대응유속은?
 (d) 원형과 모형의 여수로 말단부에서의 Froude 수는?
 (e) 여수로 말단부에 연결된 버킷형 감세공에 작용하는 힘이 모형에서 20 kg으로 측정되었다면 모형에서의 대응력의 크기는?

19 어떤 여수로 아래에 연결시킬 감세공을 수평감세수로와 감세용 부속물로 구성하고자 하며 축척 25 : 1로 모형실험을 하고자 한다. 감세수로의 계획유량은 수로의 단위폭당 2 m^3/sec/m이며 도수직전의 유속이 8 m/sec일 때 다음을 계산하라.
 (a) 도수직후의 수심
 (b) 도수전후의 Froude 수
 (c) 수로의 단위폭당 도수로 인한 에너지손실
 (d) 수로의 단위폭당 흘릴 모형에서의 유량
 (e) 감세용 모형블록에 작용하는 힘이 1 kg으로 측정되었을 때 원형블록에 작용하게 될 힘

20 어떤 월류형 여수로와 감세공에 대한 수리모형실험을 하고자 한다. 원형여수로의 길이는 180 m, 계획홍수량은 10 m^3/sec/m이고 모형여수로의 길이는 3 m로 하고자 한다.
 (a) 모형에서 흘릴 단위폭당 유량은?
 (b) 모형여수로에서의 유량계수가 2.0이었다면 원형에서의 값은? 원형여수로의 계획수두의 크기는?
 (c) 모형감세공에서의 도수직전 수심이 1.3 cm였다면 원형에서의 도수로 인한 에너지손실은?

21 저수지에서의 표면장력현상을 조사하기 위하여 모형실험을 하고자 한다. 모형의 축척을 100 : 1로 할 경우 다음 물리량의 원형과 모형 간의 환산비를 표시하라.
 (a) 유량   (b) 에너지   (c) 압력   (d) 동력

22 15℃의 물에서 1.5 m/sec의 속도로 항진하는 길이 100 m인 배를 축척 100 : 1의 모형으로 만들어 토우잉 탱크(towing tank)에 비중 0.9인 유체를 채워 모형배의 실험을 하고자 한다. 점성계수가 얼마인 유체를 선택해야 할 것인가?

23 축척 250 : 1인 모형배를 물에 띄워 파 저항력을 측정했더니 1.1 kg이었다. 원형배에서의 대응하는 파 저항력을 구하라.

24 길이 1 m인 모형 뗏목을 토우잉 탱크에서 1 m/sec의 속도로 띄워 실험하였다. 모형뗏목의 폭은 10 cm, 흘수는 2 cm이며 원형배의 길이는 150 m이다. Reynolds 수가 50,000 이상일 때 항력계수가 0.25이고 모형뗏목을 끄는 데 소요된 힘이 30 g으로 측정되었다면 원형뗏목의 속도와 끄는 데 소요되는 힘은 얼마이겠는가?

25 속도 2.6 m/sec로 움직이는 길이 6 m의 모형배에 작용하는 항력을 측정하였더니 12 kg이었다. 배의 표면마찰항력계수는 0.00272이고 물과 접촉하는 표면적은 6.5 m²이다.
   (a) 모형에서의 표면 마찰항력을 구하라.
   (b) 모형에서의 파항력을 구하라
   (c) 모형에서의 파항력계수를 구하라.

26 연습문제 25에서 모형은 Froude 모형법칙에 따라 실험하며 원형배의 길이를 120 m라 할 때 다음을 구하라.
   (a) 원형배의 속도
   (b) 원형배에 작용하는 파항력
   (c) 원형배의 표면마찰항력계수가 0.0018일 때
   (d) 원형배에 작용하는 총 항력
   (e) 모형배와 원형배를 구동시키는 데 소요되는 동력

27 문제 13-08과 같은 하천수로를 모형화하기 위한 야외 수리실험실이 확보되어 있어 실험실 공간은 문제가 되지 않으나 하상재료의 조도계수 $n_m = 0.18$로 하고자 한다. 적절한 모형축척과 이에 상응하는 모형에서의 유속을 결정하라.

28 폭이 40 m이고 깊이가 7.5 m인 자연하천수로가 300 m³/sec의 물을 운반하고 있다. 이 하천수로에서의 유사조절을 위한 실험을 위해 연직축척 65 : 1, $n_m = 0.02$인 모형개수로를 제작하였다. 원형에서의 $n_p = 0.03$이라 하고 본 실험의 분석에서 필요한 여러 가지 물리량의 원형과 모형 간의 비를 결정하라.

29 하천의 어떤 구간에서의 흐름양상을 조사하기 위하여 축척 100 : 1인 개수로 모형을 제작하였다. 만약 이 하천구간의 $n = 0.025$라면 모형에서의 조도는 얼마로 맞추어 주어야 할 것인가?

30 밑변의 폭이 60 m, 수심이 9 m이고 측면경사가 1.5 : 1(수평 : 연직)인 사다리꼴 하천단면을 수평축척 $X_r = 200$, 연직축척 $Y_r = 80$으로 모형화하려 한다. 모형단면의 조도계수가 0.02라면 모형에서의 조도계수는 얼마이겠는가?

31 어떤 하천의 홍수위 분석을 위해 개수로 모형을 제작하고자 한다. 하천의 계획홍수량은 3,600 m³/sec이고 모형실험을 위한 최대가용 유량은 120 ℓ/sec이다. 원형과 모형에서의 흐름이 동력학적 상사를 이루도록 하기 위한 왜곡모형의 축척을 결정하라. 수평축척과 연직축척의 비(X_r / Y_r, 왜곡도)는 3으로 하고자 한다.

32 수평축척 $X_r = 300$, 연직축척 $Y_r = 75$인 모형개수로의 폭은 1 m, 수심은 5 cm이며, $n_m = 0.012$이고 유량은 500 ℓ/sec이다. 원형에서의 대응하는 유속, 조도계수 및 유량을 계산하라.

33 하천경사가 0.0001, 평균수심 2 m, 하폭 70 m, $n=0.03$, 하천연장 10 km 구간의 개수로 모형을 설계하라.

34 감조하구지역에 대한 축척 1,800 : 1의 모형실험을 하고자 한다. 원형하구에서의 시간장경(조석주기) 12.4 시간은 모형에서 얼마의 시간에 해당하는가?

35 연습문제 34의 하구모형(河口模型, estuary model)을 수평축척 3,600 : 1, 연직축척 81 : 1로 제작했다면 모형에서의 조석주기는 얼마나 되겠는가?

36 화성(火星)에서의 하천수로 내 물의 흐름과 토사유송을 지구상에서 모형실험에 의해 조사하고자 한다. 화성에서의 중력가속도는 지구에서의 중력가속도의 약 $\frac{1}{3}$ 이며 하천수로는 상당한 폭을 가졌다고 가정한다. 모형수로 내의 수심을 측정가능한 깊이로 유지하기 위해서는 왜곡모형을 쓰지 않을 수 없다. 수평축척을 X_r, 연직축척을 Y_r 이라 할 때 다음을 구하라.

(a) 수평방향 유속비
(b) Manning 공식에서의 상수(영국 단위에서의 1.486에 해당하는 SI 단위에서의 상수)가 중력가속도의 제곱근에 비례한다고 가정하고 X_r 을 동수반경비 R_{hr} 및 조도계수비 n_r 의 항으로 표시하라.
(c) 유량비
(d) 토사입자의 침강속도비

37 수두 4 m, 효율 81%, 회전속도 1,160 rpm인 프로펠러 펌프의 유량이 14 m³/min일 때 동일한 효율을 가지는 회전속도 1,140 rpm인 원형펌프에서의 유량, 수두 및 동력(kW)을 구하라.

38 직경 120 cm인 임펠러를 가지는 펌프로 200 rpm의 속도로 6 m³/sec의 물을 양수하고자 한다. 모형펌프의 축척비가 4 : 1이고 회전속도를 1,800 rpm으로 하자면 모형에서의 양수율은 얼마로 해야 할 것인가?

39 직경 65 cm인 임펠러를 가지는 펌프로 50 m³/min의 물을 양정 31 m로 양수하고자 하며, 펌프의 회전속도는 860 rpm으로 하고자 한다. 임펠러의 직경 15 cm인 모형펌프를 1,750 rpm의 회전속도로 운전할 때 다음을 구하라.

(a) 모형펌프에서의 유량과 수두
(b) 원형과 모형에서의 효율이 80%로 같다고 가정할 때 두 펌프를 작용하는 데 소요되는 동력
(c) 비속도를 계산하여 모형과 원형펌프로 적절한 펌프의 종류를 선정하라.

40 낙차 6 m, 회전속도 450 rpm에서의 터빈 출력이 40마력일 때 수두가 30 m인 원형에서의 회전속도와 출력을 계산하라.

41 어떤 터빈이 낙차 30 cm, 회전속도 450 rpm에서 8,000 마력의 출력을 얻고 있다.

(a) 낙차 24 m일 때의 회전속도와 출력을 구하라.
(b) 어떤 형의 터빈을 선택할 것인가?

Chapter 14

지하수와 침투류의 수리

14.1 서 론

　지하수(groundwater)는 지상에 떨어진 강수가 일단 지표면을 통해 침투하여 짧은 시간 내에 하천으로 방출되지 않고 지하에 머무르면서 흐르는 물을 말하며, 생활용수라든가 공업용수 및 농업용수 등 여러 가지 목적을 위한 중요한 수자원으로 이용되고 있으며, 건천후 시 하천유량의 유일한 공급원이 되기도 한다. 지하수를 수자원으로 이용하기 위해서는 지하에서의 물의 흐름원리, 즉 지하수의 수리(hydraulics of groundwater)를 정확하게 이해하는 것이 필요하다. 따라서 이 장에서는 지하수의 생성과 기원 및 연직분포, 지하수대인 대수층의 종류와 투수능을 살펴본 후 지하수 흐름의 기본법칙의 전개와 이를 이용한 지하수 흐름의 해석방법, 그리고 각종 조건 하에 있는 지하수를 채취하는 수단인 양수정의 수리(hydraulics of wells) 및 해수의 침입에 의한 지하수의 오염 및 통제방법 등에 대해 고찰해 보기로 한다.

　댐(dam)에 의해 저류된 저수지의 물이 댐 기초부 혹은 댐 본체를 통해 침투하는 현상에 대한 해석도 지하수의 흐름원리를 그대로 적용하여 해석하게 된다. 따라서, 이 장에서는 콘크리트 댐의 기초부 및 흙 댐(earth-fill dam)의 제체(堤體)를 통한 침투류(浸透流, seepage)의 해석에 많이 사용되는 유선망 해석(流線網 解析, flow-net analysis)을 중심으로 침투류의 수리에 관해서도 간략하게 살펴보기로 한다.

그림 14-1은 지구의 표면에 가까운 전형적인 지형을 자른 단면도이며 지하수면(地下水面, ground water table of phreatic surface)에 의하여 두 개의 구역으로 나누어져 있다.

지하수면의 아랫부분은 물로 포화되어 있으며 이를 포화대(飽和帶, zone of saturation)라 부르고, 윗 부분은 공기와 물로 차 있으며 이를 통기대(通氣帶, zone of aeration)라 부른다. 통기대 내의 물은 토양물리학(soil physics)의 원리로서 그 흐름이 설명되며 농작물의 재배에 매우 중요한 수원이 되는 반면에 포화대 내의 물은 수리학적 분야의 주요 관심사인 것이다.

지하수의 기원에 대한 논란은 예로부터 지금까지 계속되어 왔으나 오늘날에 와서는 대기수(meteoric water), 암석수(imbibitional water) 및 화산수(volcanic water)로부터 유래한 것으로 알려져 있다. 이중 대기수는 대기권으로부터 강수현상에 의해 내려 침투 및 침루현상에 의해 포화대에 도달한 것이며 물의 순환과정의 한 부분을 차지하고 있다. 암석수는 암석층이 형성될 때 층 사이의 공극에 낀 물이며 화산수는 화산작용에 의하여 지하 깊은 곳으로부터 분출하여 지표면을 거쳐 지하수가 된 부분을 말한다. 암석수와 화산수는 그 양에 있어서 대기수에 비교할 수 없을 정도로 작다. 따라서, 지하수의 대부분은 대기수라고 말할 수 있다.

지하수는 대수층(帶水層, aquifer)이라고 불리는 투수성을 가진 지질구조 내에 생성된다. 대수층의 지질구조는 물이 토양이나 암석의 공극을 통해 흐를 수 있는 조직을 가지고 있으며 대수층을 지하수 저수지(groundwater reservoir)라 부르기도 한다. 반면에, 난대수층(難帶水層, aquiclude)은 점토층과 같이 물을 포용할 수는 있으나 다량의 물이 이동될 수 없는 지질구조를 의미하며, 비대수층(非帶水層, aquifuge)은 견고한 화강석(granite)과 같이 물을 포용할 수도 없고 또 통과시킬 수도 없는 지질구조를 의미한다.

암석이나 토양입자 사이에는 통상 조그마한 공간이 존재하며 이를 통해 지하수가 흐르게 된다. 이 공간을 공극(空隙, pores, voids or intertices)이라 부르며, 이는 지하수가 흐르는 관의 역할을 하므로 지하수의 연구에 있어서 매우 중요하다. 공극률(porosity)은 암석이나 토양이 가지는 내부공간을 양적으로 표시하는 척도로서 다음 식으로 표시된다.

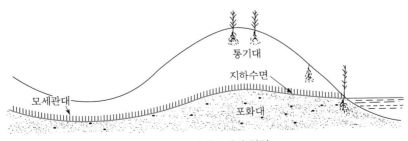

그림 14-1 지하수면의 위치

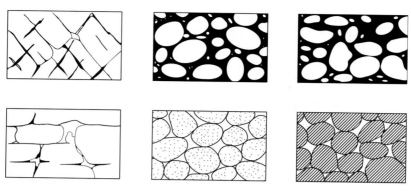

그림 14-2 암석의 공극 예

$$n = \frac{V_v}{V_0} \times 100\%$$ (14.1)

여기서 V_0는 암석과 토양의 총용적이며 V_v는 이중에 존재하는 공극의 용적이다.

공극이 물로 포화되면 토양입자 주위에 얇은 수막이 형성된다. 이 수막은 부착력에 의해 입자에 붙어 있어서 공극 내의 물이 배제되더라도 그대로 공극의 일부를 차지하게 되므로 지하수의 이용면에서 볼 때 이 부분의 물은 가용수량에서 제외해야 하며, 가용수가 차지하는 순공극률을 유효공극률(effective porosity) n_e라 한다.

그림 14-2는 몇 가지 전형적인 공극의 형과 그의 공극률과의 관계를 표시하고 있다. 지하수의 획득면에서 볼 때 수성암이 가장 중요한 암석종류이며, 수성암 내의 공극은 암석을 형성하고 있는 구상입자들의 모양, 분포상태 및 다짐정도에 따라 달라진다. 공극률은 이들 인자에 따라 거의 영에 가까운 값으로부터 50%보다 약간 큰 값 사이로 변한다.

14.3 지하수의 연직분포

전술한 바와 같이 지하수의 생성대는 크게 포화대와 통기대로 구분할 수 있다. 지구의 표면에 가까운 층은 대부분의 경우 그림 14-3과 같이 포화대 위에 통기대가 있고 통기대가 지표면까지 연장된다.

포화대의 상단은 불투수층이 아닌 경우 통기대와 접하게 되고 하단은 점토질의 불투수층이나 암반까지 연장된다. 포화대와 통기대가 접하는 면을 지하수면(ground water table)이라 하며 이 면의 압력은 대기압과 동일하다. 실제로 포화대는 지하수면의 약간 윗부분까지 연장되는 것이 보통이다.

포화대 내의 물은 통상 지하수(ground water)라 부르며, 통기대 내의 물은 현수수(suspended or vadose water)라 한다. 통기대는 다시 토양수대(soil water zone), 중간수대(intermediate zone) 및 모관수대(capillary zone)로 나눌 수 있다.

- 토양수대 : 토양수대(土壤水帶)는 지표면으로부터 식물의 뿌리가 박혀 있는 면까지의 영역을 말하며, 이 대 내의 물은 비포화상태에 있는 것이 보통이다. 이 대(帶)의 두께는 토양이나 식물피복의 종류에 따라 약간 변화하며 대 내의 물은 보통 농공학자 및 토양학자의 관심거리 이다. 토양수대 내의 물은 다시 세 가지로 나눌 수 있는데 토습수(土濕水, hygroscopic water)는 토양입자 표면에 부착되어 얇은 막을 형성하고 있는 수분으로서 부착력이 너무 크기 때문에 식물이 이용할 수 없으며, 모관수(毛管水, capillary water)는 토양입자 주위에 존재하는 일련의 수막을 말한다. 모관수는 표면장력에 의해 토양입자에 붙어 있고 모관력에 의하여 이동하게 되며 식물이 직접 이용할 수 있는 물이다. 중력수(gravitational water)는 중력에 의하여 토양층을 통과하게 되는 토양수 잉여분을 뜻한다.
- 중간수대 : 중간수대(中間水帶)는 토양수대의 하단으로부터 모관수대의 하단까지를 말하며, 이 대의 두께는 지하수위에 따라 크게 변한다. 즉, 지하수위가 높으면 두께는 거의 영에 가까워질 수도 있고 반대로 지하수위가 아주 낮은 경우에는 수십 미터가 될 수도 있다. 이 대는 토양수대와 모관수대를 연결하는 역할을 하며, 이 대 내의 이동하지 않는 피막수(皮漠水, pellicular

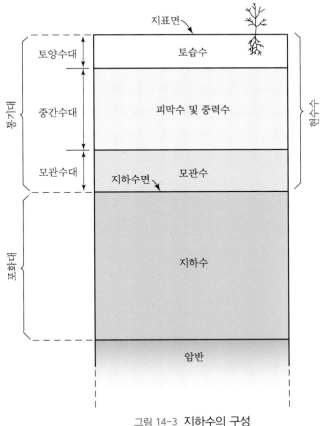

그림 14-3 지하수의 구성

water)는 흡습력(hygroscopic force)과 모관력(capillary force)에 의하여 토양입자에 붙어서 존재하게 되고, 이는 토양수대 내 토양의 함수능(含水能, field capacity)과 동일하며 과잉수는 중력수로서 중력에 의하여 아래층으로 흘러 내린다.

- 모관수대 : 모관수대는 지하수가 모세관현상에 의해 지하수면으로부터 올라가는 점까지의 영역을 차지한다. 만약 토양 내의 공극을 모세관이라 가정하면 그림 14-4의 모관상승고(毛管上昇高, capillary rise) h_c 는 정역학적 평형방정식으로부터 다음 식과 같이 유도할 수 있다.

$$h_c = \frac{2\sigma}{\gamma r} \cos \theta \qquad (14.2)$$

여기서 σ 는 표면장력(surface tension), γ 는 물의 단위중량(specific weight)이며, r 은 모세관의 반경, θ 는 접촉각(angle of contact)이다. 지하수온 10℃ 일 때의 $\sigma = 0.074$ g/cm와 $\gamma = 1$ g/cm^3 를 식 (14.2)에 대입하면

$$h_c = \frac{0.15}{r} \cos \theta \qquad (14.3)$$

여기서, 접촉각 θ 는 유체의 화학적 구성과 관의 재질 및 관벽에 붙어 있는 불순물의 정도에 따라 결정되며 깨끗한 유리관 내에 순수한 물이 올라갈 때는 거의 영에 가까워진다. $\theta = 0$ 이라 가정하면 식 (14.3)으로부터 모관상승고는 자갈층에 있어서는 수 cm, 모래층에 있어서는 수십 cm, 진흙층에서는 수백 cm 정도가 되는 것을 알 수 있다. 모관수대의 두께는 토양의 조직이나 암석의 결에 따라 다르지만 일반적으로 지하수면으로부터의 높이에 비례하며 수분은 감소한다. Lambe가 세사(細沙)를 가지고 실시한 배수실험에 의하면 모관수대 내의 수분분포상태는 그림 14-5와 같다.

그림 14-5로부터 지하수면보다 어느 정도 높은 곳까지 포화되면 실제의 포화면은 겉보기 포화면(visual line of saturation)보다 아래에 있고 수분의 분포곡선은 피막수량에 접근함을 알 수 있다.

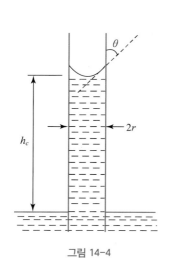

그림 14-4

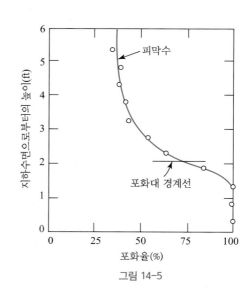

그림 14-5

- 포화대 : 지하수는 포화대 내에 존재하는 모든 공극을 점유하므로 공극률 n은 바로 단위토양 체적 내에 존재하는 지하수량의 척도가 된다. 그러나 물분자와 흙입자 간의 응집력이라든지 표면장력 때문에 전 수량을 지하로부터 채취하거나 배수할 수는 없다. 따라서, 포화대에 포장된 물의 일부는 항상 토양이나 암석층 내에 존재하게 되며 이를 보유수(保有水, retained water)라 부르고, 특히 포화대의 전체적 V_0에 대한 보유수가 차지하는 체적 V_r의 백분율을 보유수율(specific retention) S_r이라 한다. 즉,

$$S_r = \frac{V_r}{V_0} \times 100 \qquad (14.4)$$

이와 반대로 포화대로부터의 채취 및 배수가 가능한 수량은 채취가능수율 S_y로 표시하며 이는 유효공극도(effective porosity)라고 할 수 있다. 즉, 채취가능수율 S_y는 포화대로부터 채취 혹은 배수될 수 있는 수량 V_y의 포화대 전체적 V_0에 대한 백분율로 정의할 수 있다.

$$S_y = \frac{V_y}{V_0} \times 100 \qquad (14.5)$$

그런데 공극의 전체적 V_v는

$$V_v = V_r + V_y \qquad (14.6)$$

이므로 식 (14.6)을 식 (14.1)에 대입한 후 식 (14.4)와 (14.5)를 이용하면

$$n = S_r + S_y \qquad (14.7)$$

따라서, 채취가능수율은 대수층의 공극이 차지하는 체적의 한 부분이라 할 수 있으며 그 크기는 토양입자의 크기, 모양, 공극분포상태 및 토층의 다짐 정도(compaction)에 의해 지배된다. 입자크기가 비교적 고른 모래질 토양에 있어서의 채취가능수율은 30% 정도이며 대부분의 충적층에서는 10~20%의 값을 가진다. 표 14-1은 포화대의 구성재료에 따른 공극률 및 채취가능수율의 개략적인 평균치를 표시하고 있다.

표 14-1 공극률 및 채취가능수율

포화대의 구성재료	공극률(%)	채취가능수율(%)
점토	45	3
모래	35	25
자갈	25	22
자갈 및 모래	20	16
사암	15	8
혈암	5	2
화 강 석	1	0.5

물론 표 14−1의 값은 평균치이므로 실제에 있어서는 토양의 상태 및 각종 조건에 따라 실제 값은 표 14−1의 값과는 크게 달라질 수도 있다. 표 14−1을 면밀히 관찰하면 점토는 가장 큰 공극률을 가지지만 채취가능수율은 가장 낮으며 모래질 및 자갈토양은 공극률도 비교적 크고 채취가능수율도 매우 높음을 알 수 있다.

채취가능수율이 포화대로부터 지하수를 채취할 수 있는 정도를 뜻함에 반하여 안전채취량(安全採取量, safe yield)은 인간이 이수목적으로 지하저수지로부터 경제적으로 채취할 수 있는 물의 양을 의미한다. Meinzer에 의하면 "안전채수율이란 대수층의 기능이나 수질에 해를 끼치거나 경제적 타당성을 상실함이 없이 인간이 이수목적으로 대수층 내의 물을 취수할 수 있는 상한율"이라고 정의된다. 사실상 공학적인 면에서 볼 때 안전채수율은 지하수연구에 있어서 최대관심사이며 여러 가지 인자에 의하여 지배된다. 이중 가장 중요한 인자는 물의 양이며 수문학적 물 수지(hydrologic budget) 관계로서 안전채수량 G를 표시해 보면 다음과 같다.

$$G = P - Q_S - E_T + Q_g - \Delta S_g - \Delta S_s \tag{14.8}$$

여기서, P는 대수층이 위치한 유역면적상에 일정기간 동안 내리는 강수량이며, Q_s는 해당 유역으로부터의 지표하천수량, E_T는 증발산량, Q_g는 유역 내로 유입하는 순지하수량, ΔS_g 및 ΔS_s는 지하수 및 지표수 저류량의 변화율을 표시한다.

만약, 식 (14.8)을 1년 기준으로 계산한다면 ΔS_s는 거의 영에 가까울 것이며 이때 얻어지는 G값은 연간 안전채수량(annual safe yield)이 된다. 강수를 제외한 식 (14.8)의 모든 항은 인공적인 변화를 받게 되므로 G는 각 항에 대한 조건을 각각 가정함으로써 계산될 수 있다.

14.4 대수층의 종류와 투수능

지하수를 함유하는 대수층은 여러 가지 지질구조를 가지고 있다. 대부분의 경우 침하현상으로 다져지지 않은 자갈 및 모래로 구성된 층은 양질의 대수층 구실을 하며, 이들 대수층은 각종 이수목적에 사용되는 물을 공급할 수 있는 지하저수지(地下貯水池)의 역할을 한다. 자연적 혹은 인공적인 물의 주입(注入, recharge)에 의해 대수층에 도달한 물은 중력에 의해 흐르거나 혹은 우물(井)을 통해 양수된다. 이와 같은 대수층 내의 지하수 흐름이 압력을 안 받는지 혹은 받는지에 따라 비피압대수층(非被壓帶水層, unconfined aquifer)과 피압대수층(confined aquifer)으로 분류된다.

비피압대수층은 지하수면이 포화수대의 상한면을 형성하는 것으로서 자유대수층(free, phreatic or non-artesian aquifer)이라고도 부른다. 지하수면은 일반적으로 그 지역의 유량이라든가 주입층, 우물을 통한 양수정도, 대수층의 투수능(透水能, permeability) 등에 따라 크게 변하여 지하수면의 상승 혹은 하강은 곧 대수층 내 저류수량의 변화를 의미한다. 그림 14−6의 아랫 부분은

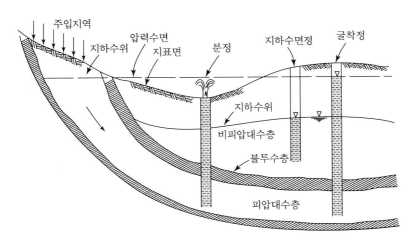

그림 14-6 비피압 및 피압대수층

피압대수층의 이상적인 단면을 표시하기 위한 것이며, 그림 14-6의 윗부분은 전형적인 비피압 대수층을 표시하고 있다. 대수층이 위치한 지역에 여러 개의 우물을 파서 지하수면을 측정하여 그림 14-6과 같은 단면도를 만들면 지하수부존량이라든가 그의 분포 및 유동상태를 알 수 있다.

피압대수층(confined aquifer or artesian, pressure aquifer)은 지하수가 비교적 불투수성인 두 암석층 사이에 끼어서 대기압보다 큰 압력을 받고 있는 대수층을 말한다. 따라서 피압대수층 내부까지 우물을 파면 상부의 불투수층보다 훨씬 높은 지점까지 수위가 올라오게 된다. 이는 그림 14-6의 분정(噴井, flowing well)이나 굴착정(artesian well)에 표시되어 있다. 피압대수층 내로의 물 주입(recharge)은 그림 14-6에서처럼 불투수층이 지면으로 돌출하거나 지하에서 중단되는 지역을 통해 이루어지며, 이러한 지역을 물 주입지역(recharge area)이라 한다. 피압층 속에 박힌 우물 내의 수위상승 및 하강은 대수층 내의 저류수량에 의한 것이 아니라 압력변화에 의한 것이다. 따라서, 피압대수층의 저수량변화는 매우 작으며 대수층은 물 주입지역으로부터 지하수의 자연유출 혹은 인공 양수지점까지 물을 수송하는 관과 같은 역할을 한다. 피압대수층의 압력수면(piezometric surface)은 대수층 내의 물이 받는 정수압의 크기에 해당하는 높이이다. 즉, 그림 14-6에서와 같이 피압대수층 내부까지 들어가 있는 우물 내의 수위는 바로 대수층 내 우물 위치에서의 물이 받는 압력수두(pressure head)인 것이다. 따라서, 압력수면이 지면보다 높은 곳에 있으면 분정이 생기게 된다.

비피압대수층의 한 가지 특수한 예가 그림 14-7에 표시되어 있다. 이는 불투수층이 국부적으로 존재하여 그 위에 지하수가 고이게 되며, 주 지하수층과 분리되어 있는 경우를 말하는데 이러한 대수층을 국부적인 불투수층 위에 놓인 대수층(perched aquifer)라 한다. 퇴적층 내의 점토대(clay lenses)는 이러한 경우에 속하는 한 예이며 수량은 통상 미소하다.

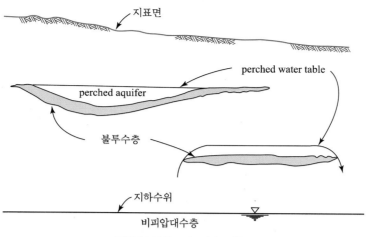

그림 14-7 Perched Aquifer

　　대수층의 투수능(permeability)이란 대수층을 통해 지하수가 유동할 수 있는 정도를 나타내는 것으로서 대수층의 공극률이라든가 구성입자의 크기, 분포, 배치상태, 모양 및 층 내 물질의 지질학적 변천과정 등에 따라 결정된다.

　　어떤 재료의 투수능 정도를 양적으로 표시하는 방법으로 통상 투수계수(permeability coeffcient) k를 사용한다. 투수계수 k는 상기한 여러 인자는 물론 공극조직의 형상에 의해 결정되며 m/day, ft/day 등의 단위로 표시된다.

　　투수계수를 결정하는 방법에는 실험실에서 투수계(permeameter)를 사용하는 방법, 공식을 사용하는 방법 및 우물을 통한 양수시험(揚水試驗, pumping test)에 의한 방법 등이 있다. 실험실방법은 대수층 내의 토양을 채취하여 자연상태 그대로 투수계에 넣는다는 것이 쉽지 않으므로 측정치 자체가 과연 실제 대수층을 대표할 수 있느냐는 것이 문제이므로 실무에는 적용하기 힘들다. 실험공식을 사용하여 투수계수를 결정하는 한 방법을 소개하자면 다음 식으로 표시할 수 있다.

$$k = c\,d_{10}^2 \tag{14.9}$$

여기서 k는 투수계수(m/day)이며 d_{10}은 입도분석결과 시료의 직경이 d_{10}보다 더 작은 값을 가지는 체적이 전 시료의 10%가 되는 입자직경(mm)이고 c는 입자의 크기, 분포, 배열상태 및 공극률에 관계되는 상수로서 400~1,200 사이의 값을 가지며, 평균치는 대략 1,000이다. 식 (14.9)는 생활용수 공급을 위한 모래층 filter로부터 얻어진 경험식이므로 동질의 모래층에서는 어느 정도 적합하나 이질성 입자들이 혼합되어 존재하는 자연대수층의 투수계수 산정에 사용하기에는 문제점이 많다. 따라서, 오늘날 실제 많이 사용되고 있는 방법은 대수층 내부까지 우물을 파서 양수시험 우물(pumping test well)의 수리학적 원리에 의해 해석하여 투수계수를 결정하는 방법으로서 시험정(test well)으로부터 상당한 거리에 걸쳐 대수층의 평균 투수계수를 결정할 수 있다.

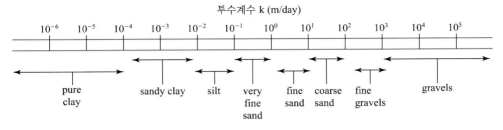

투수계수 k (m/day)

그림 14-8 자연토양의 투수계수 범위

그림 14 - 8은 자연상태의 대수층에 대한 투수계수의 개략적인 범위를 구성 토양입자의 종류에 따라 표시하고 있다.

14.5 지하수흐름의 기본방정식

14.5.1 Darcy의 법칙

물이나 다른 유체로 포화된 다공성 물질(porous material) 내의 흐름은 Darcy가 1856년에 실험에 의해 발견한 법칙에 따른다. Darcy는 그림 14 - 9와 같은 실험장치를 써서 다공성 물질을 통한 유량이 비교적 적을 때 유량 Q 는 손실수두(head loss) $(h_1 - h_2)$ 에 직접 비례함을 증명하였다. 즉,

$$Q = kA \frac{h_1 - h_2}{ds} \tag{14.10}$$

여기서, h_1 은 유입수가 가지는 수두이며 h_2 는 유출수가 가지는 수두, ds 는 흐름의 길이, A 는 다공성 물질의 단면적이며 k 는 비례상수로서 이미 소개한 바 있는 투수계수이다.

식 (14.10) (혹은 그림 14 - 9)의 h (piezometric head)는 임의단면에 있어서의 위치수두 (potential head) z 와 압력수두(pressure head) p/γ 를 합한 것이며 단위중량의 물이 가지는 위치에너지와 압력에너지를 합한 총 에너지를 표시한다. 물론, 흐르는 물의 속도수두(velocity head)가 대표하는 운동에너지도 있겠으나 다공성 물질을 통해 흐르는 흐름의 속도는 일반적으로 매우 작으므로 거의 무시할 수 있다. 따라서, 그림 14 - 9의 $(h_1 - h_2)/ds$ 는 길이 ds 의 다공층에 걸친 유체 에너지의 손실률을 의미하며 이를 동수경사(動水傾斜, hydraulic gradient) i 라 부른다. 즉

$$i = \frac{h_1 - h_2}{ds} = -\frac{dh}{ds} \tag{14.11}$$

여기서, 부(-)의 기호를 사용한 것은 에너지(혹은 수두)가 흐르는 방향, 즉 s 의 방향으로 감소하기 때문이다. 식 (14.11)을 (14.10)에 대입하고 연속방정식(continuity equation)을 생각하면

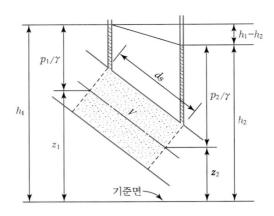

그림 14-9 Darcy의 실험장치

$$Q = kAi = VA \tag{14.12}$$

따라서,

$$V = ki = -k \frac{dh}{ds} \tag{14.13}$$

여기서, V는 다공층을 통해 흐르는 물의 평균유속(m/day, m/sec)으로서 물이 다공층 내 임의의 두 점 간의 거리를 통과하는 데 소요되는 시간을 측정함으로써 구할 수 있으며, 비유속(比流速, specific velocity)이라고도 부른다. 이 비유속은 실제 흐름의 속도가 아니라 단순히 유량 Q를 단면적 A로 나눈 값이다. 공극을 통해 흐르는 물의 실제유속은 비유속보다 크다.

공극을 통한 실제 평균유속을 $\overline{V}$로 표시하면

$$\overline{V} = \frac{\text{유량}}{\text{임의단면에 있어서 공극이 차지하는 단면적}} \tag{14.14}$$

$$= \frac{Q}{An_e} = \frac{AV}{An_e} = \frac{V}{n_e}$$

여기서, n_e는 전술한 바 있는 유효공극률이다.

지하수 흐름의 원리를 표시하는 Darcy의 법칙을 사용함에 있어서 주의해야 할 점은 이 법칙이 전제하고 있는 다음 세 가지 대 가정을 충분히 이해하여 경우에 알맞는 적절한 고려를 해야 한다는 것이다. 첫째, 다공층을 구성하고 있는 물질의 특성은 균일하고 동질이며(isotropic and homogeneous), 둘째, 대수층 내에 모관수대가 존재하지 않으며, 셋째, 흐름은 정상류(steady flow)라는 가정이다. 일반적으로 관수로 내의 층류(laminar flow)에 있어서의 유속은 동수경사에 직접 비례한다. 식 (14.13)에 표시된 바와 같이 Darcy의 법칙은 다공층을 통해 흐르는 지하수의 유속이 동수경사에 직접 비례함을 뜻하므로 Darcy의 법칙은 층류에만 적용시킬 수 있다는 귀납적 결론을 내릴 수 있다. 지하수의 흐름이 층류인가를 판단하는 기준은 통상 Reynolds 수 $\boldsymbol{R}_e$에 의한다. 즉,

$$R_e = \frac{Vd}{\nu} \tag{14.15}$$

여기서, V는 평균유속이며 d는 입자의 평균직경, ν는 유체의 동점성계수(kinematic viscosity)이다. 대체로 균일한 입자로 구성된 모래층에서 실시한 실험에 의하면 층류로부터 난류상태로의 변이는 대략 $R_e = 1 \sim 10$ 사이에서 일어나는 것으로 알려져 있다. 자연대수층 내의 지하수의 흐름은 대부분의 경우 $R_e < 1$의 영역에 있으므로 Darcy의 법칙은 안전하게 적용될 수 있으나 양수정(pumping well) 부근에 있어서의 지하수의 유속은 최대가 되므로 층류로부터 난류로의 변이가 일어날 가능성이 많다. 따라서, 이 영역에 Darcy 법칙을 적용할 때에는 주의를 요한다.

문제 14-01

어떤 대수층으로부터 토양표본을 채취하여 그림 14-9와 같은 직경 4 cm, 길이 $ds = 30$ cm인 실린더에 넣고 물을 흘렸다. 실린더의 출구에서 2분 동안 채취한 물의 체적이 21.3 cm³였으며 두 단면 간의 압력수두차 $(h_1 - h_2) = 14.1$ cm로 측정되었다면 이 대수층의 투수계수는 얼마이겠는가?

풀이 실린더의 단면적은

$$A = \frac{\pi \times (4)^2}{4} = 12.56 \, \text{cm}^2$$

실린더 단위길이당의 손실수두는

$$\frac{h_1 - h_2}{ds} = \frac{14.1}{30} = 0.47$$

실린더 단면을 통한 유량은

$$Q = 21.3 \, \text{cm}^3 / 2 \, \text{min} = 10.65 \, \text{cm}^3 / \text{min}$$

식 (14.10)의 Darcy 공식으로부터

$$k = \frac{Q}{A} \frac{ds}{h_1 - h_2} = \frac{10.65}{12.56 \times 0.47} = 1.80 \, \text{cm}/\text{min} = 25.92 \, \text{m}/\text{day}$$

14.5.2 지하수흐름 방정식의 일반형

식 (14.13)의 Darcy의 방정식은 다공층의 토사입도가 균일하고 그 특성이 균질일 경우 투수계수가 일정하고 동수경사도 모든 방향으로 동일하다고 가정했을 경우에 적용되는 일차원 방정식이다. 보다 일반적인 경우에 적용될 수 있는 Darcy의 법칙은 다음과 같이 표시할 수 있다.

$$V_* = -k_* \frac{\partial h}{\partial s} \tag{14.16}$$

여기서, V_*와 k_*는 각 방향으로의 유속 및 투수계수를 의미한다. 자연대수층의 투수계수는 일반적으로 흐름의 방향에 따라 다르므로 지하수의 유속도 방향에 따라 달라진다. 그러므로 직교좌표계 내에서의 세 유속성분 V_x, V_y, V_z를 표시해 보면

$$V_x = -k_x \frac{\partial h}{\partial x}, \; V_y = -k_y \frac{\partial h}{\partial y}, \; V_z = -k_z \frac{\partial h}{\partial z} \qquad (14.17)$$

여기서, k_x, k_y, k_z는 x, y, z 방향의 투수계수이다. 따라서 대수층 내 임의점에 있어서의 유속은 이들 세 유속성분을 벡터합성함으로써 얻을 수 있다. 만약 대수층이 균질이며 각 방향의 투수계수가 동일하다면 식 (14.17)은 다음과 같아진다.

$$V_x = -k \frac{\partial h}{\partial x}, \; V_y = -k \frac{\partial h}{\partial y}, \; V_z = -k \frac{\partial h}{\partial z} \qquad (14.18)$$

수리학에서는 속도 포텐셜(velocity potential) ϕ를 시간과 공간의 함수로 정의하며, 유체계 내의 임의점에 있어서의 x, y, z 방향의 유속성분 V_x, V_y, V_z는 ϕ를 x, y, z 방향에 대하여 미분한 값의 $(-)$값으로 정의한다. 즉,

$$V_x = -\frac{\partial \phi}{\partial x}, \; V_y = -\frac{\partial \phi}{\partial y}, \; V_z = -\frac{\partial \phi}{\partial z} \qquad (14.19)$$

따라서, 지하수흐름에 속도 포텐셜이 존재한다면 식 (14.18)과 (14.19)로부터

$$\phi = kh = k \left(z + \frac{p}{\gamma} \right) \qquad (14.20)$$

14.6 정상 일방향 흐름

정상 일방향 흐름(steady unidirectional flow)이란 지하수흐름의 특성이 시간에 따라 변하지 않을 뿐만 아니라 $\left(\dfrac{d}{dt} = 0 \right)$, 다공층을 통한 각 유선(stream line)의 방향이 평행한 흐름을 말한다. 실제의 지하수흐름은 정상 일방향 흐름과는 크게 다르나 흐름 방정식 가운데 가장 간단한 경우이며, 때로는 이 가정에 의한 해석으로부터 만족할 만한 결과를 얻을 수도 있다.

14.6.1 피압대수층 내의 흐름

그림 14-10과 같이 두께가 b로 일정한 피압대수층 내에 유속 V의 지하수가 x방향으로 흐른다고 가정하자. 대수층의 투수계수가 k로 일정하다면 대수층의 단위폭당 유량 q는 식 (14.18)을 사용하면

$$q = b\,V_x = -kb\frac{\partial h}{\partial x} = -kb\frac{dh}{dx} \qquad (14.21)$$

식 (14.21)을 미분하면

$$\frac{dq}{dx} = -kb\frac{d^2h}{dx^2} \qquad (14.22)$$

흐름이 정상류라고 가정하였으므로 $\frac{dq}{dx} = 0$. 따라서, 식 (14.22)로부터

$$\frac{d^2h}{dx^2} = 0 \qquad (14.23)$$

식 (14.21)과 (14.23)은 피압대수층 내 정상류의 기본 미분방정식이며 여러가지 경계조건 (boundary condition)에 따라 특수해를 구할 수 있다.

식 (14.23)의 일반해는

$$h = C_1 x + C_2 \qquad (14.24)$$

여기서, h 는 일정 기준면으로부터의 수두이며 C_1, C_2 는 경계조건으로부터 결정되는 적분상수이다. $x = 0$ 일 때 $h = h_0$ 라 가정하면 식 (14.24)로부터 $C_2 = h_0$ 가 되며

$$h = C_1 x + h_0 \qquad (14.25)$$

식 (14.25)를 x 에 관하여 미분하고 Darcy의 공식을 쓰면

$$\frac{dh}{dx} = C_1 = -\frac{V}{k} \qquad (14.26)$$

식 (14.26)을 (14.25)에 대입하면

$$h = -\frac{V}{k}x + h_0 \qquad (14.27)$$

식 (14.27)은 수두가 그림 14 – 10에 표시한 바와 같이 흐름방향으로 직선적으로 변함을 표시한다.

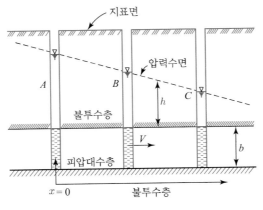

그림 14-10 **피압 대수층내의 일방향 정상류**

그림 14-10과 같이 피압대수층 내에 3개의 폭이 좁은 수로를 500 m 간격으로 굴착했더니 A, B, C 수로 내에 피압대수층 바닥으로부터 각각 5 m, 4 m, 3 m의 깊이로 물이 흘렀다. 대수층의 두께가 10 m이고 투수계수가 10 m/day일 때 대수층 단위폭당 유량을 구하라.

풀이 식 (14.23)을 두 번 적분하면

$$h = C_1 x + C_2$$

$x = 0$ 일 때 $h = 5\,\mathrm{m}$, $x = 500\,\mathrm{m}$ 일 때 $h = 4\,\mathrm{m}$, $x = 1,000\,\mathrm{m}$ 일 때 $h = 3\,\mathrm{m}$ 이므로

$$C_2 = 5, \quad C_1 = -0.002$$

피압대수층의 단위폭당 유량은

$$q = -kb\frac{dh}{dx} = -10 \times 10 \times (-0.002) = 0.2\,\mathrm{m^3/day/m}$$

14.6.2 비피압대수층 내의 흐름

비피압대수층 내의 흐름은 피압대수층의 경우처럼 간단하게 해석할 수 없는 어려움이 있다. 그 이유는 피압대수층의 경우에는 대수층 내 임의 단면에 있어서의 통수단면적이 수두에 관계없이 일정하나, 비피압대수층의 경우에는 그림 14-11에서와 같이 지하수면이 한 개의 유선(流線) 역할을 하며 지하수면의 모양이 대수층 내의 흐름분포를 결정할 뿐 아니라, 역으로 흐름의 분포에 따라 지하수면의 모양이 변하여 통수단면적이 변하기 때문이다.

이 경우에 대한 해를 구하기 위하여 Dupuit는 다음과 같이 가정하였다. 첫째 가정은, 지하수의 유속이 동수경사선의 정현$\left(\mathrm{sine}, \dfrac{dh}{ds}\right)$ 대신에 정접$\left(\mathrm{tangent}, \dfrac{dh}{dx}\right)$에 비례한다는 것이고, 두 번째 가정은, 흐름의 방향은 수평이며 한 연직면 내의 모든 곳에서 그 크기가 동일하다는 것이다 (그림 14-11 참조). 이 두 가지 가정은 사실과는 어느 정도 거리가 있는 가정이므로 해의 적용에 주의를 요한다.

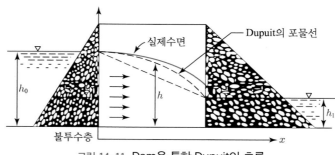

그림 14-11 Dam을 통한 Dupuit의 흐름

그림 14 – 11의 지하수흐름에 있어서 대수층 내 임의 연직면의 단위폭당 유량 q 는 다음 식으로 표시된다.

$$q = -kh \frac{dh}{dx} = \text{const.} \tag{14.28}$$

여기서, h 는 불투수면으로부터 지하수면까지의 높이이며 총 수두에 해당하고 x 는 수평방향을 가르킨다. 식 (14.28)을 x 에 관하여 미분하고 정상류조건을 사용하면

$$\frac{dq}{dx} = -\frac{k}{2} \frac{d^2(h^2)}{dx^2} = 0 \tag{14.29}$$

따라서,

$$\frac{d^2(h^2)}{dx^2} = 0 \tag{14.30}$$

식 (14.28)과 (14.30)은 비피압대수층 내의 정상류 해석을 위한 기본방정식이다.

식 (14.28)을 적분하면

$$qx = -\frac{1}{2}kh^2 + C \tag{14.31}$$

만약, $x = 0$ 일 때 $h = h_0$ (그림 14 – 11 참조)라면 $C = \frac{k}{2}h_0^2$ 이므로 식 (14.31)은 다음과 같아진다.

$$q = \frac{k}{2x}(h_0^2 - h^2) \tag{14.32}$$

식 (14.32)는 지하수면이 포물선형임을 나타내며, 이를 Dupuit 포물선이라 부른다.

그림 14 – 12와 같이 강우로 인하여 대수층 내의 지하수가 증가한다고 가정하자. 이때 내린 우량을 N(임의의 단위를 가진다고 가정)이라 하면 그림 14 – 12로부터

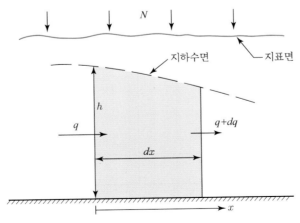

그림 14-12 비피압대수층 위에 비가 내릴 경우의 지하수흐름

$$dq = Ndx \qquad (14.33)$$

식 (14.28)을 x에 관하여 미분한 것과 식 (14.33)을 사용하면

$$\frac{dq}{dx} = -\frac{1}{2}k\frac{d^2(h^2)}{dx^2} = N \quad \therefore \frac{d^2(h^2)}{dx^2} = -\frac{2N}{k} \qquad (14.34)$$

식 (14.34)는 강우로 인하여 대수층 내의 지하수가 상승할 때의 지하수면에 관한 미분방정식이다.

문제 14-03

1,000 m 간격으로 떨어져 있는 그림 14−13과 같은 관개수로 내에 물이 흐르고 있다. 두 수로 사이에 있는 토층의 투수계수 $k = 12$ m/day이며 A 수로 내의 수위는 B 수로 내의 수위보다 2 m가 낮고, 대수층의 두께는 A 수로의 수면으로부터 불투수층까지 20 m에 달하고 있다. 수로 A, B의 단위길이당 유입 및 유출률을 구하라. 연 강우량은 1,200 mm로 가정하고 이중 60%가 침투에 의하여 대수층에 도달한다고 가정하라.

풀이 그림 14−13으로부터 경계조건은 다음과 같음을 알 수 있다.

$$x = 0\text{일 때 } h = 20\,\text{m}$$
$$x = 1,000\,\text{m 일 때 } h = 22\,\text{m}$$
$$N = 1.2 \times 0.6 = 0.72\,\text{m/year} = \frac{0.72}{365}\,\text{m/day}$$

식 (14.34)로부터

$$\frac{d^2(h^2)}{dx^2} = -\frac{2N}{k}$$

두 번 적분하면

$$h^2 = -\frac{N}{k}x^2 + C_1 x + C_2 \qquad (14.35)$$

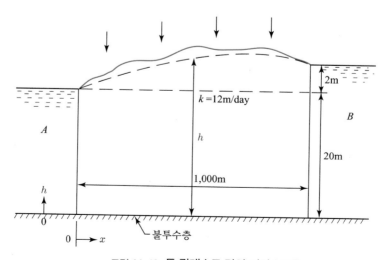

그림 14-13 두 관개수로 간의 지하수흐름

$x = 0$, $h = 20\,\mathrm{m}$를 식 (14.35)에 대입하면

$$C_2 = 400$$

$x = 1,000\,\mathrm{m}$, $h = 22\,\mathrm{m}$를 대입하면

$$484 = -\frac{0.72 \times 10^6}{365 \times 12} + 1,000\,C_1 + 400$$

$$C_1 = 0.084 + 0.164 = 0.248$$

따라서, 식 (14.35)는

$$h^2 = -1.64 \times 10^{-4} x^2 + 0.248\,x + 400 \tag{14.36}$$

따라서,

$$h = (-1.64 \times 10^{-4} x^2 + 0.248\,x + 400)^{\frac{1}{2}} = u^{\frac{1}{2}} \tag{14.37}$$

식 (14.37)을 x에 관하여 미분하면

$$\frac{dh}{dx} = \frac{1}{2} u^{-\frac{1}{2}} (-3.28 \times 10^{-4} x + 0.248) \tag{14.38}$$

식 (14.28)에 식 (14.37)과 (14.38)을 대입하면

$$q = -6\,(-3.28 \times 10^{-4} x + 0.248) \tag{14.39}$$

따라서, $x = 0$ 일 때는

$$q = -1.49\,\mathrm{m^3/day/m}$$

$x = 1,000$ 일 때

$$q = 0.48\,\mathrm{m^3/day/m}$$

따라서, 대수층으로부터 A 수로로는 평균 1.49 m³/day/m의 지하수가 유입하며 B 수로로부터 대수층 내부로 평균 0.48 m³/day/m의 지하수가 유출된다.

14.7 양수정으로의 방사상 정상류

우물로부터 지하수를 양수하면 우물 주위의 대수층으로부터 우물로 향하여 지하수가 흘러나오게 되고, 지하수면(비피압대수층의 경우)이나 수압면(水壓面, piezometric surface, 피압대수층의 경우)은 강하하게 된다. 어떤 지점에 있어서의 지하수면의 강하량(drawdown)은 지하수면이 양수 이전의 원래 위치로부터 낮아진 거리를 의미한다. 그림 14-14는 피압대수층 내에 굴착한 우물로부터 양수할 경우에 거리에 따른 수면강하량의 변화양상을 나타내고 있다. 3차원의 경우에 있어서 수면강하곡선(drawdown curve)은 요상원추(凹狀圓錐, cone of depression)로 알려져 있는 깔때기 모양을 가지며 요상원추의 외한선은 곧 우물의 영향권(area of influence)을 정의한다.

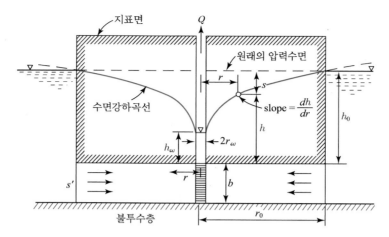

지표면

Q

원래의 압력수면

r

s

수면강하곡선

slope = $\dfrac{dh}{dr}$

h_0

h

h_ω

$2r_\omega$

s'

r

b

불투수층

r_0

그림 14-14 양수정으로의 방사상 정상류의 흐름(원형섬의 경우)

14.7.1 피압대수층으로부터의 양수

그림 14-14와 같이 피압대수층 내에 완전히 뿌리박고 있는 양수정을 통해 일정한 유량 Q를 양수할 때 지하수의 흐름방정식을 유도해 보기로 하자. 경계조건으로서 양수에 의한 임의단면에서의 수두 h의 강하량은 우물축을 통하는 모든 연직면 내에 있어서 동일한 분포를 가진다고 가정하자. 이 가정은 흐름이 방사상으로 완전히 대칭(극좌표에 있어서 θ방향에 무관함을 의미한다)이라는 것과 같으므로 우물을 중심으로 하는 임의의 동심원상에서의 수두는 일정함을 뜻한다. 이러한 가정은 균질의 대수층을 가진 원형섬(circular island)의 중앙에 위치한 양수정의 경우에만 성립한다. 만약, 우물이 대수층의 바닥까지 뚫려 있다면 지하수의 흐름은 대수층 내 어디서나 불투수성 바닥면에 평행할 것이며, 그림 14-14의 s'방향 즉, 우물 중심으로부터 나오는 방향 r의 반대방향으로 흐르게 된다. 우물의 중심을 평면극좌표의 원점으로 잡으면 우물로부터의 양수율 Q는 반경 r, 높이 b인 원통둘레를 통해 흐르는 유량이다. 따라서,

$$Q = AV = 2\pi rb\left(-k\,\frac{\partial h}{\partial s'}\right) = 2\pi rbk\,\frac{dh}{dr} \qquad (14.40)$$

식 (14.40)을 적분하면

$$h = \frac{Q}{2\pi bk}\ln r + C \qquad (14.41)$$

경계조건 $r = r_0$일 때 $h = h_0$를 사용하면

$$C = h_0 - \frac{Q}{2\pi bk}\ln r_0 \qquad (14.42)$$

식 (14.42)를 (14.41)에 대입하면

$$h_0 - h = \frac{Q}{2\pi b k} \ln\left(\frac{r_0}{r}\right) \tag{14.43}$$

식 (14.43)의 $(h_0 - h)$는 우물 중심으로부터 r의 거리에 있는 점에 있어서의 수압면 강하량 (drawdown)이다. 식 (14.43)에 경계조건 $r = r_w$일 때 $h = h_w$를 대입하면

$$h_0 - h_w = \frac{Q}{2\pi b k} \ln\left(\frac{r_0}{r_w}\right) \tag{14.44}$$

따라서,

$$Q = 2\pi b k \frac{h_0 - h_w}{\ln(r_0/r_w)} \tag{14.45}$$

여기서, h_w는 반경 r_w인 양수정에서의 수두이다.

그러므로, 대수층의 특성변수(k, b) 및 원형섬을 둘러싸고 있는 바다 및 우물 내의 수면을 알면 양수율 Q를 구할 수 있다.

피압대수층 내에 굴착되는 양수정의 보다 일반적인 경우는 그림 14 – 15와 같이 대수층이 무한히 연장되는$(r = \infty)$ 경우이다. 이 경우의 수두는

$$h - h_w = \frac{Q}{2\pi b k} \ln\frac{r}{r_w} \tag{14.46}$$

식 (14.46)은 r이 무한히 커짐에 따라 h가 무한대로 커짐을 표시한다.

그러나, 실제로 h가 가질 수 있는 최대치는 양수전의 원래 수두 h_0로 유한하므로 식 (14.46)은 무한히 연장되는 피압대수층에는 적용할 수 없으며, 이론적으로 볼 때 이러한 대수층 내에 방사상 정상류는 있을 수 없다고 말할 수 있다. 그러나 실제에 있어서 h는 우물로부터의 거리

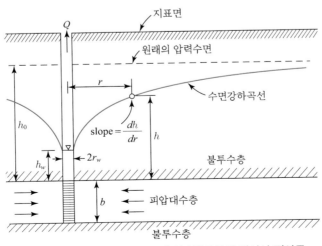

그림 14-15 무한 피압대수층 내 양수정으로의 방사상 정상류

r이 커짐에 따라 h_0에 가까워지며 $r = r_0$라는 가정은 용납된다. 따라서 식 (14.44)와 (14.46)으로부터 Q를 소거하면

$$h - h_w = (h_0 - h_w) \, \frac{\ln{(r/r_w)}}{\ln{(r_0/r_w)}} \tag{14.47}$$

식 (14.47)은 수두 h가 양수율 Q에 관계없이 우물로부터의 거리 r의 대수치(logarithm)에 비례함을 표시하고 있다.

식 (14.46)은 지하수흐름의 평형방정식 혹은 Thiem의 방정식으로 알려져 있으며, 대수층의 투수계수를 양수시험으로부터 결정하는 데 사용된다. 즉, 양수율 Q로 양수할 때 양수정으로부터 거리 r_1, r_2에 있는 관측정(observation well)에서 관측된 수두를 각각 h_1, h_2라 하고 식 (14.46)을 사용하면

$$k = \frac{Q}{2 \pi b (h_2 - h_1)} \ln{\frac{r_2}{r_1}} \tag{14.48}$$

식 (14.48)을 투수계수 결정에 사용하기 위해서는 대수층내의 지하수 흐름이 정상상태(steady state)에 도달할 수 있는 충분한 시간에 걸쳐 일정한 율로 양수해야 하며 관측정은 가능한 한 양수정 가까이에 파서 수두강하량을 쉽게 측정할 수 있도록 해야 한다. 물론 식 (14.48)은 대수층이 무한대로 연장되어 있으며 균질의 재료로 구성되어 있고 흐름이 층류라는 등의 몇 가지 가정에 근거를 두고 있으나 투수계수 결정을 위해 많이 사용되고 있다.

문제 14-04

그림 14–16과 같이 큰 호수 가운데 직경 1 km인 원형 섬의 중앙에 직경 1 m의 양수정을 굴착했다고 가정하자. 이 섬의 대수층은 두께 20 m의 사암층으로서 투수계수는 20 m/day로 추정되었으며 사암층의 상하부는 불투수층으로 되어 있다. 양수정에서의 수압면강하(drawdown)를 4 m로 유지하기 위해서는 얼마만한 정상 양수율로 지하수를 양수해야 할 것인가?

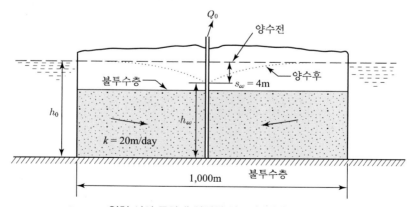

그림 14-16 원형 섬의 중앙에 위치한 양수정 (피압 대수층의 경우)

원형섬의 중앙에 위치한 양수정의 경계조건은

$$r = r_w = 0.5 \text{일 때} \quad s_w = h_0 - h_w = 4\,\text{m}$$

$$r = r_0 = 500\,\text{m 일 때} \quad s_0 = 0$$

피압대수층 내의 방사상 정상류이므로 식 (14.45)에 의해 양수율을 구하면

$$Q = 2\pi b k \frac{h_0 - h_w}{\ln\left(\dfrac{r_0}{r_w}\right)} = 2 \times 3.14 \times 20 \times 20 \times \frac{4}{\ln(1{,}000)} = 1{,}454.6\,\text{m}^3/\text{day}$$

14.7.2 비피압대수층으로부터의 양수

비피압 대수층 내에 굴착된 양수정으로 향해 흐르는 방사상 정상류의 흐름방정식은 일방향 정상류의 경우와 같이 Dupuit의 가정을 사용하여 유도될 수 있다. 그림 14-17과 같이 대수층의 불투수성 바닥까지 굴착된 양수정이 일정한 수두를 가진 동심원상 경계면(concentric boundary)으로 둘러싸여 있다면 양수율 Q는 다음과 같다.

$$Q = 2\pi r k h \frac{dh}{dr} \tag{14.49}$$

식 (14.49)를 적분하면

$$h^2 = \frac{Q}{\pi k} \ln r + C \tag{14.50}$$

경계조건 $r = r_0$일 때 $h = h_0$를 식 (14.50)에 대입하면

$$C = h_0^2 - \frac{Q}{\pi k} \ln r_0 \tag{14.51}$$

식 (14.51)을 (14.50)에 대입하면

$$h_0^2 - h^2 = \frac{Q}{\pi k} \ln\left(\frac{r_0}{r}\right) \tag{14.52}$$

식 (14.52)에 경계조건 $r = r_w$일 때 $h = h_w$를 대입하고 Q에 관하여 풀면

$$Q = \pi k \frac{h_0^2 - h_w^2}{\ln(r_0/r_w)} \tag{14.53}$$

일반적으로 양수정 부근에서는 지하수면곡선이 급하게 강하하므로 Dupuit의 평행흐름(parallel flow)의 가정이 성립하지 않으나 수두 h를 정확히 측정하면 식 (14.53)에 의한 Q는 대체로 정확하다.

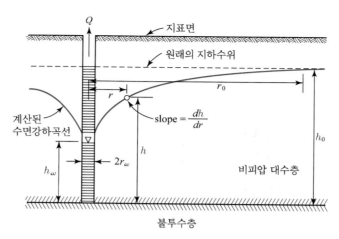

그림 14-17 비피압대수층 내 양수정으로의 방사상 정상류

실제에 있어서 식 (14.53)의 영향권 반경(radius of influence) r_0 의 측정은 매우 어려우므로 대략 150~300 m의 값을 사용하는 것이 통상이다.

피압대수층의 투수계수를 결정하기 위한 식 (14.48)과 비슷한 공식을 식 (14.53)으로부터 구할 수 있다. 즉, 양수율이 Q인 우물로부터 거리 r_1, r_2 떨어진 관측정에 있어서의 수두가 h_1, h_2라면 비피압대수층의 투수계수 k는

$$k = \frac{Q}{\pi \left(h_2^2 - h_1^2 \right)} \ln \left(\frac{r_2}{r_1} \right) \tag{14.54}$$

식 (14.54)를 사용하여 투수계수를 결정하는 데 주의해야 할 사항들은 피압대수층의 경우와 비슷하다.

문제 14-05

비피압대수층으로부터 직경 20 cm, 깊이 30 m인 우물을 통해 0.1 m³/sec의 지하수를 장시간 동안 양수하여 평형상태에 도달하였다. 양수정의 중립축으로부터 20 m 및 50 m 떨어진 관측정에서의 수압면 강하량이 각각 4 m 및 2.5 m였다면 대수층의 투수계수는 얼마인가? 또한 양수정에서의 수압면 강하량은 얼마인가?

풀이 주어진 조건인 Q=0.1 m³/sec, r_1=20 m, r_2=50 m, h_1=30 − 4=26 m, h_2=30 − 2.5=27.5 m 를 식 (14.54)에 대입하여 투수계수를 계산하면

$$k = \frac{0.1}{\pi \left(27.5^2 - 26^2 \right)} \ln \left(\frac{50}{20} \right) = 0.000363 \, \text{m} \, / \sec$$

양수정의 벽면에서는 $r_w = d_w / 2 = 0.2 / 2 = 0.1$ m 이며 수두 h_w 는 역시 식 (14.54)를 사용하여 구한다. r_1=20 m일 때 h_1=26 m인 조건과 위에서 구한 k=0.000363 m/sec를 식 (14.54)에 대입하면

$$0.000363 = \frac{0.1}{\pi \left(26^2 - h_w^2 \right)} \ln \left(\frac{20}{0.1} \right)$$

이를 풀면

$$h_w = 14.53\,\text{m}$$

따라서, 양수정에서의 수압면 강하량은

$$s_w = 30.0 - 14.53 = 15.47\,\text{m}$$

14.7.3 비가 내릴 경우의 비피압대수층으로부터의 양수 **

그림 14 – 18과 같이 비피압대수층 위에 강우강도 P로 비가 내릴 때 양수정으로부터 거리 r 에 있는 단면을 통한 지하수유량 Q는 Darcy 법칙으로부터

$$Q = 2\pi r h k \frac{dh}{dr} \tag{14.55}$$

양수정으로부터 거리 r에 있으며 폭 dr인 단면 위에 비가 내릴 때 이 단면을 통한 미소유량 dQ는 연속방정식으로부터

$$dQ = -2\pi r\, dr \cdot P \tag{14.56}$$

식 (14.56)을 적분하면

$$Q = -\pi r^2 P + C_1 \tag{14.57}$$

$r = r_w \fallingdotseq 0$일 때 Q는 양수율 Q_0와 같다. 즉, $Q = Q_0$이다. 따라서, 식 (14.56)의 $C_1 = Q_0$이 며 이것을 식 (14.57)에 대입하면

$$Q = Q_0 - \pi r^2 P \tag{14.58}$$

식 (14.58)을 (14.55)와 같게 놓고 정리하면

$$h\, dh = \frac{Q_0}{2\pi k} \frac{dr}{r} - \frac{P}{2k} r\, dr \tag{14.59}$$

식 (14.59)를 적분하면

$$h^2 = \frac{Q_0}{\pi k} \ln r - \frac{P}{2k} r^2 + C_2 \tag{14.60}$$

여기서, C_2는 적분상수이며 반경 r_0인 원형섬의 중앙에 위치한 양수정이라 가정하면 경계조건 $r = r_0$일 때 $h = h_0$를 사용할 수 있으므로

$$C_2 = h_0^2 - \frac{Q_0}{\pi k} \ln r_0 + \frac{P}{2k} r_0^2 \tag{14.61}$$

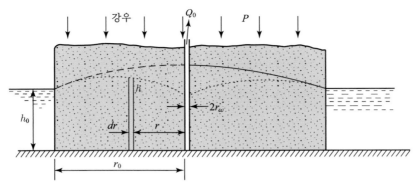

그림 14-18 비피압대수층을 가진 원형섬의 중앙에 위치한 양수정으로의 정상류(비가 내릴 경우)

식 (14.61)을 식 (14.60)에 대입하면

$$h_0^2 - h^2 = \frac{Q_0}{\pi k} \ln \frac{r_0}{r} - \frac{P}{2k} (r_0^2 - r^2) \qquad (14.62)$$

만약, $Q_0 = 0$ 이라면(즉, 양수를 하지 않는다면) 식 (14.62)는

$$h_0^2 - h^2 = - \frac{P}{2k} (r_0^2 - r^2) \qquad (14.63)$$

문제 14-06

반경 500 m 되는 원형섬 위에 유효우량 4 mm/day가 내린다. 섬의 중앙에 위치한 그림 14-19와 같은 양수정으로부터 $Q_0 = 25$ m³/hr로 양수할 때 우물 위치 및 분수계(water divide)에서의 지하수면 강하량을 각각 구하라. 대수층의 특성변수 및 크기는 그림에 표시한 바와 같다.

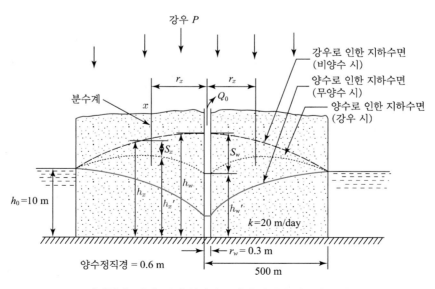

그림 14-19 비피압대수층을 가진 원형섬 중앙에 위치한 양수정 (비가 내릴 경우)

풀이 (a) 비가 내리는 동안에 양수를 하지 않는다면 대수층 내의 지하수면은 상승할 것이며, 우물 중심으로부터 거리 r에 있어서의 지하수위 h는 식 (14.63)으로부터

$$h_0^2 - h^2 = -\frac{P}{2k}(r_0^2 - r^2) \tag{a}$$

$$10^2 - h^2 = -\frac{0.004}{2 \times 20}(500^2 - r^2) = -25 + \left(\frac{r}{100}\right)^2$$

따라서, 양수정의 벽면, 즉, $r = r_w = 0.3\,\text{m}$에 있어서의 지하수위 h_w는 식 (a)에 $r = 0.3$을 대입하면 $h_w = 11.19\,\text{m}$ 이다.

(b) 비가 내리는 동안 양수를 계속할 경우에는 식 (14.62)를 사용하여 지하수위를 결정한다. 즉,

$$h_0^2 - h^2 = \frac{Q_0}{\pi k}\ln\left(\frac{r_0}{r}\right) - \frac{P}{2k}(r_0^2 - r^2)$$

$$10^2 - h^2 = \frac{25 \times 24}{3.14 \times 20}\ln\left(\frac{500}{r}\right) - \frac{0.004}{2 \times 20}(500^2 - r^2) \tag{b}$$

$$= 22\log_{10}\left(\frac{500}{r}\right) - 25 + \left(\frac{r}{100}\right)^2$$

이때 $r = r_w = 0.3\,\text{m}$에 있어서의 지하수위 $h_w{}'$은 식 (b)에 $r = 0.3$을 대입하면 $h_w{}' = 7.39\,\text{m}$ 이다. 따라서, 양수정에 있어서의 지하수면 강하량은

$$s_w = h_w - h_w{}' = 11.19 - 7.39 = 3.80\,\text{m}$$

(c) 만약, 대수층 내에 분수계가 생긴다면(그림 14–19 참조) 양수정으로부터 양수되는 물은 순전히 강우에 의한 것이며 분수계로부터 양수정을 향해 흐르게 된다. 따라서, 양수정 중심으로부터 분수계까지의 거리 r_x는 다음과 같은 연속방정식으로부터 구할 수 있다.

$$Q_0 = \pi r_x^2 P$$

$$25 = 3.14 \times \frac{0.004}{24} \times r_x^2$$

$$\therefore r_x = 218\,\text{m}$$

식 (a)에 $r_x = 218\,\text{m}$를 대입하면 $h_x = 10.97\,\text{m}$이며 식 (b)에 $r_x = 218\,\text{m}$를 대입하면 $h_x{}' = 10.61\,\text{m}$ 이다. 따라서

$$s_x = h_x - h_x{}' = 10.97 - 10.61 = 0.36\,\text{m}$$

피압대수층 내 양수정으로의 방사상 부정류

무한대의 영역을 가진 피압대수층 내에 우물을 파서 일정한 율로 양수하면 그 영향이 시간에 따라 우물 중심으로부터 점점 미치게 된다. Darcy 법칙에 의하면 수두강하율$\left(\dfrac{dh}{dr}\right)$에 투수계수를 곱하여 영향권 내의 전면적에 걸쳐 적분한 것이 양수율이며, 이는 대수층 내에 저류된 지하수량을 점점 감소시키는 결과를 초래하기 때문에 수두는 계속 강하할 것이다. 따라서, 전절에서 살펴본 정상류는 실제로 존재할 수 없는 것이다. 이 경우에 대한 대수층 내의 지하수 흐름의 미분방정식을 평면극좌표로 표시하면

$$\frac{\partial^2 h}{\partial r^2} + \frac{1}{r}\frac{\partial h}{\partial r} = \frac{S}{T}\frac{\partial h}{\partial t} \tag{14.64}$$

여기서, S는 저류계수(貯溜係數, storage coefficient)로서 단위수두 강하에 따라 단위단면적을 가진 대수층 기둥(aquifer column)을 통해 흐르는 물의 양이며, T는 대수층의 투수계수 k에 두께 b를 곱한 값으로 정의되며 전도계수(伝導係數, transmissivity)라고 부르며, t는 양수시점으로부터의 시간이다. Theis는 지하수흐름과 열전도 간의 유사성으로부터 다음의 경계조건 및 초기조건을 사용하여 식 (14.64)의 특수해를 얻었다. 즉

경계조건 : (1) $t > 0$이고 $r \to \infty$일 때 $h \to h_0$

(2) $t > 0$이고 $\displaystyle\lim_{r \to 0}\left(r\frac{\partial h}{\partial r}\right) = \frac{Q}{2\pi T}$

초기조건 : $t \le 0$일 때 $h(r, 0) = h_0$

위의 초기조건은 대수층 내의 수두는 양수가 시작될 때까지는 h_0로 일정함을 의미하며 식 (14.64)의 특수해는

$$s = h_0 - h = \frac{Q}{4\pi T}\int_u^\infty \frac{e^{-u}}{u}\,du \tag{14.65}$$

여기서,

$$u = \frac{r^2 S}{4\,Tt} \tag{14.66}$$

식 (14.65)의 적분치는 지수적분(exponential integral)으로서 우물함수(well function) $W(u)$라고 불리우며 다음과 같은 수렴급수로 표시된다.

$$W(u) = \int_u^\infty \frac{e^{-u}}{u}\,du \tag{14.67}$$

$$= -0.5772 - (\log_e u) + u - \frac{u^2}{2\cdot 2!} + \frac{u^3}{3\cdot 3!} - \frac{u^4}{4\cdot 4!} + \cdots$$

표 14-2 Wenzel의 우물함수 $W(u)$

u	1.0	2.0	3.0	4.0	5.0	6.0	7.0	8.0	9.0
$\times 1$	0.219	0.049	0.013	0.0038	0.00114	0.00036	0.00012	0.000038	0.000012
$\times 10^{-1}$	1.82	1.22	0.91	0.70	0.56	0.45	0.37	0.31	0.26
$\times 10^{-2}$	4.04	3.35	2.96	2.68	2.48	2.30	2.15	2.03	1.92
$\times 10^{-3}$	6.33	5.64	5.23	4.95	4.73	4.54	4.39	4.26	4.14
$\times 10^{-4}$	8.63	7.94	7.53	7.25	7.02	6.84	6.69	6.55	6.44
$\times 10^{-5}$	10.95	10.24	9.84	9.55	9.33	9.14	8.99	8.86	8.74
$\times 10^{-6}$	13.24	12.55	12.14	11.85	11.63	11.45	11.29	11.16	11.04
$\times 10^{-7}$	15.54	14.85	14.44	14.15	13.93	13.75	13.60	14.46	13.34
$\times 10^{-8}$	17.84	17.15	16.74	16.46	16.23	16.05	15.90	15.76	15.65
$\times 10^{-9}$	20.15	19.45	19.05	18.76	18.54	18.35	18.20	18.07	17.95
$\times 10^{-10}$	22.45	21.76	21.35	21.06	20.84	20.66	20.50	20.37	20.25
$\times 10^{-11}$	24.75	24.06	23.65	23.36	23.14	22.96	22.81	22.67	22.55
$\times 10^{-12}$	27.05	26.36	25.95	25.66	25.44	25.26	25.11	24.97	24.86
$\times 10^{-13}$	29.36	28.66	28.26	27.97	27.75	27.56	27.41	27.28	27.16
$\times 10^{-14}$	31.66	30.97	30.56	30.27	30.05	29.87	29.71	29.58	29.46
$\times 10^{-15}$	33.96	33.27	32.86	32.58	32.35	32.17	32.02	31.88	31.76

따라서, 식 (14.65)는

$$s = \frac{Q}{4\pi T} W\left(\frac{r^2 S}{4 Tt}\right) \qquad (14.68)$$

식 (14.68)은 지하수의 부정류방정식 혹은 Theis의 비평형방정식(nonequilibrium equation)이라 부르며, 양수시험에 의하여 대수층의 형상계수인 S, T를 결정하는 데 많이 사용된다. 식 (14.68) 의 우물함수 $W(u)$는 Wenzel에 의해 계산되었으며 $u = 10^{-15} \sim 9.0$에 대한 값은 표 14-2와 같다.

식 (14.68)에 의한 S, T값의 결정은 양수정 부근에 여러 개의 관측정을 운영하여 일정률로 양수할 때의 시간에 따른 수두강하량을 측정함으로써 얻을 수 있으며, 식 자체의 복잡성 때문에 여러 사람들에 의해 간략해법이 제안되었다. 그중 잘 알려진 방법에는 Theis 방법, Jacob 방법, Chow 방법 및 Theis의 수두회복법(recovery method) 등이 있으나 Theis 방법과 Jacob 방법만 살펴보기로 한다.

14.8.1 Theis 방법

식 (14.68)의 각 변수의 단위를 다음과 같이 우리나라에서 사용하는 단위로 취하면

s : m $\qquad\qquad$ Q : m³/min

T : m³/day/m $\qquad\quad$ r : m

S : 무단위 $\qquad\qquad$ t : days

식 (14.68)은 다음 식으로 표시된다.

$$s = \frac{114.6\,Q}{T}\,W(u) \tag{14.69}$$

$$u = \frac{0.25\,S}{T}\,\frac{r^2}{t} \tag{14.70}$$

식 (14.69), (14.70)의 양변의 상용대수치를 취하면

$$\log s = \log W(u) + \log \frac{114.6\,Q}{T} \tag{14.71}$$

$$\log \frac{r^2}{t} = \log u + \log \frac{T}{0.25\,S} \tag{14.72}$$

식 (14.71)과 (14.72)는 다른 변수들로부터 상수 $\dfrac{114.6\,Q}{T}$ 와 $\dfrac{T}{0.25\,S}$ 를 분리하는 데 매우 효과적이며 대수치를 취한 것은 변수가 광범위한 값을 가지기 때문이다. Theis는 다음과 같은 도식 해법에 의해 S와 T를 결정하였다. 우선, $W(u)$와 u의 관계곡선(Type Curve)을 표 14.2를 사용하여 전대수지에 표시한 후 양수시험자료로부터 s 와 $\dfrac{r^2}{t}$ 의 관계곡선(Data Curve)을 같은 크기의 전대수지에 표시한다. 만약, 양수율 Q가 일정하다면 식 (14.71), (14.72)는 s 가 $\dfrac{r^2}{t}$ 의 함수인 것처럼 $W(u)$도 u의 함수임을 뜻하므로 Data Curve를 Type Curve에 겹칠 수 있다. 이때, 두 곡선의 좌표축은 평행을 유지하면서 Type Curve에 가장 잘 들어맞게 Data Curve를 중첩시켜야 한다. 두 곡선의 중첩부분상에 있는 임의의 점(Match Point)을 잡아 그에 해당하는 s, $W(u)$, $\dfrac{r^2}{t}$ 및 u 값을 곡선으로부터 읽어 식 (14.69) 및 (14.70)에 대입하여 풀면 S와 T값을 얻을 수 있다. S와 T값이 결정되면 $\dfrac{T}{0.25\,S}$ 와 $\dfrac{114.6\,Q}{T}$ 의 값을 계산하여 그림으로부터 구한 S, T값을 검산할 수 있다. 즉, 식 (14.71), (14.72)에 의하면 $u = 1$, $W(u) = 1$ 일 때

$$\frac{114.6\,Q}{T} = s$$

$$\frac{T}{0.25\,S} = \frac{r^2}{t}$$

의 관계를 만족시켜야 한다.

문제 14-07

대수층 바닥까지 굴착된 우물로부터 $2\,m^3/min$의 율로 지하수를 양수한다. 양수정으로부터 $50\,m$ 지점에 있는 관측정으로부터 측정한 지하수위 강하량은 표 14-3과 같다. 이 대수층의 S와 T를 구하라.

풀이 우물함수 $W(u)$를 사용하여 그림 14-20과 같이 우선 Type Curve를 그린 후, Data Curve를 그 위에 겹쳤다. 겹쳐진 부분상의 임의점(Match Point)을 택하여 이에 해당하는 값을 구하면

$$u = 0.167, \quad \frac{r^2}{t} = 4.4 \times 10^5\,m^2/day$$

$$s = 1.28, \quad W(u) = 1.40$$

이 값을 식 (14.69)에 대입하면

$$T = \frac{114.6 \times 2 \times 1.40}{1.28} = 250\,m^3/day/m$$

표 14-3 양수시험 결과(관측정 위치 $r = 50\,m$)

양수개시로부터의 시간 t		지하수위 강하량 s	r^2/t
min	days($\times 10^{-2}$)	m	$m^2/day(\times 10^4)$
0	0	0	∞
2	0.139	0.37	180.00
3	0.209	0.58	119.60
4	0.278	0.75	90.00
5	0.348	0.88	71.80
6	0.417	1.02	60.00
7	0.486	1.11	51.40
8	0.557	1.25	44.90
10	0.696	1.40	35.90
14	0.972	1.68	25.70
18	1.250	1.87	20.00
24	1.670	2.13	15.00
30	2.090	2.36	11.96
40	2.780	2.59	9.00
50	3.480	2.74	7.18
60	4.170	2.90	6.00
80	5.570	3.06	4.50
120	8.330	3.14	3.00
180	12.500	3.20	2.00
240	16.700	3.25	1.50
360	25.000	3.30	1.00

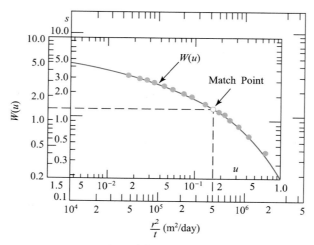

그림 14-20 Theis법에 의한 S, T의 결정

식 (14.70)으로부터

$$S = \frac{0.167 \times 250}{0.25 \times 4.4 \times 10^5} = 0.38 \times 10^{-3}$$

검산 :

$$\frac{T}{0.25\,S} = \frac{250}{0.25 \times 0.38 \times 10^{-3}} = 2.63 \times 10^6$$

그림 14-20에서 $u = 1.0$ 일 때의 $\frac{r^2}{t} \fallingdotseq 2.65 \times 10^6$

$$\frac{114.6\,Q}{T} = \frac{114.6 \times 2}{250} = 0.916$$

그림 14-20에서 $W(u) = 1.0$ 일 때의 $s = 0.915$. 따라서, 결정된 T, S의 값은 정답이다.

14.8.2 Jacob 방법

양수시점으로부터의 시간 t 가 크고 r 이 작으면 우물함수식 (14.67)의 $\log_e u$ 이하의 항의 값이 아주 작아지므로 거의 무시할 수 있다. 따라서, Jacob은 $u < 0.01$ 일 때 Theis의 비평형 방정식을 다음과 같이 수정 표시하였다.

$$s = h_0 - h = \frac{Q}{4\pi\,T}\left[-0.5772 - \ln\frac{r^2 S}{4\,Tt} \right] \qquad (14.73)$$

$$= -\frac{2.30\,Q}{4\pi\,T}\log_{10}\frac{0.445\,r^2 S}{Tt}$$

양수시험자료를 사용하면 그림 14-21과 같이 수압면 강하량 s 와 시간 t 의 관계를 얻을 수 있고, 임의 양수시간장경(예를 들면 $t = 10\,hr$ 에서 $t = 100\,hr$ 까지) 동안의 수압면 강하량의 변화량 $\Delta s = \Delta(h_0 - h)$ 를 그림으로부터 읽으면 T 를 다음 식의 관계로부터 계산할 수 있게 된다.

$$\Delta s = \Delta(h_0 - h) = (h_0 - h_1) - (h_0 - h_2) = h_2 - h_1$$

$$= -\frac{2.30\,Q}{4\,\pi\,T}\left[\log_{10}\left(\frac{0.445\,r^2\,S}{T\,t_1}\right) - \log_{10}\left(\frac{0.445\,r^2\,S}{T\,t_2}\right)\right]$$

$$\therefore\ T = \frac{2.30\,Q}{4\,\pi\,(h_1 - h_2)}\log_{10}\left(\frac{t_2}{t_1}\right) \tag{14.74}$$

한편, 그림 14-21의 자료점을 지나는 직선이 횡축과 만나는 점 t_0 에서의 $s = 0$ 이므로 식 (14.73)으로부터

$$0 = \log_{10}\left(\frac{0.445\,r^2\,S}{T\,t_0}\right)$$

혹은

$$\frac{0.445\,r^2\,S}{T\,t_0} = 1$$

따라서,

$$S = \frac{2.246\,T\,t_0}{r^2} \tag{14.75}$$

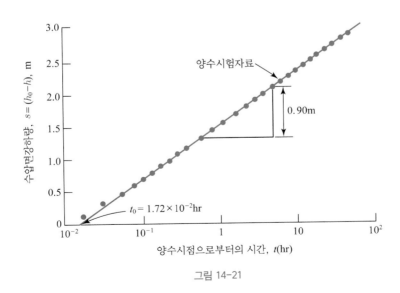

그림 14-21

두께 40 m인 대수층으로부터 8.5 m³/hr의 양수율로 양수시험을 실시한 결과자료로부터 그림 14-21이 얻어졌다고 가정하고 이 대수층의 전도계수 T와 투수계수 k 및 저류계수 S값을 Jacob 방법으로 결정하라. 관측정의 위치는 양수정으로부터 20 m의 거리에 있었다고 가정하라.

풀이 그림 14-21에 표시한 바와 같이 $t_1 = 0.5\,\text{hr}$ 에서 $t_2 = 5.0\,\text{hr}$ 사이의 $\Delta s = 0.9\,\text{m}$ 이다.

식 (14.74)를 사용하면

$$T = \frac{2.3 \times 8.5}{4\pi \times 0.9}\log_{10}\left(\frac{5.0}{0.5}\right) = 1.73\,\text{m}^3/\text{hr}/\text{m}$$

투수계수는

$$k = \frac{T}{b} = \frac{1.73}{40} = 0.043\,\text{m}/\text{hr}$$

저류계수는 식 (14.75)를 사용하면(그림 14-21에서 $t_0 = 1.72 \times 10^{-2}\,\text{hr}$이므로)

$$S = \frac{2.246 \times 1.73 \times 1.72 \times 10^{-2}}{(20)^2} = 1.67 \times 10^{-4}$$

14.9 영상정방법에 의한 양수정해석

양수정이 대수층의 경계면 부근에 위치하여 양수정으로부터의 양수가 경계면의 영향을 받으면 수압면 강하곡선(drawdown curve)의 모양은 달라진다. 따라서 실제의 양수율은 방사상 흐름 방정식에 의해 계산되는 양수율과 달라진다. 이와 같은 경계면의 영향은 양수정과 똑같은 영상정(影像井, image well)을 경계면의 반대쪽에 위치시켜 해석하는 영상정방법(method of images)에

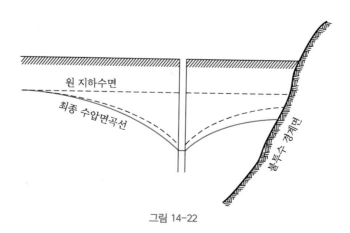

그림 14-22

의해 처리될 수 있다. 그림 14 – 22는 불투수성 경계면 부근의 양수정이 받는 경계면의 영향을 표시하고 있으며, 그림 14 – 23은 이를 영상정방법으로 해석하기 위해 경계면의 반대쪽에 대칭으로 똑같은 양수율 Q인 가상의 영상정을 추가시킨 것을 표시하고 있다. 즉, 양수정의 경계조건 문제를 균질대수층으로부터의 2개 양수정 문제로 변환시키는 결과가 된다. 그림 14 – 23에서와 같이 인접한 두 개의 양수정으로부터 각각 양수하면 서로 영향을 미치게 되며 수압면 강하곡선 은 두 양수정 각각에 대한 곡선을 선형중첩(linear superposition)시켜 얻을 수 있다.

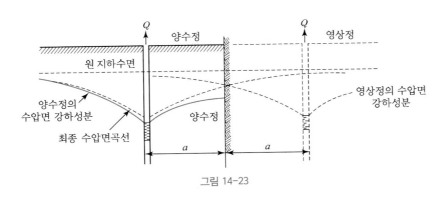

그림 14-23

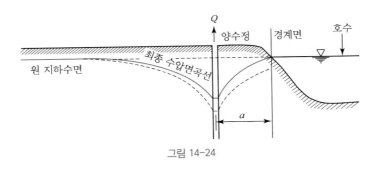

그림 14-24

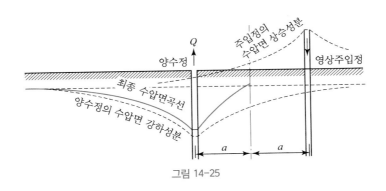

그림 14-25

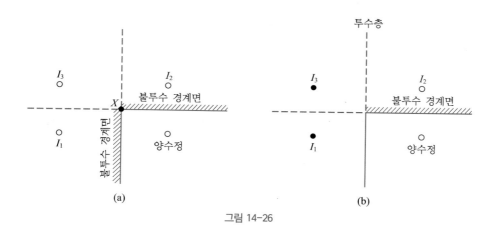

그림 14-26

만약, 그림 14-24와 같이 하천이나 호수와 같이 다량의 물이 존재하는 위치 부근에 양수정이 위치하면 양수율은 무한대의 균질 대수층으로부터 양수하는 경우보다 훨씬 커지게 된다. 즉, 하천이나 호수가 양수정에 미치는 영향은 경계면이 미치는 영향과 정반대이며, 수리학적으로는 그림 14-25에서와 같이 양수정과 똑같은 주입정(recharge well)을 대칭으로 추가하여 물을 지하로 주입하면서 양수하는 경우와 같아진다. 따라서, 실질적인 수압면 강하곡선은 무한대의 균질 대수층으로부터 양수할 때의 양수정에서의 강하곡선과 주입정에 의한 수압면 상승곡선을 선형중첩시켜 그림 14-25에서와 같이 얻을 수 있다.

이상에서 설명한 영상정방법은 복잡한 경계조건을 갖는 양수정으로의 흐름문제를 해석하는 데 편리하게 사용된다. 그림 14-26 (a)는 두 개의 불투수경계면을 갖는 양수정으로부터 양수하는 경우로서 영상정 I_1, I_2는 경계면을 기준으로 양수정에 각각 대칭인 우물이고 I_3는 점 X에 대칭인 영상정으로서 3개 영상정으로부터의 양수율은 양수정의 양수율과 같게 취해야 한다. 그림 14-26 (b)는 불투수 경계면과 하천 부근에 위치한 양수정으로의 흐름을 영상정방법으로 풀기 위해 가상의 정호를 표시한 것으로서 I_1, I_3는 가상의 주입정이고 I_2는 가상의 양수정이다.

문제 14-09

하천변에 위치한 어떤 공장에서 투수계수 $k = 0.00012$ m/sec이고 두께 $b = 20$ m인 피압대수층으로부터 0.04 m³/sec의 지하수를 양수하고자 한다. 하천제방으로부터 30 m 떨어진 곳에서의 지하수면이 하천수위보다 0.1 m 이상 떨어지지 않도록 해야 한다면, 양수정은 제방으로부터 최소한 얼마 이상 떨어져 있어야 할 것인가?

풀이 영상정방법의 적용을 위해 도식적으로 표시하면 그림 14-27과 같고, 제방으로부터 양수정까지의 거리 P를 구하는 문제이다.

그림 14-27에서 제방으로부터 30 m 떨어진 점(양수정으로부터 $P-30$ m, 주입정으로부터는 $P+30$ m)에서의 실제 지하수압면 강하량은 무한대의 균질 대수층으로부터 양수할 경우의 강하량과 주입정에 의한 수압면 상승량의 중첩에 의해 구한다. 따라서, 식 (14.43)을 바꾸어 쓰면

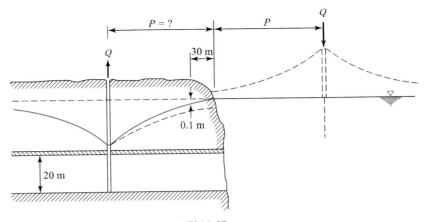

그림 14-27

$$h_2 - h_1 = s_1 - s_2 = \frac{Q}{2\pi bk} \ln\left(\frac{r_2}{r_1}\right) \qquad \text{(a)}$$

양수정에 대해 식 (a)를 표시하면

$$(s_1 - s_2)_d = \frac{Q}{2\pi bk} \ln\left(\frac{P}{P-30}\right) \qquad \text{(b)}$$

주입정에 대해서는

$$(s_1 - s_2)_r = \frac{Q}{2\pi bk} \ln\left(\frac{P+30}{P}\right) \qquad \text{(c)}$$

양수정과 주입정에 의한 수압면 강하량을 중첩시키면 실제의 강하량을 얻게 되므로 식 (b)와 (c)를 더하면

$$(s_1 - s_2)_d + (s_1 - s_2)_r = \frac{Q}{2\pi bk} \ln\left(\frac{P+30}{P-30}\right) \qquad \text{(d)}$$

그림 14-27에서 $s_{2d} = s_{1r}$ 이므로 식 (d)는 다음과 같아진다.

$$s_{1d} - s_{2r} = \frac{Q}{2\pi bk} \ln\left(\frac{P+30}{P-30}\right)$$

따라서,

$$0.1 = \frac{0.04}{2\pi \times 20 \times 0.00012} \ln\left(\frac{P+30}{P-30}\right) \qquad \text{(e)}$$

식 (e)를 풀면

$$P = 1,592\,\text{m}$$

14.10 해수의 침입에 의한 지하수의 오염**

해수(비중 약 1.025)는 담수(fresh groundwater)보다 무거우므로 해안지방의 대수층이 평형상태에 있을 경우 해수와 담수의 존재상태는 대략 그림 14-28 (a)와 같으며 담수는 바다쪽으로 흐른다. 그러나 해안지방의 발달로 인한 지하수의 이용도가 커짐에 따라 담수의 수두가 감소하여 그림 14-28 (b)와 같이 흐름의 방향이 역전되어 해수가 대수층 내로 흘러들어와 담수를 오염시키는 경우가 번번히 발생한다. 이 현상을 해수의 침입현상(seawater intrusion)이라 하며, 일단 해수의 침입에 의하여 순수한 지하수가 오염되면 염분을 제거하는 데 오랜 시간과 경비가 든다. 따라서, 이러한 지하수의 오염을 방지하여 지하수를 다양하게 이용할 수 있도록 보존하는 일은 매우 중요한 일이다. 지하수의 염수화를 방지하는 방법에는 다음과 같은 5가지가 있다.

- 양수량의 제한 : 이 방법은 양수율을 제한하여 지하수위가 해수위보다 항상 높게 유지되도록 함으로써 지하수가 계속 바다쪽으로 흐르게 하는 방법이다. 이 방법의 성공을 위해서는 지하수 이용에 관한 법률을 강력하게 시행함으로써 사용자의 과도한 양수를 제한해야 한다.

- 대수층 내로의 인공주입 : 과도한 양수로 인한 지하수위의 강하를 방지하기 위해 대수층을 통해 인공적으로 다량의 물을 주입(artificial recharge)하는 방법이다. 비피압대수층 지역에는 인공호수나 웅덩이를 파서 우수를 받아 자연히 지하로 침투하도록 함으로써 지하수위를 상승시키며 피압대수층 지역에는 인공주입정(人工注入井, artificial recharge well)을 굴착하여 위로부터 다

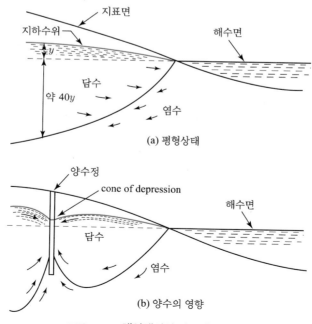

그림 14-28 해안에서의 담수와 염수관계

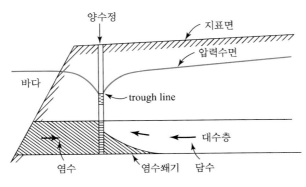

그림 14-29 대상 양수정에 의한 해수침입의 방지

량의 물을 주입하게 된다. 이 방법은 기술적으로는 가능하나 경제적인 면에서 여러가지 문제점이 많다. 미국 캘리포니아 지역에서는 이러한 목적을 위해 사용하고 난 물(waste water)을 바다로 직접 버리지 않고 지하로 침투시키도록 법률로 규정하고 있다. 지층은 자연적인 여과장치의 역할을 하므로 버린 물은 결국 지하수원을 함양하게 된다.

- 대상(帶狀) 양수정의 운용 : 해안에 평행하게 일련의 양수정을 운용하여 그림 14-29와 같이 지하수위 요부(凹部, trough)를 형성시킴으로써 내륙지방으로 염수가 침입하는 것을 방지하는 방법이다. 이 방법은 대상 양수정의 건설 및 운용비가 많이 들 뿐만 아니라 대수층 내 담수의 일부분도 염수와 함께 양수되어 낭비되는 결점이 있다.

- 대상 주입정의 운용 : 이것은 대상 양수정과 정반대되는 방법으로서 그림 14-30과 같이 해안에 평행하게 일련의 주입정을 운용함으로써 지하수위 철부(凸部, ridge)를 형성시켜 주입정으로부터의 물이 바다 및 내륙방향으로 흐르게 하는 방법이다. 이 방법은 지하담수의 낭비는 없으나 대상 양수정의 경우와 마찬가지로 건설운용비가 많이 드는 결함이 있다.

- 인공장벽의 설치 : 해안 부근을 따라 지하에 sheet pile, 아스팔트, 콘크리트, 점토 등으로 일련의 벽을 쌓는 방법이다. 운용 및 유지비는 적게 드나 초기 건설비가 너무 많이 들기 때문에 경제적으로 가능한 방법이라고 할 수는 없다.

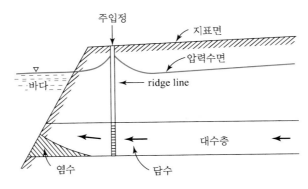

그림 14-30 대상 주입정에 의한 해수침입의 방지

이상과 같은 5가지 방법을 살펴보아 알 수 있는 것과 같이 해안지역의 해수침입은 경제적으로 타산이 맞지 않는 것이 실정이다. 따라서, 현재에 연구가 진행되고 있는 해수의 담수화 기법이 경제적으로 성공하면 해안지역에서의 지하수이용은 크게 감소할 것이므로 해수침입의 방지를 위한 필요성이 점차 줄어들 것이다.

14.11 댐 기초지반을 통한 침투류

저수지 내에 물을 저류하기 위해 건설되는 댐은 침투류(seepage)로 인해 항상 물의 손실을 보게 된다. 충적하천상에 건설되는 불투수성인 콘크리트 댐은 기초지반(foundation)을 통해 침투류가 형성되며 흙댐의 경우에는 기초지반뿐만 아니라 댐 본체를 통해서도 침투류로 인한 물의 손실을 보게 된다. 침투류의 흐름의 원리는 지하수흐름의 경우와 같이 근본적으로는 Darcy의 법칙에 따르며, 유선망 해석법(flownet analysis)에 의해 가장 잘 해석될 수 있다.

유선망은 흐름의 양상을 일련의 유선(steamline)과 해당 등 포텐셜선(equipotential line)으로 표시한 그림을 말한다. 유선은 항상 흐름방향으로 그려서 흐름의 영역을 유량이 동일한 다수의 유관으로 표시되도록 하며 등 포텐셜선은 속도 포텐셜이 동일한 모든 점을 연결하여 그리는 선으로서 그림 14 – 31에서 보는 바와 같이 모든 유선과 서로 직교하는 성질을 가진다.

유선망은 그림 14 – 31에서와 같이 인접하는 두 유선의 간격 Δn와 길이가 같은 한 쌍의 등 포텐셜선 간의 간격 Δs로서 만들어진다. 즉,

$$\Delta n = \Delta s \tag{14.76}$$

흐름 영역을 구성하고 있는 개개 유관의 단위폭당 유량을 Δq라 하면 그림 14 – 31의 유선 간 간격 Δn, 등 포텐셜선 간 간격 Δs인 유선망에서의 평균유속은

$$V = \frac{\Delta q}{\Delta n} \tag{14.77}$$

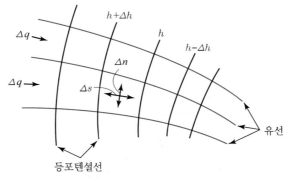

그림 14–31

그런데, Darcy의 법칙은

$$V = k\frac{dh}{ds} = k\frac{\Delta h}{\Delta s} \tag{14.78}$$

식 (14.77)과 (14.78)로부터

$$\Delta q = k\Delta n\frac{\Delta h}{\Delta s} \tag{14.79}$$

식 (14.76)을 식 (14.79)에 대입하면

$$\Delta q = k\Delta h \tag{14.80}$$

여기서, Δh 는 인접한 두 등 포텐셜선 간의 수두강하량을 의미하므로 다음과 같이 표시할 수 있다.

$$\Delta h = \Delta\left(\frac{p}{r} + z\right) = \frac{H}{n} \tag{14.81}$$

여기서, H 는 저수지수면과 하류수면 간의 수위차인 전 수두이며, n 은 수두강하 횟수로서 유선망을 형성하는 각 유관 내의 4변형의 수이다.

만약, 흐름의 영역이 m 개의 유관으로 형성되어 있다면 단위폭당 총 유량은 식 (14.80), (14.81)을 사용하면

$$q = m\Delta q = mk\frac{H}{n} = k\left(\frac{m}{n}\right)H \tag{14.82}$$

따라서, 단위폭당 총 침투유량은 작성된 유선망에서 n, m 의 수를 결정하고 전 수두 H 와 투수계수 k 값만 알면 계산할 수 있음을 알 수 있다.

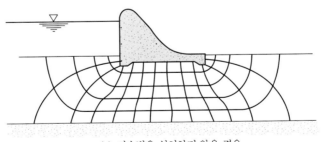

(a) 지수벽을 설치하지 않을 경우

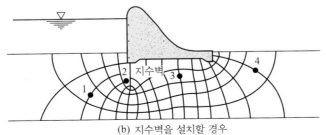

(b) 지수벽을 설치할 경우

그림 14-32

그림 14-32는 콘크리트 댐 기초의 상류단에 지수벽(cut-off wall)을 설치하지 않을 경우와 설치할 경우의 침투류의 흐름양상을 표시하고 있다. 그림에서 볼 수 있는 바와 같이 지수벽을 설치하면 침투경로가 연장되어 등 포텐셜선의 수가 증가하게 되고, 따라서 식 (14.82)의 n가 커져서 침투유량이 작아지게 된다.

문제 14-10

그림 14-32와 같은 콘크리트 중력식댐에 의한 저수심이 50 m이고 댐 기초지반의 투수계수가 2.14 m/day 이다. 지수벽을 설치하지 않을 경우와 설치할 경우에 대해 댐 단위폭당 침투유량을 각각 구하라. 두 경우에 대한 대수층내의 유선망은 그림에 표시한 바와 같다고 가정하라.

풀이 (a) 지수벽을 설치하지 않을 경우 그림 14-32(a)에서 $m=5$, $n=13$이며 $k=$ 2.14 m/day, $H=$ 50 m 이므로 식 (14.82)를 사용하면

$$Q = 2.14 \times \frac{5}{13} \times 50 = 41.15 \, \text{m}^3/\text{day/m}$$

(b) 지수벽을 설치할 경우 그림 14-32(b)에서 $m=5$, $n=16$ 이므로 식 (14.82)를 사용하면

$$Q = 2.14 \times \frac{5}{16} \times 50 = 33.44 \, \text{m}^3/\text{day/m}$$

14.12 흙댐의 본체를 통한 침투류

흙댐은 투수성 재료를 사용하여 건설하므로 댐 본체를 통해 흐르는 침투류에 관한 해석을 실시하여 적절한 배수시설을 만들어 주어야 한다. 만약, 배수시설을 하지 않으면 댐 본체를 통해 침투류가 댐의 후사면으로 새어나와 댐 재료를 괴리시켜 소위 파이핑(piping or heaving) 현상을 일으키게 되어 결국에는 댐의 안정을 위협하게 된다.

댐 본체를 통한 침투류는 비피압대수층 내의 지하수흐름과 흡사하며 그림 14-33에는 균질 흙댐 본체를 통한 침투류의 유선망을 표시하고 있다. 침투류의 제일 위 유선을 침윤선(浸潤線, phreatic line)이라 부르며 14.6절에서 이론적으로 포물선임을 밝힌 바 있다. 유선망 해석에서는 그림 14-33에서와 같이 Casagrande가 제안한 경험적인 방법을 써서 침윤선의 위치를 구하게 되는데, 그림의 F점을 초점(focus)으로 하는 포물선 BCE를 그려 침윤선 AC 대신 사용하게 된다. 그림 14-33에서 댐 후사면의 DF부분은 파이핑 현상을 방지하기 위해 보호되어야 하며, 그림 14-34와 같이 하류에 적절한 배수시설을 설치해 주어야 하고, 배수량의 결정을 위한 계산은 그림의 유선망을 사용하여 식 (14.82)로 침투유량을 구하여 사용하면 된다.

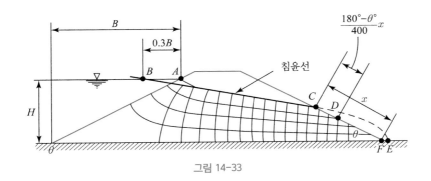

그림 14-33

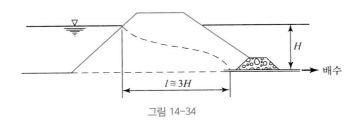

그림 14-34

연 습 문 제

01 자연상태의 암석시료를 건조시켜서 그 무게를 측정한 결과 652 g이었으며 이를 등유로 포화시켜 측정한 무게는 730 g이었다. 이것을 다시 등유 속에 넣었을 때의 배수용량에 해당하는 등유의 무게가 300 g이었다면, 시료의 공극률은 얼마인가?

02 우물 "*B*"는 우물 "*A*"의 남동쪽 320 m 지점에, 우물 "*C*"는 우물 "*B*"의 서쪽 약 825 m 지점에 위치하고 있으며 우물 *A*, *B*, *C*의 정수위는 각각 347.4 m, 341.6 m 및 343.7 m이다. 지하수면곡선의 경사 및 흐름의 방향을 결정하라.

03 어떤 대수층 내의 수온은 15.6℃이며 지하수의 평균유속은 0.37 m/day이다. 대수층을 형성하고 있는 토양의 평균입경이 2 mm일 때 지하수흐름의 Reynolds 수를 구하여 Darcy 법칙의 적용가능성을 판정하라.

04 연습문제 02의 대수층의 투수계수가 1,140 m/day이고 공극률이 18%이면 대수층 내에서의 실제유속은 얼마이겠는가?

05 어떤 대수층의 투수계수 결정을 위해 한 관측정에 Tracer를 주입한 후 25 m 떨어진 다른 한 관측정까지 Tracer가 도달하는 시간을 측정하였더니 4시간이 소요되었다. 두 관측정 내의 수위차는 50 cm이었고 대수층 시료의 시험결과에 의하면 공극률은 14%로 밝혀졌다. 동질 대수층이라 가정하여 투수계수를 계산하라.

06 직경 4 cm, 길이 20 cm인 실린더에 모래를 채우고 24 cm의 일정한 수두 하에 물을 흘려서 실린더 단부에서 5분 동안 물을 받았더니 100 cm³가 되었다. 이 모래 표본을 통한 평균유속과 표본의 투수계수를 구하라.

07 균질 대수층에 대한 현장조사결과 대수층의 단면적은 1,000 m²로 밝혀졌다. 흐름방향으로 간격 25 m인 두 우물을 굴착하여 수면표고차를 측정했더니 0.35 cm이었으며 소금 tracer를 상류정에 유입하여 하류정에서 채취하는 데 42시간이 걸렸다. 이 대수층의 투수계수를 구하라.

08 그림 14-35와 같은 모래필터의 깊이는 1 m, 표면적은 4 m²이다. 만약, 모래층의 투수계수가 0.65 cm/sec이고 수두차가 그림에서와 같이 0.8 m라면 모래층을 통해 흐르는 유량은 얼마이겠는가?

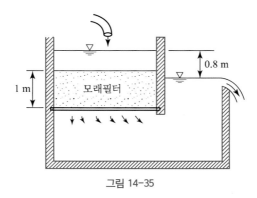

그림 14-35

09 그림 14-10과 같은 피압대수층에 굴착한 수로의 간격이 1,000 m이고 수로 *A*, *B*, *C*에서의 수두가 각각 10 m, 8 m, 6 m이었으며, 대수층의 두께가 15 m, 투수계수가 20 m/day일 때 대수층 단위폭당 유량을 계산하라.

10 두께가 40 m 되는 피압대수층의 바닥까지 직경 30 cm 되는 양수정을 굴착하였다. 대수층의 투수계수는 1,440 m/day이었으며 이 양수정으로부터 각각 12 m 및 36 m 떨어진 두 관측정 내의 수위차는 3 m이었다. 양수정으로 흘러들어오는 유량을 계산하라.

11 직경이 50 cm인 우물을 두께 30 m 되는 비피압대수층의 바닥까지 굴착하였다. 양수정으로부터 각각 30 m 및 70 m 떨어져서 위치하고 있는 두 관측정에서의 수면강하량은 각각 6.77 m 및 6.41 m이었다. 흐름이 정상상태에 도달했으며 투수계수가 3,010 m/day라고 가정하고 양수율을 구하라.

12 굵은 모래층으로 된 두께 30 m의 피압대수층의 투수계수를 결정하고자 한다. 정상상태에서의 양수율은 3 m³/sec이며 양수정으로부터 각각 15 m 및 150 m 떨어진 관측정에서의 수위강하량은 각각 30 cm 및 3 cm이었다. 이 대수층의 투수계수를 결정하라.

13 두께가 24 m 되는 피압 대수층으로부터 2.7 m³/sec의 양수율로 양수했을 때 평형상태에 도달하였다. 이 양수정으로부터 각각 45 m 및 70 m 떨어진 관측정에서 관측된 지하수위가 각각 29.3 m 및 29.9 m이었다면, 이 대수층의 투수계수는 얼마이겠는가?

14 인접한 하천으로부터의 누수를 배수하기 위한 긴 배수구 내의 수위는 불투수층면으로부터 1.5 m이며, 인접한 하천의 수위는 7.5 m이고 하천은 배수구축과 450 m 간격으로 평행하게 흐르고 있다. 하천과 배수구 사이 대수층의 투수계수가 700 m/day라면 하천으로부터 배수구로 흘러들어오는 배수구 단위길이당 유량은 얼마나 되겠는가? 배수구로 흘러들어오는 물은 전부 하천으로부터 오는 것으로 가정하라.

15 두께 18 m인 균질의 피압대수층에 완전한 양수정을 굴착하였다. 0.3 m³/sec의 양수율로 장시간 동안 양수했더니 $r_1 = 20$ m 및 $r_2 = 65$ m인 관측정에서의 수위가 평형상태에 도달했으며, 이때 측정된 수압면 강하량은 각각 16.25 m 및 3.42 m이었다. 이 대수층의 투수계수를 계산하라.

16 그림 14-36과 같은 직경 800 m인 원형섬의 투수계수는 0.000142 m/sec이며 이 섬의 중앙에 직경 30 cm인 우물을 파서 0.2 m³/sec의 물을 양수하고자 한다. 이 우물을 호수의 수면으로부터 최소한 얼마나 깊게 굴착해야 할 것인가?

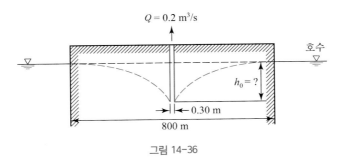

그림 14-36

17 그림 14-37에서 호수의 수면으로부터 우물까지의 지하수면곡선을 구하라. 양수정으로부터의 양수율이 1.5 m³/hr였다면 대수층의 투수계수는 얼마일까?

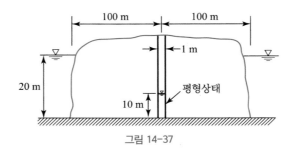

그림 14-37

18 연습문제 17에서 양수율이 1.85 m³/hr라면 불투수층으로부터 양수정 내 수면까지의 수위는 얼마이겠는가?

19 전도계수 $T=65$ m³/day/m인 대수층에 굴착된 양수정으로부터 지하수를 양수할 때 양수정으로부터 20 m 떨어진 관측정에서 관측된 시간별 수면강하량이 다음 표와 같을 때 양수율을 계산하라.

양수시점으로부터의 시간 t(min)	수면강하량 s(m)
5	1.71
50	7.05
100	8.60

20 어떤 피압대수층으로부터 67 m³/min로 양수시험을 실시한 결과는 다음 표와 같다. $r=20$ m로 가정하여 대수층의 전도계수와 저류계수를 구하라.

양수시점부터의 시간(min)	1.3	2.5	4.2	8.0	11.0	100.0
수면강하량 s(m)	1.40	2.47	2.84	3.66	4.61	8.85

21 다음과 같은 자료가 주어졌을 때 비평형상태라 가정하여 수면강하량 s를 구하라.
  $Q=1,700$ m³/day, $t=30$ days, $r=30$ cm
  $T=60$ m³/day/m, $S=6.4\times10^{-4}$

22 투수계수가 0.6 m/hr인 두께 40 m인 대수층에 직경 30 cm인 완전 양수정을 굴착하였으며 양수율은 0.10 m³/sec이다. 수압면 강하곡선을 구하라. 만약, 이 양수정과 똑같은 양수정을 20 m 간격으로 하나 더 운영한다면 수압면 강하곡선은 어떻게 될 것인가?

23 연습문제 22의 양수정이 불투수 경계면으로부터 직선거리 20 m인 곳에 설치되어 있다고 가정하고 영상정 방법으로 수압면 강하곡선을 결정하라.

24 불투수 연직경계면 부근에 양수정을 굴착하여 0.10 m³/sec의 물을 양수하고자 한다. 대수층은 두께 30 m, 투수계수 0.0005 m/sec인 피압대수층이며, 경계면으로부터 50 m 떨어진 곳에서의 지하수면이 원래의 수면보다 0.2 m 이상 떨어지지 않도록 하려면 양수정은 경계면으로부터 최소한 얼마 이상 떨어져서 굴착해야 할 것인가?

25 그림 14-32에서 댐 상류의 저수지수심이 40 m이면 댐 단위폭당 침투유량의 크기는 얼마이겠는가? $k = 3$ m/day라 가정하라. 또한, 그림 14-32 (b)의 점 1, 2, 3, 4에서의 유속을 구하라.

26 그림 14-38과 같은 콘크리트 댐의 기초를 통한 침투유량을 50%로 줄이기 위해 댐 상류 바닥면에 설치해야 할 불투수성 매트(mat)의 길이 x 를 구하라.

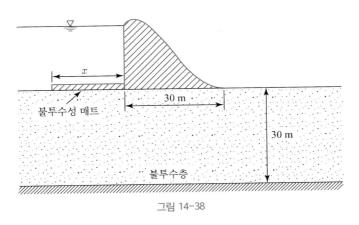

그림 14-38

27 그림 14-39와 같은 대수층의 단위폭당 침투수량을 계산하라. 대수층의 투수계수 $k = 0.00051$ cm/sec이다.

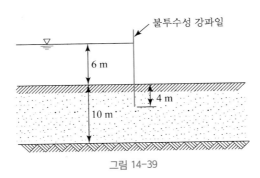

그림 14-39

28 그림 14-40과 같은 흙댐에서 $H = 30$ m, 여유고는 3 m, 댐정폭은 3 m이며 상류사면의 경사는 1 : 2(연직 : 수평), 하류사면의 경사는 1 : 3이고 댐재료의 투수계수는 0.0001 cm/sec이다. 그림에 표시된 유선망을 사용하여 댐 단위폭당 침투유량을 계산하라.

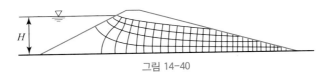

그림 14-40

29 그림 14-41과 같은 흙댐 재료의 $k = 2 \times 10^{-4}$ m/sec로 측정되었다. 댐 단위폭당 침투유량을 결정하라.

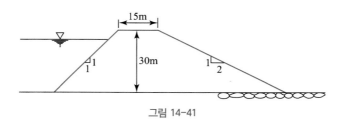

그림 14-41

30 연습문제 29에서 댐의 하류단부(toe)에서 시작하여 10 m 상류쪽으로 배수구(drainage blanket)를 설치한다면 댐 단위폭당 침투유량은 얼마나 될 것인가?

Chapter 15

수류의 계측

15.1 서 론

    수류(水流)의 계측은 각종 수리구조물과 수리시스템의 해석과 설계 및 운영관리를 위한 기본 자료를 제공해 준다. 현장이나 실험실에서 물의 흐름의 여러가지 특성을 측정하는 계기나 방법에는 여러가지가 있으며, 측정의 원리는 유체역학 혹은 수리학의 기본법칙을 근거로 하고 있다. 수리분야에서 가장 많이 계측되는 수류의 특성으로는 유속, 압력, 유량 등이므로 이 장에서는 관수로 및 개수로에서의 이들 특성의 현장 및 실험실 측정원리와 방법에 대해 살펴보기로 하며, 수류의 흐름특성에 결정적인 영향을 미치는 유체의 주요 물리적 특성의 측정원리와 방법에 대한 것부터 고찰하기로 한다.

15.2 유체의 주요 성질측정

    수리학에서 다루는 매체는 주로 물이지만 물을 포함하는 각종 유체의 중요한 성질에는 밀도, 점성, 압축성, 탄성, 표면장력 및 증기압 등이 있으며, 이들 중 수리학에서 가장 중요한 역할을 하는 성질은 밀도와 점성이다.

15.2.1 유체의 밀도측정

    유체밀도(ρ)는 직접 측정되는 것이 아니라 유체의 단위중량(γ_l) 혹은 비중(S)을 측정하여 간접적으로 결정하게 된다. 즉,

$$\rho = \frac{\gamma_l}{g} \tag{15.1}$$

혹은

$$\rho = \frac{S\gamma_w}{g} \tag{15.2}$$

여기서, g 는 중력가속도이며, γ_l 은 유체의 단위중량, γ_w 는 물의 단위중량이다.

　식 (15.1)에 의한 밀도결정 방법에는 비중병(pycnometer) 방법과 정역학적 무게측정법(hydrostatic weighing method)이 있다. 비중병 방법은 체적과 무게 및 온도에 따른 체적변화가 기지인 유리병을 사용하는 방법으로서 다음 관계식에 의한다.

$$\gamma_l V_p = W_2 - W_1 \tag{15.3}$$

여기서, γ_l 은 어떤 온도에서의 유체의 단위중량이고 V_p 는 비중병의 체적이며, W_1 , W_2 는 각각 빈 비중병과 유체로 충만된 비중병의 무게이다. 정역학적 무게측정법은 그림 15 – 1과 같이 체적이 기지인 추의 무게를 공기 중 및 유체 중에서 측정하여 다음 관계식에 의해 유체의 단위중량을 결정하는 방법이다. 즉,

$$\gamma_l V_p = W_a - W_l \tag{15.4}$$

여기서 W_a 및 W_l 은 각각 공기 중 및 유체 중에서의 추(錐, plummet)의 무게이다.

　식 (15.2)에 의한 밀도결정을 위해서는 웨스트팔 저울(Westphal balance)과 비중계(hydrometer)가 흔히 사용된다. 웨스트팔 저울은 그림 15 – 2에 표시된 바와 같이 철사추에 의해 유체 중의 추를 평형시킴으로써 비중을 직접 읽을 수 있도록 되어 있으며, 이는 유체가 추에 미치는 부력의 크기가 비중의 크기에 비례한다는 사실을 이용하는 방법이라 하겠다. 비중계는 유체의 비중측정을 위해

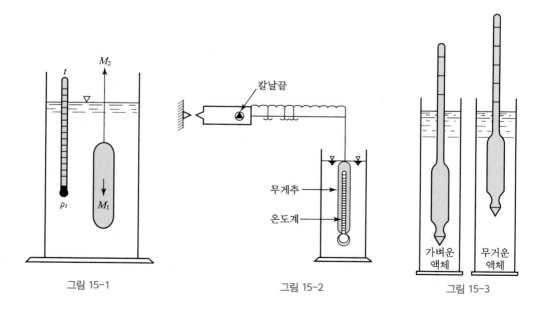

그림 15-1　　　　　　　　　　그림 15-2　　　　　　　　　　그림 15-3

가장 많이 사용되는 계기로서 그림 15-3에 표시된 바와 같이 눈금이 든 가느다란 유리관이 유체 중에 뜨도록 한 것으로서, 유체비중의 크기에 따라 관의 부유정도가 달라지게 되어 있고 유체표면 이 가리키는 눈금이 바로 비중의 크기가 되도록 되어 있다.

15.2.2 유체의 점성계수 측정

유체의 점성계수를 측정하는 기구를 점도계(粘度計, viscometer)라 하며 이들 기구의 조작원리 는 Newton의 점성법칙, Hagen-Poiseuille 공식 및 Stokes 법칙 등을 각각 응용한 것이며 이들 계기에서의 유체의 흐름은 층류로 유지되어야 하고 온도 또한 일정하게 유지되어야 한다.

Newton의 점성법칙은 다음과 같이 표시할 수 있음은 이미 몇 차례 살펴본 바 있다.

$$\tau = \mu \frac{du}{dy} \tag{15.5}$$

식 (15.5)에서 전단응력 τ 와 속도구배 du/dy 를 측정하면 점성계수 μ 를 결정할 수 있으며, 이 원리를 이용한 장치에는 그림 15-4에 표시한 바와 같은 MacMichael형 및 Stormer형의 회전식 점도계가 있다. 이들 두 점도계는 두 개의 동심 원통으로 구성되며, MacMichael형에서는 외부원 통이 일정한 속도로 회전할 때 내부원통의 회전요도(rotational deflection)가 점성계수의 척도가 되며, Stormer형은 내부원통의 추의 중량에 의하여 회전하고 이 중량에 대한 고유의 회전을 하는 데 소요되는 시간이 점성계수의 척도가 된다. MacMichael형의 경우 외부원통의 회전에 의하여 du/dy 가 결정되고 고정된 내부원통의 토크를 측정함으로써 전단응력이 결정되므로 식 (15.5)에 의하여 이들 값의 비가 점성계수가 된다. 예를 들면, 회전각속도가 N rpm, 반경이 r_2 cm이면 외부 원통의 표면에 있는 유체의 속도는 $2\pi r_2 N/60$ 이 된다. 폭이 b 이고 $b \ll r_2$ 일 때 속도구배는

$$\frac{du}{dy} = \frac{2\pi r_2 N}{60 b}$$

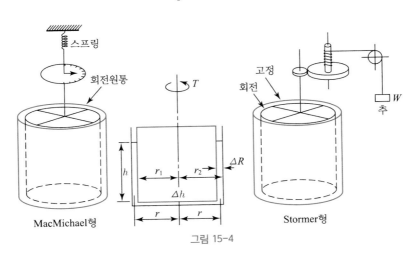

그림 15-4

내부원통의 토크는 그림 15-4에서 스프링에 연결된 철사의 회전정도로 측정되고 내부원통, 저면에 있는 유체에 의한 토크를 무시하면 전단응력, 즉, 단위면적당의 토크는

$$\tau = \frac{T_w}{2\pi r_1^2 h}$$

로 주어지므로 이들 두 식을 식 (15.5)에 대입하여 μ 에 관하여 풀면 점성계수 μ 가 얻어진다. 즉,

$$\mu = \frac{15\, T_w\, b}{\pi^2 r_1^2 r_2\, h\, N} \tag{15.6}$$

그러나, 두 원통의 저면에서의 토크가 무시할 만큼 적은 양이 아니라면 이 부분이 고려되어야 한다. 저면의 반경 r 에서 미소면적 $\delta A = r d\theta\, dr$ 에 대한 δT 는

$$\delta T = r\tau\delta A = r\mu\frac{\omega r}{a} r dr d\theta$$

여기서, ω 는 회전각속도이고, 속도 ωr 는 거리 a 에 따라 변화하며, Newton의 점성법칙에 의하여 τ는 $\mu\dfrac{\omega r}{a}$ 로 주어진다. $\omega = 2\pi N/60$ 으로 하고 δT 를 원판에 대하여 적분하고 T_b 라고 표시하면

$$T_b = \frac{\mu}{a}\frac{\pi}{30} N\int_0^{r_1}\int_0^{2\pi} r^3 dr d\theta = \frac{\mu\pi^2}{60a} N r_1^4$$

따라서, 총 토크는 원통벽 간의 전단응력에 의한 토크 T_w 와 원통저면의 T_b 와의 합으로 주어진다. 즉,

$$T = \frac{\mu\pi^2 N r_1^4}{60a} + \frac{\mu\pi^2 r_1^2 r_2 hN}{15b} \tag{15.7}$$

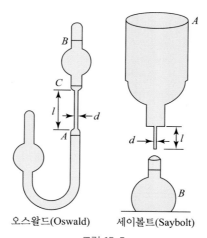

오스왈드(Oswald)   세이볼트(Saybolt)

그림 15-5

여기서 a, r_1, r_2, h, b는 장치의 정수이므로 이들을 K로 나타내면 식 (15.7)은

$$T = K \mu N \qquad (15.8)$$

으로 되어 점성계수는 요도 및 회전각속도의 항으로 표시된다.

Hagen-Poiseuille 공식을 응용한 점도계 중 대표적인 것은 그림 15-5의 Oswald형 및 Saybolt형 점도계로서 튜브식 점도계(tube-type viscometer)라고도 한다.

일정수두 하에 시간 t 동안 체적 V가 계량되면 유량 Q가 결정되고, 세관의 직경 d와 길이 l이 주어지고 길이 l의 양단 간 압력차 Δp를 알면 Hagen-Poiseuille 공식으로부터 점성계수는 다음과 같이 결정된다.

$$\mu = \frac{\pi d^4 \Delta p}{128 \, Ql} \qquad (15.9)$$

그림 15-5에 표시된 Saybolt 점도계의 세관을 통해 $V = 60 \text{ cm}^3$의 유체가 전부 흘러내리는 시간 t를 Saybolt 독치(讀値)라 하며 $\Delta p = \rho g h$, $Q = V/t$를 식 (15.9)에 대입하면

$$\frac{\mu}{\rho \cdot t} = \frac{g h \pi d^4}{128 \, Vl} = C_1 \qquad (15.10)$$

으로 된다. 주어진 장치에 대하여 식 (15.10)의 오른쪽 항은 정수로 취급할 수 있으므로 $\mu/\rho = \nu$로부터 동점성계수 ν는 다음과 같이 구해진다.

$$\nu = C_1 t \qquad (15.11)$$

이 식에서 동 점성계수는 흘러내리는 데 소요되는 시간에 따라 변화함을 나타낸다. 그러나, 모세관의 길이가 짧아 완전히 발달된 흐름이 얻어지지 않으므로 모세관에 유입된 후의 흐름은 벽면의 저항 때문에 흐름이 벽면에서는 감속되고 중앙에서는 가속되어 이에 대한 보정을 요한다. 즉,

$$\nu = C_1 t + \frac{C_2}{t} \qquad (15.12)$$

점성과 Saybolt 시간과의 관계는 다음 식으로 주어지고 ν는 Stokes의 단위로, t는 초단위로 주어진다.

$$\nu = 0.0022 t - \frac{1.80}{t} \qquad (15.13)$$

Stokes 법칙을 응용하는 점도계는 그림 15-6에서와 같이 작은 구가 유체 속에서 일정한 속도로 거리 l만큼 낙하하는 데 소요되는 시간 t를 측정함으로써 점성계수를 결정하는 것으로서 낙구식 점도계(落球式 粘度計)라고도 한다.

이 점성측정장치는 그림 15-6에서 볼 수 있는 바와 같이 측정유체의 온도를 일정하게 유지시키기 위해 정온수조(定溫水槽, constant temperature bath)를 사용하고 있으며 그 속에 측정유체

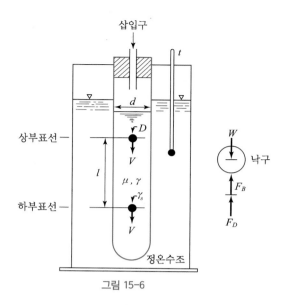

그림 15-6

가 든 관을 삽입하고 입구부에는 다시 세관을 설치하여 이를 통해 낙구를 떨어뜨릴 수 있도록 되어 있다. 낙하되는 구(球)가 종말속도에 도달된 후 일정거리를 낙하하는 데 소요되는 시간을 측정함으로써 점성계수를 결정하게 된다. 낙하속도의 측정을 위해서는 직접 관찰이 필요하므로 정온수조와 측정유체 주입관은 투명한 것을 사용하며, 정온수조의 온도측정을 위한 온도계를 설치한다.

그림 15-6에서 낙구 주위의 흐름조건이 층류상태이고 그 흐름이 무한대 흐름이라 가정하면 속도 V로 운동하는 직경 D인 구의 항력 F_D는 힘의 평형원리로부터 계산될 수 있다. 즉, 그림 15-6의 구의 자유물체도에 표시한 바와 같이 구에 작용하는 힘은 구의 무게(W)와 부력과 항력의 합과 평형을 이루게 된다. 즉,

$$W = F_B + F_D \tag{15.14}$$

유속이 느린 층류영역인 Stokes 영역(Stokes range), $N_R < 0.1$에서의 항력의 크기는 다음 식으로 표시된다.

$$F_D = 3\pi\mu VD \tag{15.15}$$

구의 무게와 부력을 구의 직경과 단위중량의 항으로 표시하고 식 (15.15)와 함께 식 (15.14)에 대입하면

$$\frac{\pi D^3 \gamma_s}{6} = \frac{\pi D^3 \gamma}{6} + 3\pi\mu VD \tag{15.16}$$

여기서, γ_s와 γ는 각각 구와 측정유체의 단위중량이며 μ는 유체의 점성계수를 표시한다. 식 (15.16)을 μ에 관해 풀면

$$\mu = \frac{(\gamma_s - \gamma)D^2}{18\,V} \tag{15.17}$$

식 (15.17)은 무한대 유체 속에 구를 낙하시킬 경우에 성립하나 실제의 그림 15 – 6과 같은 점도계에서는 불가능한 조건이므로 실험에서는 용기의 벽 효과에 대한 보정을 실시해야 하며, 흔히 사용되는 낙구의 실제 낙하속도에 대한 보정식으로는 다음 식이 많이 사용된다.

$$V = V_t \left[1 + \frac{9}{4}\frac{D}{d} + \left(\frac{9}{4}\frac{D}{d} \right)^2 \right] \tag{15.18}$$

여기서 V_t 는 관 속에서의 낙하속도이며 d 는 관의 직경을 표시한다.

문제 15-01

낙구식 점도계의 내경이 20 cm이고 유리구의 직경이 2 mm, 비중이 1.54이다. 비중이 1.17인 어떤 액체의 점성계수를 측정하기 위해 유리구를 낙하시켜 25 cm 낙하거리에 대한 시간을 측정했더니 5 sec 걸렸다. 이 액체의 점성계수를 구하라.

풀이 식 (15.18)의 낙구의 실제 낙하속도에 대한 보정식을 사용하여 무한대 유체에서의 낙하속도를 계산하면

$$V = \frac{0.25}{5} \left[1 + \frac{9}{4}\left(\frac{0.2}{20} \right) + \left(\frac{9}{4} \times \frac{0.2}{20} \right)^2 \right] = 0.0512 \text{ m/sec}$$

식 (15.17)에 대입하면

$$\mu = \frac{1,000(1.54 - 1.17) \times (2 \times 10^{-3})^2}{18 \times 0.0512} = 1.606 \times 10^{-3} \text{ kg} \cdot \text{sec/m}^2$$

15.3 점유속의 측정

점유속(奌流速, point velocity)의 측정은 관수로와 개수로로 나누어 생각할 수 있으며, 관수로에서는 피토관(Pitot-tube)을, 그리고 개수로에서는 유속계(current meter)를 주로 사용한다.

관수로의 어떤 흐름단면에서의 점유속은 관벽에서는 영이고 관의 중립축으로 가까워짐에 따라 커지는 유속분포를 가지며, 이를 결정하기 위해 흔히 사용되는 계기에는 피토관이 있다. 피토관은 압력차를 추정하여 점유속을 결정하기 위한 것이므로 국부적인 흐름을 방해하지 않을 정도로 그 크기가 충분히 작아야 함은 분명하다. 피토관은 그림 15 – 7에서 볼 수 있는 바와 같이 2개의 가느다란 튜브로 구성되어 있으며 한 튜브의 끝은 흐름방향에 직각이고 다른 끝은 평행하게 유지된다. 관 속에 삽입되는 계기의 크기를 가능한 한 작게 하기 위해 두 개의 튜브는 통상

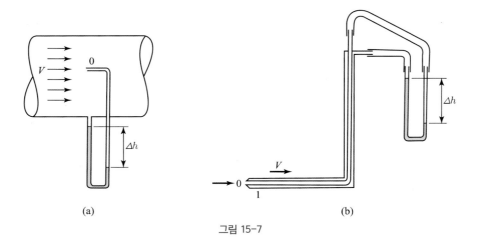

그림 15-7

그림 15 - 7 (b)와 같이 동일한 중심축을 따라 일체를 이루도록 만들며, 이를 피토 정압관(Pitot-static tube)이라 한다. 그림 15 - 7 (a)에서 관 내의 흐름에 평행하게 놓인 튜브의 끝단 0에서는 점유속이 0이 되고 압력은 정체압력(stagnation pressure)이 되며, 관벽에 연결된 튜브의 끝단 1에서의 유속은 튜브로 인해 아무런 영향을 받지 않으므로 점 0과 1에서는 각각 동압력과 정압력이 작용하게 된다.

점 0과 1 사이에 Bernoulli 방정식을 적용하면

$$\frac{p_0}{\gamma} + 0 = \frac{p_1}{\gamma} + \frac{v_1^2}{2g}$$

따라서,

$$v_1 = \sqrt{2g\left(\frac{p_0 - p_1}{\gamma}\right)} = \sqrt{2g\,\Delta h} \qquad (15.19)$$

여기서, Δh 는 동압수두과 정압수두의 차이며, 사용되는 액주계의 종류에 따라 독치 Δh 를 액주계의 원리에 맞추어 변환하여 식 (15.19)에 대입해야 한다. 즉, 액주계 유체의 비중이 S 이면 식 (15.19)는 다음과 같이 표시된다.

$$v_1 = \sqrt{2g\Delta h\,(S-1)} \qquad (15.20)$$

관 내에 삽입된 피토 정압관의 선단부와 다리(leg)는 흐름을 어느 정도 교란시키므로 실제의 점유속은 식 (15.20)으로 계산되는 값보다 작으므로 보정계수 $C < 1$ 을 식 (15.20)에 곱해 주게 되며, $C = 1$ 이 되도록 정압관의 구멍 위치를 그림 15 - 8과 같이 결정하여 설계한 피토관을 프란틀-피토관(Prandtl-Pitot tube)이라 한다. 점유속의 측정계기로서 피토관의 중요한 장점은 유향(流向)에 대하여 비교적 민감하지 않다는 것이다. 즉, 피토관의 축과 흐름의 방향 간의 각도가 15° 이내이면 압력차의 측정오차는 거의 무시할 수 있으며, Prandtl-Pitot관의 경우는 20° 각도에서 1%의 오차가 있을 뿐이라고 알려져 있다.

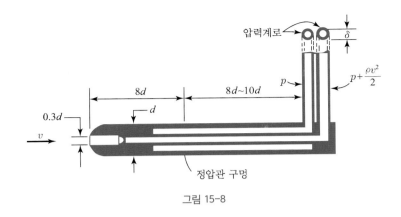

그림 15-8

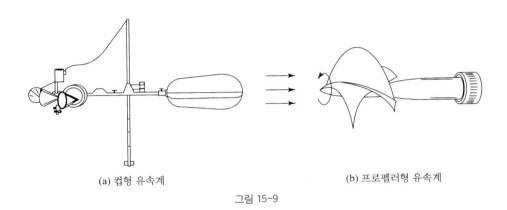

(a) 컵형 유속계   (b) 프로펠러형 유속계

그림 15-9

개수로의 어떤 단면에서의 유속분포 결정을 위한 점유속의 측정은 유속계(current meter)에 의하며, 그림 15 – 9에서와 같이 연직축 주위로 회전하는 컵형(cup-type) 유속계와 수평축 주위로 회전하는 프로펠러형(propeller-type) 유속계의 두 종류가 있다. 이러한 유속계는 점유속의 크기에 따라 컵 혹은 프로펠러의 회전속도가 변화하는 사실을 이용한 것으로, 전기회로를 이용하면 점유속을 단위시간당 회전수의 함수로 표시할 수 있다. 즉,

$$v = a + bN \tag{15.21}$$

여기서, v 는 점유속(m/sec)이며 N 은 회전자의 초당 회전수(rev/sec), a, b 는 계기상수이다.

따라서, 유속계마다 점유속과 회전자의 단위시간당 회전수 간의 관계 수립, 즉, 검정(calibration)이 필요하며, 이는 정수상태의 개수로에서 여러 기지의 속도로 유속계를 예인하여 각 속도에 대한 회전수를 측정함으로써 유속과 단위시간당 회전수 간의 관계를 수립하게 되며, 현지에서의 유속측정을 위해서는 단위시간당 회전수만 측정하여 검정공식을 이용함으로써 점유속을 계산 결정하게 된다.

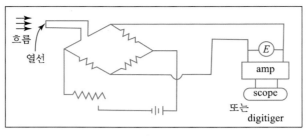

그림 15-10

실험실에서의 점유속 측정을 위한 전기적인 방법으로 열선유속계(熱線流速計, hot-wire anemometer)를 들 수 있다. 이의 작동원리는 그림 15-10에서 보는 바와 같이 전기적으로 가열된 열선을 흐르는 유체 속에 넣으면 흐름의 속도에 따라 열선의 온도가 변화하는데 이 열선의 온도를 일정하게 유지하기 위하여 열선의 냉각 정도에 따라 전류를 공급하게 된다. 즉, 유속이 낮아서 온도저하가 작으면 전류의 공급이 적게 되고, 유속이 커서 열선의 온도저하가 크게 되면 전류의 공급이 필연적으로 크게 될 것이다. 이와 같은 전류와 유속의 관계, 즉 검정을 각 열선마다 해놓고 전류의 변화만을 읽음으로써 유속을 쉽게 얻을 수 있다. 이와 같은 열선유속계를 정온열선유속계(constant temperature hotwire anemometer)라 하며, 이에 반하여 열선의 전압저항의 변화로 유속을 측정하는 유속계를 정전류 열선유속계(constant current hotwire anemometer)라 한다. 이의 동작원리는 열선에 일정한 전류를 공급하면 흐름에 의한 열선의 온도저하에 따라 열선의 저항이 변화하므로 이 열선의 전압강하가 변화하게 되므로 전압강하와 유속과의 관계, 즉 검정을 함으로써 전압을 바로 유속으로 바꾸게 된다.

열선의 직경은 제품에 따라 다르나 DISA의 경우 백금열선의 직경은 0.005 mm, 길이가 1.2 mm이다. 전기적인 회로를 이용함으로써 유속의 변화를 자동적으로 기록 또는 오실로스코프를 연결하여 스크린상에서 유속의 변화를 볼 수 있다. 검정은 피토관을 이용하여 수행된다. 이 유속계의 장점은 sensor가 매우 작아 흐름의 교란을 최소로 하고, 속도구배가 큰 경우 국부유속의 측정에 편리하며 유속뿐 아니라 난류의 측정에 많이 이용되고, 액체의 경우 열선 대신에 열필름(hot-film)이 사용되고 있다.

문제 15-02

물이 흐르고 있는 관 내의 어떤 단면에서의 점유속을 측정하기 위해 피토관을 사용하였다. 피토관에 연결된 시차액주계의 눈금차는 14.6 cm이었으며 액주계 유체의 비중은 1.95였다. 점유속의 크기를 구하라.

풀이 식 (15.20)에 의하면

$$v = \sqrt{2g\,\Delta h\,(S-1)}$$
$$= \sqrt{2 \times 9.8 \times 0.146 \times (1.95-1)} = 1.65 \text{ m/sec}$$

15.4 압력의 측정

　유체 속의 어떤 점에서의 압력(pressure)은 그 점에서의 단위면적에 유체가 미치는 수직력 (normal force)으로 정의되며, 일반적으로 유체의 경계면에 구멍을 뚫어 액주계에 연결하여 액주 계의 높이를 측정함으로써 결정한다. 만약, 액체가 정지상태에 있으면 액주계로 측정되는 압력은 정수압이나, 액체가 흐를 경우에는 경계면에 뚫은 구멍에서의 압력은 흐름의 유속이 증가함에 따라 감소하게 되며 압력감소량은 베르누이 정리로 계산이 가능하다.

　경계면에 뚫게 되는 구멍은 면에 직각을 이루어야 할 뿐 아니라 돌기가 없도록 면과 매끈하게 선형을 이루어야 올바른 압력의 측정이 가능하다. 그림 15 – 11 (a)는 구멍을 올바르게 뚫은 예이 고, 그림 15 – 11 (b)는 구멍을 잘못 뚫어서 실제의 압력보다 크게 측정되거나(그림에서 ＋로 표 시) 혹은 작게 측정되는 예(그림에서 － 로 표시)를 표시하고 있다.

　전술한 점유속의 측정에서 소개한 피토관은 흐름의 한 단면에서의 정압과 동압의 차를 한 계 기로서 측정하기 위한 것이나, 관수로에서의 많은 흐름문제는 여러 단면 간의 정압차를 측정함으 로써 해결될 수 있다. 이를 위해 여러 개 단면의 벽에 수압관공(水壓管孔, piezometer opening)을 뚫고 이를 액주계에 연결하여 수두를 서로 비교하게 된다. 만약, 압력차가 비교적 큰 두 단면 간의 압력차를 측정하고자 할 경우에는 시차액주계 혹은 압력변환기(pressure transducer)에 연결 한다.

　압력변환기는 압력의 변화에 따른 격막(diaphram)의 변위를 전기적으로 측정함으로써 압력차 를 간접측정하는 방법이다. 그림 15 – 12는 압력전달기의 한 예를 도식적으로 표시하고 있다. 두 점 1, 2 간의 압력차에 따라 그림 15 – 12의 격막은 수축 혹은 팽창하게 되며, 이에 따라 차동변환 기(differential transformer)의 중핵(core), A 가 코일 사이로 움직이게 된다. 중핵의 위치는 전 달기의 출력을 좌우하게 되고, 따라서 압력변화는 전류의 변화로 표시되므로 압력과 전류 간의 검정관계만 수립되면 압력차의 측정은 쉽게 할 수 있다. 이러한 압력전달기는 격막의 관성에 따 라 압력측정의 범위가 달라지므로 광범위한 압력차를 측정할 수 있도록 상품화되어 있어 압력차 의 측정에 매우 편리하나 고가장비이기 때문에 경제적인 문제점을 안고 있다.

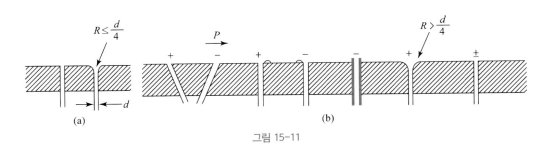

그림 15-11

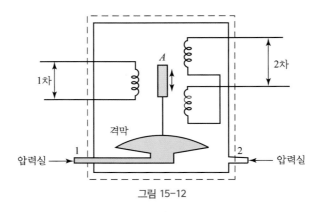

그림 15-12

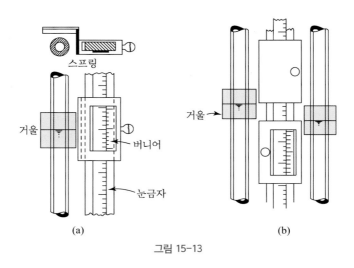

그림 15-13

    이에 반해, 액주계(液柱計, manometer)는 값이 매우 싸고 정지유체의 역학적 원리를 이용하는 아주 간단하고도 보편적인 계기로서 오늘날 압력차의 측정에 가장 널리 사용되고 있으므로 좀 더 상세하게 살펴보고자 한다. 가장 간단한 종류의 액주계는 가느다란 유리관과 눈금이 든 자(尺)로 구성된다. 관은 곧고 투명할 뿐 아니라 깨끗해야 하며 직경은 일정하고 유리관 속에 모세관현상이 생기지 않도록 단면이 충분이 커야 한다. 액주계의 눈금자로는 필요한 정도의 방안지를 사용하는 경우가 많은데, 물로 인해 젖을 염려가 있으므로 합판 위에 방안지를 붙히고 그 위에 니스와 같은 유락을 칠하거나 아스테이지나 투명한 비닐을 씌워 사용하기도 한다. 액주계의 눈금자로서 방안지보다 더 나은 것은 여러 차례 흰 페인트칠을 한 판에 펜과 잉크로 필요한 정도의 평행한 격자를 그은 후 전체를 다시 니스나 래커로 칠하는 방법이다. 이보다 더 좋은 방법은 그림 15-13 (a)와 같이 물에 젖지 않는 눈금이 든 특수 테이프를 강철 막대기에 부착하고 그 위에 스프링이 붙은 버니아(vernier)를 붙여 액주계의 수면을 정확하게 측정할 수 있도록 하는 것이다. 버니아에는 관찰을 용이하게 하기 위해 수면을 지시하기 위한 철사와 거울을 부착하기도 하고, 버니아 자체는 강철 막대기를 연해서 자유롭게 이동시킬 수 있도록 되어 있다.

그림 15-14

그림 15-15

상술한 단일액주계는 어떤 기준면으로부터의 상대적인 수위나 압력수두선의 위치를 측정하기 위한 것이나 많은 경우 두 개의 각각 다른 수위나 수두의 차를 측정해야 할 경우가 있다. 이러한 경우에는 두 개의 수위를 단일액주계의 경우처럼 각각 읽어 그 차를 구하는 것보다 그림 15-13 (b)에서 처럼 두 액주계의 중간에 눈금자를 설치하여 각 액주계 내의 수면에 두 개의 수면지시기로 맞춘 후 눈금차를 직접 읽는 것이 편리하다.

그림 15-14는 여러 개의 액주계 수면위치를 한꺼번에 결정하기 위한 액주계군의 배치 및 계측방법을 도시한 것으로서 단일 액주계의 경우처럼 특수 테이프 자 혹은 눈금을 새긴 금속자와 수면지시기로 되어 있고 수면지시기는 자유롭게 움직일 수 있도록 되어 있다. 또한, 그림 15-15 에서와 같이 액주계관의 하단에는 개폐용 콕(cock)을 연결하여 액주계로 물을 공급 혹은 배수할 수 있도록 하며, 상단에는 배기용 콕(bleeder cock)을 부착하는 것이 보통이다.

물과 공기, 혹은 물과 타 액주계 유체(manometer fluid)를 사용한 시차액주계(示差液柱計, differential manometer)에 있어서의 눈금차는 버니아를 사용하면 0.1 mm의 정도까지 읽을 수 있다. 액주계의 감도(sensitivity)를 높이기 위해 흔히 측정하고자 하는 유체와 비슷한 비중의 액주계 유체를 선택하기도 하나, 두 유체의 혼합으로 인한 오차 및 취급 시의 어려움 등이 문제가 된다. 시차액주계의 눈금차를 확대해서 읽기 위해서 종종 경사식 액주계를 쓰기도 한다. 액주계 전장을 경사식으로 만들 수도 있으나 관 전체가 곧아야 하고 설치에 정확을 기해야 하며 관의 직경이 정확히 일정해야 한다는 조건 때문에 그림 15-16과 같이 액주계의 일부분만을 경사지게 하기도 한다. 액주계의 독치는 액면이 경사부에 표시된 눈금과 일치할 때 미리 검정된 계기 (counter)에 의해 얻게 되며 이는 바로 두 액면 간의 차로 환산이 가능하다.

압력의 측정단면에 만들어지는 피에조미터 꼭지(piezometer tap)와 액주계를 형성하는 세관을 연결하는 재료로서 과거에는 고무관이 사용되었으나 오늘날은 투명한 플라스틱 혹은 폴리에틸렌 튜브(polyethylene tube)를 가장 많이 사용하고 있다. 이 투명하고 유연성이 있는 튜브는 연결작업이 용이할 뿐 아니라 액주계를 읽는 데 가장 큰 오차를 발생시키는 튜브 내 기포를 식별하여 제거할 수 있는 이점을 가진다. 또한 저온에서는 튜브가 수축되고 굳어지므로 약간 가열하여 튜브를 확대시키거나 작업을 용이하게 할 수도 있다.

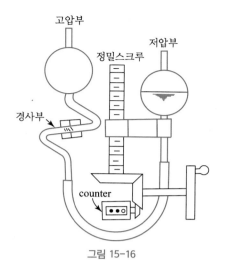

고압부

정밀스크루

저압부

경사부

counter

그림 15-16

양단이 대기에 접하고 있는 그림 15.17과 같은 U자관에 물을 어느 정도 채운 후 U자관의 한쪽에 $8.2\,\mathrm{cm}$의 기름을 부었더니 다른 쪽으로 $6\,\mathrm{cm}$만큼 수면이 올라갔다. 기름의 비중을 구하라.

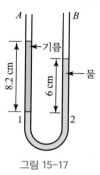

그림 15-17

풀이 정수압의 원리에 의하면 동일 액체의 동일 수평면상에서의 압력은 동일해야 하므로

$$p_1 = p_2$$

그런데, 기름의 비중을 S라 하면, $p_1 = S\gamma\,h_1$, $p_2 = \gamma h_2$ 이므로

$$S\gamma \times 8.2 = \gamma \times 6$$

$$\therefore \ S = 0.732$$

15.5 관수로에서의 유량측정

유량은 단위시간당 흐르는 유체의 체적을 의미하므로 관수로 내의 유량은 직접측정이 가능하다. 즉, 일정시간간격 동안 체적을 알고 있는 물통에 물을 받아 그 체적을 시간으로 나누는 체적측정법을 사용하거나 혹은 일정시간 동안 물통에 물을 받아 그 무게를 저울로 달고 이를 수온에 해당하는 물의 단위중량으로 나눈 후, 다시 시간으로 나누어 유량을 측정하는 중량측정법을 사용한다. 이들 체적 및 중량측정법을 위해 필요한 기기는 물통, 초시계 및 저울 등이다. 관수로내 유량의 시간적인 측정을 위한 계기에는 여러가지가 있으며 이중 많은 수의 계기는 베르누이 정리에 근거를 두고 있다. 관수로 내 흐름측정에 주로 사용되는 유량측정기기 중 대표적인 것을 살펴보면 벤츄리미터(Venturi meter), 노즐(nozzle), 관 오리피스(pipe orifice meter), 엘보우미터 (elbow meter) 등이 있다.

15.5.1 벤츄리미터

벤츄리미터는 노즐 및 관 오리스피스와 함께 흐름의 단면을 축소시켜 축소전후 단면 간의 손실수두를 측정하여 유량을 계산하는 데 사용된다. 그림 15-18은 전형적인 벤츄리미터를 도식적으로 표시한 것으로서, 약 20° 정도의 축소각을 가지는 축소 원추부와 원통형의 목(throat) 부분 및 5~7°의 확대각을 가지는 확대 원추부로 되어 있다. 입구부와 목부분 간의 손실수두는 그림 15-18의 단면 1, 2에 피에조미터 링(piezometer ring)을 설치하고 여기에 시차액주계를 연결하여 수두차 Δh 를 읽음으로써 측정되며, Bernoulli 방정식에 의하면 유량은 다음 식으로 표시된다.

$$Q = \frac{C_V A_2}{\sqrt{1-\left(\dfrac{A_2}{A_1}\right)^2}} \sqrt{2g\left(\frac{p_1}{\gamma}-\frac{p_2}{\gamma}\right)} = \frac{C_V A_2}{\sqrt{1-\left(\dfrac{A_2}{A_1}\right)^2}} \sqrt{2g\,\Delta h(S_0-1)} \quad (15.22)$$

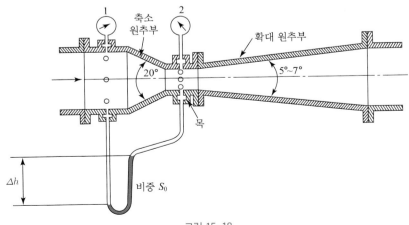

그림 15-18

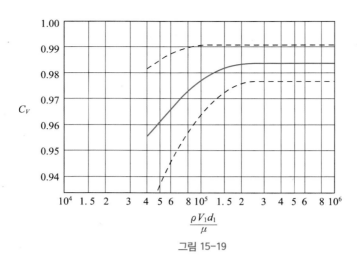

그림 15-19

여기서, A_1, A_2는 각각 입구부와 목부분에서는 단면적이고, p_1, p_2는 압력이며 C_V는 실험적으로 결정되는 유속계수로서 흐름의 Reynolds 수와 벤츄리미터의 치수에 따라 결정되는 것으로 알려져 있다. 그림 15-19는 실험결과로 얻어진 Reynolds 수와 유속계수 간의 관계를 표시하고 있으며 관과 목부분의 직경비 d_2/d_1가 0.25~0.75 범위에서 적용되고 점선은 허용범위를 표시한다.

벤츄리미터를 설치하는 데 있어서 주의해야 할 사항은 미터로 흘러들어오는 흐름이 완전히 발달하여 와류의 영향을 받지 않고 실질적으로 직선적인 흐름을 유지해야 한다는 것이다. 이를 위해 벤츄리미터는 관 부속물이라든지 기타 대규모 난류발생의 원인이 되는 관로상의 점으로부터 충분히 하류지점에 설치해야 하며, 통상 관 직경의 약 30~50배 하류에 설치해야 효과적이다. 경우에 따라서는 흐름의 선형을 보장하기 위해 미터의 상류부에 유도날개(vane)를 설치하기도 한다.

문제 15-04

목의 직경이 6 cm인 벤츄리미터를 직경 12 cm인 관에 설치하였다. 관 속에 물이 흐르고 있을 때 측정한 수은 시차액주계의 읽은 값이 15.2 cm였다면 유량은 얼마이겠는가? 물의 동점성계수 $\nu = 10^{-6}$ m²/sec이다.

풀이 $A_1 = \dfrac{\pi}{4} \times (12)^2 = 113.1 \text{ cm}^2$, $A_2 = \dfrac{\pi}{4} \times (6)^2 = 28.26 \text{ cm}^2$

흐름의 유속계수 $C_V = 0.98$이라 가정하고 식 (15.22)로 유량을 계산하면

$$Q = \frac{0.98 \times 28.26}{\sqrt{1 - \left(\dfrac{28.26}{113.1}\right)^2}} \times \sqrt{2 \times 980 \times 15.2(13.6 - 1)} = 17,523.6 \text{ cm}^3/\text{sec}$$

가정한 $C_V = 0.98$이 적절한가를 검사해 보면

$$V_1 = \frac{Q}{A_1} = \frac{17,523.6}{113.1} = 154.94 \text{ cm/sec}$$

$$R_e = \frac{V_1 d_1}{\nu} = \frac{1.55 \times 0.12}{10^{-6}} = 1.86 \times 10^5$$

그림 15-19에서 $R_e = 1.86 \times 10^5$일 때 $C_V = 0.983 \fallingdotseq 0.98$.

따라서, 위에서 계산한 $Q = 0.0175 \ \mathrm{m^3/sec}$를 받아들인다.

15.5.2 노즐

유량계측을 위해 사용되는 노즐(flow nozzle)은 확대 원추부가 없는 벤츄리미터와 유사하며 유량측정의 원리는 벤츄리미터의 경우처럼 Bernoulli 정리에 기초를 두고 있다. 그림 15-20은 미국기계학회(American Society of Mechanical Engineers, ASME)에서 개발한 노즐의 전형적인 예를 표시하고 있다. 유량측정용 노즐은 그림 15-20에서와 같이, 측정하고자 하는 관로의 플랜지(flange) 사이에 삽입하여 연결하도록 하며, 확대부가 없어 흐름의 에너지손실은 많으나 벤츄리미터에 비해 경제적인 장점이 있다. 노즐의 유량은 그림 15-20의 2개 피에조미터에 연결되는 시차액주계에 의해 측정하는 수두차를 식 (15.22)에 대입하여 계산하게 된다. 상류측 피에조미터는 노즐입구로부터 관의 직경(d_1)만큼 상류측에 위치시키며 이 피에조미터를 통해 그림의 단면 1에서의 압력이 전달된다. 하류측 피에조미터는 노즐입구로부터 $0.5d_1$ 만큼 하류에 위치시키는데 이 위치에서의 압력은 노즐의 말단인 단면 2에서의 압력과 동일함이 실험적으로 밝혀져 있다. 하류측 피에조미터는 노즐의 끝에 설치하는 것이 원칙이겠으나 흐름의 교란이나 설치의 난점 등을 해소시키기 위해 관벽에 설치하게 되는 것이다. 식 (15.22)의 유속계수 C_V는 벤츄리미터의 경우처럼 실험적으로 결정되며, 그림 15-20에서 볼 수 있는 바와 같이 노즐의 단면축소비와 흐름의 Reynolds 수에 따라 달라진다.

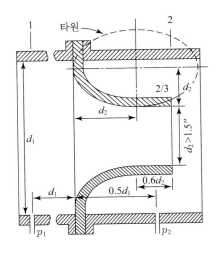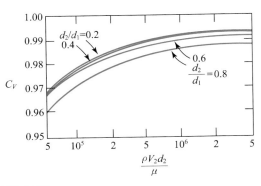

그림 15-20

직경 6 cm인 ASME 노즐을 직경 12 cm인 관에 연결하여 유량을 측정하고자 한다. 수은 시차액주계의 독치가 15.2 cm 였다면 유량은 얼마이겠는가? 물의 동점성계수는 10^{-6} m²/sec이다.

풀이 $d_2/d_1 = 0.5$ 이므로 그림 15-20에서 $C_V = 0.98$ 이라 가정하고 식 (15.22)로 유량을 계산하기로 한다. 문제 15-04의 관과 동일하므로

$$A_1 = 113.1 \text{ cm}^2, \qquad A_2 = 28.26 \text{ cm}^2$$

$$Q = 17,523.6 \text{ cm}^3/\text{sec} = 0.0175 \text{ m}^3/\text{sec}$$

가정한 $C_V = 0.98$ 이 적절한가를 검사해 보면

$$V_2 = \frac{Q}{A_2} = \frac{17,523.6}{28.26} = 620.08 \text{ cm/sec}$$

$$R_e = \frac{V_2 \, d_2}{\nu} = \frac{6.20 \times 0.06}{10^{-6}} = 3.72 \times 10^5$$

그림 15-20에서 $d_2/d_1 = 0.5$, $R_e = 3.72 \times 10^5$ 일 때의 $C_V = 0.985$ 이며 이는 가정한 값 0.980 과 거의 비슷하다고 볼 수 있으므로 $Q = 0.017 \text{ m}^3/\text{sec}$ 를 그대로 취한다.

15.5.3 관 오리피스

관 오리피스는 그림 15-21에 표시된 바와 같이 동심원형의 구멍이 뚫려 있는 얇은 원형금속판으로 되어 있으며 관의 플랜지(flange) 속에 삽입 연결된다. 관 오리피스를 통해 흐르는 흐름은 노즐의 경우와는 약간 달라 그림 15-21에서 볼 수 있는 바와 같이, 관 오리피스의 위치에서 단면이 최소가 되는 것이 아니라 약간 하류부에서 최소단면이 형성되며 이 단면을 수축단면(收縮斷面, vena contracta)이라 한다. 수축단면 2에서의 단면적(A_2)은 오리피스의 단면적(A)보다 작으며, 단면의 수축률을 단면수축계수(C_C)라 한다. 즉,

$$A_2 = C_C A \qquad (15.23)$$

식 (15.23)의 관계를 식 (15.22)에 대입하면 관오리피스로 측정되는 유량은

$$Q = \frac{C_V C_C A}{\sqrt{1 - C_C^2 \left(\dfrac{A}{A_1}\right)^2}} \sqrt{2g \, \Delta h \, (S_0 - 1)} = CA \sqrt{2g \, \Delta h \, (S_0 - 1)} \qquad (15.24)$$

여기서, C 는 오리피스계수라 부르며 벤츄리미터와 노즐의 경우처럼 흐름의 Reynolds 수와 관에 대한 오리피스의 직경비에 따라 그림 15-22와 같이 변하는 것으로 실험결과가 나타나 있다. 그림 15-22의 상류측 피에조미터의 위치(단면 1)는 관 오리피스로부터 관의 직경만큼 상류에

위치시키며 하류측 피에조미터는 이론적으로는 수축단면에 위치시켜야 한다. 그러나, 수축단면의 위치는 흐름의 Reynolds 수와 직경비에 따라 달라지므로 통상 관직경의 어떤 백분율만큼(그림 15 – 22의 0.3~0.5D 등) 하류에 고정시키고 그림 15 – 22와 같이 실험적으로 결정된 오리피스계수를 사용하게 된다. 단면 1, 2의 수두차(Δh)는 벤츄리미터나 노즐의 경우처럼 시차액주계로 측정하게 된다. 오리피스의 크기는 측정코자 하는 관로 내 유량의 크기에 따라 선택하게 되며 관 오리피스를 상품으로 획득하기 곤란한 경우에는 스테인리스 스틸(stainless steel)이나 청동판을 깎아서 제작하는 경우가 많다.

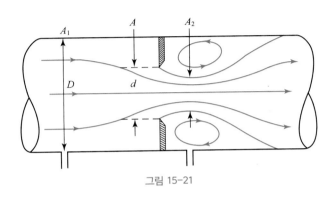

그림 15-21

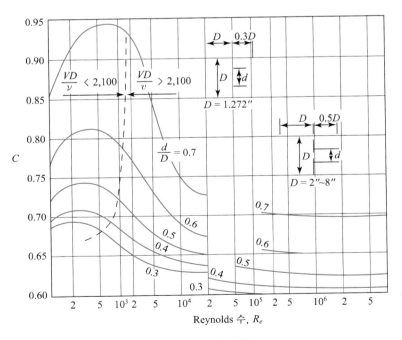

그림 15-22

15.5.4 엘보미터

엘보미터(elbow meter)는 그림 15 – 23에 표시된 바와 같은 90° 만곡관의 내측과 외측에 피에조미터 구멍을 설치하여 시차액주계에 의해 압력수두차를 측정하고 다음 식으로 유량을 계산하는 데 사용되는 계기이다.

$$Q = CA \sqrt{2g \left[\left(\frac{p_0}{\gamma} - \frac{p_i}{\gamma} \right) + (z_0 - z_i) \right]} \qquad (15.25)$$

여기서, C 는 엘보미터 계수로서 실험적으로 결정되며 엘보의 크기와 모양에 따라 대략 $0.56 \sim$ 0.88정도의 값을 가지며, A 는 엘보의 단면적을 표시한다. 엘보미터 계수 C 의 정확한 값을 결정하기 위해서는 유량의 직접측정과 엘보에서의 수두차를 여러 흐름조건 하에서 측정하여 완전한 검정을 실시하는 것이 보통이다.

만약, 검정에 의한 엘보미터 계수 C 값을 결정하지 못할 경우에는 다음과 같은 간단한 공식을 사용하기도 한다.

$$C = \frac{R}{2D} \qquad (15.26)$$

여기서, R 은 만곡부 중립축의 곡률반경이며, D 는 관의 직경이다. 식 (15.26)에 의해 C값을 결정하려면 흐름의 Reynolds 수가 충분히 크고 만곡부 상류의 직선관의 길이가 관경의 30배 이상이어야만 10% 이내의 오차범위 내에서 유량을 추정할 수 있다.

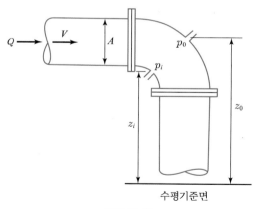

그림 15-23

15.6 개수로에서의 유량측정

개수로 내 흐름의 유량은 실험실 수로의 경우 체적측정법 혹은 중량측정법 등의 직접측정법을 사용할 수 있으나, 유량이 커지면 각종 위어나 계측수로 등의 간접측정 시설을 사용하는 것이 보통이다. 위어의 종류는 예연위어(sharp-crested weir)와 광정위어(broad-crested weir)로 대별할 수 있으며, 계측수로로는 벤츄리수로(Venturi flume)와 파샬수로(Parshall flume)를 들 수 있다.

15.6.1 예연위어

예연위어는 그림 15–24와 같이 위어 정부가 날카로운 금속판으로 되어 그 위를 흐르는 흐름이 자유낙하하는 물 제트와 같이 되는 위어를 말하며, 흐름단면의 수축이 전혀 없는 전폭 수평위어, 단면수축이 있는 구형 위어(rectangular weir), 삼각형 위어(triangular weir or V-notch weir) 및 사다리꼴(梯形) 위어(trapezoidal weir)로 나눌 수 있다.

그림 15–25와 같은 전폭 수평위어의 정점을 통과하는 수평면을 기준면으로 취하고 유선 AB를 따라 단면 1, 2 사이에 Bernoulli 식을 적용하면

$$H + \frac{V_1^2}{2g} = (H - y) + \frac{V_2^2}{2g}$$

V_2에 관해 풀면

$$V_2 = \sqrt{2g\left(y + \frac{V_1^2}{2g}\right)} \qquad (15.27)$$

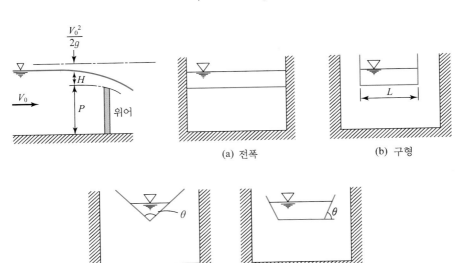

(a) 전폭

(b) 구형

(c) 삼각형

(d) 사다리꼴

그림 15-24

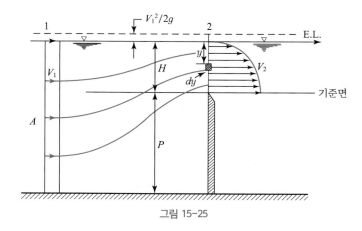

그림 15-25

그림 15-25에서 미소수심 dy 를 통과하는 미소유량은 위어폭을 L 이라 할 때 $dQ = V_2 L dy$ 이므로 식 (15.27)을 사용하면 위어를 월류하는 전 유량은

$$Q = \int_0^H V_2 L dy = \sqrt{2g}\, L \int_0^H \left(y + \frac{V_1^2}{2g} \right)^{1/2} dy$$

따라서,

$$Q = \frac{2}{3}\sqrt{2g}\, L \left[\left(H + \frac{V_1^2}{2g} \right) - \left(\frac{V_1^2}{2g} \right)^{3/2} \right] \tag{15.28}$$

그런데, 대부분의 위어에서 $P \gg H$ 이므로 V_1 은 아주 작고, 따라서 $V_1^2/2g$ 항을 무시할 수 있으므로 식 (15.28)은 다음과 같아진다.

$$Q = \frac{2}{3}\sqrt{2g}\, L H^{3/2} \tag{15.29}$$

실제흐름의 경우에는 위어를 월류할 때 에너지손실이 생기므로 이를 고려해 주기 위해 위어계수 C_w 를 도입한다. 즉,

$$Q = \frac{2}{3}\sqrt{2g}\, C_w L H^{3/2} \tag{15.30}$$

여기서, 계수 C_w 는 월류수심 H, 위어높이 P 및 위어의 두께 등에 관계가 있으며 Rehbock은 다음과 같은 실험식을 제안하였다.

$$C_w = 0.605 + \frac{1}{1,000H} + 0.08\frac{H}{P} \tag{15.31}$$

식 (15.31)을 다시 쓰면

$$Q = \frac{2}{3}\sqrt{2g}\, C_w L H^{3/2} = 2.953\, C_w L H^{3/2} = C_d L H^{3/2} \tag{15.32}$$

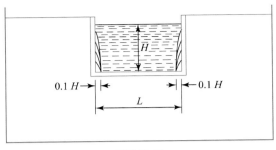

그림 15-26

여기서, C_d 를 위어의 유량계수라 하여 Francis의 전폭 위어 공식에서는 $C_d = 1.84$ 이다. 즉,

$$Q = 1.84\, LH^{3/2} \tag{15.33}$$

구형 위어의 경우는 위어폭이 수로의 폭보다 작은 경우로서 단수축(端收縮)이 있어 그림 15-26에서 보는 바와 같이 위어폭이 양단에서 각각 $0.1H$ 만큼 축소되므로 식 (15.30) 및 (15.33)의 공칭위어폭 L 대신 유효 위어폭 L' 을 다음과 같이 계산하여 사용한다.

$$L' = L - 0.1nH \tag{15.34}$$

여기서, n 은 단수축의 수이다.

삼각형위어는 개수로에서 측정코자 하는 유량이 작을 때 사용되는 위어로서 전형적인 모양은 그림 15-27에 표시되어 있다. 그림에서 위어 위로 월류하는 수맥의 수축을 무시하고 $P \gg H$ 라 가정하면 미소단면 dA 을 통과하는 흐름의 유속 $v = \sqrt{2gy}$ 로 표시할 수 있으므로 이론적인 총 유량은

$$Q = \int_A v\, dA = \int_0^H \sqrt{2gy}\ x\, dy \tag{15.35}$$

그림 15-27에서 닮은 삼각형의 비 관계를 사용하면

$$\frac{x}{H-y} = \frac{L}{H} \quad \therefore\ x = \frac{(H-y)}{H} L \tag{15.36}$$

식 (15.36)을 식 (15.35)에 대입하면

$$Q = \sqrt{2g}\ \frac{L}{H} \int_0^H y^{1/2}\,(H-y)dy = \frac{4}{15}\,\sqrt{2g}\ \frac{L}{H}\ H^{5/2} \tag{15.37}$$

그런데 그림 15-27에서

$$\frac{L/2}{H} = \tan\frac{\theta}{2} \quad \therefore\ \frac{L}{H} = 2\tan\frac{\theta}{2} \tag{15.38}$$

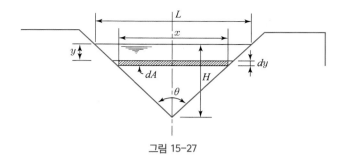

그림 15-27

식 (15.38)을 식 (15.39)에 대입하면

$$Q = \frac{8}{15}\sqrt{2g}\tan\frac{\theta}{2}H^{5/2}$$ (15.39)

구형 위어의 경우와 마찬가지로 월류수맥의 수축과 월류 시의 에너지손실로 인한 유량의 감소현상을 고려해 주기 위해서 위어계수 C_w 가 도입되며, Strickland에 의하면 C_w 는 다음과 같은 실험식으로 표시된다.

$$C_w = 0.565 + \frac{0.0087}{\sqrt{H}}$$ (15.40)

따라서, 직각삼각 위어($\theta = 90°$)를 통한 실제유량은 식 (15.39)에 식 (15.40)으로 표시되는 C_w 를 곱하면

$$Q = 2.361\left(0.565 + \frac{0.0087}{\sqrt{H}}\right)H^{5/2}$$ (15.41)

사다리꼴 위어 위로 월류하는 유량은 그림 15-28과 같이 폭이 L 인 구형 위어의 유량과 중심각이 θ 이고 수면폭이 ($T-L$)인 삼각형 위어의 유량을 합한 것과 같다고 보면 접근유속을 무시할 때 다음과 같이 표시할 수 있다.

$$Q = C_1\frac{2}{3}\sqrt{2g}LH^{3/2} + C_2\frac{8}{15}\sqrt{2g}\tan\frac{\theta}{2}H^{5/2}$$ (15.42)

위어의 예연에 의한 양단수축이 있고 그림 15-29와 같이 사변의 경사가 1:4(수평:연직), 즉, $\tan\frac{\theta}{2} = \frac{1}{4}$ 인 사다리꼴 위어를 Cipolletti 위어라 부르며, 월류유량의 크기는 유효폭이 L 인 구형위어의 유량과 같은 것으로 알려져 있다. 그림 15-29에 표시한 미국개척성(USBR)의 표준 사다리꼴 위어의 유량공식은

$$Q = 1.859\,LH^{3/2}$$ (15.43)

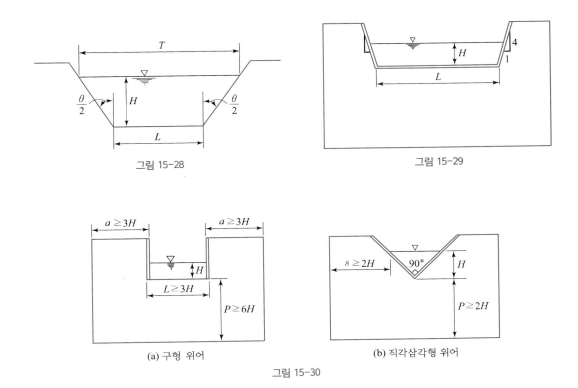

그림 15-28

그림 15-29

(a) 구형 위어

(b) 직각삼각형 위어

그림 15-30

이상에서 살펴본 각종 예연위어 중 구형 위어와 삼각형 위어가 실제로 가장 많이 사용되며, 이들 위어는 정상적인 기능을 발휘하기 위해 위어의 높이 P, 위어의 길이 L 및 수로벽면으로부터 떨어져야 할 거리 등이 수두 H 의 적당한 배수이상으로 유지되어야 한다. 그림 15-30은 USBR의 표준형 구형 및 삼각형 위어의 적정치수를 표시하고 있으며, 사다리꼴 위어의 경우에도 그대로 적용된다.

문제 15-06

폭이 1.5 m인 실험실 개수로에 흐르는 유량을 측정했더니 0.25 m³/sec이었다.

(a) 수로의 어떤 단면에 높이 80 cm의 전폭 예연위어를 설치한 결과 월류수두가 20 cm로 측정되었다면 위어의 유량계수는 얼마이겠는가?

(b) 수로의 어떤 단면의 중앙부에 폭 60 cm의 구형 위어를 설치했을 때 월류수두가 40 cm로 측정되었다면 구형 위어의 유량계수는 얼마이겠는가?

(c) 수로의 어떤 단면의 중앙부에 밑변 폭 80 cm인 USBR의 표준 구형 위어를 설치했을 때 월류수두는 얼마이겠는가?

풀이 (a) 식 (15.32)를 이용하면 유량계수

$$C_d = \frac{Q}{LH^{3/2}} = \frac{0.25}{1.5 \times (0.2)^{3/2}} = 1.86$$

혹은, 식 (15.31)과 식 (15.32)로부터

$$C_d = 2.953\, C_w = 2.953\left(0.605 + \frac{1}{1,000\,H} + 0.08\,\frac{H}{P}\right)$$

$$= 2.953 \times \left(0.605 + \frac{1}{1,000 \times 0.2} + 0.08\,\frac{0.2}{0.8}\right) = 1.86$$

(b) 식 (15.32)와 식 (15.34)로부터

$$Q = C_d(L - 0.1\,n\,H)H^{3/2}$$

$$\therefore\ C_d = \frac{0.25}{(0.6 - 0.1 \times 2 \times 0.4) \times (0.4)^{3/2}} = 1.90$$

(c) 식 (15.43)으로부터

$$H = \left(\frac{Q}{1.859\,L}\right)^{2/3} = \left(\frac{0.25}{1.859 \times 0.8}\right)^{2/3} = 0.305\ \text{m}$$

15.6.2 광정위어

광정위어(廣頂위어, broad-crested weir)는 그림 15-31과 같이 흐름방향으로 상당한 길이를 가지는 배수구조물로서 위어상에서 한계수심이 발생하도록 함으로서 유량을 측정할 수 있게 된다.

그림 15-31에서 단면 1, 2 사이의 베르누이 방정식을 세우면

$$E = H + \frac{V_1^2}{2g} = y + \frac{V_2^2}{2g}$$

위어상에서의 흐름의 평균유속 V_2 를 표시하면

$$V_2 = \sqrt{2g(E-y)}$$

따라서, 폭이 L 인 위어 위로 흐르는 유량은

$$Q = V_2\,Ly = Ly\ \sqrt{2g(E-y)} \tag{15.44}$$

식 (15.44)에서 Q 는 위어 위의 수심 y 의 함수이며, $y = 0$ 및 $y = E$ 일 때 $Q = 0$ 이므로 $0 < y < E$ 에서 최대유량이 발생하며 $dQ/dy = 0$ 이 최대유량의 발생 조건식이 된다. 즉, 9장에서 증명한 바와 같이 $y = 2E/3$ 일 때 유량은 최대가 되며 이것이 바로 한계류조건인 것이다.

식 (15.45)에 $y = 2E/3$ 를 대입하면

$$Q = \frac{2}{3}EL\ \sqrt{2g\left(\frac{1}{3}E\right)} = \left(\frac{2}{3}\right)^{3/2}\ \sqrt{g}\ LE^{3/2} = 1.705\,LE^{3/2} \tag{15.45}$$

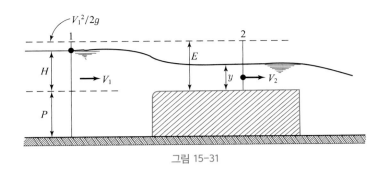

그림 15-31

식 (15.45)는 위어의 높이나 형상 등의 영향을 고려하지 않은 이론적인 유량공식이며 실제유량의 측정을 위한 기본식의 형태는 다음과 같다.

$$Q = CLH^{3/2} \qquad (15.46)$$

여기서, H 는 위어상류부의 수두이며 C 는 위어의 유량계수로서, 가능하면 검정에 의해 결정하는 것이 좋으나 유량이 커서 검정이 불가능할 경우에는 경험식을 사용하게 된다. Doeringsfeld-Barker의 경험식은 다음과 같다.

$$C = 0.433 \sqrt{2g}\left(\frac{P+H}{2P+H}\right)^{1/2} \qquad (15.47)$$

여기서, P 는 광정위어의 높이이다.

문제 15-07

높이 1 m, 폭 3 m인 광정위어 상류부에서의 수두가 0.4 m라면 유량은 얼마나 되겠는가?

풀이 식 (15.47)로 위어의 유량계수를 계산하면

$$C = 0.433 \times \sqrt{2 \times 9.8}\left(\frac{1+0.4}{2+0.4}\right)^{1/2} = 1.46$$

식 (15.46)으로 유량을 계산하면

$$Q = 1.46 \times 3 \times (0.4)^{3/2} = 1.108 \, \text{m}^3/\text{sec}$$

15.6.3 계측수로

개수로 내의 유량측정을 위한 각종 위어는 경비가 적게 들고 구조가 단순한 이점이 있으나 비교적 흐름에너지의 손실이 크고 위어 직상류에 누적되는 토사가 문제가 된다. 이와 같은 문제점은 한계류 수로(critical flow flume)를 사용하면 어느 정도 극복할 수 있으며, 이러한 목적으로 사용되기 시작한 수로를 벤츄리 수로(Venturi flume)라 한다.

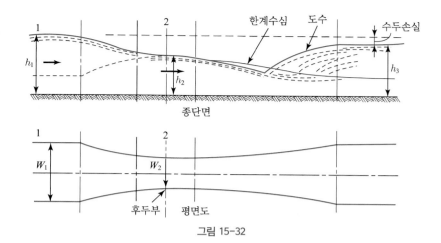

그림 15-32

지금까지 여러가지 형태의 벤츄리 수로가 유량측정에 사용되어 왔으며 일반적인 형은 그림 15-32에 표시한 바와 같이 관수로 내 유량측정을 위해 사용되는 벤츄리 미터처럼 축소부와 후두부(喉頭部, 목부, throat) 및 확대부로 구성된다.

대부분의 벤츄리 수로는 후두부에서 한계수심이 형성되고 출구부(확대부)에서 도수가 발생하여 출류수가 잠수상태가 되도록 운영된다. 수로를 통한 유량은 후두부에 설치되는 관측정에서의 수심과 다른 한 단면에서의 수심을 읽음으로써 계산에 의해 구해진다. 즉, 그림 15-32에서 $W_1 / W_2 = x$, $h_2 / h_1 = y$, 유량계수를 C_d 라 할 때 유량 Q 는 다음과 같이 표시할 수 있다.

$$Q = C_d \, W_2 \, \sqrt{2 g h_2 (h_1 - h_2)} \, \sqrt{\frac{x^2}{x^2 - y^2}} \qquad (15.48)$$

개수로 내 유량측정을 위한 한계류 수로 중 가장 많이 사용되는 수로형은 파샬 수로(Parshall flume)로서 그림 15-33에 평면도와 종단도가 표시되어 있다. 파샬 수로 각 부분의 제원은 표 15-2에 수로의 크기(후두부 폭의 크기)별로 영국단위제를 사용하여 수록되어 있다. 따라서, 수로 크기별로 수로의 평면과 종단을 결정할 수 있으므로 완전한 설계가 가능하다.

표 15-2의 각종 크기별 파샬 수로에 대한 유량공식은 경험적으로 유도되었으며 비 잠수상태 하에서의 이들 공식은 표 15-1과 같다.

표 15-1 수로크기별 유량공식

후두부 폭	유량공식	통수용량(ft³/sec)
3 in.	$Q = 0.992 H_a^{1.547}$	0.03~1.9
6 in.	$Q = 2.06 H_a^{1.58}$	0.05~3.9
9 in.	$Q = 3.07 H_a^{1.53}$	0.09~8.9
1~8 ft	$Q = 4 \, W H_a^{(1.522 \, W)^{0.026}}$	~140
10~50 ft	$Q = (3.6875 \, W + 2.5) \, H_a^{1.6}$	~2,000

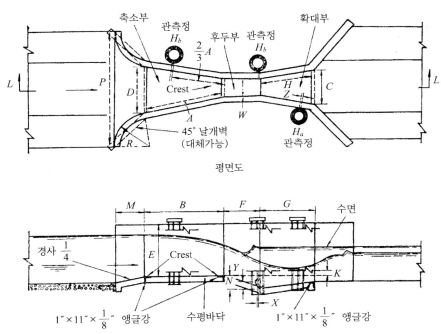

축소부
관측정 H_b
$\frac{2}{3}A$
후두부 관측정 H_b
확대부
L
P
D
Crest
H
Z
C
L
A
W
45° 날개벽
(대체가능)
R
H_a
관측정

평면도

M
B
F
G
수면
경사 $\frac{1}{4}$
E
Crest
Y
N
K
$1'' \times 11'' \times \frac{1}{8}''$ 앵글강
수평바닥
X
$1'' \times 11'' \times \frac{1}{8}''$ 앵글강

종단면도(단면 L–L)

그림 15-33

표 15–1의 유량공식에서 Q는 유량(ft³/sec), W는 후두부의 폭(in 혹은 ft)이고 H_a는 관측정 a에서 읽은 수심(ft)이다.

만약, 관측정 b에서 읽은 수심 H_b와 관측정 a에서의 수심 H_a의 비인 H_b/H_a가 아래 값을 초과할 경우 수로 내의 흐름은 잠수상태라 정의한다.

$$W = 1'', \ 2'', 3'' \ \text{일 때} \qquad H_b/H_a > 0.50$$
$$W = 6'', \ 9'' \ \text{일 때} \qquad H_b/H_a > 0.60$$
$$W = 1' \sim 8' \ \text{일 때} \qquad H_b/H_a > 0.70$$
$$W = 9' \sim 50' \ \text{일 때} \qquad H_b/H_a > 0.80$$

수로 출구부의 흐름이 잠수상태에 있으면 상류부의 흐름을 방해하여 수로의 통수능력을 감소시키는 결과를 초래하게 되므로, 표 15–1의 유량공식을 H_a 및 H_b를 고려하여 수정해 주지 않으면 안 된다. 그림 15–34는 1 ft 파샬수로에 대한 잠수 백분율별 보정유량(ft³/sec)을 후두부 수심(ft)에 따라 구하는 방법을 표시하고 있다. 또한, 그림 15–43은 수로크기 8 ft까지에 대해서도 사용할 수 있도록 만들어졌으며, 1 ft 수로에 대한 보정유량에 표 15–3의 보정계수를 각 수로에 곱하여 수로별 보정유량을 결정하면 된다.

표 15-2 파샬수로 크기별 제원

(치수는 FT'–IN" 단위. 대시(—)는 해당 없음/미기재.)

W	A	2/3 A	B	C	D	E	F	G	H	K	M	N	P	R	X	Y	Z	통수용량 최소 (ft³/sec)	통수용량 최대 (ft³/sec)
0'1"	1'2-9/32"	0'9-17/32"	1'2"	0'3-21/32"	0'6-19/32"	0'6~9"	0'3"	0'8"	0'8-1/8"	0'3/4"	—	0'1-1/8"	—	—	0'5/16"	0'1/2"	0'1/8"	0.01	0.19
0'2"	1'4-5/16"	0'10-7/8"	1'4"	0'5-5/16"	0'8-13/32"	0'6~10"	0'4-1/2"	0'10"	0'10-1/8"	0'7/8"	—	0'1-11/16"	—	—	0'5/8"	0'1"	0'1/4"	0.02	0.47
0'3"	1'6-3/8"	1'0-1/4"	1'6"	0'7"	0'10-3/16"	1'0~1-1/2"	0'6"	1'0"	0'5/32"	0'1"	—	0'2-1/4"	—	—	0'1"	0'1-1/2"	0'1/2"	0.03	1.90
0'6"	2'7/16"	1'4-5/16"	2'0"	1'3-1/2"	1'3-5/8"	2'0"	1'0"	1'6"	—	0'3"	0'0"	0'4-1/2"	2'11-1/2"	1'4"	0'2"	0'3"	—	0.05	3.9
0'9"	2'10-5/8"	1'11-1/8"	2'10"	1'3"	1'10-5/8"	2'6"	1'0"	1'6"	—	0'3"	0'0"	0'4-1/2"	3'6-1/2"	1'4"	0'2"	0'3"	—	0.09	8.9
1'0"	4'6"	3'0"	4'4-7/8"	2'0"	2'9-1/4"	3'0"	2'0"	3'0"	—	0'3"	1'3"	0'9"	4'10-3/4"	1'8"	0'2"	0'3"	—	0.11	16.1
1'6"	4'9"	3'2"	4'7-7/8"	2'6"	3'4-3/8"	3'0"	2'0"	3'0"	—	0'3"	1'3"	0'9"	5'6"	1'8"	0'2"	0'3"	—	0.15	24.6
2'0"	5'0"	3'4"	4'10-7/8"	3'0"	3'11-1/2"	3'0"	2'0"	3'0"	—	0'3"	1'3"	0'9"	6'1"	1'8"	0'2"	0'3"	—	0.42	33.1
3'0"	5'6"	3'8"	5'4-3/4"	4'0"	5'1-7/8"	3'0"	2'0"	3'0"	—	0'3"	1'6"	0'9"	7'3-1/2"	1'8"	0'2"	0'3"	—	0.61	50.4
4'0"	6'0"	4'0"	5'10-5/8"	5'0"	6'4-1/4"	3'0"	2'0"	3'0"	—	0'3"	1'6"	0'9"	8'10-3/4"	2'0"	0'2"	0'3"	—	1.3	67.9
5'0"	6'6"	4'4"	6'4-1/2"	6'0"	7'6-5/8"	3'0"	2'0"	3'0"	—	0'3"	1'6"	0'9"	10'1-1/4"	2'0"	0'2"	0'3"	—	1.6	85.6
6'0"	7'0"	4'8"	6'10-3/8"	7'0"	8'9"	3'0"	2'0"	3'0"	—	0'3"	1'6"	0'9"	11'3-1/2"	2'0"	0'2"	0'3"	—	2.6	103.5
7'0"	7'6"	5'0"	7'4-1/4"	8'0"	9'11-3/8"	3'0"	2'0"	3'0"	—	0'3"	1'6"	0'9"	12'6"	2'0"	0'2"	0'3"	—	3.0	121.4
8'0"	8'0"	5'4"	7'10-1/8"	9'0"	11'1-3/4"	3'0"	2'0"	3'0"	—	0'3"	1'6"	0'9"	13'8-1/4"	2'0"	0'2"	0'3"	—	3.5	139.5
10'0"	—	—	14'0"	12'0"	15'7-1/4"	4'0"	3'0"	6'0"	—	0'6"	—	1'1-1/2"	—	—	0'9"	0'0"	—	6	200
12'0"	—	—	16'0"	14'8"	18'4-3/4"	5'0"	3'0"	8'0"	—	0'6"	—	1'1-1/2"	—	—	0'9"	0'0"	—	8	350
15'0"	—	—	25'0"	18'4"	25'0"	6'0"	4'0"	10'0"	—	0'9"	—	1'6"	—	—	0'9"	0'0"	—	8	600
20'0"	—	—	25'0"	24'0"	30'0"	7'0"	6'0"	12'0"	—	1'0"	—	2'3"	—	—	0'9"	0'0"	—	10	1,000
25'0"	—	—	25'0"	29'4"	35'0"	7'0"	6'0"	13'0"	—	1'0"	—	2'3"	—	—	0'9"	0'0"	—	15	1,200
30'0"	—	—	26'0"	34'8"	40'0"	7'0"	6'0"	14'0"	—	1'0"	—	2'3"	—	—	0'9"	0'0"	—	15	1,500
40'0"	—	—	27'0"	45'4"	50'4-3/4"	7'0"	6'0"	16'0"	—	1'0"	—	2'3"	—	—	0'9"	0'0"	—	20	2,000
50'0"	—	—	27'0"	56'8"	60'9-1/4"	7'0"	6'0"	20'0"	—	1'0"	—	2'3"	—	—	0'9"	0'0"	—	25	3,000

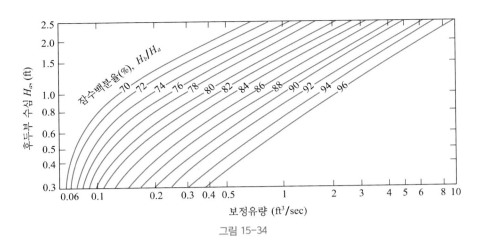

그림 15-34

표 15-3 수로크기별 보정계수(1~8 ft)

수로크기(ft)	1.0	2.0	3.0	4.0	6.0	8.0
보정계수	1.0	1.8	1.8	3.1	4.3	5.4

그림 15–34와 마찬가지로 그림 15–35는 10 ft 파샬수로의 보정유량을 결정하기 위한 그림이며, 표 15–4는 수로크기 50 ft까지의 파샬수로의 보정유량을 10 ft 수로의 보정유량으로부터 구하기 위한 보정계수를 수로크기별로 수록하고 있다.

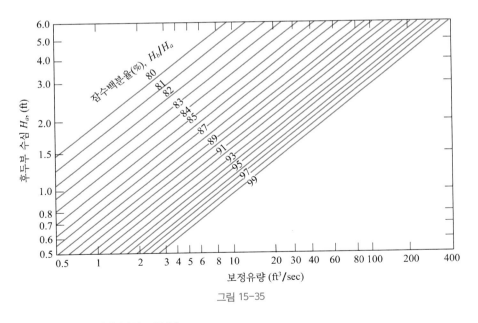

그림 15-35

표 15-4 수로크기별 보정계수(10~50 ft)

수로크기(ft)	10	15	20	30	40	50
보정계수	1.0	1.5	2.0	3.0	4.0	5.0

파샬 수로의 유량을 결정하기 위해서는 표 15 – 1의 유량공식으로 계산한 유량으로부터 위에서 소개한 방법으로 구한 보정유량을 빼어주면 흐름의 잠수영향을 고려한 실제의 유량을 결정할 수 있게 된다.

문제 15-08

4 ft 파샬 수로에 물이 흐르고 있다. $H_a = 1.0$ m, $H_b = 0.8$ m로 측정되었다면 유량은 얼마이겠는가?

풀이 수로 출구부의 흐름을 비 잠수상태라 가정할 경우 유량공식은 표 15.1로부터

$$Q = 4\ WH_a^{(1.522\,W)^{0.026}}$$

$$= 4 \times 4 \times (1.0)^{(1.522 \times 4)^{0.026}} = 16\ \text{ft}^3/\text{sec}$$

$H_b/H_a = 0.8 = 80\%$ 이므로 잠수의 영향을 고려하여 유량을 보정해야 한다.

그림 15 – 34로부터 $H_b/H_a = 0.8$ 일 때 $H_a = 1.0$ m 에 대한 1 ft 파샬수로의 보정유량을 구하면 $(\Delta Q)_{1ft} = 0.35\ \text{ft}^3/\text{sec}$ 이고, 표 15.3에서 4 ft 수로에 대한 보정계수가 3.1이므로 4 ft 수로의 보정유량은

$$(\Delta Q)_{4ft} = 0.35 \times 3.1 = 1.085\ \text{ft}^3/\text{sec}$$

따라서, 이 파샬수로의 유량은

$$Q = 16 - 1.085 = 14.915\ \text{ft}^3/\text{sec}$$

01 비중이 7.8인 직경 1 cm의 철구가 0.06 m/sec로 비중 0.9인 기름 속을 강하한다. 다음의 경우 기름의 점성계수를 구하라.
 (a) 무한대 액체
 (b) 직경 7 cm인 관속의 액체

02 유속 4 m/sec로 흐르는 수류를 측정하기 위해 흐름과 반대방향으로 설치한 피토관의 정압 및 동압관에 연결된 액주계의 시차가 14.2 cm였다. 액주계 유체의 비중을 구하라.

03 직경 1 m인 관수로의 중립축으로 0.3 m인 곳에 프란틀-피토관을 삽입하여 8.7 cm의 액주계시차를 얻었다. 점유속을 계산하라. 액주계 유체의 비중은 3.0으로 가정하라.

04 직경 1.2 m인 원형관의 어떤 단면의 상부와 하부에 한쪽이 개방된 U자 수은 액주계를 연결하여 시차를 측정했더니 상부 및 하부 액주계의 독치가 각각 7.25 cm 및 16.09 cm이었다. 관 속에 흐르는 액체의 비중과 이 단면에서의 압력을 구하라.

05 흐르는 물속에 양단이 개방된 90° 만곡 유리세관의 일단을 흐름방향과 반대방향으로 위치시켰더니 연직관부로 4 cm만큼 흐름의 표면보다 위로 물이 올라왔다. 흐름의 점유속을 구하라.

06 직경이 1.2 m, 높이가 1.5 m인 체적계량용 탱크를 기름으로 채우는 데 16분 32초가 걸렸다. 평균유량을 ℓ/min 단위로 구하라.

07 중량계량용 탱크가 비중이 0.86인 액체 50 kg을 받는 데 15초가 걸렸다. 평균유량을 ℓ/min 단위로 구하라.

08 직경 100 cm인 관에 50 cm 벤츄리 미터가 연결되어 있다. 20℃의 물이 흐를 때 수은 시차액주계를 읽은 값이 6 cm였다면 유량은 얼마이겠는가?

09 25℃의 물을 50 ℓ/sec의 율로 직경 16 cm관을 통해 운반하고 있다. 8 cm 벤츄리 미터의 후두부와 상류부와의 압력차를 구하라.

10 20 cm 벤츄리 미터를 직경 50 cm인 관로에 연결시켜 유량을 측정하고자 한다. 상류관로와 벤츄리 미터 후두부에 연결된 압력계를 읽은 값이 각각 3 kg/cm² 및 2 kg/cm²였다면 유량은 얼마이겠는가?

11 직경 20 cm인 관로에 물이 흐르고 있다. 유량을 측정하기 위해 직경 10 cm인 ASME 노즐을 연결하여 수은 시차액주계의 눈금차를 읽었더니 42 cm였다. 유량을 계산하라. 수은은 20℃이다.

12 그림 15-36에 표시된 직경 40 cm관에 흐르는 유량을 계산하라. 노즐의 후두부 직경은 32 cm이고 ASME의 표준에 맞추어 제작된 것으로 가정하라. 수온은 15℃이다.

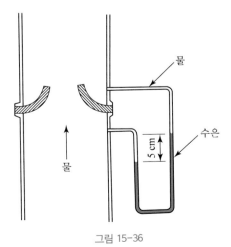

물

수은

물

5 cm

그림 15-36

13 직경 15 cm인 관을 통해 5℃의 물이 흐르고 있다. 직경 6 cm인 ASME 노즐을 설치했을 때 수은 시차액주계의 눈금은 얼마를 가리킬까? 관속에 흐르는 유량은 80 ℓ/min.이다.

14 직경 7 cm인 노즐이 직경 15 cm인 관로에 설치되어 있다. 수은 시차액주계를 읽은 값이 35 cm, 수온이 20℃일 때 유량을 구하고 노즐의 설치로 인한 수두손실을 구하라.

15 직경 30 cm인 관수로에 직경 20 cm의 관 오리피스를 설치했을 때 시차액주계를 읽은 값이 30 cm이고 수온은 20℃였다. 유량을 계산하라. 단, 액주계 유체의 비중은 2.94이다.

16 직경 7.5 cm인 호스의 끝에 직경 3 cm의 노즐이 붙어 있다. 호스 내의 압력이 850 kg/cm^{2}일 때 노즐을 통한 유량을 계산하라. 노즐의 유속계수 $C_V = 0.97$로 가정하라.

17 직경 30 cm인 관 오리피스를 직경 50 cm인 수평관에 설치하고 물을 흘렸다. 유량 검정실험에서 7 sec 동안 받은 양의 체적이 6.78 m^{3}였고 수은 시차액주계를 읽은 값이 18.24 cm였다면 오리피스 미터의 유량계수는 얼마인가?

18 직경 15 cm의 관수로 끝에 부착된 직경 10 cm인 오리피스를 통해 0.15 m^3/sec의 물이 흐르고 있다. 오리피스 상류의 압력계가 4 kg/cm^2, 수축단면(vena contracta)에서의 압력계가 4.2 kg/cm^{2}를 지시할 때의 유량계수를 결정하라.

19 직경 30 cm인 관수로에 직경 20 cm인 관 오리피스를 설치했을 때 시차액주계를 읽은 값이 30 cm였다. 액주계 유체의 비중이 2.94이고 수온이 18℃일 때 유량을 계산하라.

20 직경 75 cm인 수평 90° 만곡관의 만곡부에 엘보미터를 설치하여 유량을 검정했더니 1분 동안 48 m^{3}가 되었다. 수은 시차액주계를 연결했다면 시차는 얼마나 되겠는가?

21 연습문제 20의 만곡관이 수평면 내에 있지 않고 연직방향으로 만곡된다고 할 때 엘보미터의 유량계수를 결정하라. 유량은 동일하고 액주계에 연결되는 tap의 위치는 만곡부에서 수평 및 연직과 45°의 각도를 이루는 선상에 있다고 가정하라.

22 개수로에 설치된 양단수축 구형 위어의 폭이 4 m, 수두가 1.1 m이고 높이가 3 m일 때 월류하는 유량을 계산하라.

23 폭이 2 m인 양단수축 구형 위어를 통해 월류하는 유량이 1 m^3/sec이다. 위어 상류부의 수두를 2.25 m로 유지하려면 위어의 높이를 얼마로 해야 할 것인가?

24 구형 단면의 폭이 4 m인 수로에 일정한 유량이 흐르고 있다. 폭 1 m, 높이 1.7 m인 구형 위어로 상류수심을 2.3 m로 유지하고 있다. 동일한 상류수심을 유지할 수 있는 전폭 위어의 소요 높이를 계산하라.

25 높이가 1 m이고 수두가 0.3 m 되는 전폭 예연위어 위로 물이 흐르고 있다. 높이가 0.5 m인 전폭 예연위어로 대치할 경우 상류수심의 변화는 얼마나 될 것인가?

26 60° 삼각형 위어 실험에서 수두가 0.3 m 되는 전폭 예연위어 위로 물이 흐르고 있다. 높이가 0.5 m인 전폭 예연위어로 대치할 경우 상류수심의 변화는 얼마나 될 것인가?

27 높이 1.5 m, 폭 4 m인 구형 광정위어 위로 물이 흐르고 있다. 위어 상류부의 수두가 0.5 m일 때 유량을 계산하라.

28 폭 3 m인 USBR 표준형 구형 위어 위의 수두가 0.6 m일 때 유량을 구하라.

29 폭 3 m, 높이 1.5 m인 광정 위어 위로 흐르는 유량이 2.8 m³/sec일 때 위어 상류의 수두를 구하라.

30 폭이 6.5 m인 개수로의 유량이 수심 1 m일 때 2.8 m³/sec이다. 이 수로에 광정 위어를 설치하여 상류수심이 2 m가 되는 위어의 높이를 결정하라.

31 위어 위의 수두를 0.25 cm 이하로 제한하고자 할 때 0.8 m³/sec까지의 유량을 소통시킬 수 있는 Cipoletti 위어의 소요 폭을 계산하라.

32 비잠수 흐름상태에서 $H_a = 1$ m인 10 ft 파샬 수로를 통한 유량을 m³/sec 단위로 계산하라.

33 4 ft 파샬 수로에서 $H_a = 1.0$ m, $H_b = 9.8$ m일 때 유량을 계산하라.

34 40 ft 파샬 수로에서 $H_a = 1.0$ m, $H_b = 0.95$ m이었다. 파샬 수로를 통과하는 유량을 계산하라.

부록

주요 상수 및 단위환산표

1. 주요 상수

중력가속도
$$g = 9.086 \, \text{m/sec}^2$$
$$e = 2.7182818285$$
$$\pi = 3.1415926536$$
$$\log_{10} e = 0.4342944819$$
$$\log_e 10 = 2.3025850930$$

2. 단위환산표(KS에 준함)

(1) 길이 : 표준단위 $= \text{m}$ (meter : 미터)

미크론(micron)	$1 \, \mu = 1 \, \mu\text{m} = 10^{-6} \, \text{m}$
옹스트롬(Angstrom)	$1 \, \text{Å} = 10^{-10} \, \text{m}$
야드(yard)	$1 \, \text{yd} = 0.9144 \, \text{m}$
피드(feet)	$1 \, \text{ft} = \dfrac{1}{3} \, \text{yd} = 0.3048 \, \text{m}$
인치(inch)	$1 \, \text{in} = \dfrac{1}{36} \, \text{yd} = 0.0254 \, \text{m}$
마일(mile)	$1 \, \text{mi} = 1760 \, \text{yd} = 1609.344 \, \text{m}$
해리(nautical mile)	$1 \, \text{n.mi} = 1852 \, \text{m}$
광년(light year)	$1 \, \text{light year} = 9.4614 \times 10^5 \, \text{m}$

(2) 면적 : 표준단위$= \mathrm{m}^2$(square meter : 제곱미터)

아르(are) $1 \, \mathrm{a} = 100 \, \mathrm{m}^2$

헥타르(hectare) $1 \, \mathrm{ha} = 100^4 \, \mathrm{m}^2$

제곱 인치(square inch) $1 \, \mathrm{in}^2 = 0.4516 \times 10^{-4} \, \mathrm{m}^2$

제곱 피트(square feet) $1 \, \mathrm{ft}^2 = 9.290304 \times 10^{-2} \, \mathrm{m}^2$

제곱 야드(square yard) $1 \, \mathrm{yd}^2 = 0.836127 \, \mathrm{m}^2$

제곱 마일(square mile) $1 \, \mathrm{mi}^2 = 2.58999 \, \mathrm{km}^2$

에이커(acre) $1 \, \mathrm{acre} = 4840 \, \mathrm{yd}^2 = 4046.86 \, \mathrm{m}^2$

평 $1 \, \text{평} = 3.30579 \, \mathrm{m}^2$

(3) 체적 : 표준단위$= \mathrm{m}^2$(cubic meter : 세제곱미터)

리터(liter) $1 \, l = 1 \, \mathrm{dm}^3 = 10^{-3} \, \mathrm{m}^3$

세제곱 센티미터 $1 \, \mathrm{cm}^3 = 1 \, \mathrm{c.c.} = 10^{-6} \, \mathrm{m}^3$

세제곱 인치 $1 \, \mathrm{in}^3 = 16.3871 \times 10^{-6} \, \mathrm{m}^3$

세제곱 피트 $1 \, \mathrm{ft}^3 = 28316.8 \times 10^{-6} \, \mathrm{m}^3$

세제곱 야드 $1 \, \mathrm{yd}^3 = 0.764555 \, \mathrm{m}^3$

갤런(gallon) $1 \, \mathrm{gal} = 3.7854 \times 10^{-3} \, \mathrm{m}^3$

에이커 · 피트(acre − feet) $1 \, \mathrm{acre} \cdot \mathrm{ft} = 1230 \, \mathrm{m}^2$

에스 에프 디(sfd) $1 \, \mathrm{s} \, \mathrm{ft} = 1 \, \mathrm{ft}^3/\mathrm{sec} \cdot \mathrm{day} = 2450 \, \mathrm{m}^3$

(4) 체적유량 : 표준단위$= \mathrm{m}^2/\mathrm{sec}$(cubic meter per second)

리터매초(liter per second) $1 \, l/\mathrm{sec} = 10^{-3} \, \mathrm{m}^3/\mathrm{sec}$

세제곱피트매초(cubic feet per second) $1 \, \mathrm{ft}^3/\mathrm{sec} = 1 \, \mathrm{cfs} = 2.83168 \times 10^{-2} \, \mathrm{m}^3/\mathrm{sec}$

갤런매초(gallon per second) $1 \, \mathrm{gal}/\mathrm{sec} = 3.79 \times 10^{-3} \, \mathrm{m}^3/\mathrm{sec} = 327 \, \mathrm{m}^3/\mathrm{day}$

갤런매분(gallon per minute) $1 \, \mathrm{gal}/\mathrm{min} = 1 \, \mathrm{gpm} = 63.0905 \times 10^{-6} \, \mathrm{m}^3/\mathrm{sec}$

갤런매일(gallon per day) $1 \, \mathrm{gal}/\mathrm{day} = 4.38 \times 10^3 \, \mathrm{m}^3/\mathrm{sec}$

에이커 · 피트매일(acre − feet per day) $1 \, \mathrm{acre} \cdot \mathrm{ft}/\mathrm{day} = 0.0143 \, \mathrm{m}^3/\mathrm{sec}$

(5) 시간 : 표준단위$= \mathrm{sec}$(second : 초)

분(minute) $1 \, \mathrm{min} = 60 \, \mathrm{sec}$

시(hour) $1 \, \mathrm{hr} = 3600 \, \mathrm{sec}$

일(day) $1 \, \mathrm{day} = 24 \, \mathrm{hr} = 86400 \, \mathrm{sec}$

(6) 질량 : 표준단위$= \mathrm{kg}$(kilogram : 킬로그램)

그램(gram) $1 \, \mathrm{g} = 10^{-3} \, \mathrm{kg}$

그램매세제곱미터* $1 \, \mathrm{g}/\mathrm{m}^3 = 102.04 \, \mathrm{kg} \cdot \mathrm{sec}^2/\mathrm{m}^4$

톤(tonne)*	$1 \text{ ton} = 10^3 \text{ kg}$
캐럿(carat)	$1 \text{ ct} = 200 \text{ mg} = 2 \times 10^{-4} \text{ kg}$
파운드(pound)	$1 \text{ lb} = 0.45359237 \text{ kg}$
슬러그(slug)	$1 \text{ slug} = 14.5939 \text{ kg}$
그레인(grain)	$1 \text{ gr} = \dfrac{1}{7000} \text{ lb} = 64.7989 \text{ mg}$
온스(ounce)	$1 \text{ oz} = \dfrac{1}{16} \text{ lb} = 28.3495 \text{ g}$
영국톤(ton)	$1 \text{ ton} = 2240 \text{ lb} = 1016.05 \text{ kg}$
미국톤(short ton)	$1 \text{ sh.ton} = 2000 \text{ lb} = 907.185 \text{ kg}$

(주) *미터제에서 사용됨.

(7) 힘 : 표준단위= N(Newton : 뉴턴)

누턴(Newton)	$1 \text{ N} = 1 \text{ kg} \cdot \text{m}/\sec^2$
다인(dyne)	$1 \text{ dyne} = 1 \text{ g} \cdot \text{cm}/\sec^2 = 10^{-5} \text{ N}$
킬로그램중(kilogram weight)	$1 \text{ kg중} = 9.80665 \text{ N}$
파운드중(pound forec)	$1 \text{ lbf} = 4.44822 \text{ N}$
파운달(poundal)	$1 \text{ pdl} = 0.138255 \text{ N}$

(8) 에너지, 일 : 표준단위= J(joule : 줄)

줄(joule)	$1 \text{ J} = 1 \text{ N} \cdot \text{m}$
에르그(erg)	$1 \text{ erg} = 10^{-7} \text{ J}$
칼로리(thermochemical calorie)	$1 \text{ cal} = 4.184 \text{ J}$
I.T.칼로리(International steam table calorie)	$1 \text{ cal}_{I.T} = 4.1868 \text{ J}$
킬로와트시(kilowatt - hour)	$1 \text{ kWh} = 3.6 \times 10^6 \text{ J}$
킬로그램중미터(kilogram - meter)	$1 \text{ kgw} \cdot \text{m} = 9.80665 \text{ J}$
피트·파운드중(feet - pound force)	$1 \text{ ft} \cdot \text{lbf} = 1.35582 \text{ J} \times 10^{-7}$
피트·파운달(feet - poundal)	$1 \text{ ft} \cdot \text{pdl} = 0.0421401 \text{ J}$

(9) 중력, 공률 : 표준단위= W(watt : 와트)

킬로칼로리매시	$1 \text{ kcal/hr} = 1.16222 \text{ W}$
킬로그램중미터매초	$1 \text{ kgw} \cdot \text{m}/\sec = 9.80665 \text{ W} = 0.0133 \text{ HP}$
피트파운드중매초	$1 \text{ ft} \cdot \text{lbf}/\sec = 1.35582 \text{ W}$
불마력(metric horse power)	$1 \text{ P.S.} = 75 \text{ kgw} \cdot \text{m}/\sec = 735.499 \text{ W}$
영마력(British horse power)	$1 \text{ HP} = 745.7 \text{ W} = 550 \text{ ft} \cdot \text{lbf}/\sec$

2 물의 물리적 성질

1. 물의 밀도, ρ (kg·sec^2/m^4)

온도 t℃	0.0	0.1	0.2	0.3	0.4
0	102.0265	102.0272	102.0278	102.0285	102.0292
1	102.0325	102.0331	102.0334	102.0340	102.0344
2	102.0367	102.0370	102.0373	102.0376	102.0379
3	102.0392	102.0394	102.0395	102.0396	102.0397
4	102.0400	102.0400	102.4000	102.0399	102.0399
5	102.0392	102.0390	102.0398	102.0386	102.0383
6	102.0367	102.0364	102.0361	102.0357	102.0354
7	102.0328	102.0323	102.0318	102.0313	102.0308
8	102.0273	102.0267	102.0261	102.0255	102.0248
9	102.0205	102.0198	102.0190	102.0181	102.0173
10	102.0132	102.0113	102.0104	102.0095	102.0086
11	102.0025	102.0015	102.0004	101.9994	101.9982
12	001.9915	101.9903	101.9892	101.8979	101.9867
13	101.9792	101.9778	101.9765	101.9752	101.9739
14	101.9656	101.9642	101.9627	101.9613	101.9599
15	101.9509	101.9493	101.9477	101.9462	101.9447
16	101.9349	101.9333	101.9316	101.9299	101.9283
17	101.9178	101.9161	101.9143	101.9124	101.9107
18	101.8996	101.8977	101.8758	101.8940	101.8920
19	101.8803	101.8783	101.8763	101.8773	101.8722
20	101.8598	101.8577	101.8556	101.8535	101.8513
21	101.8383	101.8361	101.8339	101.8316	101.8294
22	101.8157	101.8134	101.8110	101.8088	101.8063
23	101.7920	101.7897	101.7872	101.7848	101.7823
24	101.7674	101.7649	101.7623	101.7598	101.7572
25	101.7417	101.7391	101.7365	101.7339	101.7312
26	101.7151	101.7123	101.7096	101.7069	101.7042
27	101.6874	101.6847	101.6818	101.6760	101.6761
28	101.6589	101.6560	101.6530	101.6501	101.6472
29	101.6294	101.6264	101.6234	101.6204	101.6173
30	101.5990	101.5959	101.5927	101.5897	101.5865

(계속)

(앞에서 계속)

온도 t℃	0.5	0.6	0.7	0.8	0.9
0	102.0298	102.0303	102.0309	102.0314	102.0320
1	102.0348	102.0352	102.0356	102.0360	102.0364
2	102.0381	102.0383	102.0387	102.0389	102.0391
3	102.0398	102.0399	102.0399	102.0400	102.0400
4	102.0398	102.0397	102.0396	102.0395	102.0393
5	102.0381	102.0379	102.0376	102.0373	102.0370
6	102.0350	102.0346	102.0342	102.0338	102.0332
7	102.0303	102.0297	102.0292	102.0285	102.0279
8	102.0242	102.0235	102.0227	102.0220	102.0213
9	102.0165	102.0157	102.0149	102.0141	102.0132
10	102.0076	102.0066	102.0056	102.0046	102.0036
11	101.9971	101.9961	101.9950	101.9940	101.9926
12	101.9855	101.9843	101.9830	101.9817	101.9805
13	101.9725	101.9712	101.9698	101.9685	101.9670
14	101.9584	101.9569	101.9554	101.9539	101.9524
15	101.9430	101.9414	101.9398	101.9382	101.9365
16	101.9265	101.9248	101.9230	101.9213	101.9186
17	101.9089	101.9070	101.9052	101.9034	101.9015
18	101.8901	101.8882	101.8862	101.8843	101.8822
19	101.8702	101.8681	101.8661	101.8640	101.8619
20	101.8492	101.8470	101.8449	101.8426	101.8405
21	101.8271	101.8249	101.8225	101.8203	101.8179
22	101.8040	101.8016	101.7993	101.7968	101.7945
23	101.7799	101.7773	101.7749	101.7724	101.7699
24	101.7547	101.7521	101.7496	101.7469	101.7444
25	101.7286	101.7258	101.7231	101.7205	101.7177
26	101.7014	101.6987	101.6958	101.6931	101.6903
27	101.6732	101.6713	101.6675	101.6647	101.6618
28	101.6443	101.6413	101.6384	101.6354	101.6323
29	101.6143	101.6112	101.6082	101.6051	101.6015
30	101.5835	101.5803	101.5771	101.5740	101.5708

2. 물의 동점성계수, ν $(10^{-6}\ m^2/sec)$

온도 $t\,°C$	0.0	0.1	0.2	0.3	0.4	0.5	0.6	0.7	0.8	0.9
0	1.792	1.786	1.780	1.774	1.768	1.761	1.755	1.749	1.743	1.737
1	1.731	1.725	1.719	1.713	1.707	1.701	1.696	1.690	1.684	1.679
2	1.673	1.667	1.661	1.655	1.650	1.645	1.639	1.634	1.629	1.624
3	1.619	1.613	1.603	1.608	1.598	1.592	1.582	1.577	1.572	1.572
4	1.567	1.562	1.557	1.552	1.542	1.537	1.537	1.533	1.528	1.524
5	1.519	1.515	1.510	1.505	1.500	1.496	1.491	1.478	1.482	1.477
6	1.473	1.468	1.464	1.459	1.455	1.451	1.446	1.442	1.438	1.433
7	1.428	1.424	1.420	1.416	1.412	1.408	1.403	1.399	1.395	1.391
8	1.386	1.383	1.379	1.375	1.371	1.367	1.363	1.359	1.355	1.351
9	1.346	1.342	1.339	1.335	1.331	1.327	1.323	1.319	1.315	1.311
10	1.308	1.304	1.300	1.296	1.293	1.289	1.285	1.282	1.278	1.274
11	1.271	1.267	1.264	1.260	1.256	1.253	1.250	1.246	1.243	1.240
12	1.237	1.233	1.230	1.226	1.223	1.220	1.217	1.214	1.211	1.207
13	1.204	1.201	1.198	1.194	1.191	1.185	1.182	1.178	1.175	1.175
14	1.172	1.169	1.166	1.162	1.159	1.156	1.153	1.150	1.147	1.144
15	1.141	1.138	1.135	1.132	1.129	1.126	1.123	1.120	1.117	1.115
16	1.112	1.109	1.106	1.103	1.100	1.098	1.095	1.092	1.089	1.063
17	1.084	1.081	1.078	1.075	1.072	1.069	1.067	1.065	1.062	1.059
18	1.057	1.055	1.053	1.050	1.047	1.045	1.042	1.040	1.037	1.035
19	1.032	1.029	1.260	1.024	1.022	1.019	1.017	1.014	1.012	1.009
20	1.007	1.004	1.002	1.000	0.997	0.995	0.993	0.990	0.988	0.986
21	0.983	0.981	0.978	0.976	0.974	0.972	0.969	0.967	0.964	0.962
22	0.960	0.958	0.955	0.953	0.951	0.949	0.947	0.945	0.942	0.940
23	0.938	0.936	0.934	0.932	0.929	0.927	0.925	0.923	0.921	0.919
24	0.917	0.915	0.913	0.911	0.909	0.907	0.905	0.903	0.901	0.899
25	0.897	0.895	0.893	0.893	0.891	0.889	0.887	0.885	0.883	0.879
26	0.877	0.875	0.873	0.871	0.869	0.867	0.866	0.864	0.862	0.860
27	0.858	0.856	0.854	0.852	0.850	0.848	0.846	0.845	0.843	0.841
28	0.839	0.837	0.835	0.833	0.832	0.830	0.828	0.826	0.825	0.823
29	0.821	0.819	0.818	0.816	0.814	0.813	0.811	0.809	0.808	0.806
30	0.804	0.803	0.801	0.799	0.798	0.796	0.794	0.793	0.791	0.790

(주) 물의 점성계수, $\mu =$ 물의 밀도$(\rho)\times$물의 동점성계수$(\nu)= \rho\nu$

3. 공기와 접하는 물의 표면장력, σ (dyne/cm)

$t\,°C$	0	5	10	15	16	17	18	19
표면장력	75.64	74.92	74.22	73.49	73.34	73.19	73.05	72.90

$t\,°C$	20	21	22	23	24	25	30	–
표면장력	72.75	72.59	72.44	72.28	72.13	72.97	71.18	–

명 칭	형 태	면적 또는 체적	도심의 위치	단면 2차 모멘트
사각형		bh	$y = \dfrac{h}{2}$	$I_c = \dfrac{bh^3}{12}$
삼각형		$\dfrac{bh}{2}$	$y_c = \dfrac{h}{3}$	$I_c = \dfrac{bh^3}{36}$
원 형		$\dfrac{\pi d^2}{4}$	$y_c = \dfrac{d}{2}$	$I_c = \dfrac{\pi d^3}{64}$
반원형		$\dfrac{\pi d^2}{8}$	$y_c = \dfrac{4r}{3\pi}$	$I = \dfrac{\pi d^4}{128}$
타원형		$\dfrac{\pi d h}{4}$	$y_c = \dfrac{h}{2}$	$I_c = \dfrac{\pi d h^3}{64}$
반타원형		$\dfrac{\pi d h}{4}$	$y_c = \dfrac{4h}{3\pi}$	$I = \dfrac{\pi d h^3}{16}$
포물선형		$\dfrac{2}{3}bh$	$y_c = \dfrac{3h}{5}$ $x_c = \dfrac{3b}{8}$	$I = \dfrac{2bh^3}{7}$
원통형		$\dfrac{\pi d^2 h}{4}$	$y_c = \dfrac{h}{2}$	
원추형		$\dfrac{1}{3}\left(\dfrac{\pi d^2 h}{4}\right)$	$y_c = \dfrac{h}{4}$	
포물선회전체형		$\dfrac{1}{2}\left(\dfrac{\pi d^2 h}{4}\right)$	$y_c = \dfrac{h}{3}$	
구 형		$\dfrac{\pi d^3}{6}$	$y_c = \dfrac{d}{2}$	
반구형		$\dfrac{\pi d^3}{12}$	$y_c = \dfrac{3r}{8}$	

관경에 따른 Manning의 *n*값과 Darcy의 *f*값 간의 관계

$$f = \left(\frac{124.5n^2}{d^{1/3}} \right), \ (d \ \text{단위} : m)$$

d(mm) \ n	0.010	0.011	0.012	0.013	0.014	0.015	0.016	0.017	0.018	0.019	0.020
10	0.0578	0.0699	0.0832	0.0976	0.1132	0.1300	0.1479	0.1670	0.1872	0.2086	0.2311
20	459	555	660	775	0.0896	1032	0.1174	1325	1486	1655	1834
30	401	485	577	677	785	0.0901	0.1025	1157	1298	1446	1602
40	366	443	527	619	717	824	0.0937	1058	1186	1321	1464
50	338	409	486	571	662	760	865	0976	1094	1219	1351
60	0.0318	0.0385	0.0458	0.0537	0.0623	0.0715	0.0715	0.0814	0.0918	0.1030	0.1247
70	302	365	435	510	592	680	773	873	978	1090	1208
80	289	349	416	488	566	650	739	835	936	1043	1155
90	278	336	400	469	544	625	711	803	900	1003	1111
100	268	324	386	453	555	603	686	775	869	0968	1072
150	0.0234	0.0283	0.0337	0.0396	0.0459	0.0527	0.0600	0.0677	0.0759	0.0846	0.0937
200	213	257	306	360	417	479	545	615	689	768	851
250	198	239	284	334	387	444	506	571	640	713	790
300	186	225	268	314	364	418	476	537	602	671	744
350	177	214	254	298	346	397	452	510	571	638	706
400	169	204	243	285	330	379	432	489	546	609	674
450	162	197	134	274	318	365	419	469	526	586	650
500	157	190	226	265	307	353	401	453	508	566	627
600	0.0148	0.0179	0.0213	0.0249	0.0289	0.0332	0.0378	0.0427	0.0478	0.0533	0.0590
700	140	170	202	237	275	315	359	405	454	506	660
800	134	162	193	226	263	302	343	387	434	484	536
900	129	156	186	218	353	290	330	373	418	465	516
1,000	124	151	179	214	244	280	318	360	403	449	498
1,500	109	132	157	184	213	245	278	314	352	393	435
2,000	0.0099	0.0120	0.0142	0.0167	0.0194	0.0222	0.0253	0.0285	0.0320	0.0357	0.0395
2,500	092	111	132	155	180	206	235	265	297	331	367
3,000	086	104	124	146	169	191	221	249	280	312	345
3,500	082	099	118	139	164	184	210	237	266	296	328
4,000	078	095	115	133	154	177	201	227	254	283	314
4,500	075	091	109	127	148	170	193	218	244	272	302
5,000	073	088	105	123	143	164	186	210	236	263	291
6,000	069	083	099	116	134	154	175	198	222	247	274
7,000	065	079	094	110	128	146	167	188	211	235	260
8,000	062	075	090	105	122	140	159	180	202	225	249
9,000	060	072	086	101	117	135	153	173	194	216	239
10,000	058	070	083	098	113	130	148	167	187	209	231

- Chow, V.T., *Open Channel Hydraulics*, McGraw-Hill Book Co., Inc., New York, 1959
- Chow, V.T., *Handbook of Applied Hydrology*, McGraw-Hill Book Co., Inc., New York, 1964
- Dake, J.M.K., *Essentials of Engineering Hydraulics*, Macmillan Co., Inc., New York, 1972
- Henderson, F.M., *Open Channel Flow*, Macmillan Co., Inc., New York, 1966
- Hwang, N.H.C., *Fundamentals of Hydraulics Engineering System*, Prentic-Hall. Inc., New Jersey, 1981
- Ministry of Construction. Republic of Korea, *Design Guidelines*, *Volum* 2, *Drainage*, Wilbur Smith and Associates, Louis Berger, Inc., 1974
- Morris, H.M. and Wiggert. J.M., *Applied Hydraulics in Engineering*, 2nd Ed., John Wiley & Sons. Inc., New York, 1972
- Olson, R.M., *Essentials of Engineering Fluid Mechanics*, International Textbook Co., Pennsylvania, 1964
- Portland Cement Association, *Handbook of Concrete Culvert Pipe Hydraulics*, Chicago, 1964
- Rouse, H., *Elementary Mechanics of Fluids*, John Wiley & Sons, New York, 1962
- Rouse, H., *Advanced Mechanics of Fluids*, John Wiley & Sons, New York, 1963
- Rouse, H., *Fluid Mechanics for Hydraulic Engineers*, Dover Publication, New York, 1961
- Rouse, H., *Engineering Hydraulics*, John Wiley & Sons, New York, 1950
- Streeter, V.L. and Wylie E.B., *Fluid Mechanics*. 6th Ed., McGraw-Hill Book Co., Inc., 1975
- United Statss Bureau of Reclamation. *Design of Small Dams*, U.S. Government Printing Office. Washington, D.C., 1961
- United Statss Bureau of Reclamation. *Water Measurement Manual*, U.S. Government Printing Office. Washington, D.C., 1967
- Vanoni, V.A., Ed., *Sedimentation Engineering*, ASCE Task Committee, New York, 1975
- Vennard, J.K., *Elmentary Fluid Mechanics*, 4th Ed., John Wiley & Sons, New York, 1961
- Webber, N.B. *Fluid Mechanics for Civil Engineers*, Chapman and Hall, London, 1971
- Yalin, M.S., *Theory of Hydraulic Models*, Macmillan Co., Inc., New York, 1971
- 朴勝德, 流體力學(國際單位版), 螢雪出版社, 1971
- 安守漢, 水理學, 文運堂, 1977
- 安守漢 外 4人, 實用水理計算法, 上卷, 錦文社, 1971
- 尹龍男, 尹泰勳, 李舜鐸, 水理學(I), 基礎遍, 請文閣, 1979
- 尹在福, 方時桓, 金寬浩, 流體力學, 螢雪出版社, 1969
- 崔榮博, 金治弘, 南宣祐, 水理學, 光林社, 1982

찾아보기

저자약력

| 윤용남 |

학 력 ─────────────────────────────────●

1959. 2.~1963. 2.	육군사관학교 졸업, 이학사
1965. 2.~1967. 2.	미국 University of Illinois 대학원, 공학석사(수공학)
1968. 9.~1970. 9.	미국 University of Illinois 대학원, 공학박사(수공학)

경 력 ─────────────────────────────────●

1971. 2. ~ 1982. 8.	육군사관학교 교수부 토목공학과, 조교수, 부교수, 교수
1983. 9. ~ 2006. 2.	고려대학교 토목·환경공학과 교수
1994. 5. ~ 2006. 2.	고려대학교 방재과학기술연구센터 소장
1996. 6. ~ 1998. 6.	고려대학교 대학본부 관리처장
1986. 9. ~ 1988. 2.	한국건설기술연구원 원장(제2대)
1999. 3. ~ 2001. 2.	한국수자원공사 비 상임이사
2002.11. ~ 2003. 4.	국무총리실 수해방지대책기획단 민간위원장
2006. 3. ~ 2010. 12.	(주)삼안 상임고문
2011. 1. ~ 현재	(주)이산 상임고문

학술단체경력 ─────────────────────────────●

1999. 3. ~ 2001. 2.	한국수자원학회 회장
2002. 2. ~ 2004. 2.	한국물학술단체연합회 회장
2002. 2. ~ 2004. 5.	한국방재협회 회장
1999. 3. ~ 2001. 2.	한국대댐회 부회장
1995. 5. ~ 1997. 2.	대한토목학회 부회장
2004. 5. ~ 2007. 6.	국제대댐회(ICOLD) 부총재
2004. 7. ~ 2007. 8.	아세아–대양주 지구과학회(AOGS) 수문과학부문 회장
2005. 5. ~ 2008. 2.	한국방재협회 명예회장
2007.10. ~ 2009. 5.	한국자연재해저감산업협회 회장

수 상 ─────────────────────────────────●

• 정부포상

보국훈장 삼일장(1980), 대통령 표창(1980), 국민훈장 동백장(2000), 옥조근정훈
장(2006)

• 학술단체 포상

대한토목학회 논문상(1979), 한국수문학회 학술상(1981), 대한토목학회 학술상
(1986), 한국대댐회 학술상(1992), 한국수자원학회 학술상(1994), 대한토목학회
공로상(1997), 국제 물과학·공학회(ICHE) 특별봉사상(2000), 일본수문수자원학
회(JSHWR) 국제상(2002), 국제대댐회(ICOLD) 명예 회원상(2003), 한국방재협
회 공로상(2005), 한국대댐회 공로상(2010)

저 서 ─────────────────────────────────●

토목공학개론(공저, 청문각, 1973), 수문학(태창출판사, 1974), 수문학–기초와 응용
–(청문각, 1976), 수리학–기초편–(공저, 청문각, 1979), 기초수리실험법(청문각,
1980), 확률의 기초개념(공동번역, 형설출판사, 1981), 수리학–기초와 응용–(청문
각, 1984), 공업수문학(청문각, 1987), 수문학–기초와 응용–(청문각, 2007), 기초
수문학(청문각, 2008)

수리학

2014년 2월 25일 1판 1쇄 펴냄 ┃ 2020년 4월 20일 1판 4쇄 펴냄
지은이 윤용남
펴낸이 류원식 ┃ 펴낸곳 (주)교문사(청문각)

편집부장 김경수 ┃ 본문편집 이투이디자인 ┃ 표지디자인 트인글터
제작 김선형 ┃ 홍보 김은주 ┃ 영업 함승형 · 박현수 · 이훈섭
주소 (10881) 경기도 파주시 문발로 116(문발동 536-2)
전화 1644-0965(대표) ┃ 팩스 070-8650-0965
등록 1968. 10. 28. 제406-2006-000035호
홈페이지 www.cheongmoon.com ┃ E-mail genie@cheongmoon.com
ISBN 978-89-6364-196-6 (93530) ┃ 값 30,000원